工业和信息化部“十四五”规划教材
浙江省普通本科高校“十四五”重点立项建设教材
工信学术出版基金

半导体材料

杨德仁　朱笑东　皮孝东　编著

電子工業出版社
Publishing House of Electronics Industry
北京 · BEIJING

内 容 简 介

半导体材料是材料、信息、新能源的交叉学科，是信息、新能源（半导体照明、太阳能光伏）等高科技产业的材料基础。

本书共 15 章，详细介绍了半导体材料的基本概念、基本物理原理、制备原理和制备技术，重点介绍了半导体硅材料（包括高纯多晶硅、区熔单晶硅、直拉单晶硅和硅薄膜半导体材料）的制备、结构和性质，阐述了化合物半导体（包括Ⅲ-Ⅴ族、Ⅱ-Ⅵ族、Ⅳ-Ⅳ族化合物半导体材料和氧化物半导体材料）的制备技术和基本性质，还阐述了有机半导体材料、半导体量子点（量子阱）等新型半导体材料的制备和性质。本书配套 MOOC 在线课程、习题参考答案等。

本书可作为高等院校的半导体材料与器件、集成电路、光电子、半导体照明、太阳能光伏及材料科学与工程等专业的高年级本科生、研究生的教材和教师的教学用书或参考书，也可供从事相关研究与开发的科技工作者和工程师参考。

图书在版编目 (CIP) 数据

半导体材料 / 杨德仁，朱笑东，皮孝东编著. — 北京：电子工业出版社，2024.5

ISBN 978-7-121-47973-1

Ⅰ. ①半…　Ⅱ. ①杨…　②朱…　③皮…　Ⅲ. ①半导体材料－高等学校－教材　Ⅳ. ①TN304

中国国家版本馆 CIP 数据核字（2024）第 107160 号

责任编辑：王晓庆

印　　刷：三河市良远印务有限公司

装　　订：三河市良远印务有限公司

出版发行：电子工业出版社

北京市海淀区万寿路 173 信箱　　邮编：100036

开　　本：787×1 092　1/16　印张：22　　字数：563 千字

版　　次：2024 年 5 月第 1 版

印　　次：2024 年 5 月第 1 次印刷

定　　价：68.00 元

凡所购买电子工业出版社图书有缺损问题，请向购买书店调换。若书店售缺，请与本社发行部联系，联系及邮购电话：（010）88254888，88258888。

质量投诉请发邮件至 zlts@phei.com.cn，盗版侵权举报请发邮件至 dbqq@phei.com.cn。

本书咨询联系方式：（010）88254113，wangxq@phei.com.cn。

前　言

在人类发展的历史长河中，材料的应用成为人类发展阶段的重要里程碑。基于材料的发展，人类社会历经了旧石器时代、新石器时代、铜器时代和铁器时代。自20世纪50年代以来，人类逐步进入了信息社会，跨入了“硅（半导体）时代”。

半导体材料是材料、信息、新能源的交叉学科，是伴随着电子、微电子产业发展起来的新型学科。19世纪，科学家先后发现了半导体的光生伏特效应等现象，开始了半导体物理基础研究的先河；1948年，美国贝尔实验室的巴丁、布拉登和肖克莱发明了锗（Ge）晶体管，奠定了现代半导体器件和技术的基础；1958年，美国德州仪器公司（TI）的基尔比发明了锗集成电路，开创了现代微电子技术。因此，锗是人类最早实际应用于集成电路的半导体材料。

但是，人们很快发现锗半导体材料具有一定的弱点。它的禁带宽度小，只有0.66eV，导致锗半导体器件的工作温度受到限制；而且锗的氧化膜在800℃左右就会分解，还可被水溶解，无法作为集成电路的有效绝缘层。因此，具有提纯容易、制备成本低、材料来源广、禁带宽度适宜（1.12eV）、SiO_2薄膜绝缘性能好等优点的硅（Si）半导体材料，在20世纪50年代就逐渐替代了锗半导体材料成为微电子产业的基础材料，也成为迄今为止最主要、最重要的一种半导体材料，其市场份额占据了整个半导体材料的90%以上。

在元素半导体材料应用和发展的同时，化合物半导体材料也在20世纪50年代开始走上应用的舞台。最早应用的是Ⅲ-Ⅴ族化合物半导体材料，如砷化镓（GaAs）、磷化铟（InP）等，人们基于它们制备了半导体发光二极管和激光器；到20世纪90年代，日本赤崎勇、天野浩和中村修二成功地实现了高亮度氮化镓（GaN）的蓝光发光二极管，从而使得宽禁带的Ⅲ-Ⅴ族化合物半导体材料得到了广泛的应用。

在传统的无机半导体晶体材料的基础上，20世纪70年代非晶半导体材料的应用和发展开始吸引人们的注意力。而导电高分子的发现和合成，以及1986年第一个有机半导体薄膜晶体管的出现，使得有机半导体材料的研究和应用进入了人们的视野。

不仅如此，近年来由于军事、通信、交通、新能源的高速发展，人们对大功率、高频、高温等半导体器件的需求日益增加，激发了人们对碳化硅（SiC）、氧化镓（Ga_2O_3）、氧化锌（ZnO）、金刚石等宽禁带半导体材料的研究、开发和应用。2000年前后，纳米半导体材料成为半导体材料领域关注的焦点；2005年之后，二维层状晶体材料成为新的具有潜在重大应用价值的一类半导体材料。

基于各种半导体材料的发现、研究、开发和应用，各类半导体器件层出不穷，支撑了电子、微电子、光电子、半导体照明、半导体显示、太阳能光伏等多个国际竞争激烈的高新技术产业。因此，研究和开发半导体材料，对支持我国高新战略产业的发展，攻克“卡脖子”技术，促进我国工业、科技、航空航天、军事国防等领域技术进步起着决定性的作用。我国的半导体材料事业历经几代半导体材料人的努力，已经具备一定基础。新时代正在召唤新一代半导体材料人继续发扬精益求精的科学精神，更高质量地推动我国半导体材料事业的发展。

浙江大学的半导体材料学科可以回溯至1954年，由已故的浙江大学原副校长、中国科学院院士阙端麟教授创建。20世纪五六十年代，浙江大学重点攻关高纯硅烷、高纯多晶硅的制备；20世纪七八十年代，重点实现了直拉单晶硅和区熔单晶硅的开发技术及产业化；20世纪90年代至今，浙江大学陆续开展了 GaN、ZnO、SiC、金刚石等宽禁带半导体材料的研究，并开展有机半导体材料、纳米半导体材料、二维层状半导体材料等新型半导体材料的研究，取得了一系列研究成果。浙江大学在1978年获得全国第一批半导体材料硕士点，1985年获得全国第一个半导体材料工学博士点，并于同年开始建设硅材料国家重点实验室，1987年建成验收，成为我国第一批建成的国家重点实验室之一，也是其中唯一以半导体材料为主要研究对象的国家重点实验室。1989年，浙江大学的半导体材料学科被评为国家唯一的半导体材料学科的重点学科。2022年年底，硅材料国家重点实验室重组并更名为硅及先进半导体材料全国重点实验室。迄今为止，浙江大学半导体材料学科成为我国半导体材料教学、科研和人才培养的主要基地之一。

本人从1985年开始进入硅材料国家重点实验室（其核心为浙江大学材料系半导体材料研究所）攻读硕士、博士学位，开启了半导体材料的学习、研究生涯，到如今已有 39 年。20世纪90年代末，本人从德国留学后回到浙江大学，为本科生创建了“半导体材料”课程，迄今已有20余年。在总结教学、科研经验的基础上，根据浙江大学的研究特色，编写“半导体材料”的教学大纲、教学讲义、教学演示PPT和慕课（MOOC）课程，其间教学材料不断修改、完善。2010年前后，皮孝东教授加入了“半导体材料”课程的教学。从2018年起，开始酝酿并动笔编写《半导体材料》教材，历经5年多，终于成稿。

本书是“工业和信息化部‘十四五’规划教材”，也是“浙江省普通本科高校‘十四五’重点立项建设教材”，并获得了工信学术出版基金的资助。本书详细介绍了半导体材料的基本概念、基本物理原理、制备原理和制备技术，重点介绍了半导体硅材料（包括高纯多晶硅、区熔单晶硅、直拉单晶硅和硅薄膜半导体材料）的制备、结构和性质，阐述了化合物半导体（包括Ⅲ-Ⅴ族、Ⅱ-Ⅵ族、Ⅳ-Ⅳ族化合物半导体材料和氧化物半导体材料）的制备技术和基本性质，还阐述了有机半导体材料、半导体量子点（量子阱）等新型半导体材料的制备和性质。其特点是重点、详细讲述了半导体硅材料的性质、结构和制备，不仅因为硅是一种最主要的半导体材料，而且由于它的生长、加工和缺陷控制等研究成熟，因此可以举一反三，对学习、研究其他半导体材料有重要的参考作用。

全书共15章，分为四大部分。第一部分是半导体材料的基础性质和原理，包括第1章半导体材料概论、第2章半导体材料物理基础、第3章半导体材料晶体生长原理、第4章半导体材料晶体生长技术；第二部分是半导体硅材料，包括第5章元素半导体材料的基本性质、第6章元素半导体材料的提纯和制备、第7章区熔单晶硅的生长和制备、第8章直拉单晶硅的生长和制备、第9章直拉单晶硅的杂质和缺陷、第10章硅薄膜半导体材料；第三部分是化合物半导体材料，包括第11章Ⅲ-Ⅴ族化合物半导体材料、第12章Ⅱ-Ⅵ族化合物半导体材料、第13章氧化物半导体材料、第14章Ⅳ-Ⅳ族化合物半导体材料；第四部分是第15章有机半导体材料。

本书在杨德仁20多年使用的教学讲义、电子课件的基础上，主要由杨德仁、朱笑东和皮孝东共同编写，并由杨德仁负责主编。其中，杨德仁编写了第1章、第2章、第6章、第8章和第 9 章，朱笑东编写了第 3 章、第 4 章、第 5 章、第 7 章、第 10 章、第 11 章和第 12 章，皮孝东和夏宁编写了第 13 章，皮孝东和黄渊超编写了第 14 章，皮孝东和刘晓编写了第 15 章。开翠红参与了第 11 章中 GaN 半导体材料部分内容的撰写，豆茂峰和邓天琪参与了第 13 章中 ZnO 半导体材料部分内容的撰写。本书由杨德仁统一修改、定稿，由朱笑东统一编辑、校对。在本书编写过程中，李昌治、步明轩、童周禹、王坤等人阅览了本书的初稿，并提出了许多宝贵意见，在此一并表示衷心感谢。

在教学中，可以根据教学对象和学时等具体情况对书中的内容进行删减和组合，也可以进行适当扩展，参考学时为 32 学时。同时，为了改善教学效果，与本书配套的 MOOC 课程已在中国大学 MOOC 平台上线，欢迎已购买本书的读者学习、参考。本书提供配套的习题参考答案等，请登录华信教育资源网（www.hxedu.com.cn）注册后免费下载，也可联系本书编辑（wangxq@phei.com.cn）索取。

本书的编写参考了大量相关的科技文献，吸取了许多专家和同仁的宝贵经验，在此向他们深表谢意。

半导体材料体系众多，知识更新迅速。由于作者的知识面和水平有限，书中肯定会存在一些缺点和错误，恳请读者批评指正。

杨德仁

2024 年元月于求是园

目　录

第 1 章　半导体材料概论

在人类发展的历史长河中，材料的发展对历史的进展和进步起了决定性的推动作用，材料也成为人类历史发展阶段的重要里程碑。1836 年，丹麦考古学家 C. J. 汤姆森（Christian Jürgensen Thomsen）提出了基于材料发展的时代划分，即（新、旧）石器时代、铜器时代和铁器时代，被人们广泛接受。

距今 300 万年到距今约 1 万年之间，是人类从猿人、直立人、早期智人到晚期智人的发展阶段，人类开始利用河滩、岩石等区域具有锐角的自然石材作为狩猎的工具；然后，人类发展到有意识地利用碰砧、击打等手段，制造具有锐角的石材（如石斧、石铲等），作为谋生的主要工具，自然石材成为该阶段的主要特征，是人类历史的“旧石器时代”。在距今 1.4 万年左右到距今 4000 年左右，人类开始制造、磨制自然石材，形成具有手工特征的石器工具，并发明和制造了陶器，从而出现了原始的农业、畜牧业和手工业，磨制的自然石材和陶器成为该时代的特征，是人类历史的“新石器时代”。而陶器的选料、加工及烘烤制备，就形成了材料工程的雏形。大约从公元前 4000 年至公元初年，用铜锡（铜铅）合金形成的青铜走入了人类历史，极大地提高了农业和手工业的生产力水平，物质生活条件提到改善，也促进了文化的发展，世界文字、礼仪逐渐形成，青铜器成为这个阶段的特征，是人类历史的“青铜器时代”。青铜的采矿、冶炼及青铜器的铸造、加工，使得人类对材料的认识、制造和应用发展到一个新的阶段。大约在公元前 1400，人类进入了“铁器时代”，尤其是铁制农具的发展，对农业生产有了明显的促进；而近代的“工业革命”“工业文明”更是以铁的应用为基础的，因此这个时代以铁的冶炼、铁器的制备和应用为特征。显然，从历史上看，材料的发展是文明的基石，对历史的进步起到了重要的推动作用。

当时光回到 20 世纪中后期时，在硅材料的基础上集成电路、微电子工业的崛起，对 20 世纪世界经济和科技的高速发展起了决定性的作用，人类历史进入了以半导体材料为基础的“信息时代”。信息已经成为对整个社会发展和进步的一个绝对重要的因素，信息的产生、传播、存储和应用以超越人类发展所有速度的几何级数的方式增长，完全改变了人们的工作、生活、娱乐甚至战争的方式，而这个时代是建立在以硅材料为核心的半导体材料的基础上的，所以，如果以材料作为标志，“信息时代”又可以称为“硅时代”。

在人类跨入 21 世纪时，由于网络、计算机、通信等行业具有强烈的市场需求，集成电路的发展依旧很快，并按照摩尔（Moore）定律发展，每十八个月左右其集成度增大为原来的两倍，特征线宽减小，晶体管成本降低。目前，国际微电子工业已进入极大规模时代，主流硅晶片的直径是 300mm，先进芯片的特征线宽已经达到 5nm，而在实验室，2nm 的原型器件已经被 IBM 公司报道，2020 年以集成电路为主的半导体工业的销售额已超过 4600 亿美金。微电子工业已经和汽车工业一样成为国民经济的支柱产业，是当今世界竞争最激烈、发展最迅速的高科技领域之一。在新世纪全球信息化浪潮的时代背景下，以半导体硅材料为基础的微电子科学、技术及产业在综合国力的较量中占据关键性的战略地位。

半导体材料不仅支撑了信息产业，而且在 21 世纪催生了半导体照明、太阳能光伏等新能源技术和产业。它们和微电子产业一起，构成了国家高科技的基石，对国家的科技、工业、国防和经济发展有举足轻重的作用。因此，在过去的 60 多年中，世界发达国家投入了巨资进行研究和开发，其技术的高速发展促进了人类在“信息化”道路上的飞速前进，从而成为国际高科技产业竞争的焦点和前沿领域。

毫无疑问，半导体材料作为信息、新能源（半导体照明、太阳能光伏）产业的基础，其科学与技术的发展不仅促进了信息产业的进步，而且为近年来新能源产业的崛起奠定了材料基础，是材料、信息、新能源的交叉学科的前沿研究领域。

1.1 半导体材料的研究和发展历史

半导体材料是信息、新能源和材料领域的交叉学科。和传统的陶瓷等硅酸盐无机非金属材料及铜、铁等金属材料相比，半导体材料是一个“年轻”的材料学科，研究、开发的历史很短。

1833 年，英国著名科学家、电子学之父法拉第（M. Faraday）发现硫化银（Ag_2S）和普通金属不同，其随温度的上升而电阻率减小，这是首次发现的半导体现象；1839 年，法国人贝克勒尔（A. E. Becquerel）发现将两片金属浸入电解液，在光照下会出现电压和光生电流，即光生伏特现象；1873 年，英国史密斯（W. Smith）首先发现硒（Se）的光电导现象，即当光照射到硒材料后其电导率发生了变化。上述科学现象的发现，成为现代半导体材料、器件、物理及半导体技术发展的开始。

1906 年，邓伍迪（H. Dunwoody）发明碳化硅（SiC）检波器，成为半导体器件应用的开始。1920 年，硒被制备成整流器。1940 年前后，由硅材料制备的检波器在雷达上得到应用。1948 年，美国贝尔（Bell）实验室的巴丁（J. Bardeen）、布拉登（W. H. Brattain）和肖克莱（W. B. Schokley）一起发明了锗（Ge）晶体管（图 1.1），奠定了现代半导体器件和技术的基础，并在 1956 年获得了诺贝尔物理学奖。到了 1956 年左右，硅（Si）半导体材料取代了锗，从而制备硅器件。从此，硅材料成为半导体材料中最主要、最重要的材料之一。

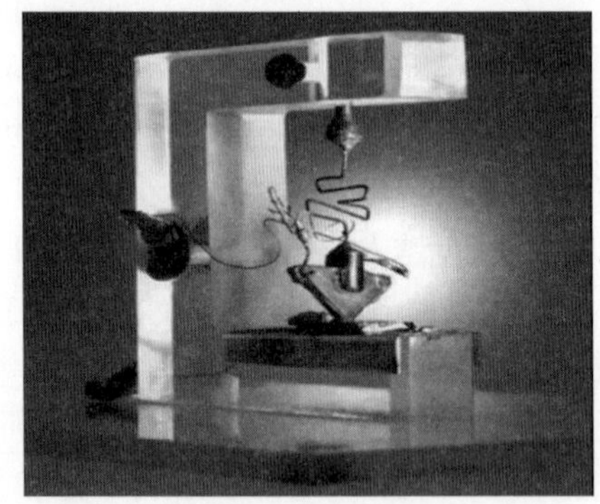

图 1.1 美国贝尔（Bell）实验室制备的锗晶体管

1958 年，美国德州仪器（TI）公司的基尔比（J. S. Kilby）发明了锗集成电路（图 1.2），现代微电子技术得以产生，其在 2000 年获得诺贝尔物理学奖，从而使得半导体硅材料得到广泛的应用，也激发人们对新型半导体材料研究和开发的热潮。同时代，1952 年韦尔克（H. Welk）发明了砷化镓（GaAs）半导体材料。在 20 世纪 60 年代，以 GaAs 为代表的化合物半导体的研究和应用成为新的热点，1962 年美国通用电气（GE）公司的尼克 • 何伦亚克（Nick Holonyak Jr）制备了第一个基于 GaAsP 的红光发光二极管（LED），并发明了第一个红光半导体激光器件（LE），随后不久俄罗斯的阿尔费罗夫（Z. J. Alfelov）和美国的克勒默（H. Kroemer）利用异质结半导体材料实现了快恢复晶体管和半导体激光器，从而和基尔比共享了 2000 年的诺贝尔物理学奖。

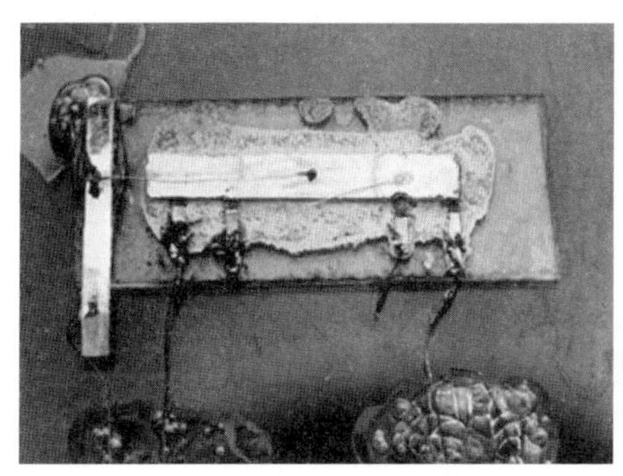

图 1.2　美国德州仪器（TI）公司制备的锗集成电路

1989 年，日本名古屋大学的赤崎勇和天野浩成功实现了氮化镓（GaN）的蓝光发光二极管，随后美籍日裔科学家中村修二解决了 GaN 的 P 型掺杂的关键问题，实现了高亮度的 GaN 蓝光发光二极管，从而，他们一起获得了 2014 年的诺贝尔物理学奖。不仅如此，近年来随着军事、通信、交通、新能源的高速发展，人们对大功率、高频、高温等先进半导体器件的需求日益增多，推动了人们对 GaN、SiC 等宽禁带半导体材料的研究、开发和应用，也激发了人们对氧化镓（Ga_2O_3）、氧化锌（ZnO）、金刚石等新型宽禁带半导体研制的兴趣。2000 年前后，纳米半导体材料和器件成为半导体材料领域的焦点；2010 年，由于石墨烯的制备、性能的发现，俄裔英国科学家盖穆（A. Geim）和诺夫塞罗夫（K. Novoselov）获得 2010 年的诺贝尔物理学奖，之后，以石墨烯为代表的二维晶体材料则成为新的具有潜在重大应用价值的半导体材料。

在传统的无机半导体晶体材料的基础上，20 世纪 70 年代，非晶半导体材料的应用和发展开始吸引了人们的注意力。而导电高分子的发现和合成，使得有机半导体材料的研究和应用也进入了人们的视野。从 1986 年第一个有机半导体薄膜晶体管被报道以来，近年来，由于具有工艺路径短、成本低、光电转换效率高等优点，有机半导体材料在太阳能光伏领域具有重要的应用前景，其中有机无机复合的钙钛矿半导体材料更是成为人们关注的重点。

实际上，半导体材料的发展和半导体器件的制备及应用是密不可分、相辅相成的。在半导体硅材料能够被提纯后，其检波器实现了；半导体级锗晶体材料制备成功后，才有可能得到锗晶体管；硅晶体的研制成功，使得平面硅集成电路成为可能，而后者的发展和进步又促进了高纯硅材料和硅晶体材料的发展。在 20 世纪 60 年代，半导体异质器件的实现和发展直接建立在化合物半导体材料制备的基础上。而在近代，半导体材料和器件的联系更加密切，没有合格的半导体材料，就没有一定性能的器件。毫无疑问，半导体材料是半导体器件的基础，也是整个信息时代的基础。

1.2　半导体材料的基本性质

顾名思义，半导体材料（Semiconductor Material）是和导体材料（Conductor Material）相对应的，是英文 Semi 和 Conductor 的组合词，因此其性质的基本特性就表现在电导率上。

1.2.1 半导体材料的分类

半导体材料有多种分类方法。根据材料的应用领域，可以分为电子（微电子）材料、半导体光电子材料、半导体光伏材料等；根据材料的晶体结构，可以分为单晶半导体材料、多晶半导体材料和非晶半导体材料；根据材料的形状，可以分为块体（Bulk）半导体材料、薄膜（Thin Film）半导体材料；也可以根据材料的性能，分为无机半导体材料、有机半导体材料和有机无机复合半导体材料。其中无机半导体材料已研究多年，应用广泛；有机半导体材料研究方兴未艾，其应用正在崭露头角；而试图将无机半导体材料和有机半导体材料性能集于一体的有机无机复合半导体材料，目前正是基础研究的前沿内容。

实际上，传统意义上的半导体材料是指无机半导体材料，包括单晶、多晶和非晶半导体材料，也包括块体、薄膜半导体材料。它是在硅材料基础上发展起来的以无机材料为基础的半导体材料，也是目前广泛使用的半导体器件的基础材料；在无机半导体材料的基础上，形成了完善的半导体物理等基础科学。

无机半导体材料可以分为元素半导体材料和化合物半导体材料两大类。元素半导体材料是指由单元素物质组成、具有半导体材料基本性质的材料，理论上包括 B、C、Si、Ge、Se、Sn、P、As 等 12 种元素半导体材料。但是，由于在材料提纯、晶体制备、电学掺杂等方面存在困难，目前能够实现其基本应用的只有 Si、Ge、Sn 元素半导体材料。其中，Si 元素半导体材料（以下简称 Si 半导体材料）的应用最为广泛，主要应用在电子、微电子和太阳能光伏领域。

化合物半导体材料是指两种或两种以上的元素以一定比例结合并具有半导体材料基本性质的多元化合物材料，如二元化合物、三元化合物及四元化合物材料等。化合物半导体材料的种类很多，性质各异，它们一般可以根据组成元素在元素周期表中的位置来进一步进行分类，例如，第Ⅲ主族元素和第Ⅴ主族元素结合的Ⅲ-Ⅴ族化合物半导体材料（如 GaAs），第Ⅱ副族元素和第Ⅵ主族元素结合的Ⅱ-Ⅵ族化合物半导体材料（如 CdTe），以及第Ⅳ主族元素和第Ⅳ主族元素结合的Ⅳ-Ⅳ族化合物半导体材料（如 SiC）。其中Ⅱ-Ⅵ族化合物半导体材料也可以根据Ⅵ族元素进行进一步的细分，如氧化物半导体材料（如 Cu_2O）、硫化物半导体材料（CuS）等。另外，还有一些特殊的分类是根据某一类半导体材料具有的共同性质或共同特征而确定的，如都含有稀土元素的稀土化合物半导体材料、都具有磁性的磁性半导体材料等。

通常，只要化合物半导体材料中的一个或一个以上元素具有挥发性，这些元素在材料的提纯、合成和晶体制备时就很容易从熔体中挥发出来，造成化学计量比不准确。因此，保持精确的化学计量比，是制备化合物半导体材料的一个重要条件。

除上述的基本分类外，在我国，人们也根据半导体材料在产业上广泛应用的时间顺序对半导体材料进行分类。Si、Ge 半导体材料最早在 20 世纪 50 年代被研究和广泛应用，其特征是均为元素半导体材料，特别是硅材料，由于其具有优越的性能和突出的成本优势，目前仍然是集成电路、太阳电池、微机电系统等半导体器件主要使用的材料，被称为“第一代半导体材料”。以 GaAs 为代表的二元、三元及四元化合物半导体材料在 20 世纪 60 年代以后得到广泛研究和应用，其代表是禁带宽度为 1.5eV 左右、具有直接带隙的 GaAs、InP 系列半导体材料，具有光电性能好、工作频率高、抗高温、抗辐射等优势，主要被应用于光电器件和射频器件，被称为“第二代半导体材料”。以 SiC、GaN 为代表的化合物半导体材料在 20 世纪 80 年代以后得到研究和应用，其特征是具有 3.0eV 左右的“宽禁带”，被称为“第三代半导体材料”，又称为“宽禁带半导体材料”。需要说明的是，这种分类是相对的、笼统的，并不意味着“第三代半导体材料”的性能比“第一代”“第二代”半导体材料的性能更加优越，并不是对后两者的取代，而是这三类（代）半导体材料有着不同的优秀性能和不同的应用领域，并不能互相取代。

1975 年美国科学家艾伦·黑格（Alan J. Heeger）、艾伦·G.马克迪尔米德（Alan G. MacDiarmid）和日本科学家白川英树发现了导电高分子材料，开启了有机半导体材料研究的先河。人们发现，在有机材料中，电阻率介于有机绝缘体和有机导体之间的一类有机化合物材料（电阻率为 10^{-10}～$10^{-2}\Omega\cdot cm$）和无机半导体材料同样具有半导体光电等性质，称为有机半导体材料。有机半导体材料可分为：有机薄膜晶体管材料、有机显示材料、有机发光材料、有机光伏材料等，具备柔性、可印刷、制备温度低、材料来源广、易大面积制备且制备工艺简单等优点，在可穿戴设备、柔性显示、电子纸、传感器、太阳能光伏等领域具有广泛的用途。1986 年自第一个有机（聚噻吩）场效应晶体管发明以来，其得到了人们的重视，成为 21 世纪以来半导体材料的重要分支。但是，有机半导体材料的结构、制备和物理机制与无机半导体材料有很大不同，涉及有机材料的基本理论。因此，本书中将重点阐述无机半导体材料的制备、性能、表征和应用，对有机半导体材料将在第 15 章简单介绍。

1.2.2　半导体材料的基本电学特性

作为半导体材料，一般需要具有三个基本的材料特性：电阻率特性、导电性特性和光电性特性，而电阻率特性是一种最基本的要求。

1.2.2.1　电阻率特性

根据固体材料电导率的不同，大致可以分为 4 类材料：超导材料、导体材料、半导体材料和绝缘材料。一般认为，超导材料的电导率很大，电阻率几乎为零，电流通过时没有损耗的产生；导体材料的电导率比较大，具有较小的电阻率（小于 $10^{-6}\Omega\cdot cm$），电流通过时具有一定的损耗；绝缘材料的电导率很小，几乎为零，而电阻率很大（大于 $10^{8}\Omega\cdot cm$），电流基本无法通过；而半导体材料的电阻率则介于导体材料和绝缘材料之间，大致范围为 10^{-6}～$10^{8}\Omega\cdot cm$。图 1.3 显示了不同材料的电导率（电阻率）范围及材料分类。

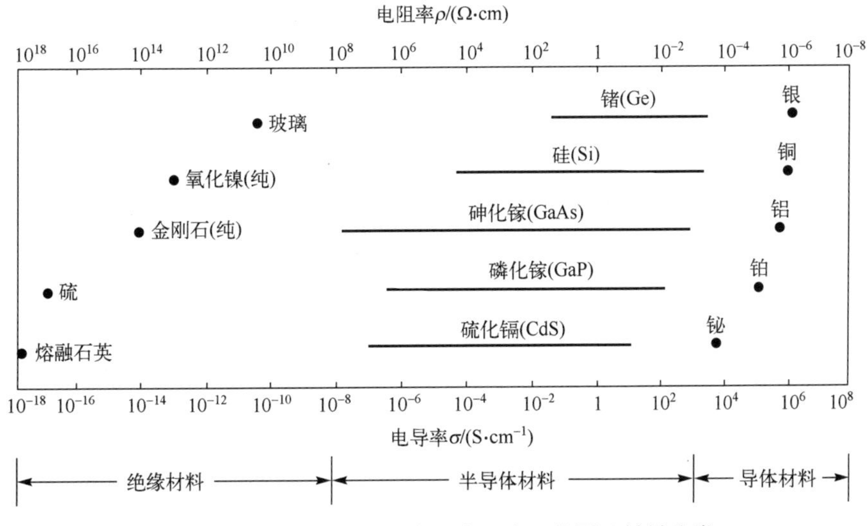

图 1.3　不同材料的电导率（电阻率）范围及材料分类

半导体材料的电阻率（ρ）决定着半导体器件的基本性能，是半导体材料的最主要特征参数之一，它主要取决于半导体材料的载流子浓度和载流子迁移率，如下

$$\rho = \frac{1}{\sigma} = \frac{1}{Nq\mu} \tag{1.1}$$

式中，σ是材料的电导率（S/cm），N是载流子浓度（cm^{-3}），q是电子电荷（C），μ是载流子迁移率（$cm^2/(V\cdot s)$）。载流子迁移率是指载流子在单位电场下的平均漂移速度，迁移率越大，信号传输速度越快。从式（1.1）可以看出，电阻率和载流子迁移率、载流子浓度成反比，也就是说，载流子迁移率越大、载流子浓度越高，半导体材料的电阻率越低。如果在载流子迁移率一定的情况下，半导体材料的电阻率就完全取决于载流子浓度，即取决于有意掺杂的电活性杂质原子的浓度。

不仅如此，半导体材料的电阻率还受到各种外界因素的影响。在掺杂浓度一定的情况下，温度、光、压力、磁场等都会影响半导体材料的电阻率，这也成为各种半导体器件的物理和材料基础。

1.2.2.2 导电性特性

众所周知，在金属材料的两端加上电压，将会有电流出现，从而实现导电，其主要原理是电子作为载流子，在电场的驱动下进行了迁移。因此，金属材料中导电的只有一种载流子（电子），其迁移率大、数量多、导电能力强。

而半导体材料中对导电有作用的载流子有两种：一种是电子，和在金属材料中一样，具有负电荷；另一种是空穴，具有正电荷性质。以电子为主要载流子的半导体材料称为N型半导体材料，其中电子为多数载流子，而空穴为少数载流子。而以空穴为主要载流子的半导体材料称为P型半导体材料，其中空穴为多数载流子，而电子为少数载流子。如果没有进行有意的掺杂，具有相等电子和空穴浓度的高纯半导体材料则称为本征半导体材料。显然，与金属材料不同，在半导体材料中，电子、空穴同时参与导电。

对于半导体材料，由于电子和空穴同时导电，存在着两种载流子，因此式（1.1）可变为

$$\rho = \frac{1}{nq\mu_n + pq\mu_p} \tag{1.2}$$

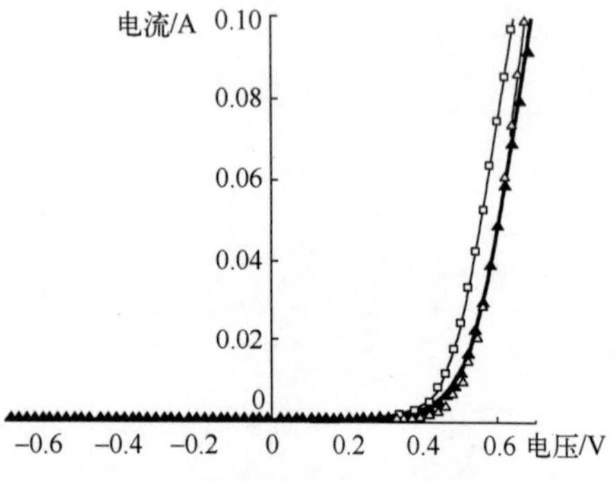

式中，n是电子浓度，p是空穴浓度，μ_n和μ_p分别是电子和空穴的迁移率。如果电子浓度n远大于空穴浓度p，则半导体材料的电阻率为$\rho = \frac{1}{nq\mu_n}$，反之材料的电导率为$\rho = \frac{1}{pq\mu_p}$。

图 1.4 PN结的电流-电压曲线

将N型半导体材料与P型半导体材料结合在一起，就形成了PN结，它是电子器件的一种最基础的元件，其特性是具有单向导电性（图 1.4），即随着正向电压的增大，当超过一个阈值时，电流将呈指数上升；而随着反向电压的增大，电流保持不变，几乎为零，直到超过某一阈值电压（击穿电压），电流快速增大。

在理想状况下，电流-电压（伏安）特性曲线可以用下式表示

$$\begin{aligned} I &= Aq\left(\frac{D_{\mathrm{n}} n_{\mathrm{p}}^{0}}{L_{\mathrm{n}}} + \frac{D_{\mathrm{p}} p_{\mathrm{n}}^{0}}{L_{\mathrm{p}}}\right)\left[\exp\left(\frac{qV}{k_{\mathrm{B}}T}\right) - 1\right] \\ &= I_0\left[\exp\left(\frac{qV}{k_{\mathrm{B}}T}\right) - 1\right] \\ &= I_0 \exp\left(\frac{qV}{k_{\mathrm{B}}T}\right) - I_0 \end{aligned} \tag{1.3}$$

式中，k_{B} 是玻耳兹曼常数，D_{n} 和 D_{p} 是电子、空穴的扩散系数，L_{n} 和 L_{p} 是电子、空穴的扩散长度，n_{p}^{0} 和 p_{n}^{0} 分别是平衡时 P 型半导体中的少数载流子（电子）的浓度和 N 型半导体中的少数载流子(空穴)的浓度，V 是外加电压，A 是 PN 结的截面积。式中右侧的第一项 $I_0 \exp\left(\frac{qV}{k_{\mathrm{B}}T}\right)$ 代表从 P 型半导体流向 N 型半导体的正向电流，随外加电压的增大而迅速增大，当外加电场为零时，PN 结处于平衡状态。其中令 $I_0 = Aq\left(\frac{D_{\mathrm{n}} n_{\mathrm{p}}^{0}}{L_{\mathrm{n}}} + \frac{D_{\mathrm{p}} p_{\mathrm{n}}^{0}}{L_{\mathrm{p}}}\right)$，指从 N 型半导体指向 P 型半导体的方向电流，称为反向饱和电流。

1.2.2.3　光电性特性

半导体材料大多具有光电性特性，即在 PN 结上光照，光能可以产生电子、空穴，从而产生电流，形成光伏效应，这是太阳能电池（太阳电池）的基本原理。而在 PN 结上加电压，电子和空穴复合，发出不同波长的光，这是发光二极管和激光器的基本原理。

1.2.3　半导体材料的材料结构特性

为了保证半导体器件的性能，通常认为半导体材料必须尽量少（无）杂质、尽量少（无）缺陷，也就是说，需要半导体材料具有高纯、晶体结构高完整特性。

1.2.3.1　半导体材料的高纯特性

半导体材料的主要电学特性是电阻率（电导率），它取决于载流子浓度和载流子迁移率。对于在室温下的某种特定半导体材料而言，前者是主要的决定性因素。因此，人们在制备半导体材料时，需要故意加入具有电活性的掺杂剂，以形成一定浓度的载流子（电子和空穴），最终得到所需要的具有一定电阻率的半导体材料。

为了保证利用电活性掺杂剂可准确控制载流子浓度，半导体材料本身必须高纯，没有（或者尽量少）杂质。因此，在制备半导体材料时，需要高纯的原料，杂质越少越好；而在半导体材料制备时，材料制备系统、容器、气体等也需要尽量高纯度；同时，需要减少任何可能的接触和污染，以保证尽可能少的杂质引用。因此，无论是在原料中存在杂质，还是在材料制备过程中引入杂质，都会在半导体材料中导致两个方面的问题：一是存在不确定数量、类型的杂质载流子，使得半导体材料中的载流子浓度偏离预定目标值；二是这些杂质可能会影响少数载流子的寿命，从而导致器件性能明显降低。

因此，半导体材料的高纯和制备过程中洁净是半导体材料的基本要求和特性。

1.2.3.2 半导体材料的晶体结构高完整特性

在一般金属或者无机非金属材料中，晶体结构缺陷对材料性能（特别是机械性能）有极为重要的影响，得到了广泛的研究和重视。对于作为功能材料的半导体材料而言，晶体结构缺陷除对材料的机械性能有重要影响外，对电学性能、光学性能、磁学性能等有更为重要的影响，甚至会影响器件的基本性能和基本功效。

半导体材料和普通晶体材料一样，存在着点缺陷、微缺陷、位错、层错、晶界、表面等缺陷，主要影响材料和器件的机械、电学、光学等性能，特别是电学、光学等性能。毫无疑问，材料的缺陷越少，半导体材料的质量就越好，最终半导体器件的性能、稳定性、可靠性就越好。例如，对于特征线宽已经达到 7nm 的微电子器件，如果器件工作区域的材料存在结构缺陷，会导致漏电流的产生、器件的失效。图 1.5 所示为单晶硅材料中空洞型缺陷的透射电子显微镜照片，从图中可以看出，晶体中存在尺寸约为 50nm 的空洞型缺陷，如果存在于器件的工作区域，将会对器件造成致命的伤害。

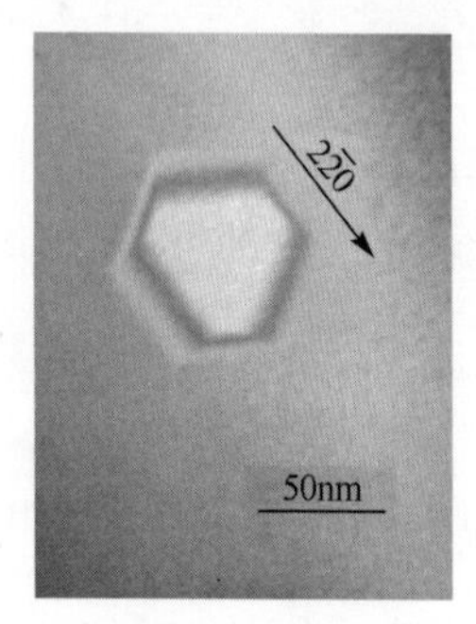

图 1.5 单晶硅材料中空洞型缺陷的透射电子显微镜照片

因此，在理想情况下，半导体材料最好是没有任何晶体缺陷的单晶材料（包括块体单晶材料和薄膜单晶材料）。但在实际应用中，由于晶体结构完整的半导体单晶材料制备困难、生产成本高昂等原因，器件都是制备在具有一定晶体缺陷的半导体材料上的，甚至制备容易、成本低廉、具有较多缺陷和杂质的半导体非晶材料、半导体多晶材料也会得到应用。显而易见，绝对无缺陷的半导体材料是无法制备的，因此，得到严格控制的、获得较少晶体缺陷的半导体材料是其另一个基本结构特性。

1.3 半导体材料的应用和产业

半导体材料是功能材料的主要类型之一，在材料制备完成后，通过各种后续工艺，可制备成半导体器件；或者是在制备材料的同时，制备成半导体器件。通过器件，可实现半导体材料在信息、新能源等领域的直接应用，并最终实现在现代工业、科技、国防等方面的广泛应用。

用半导体材料制备的半导体晶体管、集成电路，形成了微电子工业乃至信息工业的基础；用半导体材料制备的半导体发光器件、调制器和半导体探测器，形成了光通信、半导体光电子、半导体照明工业的基础；用半导体材料制备的太阳电池、热电转换器件，形成了重要的新能源工业；用半导体材料制备的光电显示器件，形成了平板显示工业的基础；用半导体材料还可以制备微波器件、光敏器件、磁敏器件、压敏器件、气敏器件、湿敏器件等，可应用在通信、互联网、物联网、家用消费、医疗、军事等领域。

因此，在半导体材料的基础上，形成了多种重要的高新科技产业，包括微电子产业、光电子产业、太阳能光伏产业、半导体照明产业、半导体显示产业等，下面简要介绍几种主要的半导体材料的产业应用。

1.3.1 半导体材料在微电子产业的应用

1948 年，美国贝尔实验室的巴丁（J. Bardeen)、布拉登（W. H. Brattain）和肖克莱（W. B.

Schokley）发明了晶体管，开启了电子工业的先河；而 1958 年美国德州仪器（TI）公司的基尔比（J. S. Kilby）发明了锗集成电路之后，又开创了现代微电子产业，成为信息产业和信息社会的基础。

在过去的几十年中，以硅为基础材料的微电子芯片技术几乎按照“摩尔定律”（Moore's Law）在发展，即：每 18～24 个月，集成电路（芯片）的集成度翻一倍，相应成本降低一半，特征线宽降低为原来的 0.7 倍左右。到 2021 年，IBM 公司开发的 2nm 特征线宽的芯片已经在实验室实现，台积电开发的 7nm 特征线宽的技术已经在产业界规模应用。随着集成电路技术的发展，产业规模也在不断地扩大，产业链条不断丰富和发展，已经形成集成电路设计、工艺和封装三大产业板块，并关联到集成电路装备和配套材料两大产业板块。目前，集成电路（包括微处理器、存储器、逻辑电路和模拟电路）产业的销售已经占据整个半导体产业（集成电路、光电子、分立器件和传感器件）板块的 96%以上。图 1.6 所示为 2002—2019 年全球半导体产品市场销售图，从图中可以看出，过去十几年，半导体产业（不含半导体照明、半导体光伏产业）的销售额增加了大约 3.5 倍。

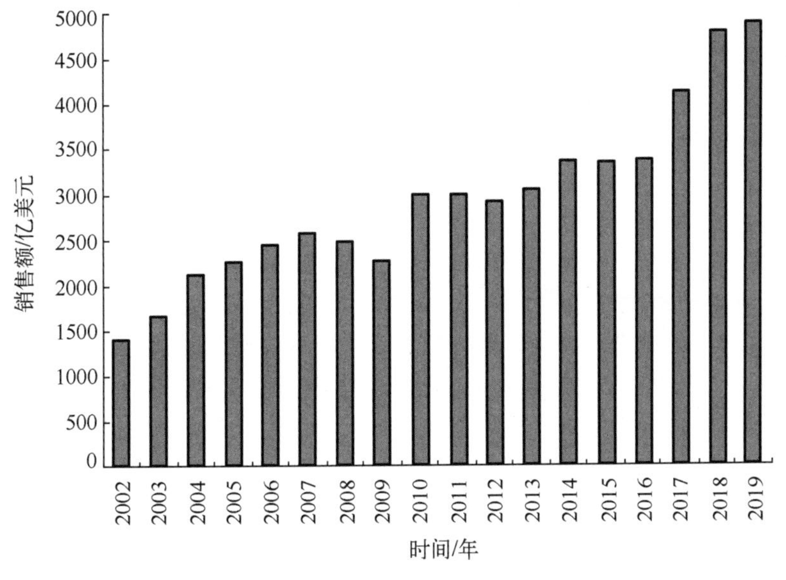

图 1.6　全球半导体产品市场销售图

2020 年，全世界半导体产业的销售额超过 4390 亿美元，是国际最重要的高科技产业之一；而我国的集成电路产业销售额超过了 8848 亿人民币，约占国际份额的 30%。随着我国制造业的发展和进步，我国已经成为集成电路的主要消费大国，全球 50%以上的集成电路是在中国被消费的。尽管我国集成电路产业快速发展，依然需要大量进口集成电路芯片；2020 年，我国进口集成电路销售额超过 3500 亿美元，是我国进口费用最高的行业，远超过石油、汽车等行业。

在 20 世纪四五十年代，晶体管、集成电路都是首先在锗半导体材料上实现的。随着产业化的发展，从 20 世纪 50 年代末起，硅半导体材料成为晶体管、集成电路的主要载体和基础材料。目前，95%以上的电子器件、集成电路都是建立在硅材料的基础上的。随着集成电路器件特征尺寸达到 2nm，摩尔定律接近临界点，超越摩尔（More Than Moore 和 Beyond Moore）的多元化、提高性能/功耗比的微电子技术将在今后 10 年起到重要作用。因此，在硅材料的基础上异质集成化合物半导体材料、二维半导体材料（如石墨烯）等新型半导体材料将是重要的发展趋势。

除了硅材料，由于各类化合物半导体材料具有禁带宽度较大、载流子迁移率较高、临界击穿电场强度较高、介电常数较低等不同特点，因此，在制备高频、高功率、高电压、高温和抗辐照等类型的电子器件时，基础材料还常常要利用化合物半导体材料。如具有直接带隙的 GaAs 系列半导体材料，其具有工作频率高、抗辐射等优势，主要应用在射频和抗辐照电子器件等领域；而以 GaN 为代表的Ⅲ族氮化物半导体材料可制备高电子迁移率晶体管（HEMT），应用于固态微波毫米波功率器件、超高速器件、高效电力电子器件等；SiC 半导体材料主要用来制备功率二极管和功率 MOSFET 器件，应用在高压电力电子器件；而应用于更高电压的电力电子器件的 Ga_2O_3、金刚石（C）等新型半导体材料和器件的技术正在研发中。

1.3.2 半导体材料在光电子产业的应用

半导体光电子产业开始于 20 世纪 60 年代。1962 年美国 GE 公司的尼克·何伦亚克（Nick Holonyak Jr）制备了第一个红光发光二极管（LED），随后的 40 年，人们开发了一系列发光器件，获得了红光、黄绿光发光二极管，并逐渐提高了发光亮度和光电转换效率，形成了初步的半导体光电子产业，包括半导体发光、半导体激光、半导体光电探测等方向。到了 20 世纪 90 年代，随着 GaN 材料制备和掺杂技术的突破，人们获得了稳定的、高亮度的半导体蓝光发光二极管，从而使得半导体发光波长可以覆盖几乎所有的可见光波长，使产业达到一个新的高度，促使了半导体照明、显示产业的发展。

半导体光电子产业是建立在具有直接带隙的化合物半导体材料的基础上的。通过选择不同组分、不同成分的化合物半导体材料，经过 PN 结等器件制备和电压调制，从而获得不同波长的电致发光，可应用于网络通信、新能源、医疗健康、先进制造、测量、信息存储等方面。近 60 年来，半导体光电子产业快速发展，成为众多高新技术产业的发源地。从应用领域来看，半导体光电子产业大致包括以下几个方面。

（1）光通信用高速光电子产业。20 世纪末以来，基于光通信的互联网技术改变了人类的生活、科技、工业和军事，是国际高科技竞争的焦点之一，因此，光通信成为新世纪发展迅速的高科技产业之一。而光通信用的高速光电子器件：半导体激光器、调制器、探测器等器件，分别建立在 InP、InGaAs 量子阱、Si/Ge 等半导体材料之上，并形成了高速光电子设计、制造和封装相关的产业。

（2）大功率半导体激光器产业。通过半导体激光阵列，人们已经实现大功率半导体激光的输出。激光功率从数百瓦到 1000W 以上，在医疗、固体激光泵浦、激光显示、激光加工（焊接、合金熔覆、切割等）及军事（测距、雷达、制导、引信和激光武器）等领域有重要应用。大功率激光器的制备，通常是根据所需波长的不同，选取组分不同的 GaAs、GaAsP、GaInP、AlGaP 和 InGaAsP 半导体材料作为有源层材料，通过器件设计而形成的。

（3）半导体发光产业。半导体发光是半导体光电子的基本应用，半导体发光二极管是半导体发光产业的基础。1962 年，第一颗可见光 LED 使用 GaAs 基材料制成之后，在 GaAsP 系列半导体材料上实现了黄绿光发光二极管，形成了半导体发光产业，应用在消费、显示等领域。在 1990 年之后，基于 GaN 的高亮度蓝光发光二极管的实现使得人们可以通过半导体二极管获得全光谱的可见光发光，加上利用短波长蓝光激发荧光粉技术的成熟，促使半导体照明走入千家万户，成为巨大的产业。近年来，MicroLED、MiniLED 的发展，又使得半导体发光在显示、背光等领域具有重大应用前景。

半导体材料在信息存储（光盘存储等）、红外探测、医疗、军事侦察等领域也有广泛的应用，如 InSb、GaSb 等锑化物半导体材料可应用在高性能中波红外激光器和中长波红外探测器上，而 TeCdHg 半导体材料可应用在红外探测器上等。

1.3.3　半导体材料在太阳能光伏产业的应用

能源是人类社会赖以生存的基本要素之一。在过去的 100 多年，不可再生的石油、天然气、煤炭是人类的主要能源，这些不可再生的能源不仅存在资源有限、分布局限等问题，还有开采成本高、使用污染大的环境保护问题。而太阳能是取之不尽、用之不竭的洁净可再生能源，其中将太阳能直接转换成电能的太阳能光伏技术成为主要的太阳能应用形式。

太阳能光伏技术利用半导体材料制备成 PN 结，通过太阳光的照射，产生光电转换效应（光生伏特效应，简称光伏效应），从而将太阳能转换成电能。早在 1839 年，法国人亚历山大·埃德蒙·贝克勒（Alexandre-Edmond Becquerel）在盐酸溶液中发现了光生伏特现象。1876 年，英国科学家威廉·格里尔斯·亚当斯（William Grylls Adams）等人在研究半导体材料时发现当太阳光照射硒半导体材料时，其像液体伏特电池一样，会产生电流。到 1954 年，美国贝尔实验室的夏平（D. M. Chapin）等人研制出世界上第一块真正意义上的硅太阳电池，光电转换效率达到 6%左右，很快达到 10%，从此拉开了现代太阳能光伏（Photovoltaic）产业的序幕。

太阳电池最初在卫星、空间站等航天领域得到应用。由于石油价格上涨、全球气候变化和环境保护要求提高等影响，太阳能光伏的开发和利用日益受到国际社会的重视。2004 年，德国率先通过了《可再生能源法》（EEG-2004），引起了西方发达国家及发展中国家的纷纷仿效，使得太阳能光伏应用进入了爆发式增长时期，极大地促进了太阳能光伏产业发展，使之成为近年来引人注目的高科技产业。到 2020 年，全球的太阳能光伏电池年安装量超过 130GW；相比 2007 年，年安装量增大了近 45 倍，如图 1.7 所示。在我国，2020 年太阳能光伏电池年安装量达到 48.2GW，我国的太阳能光伏电池年安装量连续 8 年居全球首位，年产值超过 6000 亿元人民币。到 2020 年，我国累计安装太阳能光伏电池超过 253GW，光伏装机容量占全部电力装机容量的 10%以上，仅次于煤电和水电。

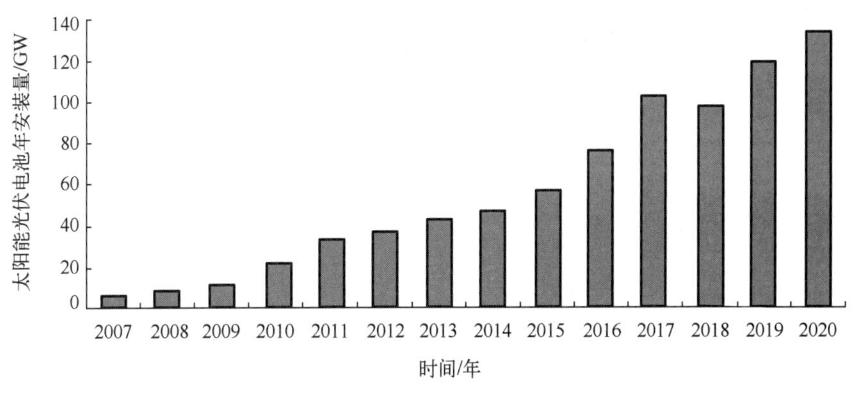

图 1.7　全球太阳能光伏电池年安装量

太阳能光伏产业主要建立在硅半导体材料的基础上。随着太阳能光伏产业的发展，硅太阳电池的生产成本以每年约 10%的速度下降。近 10 年来，硅光伏电池的价格下降了 90%以上，进一步促进了太阳能光伏产业。2020 年，晶体硅太阳电池约占太阳能光伏市场的 97%，而其余 2%～3%的市场份额主要是 CdTe、CuInGaSe 薄膜半导体材料和电池。

2020 年 9 月，我国领导人在第 75 届联合国大会郑重承诺我国将提高国家的自主贡献力度，采取更加有力的政策和措施，二氧化碳排放力争于 2030 年达到峰值，努力争取 2060 年前实现“碳中和”。因此，“碳达峰、碳中和”成为国家的任务，而太阳能光伏将担任重要的作用。目前，太阳能光伏的成本已经低于上网电价，太阳能光伏产业发展将迎来新的高潮。据预计，到 2050 年，我国的太阳能光伏发电有望占据总能源的 30%～40%，其发展速度将超过集成电路，成为世界上最具有发展前景的朝阳产业之一。

半导体材料除作为功能材料外，还兼具结构材料的性能和应用。在微电子加工工艺的基础上发展起来的微机电系统（MEMS），就利用半导体硅材料的机械特性，结合其电学特性，整合硅基材料的光学、磁学等性能，融合光刻、腐蚀、薄膜等硅微加工、非硅微加工和精密机械加工等技术，制备成微米级或者纳米级的电子机械器件结构。微机电系统涉及微机械设计、微机械材料、微细加工、微装配与封装、集成技术、微测量等领域，还涉及流体力学、摩擦学、热力学、光学等学科在微米尺寸的特殊性能，形成了集微传感器、微执行器、微机械结构、微电源、微电子信号处理和控制电路及微电子集成器件等于一体的微系统，已经成为一个独立的学科领域。目前，微机电系统已经有很多产品，如 MEMS 陀螺仪、MEMS 加速度计、微马达、微泵、MEMS 压力传感器、MEMS 麦克风、MEMS 湿度传感器等，在电子、医学、工业、汽车和航空航天领域有广泛的应用。

1.4 半导体材料的展望

人类社会已经从铁器时代跨越到“硅时代”，进入了以硅为核心的半导体材料支撑的信息社会。几十年来，具有电阻率特性、导电性特性和光电性特性的半导体材料，已经支撑了微电子、光电子、半导体照明、太阳能光伏、半导体显示等高科技产业，在航空航天技术、生物技术、基因技术等新兴高技术领域具有重要的应用。

半导体材料的发展建立在制备技术的进步上。一方面，基于成本降低和实际应用的需求，半导体材料（体晶体、薄膜晶体）需要大尺寸化，直径 8 英寸、12 英寸及 18 英寸是不同半导体材料制备的发展方向。另一方面，基于器件性能不断提高的要求，半导体材料微观缺陷的控制始终是关键问题，包括晶界、层错、位错、微缺陷、点缺陷及杂质（特别是金属杂质）；如何降低缺陷密度，实现少缺陷、无缺陷的晶格完整的半导体材料晶体生长，是今后必须关注的方向。

对于微电子产业的半导体硅材料，在生长大直径硅晶体的同时，控制点缺陷和杂质是关键技术；硅基异质集成材料（硅基化合物材料、硅基锗材料、硅基碳材料、硅基发光材料、硅基量子点材料、硅基二维材料等）的研究和开发将是人们关注的重点。对于光电子产业，改善半导体材料质量、不断提高半导体发光功率、提高电光转换效率，是人们一直追求的目标。对于太阳能光伏产业，在提高半导体硅材料晶体质量、不断提升硅太阳电池的光电转换效率的同时，降低制备成本是中心问题；开发低制造成本、高光电转换效率的薄膜半导体材料和太阳电池也是太阳能光伏产业的重要方向。

半导体材料应用广泛，对国民经济有重要支撑作用，更低成本、更高性能的新型半导体材料是人们研究的方向，例如，可以承受更高电压的电力电子器件有赖于新型半导体材料

Ga_2O_3、金刚石材料的突破。另外，具有新功能和新应用的半导体材料开发也是研究者的重要方向，例如，基于新功能的半导体纳米材料[或称低维材料，包括量子点、纳米线（管）、二维材料等]、有机无机复合材料都成为人们研究的新方向。

总之，半导体材料是国际信息产业、新能源产业的基础，是各国家的高科技竞争的重点领域，是我国高科技产业的重要支柱。在今后数十年中，更低成本、更高性能和更多应用的目标，将不断推动半导体材料和器件技术继续发展。半导体材料不仅将在信息、新能源产业持续发挥基石作用，而且在医疗健康、机械制造等新的应用领域具有更大的应用前景。

习　题　1

1. 为什么半导体材料是信息社会的基础？
2. 什么是半导体材料？你知道哪些半导体材料？它们属于哪一类半导体材料？
3. 半导体材料具有哪些特性？
4. 半导体材料的电阻率范围是多少？
5. 半导体材料中的载流子与金属材料有何不同？
6. 半导体照明的应用主要利用了半导体材料的什么特性？
7. 利用电活性掺杂剂可准确控制载流子浓度，为什么半导体材料本身必须高纯？
8. 半导体材料有哪些应用？

第 2 章　半导体材料物理基础

半导体材料是功能材料，主要利用材料的电学、光学、磁学等性质，通过构建 PN 结等器件，实现对载流子（电子、空穴）、光子的操控，最终实现信息运算、存储、输运、发光、发电、光电探测等广泛应用。

半导体材料和器件的应用建立在半导体物理的基础之上。虽然半导体材料的种类众多，但都具有相似的电阻率、导电性、光电性等材料物理特性。半导体材料都具有一定宽度的禁带，载流子（电子、空穴）在禁带中的分布服从费米分布。在光照等外加能量的作用下，在价带中的电子能够吸收能量而跃迁到导带，产生非平衡的载流子；非平衡载流子会扩散和漂移，并在一定时间后，非平衡的导带电子与价带空穴复合，并发出光和热。半导体材料根据导电特性（或者载流子类型）可分为电子导电的 N 型半导体材料（有时简称为 N 型半导体）和空穴导电的 P 型半导体材料，将 P 型半导体材料和 N 型半导体材料直接相连就可组成 PN 结，其是半导体器件的基本结构。PN 结具有整流特性，电流可以单向导通，是微电子器件的基本构件；在一定的电压下，通过载流子的复合，PN 结可以发光，是半导体光电子的基本构件；在一定的光照下，通过产生电子-空穴对，PN 结产生“光伏效应”，可以对外电路提供电流，是太阳电池的基本构件。

本章将讲述半导体材料的基本物理基础[1]，是半导体物理的基本内容。本章将阐述半导体材料中载流子（电子与空穴）产生的原理和能带结构、杂质和缺陷引起的缺陷能级（浅能级、深能级），阐述热平衡状态下本征半导体和杂质半导体的载流子的分布与统计，以及非平衡少数载流子的产生、复合、扩散和漂移的基本原理，最后简要介绍半导体材料构成的基本器件结构，包括 PN 结、金属-半导体接触和金属-绝缘层-半导体（MIS）结构的器件制备、能带特点与电流-电压特性的基本原理。

2.1　载流子和能带

2.1.1　载流子和电导率

众所周知，金属材料的导电是由带负电的电子在电场的作用下移动所造成的。在半导体材料中，除电子可以导电外，还有一种带正电的空穴也可以导电。半导体材料的导电性能不仅取决于电子的浓度、分布和迁移率，而且取决于空穴的浓度、分布和迁移率。因此，这些导电的电子、空穴被统称为半导体材料的载流子，它们的浓度是半导体材料的基本参数，对电学性能有极为重要的影响，决定着半导体材料的电阻率、光电转换效率等基本性能。

一般而言，半导体材料都是利用高纯材料，再有意加入不同类型、不同浓度的其他原子，以精确控制半导体材料的电子或空穴浓度的。值得说明的是，相对于高纯半导体材料而言，掺入的这些其他原子是一种特殊的“杂质”，它们是有意掺入、用来控制性能的。对于超高纯、没有有意掺入其他原子的半导体材料，电子浓度和空穴浓度是相等的，称为本征半导体材料。如果在超高纯半导体材料中掺入某种原子，使得其中的电子浓度大于空穴浓度，称其为 N 型半导体材料；而此时的电子被称为多数载流子，空穴被称为少数载流子。反之，如果在超高纯半导体材料中掺入某种原子，使得空穴浓度大于电子浓度，则称其为 P 型半导体材料，此时的空穴被称为多数载流子，电子被称为少数载流子。相应地，在半导体材料制备时，含有这些故意掺入原子的添加料被称为掺杂剂（Dopant），包括 N 型掺杂剂和 P 型掺杂剂；这些故意掺入的原子被称为掺杂杂质，包括 N 型半导体材料的施主杂质和 P 型半导体材料的受主杂质。

对于一般的导电材料，其电导率σ可用下式表示

$$\sigma = nq\mu \tag{2.1}$$

式中，n 为载流子浓度（cm^{-3}），q 为电子的电荷量（C），μ 为载流子的迁移率（单位电场强度下载流子的运动速度，$cm^2/(V\cdot s)$）。对于一般的导电材料，载流子为电子，这里的μ为电子的迁移率。

对于半导体材料，由于电子和空穴同时导电，存在着两种载流子，因此式（2.1）可变为

$$\sigma = nq\mu_n + pq\mu_p \tag{2.2}$$

式中，n 是电子浓度，p 是空穴浓度，μ_n 和μ_p 分别是电子和空穴的迁移率。如果电子浓度 n 远大于空穴浓度 p，则半导体材料的电导率$\sigma \approx nq\mu_n$，反之，半导体材料的电导率$\sigma \approx pq\mu_p$。

2.1.2 能带结构

半导体材料的物理性质是和电子与空穴的运动状态紧密相关的，而它们的运动状态的描述和理解建立在能带理论的基础上。从大的范围讲，半导体物理就是建立在能带理论上的。

绝大部分半导体材料都是晶体，所谓晶体，就是原子（分子）在空间三维方向上周期性地重复排列的材料。以单个原子为例，我们知道原子是由电子和原子核组成的，电子处于一定的分裂能级上并围绕着原子核运动。电子的运动轨道可分为 1s、2s、2p、3s、3p、3d 等，这些运动轨道对应于不同的电子能级。以氢原子为例[玻尔（Bohr）模型]，假设：（1）电子以一固定的速度围绕原子核做圆周运动；（2）电子在特定的轨道上，以相应角动量 $h/2\pi$[h 是普朗克（Plank）常数]的整数倍运动；（3）电子的总能量等于动能和势能之和。此时，由假设（1）可知，电子的库仑作用力和洛伦兹作用力相平衡，如下式所示[2-3]

$$\frac{1}{4\pi\varepsilon_0}\frac{q^2}{r^2} = \frac{mv^2}{r} \tag{2.3}$$

式中，m 为电子质量，v 是电子做圆周运动的速度，r 是电子圆周运动的半径，ε_0 是材料的真空介电常数。由假设（2）可知

$$mvr = n\frac{h}{2\pi} \tag{2.4}$$

式中，n 为量子数，$n = 1, 2, 3, 4,\cdots$。而电子的总能量为

$$E_n = \frac{1}{2}mv^2 + \left(-\frac{q^2}{4\pi\varepsilon_0 r}\right) \tag{2.5}$$

将式（2.3）和式（2.4）代入式（2.5）可得[2-3]

$$E_n = -\frac{mq^4}{8\varepsilon_0^2 h^2 n^2} = -\frac{13.6}{n^2} \tag{2.6}$$

当电子处于基态时，$n = 1$，$E_1 = -13.6\text{eV}$；当电子处于第二激发态时，$n = 2$，$E_2 = -3.4\text{eV}$，依此类推。

由此可知，电子处于一系列特定的运动状态，称为量子态；某个量子态中，电子的能量是一定的，被称为能级。靠近原子核的能级，电子受的束缚强，能级就低；远离原子核的能级，电子受的束缚弱，能级就高。半导体材料的单个原子的能级示意图如图 2.1 所示。根据一定的原则，电子只能在这些分裂的能级间跃迁。当电子从低能级跃迁到高能级时，电子要吸收能量；当电子从高能级跃迁到低能级时，电子要放出能量。而且，每个能级上都只能容纳两个运动方向相反的电子。

当原子沿空间三维方向周期性重复排列组成晶体时，相邻原子间的距离只有埃（Å）的数量级，原子核周围的电子会发生互相作用，图 2.2 显示了原子组成晶体时电子的运动。此时，相邻原子间的电子壳层发生重叠，最外层的电子重叠较多，内壳层的电子重叠较少，也就是说，相邻原子间的相同的电子能级发生了重叠，如 $2p$ 能级和相邻原子的 $2p$ 能级重叠，$3s$ 能级和相邻原子的 $3s$ 能级重叠。这时，晶体原子的内壳层电子由于基本没有发生重叠，因此依然围绕原子核运动；而外壳层电子由于发生能级重叠，因此电子不再局限于一个原子，可以很容易地从一个原子转移到相邻原子，可以在整个晶体中运动，称为电子的共有化。

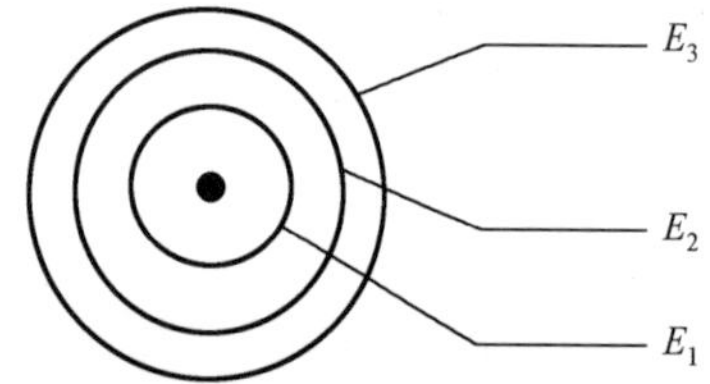

图 2.1　原子的能级示意图

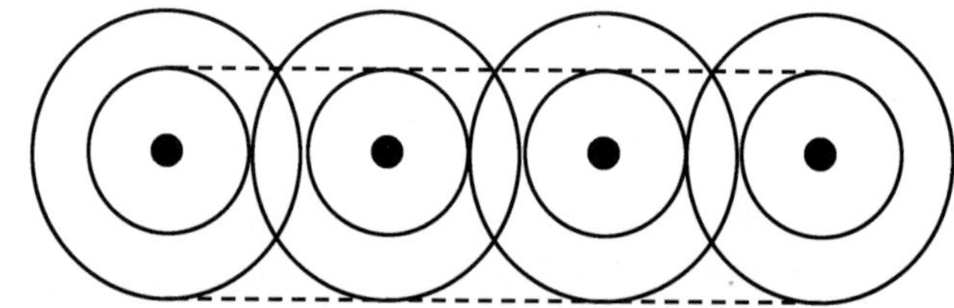
图 2.2　原子组成晶体时电子的运动

实际上，当单个原子组成晶体时，原子的能级并不是固定不变的。如当两个相距很远的独立原子逐渐接近时，每个原子中的电子除受到自己原子的势场作用外，还受到另一个原子的势场作用。其结果是，根据电子能级的简并情况，原有的单一能级会分裂成 m 个相近的能级（m 是能级的简并度）。如果 N 个原子组成晶体时每个原子的能级都会分裂成 m 个相近的能级，那么这 mN 个能级将组成一个能量相近的能带。这些分裂能级的总数量很大，因此这个能带中的能级可视为连续的。这时共有化的电子并不在一个能级内运动，而在一个晶体的能带间运动，这个能带就被称为允带。允带之间是没有电子在运动的，被称为禁带。

原子的内壳层电子能级低，简并程度低，共有化程度也低，因此其能级分裂得很小，能带很窄；而外壳层电子（特别是价电子）能级高，简并程度也高，基本处于共有化状态，因此能级分裂得多，能带宽。图 2.3 显示的是原子组成晶体时能级分裂成能带的示意图。

对于半导体硅材料，它的原子最外层有 4 个价电子，两个是 $3s$ 电子，两个是 $3p$ 电子。当 N（N 约为 10^{22}cm^{-3}）个硅原子相互接近组成硅晶体时，原来独立原子的能级发生分裂，组成能带，图 2.4 所示为硅原子组成晶体时能带的形成图。可以看到，当原子间距离变小时，$3s$、$3p$ 相应的能级开始分裂，形成能带；由于 $3s$、$3p$ 的简并度分别为 1 和 3，因此每个相应的能带中含有 $2N$ 和 $6N$ 个细小能级，而电子可能占据其中的一个细小能级（或称电子态）；当原子间距离进一步变小时，一个原子上的 3*s* 电子、3*p* 电子开始与相邻的原子共有，发生共有化运动，开始产生 *s*–*p* 轨道杂化，两个能带合并成一个能带；当原子间距离接近平衡距离时，再次分裂为两个能带，能级重新分配，每个能带都具有 4*N* 个细小能级，分别可以容纳 4*N* 个电子。

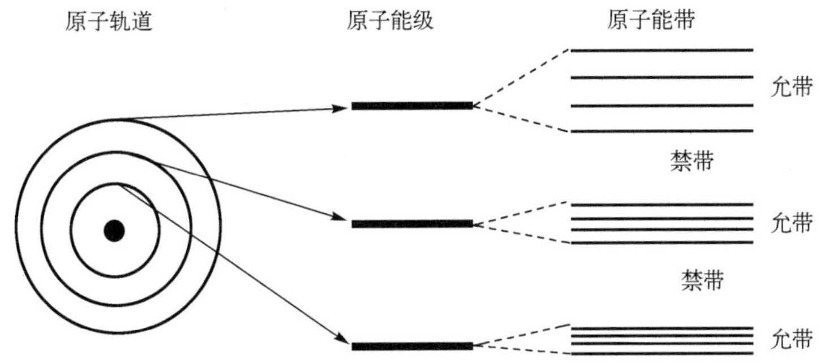

图 2.3　原子组成晶体时能级分裂成能带的示意图

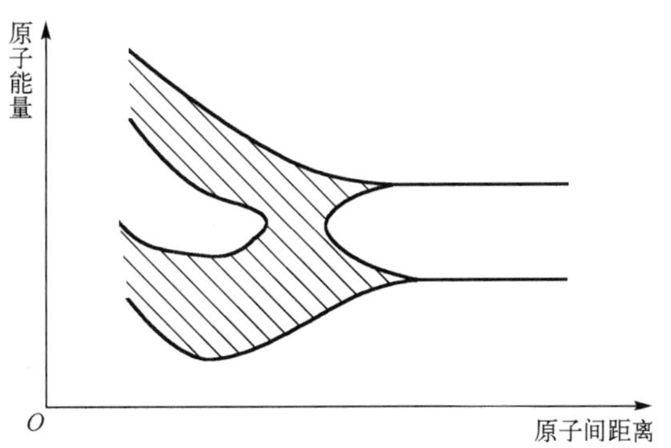

图 2.4　硅原子组成晶体时能带的形成图

根据能量最低原则，在低温时，*N* 个原子的 4 个价电子将全部占据低能量的能带，而高能量的能带则是空的，没有电子占据。

对于其他半导体材料也有类似的情况，图 2.5 所示为半导体晶体材料的能带示意图。通常在能量低的能带里都填满了电子，这些能带称为满带；而能带图中能量最高的能带往往是全空的或半空的，电子没有填满，这个能带称为导带（导带底能量为 E_c）；在导带下的那个满带，其电子有可能跃迁到导带，这个能带称为价带（价带顶能量为 E_v）；两者之间不能存在电子运动的区域就称为禁带（禁带宽度为 E_g）。从图中可以看出，电子可以在不同的能带中运动，也可以在不同的能带间跃迁，但不能在能带之间的区域中运动。为了简化，图 2.5 表示的能带图还可以用图 2.6 所示的简化形式来表示。

对于一般材料而言，其导电率取决于能带结构和导带电子的性质。绝缘材料的导带是空的，没有自由电子，而且禁带宽度很大，价带的电子也不可能跃迁到导带，导带中始终没有自由电子，所以绝缘材料不导电。导体材料的导带和价带是重合的，中间没有禁带，因此在导带中有大量的自由电子，导电能力很强。半导体材料的情况跟前两者都不同，虽然价带中一般没有电子，但是在一定的条件下，价带的电子可以跃迁到导带，在价带中留下空穴，导带中的电子和价带中的空穴可以同时导电。图 2.7 所示为绝缘材料、导体和半导体的能带示意图。

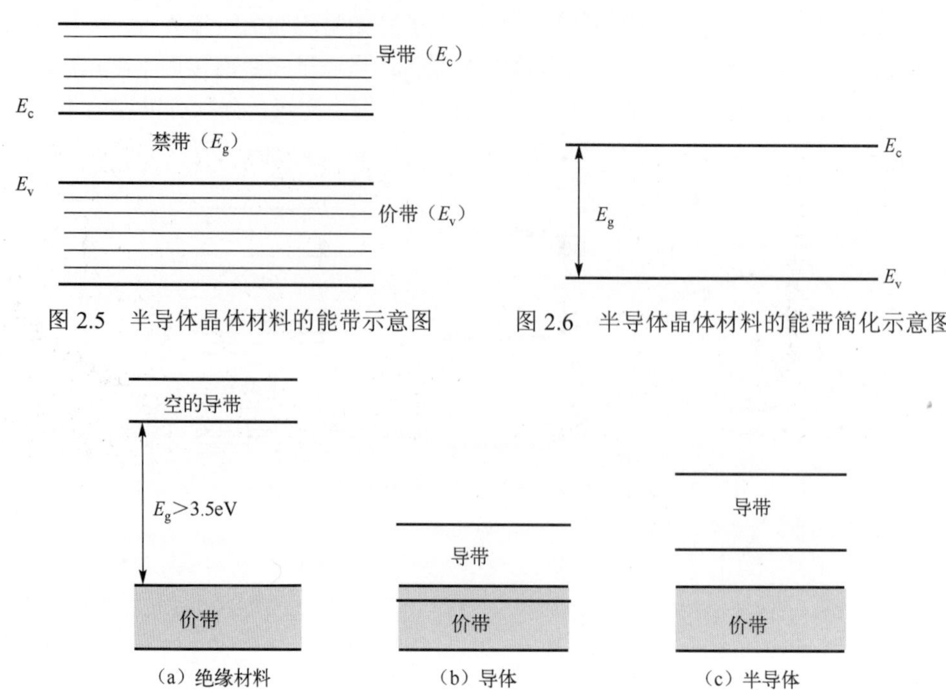

图 2.5　半导体晶体材料的能带示意图　　图 2.6　半导体晶体材料的能带简化示意图

图 2.7　绝缘材料、导体和半导体的能带示意图

因此，半导体材料的禁带宽度是一个决定电学和光学性能的重要参数，表 2.1 所示为重要半导体材料的禁带宽度。

表 2.1　重要半导体材料的禁带宽度

材　　料	禁带宽度/eV（300K）	材　　料	禁带宽度/eV（300K）
Si	1.11	SiC	3.23（4H-SiC）
GaAs	1.44	CdTe	1.44
InP	1.34	$CuInSe_2$	1.02
GaN	3.4		

2.1.3　电子和空穴

半导体材料导电是由两种载流子（电子和空穴）的定向运动而实现的。在低温状态下，价电子被完全束缚在原子核周围，不能在晶体中运动，这时在能带图中，价带是充满的，而导带是全空的。随着温度的升高，由于晶格热振动等原因，一部分电子脱离原子核的束缚，产生价电子共有化，变成自由电子，可以在整个晶体中运动。而在原来电子的位置上留下了一个电子的空位，称为空穴。图 2.8 所示为半导体材料中电子-空穴对产生的示意图。

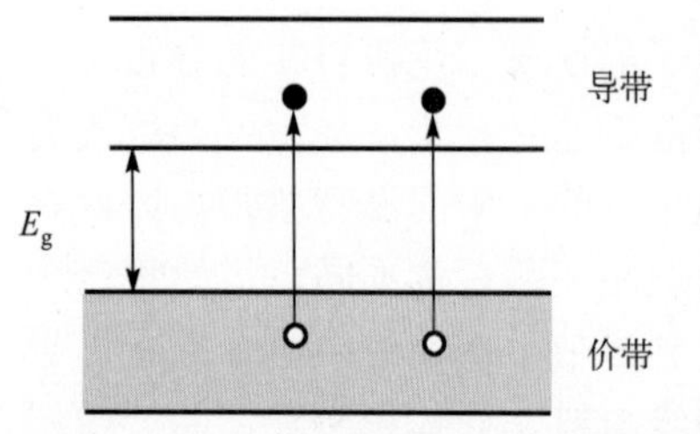

图 2.8　电子-空穴对产生的示意图

价电子在成为自由电子后，作为负电荷（$-q$），在晶体中可以做无规则的热运动。此时，从能带的角度讲，电子吸收了能量，从价带跃迁到导带（图 2.8）。在外电场的作

用下，除做热运动外，电子还沿着与电场相反的方向漂移，产生电流，其方向和电场方向相同。这种自由电子运载电流的导电机构称为电子导电，而电子称为载流子。

在电子没有成为自由电子时，原子是电中性的；电子成为自由电子在整个晶体中运动后，原来电子的位置就缺少一个负电子，呈现正电荷（$+q$），称为空穴。此时，从能带的角度讲，由于电子跃迁到导带，因此在价带上留下了空穴（图 2.8）。如果邻近的电子进入这个位置，那么这个电子的位置就空了出来，呈现正电荷，就好像空穴进行了移动。这个过程如果连续不断地进行，空穴就可以在整个晶体中运动。实际上，空穴的运动就是电子的反向运动。在外电场的作用下，除做热运动外，空穴还要在沿着电场的方向漂移，产生电流，其方向和电场方向相同。这种空穴运载电流的导电机构称为空穴导电，而空穴也称为载流子。所以，在半导体材料中，有电子和空穴两种载流子导电。

在一定的温度下，由于热振动能量的吸收，半导体材料中电子-空穴对不断产生；同时，当电子和空穴相遇时，又产生复合，即导带中的电子跃迁到价带，和价带上的空穴复合，导致电子-空穴对消失。很显然，如果没有故意掺入的其他原子（杂质），对高纯半导体材料而言，在热平衡状态下，其电子-空穴对的浓度主要取决于温度，温度越高，则电子-空穴对的浓度越高。这样的半导体材料称为本征半导体材料，其电子、空穴的浓度（单位体积的载流子数）为

$$n = p = n_{\mathrm{i}}(T) \tag{2.7}$$

式中，T 为热力学温度，n_{i} 为本征载流子浓度。在室温 300K 时，硅材料的本征载流子浓度为 $1.00\times10^{10}\mathrm{cm}^{-3}$。

在外电场的作用下，电子、空穴产生运动。由于受到晶体中周期性重复排列的原子的作用，其运动状态和自由空间中完全不同，因此，可利用有效质量代替质量来表征这样的不同。设电子和空穴的有效质量分别为 m_{n}^* 和 m_{p}^*，这时它们在外电场（E）中运动的加速度分别为

$$a_{\mathrm{n}} = -\frac{qE}{m_{\mathrm{n}}^*} \quad \text{（电子）} \tag{2.8}$$

$$a_{\mathrm{p}} = \frac{qE}{m_{\mathrm{p}}^*} \quad \text{（空穴）} \tag{2.9}$$

2.2　杂质和缺陷能级

2.2.1　掺杂半导体材料

本征半导体材料在热平衡状态时，电子和空穴的浓度是相等的。如果有意掺入了其他原子（杂质），会在半导体材料的禁带中引入新的杂质能级。这些故意掺入的杂质原子在室温下电离后，或在导带中引入电子，或在价带中引入空穴。因此，对于半导体材料，可以通过控制有意掺入杂质的类型和浓度，来控制材料中电子和空穴的浓度，最终达到控制半导体材料的电学性能的目的。

如果在半导体材料中掺入的杂质提供电子，就形成了 N 型半导体材料，该杂质称为施主。此时电子浓度大于空穴浓度，为多数载流子，而空穴的浓度较低，为少数载流子。最终电子的浓度取决于掺入杂质的浓度。

在四价的高纯半导体硅晶体中，加入Ⅴ族元素（磷、砷、锑）的原子，则使得硅中的电子浓度大于空穴浓度，硅晶体成为 N 型半导体材料。图 2.9 表示 N 型掺磷半导体硅晶体的原子结构示意图，从图中可以看出，硅原子有 4 个价电子，和邻近的 4 个硅原子组成 4 个稳定的共价键，当五价的磷原子掺入硅晶体时，磷原子会替换硅原子，占据晶格位置，它的 4 个价电子与邻近的 4 个硅原子的价电子组成 4 个共价键，另一个价电子则被束缚在原子核周围。一旦接受能量，这个价电子就很容易脱离原子核的束缚，可以在整个晶体中运动，成为自由电子，即该电子接受能量后，从杂质能级跃迁到导带，因此形成了电子浓度大于空穴浓度的 N 型半导体。

根据式（2.6），由于硅晶体中的电子有效质量为 m_n^*，介电常数为 ε，则第 5 个价电子的结合能（$n=1$）为

$$E=-\frac{m_n^* q^4}{8\varepsilon^2 h^2}=\frac{mq^4}{8\varepsilon_0^2 h^2}\times\frac{m_n^*}{m}\times\frac{\varepsilon_0^2}{\varepsilon^2}=-13.6\times\frac{m_n^*}{m}\left(\frac{\varepsilon_0}{\varepsilon}\right)^2 \tag{2.10}$$

同样地，如果在四价的高纯半导体硅晶体中加入Ⅲ族的杂质原子（硼等），则可使得硅中的空穴浓度大于电子浓度，硅晶体成为 P 型半导体材料。图 2.10 表示 P 型掺磷半导体硅晶体的原子结构示意图，从图中可以看出，当三价的硼原子掺入硅晶体时，硼原子也会替换硅原子，占据晶格位置，它的 3 个价电子与邻近的 3 个硅原子的价电子组成 3 个共价键，而相邻的一个硅原子多余一个价电子，具有接受自由电子的能力，形成空穴。一旦邻近的电子进入空穴，空穴就移动到邻近位置，最终空穴作为载流子可以在整个晶体中运动。此时，硅晶体是 P 型半导体。

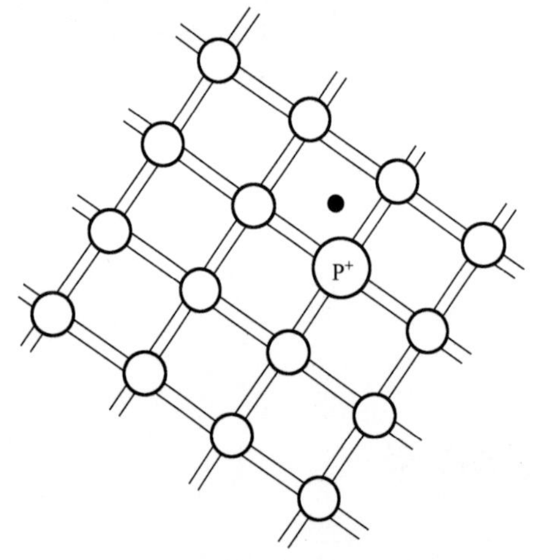

图 2.9 N 型掺磷半导体硅晶体的原子结构示意图（●为自由电子）

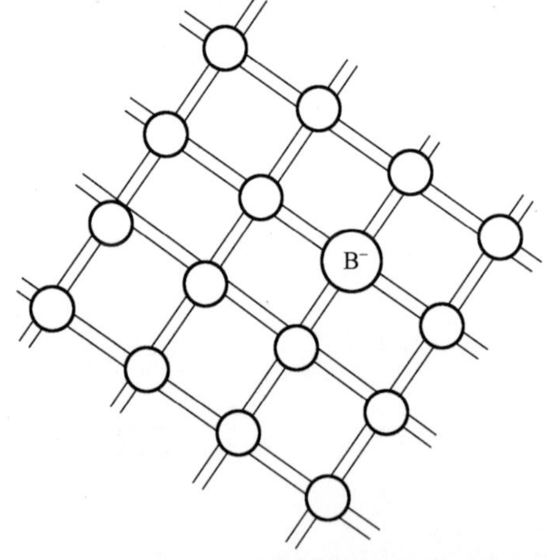

图 2.10 P 型掺磷半导体硅晶体的原子结构示意图

2.2.2 杂质能级

人们为了控制半导体材料的电学性能，在高纯的本征半导体材料中有意加入不同类型和浓度的杂质原子，从而可形成 N 型或 P 型半导体材料。实际上，在半导体材料的制备和加工

过程中，也会不可避免地掺入少量不需要的杂质。这些杂质在禁带中间都会引入新的能级，如果杂质能级的位置靠近导带底或价带顶，在室温下杂质原子会电离，为半导体材料提供额外的载流子，那么这类杂质就称为浅能级杂质。如果杂质能级位于禁带中心附近，室温下杂质原子基本不电离，成为少数载流子的复合中心，那么这类杂质被称为深能级杂质[4-5]。

以 N 型半导体硅晶体为例，在硅晶体中掺入五价磷原子后，磷原子的 4 个价电子和周边硅原子的 4 个价电子组成 4 个共价键，另一个价电子被微弱地束缚在磷原子周围。在吸收一定的能量后，这个价电子会电离而脱离磷原子的束缚。由于这个电子是微弱地被束缚着的，因此电离过程需要的能量比较小，其电子从磷原子束缚中脱离的最小能量就是它的电离能。

从能带的角度讲，这个多余的围绕磷原子运动的电子具有一个相对应的局域化能级，这个能级位于禁带中间，被称为杂质能级。当接受能量时，这个价电子脱离束缚，成为自由电子，也就是说，这个价电子接受能量从杂质能级跃迁到导带，如图 2.11 所示。因为这个电子的电离能很小，只要很少的能量电子就会跃迁到导带，所以磷原子的这个价电子的能级在导带下的禁带之中，而且离导带底很近。因此，对于硅晶体来说，磷原子属于浅能级杂质。

像磷原子一样能够向硅晶体提供电子作为载流子的其他杂质统称为施主杂质，其引入的杂质能级称为施主能级，一般用 E_{d} 来表示。在半导体硅晶体中，V 族元素磷、砷、锑都能起到提供电子的作用，是施主杂质，也是浅能级杂质。

在温度很低且接近 0K 时，N 型半导体材料中没有形成共价键的、多余的那些价电子没有电离，占据了施主能级，此时施主杂质是中性的，也就是说，每个施主能级上都有一个束缚的电子[图 2.11（a）]。当温度升高时，施主杂质电离，多余的电子将从施主能级跃迁到导带，留下一个局域化的空能级。由于杂质的电离能很小，一般而言，在非简并半导体中，在室温时施主杂质都能全部电离，施主能级没有被电子占据。

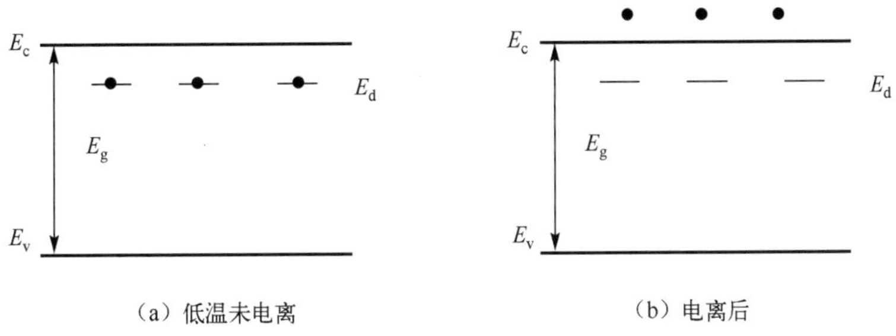

（a）低温未电离　　（b）电离后

图 2.11　施主能级示意图

同样地，对于 P 型半导体硅晶体，在硅晶体中掺入三价硼原子后，一个硼原子的 3 个价电子和周边硅原子的 3 个价电子分别组成 3 个共价键，这个硅原子还有一个价电子没有配对，形成了一个悬挂键，可以接受硅晶体中的自由电子配对，就形成了一个空穴。在硅晶体升温或吸收其他能量后，这个价电子可以接受来自晶体其他地方的电子而形成共价键。因此，硼原子接受一个电子所需的最小能量，就是它的电离能。

从能带的角度讲，硼原子接受的这个电子具有一个相对应的局域化能级，这个能级也位于禁带中间，同样是杂质能级。当接受能量时，这个电子会和硅原子的悬挂键结合，在其他位置产生一个自由空穴，也就是说，接受能量后，电子从价带跃迁到杂质能级，在价带中留下一个空穴，如图 2.12 所示。因为电子的电离能很小，所以这个杂质能级在禁带之中，而且离价带顶很近。

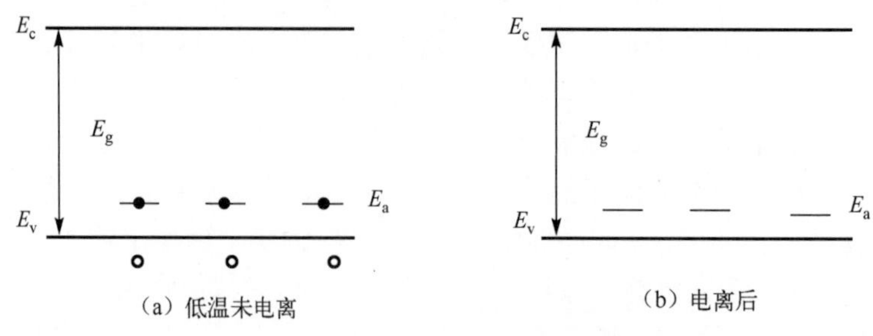

图 2.12 受主能级示意图

像硼原子一样能够向硅晶体提供空穴作为载流子的杂质统称为受主杂质，其所引入的杂质能级称为受主能级，一般用 E_a 来表示。在半导体硅晶体中，Ⅲ族元素硼、铝、镓、铟都能起到提供空穴的作用，是受主杂质。由于它们的电离能很小，因此它们也是浅能级杂质。

在温度很低且接近 0K 时，受主能级是空着的，受主杂质是中性的。当温度升高时，电子从价带跃迁到受主能级，在价带中留下一个自由空穴，如图 2.12 所示。而在室温时，对简单的非简并半导体，受主杂质全部电离，受主能级被电子占据。

2.2.3 深能级

如上所述，当杂质原子掺入本征半导体材料时，可以在禁带中引入两类杂质能级：浅能级和深能级。如果杂质能级的位置位于导带底或价带顶附近，即电离能很小，则这类杂质就是浅能级杂质，如在硅晶体中掺入Ⅲ族、Ⅴ族元素杂质。如果杂质能级的位置位于禁带中心附近，电离能较大，在室温下处于这些杂质能级上的杂质原子一般不电离，对半导体材料的载流子没有贡献，但是它们可以作为电子或空穴的复合中心，影响非平衡少数载流子的寿命，则这类杂质称为深能级杂质，所引入的能级为深能级。

和浅能级杂质相比，除能级的位置和电离能的大小不同外，深能级杂质还可以多次电离，在禁带中引入多个能级，这些能级可以是施主能级，也可以是受主能级，有些深能级杂质可以同时引入施主能级和受主能级。

对于硅晶体而言，金属杂质（特别是过渡金属杂质）基本都属于深能级杂质。如果在硅晶体的禁带中引入深能级，将直接影响硅晶体的少数载流子寿命。如硅中的钴（Co）金属，一般以替代位置存在于硅晶体中，它既可以引入施主型深能级，又可以引入受主型深能级；它的施主能级为双重态，是 E_v+0.23eV 和 E_v+0.41eV；它的受主能级也是双重态，分别为 E_c–0.41eV 和 E_c–0.217eV。硅中的金是另一种重要的深能级杂质，在硅中也处于替代位置，它有两个能级，分别为施主能级 E_v+0.347eV 和受主能级 E_c–0.554eV。在掺杂浓度较低的情况下，这两个能级可以同时出现。在掺杂浓度较高的情况下，则分别出现。对于重掺 N 型单晶硅，由于电子是多数载流子，浓度相对较高，金原子很容易得到电子而成为带负电的金离子（Au^-），因此只有受主能级；对于重掺 P 型单晶硅，由于电子是少数载流子，浓度相对较低，金原子很容易放出电子而成为带正电的金离子（Au^+），因此只有施主能级。当硅中深能级杂质浓度较高时，一旦电离，就会对硅晶体中的载流子浓度产生补偿，影响器件性能。当然，在硅半导体器件中，有时也会利用掺杂来控制少数载流子寿命，达到调控器件性能的目的，如高速开关管及双极型数字逻辑集成电路就是利用掺入深能级杂质金原子来控制少数载流子寿命的。

2.2.4　缺陷能级

理想的半导体材料应该是完美的晶体，即原子在三维空间有规律地、周期性地排列，没有杂质和缺陷。在实际半导体材料中，除可能引入各种杂质外，也可能引入各种晶体缺陷，即原子在三维空间中有规律的、周期性的排列被打乱。这些晶体缺陷包括点缺陷、线缺陷、面缺陷和体缺陷，都有可能在禁带中引入相关能级，即缺陷能级。

在单质元素Ⅵ族半导体材料（如硅）中，点缺陷主要包括空位、自间隙原子和杂质原子。杂质原子可以引入杂质能级（浅能级和深能级）；而空位和自间隙原子浓度主要由温度决定，属于热点缺陷，又称本征点缺陷。在硅晶体中存在空位时，空位相邻的 4 个硅原子各有一个未饱和的悬挂键，倾向于接受电子，呈现出受主性质；而硅自间隙原子具有 4 个价电子，可以提供硅晶体自由电子，呈现出施主性质。

但是对于离子性化合物半导体材料而言，它们是由电负性相差比较大的正、负离子组成的稳定结构，如Ⅵ-Ⅵ族中的 PbS、PbSe 和 PbTe 及Ⅱ-Ⅵ族的 CdS、CdSe 和 CdTe 等。由于正、负离子都是电活性中心，因此如果晶体点阵中出现间隙原子或空位，就会形成新的电活性中心，导致缺陷能级的产生。此时的能级不是由掺杂原子引起的，而是由晶格缺陷引起的。如果多出来的间隙原子是正离子，或者出现负离子空位，都会在晶体中引入正电中心。这些正电中心本来束缚一个负电子，只是负电子电离成为自由电子后，才留下一个正电中心。显然，正电中心给基体提供电子，它引入的缺陷能级是施主能级。相反地，如果多出来的间隙原子是负离子，或者出现正离子空位，则它们可以引入受主型的缺陷能级。同样地，Ⅲ-Ⅴ族半导体材料的点缺陷也会引入缺陷能级，如 GaAs 中的砷空位和镓空位均呈现受主性质。

线缺陷主要是指位错，包括刃位错、螺位错和混合位错。一般认为位错具有悬挂键，可以在禁带中引入能级，也是缺陷能级。但有研究表明，纯净的位错是没有电学性质的，在禁带中没有引入能级。如果位错上聚集了金属或其他杂质，就有可能引入能级。

面缺陷包括晶界和表面，由于晶体的界面和表面都有悬挂键，因此可以肯定在禁带中会引入缺陷能级，而且往往是深能级。

体缺陷是指三维空间中的缺陷，如沉淀或空洞，这些体缺陷一般本身不引起缺陷能级，但是它们和基体的界面往往会产生缺陷能级。

这些缺陷能级和杂质引入的深能级一样，会影响半导体材料的少数载流子寿命，最终影响半导体器件的性能。因此，半导体材料不仅需要尽量高的纯度，减少杂质能级，而且需要晶体结构尽量完整，减少晶体缺陷，从而提高半导体器件的性能。

2.3　热平衡状态下的载流子

半导体材料的性质强烈地取决于其载流子浓度，在掺杂浓度一定的情况下，载流子浓度主要由温度所决定[2-3, 6]。

在热力学零度时，对于本征半导体材料而言，电子束缚在价带上，半导体材料没有自由电子和空穴，也就没有载流子；随着温度的上升，电子从热振动的晶格中吸收能量并由低能态跃迁到高能态，如从价带跃迁到导带，形成自由的导带电子和价带空穴，称为本征激发。对于掺杂半导体材料而言，除本征激发外，还有杂质的电离。在极低温时，杂质电子也束缚在杂质能级上，在温度上升、电子吸收能量后，也从低能态跃迁到高能态，如从施主能级跃迁到导带并产生自由的导带电子，或者从价带跃迁到受主能级并产生自由的价带空穴。因此，随着温度的上升，不断有载流子产生。

在没有外界光、电、磁等作用时，在一定温度下，从低能态跃迁到高能态的载流子也会产生相反方向的运动，即从高能态向低能态跃迁，同时释放出一定的能量，称为载流子的复合。所以，在一定的温度下，在载流子不断产生的同时，又不断有载流子复合，最终载流子浓度会达到一定的稳定值，此时半导体处于热平衡状态。

要得到热平衡状态下的载流子浓度，可以通过计算热平衡状态下电子的统计分布和可能的量子态密度，各量子态上的载流子浓度总和就是半导体的载流子浓度。

2.3.1 载流子的状态密度和统计分布

（1）费米分布函数

载流子在半导体材料中的状态一般可用量子统计的方法进行研究，其中状态密度和在能级中的费米统计分布是其主要表示形式。以电子为例，在利用量子统计处理半导体中电子的状态和分布时，认为：①电子是独立体，电子之间的作用力很弱；②同一体系中的电子是全同和不可分辨的，任何两个电子的交换并不引起新的微观状态；③在同一个能级中的电子数不能超过 2；④由于电子的自旋量子数为1/2，因此每个量子态最多只能容纳一个电子。

在此基础上，电子的分布遵守费米-狄拉克分布，即能量为 E 的电子能级被一个电子占据的概率 $f(E)$ 为

$$f(E)=\frac{1}{\mathrm{e}^{\frac{E-E_\mathrm{f}}{k_\mathrm{B}T}}+1} \tag{2.11}$$

式中，$f(E)$ 称为费米分布函数，k_B 是玻耳兹曼常数，T 是热力学温度，E_f 是费米能级。当能量 E 与费米能级 E_f 相等时，费米分布函数为

$$f(E)=\frac{1}{\mathrm{e}^{\frac{E_\mathrm{f}-E_\mathrm{f}}{k_\mathrm{B}T}}+1}\approx\frac{1}{2} \tag{2.12}$$

即电子占据率为 1/2 的能级为费米能级。

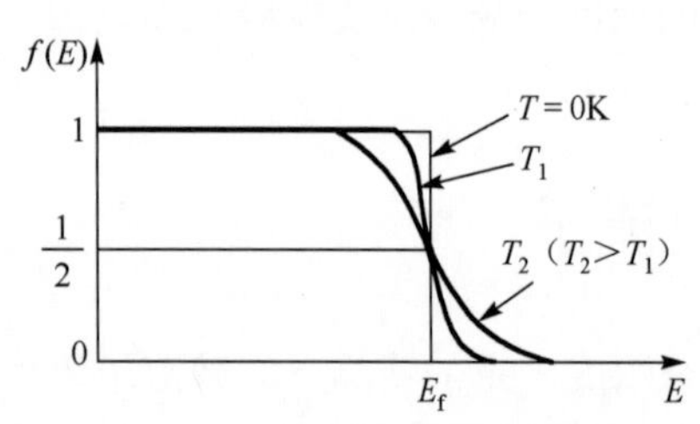

图 2.13 费米分布函数 $f(E)$ 随能级能量的变化情况

图 2.13 所示为费米分布函数 $f(E)$ 随能级能量的变化情况。从图中可以得知，$f(E)$ 相对于 $E=E_\mathrm{f}$ 是对称的。在 $T=0\mathrm{K}$ 时：

如果 $E<E_\mathrm{f}$，则 $f(E)=1$

如果 $E>E_\mathrm{f}$，则 $f(E)=0$

说明了在热力学零度时，比 E_f 小的能级被电子占据的概率为 1，没有空的能级；而比 E_f 大的能级被电子占据的概率为 0，全部能级都空着。

在 $T>0\mathrm{K}$ 时，高于 E_f 的能级被电子占据从而使概率不再为零，而低于 E_f 的一些能级为空。也就是说，随着热能的增大，一些电子跃迁到了更高能级，在原来的位置留下了空位。

显然，电子从低能级跃迁到高能级，就相当于空穴从高能级跃迁到低能级；电子占据的能级越高，空穴占据的能级越低，体系的能量就越高。因此，相对于电子的分布概率，空穴的分布概率为 $1-f(E)$。

在 $E-E_\mathrm{f} \gg k_\mathrm{B}T$ 时，$\mathrm{e}^{\frac{E-E_\mathrm{f}}{k_\mathrm{B}T}} \gg 1$，则式（2.11）可简化为

$$f(E) \cong \mathrm{e}^{\frac{E_\mathrm{f}-E}{k_\mathrm{B}T}} \tag{2.13}$$

此时的费米分布函数和经典的玻耳兹曼分布是一致的。

（2）状态密度

半导体的电子占据一定的能级，可以用电子波矢 $\boldsymbol{k}$ 表示，其对应的能级为 $E(\boldsymbol{k})$。由于能级不是连续的，因此波矢 $\boldsymbol{k}$ 不能取任意值，而是受到一定边界条件的束缚。在导带底附近，$E(\boldsymbol{k})$（以下简写为 E）和 $\boldsymbol{k}$ 在数值上的关系为

$$E = E_\mathrm{c} + \frac{(hk)^2}{2m_\mathrm{n}^*} \tag{2.14}$$

h 是普朗克常数，m_n^* 是电子的有效质量。由式（2.14）可知

$$k = \frac{(2m_\mathrm{n}^*)^{\frac{1}{2}}(E-E_\mathrm{c})^{\frac{1}{2}}}{h} \tag{2.15}$$

$$k\mathrm{d}k = \frac{m_\mathrm{n}^*\mathrm{d}E}{h^2} \tag{2.16}$$

在电子波矢 $\boldsymbol{k}$ 空间中，以 $\boldsymbol{k}$ 和 $\boldsymbol{k}+\mathrm{d}\boldsymbol{k}$ 为半径的球面分别是能量 $E(\boldsymbol{k})$ 和 $E+\mathrm{d}E$ 的等能面，这两个等能面之间的体积是 $4\pi\boldsymbol{k}^2\mathrm{d}\boldsymbol{k}$。而在 $\boldsymbol{k}$ 空间中，量子态的总密度为 $2V$（V 是半导体晶体的体积），则在能量 E 到 $E+\mathrm{d}E$ 间的量子数为

$$\mathrm{d}Z = 2V\times 4\pi k^2\mathrm{d}k$$

将式（2.15）和式（2.16）代入上式，其量子数为

$$\mathrm{d}Z = 4\pi V\frac{(2m_\mathrm{n}^*)^{\frac{3}{2}}}{h^3}(E-E_\mathrm{c})^{\frac{1}{2}}\mathrm{d}E \tag{2.17}$$

从而可得导带底附近电子的状态密度为

$$g_\mathrm{c}(E) = \frac{\mathrm{d}Z}{\mathrm{d}E} = 4\pi V\frac{(2m_\mathrm{n}^*)^{\frac{3}{2}}}{h^3}(E-E_\mathrm{c})^{\frac{1}{2}} \tag{2.18}$$

式（2.18）表明，导带底附近电子的状态密度随着电子能量的增大而增大。

同样地，对于价带顶附近的状态密度为

$$g_\mathrm{v}(E) = 4\pi V\frac{(2m_\mathrm{p}^*)^{\frac{3}{2}}}{h^3}(E_\mathrm{v}-E)^{\frac{1}{2}} \tag{2.19}$$

（3）电子浓度和空穴浓度

尽管实际上能带中的能级不是连续的，但是由于能级的间隔非常小，因此可以认为能带中的能级是连续分布的，在计算电子浓度、空穴浓度时，可以像计算状态密度一样，将能带分成细小的能量间隔来处理。

对于导带底附近的电子而言，其占据能量为 E 的能级的概率为费米分布函数，即 $f(E)$，而在能量 E 到 E+dE 之间的量子态数为 dZ，则在能量 E 到 E+dE 之间被电子占据的量子态是 $f(E)$dZ，因为每个被占据的量子态只有一个电子，所以在能量 E 到 E+dE 之间的电子数就是 $f(E)$dZ。如果将导带的电子数相加，即从导带底到导带顶积分，就可以得到导带内总的电子数，再除以半导体晶体的体积，就可以得到导带中的电子浓度。

从以上分析可知，在能量 E 到 E+dE 之间的电子数 dN 为

$$\mathrm{d}N = f(E)\mathrm{d}Z = f(E)g_{\mathrm{c}}(E)\mathrm{d}E$$

将式（2.13）和式（2.18）代入，得

$$\mathrm{d}N = 4\pi V\frac{(2m_{\mathrm{n}}^*)^{\frac{3}{2}}}{h^3}(E-E_{\mathrm{c}})^{\frac{1}{2}}\exp\left(\frac{E_{\mathrm{f}}-E}{k_{\mathrm{B}}T}\right)\mathrm{d}E$$

则能量 E 到 E+dE 之间单位体积中的电子数，即电子浓度为

$$\mathrm{d}n = \frac{\mathrm{d}N}{V} = 4\pi\frac{(2m_{\mathrm{n}}^*)^{\frac{3}{2}}}{h^3}(E-E_{\mathrm{c}})^{\frac{1}{2}}\exp\left(\frac{E_{\mathrm{f}}-E}{k_{\mathrm{B}}T}\right)\mathrm{d}E$$

将上式从导带底（E_{c}）到导带顶（∞）积分，就可以得到半导体晶体中电子的浓度

$$n_0 = \int_{E_{\mathrm{c}}}^{\infty}4\pi\frac{(2m_{\mathrm{n}}^*)^{\frac{3}{2}}}{h^3}(E-E_{\mathrm{c}})^{\frac{1}{2}}\exp\left(\frac{E_{\mathrm{f}}-E}{k_{\mathrm{B}}T}\right)\mathrm{d}E \tag{2.20}$$

设 $x = \dfrac{E-E_{\mathrm{c}}}{k_{\mathrm{B}}T}$，则根据积分公式 $\int_0^{\infty}x^{\frac{1}{2}}\mathrm{e}^{-x}\mathrm{d}x = \dfrac{\sqrt{\pi}}{2}$，式（2.20）为

$$n_0 = 2\frac{(2\pi m_{\mathrm{n}}^* k_{\mathrm{B}}T)^{\frac{3}{2}}}{h^3}\exp\left(\frac{E_{\mathrm{f}}-E_{\mathrm{c}}}{k_{\mathrm{B}}T}\right) \tag{2.21}$$

设 $N_{\mathrm{c}} = 2\dfrac{(2\pi m_{\mathrm{n}}^* k_{\mathrm{B}}T)^{\frac{3}{2}}}{h^3}$，称为导带的有效状态密度，则导带中的电子浓度为

$$n_0 = N_{\mathrm{c}}\exp\left(\frac{E_{\mathrm{f}}-E_{\mathrm{c}}}{k_{\mathrm{B}}T}\right) \tag{2.22}$$

同样地，在热平衡状态下，价带中的空穴浓度为

$$p_0 = \int_{-\infty}^{E_{\mathrm{v}}}[1-f(E)]\frac{g_{\mathrm{v}}(E)}{V}\mathrm{d}E \tag{2.23}$$

设 $N_{\mathrm{v}} = 2\dfrac{(2\pi m_{\mathrm{p}}^* k_{\mathrm{B}}T)^{\frac{3}{2}}}{h^3}$，称为价带的有效状态密度，$m_{\mathrm{p}}$ 为空穴的有效质量，则空穴浓度为

$$p_0 = N_v \exp\left(\frac{E_v - E_f}{k_B T}\right) \tag{2.24}$$

由此可见，半导体中的电子浓度和空穴浓度主要取决于温度与费米能级，而费米能级则与温度、半导体材料中的掺杂类型和掺杂浓度相关。对于硅晶体，在室温 300K 时，$N_c = 2.8\times 10^{19}\text{cm}^{-3}$，$N_v = 1.1\times10^{19}\text{cm}^{-3}$。

如果将电子浓度和空穴浓度相乘，可以得到载流子浓度的乘积

$$n_0 p_0 = N_c N_v \exp\left(-\frac{E_c - E_v}{k_B T}\right) = N_c N_v \exp\left(-\frac{E_g}{k_B T}\right) \tag{2.25}$$

式中，$E_g = E_c - E_v$，是半导体的禁带宽度。然后，将 N_c、N_v 代入式（2.25），可得

$$n_0 p_0 = 4\left(\frac{2\pi k_B}{h^2}\right)^3 (m_n^* m_p^*)^{\frac{3}{2}} T^3 \exp\left(-\frac{E_g}{k_B T}\right) \tag{2.26}$$

由式（2.26）可知，载流子浓度的乘积仅与温度相关，而与费米能级等其他因素没有关系。也就是说，对于某种半导体材料，其禁带宽度 E_g 固定，则在一定温度下，其热平衡状态下的载流子浓度乘积是一定的，和半导体的掺杂类型与掺杂浓度无关。

2.3.2　本征半导体的载流子浓度

本征半导体是指没有杂质、没有缺陷的近完美的单晶半导体。在热力学零度时，所有的价带都被电子占据，所有的导带都是空的，没有任何自由电子。在温度上升时，产生本征激发，即价带电子吸收晶格能量，从价带跃迁到导带，成为自由电子，同时在价带中出现相等数量的空穴。由于电子、空穴是成对出现的，因此在本征半导体中，电子浓度 n_0 和空穴浓度 p_0 是相等的。如果设本征半导体的载流子浓度为 n_i，则

$$n_0 p_0 = n_i^2 \tag{2.27}$$

将式（2.25）和式（2.26）代入，本征半导体的载流子浓度为

$$\begin{aligned} n_i &= \sqrt{N_c N_v} \exp\left(-\frac{E_g}{2k_B T}\right) \\ &= 2\left(\frac{2\pi k_B}{h^2}\right)^{\frac{3}{2}} (m_n^* m_p^*)^{\frac{3}{4}} T^{\frac{3}{2}} \exp\left(-\frac{E_g}{2k_B T}\right) \end{aligned} \tag{2.28}$$

由式（2.28）可知，n_i 是温度 T 的函数。如果忽略 $T^{3/2}$ 项的影响，n_i 就近似随温度呈线性变化（纵坐标是指数的情况下）。图 2.14 所示为 Si 和 GaAs 的本征载流子浓度 n_i 与温度的关系，由图可知，在室温 300K 时，Si 的本征载流子浓度约为 $1.00\times10^{10}\text{cm}^{-3}$；和价电子的浓度或金属导电电子的浓度（约 10^{22}cm^{-3}）相比显得极小，因此在室温下，本征半导体是不导电的。

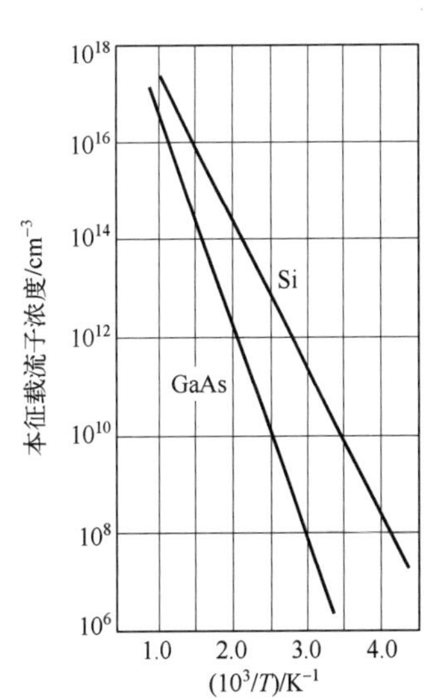

图 2.14　Si 和 GaAs 的本征载流子浓度 n_i 与温度的关系

因为本征半导体的电子浓度和空穴浓度相等（$n_0 = p_0$），则根据式（2.22）和式（2.24）得

$$N_{\rm c}\exp\left(\frac{E_{\rm f}-E_{\rm c}}{k_{\rm B}T}\right)=N_{\rm v}\exp\left(\frac{E_{\rm v}-E_{\rm f}}{k_{\rm B}T}\right)$$

得到本征半导体的费米能级 $E_{\rm i}$

$$E_{\rm i}=E_{\rm f}=\frac{E_{\rm c}+E_{\rm v}}{2}+\frac{k_{\rm B}T}{2}\ln\left(\frac{N_{\rm v}}{N_{\rm c}}\right)=\frac{E_{\rm c}+E_{\rm v}}{2}+\frac{3k_{\rm B}T}{4}\ln\left(\frac{m_{\rm p}^*}{m_{\rm n}^*}\right) \tag{2.29}$$

如果电子和空穴的有效质量相等，则式（2.29）右侧的第二项为零，说明本征半导体的费米能级在禁带的中间。实际上，对于大部分半导体（如硅材料），电子和空穴的有效质量相差很小，而且在室温 300K 时，$k_{\rm B}T$ 仅约为 0.026eV，所以式（2.29）右侧第二项的值很小。因此，一般可以认为，本征半导体的费米能级位于禁带中央。

2.3.3 掺杂半导体的载流子浓度和补偿

本征半导体材料的载流子浓度仅为 $10^{10}{\rm cm}^{-3}$ 左右，是不导电的。通常需要在本征半导体中掺入一定量的杂质原子，控制电学性能，从而形成掺杂半导体材料。因为杂质的电离能比禁带宽度小得多，所以杂质的电离和半导体的本征激发发生在不同的温度范围内。在极低温时，首先发生的是电子从施主能级激发到导带或者空穴从受主能级激发到价带的杂质电离。因此，随着温度的上升，载流子浓度不断增大，在达到一定的温度后，杂质可以达到饱和电离，即所有的杂质都电离，如图 2.15 所示，此温度区域称为杂质电离区。此时，本征激发的载流子浓度很低，不影响总的载流子浓度。当温度进一步升高时，本征激发的载流子浓度依然较低，半导体的载流子浓度保持基本恒定，主要由电离的杂质浓度决定，称为非本征区。当温度继续升高时，本征激发的载流子浓度大幅增大，此时的载流子浓度由电离的杂质浓度和本征载流子浓度共同决定，此时的温度区域称为本征区。因此，为了准确地控制半导体的载流子浓度和电学性能，半导体器件都工作在本征激发载流子浓度较低的非本征区。此时杂质全部电离，一般不考虑本征激发的载流子，载流子浓度主要由掺杂浓度所决定。

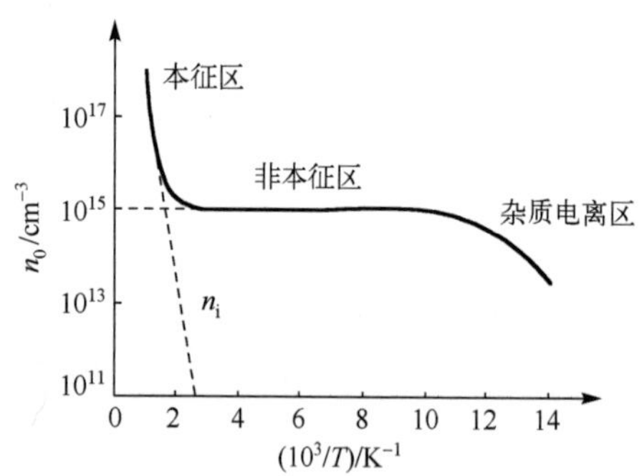

图 2.15 N 型硅晶体载流子浓度和温度的关系

但无论是掺入 N 型还是 P 型掺杂剂，其掺杂半导体必然是电中性的，即半导体中正电荷数和负电荷数相等，称为电中性条件。

对于掺杂半导体，价带空穴密度为 p_0，则价带空穴对电荷的贡献为 qp_0；导带电子密度为 n_0，则导带电子对电荷的贡献为$(-q)n_0$。如果施主杂质的浓度是 $N_{\rm d}$，施主能级上电子被束缚的杂质浓度（中性施主的杂质浓度）是 $n_{\rm d}$，则施主能级对电荷的贡献为 $q(N_{\rm d}-n_{\rm d})$。相同地，如果受主杂质的浓度是 $N_{\rm a}$，受主能级上中性杂质的浓度是 $p_{\rm a}$，则受主能级对电荷的贡献为 $q(N_{\rm a}-p_{\rm a})$。根据电中性条件，有下式成立

$$p_0+(N_{\rm d}-n_{\rm d})=n_0+(N_{\rm a}-p_{\rm a}) \tag{2.30}$$

（1）N 型半导体的载流子浓度

对于只有施主存在的 N 型半导体，电中性条件[式（2.30）]成为

$$p_0 + (N_d - n_d) = n_0 \tag{2.31}$$

设施主杂质的能级为 E_d，则根据费米分布函数[式（2.11）]，可得施主能级上电子被束缚的杂质浓度（中性施主的杂质浓度）为

$$n_d = N_d f(E_d) = \frac{N_d}{1 + \exp\left(\frac{E_d - E_f}{k_B T}\right)} \tag{2.32}$$

如果施主杂质全部电离，即饱和电离，则 $n_d \approx 0$。将式（2.27）和式（2.31）联立，可得 N 型半导体的载流子浓度

$$n_0 = \frac{1}{2}\left(N_d + \sqrt{N_d^2 + 4n_i^2}\right) \tag{2.33}$$

$$p_0 = \frac{n_i^2}{N_d} \tag{2.34}$$

因为 N 型半导体的 $N_d \gg n_i$，所以电子浓度简化为

$$n_0 \approx N_d \tag{2.35}$$

将式（2.35）代入式（2.22），可得饱和电离的 N 型半导体的费米能级

$$E_f = E_c - k_B T \ln\left(\frac{N_c}{N_d}\right) \tag{2.36}$$

由此可见，N 型半导体随着温度的上升，E_f 逐渐偏离 E_c，趋近禁带中央，呈线性降低。

（2）P 型半导体的载流子浓度

同样地，对于只有受主存在的 P 型半导体，电中性条件[式（2.30）]成为

$$n_0 + (N_a - p_a) = p_0 \tag{2.37}$$

设受主杂质的能级为 E_a，则根据费米分布函数[式（2.11）]，得受主能级上中性杂质的浓度

$$p_a = N_a[1 - f(E_a)] = N_a\left(1 - \frac{1}{1 + \exp\left(\frac{E_a - E_f}{k_B T}\right)}\right) \tag{2.38}$$

如果受主杂质全部电离，则 $p_a \approx 0$。此时 P 型半导体的载流子浓度

$$p_0 = N_a \tag{2.39}$$

$$n_0 = \frac{n_i^2}{N_a} \tag{2.40}$$

将式（2.39）代入式（2.24），可得饱和电离的 P 型半导体的费米能级

$$E_f = E_v + k_B T \ln\left(\frac{N_v}{N_a}\right) \tag{2.41}$$

（3）载流子浓度的补偿

假如半导体既有施主杂质，又有受主杂质，当电离时，施主杂质电离的电子首先要跃迁

到能量低的受主杂质能级，产生杂质补偿，所以其电中性条件就是式（2.30）。

如果施主杂质和受主杂质全部电离，则$n_d \approx 0$，$p_a \approx 0$，那么，式（2.30）变为

$$p_0 + N_d = n_0 + N_a \tag{2.42}$$

当$N_d > N_a$时，施主杂质补偿完受主杂质后，仍然有多余的施主杂质可以电离电子，从施主杂质能级跃迁到导带，是N型半导体，此时只要将式（2.34）和式（2.35）中的N_d换成$N_d – N_a$，就可以计算相应的载流子浓度。相反地，当$N_d < N_a$时，施主杂质补偿完受主杂质后，仍然有多余的受主杂质能级上的空穴跃迁到价带，是P型半导体，此时只要将式（2.39）和式（2.40）中的N_a换成$N_a – N_d$，就可以计算相应的载流子浓度。

2.4 非平衡少数载流子

在热平衡状态下，电子不停地从价带激发到导带，产生电子-空穴对；同时，它们又不停地复合，从而保持总的载流子浓度不变[2, 6]。对于N型半导体，电子浓度大于空穴浓度，电子是多数载流子，空穴是少数载流子；对于P型半导体，空穴是多数载流子，电子是少数载流子。

但是，当半导体材料处于光照下时，载流子浓度就会发生变化，从而处于非平衡状态。当光照射在半导体上时，价带上的电子能够吸收能量并跃迁到导带，产生额外的电子-空穴对，从而引起载流子浓度的增大，出现了比平衡状态多的载流子，称非平衡载流子。其他方式（如金属探针加电压）也可以在半导体材料中引入非平衡载流子。

对于N型半导体，空穴是少数载流子，如果出现非平衡载流子，则其中的空穴称为非平衡少数载流子；而对于P型半导体，非平衡载流子中的电子为非平衡少数载流子。一般情况下，非平衡少数载流子浓度和掺杂浓度、多数载流子浓度相比很小，对多数载流子浓度的影响不大；但是，它和半导体中的少数载流子的浓度相当，会严重影响少数载流子的浓度及相关性质。所以，在非平衡载流子中，非平衡少数载流子对半导体的作用是至关重要的。

2.4.1 非平衡载流子的产生、复合和寿命

当半导体被能量为E的光子照射时，如果E大于禁带宽度，那么半导体价带上的电子就会被激发到导带上，产生新的电子-空穴对，这个过程称为非平衡载流子的产生或复合，如图2.16所示。

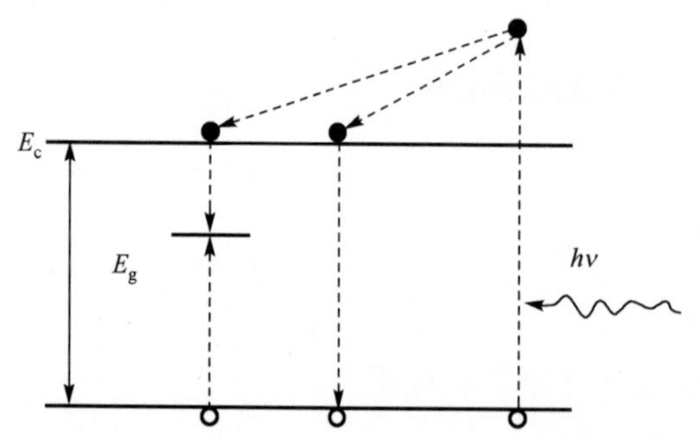

图2.16 光照下非平衡载流子的产生和复合

非平衡载流子产生后并不是稳定的，要重新复合。复合时，导带上的电子首先跃迁到导带底，将能量传给晶格，变成热能；然后，导带底的电子跃迁到价带并和空位复合，这种复合称为直接复合。如果禁带中有缺陷能级，包括体内缺陷引起的能级和表面态引起的能级，则价带上的电子就会被激发到缺陷能级上，缺陷能级上的电子可能被激发到导带。而复合时，从导带底跃迁的电子首先会跃迁到缺陷能级，再跃迁到价带并和空穴复合，这种复合称为间接复合，这种缺陷又称为复合中心。

非平衡载流子复合时，从能量高的能级跃迁到能量低的能级，会放出多余的能量。根据能量释放的方式，复合可以分为以下三种形式：（1）载流子复合时发射光子，产生发光现象，称为辐射复合或发光复合；（2）载流子复合时发射声子，将能量传递给晶格，产生热能，称为非辐射复合；（3）载流子复合时将能量传给其他载流子，增大它们的能量，称为俄歇复合。

由此可见，在外界条件的作用下，非平衡载流子产生并出现不同形式的复合；如果外界作用始终存在，非平衡载流子不断产生，也不断复合，最终产生的非平衡载流子和复合的非平衡载流子达到新的平衡；如果外界作用消失，这些产生的非平衡载流子会因复合而很快消失，恢复原来的平衡状态。如果设非平衡载流子的平均生存时间为非平衡载流子的寿命，用 τ 表示，则 $1/\tau$ 就是单位时间内非平衡载流子的复合概率。在非平衡载流子中，非平衡少数载流子起着决定性的主导作用，因此，τ 又称为非平衡少数载流子的寿命。

以 N 型半导体为例，当光照在半导体上时，产生的非平衡载流子用 Δn 和 Δp 表示，而且 $\Delta n=\Delta p$；在停止光照后，非平衡载流子复合。对非平衡少数载流子而言，单位时间内浓度的减小 $-\mathrm{d}\Delta p(t)/\mathrm{d}t$ 等于复合的非平衡少数载流子 $\Delta p(t)/\tau$，即

$$\frac{\mathrm{d}\Delta p(t)}{\mathrm{d}t}=-\frac{\Delta p(t)}{\tau} \tag{2.43}$$

在一般小注入的情况下，τ 为恒量，则式（2.43）为

$$\Delta p(t)=(\Delta p)_0\mathrm{e}^{-\frac{t}{\tau}} \tag{2.44}$$

其中 $(\Delta p)_0$ 是时间 t 为零（复合刚开始）时的非平衡少数载流子浓度。从式（2.44）可以看出，非平衡少数载流子浓度随时间呈指数衰减，其衰减规律如图 2.17 所示。

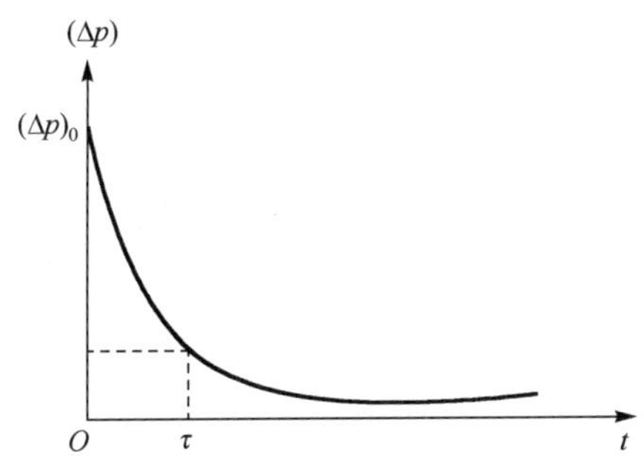

图 2.17　非平衡少数载流子浓度随时间的衰减

对于直接复合而言，如果将电子-空穴对的复合概率设为 r，其是表示具有不同热运动速度的电子和空穴复合概率的平均值，是温度的函数，和半导体的原始电子浓度 n_0 和空穴浓度 p_0 没有关系，那么，非平衡载流子的寿命可以表示为[2]

$$\tau=\frac{1}{r[(n_0+p_0)+\Delta p]} \tag{2.45}$$

当 $\Delta p \ll (n_0+p_0)$，即小注入时，式（2.45）成为

$$\tau=\frac{1}{r(n_0+p_0)} \tag{2.46}$$

如果是 N 型半导体，则 $n_0 \gg p_0$，式（2.46）又成为

$$\tau = \frac{1}{rn_0} \tag{2.47}$$

说明在小注入条件下，半导体材料的寿命和电子-空穴对的复合概率成反比，在温度和载流子浓度一定的情况下，寿命是一个恒定的值。

反之，在大注入情况下，$\Delta p \gg (n_0+p_0)$，式（2.45）变为

$$\tau = \frac{1}{r\Delta p} \tag{2.48}$$

对于间接复合而言，情况要复杂得多，它包括导带电子和复合中心（缺陷能级）空穴的复合过程与复合中心电子和价带空穴的复合过程。如果设 $n_1 = N_c \exp\left(\frac{E - E_c}{k_B T}\right)$，即费米能级和缺陷能级重合时导带的平衡电子浓度，相应地，p_1 为费米能级和缺陷能级重合时价带的平衡空穴浓度，那么，半导体材料的非平衡载流子的寿命为

$$\tau = \frac{r_n(n_0 + n_1 + \Delta n) + r_p(p_0 + p_1 + \Delta p)}{Nr_n r_p(n_0 + p_0 + \Delta p)} \tag{2.49}$$

式中，N 是复合中心的浓度。

2.4.2 非平衡载流子的扩散

当在物体一端加热时，随着时间的推移，物体的另一端也会发热，这是因为热传导能使热能从温度高的部位向温度低的部位传递，也可以说热能从温度高的部位向温度低的部位扩散。同样道理，对于非平衡载流子而言，也会发生从高浓度向低浓度的扩散过程。如果光照射在半导体材料的局部位置，产生了非平衡载流子，然后去除光照射，显然，产生的非平衡载流子会复合，但与此同时，非平衡载流子将以光照点为中心，沿三维方向向低浓度的部位扩散，直到非平衡载流子由于复合而消失。

以非平衡载流子的一维扩散为例，如图 2.18 所示，非平衡的电子沿 x 方向扩散，在扩散距离增大 dx 时，电子在 x 方向的浓度梯度为 $\mathrm{d}\Delta n(x)/\mathrm{d}x$，则单位时间内通过垂直于单位面积的电子数，即电子的扩散流密度 S_n 为

$$S_n = -D_n \frac{\mathrm{d}\Delta n(x)}{\mathrm{d}x} \tag{2.50}$$

式中，D_n 是电子的扩散系数（cm^2/s），表示作为非平衡载流子的电子的扩散能力，负号表示电子由浓度高的部位向浓度低的部位扩散。

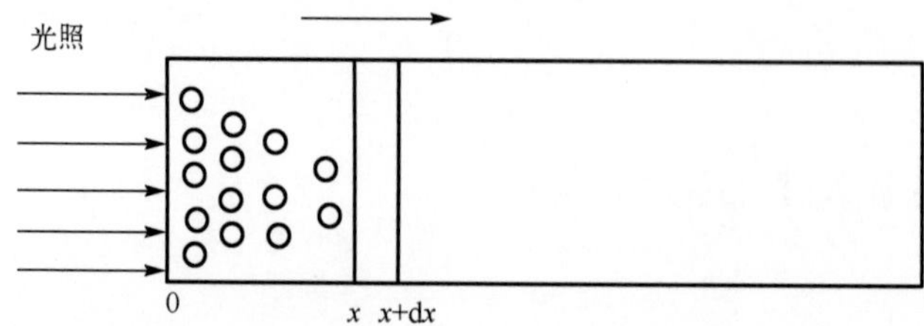

图 2.18 非平衡载流子（电子）的一维扩散示意图

如果用恒定的光源照射半导体材料，光照点处的非平衡载流子浓度将保持稳定的值（$\Delta p_0=\Delta n_0$），而且由于扩散而存在的其他部位的载流子浓度也保持不变，这种情况称为稳定扩散。此时，由于 S_n 将随位置 x 的变化而变化，因此单位时间内一维方向上单位体积内增加的电子数为

$$-\frac{\mathrm{d}S_{\mathrm{n}}(x)}{\mathrm{d}x}=D_{\mathrm{n}}\frac{\mathrm{d}^2\Delta n(x)}{\mathrm{d}x} \tag{2.51}$$

在稳定扩散的情况下，各个部位的非平衡载流子浓度应保持不变，即单位体积内增加的电子数应等于因复合而消失的电子数 $\mathrm{d}\Delta n(x)/\tau$，则

$$D_{\mathrm{n}}\frac{\mathrm{d}^2\Delta n(x)}{\mathrm{d}x}=\frac{\Delta n(x)}{\tau}$$

式中，τ 为非平衡载流子的寿命。这就是一维稳定扩散情况下的非平衡载流子的扩散方程，又称为稳态扩散方程，其解为

$$\Delta n(x)=A\exp\left(-\frac{x}{L_{\mathrm{n}}}\right)+B\exp\left(\frac{x}{L_{\mathrm{n}}}\right) \tag{2.52}$$

式中，$L_{\mathrm{n}}=\sqrt{D_{\mathrm{n}}\tau}$，称为扩散长度；$A$、$B$ 表示系数。当 $x=0$ 时，$\Delta n(0)=\Delta n_0$，由式（2.52）可知，$\Delta n_0=A+B$。

当样品相当厚时，非平衡载流子不能扩散到样品的另一端，此时的非平衡载流子浓度为零；即当 x 趋向于无穷大时，$\Delta n=0$，因此 $B=0$，$A=\Delta n_0$，则式（2.52）成为

$$\Delta n(x)=\Delta n_0\exp\left(-\frac{x}{L_{\mathrm{n}}}\right) \tag{2.53}$$

式（2.53）表明，如果样品足够厚，由于扩散，非平衡载流子浓度从光照点到材料内部是按指数规律衰减的。

如果样品的厚度为 W，并在样品的另一端，由于非平衡载流子被引出，因此其浓度为零，则有边界条件：当 $x=W$ 时，$\Delta n=0$；当 $x=0$ 时，$\Delta n(0)=\Delta n_0$。如果 $W\ll L_{\mathrm{n}}$，则将边界条件代入式（2.52），解联立方程，并化简得

$$\Delta n(x)=\Delta n_0\left(1-\frac{x}{W}\right)$$

可见，对于一定厚度的样品，由于扩散，非平衡载流子浓度从光照点到材料内部是接近线性衰减的。

同样地，在三维方向扩散时，除了考虑 x 方向，还要考虑 y、z 方向。设载流子在各个方向的扩散系数相同，用 $\nabla\Delta n$ 表示电子的浓度梯度矢量，那么电子的扩散流密度为

$$S_{\mathrm{n}}=-D_{\mathrm{n}}\nabla\Delta n \tag{2.54}$$

此时的稳态扩散方程为

$$D_{\mathrm{n}}\nabla^2\Delta n=\frac{\Delta n}{\tau} \tag{2.55}$$

2.4.3　非平衡载流子在电场下的漂移和扩散

非平衡载流子具有电荷，它们产生后的扩散和复合也伴随着电流的扩散和消失。如果电子的扩散流密度为 S_{n}，则电子在一维扩散时的扩散电流密度为

$$(J_{\mathrm{n}})_{扩} = -qS_{\mathrm{n}} = qD_{\mathrm{n}} \frac{\mathrm{d}\Delta n(x)}{\mathrm{d}x} \tag{2.56}$$

同样，空穴的扩散电流密度为

$$(J_{\mathrm{p}})_{扩} = qS_{\mathrm{p}} = -qD_{\mathrm{p}} \frac{\mathrm{d}\Delta p(x)}{\mathrm{d}x} \tag{2.57}$$

如果半导体材料处于电场中，很显然，这些具有电荷的非平衡载流子会受到电场的作用并产生新的运动，称为电场中的漂移。图 2.19 所示为非平衡载流子在一维方向电场中的运动，很明显，除原有的载流子扩散外，又增加了载流子的漂移运动，此时的总电流等于载流子扩散形成的电流和漂移形成的电流之和。

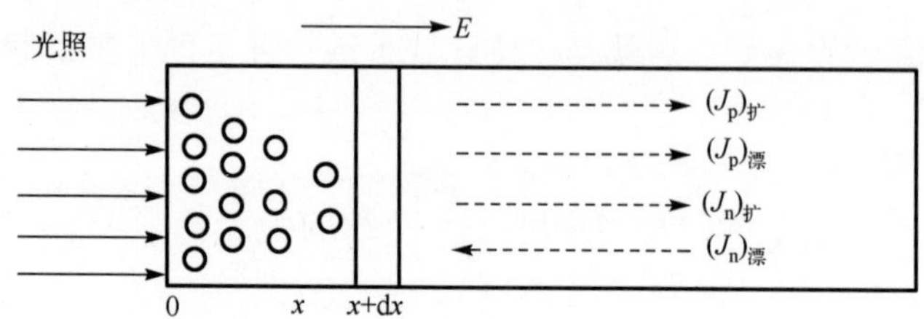

图 2.19 非平衡载流子（电子）在一维方向电场中的扩散和漂移示意图

在电场中，电子引起的漂移电流密度为

$$(J_{\mathrm{n}})_{漂} = \sigma|E| = q(n_0+\Delta n)\mu_{\mathrm{n}}|E| \tag{2.58}$$

而空穴引起的漂移电流密度为

$$(J_{\mathrm{p}})_{漂} = \sigma|E| = q(p_0+\Delta p)\mu_{\mathrm{p}}|E| \tag{2.59}$$

由图 2.19 可知，在光照时，一维方向的电子引起的总电流密度为

$$J_{\mathrm{n}} = (J_{\mathrm{n}})_{漂} + (J_{\mathrm{n}})_{扩} = q(n_0+\Delta n)\mu_{\mathrm{n}}|E| + qD_{\mathrm{n}}\frac{\mathrm{d}\Delta n}{\mathrm{d}x} \tag{2.60}$$

空穴引起的总电流密度则为

$$J_{\mathrm{p}} = (J_{\mathrm{p}})_{漂} + (J_{\mathrm{p}})_{扩} = q(p_0+\Delta p)\mu_{\mathrm{p}}|E| - qD_{\mathrm{p}}\frac{\mathrm{d}\Delta p}{\mathrm{d}x} \tag{2.61}$$

而载流子在电场中由扩散和漂移引起的总电流密度为

$$J = J_{\mathrm{n}} + J_{\mathrm{p}} \tag{2.62}$$

进一步地，对 N 型半导体材料而言，如图 2.19 所示，由于扩散，单位时间单位体积内积累的空穴数为

$$-\frac{1}{q}\frac{\partial (J_{\mathrm{p}})_{扩}}{\partial x} = D_{\mathrm{p}}\frac{\partial^2 p}{\partial x^2} \tag{2.63}$$

而由于漂移，单位时间单位体积内积累的空穴数为

$$-\frac{1}{q}\frac{\partial (J_{\mathrm{p}})_{漂}}{\partial x} = -\mu_{\mathrm{p}}|E|\frac{\partial p}{\partial x} - \mu_{\mathrm{p}} p\frac{\partial |E|}{\partial x} \tag{2.64}$$

在小注入情况下，单位时间内复合消失的空穴数是$\Delta p/\tau$。设 g_p 是其他因素引起的单位时间单位体积内空穴的变化，那么，单位体积内空穴随时间的变化率就是

$$\frac{\partial p}{\partial t}=D_\mathrm{p}\frac{\partial^2 p}{\partial x^2}-\mu_\mathrm{p}|E|\frac{\partial p}{\partial x}-\mu_\mathrm{p}p\frac{\partial |E|}{\partial x}-\frac{\Delta p}{\tau}+g_\mathrm{p} \tag{2.65}$$

式（2.65）就是在电场下非平衡少数载流子同时存在扩散和漂移时的运动方程，称为连续性方程。

如果没有外加电场，在光照下会产生非平衡载流子并扩散，在光照处附近留下不能移动的电离杂质，这些电离杂质和扩散的载流子使得半导体材料内部不再处处保持电中性，体内产生新的静电场$|E|$，该电场也能使载流子产生漂移电流密度

$$(J_\mathrm{n})_{漂}=n(x)q\mu_\mathrm{n}|E| \tag{2.66}$$

$$(J_\mathrm{p})_{漂}=p(x)q\mu_\mathrm{p}|E| \tag{2.67}$$

由于没有外加电场，半导体材料此时不存在宏观的电流，因此平衡时，电子的总电流和空穴的总电流分别等于零，因此

$$J_\mathrm{n}=(J_\mathrm{n})_{漂}+(J_\mathrm{n})_{扩} \tag{2.68}$$

$$J_\mathrm{p}=(J_\mathrm{p})_{漂}+(J_\mathrm{p})_{扩} \tag{2.69}$$

结合式（2.56）、式（2.57）、式（2.66）和式（2.67），可以推导出[3-4]

$$\frac{D_\mathrm{n}}{\mu_\mathrm{n}}=\frac{k_\mathrm{B}T}{q} \tag{2.70}$$

$$\frac{D_\mathrm{p}}{\mu_\mathrm{p}}=\frac{k_\mathrm{B}T}{q} \tag{2.71}$$

式（2.70）和式（2.71）称为爱因斯坦关系式，它是关于平衡载流子和非平衡载流子的迁移率与扩散系数之间的关系。显然，只要知道其中的一个参数，就可以算出另一个参数。对于晶体硅而言，在室温下，μ_n=1900cm^2/(V·s)，μ_p=500cm^2/(V·s)，则 D_n=49cm^2/s，D_p=13cm^2/s。

2.5　PN 结

PN 结是大多数半导体器件的核心，是集成电路的基本结构单元。因此，了解 PN 结的性质，如电流-电压特性，是掌握半导体器件工作原理的基础。

利用各种工艺将 P 型、N 型半导体材料结合在一起，在两者的结合处就形成了 PN 结，图 2.20 所示为 PN 结的结构示意图。实际工艺中，并不是将 N 型半导体材料和 P 型半导体材料简单地连接或黏结在一起的，而是通过各种不同的工艺，使得半导体材料的一部分呈 N 型，另一部分呈 P 型。实际常用的制备 PN 结的工艺主要有合金法、扩散法、离子注入法和薄膜生长法等[3, 6]。

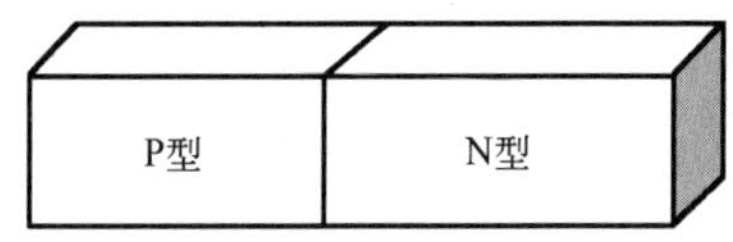

图 2.20　PN 结的结构示意图

2.5.1 PN 结的制备

（1）合金法

合金法是指在一种半导体单晶上放置金属材料或元素半导体材料，通过加温等工艺从而形成 PN 结。图 2.21 所示为铟（In）在 N 型锗（Ge）半导体上形成 PN 结的过程。首先将铟晶体放置在 N 型的单晶锗上，加温至 500～600℃，铟晶体逐渐熔化成液体，而在两者界面处单晶锗原子会熔入铟液体，在单晶锗的表面处形成一层合金液体，锗在其中的浓度达到饱和；然后降低温度，合金液体和铟液体重新结晶，这时合金液体将会结晶成含铟的单晶锗，这层单晶锗是 P 型半导体，和 N 型的单晶锗就构成了 PN 结。

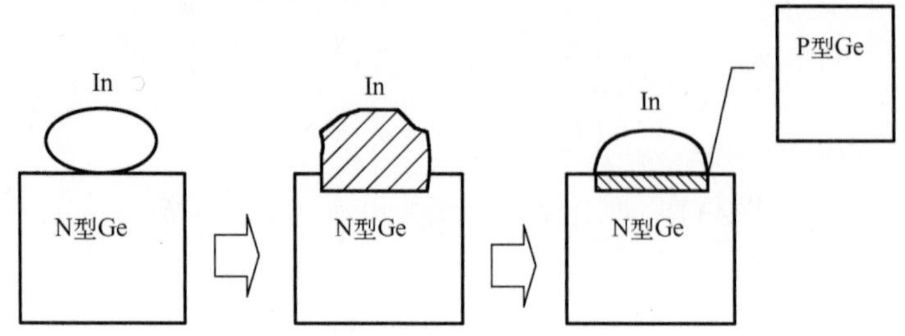

图 2.21 铟（In）在 N 型锗（Ge）半导体上形成 PN 结的过程

（2）扩散法

扩散法是指在 N 型（或 P 型）半导体材料中，利用扩散工艺掺入相反类型的杂质原子，在一部分区域形成和体材料相反类型的 P 型（或 N 型）半导体，从而构成 PN 结。图 2.22 所示为在 P 型硅（Si）半导体单晶材料中扩散磷（P）原子形成 PN 结的过程。具体的过程是：首先将 P 型单晶硅加热到 800～1200℃，然后通入 P_2O_5 气体，气体在单晶硅表面分解，磷原子沉积在硅表面并扩散到体内，在硅表面形成一层含高浓度磷原子的单晶硅，称为 N 型半导体层，在其与 P 型硅的交界处就构成了 PN 结。

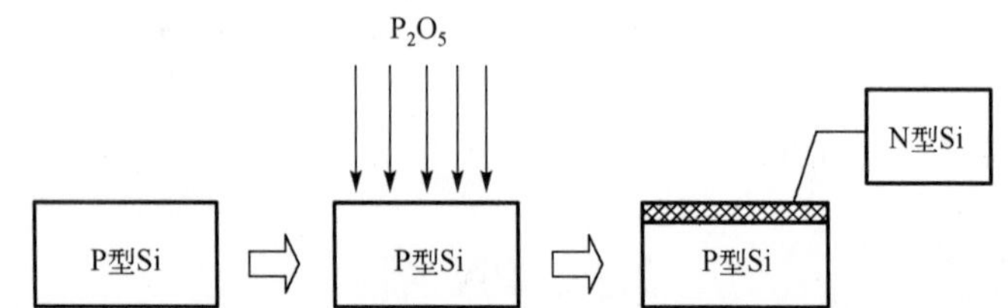

图 2.22 在 P 型硅（Si）半导体单晶材料中扩散磷原子形成 PN 结的过程

（3）离子注入法

离子注入法是指将 N 型（或 P 型）掺杂原子的离子束在静电场中加速，使之具有高动能，然后注入 P 型半导体（或 N 型半导体）的表面区域，在表面形成与体内相反的 N 型（或 P 型）半导体，最终形成 PN 结。图 2.23 所示为在 N 型单晶硅中离子注入硼（B）离子形成 PN 结的过程，通常利用静电场将硼离子加速，使之具有数万到几十万电子伏特的能量，并注入 N 型单晶硅中，在表面形成 P 型硅半导体层，从而形成 PN 结。

（4）薄膜生长法

薄膜生长法是指在 N 型（或 P 型）半导体材料表面，通过气相、液相等外延技术生长一层具有相反导电类型的 P 型（或 N 型）半导体薄膜材料，在两者的界面处就形成了 PN 结。

图 2.24 所示为在 P 型单晶硅表面生长 N 型单晶硅薄膜从而形成 PN 结的过程。首先将 P 型单晶硅材料加热到 600～1200℃，然后加入硅烷（SiH_4）气体，同时通入适量 P_2O_5 气体，它们在硅晶体表面遇热分解，在硅晶体表面形成一层含磷的 N 型单晶硅薄膜，与 P 型单晶硅材料接触从而形成 PN 结。

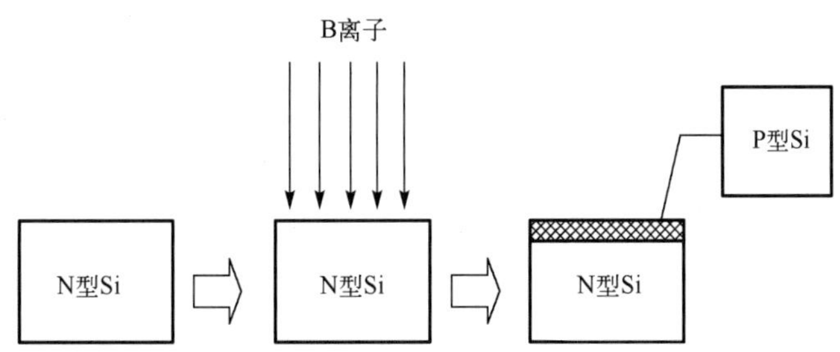

图 2.23　在 N 型单晶硅中离子注入硼离子形成 PN 结的过程

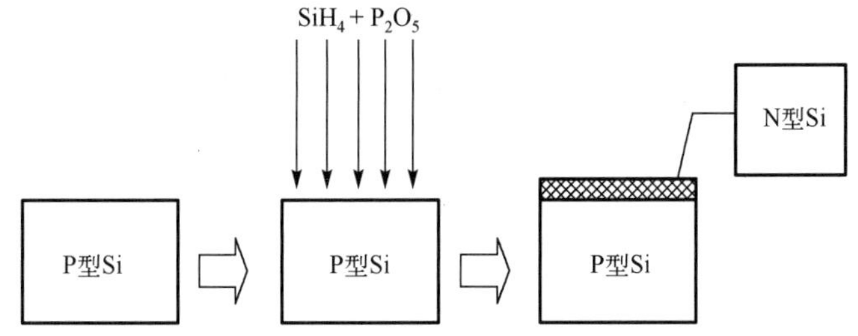

图 2.24　在 P 型单晶硅表面生长 N 型单晶硅薄膜形成 PN 结的过程

由于在 N 型和 P 型半导体中的杂质类型是不同的，因此对某种杂质而言，在 PN 结附近其浓度必然有变化。如果这种变化是突然陡直的，这种 PN 结就称为突变结；如果这种变化是线性缓慢的，这种 PN 结就称为线性缓变结。这两种 PN 结的杂质分布示意图如图 2.25 所示，其中 N_d 是施主杂质浓度，N_a 是受主杂质浓度，$x = x_i$ 是 PN 结位置。通常，合金结和高表面浓度的浅扩散结属于突变结，表面浓度相对较低的深扩散结属于线性缓变结。

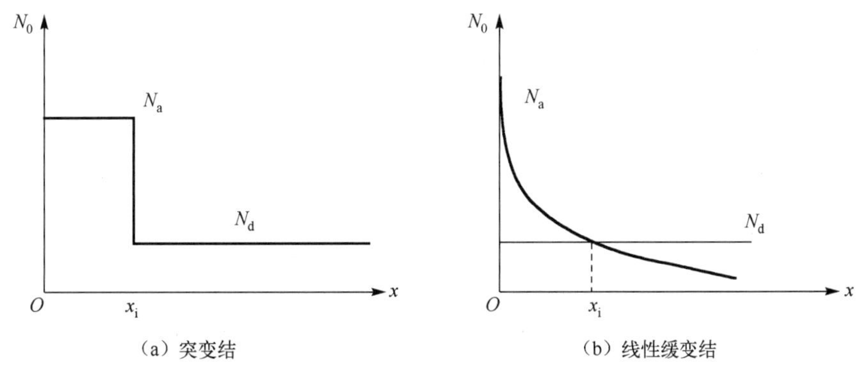

图 2.25　两种 PN 结的杂质分布示意图

对于扩散所形成的近似的线性缓变结，当 $x < x_i$ 时，$N_a > N_d$，是 P 型半导体区域，其受主杂质的浓度分布可用$(N_a-N_d) = \alpha(x_i-x)$表示，其中$\alpha$为杂质浓度梯度；当 $x > x_i$ 时，$N_d > N_a$，是 N 型半导体区域，其施主杂质的浓度分布可用$(N_d-N_a) = \alpha(x-x_i)$表示。

2.5.2 PN 结的能带结构

无论是 N 型半导体材料还是 P 型半导体材料，当它们独立存在时都是电中性的，电离杂质的电荷量和载流子的总电荷量是相等的。当两种半导体材料连接在一起时，对 N 型半导体材料而言，电子是多数载流子，浓度高，而在 P 型半导体中，电子是少数载流子，浓度低。由于存在浓度梯度，势必会发生电子的扩散，即电子由高浓度的 N 型半导体向低浓度的 P 型半导体扩散。在 PN 结界面附近，N 型半导体中的电子浓度逐渐降低，而扩散到 P 型半导体中的电子和其中的多数载流子空穴复合而消失。因此，在 N 型半导体靠近界面附近，多数载流子电子浓度的降低使得电离杂质的正电荷数大于剩下的电子数，出现了正电荷区域。同样地，在 P 型半导体中，随着空穴从 P 型半导体向 N 型半导体的扩散，在靠近界面附近，电离杂质的负电荷数大于剩下的空穴数，出现一个带负电的区域，如图 2.26 所示。这个区域就称为 PN 结的空间电荷区，区域中的电离杂质所携带的电荷称为空间电荷。

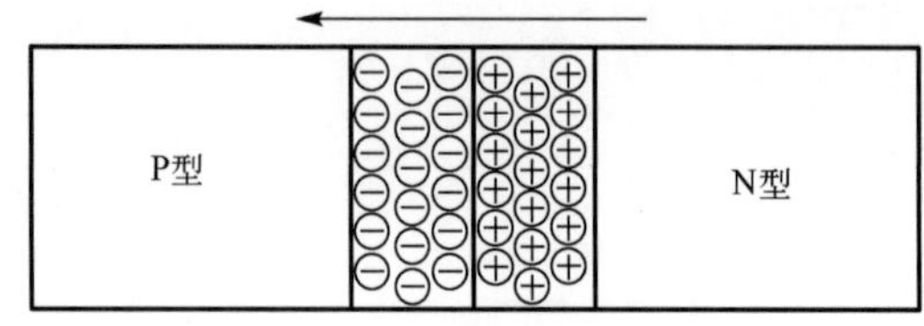

图 2.26 PN 结的空间电荷区

空间电荷区中存在正、负电荷区，形成了一个从 N 型半导体指向 P 型半导体的电场，称为内建电场，又称自建电场。随着载流子扩散的进行，空间电荷区不断增大，空间电荷量不断增大，同时，内建电场的强度也在不断增大。在内建电场的作用下，载流子受到与扩散方向相反的作用力，产生漂移。如 N 型半导体中的电子，在从高浓度的 N 型半导体向低浓度的 P 型半导体中扩散的同时，受到内建电场的作用，产生从 P 型半导体向 N 型半导体的漂移。在没有外加电场时，电子的扩散和电子的漂移最终达到平衡，即在空间电荷区内，既没有电子的扩散，也没有电子的漂移，此时达到 PN 结的热平衡状态。同样地，在热平衡状态下，在空间电荷区没有空穴的扩散和漂移。此时，空间电荷区的宽度一定，空间电荷量一定，没有电流的流进或流出。

载流子的扩散和漂移导致了空间电荷区与内建电场的存在，引起该部位的电势 V 和相关空穴势能（qV）或电子势能（$-qV$）随位置的改变，最终改变了 PN 结处的能带结构。内建电场是从 N 型半导体指向 P 型半导体的，因此沿着电场的方向，电势从 N 型半导体到 P 型半导体逐渐降低，带正电的空穴的势能也逐渐降低，而带负电的电子的势能则逐渐升高。也就是说，空穴在 N 型半导体中的势能高，在 P 型半导体中的势能低，如果空穴从 P 型半导体移动到 N 型半导体，需要克服一个内建电场形成的“势垒”；相反地，对电子而言，在 N 型半导体中的势能低，在 P 型半导体中的势能高，如果电子从 N 型半导体移动到 P 型半导体，则需要克服一个“势垒”。

图 2.27 所示为 PN 结形成前、后的能带结构图。由图可见，当 N 型半导体和 P 型半导体材料组成 PN 结时，在 PN 结处，空间电荷区导致的电场使得能带发生了弯曲，此时导带底能级、价带顶能级、本征费米能级和缺陷能级都发生了相同幅度的弯曲。但是，在平衡时，N 型半导体和 P 型半导体的费米能级是相同的，因此平衡 PN 结的空间电荷区两端的电势差

V_0 就等于原来 N 型半导体和 P 型半导体的费米能级之差。设达到平衡后，N 型半导体和 P 型半导体中多数载流子电子和空穴的浓度分别为 n_0、p_0，则有

$$qV_0 = E_{\text{fn}} - E_{\text{fp}} \tag{2.72}$$

而根据式（2.36）和式（2.41）

$$E_{\text{fn}} = E_{\text{c}} - k_{\text{B}}T\ln\left(\frac{N_{\text{c}}}{N_{\text{d}}}\right)$$

$$E_{\text{fp}} = E_{\text{v}} + k_{\text{B}}T\ln\left(\frac{N_{\text{v}}}{N_{\text{a}}}\right)$$

则有

$$V_0 = \frac{1}{q}(E_{\text{fn}} - E_{\text{fp}}) = \frac{1}{q}\left[E_{\text{c}} - E_{\text{v}} - k_{\text{B}}T\ln\left(\frac{N_{\text{c}}N_{\text{v}}}{N_{\text{d}}N_{\text{a}}}\right)\right] \tag{2.73}$$

根据式（2.25）

$$n_{\text{i}}^2 = n_0p_0 = N_{\text{c}}N_{\text{v}}\exp\left(-\frac{E_{\text{c}} - E_{\text{v}}}{k_{\text{B}}T}\right)$$

得到

$$V_0 = \frac{k_{\text{B}}T}{q}\ln\left(\frac{N_{\text{d}}N_{\text{a}}}{n_{\text{i}}^2}\right) \tag{2.74}$$

由式（2.73）和式（2.74）可知，PN 结的 N 型半导体、P 型半导体的掺杂浓度越高，两者的费米能级相差越大；禁带越宽，PN 结的接触电势差 V_0 就越大。

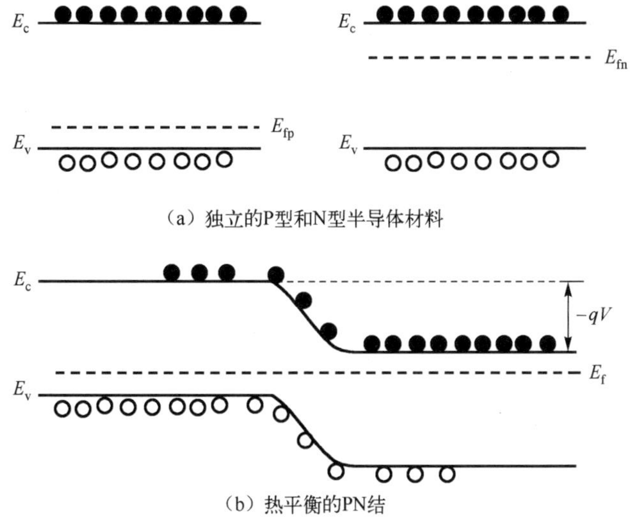

图 2.27　PN 结形成前、后的能带结构图

2.5.3　PN 结的电流-电压特性

PN 结具有许多重要的基本特性，包括电流-电压特性、电容效应、隧道效应、雪崩效应、

开关特性、光生伏特效应等，其中电流-电压（I–V）特性又称整流特性或伏安特性，是 PN 结最基本的特性之一。

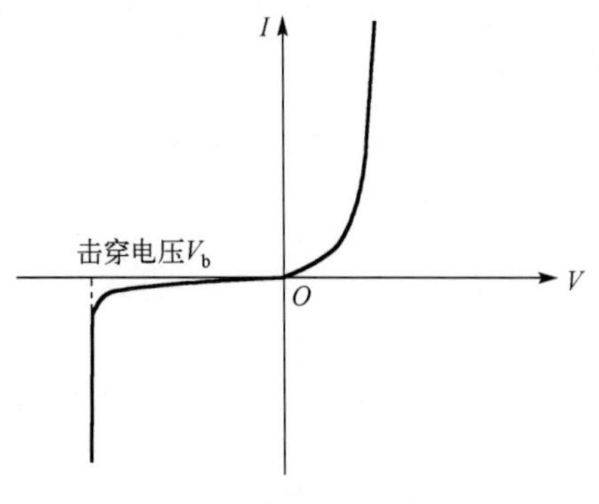

图 2.28　PN 结的电流-电压特性

图 2.28 所示为 PN 结的电流-电压特性。在 PN 结的两侧加上外加电压时，当 P 型半导体端接正电压、N 型半导体端接负电压时，电流就通过；而当外加电压的方向相反时，电流就基本不通过。从图 2.28 可知，当电压为正向偏置（P 型半导体为正，N 型半导体为负）时，电流基本随电压按指数规律上升，称为正向电流；而当电压为反向偏置（N 型半导体为正，P 型半导体为负）时，通过的电流很小，称为反向电流，此时电路基本处于阻断状态；当反向电压大于一定的数值（击穿电压$|V_b|$）时，电流就会快速增大，此时 PN 结被击穿，这时的反向电压称为击穿电压。

PN 结空间电荷区内的载流子密度很低，电阻率很高，所以当外加电压 V_f 加在 PN 结上时，可以认为外加电压基本落在空间电荷区上。如果加的是正向电压（或称为正向偏置），即 P 型半导体是电压的正端，N 型半导体是电压的负端，此时外加电场的方向和内建电场的方向相反，因此，PN 结的热平衡状态被破坏，内建电场的强度被削弱，电子的漂移电流被减小，电子从 N 型半导体向 P 型半导体扩散的势垒降低，空间电荷区变窄，结果导致大量的电子从 N 型半导体扩散到 P 型半导体。对 P 型半导体而言，电子是少数载流子，大量的电子从 N 型半导体扩散到 P 型半导体，相当于少数载流子大量注入 P 型半导体。在 PN 结附近，电子将出现积累并逐渐向 P 型半导体扩散，通过和空穴的复合而消失。同样地，对空穴而言，在正向电压的作用下，空穴从 P 型半导体扩散到 N 型半导体，并且在 PN 结附近出现积累。

如果外加的是反向电压（或称为反向偏置），即 N 型半导体是电压的正端，P 型半导体是电压的负端，此时外加电场的方向和内建电场的方向相同，因此，PN 结的热平衡状态也被破坏，内建电场的强度被增大，电子的漂移电流也被增大，而电子从 N 型半导体向 P 型半导体扩散的势垒增大，空间电荷区变宽，结果导致电子从 P 型半导体漂移到 N 型半导体。对 P 型半导体而言，电子是少数载流子，电子从 P 型半导体漂移到 N 型半导体相当于 P 型半导体中少数载流子的抽出。图 2.29 所示为 PN 结在外加电场下能带的变化情况。

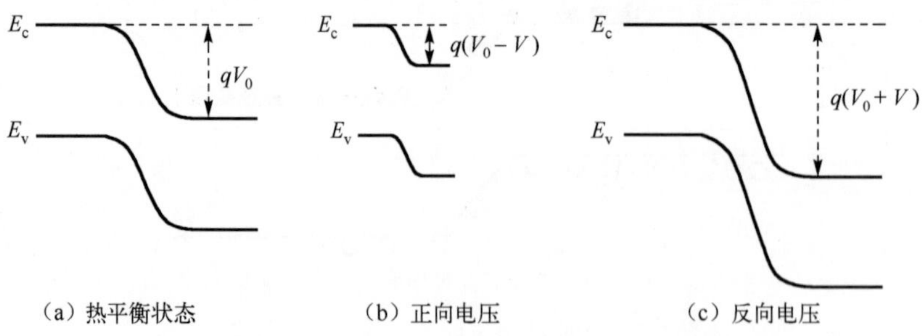

图 2.29　PN 结在外加电场下能带的变化情况

在理想状况下，电流-电压的具体关系式为

$$
\begin{aligned}
I &= Aq\left(\frac{D_{\mathrm{n}}n_{\mathrm{p}}^{0}}{L_{\mathrm{n}}}+\frac{D_{\mathrm{p}}p_{\mathrm{n}}^{0}}{L_{\mathrm{p}}}\right)\left[\exp\left(\frac{qV}{k_{\mathrm{B}}T}\right)-1\right]\\
&= I_0\left[\exp\left(\frac{qV}{k_{\mathrm{B}}T}\right)-1\right]\\
&= I_0\exp\left(\frac{qV}{k_{\mathrm{B}}T}\right)-I_0
\end{aligned}
\tag{2.75}
$$

式中，D_{n} 和 D_{p} 是电子和空穴的扩散系数，L_{n} 和 L_{p} 是电子和空穴的扩散长度，n_{p}^{0} 和 p_{n}^{0} 分别是热平衡时 P 型半导体中的少数载流子（电子）的浓度和 N 型半导体中的少数载流子（空穴）的浓度，V 是外加电压，A 是 PN 结的截面积。式中的第一项 $I_0\exp\left(\frac{qV}{k_{\mathrm{B}}T}\right)$ 代表从 P 型半导体流向 N 型半导体的正向电流，其随外加电压的增大而迅速增大，当外加电压为零时，PN 结处于热平衡状态。第二项 $I_0=Aq\left(\frac{D_{\mathrm{n}}n_{\mathrm{p}}^{0}}{L_{\mathrm{n}}}+\frac{D_{\mathrm{p}}p_{\mathrm{n}}^{0}}{L_{\mathrm{p}}}\right)$ 指从 N 型半导体流向 P 型半导体的反向电流，称为反向饱和电流。

2.6　金属-半导体接触和 MIS 结构

2.6.1　金属-半导体接触

不仅半导体 PN 结具有整流效应，而且金属-半导体接触形成的结构和金属-绝缘层-半导体（MIS）形成的结构也可以具有电流、电压的整流效应，这些结构都可以构成半导体器件的基本单元结构。

由图 2.7 的分析可知，金属作为导体，通常是没有禁带的，自由电子处于导带中，可以自由运动，从而导电能力很强。在金属中，电子也服从费米分布；和半导体材料一样，在热力学零度时，电子填满费米能级（E_{fm}）以下的能级，在费米能级以上的能级全是空的。当温度升高时，电子能够吸收能量，从低能级跃迁到高能级，但是这些能级大部分处于费米能级以下，只有少数费米能级附近的电子可能跃迁到费米能级以上，而极少量的高能级的电子吸收了足够的能量可能跃迁到金属的体外。用 E_0 表示真空中金属表面外静止电子的能量，那么，一个电子要从金属跃迁到体外所需要的最小能量就是

$$W_{\mathrm{m}}=E_0-E_{\mathrm{fm}} \tag{2.76}$$

称为金属的功函数或逸出功。

同样地，对于半导体材料，要使一个电子从导带或价带跃迁到体外也需要一定的能量。类似于金属，如果用 E_0 表示真空中半导体表面外静止电子的能量，那么半导体的功函数就是 E_0 和费米能级（E_{fs}）之差，即

$$W_{\mathrm{s}}=E_0-E_{\mathrm{fs}} \tag{2.77}$$

由于半导体的费米能级和半导体的型号与掺杂浓度有关，因此其功函数也和型号与杂质浓度有关。图 2.30 所示为金属和 P 型半导体的功函数。

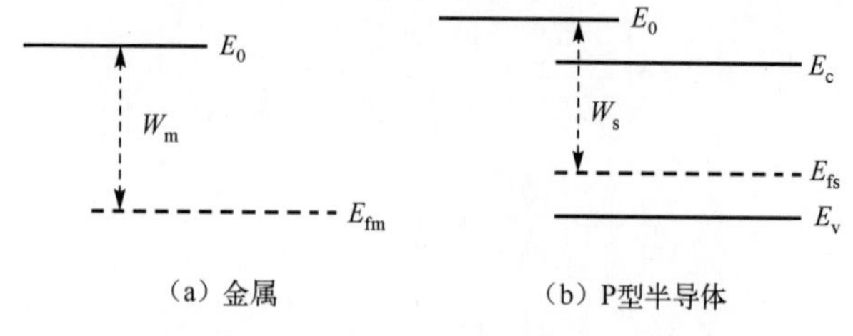

图 2.30 金属和 P 型半导体的功函数

当金属和 N 型半导体材料接触时，两者有相同的真空电子能级。如果接触前金属的功函数大于半导体的功函数，那么金属的费米能级就低于半导体的费米能级，而且两者的费米能级之差等于功函数之差，即 $E_{fs} - E_{fm} = W_m - W_s$。接触后，虽然金属的电子浓度要大于半导体的电子浓度，但金属的费米能级低于半导体的费米能级，导致半导体中的电子流向金属，使得金属表面电子浓度增大而带负电，半导体表面带正电。而且半导体和金属的正、负电荷数量相等，整个金属-半导体系统保持电中性，只是提高了半导体的电势，降低了金属的电势。图 2.31 所示为金属和 N 型半导体在接触前、后的能带变化。

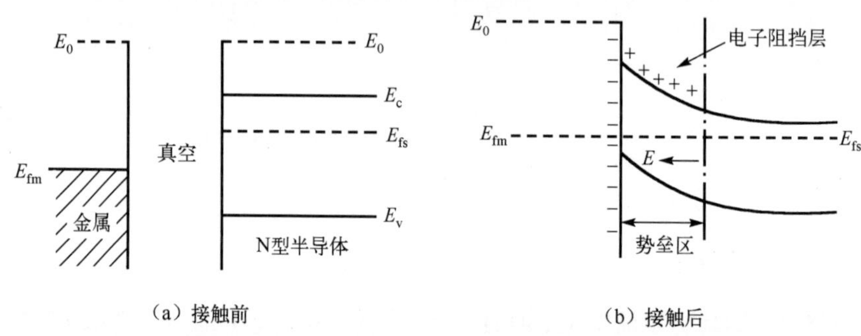

图 2.31 金属的功函数大于半导体的功函数时，金属和 N 型半导体在接触前、后的能带变化

在电子从半导体流向金属后，在 N 型半导体的近表面留下一定厚度的带正电的施主离子，而流向金属的电子则由于这些正电离子的吸引而集中在金属-半导体界面层的金属一侧，与施主离子一起形成了一定厚度的内建电场和空间电荷区，内建电场的方向是从 N 型半导体指向金属，主要落在半导体的近表面层。和半导体 PN 结相似，内建电场产生势垒，称为金属-半导体接触的表面势垒，又称电子阻挡层，使得空间电荷区的能带弯曲。而且，由于内建电场的作用，电子受到与扩散反方向的力，使得它们从金属又流向 N 型半导体。当达到平衡时，从 N 型半导体流向金属和从金属流向 N 型半导体的电子数相等，空间电荷区的净电流为零，金属和半导体的费米能级相同，此时势垒两边的电势之差称为金属-半导体的接触电势差，等于金属、半导体接触前的费米能级之差或功函数之差，即

$$V_{ms} = \frac{1}{q}(W_m - W_s) = \frac{1}{q}(E_{fs} - E_{fm}) \tag{2.78}$$

如果接触前金属的功函数小于半导体的功函数，即金属的费米能级高于半导体的费米能级，则经过同样的分析可知，金属和半导体接触后，在界面附近的金属一侧形成了很薄的高密度的空穴层，在半导体一侧形成一定厚度的电子积累区域，从而形成一个具有高电子电导率的空间电荷区，称为电子高电导区，又称反阻挡区，其接触前、后的能带如图 2.32 所示。

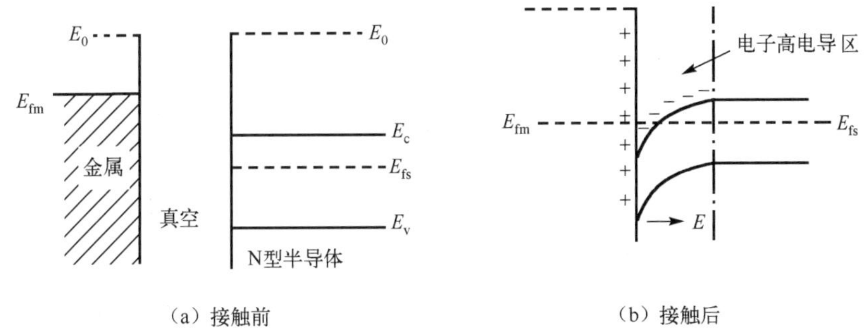

（a）接触前　　（b）接触后

图 2.32　金属的功函数小于半导体的功函数时，金属和 N 型半导体在接触前、后的能带

同样地，对金属和 P 型半导体接触，在界面附近也会存在空间电荷区，形成空穴势垒区（阻挡层）和空穴高电导区（反阻挡区）。

如果在金属和 N 型半导体之间加外加电压，将会影响内建电场和表面势垒的作用，表现出金属-半导体接触的整流效应。当金属接正极、半导体接负极时，外加电场从金属指向半导体，和内建电场相反（图 2.31 的情况），显然，外加电场将抵消一部分内建电场，导致电子势垒降低，电子阻挡层减薄，使得从 N 型半导体流向金属的电子流量增大，电流增大。相反地，当金属接负极、半导体接正极时，外加电场从半导体指向金属，和内建电场一致，增大了电子势垒，电子阻挡层增厚，使得从 N 型半导体流向金属的电子很少，电流几乎为零。这个特性和 PN 结的电流-电压特性是一样的，同样有整流效应。具有整流效应的金属-半导体接触称为肖特基接触，以此为基础制成的二极管称为肖特基二极管。

2.6.2　欧姆接触

在半导体器件制备过程中，常常需要没有整流效应的金属-半导体接触，这种接触称为欧姆接触。欧姆接触不会形成附加的阻抗，不会影响半导体中的平衡载流子浓度。从理论上讲，要形成这样的欧姆接触，金属的功函数就必须小于 N 型半导体的功函数，或大于 P 型半导体的功函数，这样，在金属-半导体接触界面附近的半导体一侧形成反阻挡层（电子或空穴的高电导区），可以阻止整流效应的产生。

除金属的功函数外，还有其他因素会影响欧姆接触的形成，其中最重要的是表面态。当半导体具有高表面态密度时，金属功函数的影响甚至将不再重要。根据欧姆接触的性质，在实际工艺中，常用的欧姆接触制备技术有：（1）低势垒接触；（2）高复合接触；（3）高掺杂接触。

所谓的低势垒接触，就是选择适当的金属，使其功函数和相应半导体功函数之差很小，导致金属-半导体接触的势垒极低，在室温下就有大量的载流子从半导体到金属或从金属到半导体流动，从而没有整流效应。对于 P 型硅半导体而言，金、铂都是较好的可以形成低势垒欧姆接触的金属。

高复合接触指的是通过打磨或铜、金、镍合金扩散等手段，在半导体的表面引入大量的复合中心，使可能的非平衡载流子复合，导致没有整流效应产生。

高掺杂接触是在半导体的表面掺入高浓度的施主或受主电学杂质，导致金属-半导体接触的势垒区很薄，在室温下，电子通过隧穿效应产生隧道电流，从而不能阻挡电子的流动，接触电阻很小，最终形成欧姆接触。

2.6.3 MIS 结构

如在金属和半导体之间插入一层绝缘层，就形成了金属-绝缘层-半导体（MIS）结构，是集成电路 CMOS 器件的核心单元结构。

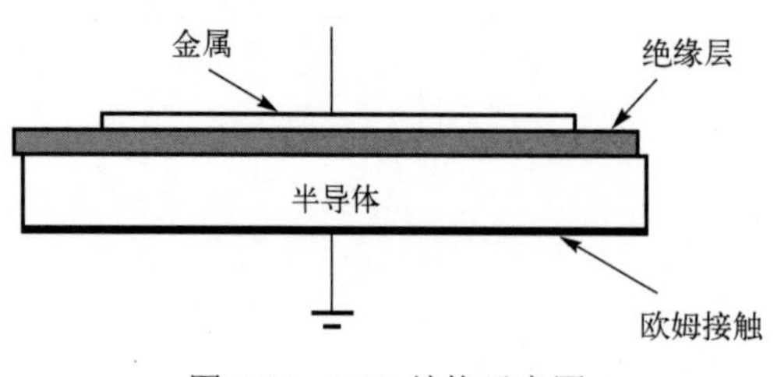

图 2.33 MIS 结构示意图

MIS 结构实际上是一个电容，其结构如图 2.33 所示。当在金属和半导体之间加上电压时，和金属-半导体接触一样，会在金属表面的一个原子层内堆积高密度的载流子，而在半导体中有相反的电荷产生，且分布在半导体表面一定的宽度范围内形成空间电荷区。在该空间电荷区内会形成内建电场，从表面到体内逐渐降低为零。由于存在内建电场，空间电荷区的电势也在变化，导致空间电荷区的两端产生电势差 V_s（称为表面势），造成了能带的弯曲。这个表面势是指半导体表面相对于半导体体内的电势差，所以，当表面电势高于体内电势时，表面势为正值，反之为负值。

当 MIS 结构加上外加电场时，随着外加电场和空间电荷区的变化，会出现多数载流子堆积、多数载流子耗尽和少数载流子反型三种情况，图 2.34 所示为 P 型半导体在堆积、耗尽和反型时的能带图。

（1）多数载流子堆积：在 MIS 结构的金属一端接负极时，表面势为负值，导致能带在半导体表面的空间电荷区从体内到表面逐渐上升弯曲，在表面处价带顶接近或超过费米能级，如图 2.34（a）所示。能带的弯曲导致在半导体表面的多数载流子空穴浓度增大，导致空穴的堆积，而在空间电荷区的半导体体内部分出现电离正电荷。

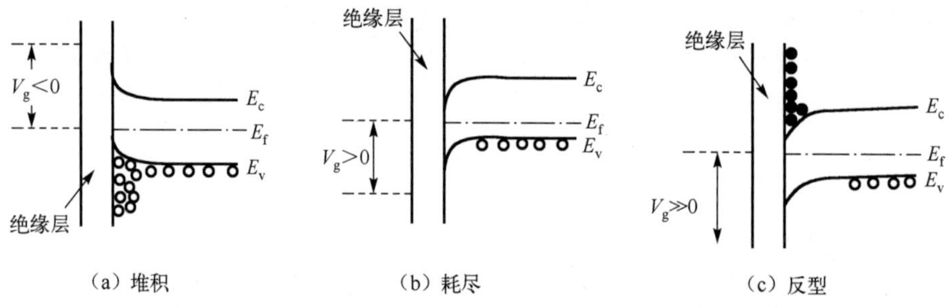

图 2.34 P 型半导体在堆积、耗尽和反型时的能带图

（2）多数载流子耗尽：在 MIS 结构的金属一端接正极时，表面势为正值，导致能带在半导体表面的空间电荷区从体内到表面逐渐下降弯曲，在表面处价带顶远离费米能级，如图 2.34（b）所示。能带的弯曲导致在半导体表面的多数载流子空穴浓度大幅减小，形成载流子的耗尽层。

（3）少数载流子反型：在 MIS 结构的金属一端接正极时，外加电压很大，导致能带的下降弯曲程度增大，在表面处导带底逐渐接近或达到费米能级，如图 2.34（c）所示。此时，半导体表面处的少数载流子电子的浓度高于空穴的浓度，形成和半导体体内导电类型相反的一层反型层。而在反型层与体内之间还夹杂着一层多数载流子的耗尽层。

总之，半导体材料的物理基础是半导体物理。本章简要介绍了半导体材料物理的基本概念，包括：载流子（电子和空穴）的产生和复合，载流子和电导率、本征和掺杂半导体，能级结构、杂质能级、缺陷能级和深能级，热平衡状态下的载流子状态密度、统计分布、载流子浓度和补偿，以及非平衡载流子的产生、复合、寿命、扩散和漂移。还简要介绍了半导体器件的基本物理概念，包括：PN 结的制备、能带结构、电流-电压特性，以及金属-半导体接触、欧姆接触和金属-绝缘层-半导体（MIS）结构。

习　题　2

1．在半导体材料中，载流子浓度和电导率之间存在什么关系？什么是少数载流子？

2．什么是能级？什么是能带？请画出单晶硅的能带示意图。

3．什么是本征载流子浓度？在室温 300K 时，如何计算硅晶体的本征载流子浓度？

4．求 T=400K 时硅的热平衡空穴浓度，设费米能级位于价带顶上方 0.27eV 处，T=300K 时，硅中的 $N_v=1.04\times10^{19}\text{cm}^{-3}$。

5．非平衡少数载流子如何产生和扩散？如果外加电场，对总电流密度有何影响？

6．PN 结的制备方法有哪些？在相同掺杂浓度下，硅的 PN 结势垒和锗的 PN 结势垒哪个更高？在正向电压下，空间电荷区与未加电压时的状态有何不同？

7．金属-半导体接触和 MIS 结构与 PN 结有何异同？分别从材料组成、能带结构、器件特性等多个方面进行描述。

参 考 文 献

[1]　杨德仁. 太阳电池材料[M]. 2 版. 北京：化学工业出版社，2018.

[2]　刘文明. 半导体物理学[M]. 长春：吉林人民出版社，1982.

[3]　刘恩科，朱秉升，罗晋生. 半导体物理学[M]. 西安：西安交通大学出版社，1998.

[4]　佘思明. 半导体硅材料学[M]. 长沙：中南工业大学出版社，1992.

[5]　K G. Metal impurities in silicon[M]. Berlin: Springer, 1995.

[6]　中鸠坚志郎. 半导体工程学[M]. 北京：科学出版社，2001.

第 3 章　半导体材料晶体生长原理

人们从事晶体生长的历史可以追溯到公元前 2700 年前后，那个时期，我们的祖先已掌握了从海水中获取食盐晶体的方法；1637 年，明代著名科学家宋应星的《天工开物》就记载了人工生长盐的信息。我国东晋医药学家、道教先贤葛洪所著的《抱朴子》中关于炼丹术“丹砂烧之成水银，积变又还成丹砂”的记载，实际是由 S 和 Hg 合成 HgS 晶体的过程。然而，在漫长的历史中，晶体生长一直只是一种凭经验传授的技艺。

直到 20 世纪初，现代科学技术的原理不断用于晶体生长过程，晶体生长开始走向科学化。20 世纪 20 年代，W. Kossel、I. Stranski 等科学家提出了完整晶体生长的微观理论；20 世纪 40 年代，F. C. Frank 发展了缺陷晶体生长理论，提出了螺位错生长机制；20 世纪 50 年代，W. K. Borton、N. Cabrera 和 F. C. Frank 借助统计物理学发展了晶体生长及界面平衡结构理论，是晶体生长理论发展的重要里程碑。在生长界面方面，K. A. Jackson 等提出了单原子层界面模型，J. W. Cahn 等提出了扩散界面模型；1966 年，D. E. Temkin 认为晶体生长界面由许多原子层构成，提出了弥散界面模型。20 世纪 50 年代以来，以单晶硅为代表的半导体材料的发展推动了晶体生长理论研究和技术的发展。在近代，随着计算机技术的飞速发展，晶体生长理论研究向微观定量计算方向发展，使传统的晶体生长技术有了微观理论的支撑，也使得许多新型的晶体材料得以实现。

从晶体形态上讲，半导体材料可以分为半导体晶体材料、半导体非晶材料两大类。半导体非晶材料由于晶体结构不完整，具有较多的晶体缺陷和悬挂键等，其电学性能相对低下且不易调控，因此这类材料很少被用来制备半导体器件。相反地，半导体晶体材料具有晶格完整、晶体缺陷少、纯度高等优点，是半导体器件的主要制备材料。而半导体晶体材料是晶体材料的一种，是具有半导体物理性质的晶体材料，它的生长遵循普通晶体材料的生长原理。

本章主要阐述半导体材料的晶体生长原理，包括半导体晶体材料的生长方式、晶体生长的热力学理论、晶体生长的动力学理论及晶体的外形控制。首先介绍半导体晶体材料固相生长、液相生长和气相生长的特点。然后给出三种晶体生长方式的驱动力，并讨论液相生长的均匀成核和非均匀成核及过冷度对成核率的影响，在晶体动力学理论方面，给出界面模型和相应的生长机制。最后讨论晶体的外形控制，包括晶体形状和自由能、生长界面及生长方向的关系。

3.1　半导体晶体材料的生长方式

半导体材料是一种电子功能材料。以电子的自由度作为一个基本物理量，当电子沿着材料三维方向运动的尺寸都大于半导体材料的德布罗意波长（1～100μm）时，这种半导体材料称为“块体材料”，泛指半导体晶体材料，包括半导体单晶材料和半导体多晶材料。从器件应用的角度来看，需要半导体材料具有相对完整的晶格（如 Si、Ge、GaAs 等半导体晶体材料），而半导体多晶材料具有晶界、位错等高密度缺陷，因此，大约 98%的半导体材料都是单晶的。

半导体晶体材料的生长方式和普通晶体的生长方式一样，一般分为三类：固相生长、液相生长和气相生长。固相生长是利用固体材料中的扩散，使多晶体转变为单晶体或者非晶体转变为单晶体的一种晶体生长方式。例如，在高温高压下将石墨转变成金刚石晶体；又如将非晶硅固化再结晶成多晶硅。固相生长是一种材料再结晶的过程，通常可以利用退火、烧结、多形性转变、退玻璃化及固态沉淀等方式实现再结晶的固相生长。固相生长具有如下优点：（1）它可以在不添加组分的情况下，在低于熔点的温度实现晶体生长；（2）所生长晶体的形状可以是事先设计的，直接生长出丝、箔等形状的晶体，取向也容易控制；（3）除脱溶外，杂质和其他添加组分的分布在晶体生长前就被固定下来，并且在生长过程中不发生改变（除稍微被相当慢的扩散所改变外）。但是，从固相中所生长晶体的成核密度高，固体中的原子扩散速率非常小，因此难以用此法得到大尺寸单晶。

液相生长是由液相转变为固相的生长过程，包括从熔体中生长和从溶液中生长。从熔体中生长是目前制备大直径块体半导体单晶材料的主要方法，这种方法生长的单晶具有纯度高、体积大、完整性好、生长速率高等优点，但是要求所生长的材料在熔点附近相对稳定，不发生分解、升华和相变。根据生长工艺的不同，熔体法生长包括直拉单晶法、液态密封直拉法、布里奇曼法和区熔法等。从溶液中生长晶体是将原料溶解在适当的溶剂中，采取一定的方法使溶液达到饱和状态，从而使溶质从溶液中析出并结晶长大的方法，如从盐水溶液中结晶出盐。根据溶液性质的不同，将溶液法分为助溶剂法、水溶液法和水热法等。这些方法可以使晶体在远低于熔点的温度下生长，适合制备高温下容易发生分解、汽化或晶型转变的材料，所制备的单晶体尺寸较大、均匀性良好。

气相生长是将原料用物理或者化学的方法转变为气态，并通过物理或者化学反应的方法沉积在衬底上，生长出固相材料的方法，就像水汽凝结成冰和雪花一样。气相生长适合制备那些本身或者中间产物可以汽化的材料，并可以在远低于晶体熔点的温度下进行生长。例如，将 SiC 原料进行升华再重新凝华为 SiC 晶体。气相生长材料的速率远低于液相生长的速率，因此，这种方法主要用来制备厚度在几百微米以下的，甚至是单原子或分子层厚度的薄膜材料，包括单晶、多晶或非晶薄膜材料。当吸附到衬底的原子或者分子有足够的能量在衬底表面自由迁移时，就可以排列成有序的晶体薄膜材料。根据反应方式的不同，气相生长方法又分为物理气相生长和化学气相生长两种方法。

3.2　晶体生长的热力学理论

3.2.1　晶体生长的自由能和驱动力

晶体生长是以气体、液体或者固体的过饱和状态的相（亚稳相），通过成核与长大，形成具有一定尺寸、形状及相结构的晶体（平衡相）的过程[1-2]。伴随这一过程而发生的是系统吉布斯自由能的降低或熵的增大，是典型的一级相变过程，遵从相变的基本热力学原理。晶体生长是一个动态过程，形成晶体（新相）的自由能应该低于亚稳相（旧相）的自由能，这是形成晶体的热力学条件[1-2]。当两相体系达到热力学平衡时，就不能生成新相了。

满足热力学条件后，晶体生长过程就是新相通过结晶界面向旧相的移动[1-2]。界面是系统中共存各相之间的交界面，在晶体生长中起着十分重要的作用[1-2]。常见的界面包括液-气界面、气-固界面、液-固界面及固-固界面等，在晶体生长系统中这几种界面都可能存在。它们共同的特点是：界面两侧附近几个原子层的区域中，原子排列方式和成键特性与两侧的相都不同。在热力学平衡的条件下，界面两侧的物质相互转移的速率相等，维持动态的平衡。一旦平衡被破坏，就会发生物质的转移，导致物质从自由能高的一侧向自由能低的一侧转移，进而导致界面的移动。假设在界面移动的驱动力 f 的作用下，单位面积为 A 的界面移动距离 Δz，则该过程对应的自由能变化为 ΔG。根据外力做功与自由能变化相等的原理得[1-2]

$$fA\Delta z = -\Delta G \tag{3.1a}$$

或

$$f = -\Delta G/A\Delta z = -\Delta g_V \tag{3.1b}$$

Δg_V 是生长单位体积晶体的自由能的变化，也称为相变驱动力或者体积能。界面移动的驱动力就来源于体系自由能的降低。

若单个原子相变引起的吉布斯自由能的降低为 Δg，单个原子的体积为 V_m，单位体积中的原子数为 N，则

$$f = -N\Delta g/(NV_m) = -\Delta g/V_m \tag{3.1c}$$

晶体生长的条件是驱动力 $f>0$。若 $\Delta g>0$，$f<0$，则 f 为熔化、升华或者溶解的驱动力。由于 Δg 和 f 只相差一个常数，因此 Δg 也被称为相变驱动力[2]。相变驱动力的大小取决于晶体生长前、后体系自由能的差值，它和体系各组元的化学势有关。

在多组元介质中，将其总自由能对某一组元成分的偏导数定义为该组元在该介质中的化学势（又称化学位），记为

$$\mu_i = \partial G/\partial x_i \tag{3.2}$$

μ_i 加上标表示所在的介质，如 μ_i^g 表示组元 i 在气相（g）中的化学势。因此，也可以用化学势体现旧相成分和晶体成分的对应关系。化学势通常是温度（T）、压力（p）和成分的函数；但是，对于单元复相系，自由能仅是温度和压力的函数[3]。

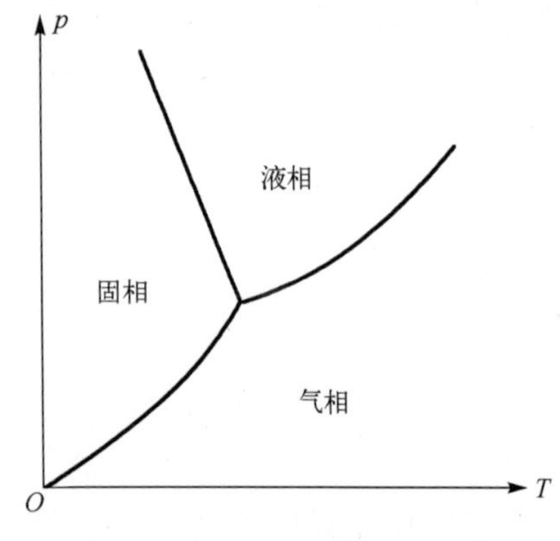

图 3.1 单元复相系的平衡相图

对于单元复相系，晶体生长过程中不发生成分的变化，自由能由温度和压力决定，如图 3.1 所示。由图可见，固相（s）、液相（l）和气相（g）在特定的压力与温度下处于稳定状态。因此，要获得晶体的生长，就需要改变体系的压力和温度使相平衡发生偏移。例如，以气相为旧相进行压缩或者降温获得晶体，就是气相生长；以液相为旧相进行降温或者压缩获得晶体，就是液相生长。

3.2.1.1 气相-固相转变

气相的相变驱动力来自 $\Delta G = G_s - G_g$。假设气相为理想气体，在 (p_0, T) 状态下与晶体处于相平衡，则此时晶体与气相的化学势相等（$G_s^0 = G_g^0$）。假设在温度 T 不变的情况下，压力由 p_0 增大到 p。压力对固相的自由能影响很小，G_s 几乎等于 G_s^0。由此可得气相的化学势的变化为

$$\Delta\mu = \mu_s - \mu_g = \mu_s^0 - \left(\mu_g^0 + RT\ln\frac{p}{p_0}\right) = -RT\ln\frac{p}{p_0} \tag{3.3}$$

式中，化学势的变化 $\Delta\mu = N_A\Delta g$，摩尔气体常量 $R=k_BN_A$，其中，N_A 为阿伏加德罗常数，k_B

为玻耳兹曼常数，则气相的相变驱动力为

$$\Delta g = -k_{\mathrm{B}} T \ln \frac{p}{p_0} \tag{3.4a}$$

定义饱和比$\alpha = p/p_0$，过饱和度$\sigma = \alpha - 1$。当过饱和度较小时，$\ln(\sigma + 1) \approx \sigma$，则

$$\Delta g = -k_{\mathrm{B}} T \ln \alpha \approx -k_{\mathrm{B}} T \sigma \tag{3.4b}$$

$$\Delta g_{\mathrm{V}} = \frac{-k_{\mathrm{B}} T}{V_{\mathrm{m}}} \ln \alpha \approx \frac{-k_{\mathrm{B}} T \sigma}{V_{\mathrm{m}}} \tag{3.4c}$$

将式（3.4c）代入式（3.1b），得到气相生长的驱动力为

$$f = -\Delta g_{\mathrm{V}} = \frac{k_{\mathrm{B}} T \ln \alpha}{V_{\mathrm{m}}} \approx k_{\mathrm{B}} T \frac{\sigma}{V_{\mathrm{m}}} \tag{3.5}$$

从式（3.4b）和式（3.5）可以看出，只有在一定的过饱和度时，$\Delta g < 0$，$f > 0$，气相-固相转变才可能自发进行。

3.2.1.2　熔体-固相转变

从熔体中生长晶体的驱动力来源于液相与固相自由能的差$\Delta G = G_{\mathrm{s}} - G_{\mathrm{l}}$。对于单组元体系，两者化学势的差$\Delta\mu = \Delta h(T) - T\Delta s(T)$。在熔点$T_{\mathrm{m}}$熔体与晶体处于两相平衡时，两相的化学势应该相等，则$\Delta h(T_{\mathrm{m}}) = T_{\mathrm{m}}\Delta s(T_{\mathrm{m}})$。当实际温度与熔点的偏差很小时，可以近似地认为$\Delta h(T) = \Delta h(T_{\mathrm{m}})$，以及$\Delta s(T) = \Delta s(T_{\mathrm{m}})$。若熔体温度略低于熔点，则两相化学势有一定的差值，从而可以得到从熔体中生长晶体的相变驱动力为

$$\Delta g = \frac{\Delta\mu}{N_{\mathrm{A}}} = \frac{\Delta h(T) - T\Delta s(T)}{N_{\mathrm{A}}} = \frac{\Delta h(T_{\mathrm{m}}) - T\Delta h(T_{\mathrm{m}})/T_{\mathrm{m}}}{N_{\mathrm{A}}} = -l\frac{\Delta T}{T_{\mathrm{m}}} \tag{3.6a}$$

$$\Delta g_{\mathrm{V}} = -\frac{l\Delta T}{V_{\mathrm{m}} T_{\mathrm{m}}} \tag{3.6b}$$

式中，$\Delta T = T_{\mathrm{m}} - T$为熔体的过冷度；单个原子的熔化潜热$l = L/N_{\mathrm{A}} = -\Delta h(T_{\mathrm{m}})/N_{\mathrm{A}}$，其中$L$是指在一定温度和压力下纯物质熔化（如晶体转变为液态）过程中体系所吸收的热。结晶是熔化的逆过程，其焓的变化数值相等，符号相反。将式（3.6b）代入式（3.1b），得到熔体生长的驱动力为

$$f = \frac{l\Delta T}{T_{\mathrm{m}} V_{\mathrm{m}}} \tag{3.7}$$

从式（3.6）和式（3.7）可以看出，只有当$\Delta T > 0$，也就是熔体有一定的过冷度时，$\Delta g < 0$，$f > 0$，熔体-固相转变才可能自发进行。通常在熔体-固相转变过程中，体积的变化非常微小，因此压力的变化对总体自由能的影响很小，相变的驱动力主要来自过冷度，因此，液相压缩仅限凝固过程体积收缩的物质。当晶体与熔体的过冷度或定压比热容相差较大时，可以参见 D. Jones 等得到的更加精确的表达式[4]。

3.2.1.3 溶液-固相转变

对于从溶液中生长固体的过程，假设溶液为稀溶液，忽略蒸气压的影响。溶液在一定温度、压力与饱和溶液的浓度（T、p、C_0）下处于平衡状态，则此时两相中溶质和溶剂的化学势相等。溶质 i 在该溶液中的化学势为

$$\mu_i^l(C_0) = \mu_i^0(T, p) + RT\ln C_0 \tag{3.8}$$

固-液两相平衡时，固相的化学势 μ_i^s 与液相饱和溶液的化学势 μ_i^l 相等。在压力和温度不变的情况下，溶质浓度增大到 C_1，两相化学势不相等，差值为

$$\Delta\mu = \mu_i^s - \mu_i^l(C) = \mu_i^l(C_0) - \mu_i^l(C_1) = -RT\ln\frac{C_1}{C_0} \tag{3.9}$$

同样可以得到单个溶质原子从溶液转变为晶体的相变驱动力

$$\Delta g = -k_B T\ln\frac{C_1}{C_0} \tag{3.10a}$$

类似地定义饱和比$\alpha = C_1/C_0$，过饱和度$\sigma = \alpha-1$，则

$$\Delta g = -k_B T\ln\frac{C_1}{C_0} = -k_B T\ln\alpha \approx -k_B T\sigma \tag{3.10b}$$

$$\Delta g_V = -k_B T\frac{\ln\alpha}{V_m} \approx -k_B T\frac{\sigma}{V_m} \tag{3.10c}$$

若在溶液系统中，生长的晶体由纯溶质构成，则将式（3.10c）代入式（3.1b），得到溶液生长的驱动力

$$f = k_B T\ln\frac{\alpha}{V_m} \approx \frac{k_B T\sigma}{V_m} \tag{3.11}$$

从式（3.10a）和式（3.11）可以看出，只有当 $C_1 > C_0$，也就是溶液有一定的过饱和度时，$\Delta g < 0$，$f > 0$，溶液-固相转变才可能自发进行。

对于多元系统，自由能不仅是温度和压力的函数，也和成分有关系，一般用化学势来表示成分对多元系统凝固行为的影响。对于多元的合金和化合物，体系自由能变化的计算是复杂的过程，一般需借助多元相图，其自由能变化的推导详见参考文献[1]。

相变能否发生还需要考虑驱动力的大小，只有在驱动力达到一定的值时，相变才会发生；在驱动力还没有达到这个值时，系统将处于亚稳态。从能量的角度看，系统处于亚稳态时，系统的能量具有极小值，也就是说相对于亚稳态的很小偏离将导致系统能量的增大，这意味着在亚稳态和稳态之间存在一定的势垒[3]。从热力学角度看，如果吉布斯自由能是连续的，则在两个极小值之间必然存在一个极大值，也就是亚稳态到稳态必须要克服一定的势垒。克服这个势垒发生相变，需要生长系统中的过饱和度或过冷度达到一定的数值。

3.2.2 晶体生长的均匀成核

晶体生长过程是从成核（或者形核）开始的[1]，所谓的“成核”，是指在旧相中形成等于或大于一定临界尺寸的平衡相晶核的过程。而晶体的生长，则是通过晶核的长大来实现的。

成核是相变初始时的孕育阶段，是结晶的初始阶段[1-2]。在这个阶段，从旧相中开始出现许多有序排列的小原子团，称之为晶胚。晶胚在到某一临界尺寸后，就成为可以稳定存在并自发长大的晶核[5]。晶核与拟生长的晶体具有相同的结构，并在给定的晶体生长条件下是热力学稳定的。晶核的形成方式有两种：均质成核（又称均匀成核或自发成核）和异质成核（又称非均匀成核或非自发成核）[3, 6-7]。如果依附于事先制备的拟生长晶体（籽晶）的界面生长，严格意义上不属于晶体成核过程，而是晶体的外延生长。

均质成核是指在一定的过饱和度或过冷度的条件下，从旧相直接形成晶核[5]。最早的成核理论针对过饱和蒸气中液滴的成核，在该模型的基础上，于 1949 年提出了经典的液相中均质成核的理论[1]。均质成核理论首先假设冷的液相中由于结构起伏而形成不同尺寸的原子团簇，也就是晶胚；假设晶胚为球形，半径为 r，表面积为 S，体积为 V。当过冷液体中出现一个晶胚时，总的自由能变化由体积自由能 ΔG_V 和表面自由能 ΔG_S 两部分构成

$$\Delta G = \Delta G_V + \Delta G_S = V\Delta g_V + \gamma S = \frac{4}{3}\pi r^3 \Delta g_V + 4\pi r^2 \gamma \tag{3.12}$$

式中，γ 表示单位面积自由能，也就是晶体和亚稳相的界面能。由式（3.12）可知，体积自由能 ΔG_V 随着 r^3 的增大而减小，而表面自由能 ΔG_S 随着 r^2 的增大而增大。所以随着晶胚半径 r 的增大，ΔG_V 要比 ΔG_S 变化得更快。另外，ΔG_S 在开始时增大得更快，所以总的自由能变化先随着晶胚半径的增大而增大，达到极大值 ΔG^* 以后逐渐减小。与 ΔG^* 相对应的晶胚半径 r^* 称为临界半径；当晶胚半径增大到 r_0 时，$\Delta G = 0$，该半径 r_0 称为稳定半径。

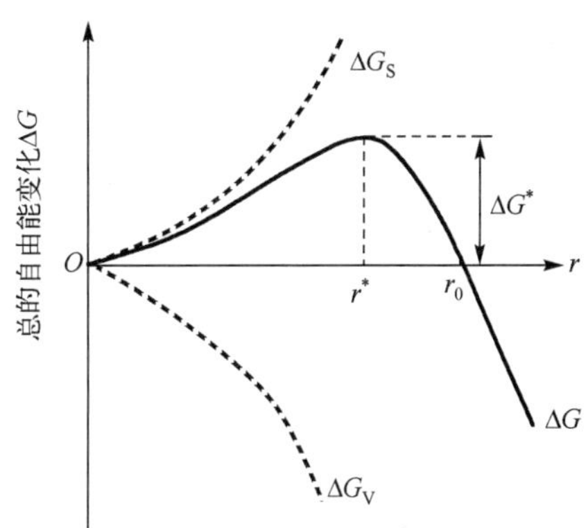

图 3.2　总的自由能变化与晶胚半径的变化关系

晶胚半径 r 与总的自由能变化 ΔG 的关系如图 3.2 所示。从图中可以看出晶胚成核时能量的变化规律：当 $r < r^*$ 时，总的自由能变化随着晶胚半径的增大而增大，随着晶胚半径的减小而减小，因此，半径小于临界半径的晶胚将消失；当 $r = r^*$ 时，总的自由能变化处于极大值 ΔG^*，晶胚可能消失，也可能长大成核。所以把 r^* 称为临界晶核半径，该晶胚称为临界晶核。晶核的尺寸必须大于或等于临界晶核半径才可能发生凝固；当 $r^* < r < r_0$ 时，总的自由能变化随着晶胚半径的增大而逐渐减小，但是 $\Delta G > 0$，这样的晶胚消失的概率小于长大的概率；当 $r > r_0$ 时，$\Delta G < 0$，晶胚能稳定长大，是稳定晶核。

对式（3.12）的半径求偏导数并令其等于零，即 $\partial\Delta G/\partial r = 0$，可求得

$$r^* = -2\gamma/\Delta g_V \tag{3.13}$$

从式（3.13）可以看出，当体系过饱和度或者过冷度大时，相应的 Δg_V 大，从而可以减小临界晶核半径 r^*；反之，则增大 r^*。显然，临界晶核半径不仅取决于材料本身，还和过冷度有关。将式（3.6b）代入式（3.13）得

$$r^* = 2\frac{\gamma V_m T_m}{l\Delta T} \tag{3.14}$$

式（3.14）表示临界晶核半径与过冷度成反比，过冷度越大，临界晶核半径越小。在生长晶体时，往往通过增大过冷度 ΔT 来减小临界晶核半径 r^*，从而达到细化晶粒的目的。相反地，减小过冷度 ΔT 可以增大临界晶核半径 r^*，更容易获得大晶粒的多晶，甚至单晶材料。

在临界晶核时，体积自由能 ΔG_V 的减小还不能完全补偿表面自由能 ΔG_S 的增大，剩余部分需要通过外界提供能量，也就是相变需要克服的自由能势垒高度，称为形核功，为

$$\Delta G^* = \frac{16\pi\gamma}{3\Delta g_V^2} = \frac{16}{3}\pi r^{*2}\gamma = \frac{1}{3}\Delta G_S \tag{3.15}$$

从式（3.15）可以看出，形核功等于 1/3 的表面自由能 ΔG_S，其余的 2/3 被体积自由能的减小所抵消。体系的自由能是宏观的平均能量，它保持一个有能量起伏的动态平衡状态，而形核功是依靠结晶体系的能量起伏提供能量的。结合式（3.14）和式（3.15），可以看出临界形核功取决于过冷度。过冷度越大，临界晶核半径越小，临界形核功越小。

综上所述，均匀成核是在过冷液体中，依靠结构起伏形成尺寸大于临界晶核半径的晶胚，同时还必须依靠能量起伏获得形成临界晶核所需要的形核功，才能形成稳定的晶核。因此，结构起伏和能量起伏是均匀成核的必要条件[2]。从液态通过均匀成核获得晶体时，临界晶核半径和临界形核功与过冷度有关。在其他条件不变的情况下，过冷度的大小决定了临界晶核半径的大小。

具有临界尺寸的原子团簇获得一个原子后则成为晶核，失去一个原子后则有可能消融。单位体积单位时间内所形成的晶核数目称为成核率 I_n。随着过冷度的增大，临界晶核半径和临界形核功都减小，需要的能量起伏减小，容易形成稳定晶核。系统中，部分微小区域的能量超过临界形核功的概率与 $\exp(-\Delta G^*/k_BT)$成正比，也就是成核率随着过冷度的增大而增大。另外，随着过冷度的增大，原子的扩散速度变慢，原子需要克服扩散势垒 Q 才能从液相扩散到固相形成晶胚，所以液态中出现大于临界晶核的概率与 $\exp(-Q/k_BT)$成反比。综上所述，成核率是形核功控制的概率因子与扩散控制的概率因子的乘积，表示为[5]

$$I_n = K\exp(-\Delta G^*/k_BT)\exp(-Q/k_BT) \tag{3.16}$$

式中，K 为常数；$\exp(-\Delta G^*/k_BT)$为形核功控制的概率因子；$\exp(-Q/k_BT)$为扩散控制的概率因子。图 3.3 显示了成核率和过冷度的关系[8]。随着过冷度的增大，能量起伏的概率因子和扩散控制的概率因子的变化趋势正好相反。从图中可以看出，成核率随着过冷度的增大先增大到极值，然后逐渐减小。当过冷度较小时，成核率主要受能量起伏的概率因子的控制。当过冷度增大时，成核率急剧增大。当过冷度较大时，成核率主要受到原子扩散的概率因子的控制，随着过冷度的增大，成核率逐渐减小。另外，结合图 3.2 和图 3.3，可以看出过冷度达到一定值以后，成核率才开始突然增大，也就是形成临界的晶胚需要一定的孕育期。当过冷度较小时，临界晶核半径较大，晶胚需要克服较大的形核功。随着过冷度的逐渐增大，晶胚需要克服的形核功逐渐减小，一旦小于体系起伏所能提供的能量，晶胚就立即长大成为稳定的晶核，成核率陡增。

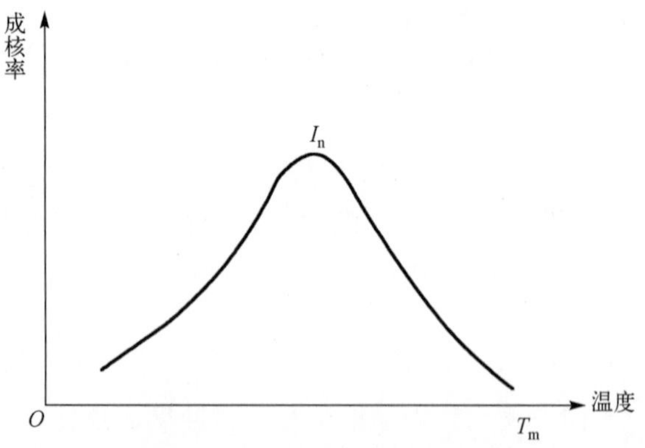

图 3.3 过冷度对成核率的影响

3.2.3 晶体生长的非均匀成核

非均匀成核是指在体系中存在外来质点（衬底、容器壁、固体颗粒、籽晶等），

成核发生在外来质点上，又叫异质成核或非自发成核[2]。非均匀成核理论认为，在旧相中存在着颗粒等固相，新相依附于已有的固体颗粒表面成核，从而使形核功和过冷度大幅减小[2, 9]。

图 3.4 所示为非均匀成核的示意图。根据非均匀成核理论，假设旧相α中存在的固体颗粒（基底）s 与冠状的新相晶核β的尺寸相比很大，则其表面可以被看作平面。晶核的曲率半径为 r，晶核表面与基底的接触角为θ，也称为润湿角。用$\gamma_{\alpha\beta}$、$\gamma_{\alpha s}$和$\gamma_{\beta s}$分别表示旧相α与新相晶核β、旧相α与基底 s、新相晶核β与基底 s 之间的界面能。当晶核稳定存在时，在新相晶核、旧相和基底的交界处，相互之间的表面张力存在平衡关系：$\gamma_{\alpha s}=\gamma_{\beta s}+\gamma_{\alpha\beta}\cos\theta$。冠状晶核的表面积和体积分别为 $2\pi r^2(1-\cos\theta)$和$(2-3\cos\theta+\cos^3\theta)\pi r^3/3$，新相晶核与基底之间的界面面积为 $\pi r^2(1-\cos^2\theta)$。在基底上形成一个新相晶核β时自由能的变化为

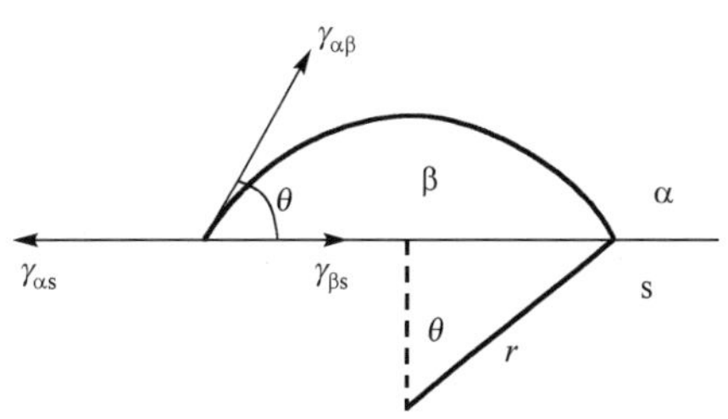

图 3.4　非均匀成核的示意图[9]

$$\Delta G_{\rm h}=\Delta G_{\rm V}+\Delta G_{\rm S}=[\frac{4}{3}\pi r^3\Delta g_{\rm V}+4\pi r^2\gamma_{\alpha\beta}]f(\theta) \tag{3.17}$$

式中，函数 $f(\theta)=(2-3\cos\theta+\cos^3\theta)/4=(2+\cos\theta)(1-\cos\theta)^2/4$。

比较均匀成核和非均匀成核的自由能的差别，两者仅相差一项系数 $f(\theta)$。对式（3.17）的半径求偏导数并令其等于零，即$\partial\Delta G/\partial r=0$，可求得临界晶核半径

$$r^*=-2\gamma_{\alpha\beta}/\Delta g_{\rm V} \tag{3.18}$$

比较均匀成核和非均匀成核的临界晶核半径，可以看出，当体系状态一定时，两者的临界晶核半径相同。将式（3.18）代入式（3.17）可求得形核功

$$\Delta G_{\rm h}^*=\frac{16\pi\gamma_{\alpha\beta}}{3\Delta g_{\rm V}^2}f(\theta)=\Delta G^*f(\theta) \tag{3.19}$$

从式（3.19）可以看出，当$\theta=0$时，$f(\theta)=0$，$\Delta G_{\rm h}^*=0$，说明固体颗粒相当于晶核，而不需要形核功，液体可直接转变成晶体；当$0<\theta<180°$时，$f(\theta)<1$，$\Delta G_{\rm h}^*<\Delta G^*$，固体颗粒等外来质点将促进成核；当$\theta=180°$时，$f(\theta)=1$，$\Delta G_{\rm h}^*=\Delta G^*$，说明固体颗粒等外来质点对成核没有贡献，与均匀成核的情况一致。总体来说，非均匀成核比均匀成核所需要的形核功小，而且随着θ的减小而减小。

非均匀成核的成核率除了受过冷度的影响，还受到固体颗粒等外来质点的性质、数量、形貌及其他物理因素的影响[5]。非均匀成核的形核功小于均匀成核的形核功，对过冷度的要求也比均匀成核低。如图 3.5 所示，成核率开始增大时，非均匀成核的过冷度要比均匀成核小得多，一般为 1/10 左右。而且，非均匀成核的成核率达到最大值后还要下降一段时间才突然中断，这是由于晶核形成后沿着基底很快铺展，使得可以成核的基底面积大幅减小，以至于完全消失。过冷度小时，易非均匀成核；过冷度大时，易均匀成核。

非均匀成核受固体杂质和润湿角的结构影响。在曲率半径相等的情况下，非均匀成核比均匀成核所需要的晶胚体积和表面积要小得多，并且随着润湿角θ的减小而减小。接触角θ越小，晶胚成核的体积越小，这样可以使更多小尺寸的晶胚变成晶核，从而大大提高成核率。所以，并非所有的固体颗粒都可充当成核的异质基底，只有能减小固体颗粒与晶核之间润湿角的固体

颗粒才能减小形核功，从而促进均匀成核。而润湿角的大小取决于新相晶核、旧相和基底之间的表面能的相对大小，要减小润湿角，一般需要选择与晶核的晶体结构相同、晶格常数相近的固体颗粒作为异质成核点。当同质外延或直接从单质溶液生长单晶时，润湿角为零。

异质固体颗粒基底的表面形貌也会影响成核率。图 3.4 显示的基底是平面的，实际上基底有可能是凸面的，也可能是凹面的。如图 3.6 所示，上述三种不同固体颗粒的表面形状对成核时晶胚的大小具有不同的影响。在这三种不同形状的基底表面形成晶胚，具有相同的曲率半径和润湿角，但是体积不同。凹面的晶胚体积最小，凸面的晶胚体积最大，也就是说，在凹面上成核的晶胚达到较小的临界晶核半径便可以成核，凹面促进成核。因此，凹面上成核需要的过冷度比在平面或凸面上成核需要的过冷度都要小，所以在器壁或者基底上的微裂纹上最容易成核。粗糙的基底相当于存在无数的台阶，在台阶处成核所需要的形核功较小，因此，粗糙基底可以提高晶胚的成核率。

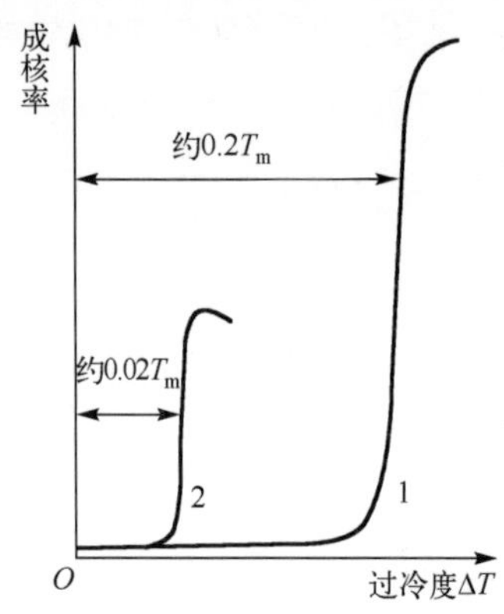

图 3.5 不同成核机制下成核率的对比（1 为均匀成核，2 为非均匀成核）

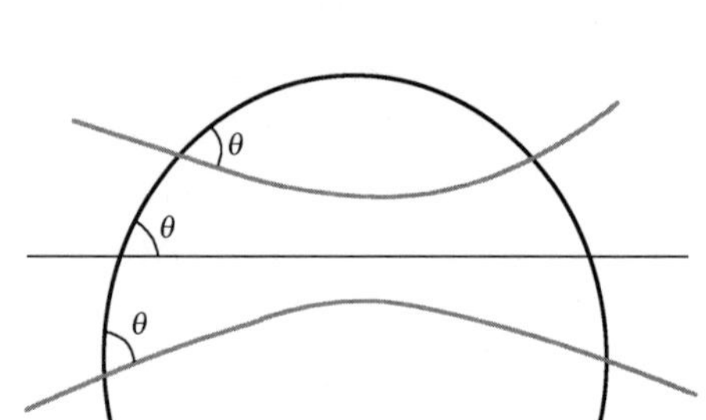

图 3.6 异质固体颗粒表面形状对晶胚大小的影响示意图

3.3 晶体生长的动力学理论

晶体生长过程可以看作旧相（非平衡相，包括气体、液体、固体）不断转变成新晶体相（平衡相）的动力学过程，或者可以看作晶核不断形成和长大的过程，伴随这一过程而发生的则是系统吉布斯自由能的降低，属于一级相变。在旧相和新相之间存在一个锐变的界面，其原子的排列方式既不同于新相，也不同于旧相。从微观结构来看，一般将界面分为光滑界面和粗糙界面。对不同的界面结构，晶核的生长机制也不同[10-11]。对于光滑界面，可能采用二维台阶生长的方式，如二维成核机制生长晶体，也可能通过螺位错或者凹面角等缺陷机制来生长晶体。对于粗糙界面，认为晶体生长是连续进行的。

3.3.1 晶体生长单原子层界面模型

K. A. Jackson 等人于 1958 年提出了单原子层界面模型来描述界面的微观性质[12-13]。该模型假设结晶界面层由单一的原子层构成，在该界面层以下的原子都完成了结晶，界面层以上全部为流体（气体、液体或熔体）原子。假设在该界面层内共有 N 个位置，这些位置都布满了生长单元，其中有 N_a 个生长单元属于晶体相，余下的 $N-N_a$ 个属于液体相，而且它们完全随机分布，如图 3.7 所示。那么，属于晶体的生长单元的比例为 $x \approx N_a/N$；如果界面层内的晶体生长单元的比例很大（$x\approx100\%$）或者很小（$x\approx0$），则该界面为光滑界面；如果该界面层内的晶体原子和流体原子所占的比例相当（$x\approx50\%$），则该界面为粗糙界面。界面是光滑的还是粗糙的，由系统中晶体相和环境相的热力学性质决定。

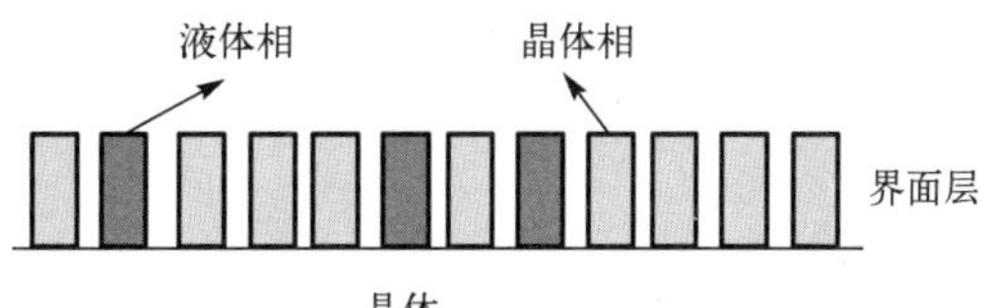

图 3.7　单原子层界面模型

在共存的晶体相和液体相中，界面层内晶体生长单元的比例 x 不同，则界面的自由能也不同。界面的自由能是 x 的函数，如果确定了其函数的具体形式，那么以界面的自由能为判据，就能求出最小界面自由能时界面层内晶体原子的比例 x（对于单元体系，生长单元是单个原子）。根据热力学理论，界面层在恒温恒压下，当有 N_a 个流体原子转变为晶体原子时，其体系自由能的变化为

$$\Delta G=\Delta\mu-p\Delta V-T\Delta s \tag{3.20}$$

式中，$\Delta\mu$、ΔV、Δs 分别表示界面层内 N_a 个流体原子转变为晶体原子所引起的内能、体积和熵的变化。

假设流体原子和流体原子、流体原子和晶体原子之间没有交互作用，只有晶体原子之间存在交互作用。用 η_1 表示原子在界面层内的近邻数（水平键数），η_0 表示界面层原子与界面层原子的近邻数（非水平键数），ν 表示晶体内部原子的近邻数，则 $\nu=\eta_1+2\eta_0$。这里采用了零级近似，忽略了界面层中原子的偏聚效应及温度对晶体原子和流体原子分布状态的影响。若一个原子的键合能为 φ，那么一个流体原子转变为晶体原子引起的内能降低量为 $l_0=\nu\varphi$。界面层内 N_a 个流体原子转变为晶体原子所引起的内能变化为$\Delta\mu$，它包括界面层内形成水平键而引起的内能降低量$\Delta\mu_1$ 和界面层与晶体层间形成非水平键而引起的内能降低量$\Delta\mu_0$，则

$$\Delta\mu=\Delta\mu_1+\Delta\mu_0=2l_0\frac{\eta_0}{\nu}Nx+l_0\frac{\eta_1}{\nu}Nx^2=\frac{l_0}{\nu}Nx(2\eta_0+\eta_1 x) \tag{3.21}$$

界面层内 N_a 个流体原子转变为晶体原子所引起的熵减小量为Δs_0，在界面层内 N_a 个原子无规则分布所引起的熵增大量为Δs_1，则 N_a 个流体原子转变为晶体原子时熵的变化为

$$\Delta s=\Delta s_0+\Delta s_1=\frac{l}{T_E}Nx+Nk_B[x\ln x+(1-x)\ln(1-x)] \tag{3.22}$$

式中，T_E 是晶体相与流体相的平衡温度，l 是一个流体原子转变为晶体原子所释放的相变潜热。那么一个流体原子转变为晶体原子引起的熵的减小量为 l/T_E，故$\Delta s_0=lNx/T_E$。另外，由热力学第一定律得 $l=l_0+p\Delta V/N_a$。在 N 个界面原子上堆放 $N-N_a$ 个空位的方式有 $W=N!/[N_a!-(N!-N_a!)]$种，根据统计热力学原理，熵的增大表示为$\Delta s_1=k_B\ln W$。利用 Stirling（斯特林）近似 $\ln N!=N\ln N-N$，可得到式（3.22）中Δs_1 部分的表达式。

对于流体原子转变为晶体原子引起的体积变化可以做近似。对于气相生长，将气相近似看成理想气体，则 $p\Delta V=N_ak_BT$。对于熔体生长，其体积收缩量 ΔV 很小（3%～5%），可以忽略不计。

将式（3.21）和式（3.22）代入式（3.20）并整理，得到界面的相对吉布斯自由能与晶体原子在界面层内的比例 x 及 Jackson 因子α 间的关系[2, 14]

$$\frac{\Delta G}{Nk_BT_E}=\alpha x(1-x)+x\ln x+(1-x)\ln(1-x) \tag{3.23a}$$

$$\alpha = \frac{l_0}{k_B T_E} \frac{\eta_1}{\nu} \tag{3.23b}$$

Jackson 因子α是一个重要的参量，它由两部分构成。其中，$l_0/k_B T_m$取决于体系的热力学性质，跟相变熵有关；而 η_1/ν是界面内配位数和晶体内原子总的配位数之比，取决于晶体的结构和界面取向。如果α是一定的，根据式（3.23）可画出$\Delta G/(Nk_B T_E)$与 x 的关系曲线，如图 3.8 所示。根据曲线极小值能判断其平衡界面是光滑的还是粗糙的。当$\alpha < 2$ 时，自由能最小的位置是x为 0.5 的位置，对应粗糙界面；当$\alpha > 3$ 时，出现两个自由能极小值，即 $x \approx 100\%$和 $x \approx 0$，该界面对应光滑界面；当 $2 < \alpha < 3$ 时，界面处于中间状态。

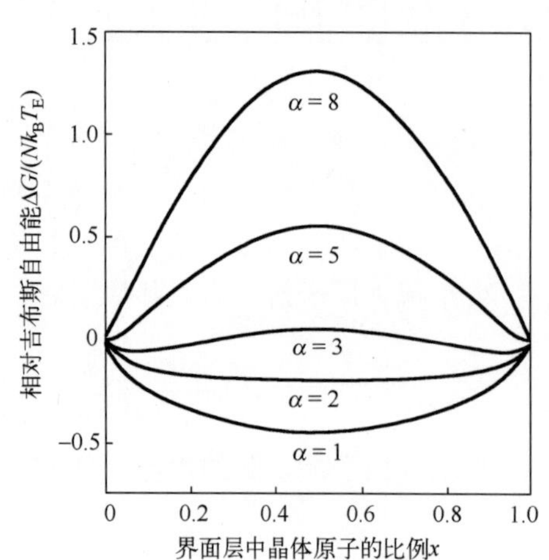

图 3.8 界面的相对吉布斯自由能与 x 的关系[13]

在实际的晶体生长中，单原子层界面模型与真实晶体-流体的界面是有差别的，因此，Temkin 进一步提出了晶体生长的多原子层界面模型[2]，简称多层界面模型。该模型认为界面区域有不止一个原子层，可能有几十层，这种类型的界面称为弥散界面，相当于粗糙界面。但是，如果晶体越过界面不连续地转变为流体，则这个界面是锐变界面，也就是光滑界面。

3.3.2 晶体生长机制

当晶体生长时，流体原子转变为晶体原子的方式与界面的微观结构有关。界面的微观结构不同，晶体生长的机制也不一样。一般认为晶体的生长通过单个或者若干原子同时吸附到界面上，按照晶格规则排列并成为晶体内部原子。以简单立方(100)面上的生长为例，如果只考虑近邻位置的原子间的相互作用，每个原子有 6 个近邻位原子，其中 4 个位于(100)面上，另 2 个分别位于底层和顶层。图 3.9 显示了简单立方晶体(100)的流体原子在界面上沉积的位置，包括界面上的空位（5 个近邻位原子）、台阶处的空位（4 个）、台阶扭折处空位（形成 3 个键）、台阶侧面空位（2 个）及表面上空位（1 个）。成键的数量越大，吸附的原子越稳定，越不容易反向跃迁重新回到流体。虽然界面上的空位和台阶处的空位是最稳定的，但是它们的数量一般很小。

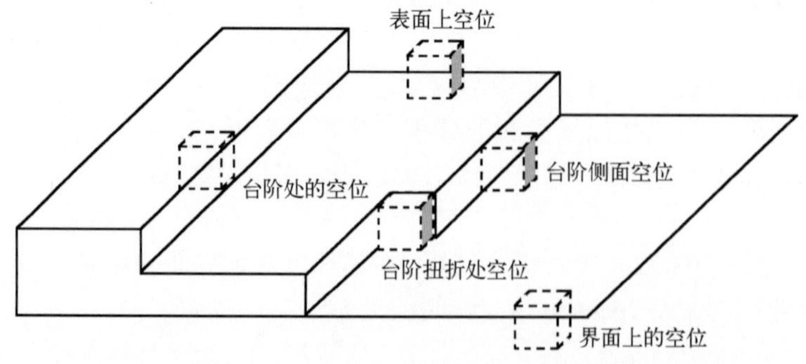

图 3.9 简单立方晶体(100)的流体原子在界面上沉积的位置

原子沉积最主要的方式有三种[1]：方式一为在界面上连续沉积，称为连续生长；方式二为在界面上沉积并扩散到台阶侧面或者扭折处；方式三为直接沉积在台阶侧面。方式二和方式三为台阶生长。当沉积速率很大，即生长驱动力较大时，流体原子一般在界面上连续生长；当生长驱动力较小（如气相生长）时，一般先在界面上沉积并扩散到台阶侧面或者扭折处，是台阶生长；当熔体的生长驱动力较小时，可能按照方式二或方式三进行生长，也是一种台阶生长。当结晶界面与密排面具有很小的夹角时，可以获得大量的生长台阶，有利于晶体的生长。另外，通过螺位错、孪晶及二维成核等方式也可以获得生长台阶。

3.3.2.1　晶体生长连续生长机制

连续生长是针对粗糙界面结构提出来的。在几个原子厚度的界面上存在大量空着的位置，所以流体原子很容易进入界面层并转变为晶体原子，使晶体连续地在垂直于界面的方向快速生长。粗糙界面生长动力学规律用 Wilson-Frenkel 公式表示[2]，生长速率与相变驱动力满足线性规律。对于熔体来说，生长速率（R）与过冷度满足线性规律（表 3.1），而且即使在很小的过冷度下，也可以获得很大的生长速率。同样，在气相和液相中，生长速率与过饱和度满足线性规律。连续生长的速率很高，需要的过冷度很小，大多数金属晶体的生长方式都属于粗糙界面连续生长方式。

表 3.1　界面结构、生长机制和生长动力学规律[2]

界面结构	生长机制			生长动力学规律
光滑界面（奇变面）$\alpha>2$	台阶生长	完整晶体	二维成核机制	指数规律 $R=A\exp(-B/\lvert\Delta g\rvert)$（其中，$A$ 和 B 是动力学系数）
		缺陷晶体	位错机制	抛物线规律 $R=A\lvert\Delta g\rvert^2$
			凹角机制	—
粗糙界面 $\alpha<2$	连续生长			线性规律 $R=A\lvert\Delta g\rvert$

3.3.2.2　晶体生长二维成核模型

二维成核模型是 Kossel 于 1927 年提出的[2]。该模型以光滑界面生长为基础，认为光滑界面两侧的固、液两相是截然分开的。界面基本上是完整的原子密排晶面，从原子尺度看界面仅存在单原子层的晶格不完整。要生长新的一层原子层，首先要生成超过临界半径的二维晶核，如图 3.10 所示。一旦生成稳定的晶核，就产生了新的台阶，晶核迅速长大。如果二维成核后新的晶核未形成，则该晶核有足够时间迅速长大成为新的一层。因此，新的晶核必将形成在新生长的原子层上，这样就能保持每层生长过程只有一个二维晶核。这种生长方式的生长速率将会很低，以至于无法通过实验测量。如果第一个晶核生长的时间大于第二个晶核生长的时间，则意味着第一个晶核没有足够的时间长成新的一层原子层，那么界面上将出现多个晶向一致的晶核，它们的晶向由衬底或者籽晶的晶向决定。

二维生长时，每生长一个新的原子层，界面就向前推进一个晶面间距。另外，形成一个新的界面需要重新成核才能开始生长，因此二维成核的生长是不连续的，故这类生长又叫侧向生长、层状生长或沿面生长。形成二维晶核需要较大的形核功，因此一般优先在二维晶核的侧面生长。二维成核需要克服由流体原子进入台阶棱而形成的热力学位垒，由此推导出了生长速率和相变驱动力之间满足指数规律，如表 3.1 所示。实验发现大部分的气相生长（如硅的外延生长）和某些溶液生长都属于这种生长机制。

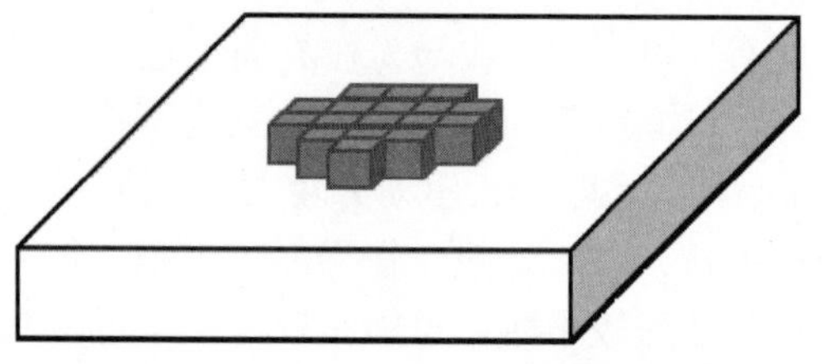

图 3.10　光滑界面上的二维成核示意图

3.3.2.3　晶体生长螺位错模型

二维成核生长需要达到一定的驱动力，才能观测到生长速率。但是对于大多数实验，即使在远低于该驱动力的情况下，也仍然可以观测到晶体的生长速率，这说明生长过程中存在某些效应，可以消除或者减小二维成核生长所需要的能量，晶体中的缺陷（如螺位错、凹角或孪晶等）就能产生这种效应。Frank 于 1949 年提出了螺位错生长的模型[2]，该模型指出，当螺位错和光滑界面相交（一般在奇异面）时，将在晶面上产生一个永不消失的台阶源，如图 3.11（a）所示。在生长晶面上，螺位错露头点作为晶体生长的台阶源（自然台阶），当原子或分子扩散到台阶处时，台阶将以一定的速率向前推进。露头点的台阶速率为零，这样随着台阶的运动，晶体生长了，并形成螺旋线且越卷越紧。

印度结晶学家 A. R. Verma 于 1951 年对 SiC 晶体表面的螺旋纹[如图 3.11（b）所示]及其他大量螺旋纹进行了观察，证实螺旋生长理论在晶体生长过程中存在重要作用。位错的存在增大了界面上台阶的密度，降低了晶体生长所需的过饱和度。通过动力学的分析，可得到在高的饱和度下生长速率和相变驱动力之间呈线性关系；当饱和度较小时，则减弱为抛物线规律（表 3.1）[2]。

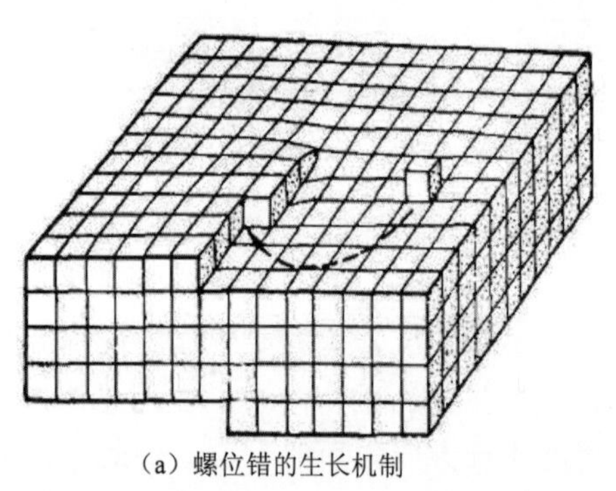

（a）螺位错的生长机制

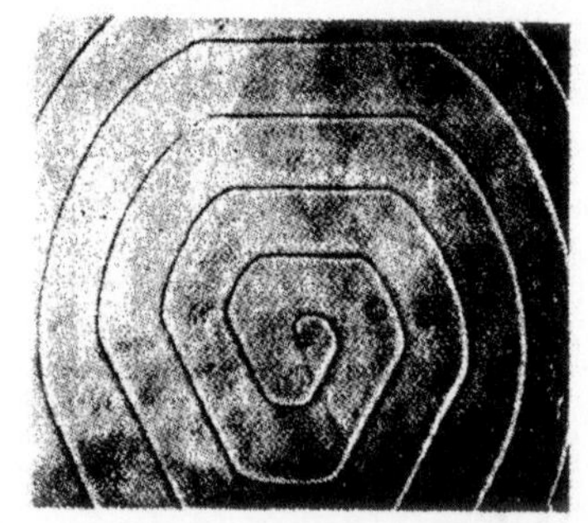

（b）SiC 晶体表面的螺旋纹

图 3.11　螺位错的生长机制和 SiC 晶体表面的螺旋纹

3.3.2.4　晶体生长凹角模型

除螺位错外，衬底晶向的偏离也可能形成类似螺位错的台阶，即形成大量规则排列的凹角，能降低二维成核的势垒，使得晶核优先成核于光滑界面的凹角处。只要奇异面上有凹角存在，就能像螺位错露头点一样，从凹角处不断产生台阶以促进晶体的生长。这种生长方式被称为凹角生长机制或重入角生长机制[2, 15]，它经常出现在液相外延和分子束外延的半导体晶体材料中。在不少天然晶体（如水晶、方解石、金刚石等）中，也观测到了凹角生长的迹象。

综上所述，界面结构决定了生长机制。光滑界面的生长是通过台阶的产生和运动实现的，界面生长是不连续的，生长速率和相变驱动力呈指数或者抛物线关系。粗糙界面处处是生长的位置，流体原子连续不断地进入界面上的位置，实现连续生长，它的生长速率和相变驱动力呈线性关系。表 3.1 显示了界面结构、生长机制和生长动力学规律。台阶生长和连续生长的动力学规律是两种极限的情况。当 $\alpha\approx 2$ 时，并非完全光滑或粗糙的界面，此时的生长规律并不完全知晓。人们一直在尝试建立一套统一的晶体生长理论来解释各种界面情况下的生长动力学规律，虽然 Temkin、Jackson、Cahn 等人在这方面已经做了很多工作，但是还需要更加完善的统一理论。

在缺陷晶体的台阶生长机制方面，除了螺位错和凹角，人们还陆续观察到层错、孪晶、刃位错等缺陷在晶体生长过程中作为台阶源的迹象。闵乃本基于缺陷引起点阵畸变及缺陷临近原子组态的分析，认为任何可以在晶体生长表面提供台阶源的缺陷都能为晶体生长做出贡献，提出了更加系统的晶体生长的缺陷机制理论[16]，被称为“闵氏亚台阶理论”，而且被证明是既适用于气相生长又适用于溶液生长的普适理论。

3.4　晶体的外形控制

晶核的外形、生长过程中外形的演变及界面的微观形态和稳定性，最终将影响晶体的生长形态和晶体宏观的外形。晶体宏观的外形在很大程度上由晶体生长的环境决定，而微观的形态主要取决于材料本身的性质。这就需要综合考虑晶体的几何结构、晶体的热力学性质及生长动力学（生长机制和规律），甚至热量和质量的传输等因素对晶体外形的影响。

3.4.1　晶体外形和界面自由能的关系

热力学平衡状态下的晶体外形，主要受自由能最小原理的控制。由热力学可知，在恒温恒压下一定体积的晶体，处于平衡状态时其总的界面自由能最小。也就是说，在热力学平衡状态下，晶体将调整自己的外形使本身的界面自由能最小，这就是 Wulff 定理[2]。平衡状态下的热力学条件如下

$$\sum\gamma_i A_i=\min \tag{3.24}$$

式中，γ_i 和 A_i 分别表示第 i 个界面的界面自由能和面积。对于各向同性的液体来说，其平衡的形状为球形。对于晶体来说，其显露的面是界面自由能较小的晶面。如图 3.12 所示，假设一个晶格常数为 a 的简单立方晶体，它的界面 A 和(100)面的夹角为 θ。若(100)面的单位长度为 1，那么界面 A 的面积为 $1/\cos\theta$，则 A 的断键数为 $n_\mathrm{b}=(1+\tan\theta)/a^2$。设每个键的键能为 E_b，那么 A 的界面自由能为

$$\gamma_\theta=\frac{E_\mathrm{b}}{2a^2}(\cos\theta+\sin\theta) \tag{3.25}$$

利用式（3.25）可以画出简单立方晶体{100}晶面族与晶面取向的关系图，如图 3.13 所示。该图被称为界面能极图（Polar Diagram of Interface Energy），它反映了界面自由能与晶面取向的关系。从原点出发作出可能存在的晶面的法线，取每条法线的长度正比于界面自由能的大小，这些直线的端点连接在一起就成了界面能极图。例如，A 点和 B 点分别表示(011)面和(001)面；OA 和 OB 分别表示(011)面和(001)面的界面自由能的大小。C 点表示界面 C，它的界面自由能的大小为 OC。

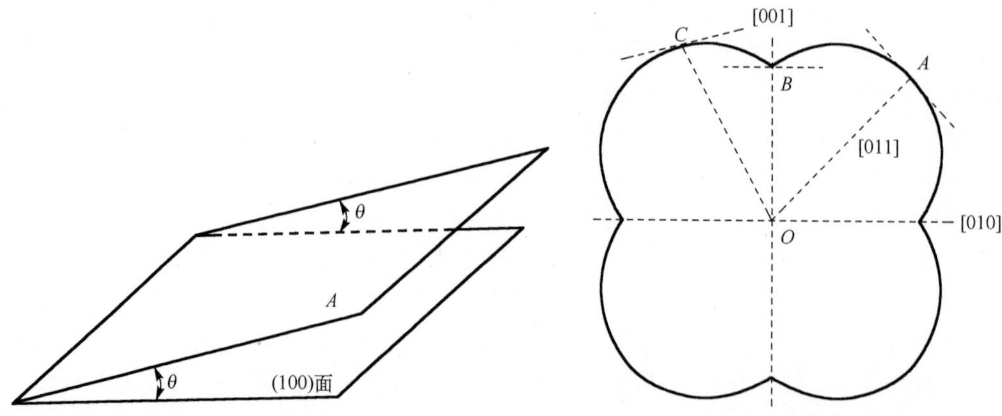

图 3.12 简单立方晶体任意界面和(100)面的夹角模型

图 3.13 简单立方晶体{100}晶面族与晶面取向的关系图

界面自由能不仅和键能有关，还和键密度有关。如果用 $n_b(hkl)$表示(hkl)面上单位面积的键数量，那么晶体(hkl)面的界面自由能为

$$\gamma_{hkl} = n_b(hkl)\frac{E_b}{2} \tag{3.26}$$

单位面积的键数量跟键长和 Miller 指数有关，也就是说可以用 Miller 指数、键能和键长（d_0）表示晶体的界面自由能。而键长也和 Miller 指数的大小有关，例如，对于简单立方晶体来说，$n_b = (h + k + l)/(d_0^2\sqrt{h^2 + k^2 + l^2})$。通过式（3.26）可以确定三维的界面能极图。

晶体形状由界面自由能最小的晶面构成。对三维界面能极图作最小内接多面体，该多面体形状就是晶体的平衡形状。对于简单立方体而言，其平衡形状是 6 个{100}面围成的立方体；对于体心立方而言，其平衡形状则是 12 个{110}面围成的斜方十二面体；而金刚石结构的平衡形状是 8 个{111}面围成的正八面体，因此，金刚石结构的半导体晶体材料 Si 和 Ge 的平衡形态都是正八面体。

3.4.2 晶体外形和晶体生长界面的关系

晶体的外形不仅受热力学和晶体结构的影响，也与生长动力学有关。由于生长过程是在亚稳态下进行的，因此晶体外形将偏离平衡时的形状。在给定的驱动力下，界面的生长速率取决于界面的生长机制和生长动力学规律（表 3.1），而生长机制和生长动力学规律又与界面的微观结构有关（表 3.1）。因此，在相同的驱动力下，不同的界面（粗糙或光滑）、不同的生长机制都将导致生长速率有很大的差别。一般来说，在低的驱动力下，粗糙界面的生长速率最高，光滑界面的螺位错机制次之，光滑界面的二维成核机制的生长速率最低，这是生长速率表现出各向异性的物理基础。

界面的类型和 Jackson 因子α有关，见式（3.23a）和式（3.23b）。它由两部分构成：一部分取决于相变熵，跟材料本身的性质有关；另一部分取决于晶体的结构和界面取向。这意味着，同种材料的不同取向的 Jackson 因子是不同的，界面的微观结构也可能不同。因此，在相同的驱动力下，同一种材料的晶体取向有可能不同。界面的微观结构不同，则生长机制不同，生长速率也就不同了。也就是说，晶体的生长速率是各向异性的，各向异性是晶体的基本特征。从材料的性质来考虑，金属的相变熵很小，为粗糙界面，生长速率表现出各向同性；氧化物的相变熵很大，光滑界面较多，生长速率表现出各向异性；半导体晶体的相变熵介于两者之间，有少数的晶面是光滑界面，如 Si(111)，生长速率表现出各向异性。但是，随着驱动力的增大，光滑界面将转变为粗糙界面，则晶体的各向异性就转变为各向同性。另外，改变环境因素将影响相变熵，因而同一种物质在不同的生长系统中也表现出各向异性。

3.4.3　晶体外形和晶体生长方向的关系

在不受环境约束的生长系统中，晶体的不同晶面以各自的生长速率自由地生长，这样的体系称为自由生长系统，如气相生长、水溶液生长、水热生长或助溶剂生长等系统都可近似为自由生长系统。在自由生长系统中，每个晶面的生长速率都保持恒定，那么晶体的外形取决于生长速率的各向异性。一般来说，生长速率高的面趋于隐没，生长速率低的面逐渐显露，这就是晶面的淘汰率[2]。图 3.14（a）显示了晶面的淘汰过程，图 3.14（b）是实际晶体的外形照片。假设在自由生长系统中，(11)面沿着法线[11]方向生长，(10)面和(01)面也沿着它们的法线方向生长且生长速率相同，(11)面的生长速率 v_{11} 大于(10)面和(01)面的生长速率 v_{01}。随着晶体的生长，(11)面逐渐减小，(10)面和(01)面逐渐长大，最终只剩下(10)面和(01)面。反之，如果(11)面的生长速率 v_{11} 小于(10)面和(01)面的生长速率，则最后剩下的是(11)面。一般 Miller 指数低的面，表面能低，生长速率低。根据晶面淘汰律，在自由生长系统中，金刚石结构的晶体外形是正八面体，跟界面能极图的结果一致。如果晶体中存在缺陷（如螺位错），则生长机制发生变化，最终晶体的外形也将发生改变。对于自由生长系统中晶体外形的预测，已经建立了多种理论模型，比如周期键链理论（PBCs）、晶面附着能模型、相场模型等，甚至可以采用统计模拟的方法（Monte Carlo 法），具体见参考文献[1, 7]。

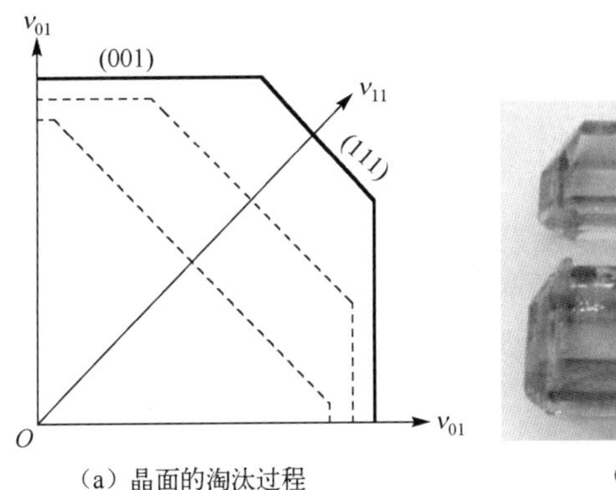

（a）晶面的淘汰过程

（b）晶体的外形照片

图 3.14　晶面的淘汰过程和晶体的外形照片

实际的晶体生长是在一定的外场驱动下进行的，如在直拉、区熔等单晶硅的熔体生长系统中，晶体只能沿着凝固方向进行单向凝固生长，而其他方向的生长速率为零。这是因为晶体受到人为的强制控制，其生长速率的各向异性无法表现出来，这样的生长系统称为强制生长系统。熔体生长系统属于强制生长系统，其固-液界面是具有一定过冷度的等温面，此固-液界面上的任何晶面的生长速率都受到该等温面相对于晶体的位移速率的约束，所以固-液界面不再是平面而是曲面。在强制生长系统中，受到晶体生长各向异性的影响，在弯曲的生长界面上也会出现平坦的区域，也就是小面。从生长动力学角度看，小面的形成是由不同类型的界面的生长动力学行为差异引起的。在强制生长系统中，生长界面上出现小面是一种普遍现象，直拉单晶的生长棱线是固-液界面上的小面所产生的现象之一。

在熔体生长系统中，晶体的径向生长也会受到约束。但是不同的熔体生长方法，晶体生长在径向所受的强制控制也不同。对于用直拉法生长的晶体，径向生长同样受到温场的约束，但是这种约束比较松弛，从而晶体生长的各向异性在径向上可以在一定程度上表现出来，例如，直拉法晶体柱面上的晶棱，如图 3.15 所示。如果直拉单晶硅以[111]方向生长，表面有 3 条晶棱，它们是($\bar{1}$11)、(1$\bar{1}$1)、(11$\bar{1}$)三个面在晶体表面露头留下的痕迹。以[100]方向生长，单晶硅表面有 4 条晶棱，它们是(111)、($\bar{1}$11)、($\bar{1}\bar{1}$1)、(1$\bar{1}\bar{1}$)这 4 个晶面与晶体表面相交留下的痕迹。以[110]方向生长，单晶硅表面有 6 条晶棱：其中 4 个{111}面的法线与生长方向平行，与晶体表面相交的面积较大，为 4 条较宽的晶棱；另外 2 条法线与生长方向成一定的角度，则在晶体表面表现为 2 条细棱。

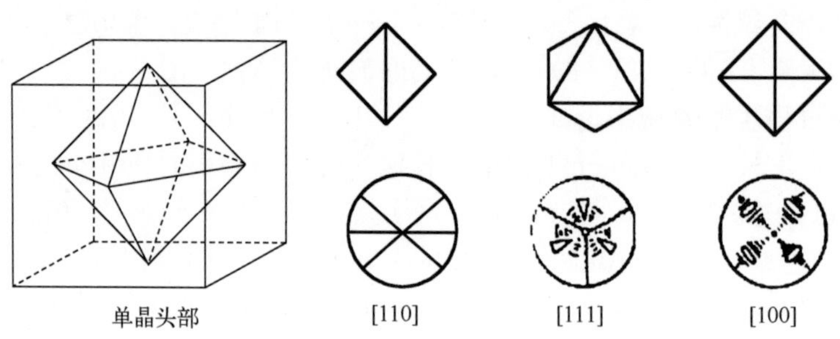

图 3.15　直拉单晶硅的晶棱位置与正八面体在不同晶向上的投影

半导体晶体材料的生长涉及热力学和动力学理论。根据热力学理论，半导体晶体生长是新相通过结晶界面向旧相移动的过程，这里涉及相变的驱动力和晶体生长的驱动力，也就是达到一定的过冷度或者过饱和度时晶体生长才能自发进行。而晶体的生长是从成核（形核）开始的，只有达到一定尺寸的晶胚（也就是晶核）才能长大成晶体。对于半导体晶体材料来说，降低过冷度、增大临界晶核半径有助于获得大晶粒的多晶甚至单晶材料。根据动力学理论，晶体生长的机制受新、旧两相界面的影响，粗糙界面一般为连续生长，而光滑界面一般为台阶生长（包括二维成核机制和缺陷机制）。半导体晶体材料的生长速率是各向异性的，有少数的晶面是光滑界面，但是通过改变生长驱动力和外部环境能使光滑界面转变为粗糙界面，也就是改变了晶体的生长机制。这意味着界面类型不同将导致生长动力学行为的差异，最终影响晶体的宏观外形，例如，小面生长。晶体生长理论还在继续发展中，人们希望有一套统一的晶体生长理论来解释各种界面情况下的生长动力学规律。

习　题　3

1．半导体块体材料如何界定？

2．半导体晶体材料的生长方式有哪几类？各有何特点？

3．晶体生长的条件是什么？晶体生长过程中，为何只有在达到一定的过冷度时才能自发进行熔体-固相转变？

4．晶体生长过程从成核开始，晶体的生长是通过晶核的长大来实现的。什么是“成核”？什么是“晶核”？晶核的形成有哪两种方式？各有何特点？

5．晶体生长过程可以看作旧相不断转变成新晶体相的动力学过程，或者可以看作晶核不断形成和长大的过程。那么在新、旧两相之间的界面对晶核形成和长大起什么作用？

6．画出简单立方晶体的二维界面能极图，尝试画出三维的界面能极图。

7．在自由生长系统中，画出金刚石结构的晶体外形。

参 考 文 献

[1] 介万奇. 晶体生长原理与技术[M]. 北京：科学出版社，2010.

[2] 闵乃本. 晶体生长的物理基础[M]. 南京：南京大学出版社，1982.

[3] 阙端麟. 硅材料科学与技术[M]. 杭州：浙江大学出版社，2000.

[4] JONES D, CHADWICK G. An expression for the free energy of fusion in the homogeneous nucleation of solid from pure melts[J]. Philosophical magazine, 1971, 24(190): 995-998.

[5] 郑子樵. 材料科学基础[M]. 2 版. 长沙：中南大学出版社，2013.

[6] GUNTON J D. Homogeneous nucleation[J]. Journal of Statistical Physics, 1999, 95(5): 903-923.

[7] DHANARAJ G, BYRAPPA K, PRASAD V, et al. Springer handbook of crystal growth[M]. Berlin, Heidelberg: Springer, 2010.

[8] TILLER W A. The science of crystallization: microscopic interfacial phenomena[M]. Cambridge: Cambridge University Press, 1991.

[9] TURNBULL D. Kinetics of heterogeneous nucleation[J]. Journal of Chemical Physics, 1950, 18(2): 198-203.

[10] 杨树人，王宗昌，王兢. 半导体材料[M]. 2 版. 北京：科学出版社，2004.

[11] 王占国，郑有炓. 半导体材料研究进展[M]. 北京：高等教育出版社，2012.

[12] JACKSON K A. On the theory of crystal growth: The fundamental rate equation[J]. Journal of Crystal Growth, 1969, 5(1): 13-18.

[13] JACKSON K A, UHLMANN D R, HUNT J D. On the nature of crystal growth from the melt-sciencedirect[J]. Journal of Crystal Growth, 1967, 1(1): 1-36.

[14] CHERNOV A A. Modern crystallography III: crystal growth[M]. Berlin, Heidelberg: Springer Science & Business Media, 2012.

[15] DAWSON I. The study of crystal growth with the electron microscope II. The observation of growth steps in the paraffin n-hectane[J]. Proceedings of the Royal Society of London Series A Mathematical and Physical Sciences, 1952, 214(1116): 72-79.

[16] MIN N B. Defect mechanisms of crystal growth and their kinetics[J]. Journal of Crystal Growth, 1993, 128(1-4): 104-112.

第4章　半导体材料晶体生长技术

在人工生长晶体之前，天然晶体是晶体材料的唯一来源。而现在，几乎所有的天然晶体都能在实验室制备。但是，作为半导体技术基础的半导体晶体材料在自然界是不存在的，需要人工制备。随着信息技术的发展，人类对半导体晶体材料的需求日益增大，制备这些具有特殊半导体性能的晶体材料特别依赖于晶体的生长技术。而半导体晶体材料的生长是一项具有挑战性的任务，它所遵循的技术取决于材料的各种特性（如熔点、溶解度、挥发性等）。

制备半导体器件的基础材料主要是单晶材料，包括块状单晶和薄膜单晶；少量的器件也利用多晶半导体材料或者非晶半导体材料。半导体材料晶体生长的方法主要指单晶材料的生长方法，可分为液相生长、气相生长和固相生长。液相生长是指将液相转变为固相的生长过程，包括从熔体和溶液中生长晶体的方法，即熔体生长技术和溶液生长技术。气相生长是指将气相转变为固相的生长过程，一般需要将原料用物理或者化学的方法转化为气态再生长出固相材料。固相生长则利用固体再结晶的技术，主要依靠固体材料中的扩散，使多晶体转变为单晶体或者使非晶体转变成单晶体。

目前，生长半导体晶体材料的主要技术有熔体生长技术、溶液生长技术和气相生长技术。熔体生长技术是生长大直径、高纯度单晶的重要且常用的方法；溶液生长技术历史悠久，溶液过饱和是从溶液中析出晶体的必要条件；而气相生长技术既可生长块状晶体，又可生长薄膜晶体及低维半导体材料。

本章主要阐述半导体晶体材料的生长技术，包括熔体生长技术、溶液生长技术及气相生长技术。对于熔体生长技术，将介绍直拉法、布里奇曼法及区熔法；对于溶液生长技术，根据溶液过饱和度的控制，主要介绍溶液降温法、溶液恒温蒸发法、溶液温差水热法、助溶剂法、溶液液相外延法等方法；对于气相生长技术，根据生长过程有无发生化学反应，主要阐述物理气相生长方法（如升华法、真空蒸发法、分子束外延法）和化学气相生长方法（如金属有机化学气相沉积法），以及低维半导体材料（如量子阱、量子线和量子点）的生长和制备等。

4.1　熔体生长技术

熔体生长技术，简称熔体法，是将原料先熔化成熔体，再生长成晶体，是生长高纯度和高完整性晶体的重要且常用的方法。熔体法中，晶体的生长主要依靠热输运，而不是物质的输运，因此晶体生长速率高（能达到cm/h的量级）。熔体法要求材料满足一定的要求：首先，材料应同质熔化，即在熔化过程中材料成分不变，如钇铝石榴石就不适用该方法；其次，材料熔化前不会分解，如碳化硅直接升华无法形成熔体；另外，材料在室温和熔点之间不会发生相变，如二氧化硅存在一定的相变，也不能使用该方法。熔体生长技术主要包括直拉法、布里奇曼法、区熔法、泡生法、冷坩埚法等。下面主要介绍直拉法、布里奇曼法和区熔法。

4.1.1　直拉晶体生长技术

直拉（Czochralski，Cz）法是目前最常用的一种晶体生长技术。早在1916年，波兰科学家 J. Czochralski 就发明了从熔体中生长晶体的方法，因此，直拉法又称切氏法。目前，直拉法可用于 Si、Ge 等元素半导体材料的晶体生长，以及一些Ⅲ-Ⅴ族化合物半导体材料和氧化物半导体材料等晶体的生长。

总体来说，直拉法是将提纯后的原料置于坩埚中，坩埚置于适当的热场中使原料熔化，再将籽晶放入熔体中旋转提拉，通过控制熔体的温度和热场，使得晶体在籽晶上生长出所需直径的晶体。直拉法生长示意图如图 4.1（a）所示，其单晶生长炉实物照片如图 4.1（b）所示。直拉晶体生长一般在密封的环境中进行，从而避免跟周围环境发生热量和物质的交换，也可以在特定的惰性气氛中进行生长，如氩气或者氮气气氛。对于不同的熔体，需要合理选择坩埚，这些坩埚需要耐高温，不污染熔体且不与熔体发生反应。例如，硅的熔点为 1410℃，一般选择熔点为 1750℃的石英作为直拉单晶硅生长的坩埚，其既耐高温，也不与熔体硅发生反应。显然，直拉法不适用于化学活性较强、熔点极高的单晶材料的生长。

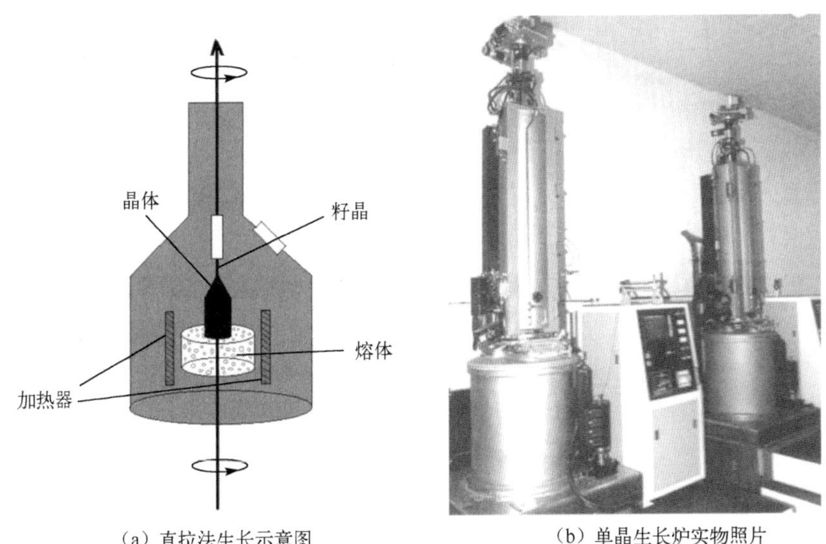

（a）直拉法生长示意图　　（b）单晶生长炉实物照片

图 4.1　直拉法

另外需要注意的是：要获得高质量的晶体，要求原料具有高纯度，如直拉单晶硅一般用高纯多晶硅作为原料。

直拉法是制备集成电路及太阳能光伏电池用的直拉单晶硅的主要生长技术，下面以直拉单晶硅为例介绍直拉法生长单晶材料的技术。早在 20 世纪 50 年代，贝尔实验室的 A. K. Teal 和 J. B. Little 就成功地将直拉法用于生长半导体单晶锗和单晶硅材料。到了 1958 年，W. C. Dash 发明了“缩颈”技术，避免了直拉单晶硅中的位错产生[1]。1964 年，G. Ziegler 提出了快速引颈生长细颈的技术。以上技术构成了现代制备大直径无位错直拉单晶硅的基本方法，包括多晶硅的装料和熔化、引晶（种晶）、缩颈、放肩、转肩、等径和收尾等过程，将在第 8 章进行详细介绍。

用直拉法生长单晶硅的优势在于几个方面：首先，可以以较快的速度获得大直径的单晶，生长速率可超过 1.8mm/min，直径能达到 12 英寸；其次，可采用“缩颈”和“回熔”工艺，减少晶体的位错和提高熔体的利用率；最后，直拉单晶炉设有观察窗，方便观察晶体的生长情况，从而能有效地控制晶体生长。但是，直拉法用坩埚作容器来熔化原料，将不可避免地产生坩埚或坩埚涂层对熔体的污染。

4.1.1.1 改良的直拉晶体生长技术

为了提高直拉单晶硅的质量和生产效率、降低生产成本，在标准 Cz 法的基础上逐渐开发出了多种 Cz 法优化技术，如磁控拉晶（MCz）、重复装料拉晶（RCz）及连续拉晶（CCz）等技术。

MCz 技术利用磁场来控制硅熔体热量的起伏，从而抑制热对流、改善晶体质量，但是同时提高了生产成本。因此，MCz 技术一般被用在生产大直径电子级单晶硅的生长和制备中。

RCz 技术在晶体生长完成后，移出单晶，通过二次加料工艺向坩埚内重新装入高纯多晶硅原料，进而拉制多根单晶棒。由于该方法省去了单晶硅冷却、进/排气、炉膛清洗等时间，石英坩埚可以连续利用，因此大幅降低了生长成本。所以，RCz 技术在太阳能光伏单晶硅的生长产业中已经被大规模应用。但是该技术受到分凝效应的限制，晶体生长时的分凝系数小于 1 的杂质将大部分被留在熔体中，导致熔体中的杂质越来越多，最终影响单晶体的质量。另外，石英坩埚有一定的使用寿命，因此，用 RCz 工艺生长单晶的根数是有限制的。

CCz 技术包括双坩埚法及连续固/液态送料法。在晶体生长过程中，该技术连续地在石英坩埚中加入多晶硅原料，从而利用直拉技术可以重复不断地生长出数根单晶棒，最终缩短了晶体生长时间、充分利用了坩埚使用时间、大幅降低了单晶的生产成本。但是，跟 RCz 技术一样，CCz 技术也受到分凝效应的影响，且单晶炉的结构较复杂、成本较高。因此，用 CCz 技术生长单晶硅虽然已研究多年，但是还没有大规模地实现产业化应用。

4.1.1.2 液封提拉法

为了利用直拉法生长出高挥发性材料的晶体，研究者提出了使用透明、惰性的液体层浮于熔体表面从而起到密封作用的一种拉晶技术，即液封提拉法（LEP），它是生长大直径Ⅲ-Ⅴ族化合物半导体材料的重要方法。如图 4.2 所示，液体层作为覆盖剂浮于熔体表面，使熔体与周围环境隔离，从而抑制了熔体组分的挥发，保障了高蒸气压材料的单晶生长。最常用的覆盖剂是氧化硼（B_2O_3），其熔点低（约 450℃），透明且密度比熔体小，同时不与化合物及石英坩埚反应，而且在化合物及其组分中的溶解度小，具有易提纯、蒸气压低、易熔化和易去掉等特点。但是，B_2O_3 等覆盖剂本身和其所含的杂质不可避免地会污染熔体，从而会影响生长的单晶材料的质量；另外，B_2O_3 在温度低于 1000℃时的黏度高，会影响单晶的拉晶速度和晶体质量。

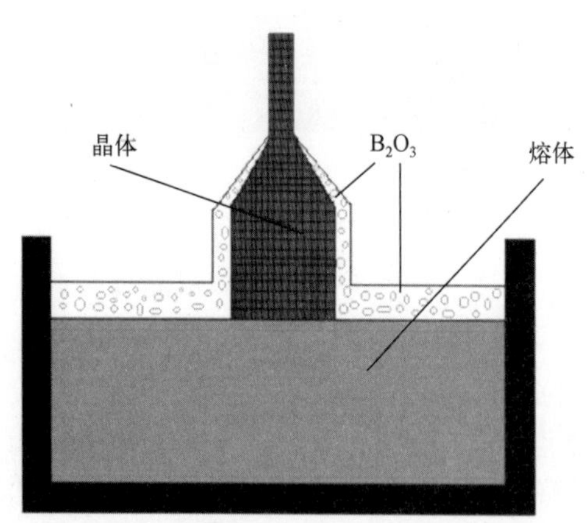

图 4.2 液封提拉法生长晶体示意图

4.1.2 布里奇曼晶体生长技术

布里奇曼（Bridgman）法是一种常用的晶体生长方法，又称 B-S（Bridgman-Stockbarger）法，是 Bridgman 和 Stockbarger 分别于 1925 年和 1936 年提出的。布里奇曼法是指通过温度场使容器（如坩埚）内的原料熔化，形成从高温到低温的温度梯度，使熔体从低温区开始定向凝固，通过连续移动容器或者炉体，从而实现连续生长晶体的技术。如果在容器中放入籽晶，使熔体从籽晶侧开始进行定向凝固，可逐步长成单晶。晶体生长在垂直或水平的容器中进行，分别称为垂直布里奇曼（Vertical Bridgman，VB）法和水平布里奇曼（Horizontal Bridgman，HB）法，分别如图 4.3 和图 11.8（见第 11 章）所示。垂直布里奇曼法的固液界面移动方向与重力场方向平行，利于获得轴对称的温度场和对流，从而使晶体具有轴对称性。而水平布里奇曼法的固液界面移动方向与重力场方向垂直，相对于垂直布里奇曼法，其控制系统相对简单，更容易实现温度场的控制，可获得更强的对流和热交换及更高的温度梯度，从而更好地实现对晶体生长的控制。如果坩埚和炉膛的相对位置不变，而通过控制炉膛中温度场的变化来进行顺序降温，从而实现熔体的定向结晶，则称为垂直温度梯度（Vertical Gradient Freeze，VGF）法或水平温度梯度（Horizontal Gradient Freeze，HGF）法。

用垂直布里奇曼法生长晶体的基本过程如下：首先，将原料和籽晶置于坩埚中；其次，使原料和部分籽晶熔融，并进行引晶；最后，通过移动加热线圈或坩埚，使生长界面向前推进，最终全部熔体凝固成晶体，如图 4.3 所示。

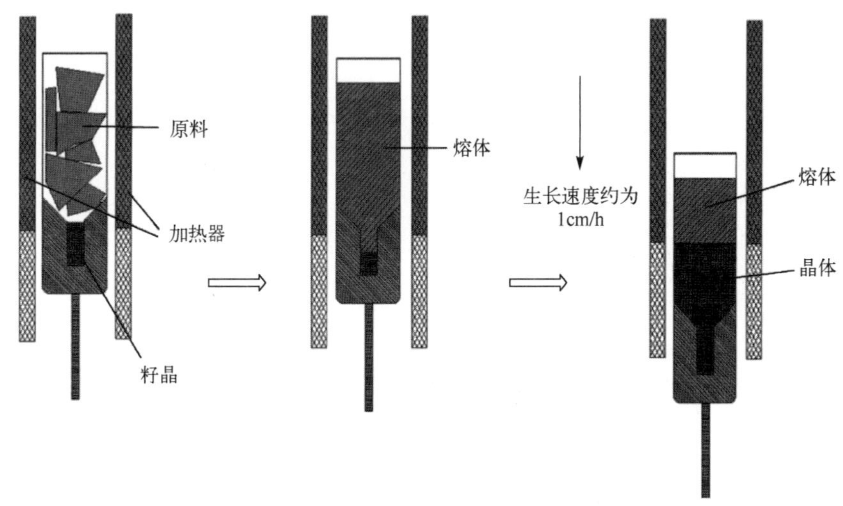

图 4.3　垂直布里奇曼法晶体生长示意图

布里奇曼法把原料密封在坩埚中，减少了熔体挥发造成的成分变化，从而较好地控制了晶体的成分。而且，晶体的外形由容器的形状决定，适合生长大块晶体。若同时放入若干坩埚进行生长，则可实现同时生长多个晶体，从而提高生长效率。但是，布里奇曼法受到容器的限制，在冷却的过程中，容器收缩会对晶体产生一定的压力，可能导致晶体有较大的内应力。因此，该方法特别不适合生长热膨胀系数变化很大的晶体。另外，晶体与坩埚接触还容易污染晶体。跟直拉法相比，该方法在晶体生长过程中很难观察到晶体的生长过程，且生长周期比较长。

布里奇曼法操作简单，容易掌握工艺条件，易于实现程序化、自动化，被广泛用于生长闪烁晶体、光学晶体及分解压力较大的半导体单晶材料，布里奇曼法也被应用于生长熔体中含挥发性成分的半导体材料，如Ⅲ-Ⅴ族化合物半导体材料（GaAs、InP、GaSb）、Ⅱ-Ⅵ族化合物半导体材料（CdTe）及三元的化合物半导体材料（$Ga_xIn_{1-x}As$、$Ga_xIn_{1-x}Sb$）等。

4.1.3　区熔晶体生长技术

1952 年 M. G. Pfan 提出了一种物理提纯的方法，即局部加热熔化预制成型的原料棒，然后使熔体从原料棒的一端逐渐移至另一端以完成结晶的过程，从而实现单晶材料的制备。如果熔区自下向上移动或原料棒向下移动，则这种技术称为垂直区熔晶体生长技术，如图 4.4（a）所示；如果熔体沿水平方向移动，则称为水平区熔晶体生长技术，如图 4.4（b）所示。在区熔过程中，固体材料（原料棒）中只有一小段区域处于熔融状态，整个体系由晶体、熔体和原料棒三部分所组成，因此体系中存在着固-液-固的界面，一个固-液界面上发生结晶过程，而另一个液-固界面上发生多晶原料的熔化过程。区熔法局部加热材料，减小了加热功率，并且区熔过程可以反复进行，从而提高了晶体的纯度。但是，区熔提纯对分凝系数接近 1 的杂质（如硅中的硼，其分凝系数为 0.8）则不起提纯作用，具体原因见第 7 章的区熔原理。区熔法特别适用于那些在熔点具有非常强的溶解能力（或反应活性）的材料，也可生长熔点极高的材料，如高熔点的氧化物单晶、碳化物单晶及难熔的金属单晶等材料。

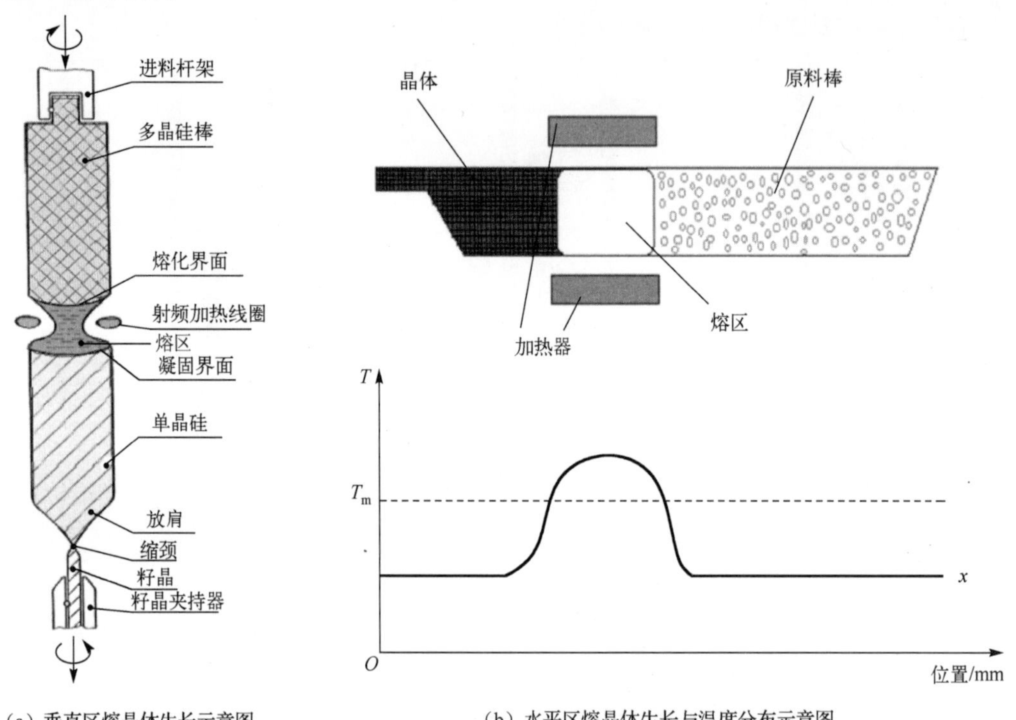

（a）垂直区熔晶体生长示意图　　（b）水平区熔晶体生长与温度分布示意图

图 4.4　垂直区熔晶体生长示意图和水平区熔晶体生长与温度分布示意图

经过长时间的发展，现在区熔技术已经演化出多种改进的区熔法，例如，使用低熔点的溶剂局部溶解原料棒的溶剂区熔法（Solvent Method）；通过移动的加热器，使得固定的原料棒逐渐溶解并进入溶剂，在生长界面重新析出并生长出晶体的移动加热器法（Traveling Heater Method，THM）；以及利用熔体界面张力维持熔区形状，而实现无坩埚生长的悬浮区熔（Floating Zone，FZ）法，如图 4.4（a）所示。与直拉法和布里奇曼法相比，悬浮区熔法在晶体生长的过程中，熔融的原料不与坩埚接触，从而大幅减小了晶体中的杂质浓度，因此，利用悬浮区熔法制备的区熔单晶硅材料的纯度高，可以用于制备大功率器件或者高效太阳电池。同时，由于加热温度不受坩埚熔点的限制，因此可以用来生长熔点高的材料，如单晶钨等。但是，悬浮区熔的熔体容易出现混合不良的现象，生长的晶体电阻率的径向均匀性差；另外，受限于射频加热线圈直径的限制，用该方法生长的晶体的直径有限。

4.2　溶液生长技术

从溶液中生长晶体的方法历史悠久，是一种被广泛使用的晶体生长技术。日常生活中，食盐的获取就采用了溶液生长技术。溶液生长技术的基本原理是将晶体的组成元素（溶质）充分溶解在溶剂中，两者不发生化学反应，在采用适当的措施（如改变温度、蒸气压等状态参数）后，使溶质在溶液中处于过饱和状态，获得过饱和溶液，最后使溶质从溶液中析出并形成晶体[2-3]。

溶剂可以是水、有机液体、其他无机溶剂、熔盐及它们的混合物等。在通常的实验室压力和温度条件下，水和有机溶液及其混合物一般呈现液态，而化合物溶液或熔盐等只有在高温下才呈现液态。根据溶液中晶体生长温度的不同，可分为低温（一般为 70～80℃）溶液生长和高温溶液生长，但是溶液生长晶体的最高温度不超过溶液的沸点[4]。

从溶液中析出晶体的必要条件是溶质在溶液中的浓度超过溶解度，形成溶液过饱和，这是晶体结晶成核的驱动力。溶液的溶解度是指在一定条件（温度、压力、成分）下，溶质在特定溶液中可溶解的最大浓度，该溶液被称为饱和溶液。当溶质的浓度大于该溶解度时，溶液呈现过饱和状态，即过饱和溶液，反之为欠饱和溶液或者非饱和溶液。而溶质的实际溶度与溶解度的差值与溶解度的比值，则称为溶液的过饱和度。当过饱和度达到某一临界值时，溶质在溶液中析出，形成晶核；当过饱和度小于临界值时，溶液处于亚稳态，溶质无法析出并形成晶核。但是，如果在溶液中引入籽晶，即使在很小的过饱和度下也能实现溶液中晶体的生长。

在溶液中，晶体的生长速率主要由溶质的传输速率和溶质沉积速率控制。一般来说，过饱和度越大，晶体生长速率越大。如果要获得高质量的半导体晶体材料，除了要提高溶液纯度，还要合理控制过饱和度。过大的过饱和度容易破坏晶体的完整性；过饱和度过小，则晶体生长速率低。通过溶液的自然对流和强制对流，可以影响溶液的质量传输和热量传输，从而影响溶质的扩散、沉积和溶液均匀性等，最终获得所需要的晶体。

溶液过饱和度的控制是通过变化温度、蒸发溶剂及添加助溶剂等方法实现的，如降温法、恒温蒸发法、温差水热法、助溶剂法等方法。材料性质不同，选择的具体方法也不同。除了溶质在溶液中的溶解度，溶质的溶解度温度系数也是重要的因素。图 4.5 所示为部分无机化合物在水中的溶解度及和温度的关系，可以看出，大部分无机化合物在水中的溶解度随着温度的升高而增大，此时溶解度的温度系数为正值；仅有 NaCl 等少量无机化合物在水中的溶解度随着温度的升高而减小，此时溶解度的温度系数为负值。

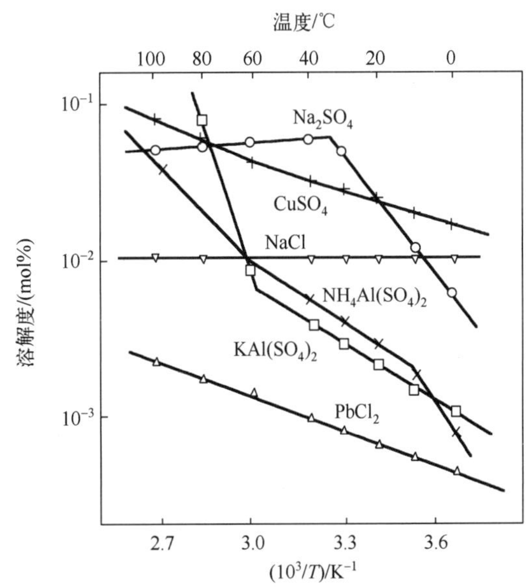

图 4.5　部分无机化合物在水中的溶解度及和温度的关系

用溶液法生长晶体主要有以下优点：晶体

生长温度低于其熔点，可降低晶体生长的黏度，容易获得均匀性良好的晶体，多数情况下可直接观察晶体生长过程。但是，该技术也有缺点，主要是：溶液的组分多从而使得晶体生长的因素比较复杂，生长速率低且周期长，需要对温度进行精确控制等。

4.2.1 溶液降温生长晶体技术

对于一定温度下的饱和溶液，在封闭状态下保持溶剂总量不变，逐渐降低溶液温度，使溶液处于过饱和状态，析出的溶质会不断结晶在籽晶上，使得晶体不断长大，该方法称为溶液降温法。溶液降温法适用于溶解度和溶解度温度系数都较大的物质，并需要一定的温度区间来生长晶体，图 4.5 就是部分适合用溶液降温法生长晶体的一些无机化合物的溶解度及和温度的关系图。

利用溶液降温法生长晶体首先要严格控制温度（包括温度的稳定性和均匀性）及降温速率。稳定的温度对于生长高质量晶体起着重要作用，较大的温度波动容易造成晶体缺陷的生成。在实际晶体生长时，可以采用较大的容器盛放溶液，通过加热液体（如水浴或油浴加热）来保持溶液温度的稳定性。进一步地，也可以使晶体和溶液做相对运动（包括晃动和转晶等），使得溶液的温度均匀。在控制降温速率时，首先，需要考虑溶解度随温度的变化、晶体质量及晶面生长速率等因素；其次，晶体生长需要在密闭的环境中进行，从而防止溶液蒸发及外界污染；最后，在晶体生长的过程中，温度和溶质的浓度都是变化的，因此需要注意这些变化对晶体质量和性质的影响。

4.2.2 溶液恒温蒸发生长晶体技术

恒温蒸发法是指在一定温度的条件下，使溶剂不断蒸发导致溶液处于过饱和状态，从而使晶体析出并生长的方法，该方法适用于生长溶解度较大而溶解度温度系数又很小的物质。从技术上讲，这是一种古老的晶体生长方法，图 4.6 所示为自然界中水分蒸发后析出的盐的照片。该技术在晶体生长时消耗溶质，使得溶质在溶液中的浓度降低；但是，溶剂蒸发又相对提高了溶质在溶液中的浓度，最终维持溶液处于过饱和状态，导致晶体不断产生或者生长。因此，改变溶剂的蒸发速率，同时控制结晶物质的质量、溶液中减少的溶剂的体积及溶质的浓度，可以最终控制晶体的生长速率。

图 4.6 自然界中水分蒸发后析出的盐的照片

但是，随着晶体的不断生长，溶剂的量逐渐减小，此时剩余溶液中的杂质浓度会增大，从而会影响新结晶的晶体质量。为了减小这种影响，通常使用大量的溶剂。然而，经过长时间的晶体生长，溶液体积不断减小，很难保持恒定的过饱和状态，有可能造成局部较高的过饱和度。

在大多数溶液恒温蒸发法生长晶体的情况下，溶剂的饱和蒸气压要高于溶质的饱和蒸气压。此时，对于无毒的溶剂，蒸发的溶剂可以直接排放到大气中或者通过冷凝管冷凝排出。而对于有毒的、易燃的溶剂，应采取预防措施，避免溶剂蒸气泄漏进入大气。

溶液恒温蒸发法的温度保持恒定，因此生长的晶体的应力较小。但是，由于很难精确地控制溶剂的蒸发量，因此很难生长出大块的晶体。

4.2.3　溶液温差水热生长晶体技术

溶液温差水热法是在高温或高压的环境下，使常温常压下不易溶解的物质溶解于水溶液等溶剂中，依靠容器内的温差对流形成过饱和溶液并发生结晶。如果在容器内放置籽晶，可实现单晶的生长，如单晶 ZnO。溶剂通常采用水或重水与盐类混合形成的矿化剂，后者对氧化物等高熔点化合物具有较高的溶解度，但具有一定的腐蚀性，因此该类容器（如高压釜）既要耐高温、高压，又要抗腐蚀。另外，该方法要求溶质的溶解度温度系数足够大，在适当的温差下就能形成足够的过饱和度，而又不发生自发成核。同时，要求溶液的密度不影响溶液的对流和溶质的传输作用。因此，该方法适合生长存在相变、易形成玻璃体、在熔点时不稳定的晶体（如 SiO_2 石英晶体）。

常见的溶液温差水热法的装置示意图如图 4.7 所示。在整个高压釜容器内填充矿化剂，在高压釜的下部温度较高的位置放置生长晶体的原料，在高压釜的上部温度较低处悬挂籽晶。高、低温区间存在温差导致的对流，使高温区的饱和溶液输送到低温区，溶质沉积在籽晶上并生长出晶体。对流使低温区析出晶体的溶液又回到高温区，使低温区溶液变得不饱和，促使原料溶解。在对流和溶质传输的作用下，原料不断溶解，籽晶不断长大。

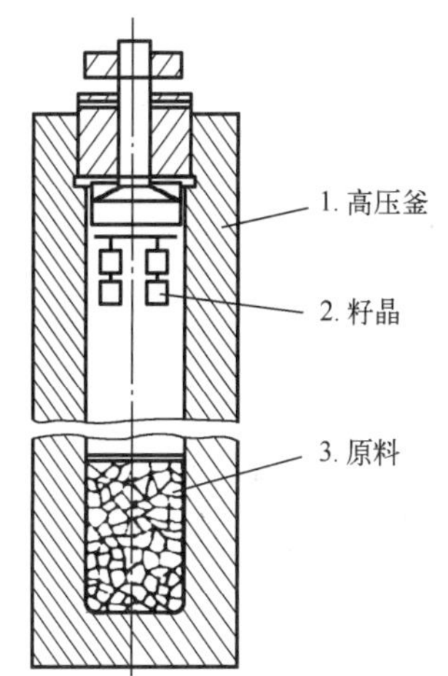

图 4.7　溶液温差水热法的装置示意图

4.2.4　溶剂分凝（助溶剂法）生长晶体技术

溶剂分凝生长晶体技术，是指对于某些晶体材料在常用溶剂中的溶解度很低，可以通过向其添加辅助组元改变其溶解度，从而实现晶体生长的方法。所添加的辅助组元称为助溶剂，因此该方法又称为助溶剂法。

该方法所用的助溶剂分为两种，一种为金属溶剂（如 Ga、In、Sn），主要用于液相外延Ⅲ-Ⅴ族化合物半导体和元素半导体，在衬底材料上生长外延层；另一种为熔盐溶剂，主要为氧化物或卤化物，如 PbO、PbF_2、B_2O_3、KF 等，主要生长高熔点的氧化物或者离子材料，如生长钇铝石榴石（YAG）晶体。

4.2.5　溶液液相外延生长晶体技术

溶液液相外延（LPE）法是指拟生长的单晶组成物质直接熔化或熔化在适当的溶剂中保持液体状态，将衬底浸渍在其中，缓慢降温使熔化状态的溶质过饱和，并在衬底上析出单晶薄膜的方法。这种方法在本质上是溶液降温生长晶体技术，其主要反应过程是物质输运和界面反应，需要特别注意衬底材料与外延层的晶格常数应匹配。物质输运是将液相中的溶质通过扩散、对流等方式输运到生长界面，而界面反应包括溶质在衬底表面上的吸附、反应、成核、迁移、在台阶处被俘获、副产物的脱附等步骤。对于多数溶液液相外延生长外延层晶体材料的过程，界面反应的速度快，反应速度主要受扩散的控制，因此，液相外延薄膜的厚度主要由浸渍时间和溶液的过饱和度来控制。

按衬底与溶液接触方式的不同，溶液液相外延生长晶体材料分为浸渍式、倾倒式及水平滑动式等（图 4.8），其中水平滑动式最常用[5]。浸渍式就是将水平或垂直放置的衬底直接浸渍在溶液中，外延完成后再将衬底取出；这种技术生长的薄膜不容易控制其厚度。倾倒式就是将熔化的液体直接倾倒在衬底表面进行外延，外延完成后使多余的液体流出；这种技术制得的外延层与溶液不容易脱离干净，导致外延层的厚度和均匀性不易控制。水平滑动式是将溶液放置在可移动的石墨舟中，其底部开槽，放置在可以反方向滑动的衬底之上，石墨舟在衬底上移动，最终达到外延的目的。

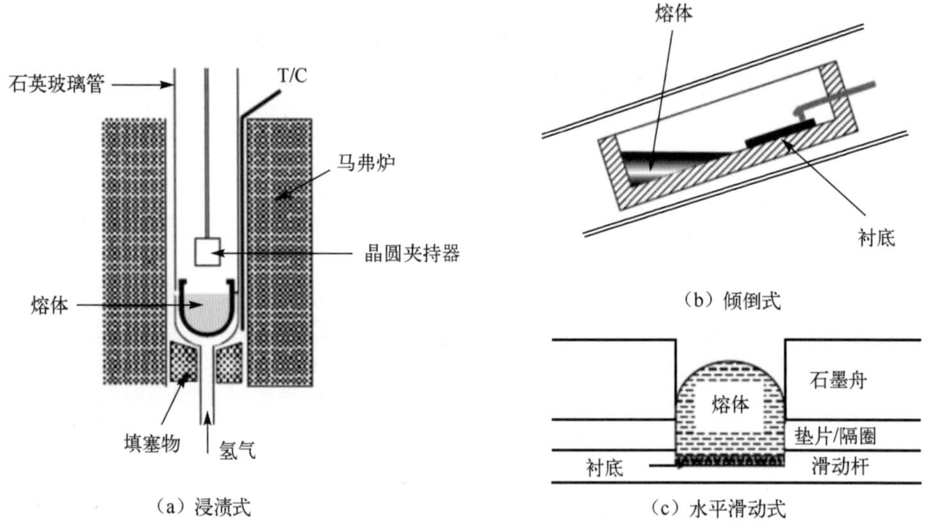

图 4.8　溶液液相外延生长晶体材料示意图[5-6]

由于溶液液相外延的温度远低于晶体在熔体中生长的温度，因此用该方法生长的晶体材料具有较少的本征缺陷，外延层位错密度较衬底低，晶体完整性好，晶体纯度也高。该技术的生长设备比较简单，有较高的生长速率，掺杂剂选择范围广，系统中没有剧毒和强腐性的原料及产物，操作安全、简便。由于具有上述优点，溶液液相外延法在光电、微波器件的研究和生产中得到广泛的应用。但是，当外延层与衬底晶格常数的差大于 1%时，晶体质量将会受到影响。另外，除生长很薄的外延层外，由于掺杂剂和多元化合物组分的分凝系数不同，因此容易造成晶体在生长方向上电阻率或组分均匀控制的困难。而且，溶液液相外延的外延层表面形貌粗糙，一般不如气相外延生长的晶体材料表面平整。

溶液液相外延法主要适用于从 Ga 溶剂中生长 GaAs、GaSb 等晶体（熔体 Ga 含量一般超过 50%）和一些三元Ⅲ-Ⅴ族化合物半导体，如 $Ga_{1-x}In_xAs$，例如，将溶质 As 溶于 Ga 溶剂中，当溶液过饱和时，GaAs 沉积在溶液中的单晶 GaAs 衬底上，在衬底上外延生长出单晶 GaAs 薄膜材料（外延层）。

4.3 气相生长技术

气相生长晶体的方法最初用于生长块状晶体，20 世纪 60 年代开始在单晶衬底上气相生长半导体薄膜晶体材料，目前该方法被广泛地应用于生长半导体薄膜晶体（外延层）及衬底晶体。气相生长技术主要通过蒸发、化学反应等方式产生气源，气体物质再经过扩散、对流至晶体生长的表面（衬底晶体的表面），再经过冷凝和沉积等过程在衬底表面生长薄膜晶体材料。如果薄膜晶体达到一定的厚度，那么也可以作为新的衬底材料使用。因此，气相生长技术主要涉及汽化、传输、沉积或凝结、尾气处理这 4 个阶段。

获得晶体生长所需要的气体物质的方法有：固态物质的加热升华、液态物质的加热蒸发、气体物质直接通入或者化学反应。其中，最简单的是升华技术，即将原料加热使其升华。根据气源获取方法的不同，一般将气相生长晶体的方法分为化学气相生长和物理气相生长，单质或者化合物的升华或蒸发属于物理气相生长方法，而通过化学反应获得气源的方法为化学气相生长方法。

在气相生长晶体的技术中，晶体生长同样涉及成核和长大两个过程。如果是在无籽晶情况下生长晶体，就需要注意控制成核点。如果在籽晶（衬底）上直接生长单晶，则无须成核，也就是气相外延（VPE）法，是气相生长技术中最常用的方法之一。籽晶既可以是同质的材料，也可以是具有相似晶格间距的异质材料；前者称为同质外延，后者称为异质外延。晶体的生长通常跟固体表面的温度、气源的形成和物质气相的输运有关，通过控制气相的温度、成分和压力，可以控制晶体生长速率、晶体成分和结晶质量。因此，在晶体生长过程中，材料生长环境对气源形成、气体扩散及晶体生长至关重要。另外，气相生长晶体所采用的温度通常远低于晶体熔化温度，因此，生长的晶体材料往往具有低的点缺陷浓度和低的位错密度。

（1）物理气相生长法

物理气相生长法包括升华法、溅射法、分子束法、物理气相输运（PVT）法等，是通过蒸发、升华或粒子束轰击等物理的方法，实现物质从源到衬底的转移过程。通过上述的物理方法使原料（固态或熔化的物质）中的原子获得足够的动能，然后转移到衬底表面，从而实现了晶体的生长，这就要求物理气相生长需要在相对好的真空环境下进行。在物质转移的过程中，除输运用的惰性气体外，气相中的其他元素都是晶体中的组元；或者某些化合物可能发生分解，但在生长界面能够重新形成原来的化合物。总体来说，晶体的沉积和原料汽化的过程由热力学原理控制，而气相输运则由动力学方法控制，在实际的晶体生长中通常采用动力学方法控制气相的输运来实现晶体生长速率和结晶质量的控制[2-3]。

物理气相输运（PVT）法适用于生长块状晶体材料，特别是高熔点、易离解的化合物晶体材料[5, 7-9]。在 PVT 晶体生长过程中，一般是将化合物的原料放在容器（安瓿等）的热端升华或汽化分解，并使整个系统的蒸气压处于饱和状态；在浓度梯度的作用下，原料输运到容器的冷端，结晶并重新生长为晶体[9-10]。最简单的 PVT 法是升华法，即将固体源放置在垂直容器的底部或水平容器的一侧并加热，通过物质升华并扩散到容器较冷的一侧进行结晶。在某些 PVT 生长过程中，原料在容器的热端不是简单的升华，而是汽化分解后，在较冷的一端重新形成化合物并结晶，如硫属镉化物的晶体生长（见第 12 章）[9]。PVT 法已经被广泛地用于 SiC、ZnS、ZnTe、CdS、CdTe 等半导体材料的生长[11]，在过程中精确控制各组元的气体分压可有效地控制晶体的生长过程。

（2）化学气相生长法

化学气相生长法采用气态的先驱反应物，通过分子、原子间的化学反应的途径生长成固态半导体材料，如化学气相输运（CVT）法、气体分解或合成法、金属有机化学气相沉积法、气-液-固生长（VLS）法等。需要注意的是，化学气相生长晶体的方法可能会产生一定的有害尾气，从而对环境造成危害，通常需要对尾气进行处理。另外，在反应过程中，晶体表面可能排出其他气体，而这些气体的富集将制约晶体生长，需要通过扩散或气体强制对流使其从生长表面逸出，再次作用于输运过程，直到从系统排出。

化学气相输运法适用于生长大块晶体，是实现实验室规模的结晶和材料纯化所不可或缺的方法[9-10, 12]。这种制备方法可追溯到 19 世纪中叶，R. Bunsen 教授在 1852 年首次描述了自然界中的化学气相输运反应[13]。20 世纪五六十年代，H. Schäfer 对化学输运反应进行了系统的研究和描述[12-13]。CVT 是指原料（如金属、共价或离子固体）与传输介质（I_2、Cl_2 和 Br_2 等）发生化学反应，形成便于输运的气体，在晶体生长表面再通过可逆反应生长晶体的过程。原料和结晶区在石英管（或者安瓿）的不同区域，两者之间存在一定的温度梯度。与 PVT 不同，CVT 物质的输运方向取决于化学反应的焓变而不是温度梯度。如果是吸热反应，则物质的输运方向为从热区到冷区；如果是放热反应，情况正好相反。利用该方法已经实现了元素、金属间化合物、卤化物、氧化物、硫化物、硒化物、碲化物、硫系卤化物、钯化物等晶体的生长[12]。通过该方法还可以获得有关新型化合物的信息，如固体和气体的热力学数据、晶体成核和生长有关的动力学参数等。

相对于熔体法，气相生长技术的生长温度低、生长速率低，这大大降低了产量并增加了生产成本。但是，低的生长速率有利于获得更高质量的晶体。与熔体法生长的材料相比，气相生长法生长的晶体通常位错密度和点缺陷浓度都较低。目前，气相生长技术可用来生长硅、金刚石、Ⅲ-Ⅴ族和Ⅱ-Ⅵ族化合物等半导体材料，且适用于制备具有高熔点或高离解压等难以从熔体中生长的材料、陡峭 P-N 结或异质结的材料、超晶格与量子阱结构及各种纳米半导体材料等[5, 14-16]。下面将具体阐述几种重要的气相生长技术，包括真空蒸发法（主要介绍脉冲激光沉积和分子束外延）、升华法、化学气相沉积法（主要介绍金属有机化学气相沉积法）。

4.3.1 真空蒸发法

真空蒸发法是一种物理气相沉积的方法，是指把待镀膜的衬底置于高真空室内，通过加热使原料蒸发、汽化（或升华），然后原料分子迁移、淀积在具有一定温度的衬底之上，形成一层薄膜晶体材料，其原理示意图如图 4.9 所示。

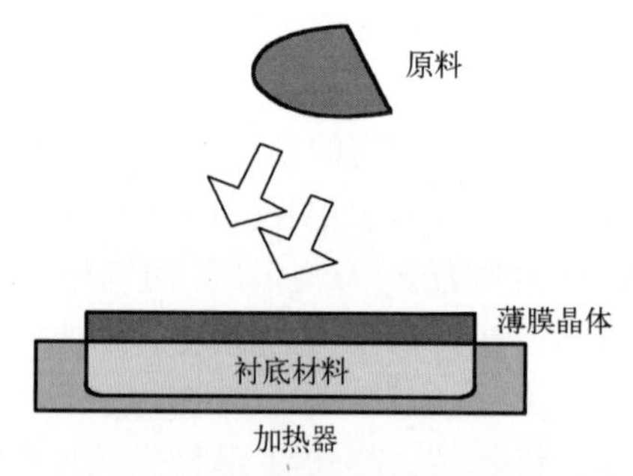

图 4.9 真空蒸发法生长薄膜晶体示意图

真空蒸发法需要一个高真空的环境，其真空度一般要小于 10^{-1}Pa，使得蒸发出的气体分子或原子具有分子流状态，这样气体分子的平均自由程可以超过容器的尺寸或者相当。在分子流状态下，气体分子除与器壁碰撞外，几乎不发生分子间的碰撞，从而使得蒸发的气体分子或者原子能以直线运动，直接到达衬底表面。

通常，原料的蒸发跟饱和蒸气压有关。在一定的温度下，每种液体和固体物质都有特定的饱和蒸气压。饱和蒸气压随温度的升高而快速增大，它们之间的定量关系可以用克劳修斯-克拉佩龙（Clausius-Clapeyron）方程描述。而材料的蒸发速率是饱和蒸气压的函数，也强烈地依赖于温度，蒸发源温度微小的变化将使蒸发速率发生很大的变化。在真空蒸发法中，加热蒸发原料靶材的温度大部分落在 1000～2500℃范围内，蒸发粒子的平均速度为 1000m/s，平均动能为 0.1～0.2eV[17]。大部分金属材料都需要加热到熔点以上才能获得高的饱和蒸气压，对于 Si、Ti、Mo 等材料，只要在熔点附近就能获得较高的饱和蒸气压。对于部分原料，也可以直接利用固态升华的方式实现气体分子的输运，例如，对于没有熔点的石墨碳来说，升华温度很高，需要采用电极间的高温放电等特殊的方法获得碳原子的升华。对于化合物材料的蒸发，需要注意蒸发导致的成分变化，蒸发时可能发生固态分解反应、气态分解蒸发，造成组元间的分解和化合，最终导致沉积的薄膜晶体成分偏离原始化合物材料的组分。另外，合金中各组元的蒸发速率不一样，同样可能导致薄膜晶体中组分的偏析。因此，真空蒸发法一般不适用于组元蒸气压差别比较大的化合物或合金材料。

对于多组分材料的晶体生长，主要采用单源蒸发、多源同时蒸发或者多源顺序蒸发等方法来改善组分的偏差。单源蒸发法是按照生长材料的组分比例要求制成合金靶，然后对合金靶进行蒸发，它要求各组分间的蒸气压比较接近。多源同时蒸发则利用多个坩埚，分别放入不同种的材料，在不同的温度下同时蒸发。而多源顺序蒸发则分别加热多个坩埚，使蒸发源按照一定的顺序蒸发，这样可以形成多层材料。对于多组元的化合物材料，为了避免蒸发造成的某些元素的贫化，可采用较多的蒸发物质作为蒸发源，减少组元成分的相对变化；或者每次只加入少量被蒸发的物质，使不同组元能够实现瞬间的同步蒸发[17]。

除关注材料的蒸发和气体粒子的传输外，在真空蒸发法中还需要关注气体粒子的沉积过程，也就是气-固转变的过程，即蒸气凝聚、晶体成核和长大等过程。一般地，在气体粒子到达衬底之前，要尽可能地实现蒸发粒子的直线运动，减小与其他物质碰撞的概率。同时，要使衬底与蒸发源之间的距离远小于气体粒子的平均自由程，这样能减小气体分子的碰撞概率，提高薄膜晶体的质量。在粒子到达衬底表面后，存在分子吸附、脱附、扩散、碰撞、团聚甚至反应等过程，因此衬底表面的洁净度至关重要，否则将会严重影响沉积薄膜晶体的质量。气体粒子被衬底吸附并形成原子团簇，当团簇达到临界晶核尺寸时便成为晶体生长的核心。对于同质衬底来说，一般不需要成核，气体粒子在籽晶表面直接生长。

气相晶体生长的驱动力取决于气相的过饱和度，即蒸发源的饱和蒸气压同衬底表面饱和蒸气压之差。过饱和度与晶体生长温度决定了晶体生长速率及结晶质量，如果生长温度低，过饱和度增大，晶体生长速率增大，但是粒子在表面的扩散速度变慢，晶体倾向粗糙界面生长，晶体质量降低。如果生长温度过高，过饱和度减小，晶体生长速率变低，但是粒子在表面的扩散速度变快，更容易实现单晶生长。因此，为了获得所需的晶体材料，需要权衡晶体生长温度与气相的过饱和度。

真空蒸发法生长的晶体纯度取决于几个方面[17]：蒸发源的纯度、真空系统中的残余气体、原料和薄膜所接触的材料的纯度（包括坩埚、衬底等）。蒸发源、坩埚、衬底等材料可以使用高纯度的材料及清洁表面来减小对薄膜晶体的污染。残余气体（主要是 O_2、N_2、CO_2、H_2O）主要来自仪器内壁、蒸发源和加热装置甚至是漏气，特别是在真空系统中，仪器内表面所吸附的分子数可能远大于气体中的相关分子数，因此从真空器壁上脱附的气体分子是残余气体的重要来源。在残余气体压强约为 10^{-3}Pa 时，残余气体分子与蒸发物质原子几乎按照 1:1 的比例到达衬底表面。因此，要获得高纯度的薄膜，残余气体压强要非常低。研究表明，薄膜晶体中的杂质含量与残余气体的压强成正比，与沉积速率成反比。因此，要减小残余气体造成的污染，除要提高真空度外，还可以通过提高材料的蒸发和薄膜沉积的速率来实现。

总体来说，真空蒸发法具有设备简单、容易操作、成膜速度快、薄膜材料纯度高、生长效率高等优点，是薄膜晶体制备中使用最为广泛的一种技术。但是真空蒸发法也存在薄膜附着力小、工艺重复性差等缺点。

根据获取气源方式的不同，真空蒸发法可分为电阻法、电子束蒸发（EBE）、磁控溅射（MS）、脉冲激光沉积（PLD）、分子束外延（MBE）等方法。下面主要介绍脉冲激光沉积和分子束外延两种方法。

4.3.1.1 脉冲激光沉积

脉冲激光沉积（PLD）利用脉冲激光，使蒸发原料沉积在衬底上，获得所需的薄膜晶体，如图 4.10 所示。高能量密度的脉冲激光经过棱镜或者凹面镜聚焦，作用于靶材表面的局部区域，使该区域在短时间内迅速升温，靶材表面粒子获得足够的能量而脱离靶面，产生蒸发、烧灼及等离子体；然后，等离子体沿着靶材法线方向迅速膨胀，形成等离子体羽辉；最后，这些高能粒子沉积在衬底上并形成薄膜晶体。脉冲激光的高能量密度能使靶材原料产生等离子体，使得靶材蒸发速度加快，薄膜的沉积速率增大、附着强力变强；高能粒子可降低薄膜生长所需的能量，从而实现低温下的外延单晶薄膜的生长；同时脉冲激光瞬间加热靶材，在一定程度上防止了化合物的分解，可精确地控制化合物的化学计量比，可应用于多元化合物或合金材料的生长。另外，脉冲激光器置于真空室外，无须直接接触靶材，避免了对靶材和腔体的污染，有助于生长高纯的材料。

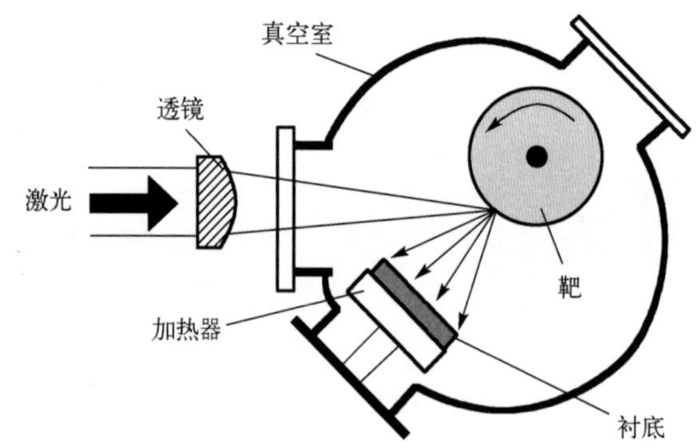

图 4.10 脉冲激光沉积（PLD）结构示意图

但是，高能的脉冲激光作用于靶材也会带来几个问题：一是激光烧灼过程中不可避免地会产生液滴，导致薄膜中产生颗粒物，对薄膜晶体的质量产生影响；二是一个脉冲激光就可以使薄膜的厚度增加几百纳米，这给膜厚的控制带来了困难；三是等离子体羽辉具有方向性，这会造成薄膜生长的不均匀性，使得难以实现大面积的薄膜制备。从原理上来说，除对激光透明的材料外，脉冲激光沉积技术几乎可用于生长所有材料，包括半导体材料（如氧化物半导体）、金属材料、金刚石及超导材料等。

4.3.1.2 分子束外延

分子束外延（MBE）是指将需要生长的单晶物质按元素的不同分别放在可精确控制的喷射炉中，然后分别加热到相应的温度，使各元素喷射出分子流，并在衬底上生长出极薄（可薄至单原子层水平）的单晶体或几种物质交替的超晶格结构，如图 4.11 所示。分子束外延生长过程主要包括：源蒸发形成具有一定束流密度的分子束，在高真空条件下射向衬底，以及分子束在衬底上进行外延生长。分子束外延是一种特殊的真空蒸发技术，需要超高的真空环境（残余气体总压力小于 1.33×10^{-7}Pa）[3]、精确的蒸发系统及原位监测和分析系统。

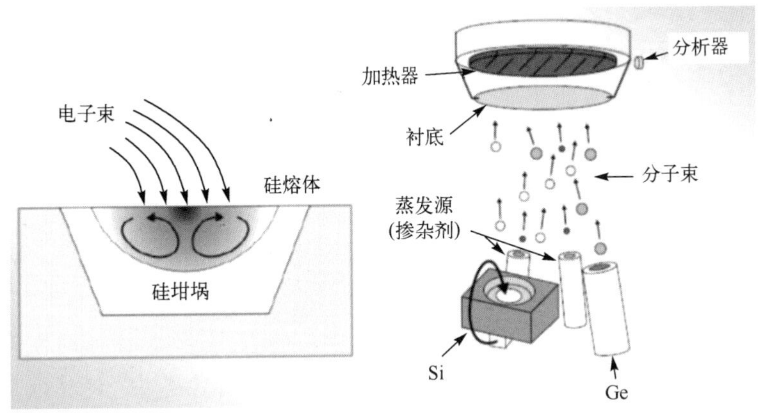

图 4.11　分子束外延生长薄膜晶体的原理示意图

超高的真空环境是分子束外延技术的基础条件，它可以保障从分子束源逸出的气体粒子在极低的碰撞概率下直接沉积到衬底上，减小残余气体对薄膜质量的影响。通过电子束等方式加热分子束源，并通过快速开关精确控制分子束源逸出原子或分子的量和时间，可以实现在极低的生长速率下的原子尺度生长。

分子束外延的设备主要由真空系统、生长系统及监控系统等组成，如图 4.12 所示。其中生长系统以不锈钢结构为主体，由三个真空室连接而成，分别为衬底取放室、衬底存储传送室和生长室。监控系统一般包括质谱仪、俄歇谱仪和高低能电子衍射仪等。对两个或两个以上的分子束源进行开关控制，可实现多组元薄膜的生长及进行不同成分或结构的多层薄膜生长，如 SiGe/Si 量子阱结构、GaAs/AlGaAs 超晶格结构、Cd_{1-x}MnTe/CdTe 超结构多层薄膜。而且在整个生长过程中，可采用高能电子枪实时观察外延薄膜的结构变化[3]。

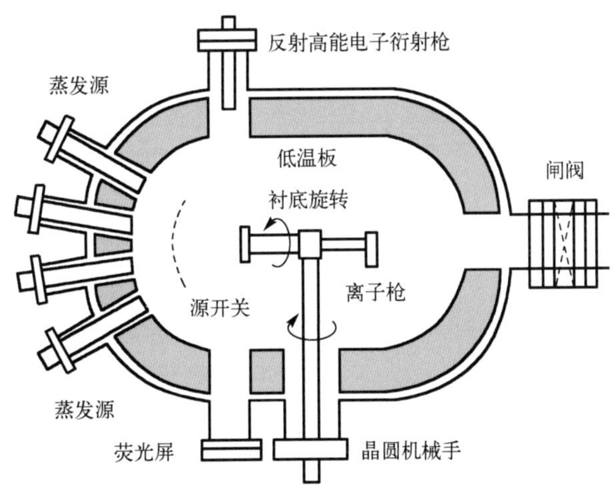

图 4.12　分子束外延晶体生长设备的结构示意图[18]

分子束外延技术除了可以生长 GaAs 等Ⅲ-Ⅴ族半导体晶体薄膜，还能生长 ZnSe 等Ⅱ-Ⅵ族、PbTe 等Ⅵ-Ⅵ族、Si 和 Ge 等Ⅵ族半导体晶体薄膜材料，以及实现异质结、超晶格、量子阱及量子线、量子点等半导体材料结构。

总体来说，分子束外延技术具有如下特点：在高真空环境下可实现原子尺度的生长，生长的薄膜纯度高且具有原子尺度的平整度；对分子束流的精确控制，可实现膜厚、组分及掺杂剂的精确控制。与常规外延方法（如液相外延法、金属有机化学气相沉积法等）相比，晶体生长温度较低，降低了热膨胀引起的晶格失配效应及衬底杂质向外延层的扩散，更好地实现器件突变结构。设备中的原位监测和分析系统可提供表面形貌、组分等信息，从而有助于外延生长的动力学过程和理论的研究。但是，分子束外延也存在一定的问题：设备昂贵、维护费用高、薄膜生长周期长、生长成本高、无法实现大规模生长等。另外，外延材料与衬底材料的晶格和原子间距也需要相互匹配，以减小晶格失配效应所引起的晶体质量下降。

4.3.2 升华法

升华-凝结法简称升华法，也是一种物理气相生长的方法。它是将原料在高温区加热升华成气相，通过扩散或惰性气体携带的方式输运到容器的较低温度区，使其处于过饱和状态，经过冷凝成核生长晶体的一种方法。早在 1891 年，R. Lorenz 就利用升华法生长出了硫化物的晶体。理论上，所有高蒸气压的材料都可以用升华法生长晶体，如Ⅱ-Ⅵ族化合物半导体（CdS、ZnS、CdSe 等）及 SiC、AlN 等[5, 8, 19-20]。升华法可以采用水平炉或垂直炉（图 4.13），在水平炉中气体输运可能出现环流，这有利于气相的输运，但是会造成物质输运的非对称性，降低了晶体生长的均匀性。引入籽晶、缩颈工艺及改变坩埚形状，能够实现对晶体质量的控制。如果在垂直炉的低温端放入籽晶［图 4.13（b）］，也就是改进的 lely 法[21-22]，可以用于生长高质量的单晶，利用该技术已实现直径达到 150mm 的高质量单晶 SiC 的生长。籽晶的质量、坩埚的设计和温度梯度是升华法生长高质量单晶的关键因素，具体的应用详见 SiC 及Ⅱ-Ⅵ族化合物半导体等晶体的生长。

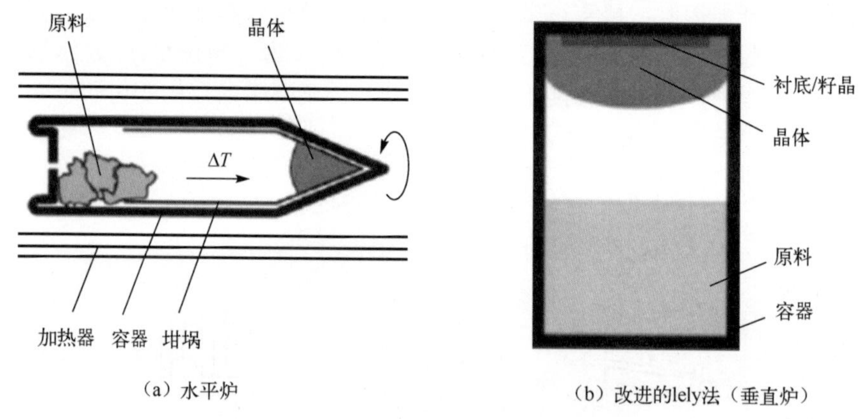

（a）水平炉　（b）改进的lely法（垂直炉）

图 4.13　升华法生长晶体材料的示意图[22]

4.3.3 化学气相沉积法

化学气相沉积（CVD）法是指将气体源物质输送至较低温度区域，通过化学反应在衬底上淀积形成所需要的薄膜的方法，如图 4.14 所示。20 世纪 60 年代，随着半导体和集成电路技术的发展，化学气相沉积法在半导体材料生长领域得到了充分的发展。目前该方法被广泛应用于提纯物质，制备各种单晶、多晶或非晶无机薄膜材料，尤其适合生长硅薄膜、氧化物、碳化物、金刚石、类金刚石等。

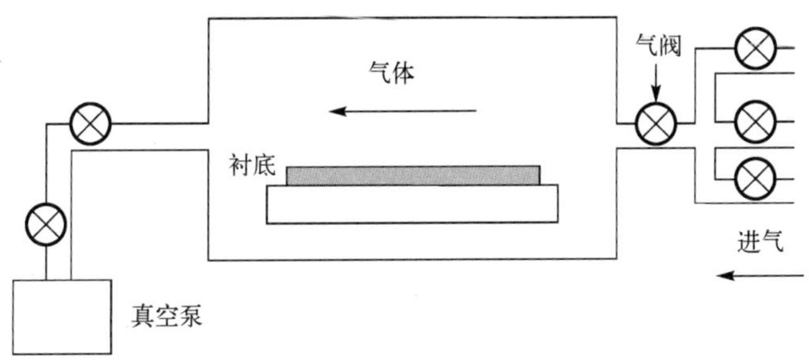

图 4.14　化学气相沉积法生长薄膜晶体的示意图

4.3.3.1　化学气相沉积过程和特点

化学气相沉积过程与物理气相沉积过程类似，包含气源的产生、气体输运、形成沉积物（薄膜晶体）等过程，但是化学气相沉积还存在化学反应和反应副产物脱离衬底的过程。在薄膜晶体生长时，合适的气源物质是首要因素。通常，具有很高的纯度气源物质在较低温度下（一般在 1000℃以下）应具有较高的蒸气压，易于挥发成蒸气；气源物质可以是气体分子、金属的氢化物、卤化物或金属有机物气体等，这些气源物质在到达衬底表面时，可能发生气体分子的分解、合成、置换等化学反应，并有可能产生一定的尾气。另外，气源物质的选择应尽量使反应过程简单且易于控制，还要尽量避免反应副产物的产生，或者产生的反应副产物易挥发、易于排出或易于从薄膜晶体表面分离。

化学气相沉积跟物理气相沉积相比，具有如下特点：（1）化学气相沉积更容易实现在衬底上的选择性生长，对衬底粗糙度的容忍性更强，更容易实现薄膜的均匀生长和致密覆盖；（2）化学气相沉积使用的原料是从外部容器流入腔体的，可以在不污染生长环境的情况下连续生长，这样可使生长的薄膜晶体具有更高的纯度；（3）化学气相沉积不需要非常高的真空水平即可实现大批量的生长；（4）化学气相沉积能在较低温度下制备难熔物质。但是，化学气相沉积的原料一般是剧毒的或易燃的，在设计和操作化学气相沉积工艺系统时需要非常小心，而且不是所有的材料都有匹配的原料气源。

根据反应的温度、压力及激活方式，可将化学气相沉积分成不同的类型：等离子增强化学气相沉积（PECVD）、金属有机化学气相沉积（MOCVD）、常压化学气相沉积（APCVD）、低压化学气相沉积（LPCVD）、高真空化学气相沉积（HVCVD）、热丝化学气相沉积（HWCVD）和原子层沉积（ALD）。如果按照起始源化合物来分类，化学气相外延常分为卤化物气相外延、氢化物气相外延、金属有机化合物气相沉积，下面主要介绍金属有机化学气相沉积。

4.3.3.2　金属有机化学气相沉积

金属有机化学气相沉积（MOCVD）最早出现在 20 世纪 60 年代末，是利用有机金属和氢化物反应实现异质成核并生长薄膜晶体的一种技术。到 20 世纪 80 年代末，制备有机金属和氢化物的技术得到改善，也实现了高质量的异质外延，金属有机化学气相沉积在产业上也得到了大规模应用。如果采用金属有机化学气相沉积法制作高质量的外延层（薄膜晶体），则该方法也称为金属有机气相外延（MOVPE）法或有机金属气相外延（OMVPE）法。金属有机化学气相沉积法尤其适用于Ⅲ-Ⅴ族和Ⅱ-Ⅵ族化合物半导体薄膜晶体材料的外延生长，以及蓝光、绿光或紫外发光二极管芯片的制造。

金属有机化学气相沉积法是把反应物质全部以金属有机化合物的气体分子形式，用 H_2

作载气送到反应室进行热分解反应，在加热的衬底上形成化合物半导体薄膜晶体材料的一种方法（图 4.15）。原则上，只要能够选择合适的金属有机化合物，就可以进行包含该元素的薄膜晶体材料的生长。反应可以发生在衬底上，也可以发生在衬底上方的热蒸气中和内壁上。

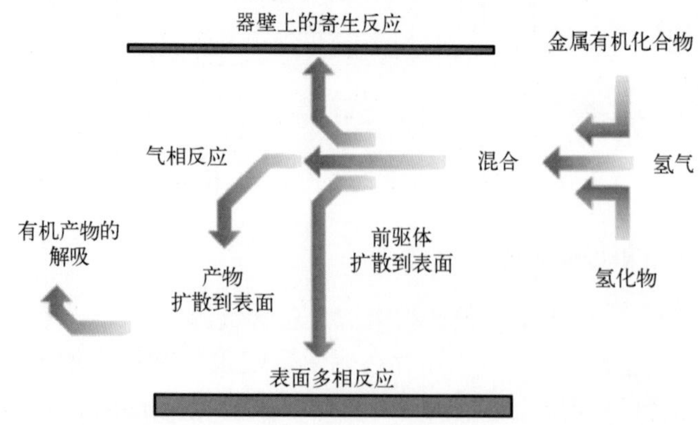

图 4.15　金属有机化学气相沉积的气流混合到基底表面反应的过程示意图[5]

金属有机化学气相沉积系统一般由源供给系统、气体输运和流量控制系统、反应室加热及温度控制系统、尾气处理、安全防护报警系统、自动操作及电控系统等组成。金属有机化学气相沉积的反应室由石英构成，内置石墨或 SiC 基座以放置衬底，利用射频感应、红外辐射、电阻加热等技术，对衬底进行加热和温度控制。金属有机化学气相沉积的反应室大致可以分为水平式和立式两种（图 4.16），都需要进行水冷或气冷，以尽量减少金属有机化合物在器壁上的反应和沉积。

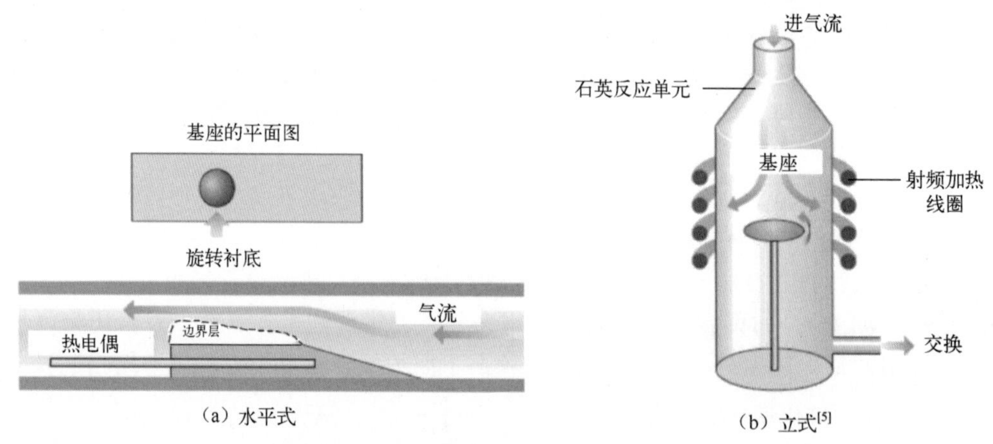

（a）水平式　　（b）立式[5]

图 4.16　金属有机化学气相沉积的反应室

与其他外延生长方法相比，金属有机化学气相沉积法有如下优点：（1）源物质和掺杂剂以气态的方式通入反应室，可以通过精确控制气态源的流量和时间来控制外延层的组分、掺杂浓度、厚度等，因而可实现薄层和超薄层材料的生长；（2）反应室中的气体流速较快，可迅速改变多元化合物的组分和掺杂浓度，减小记忆效应发生的概率，有利于获得陡峭的界面，适合生长异质外延结构和超晶格、量子阱材料；（3）晶体生长是以热解化学反应的方式进行的，属于单温区外延生长，只要控制好反应源气流和温度分布的均匀性就可以保证外延材料的均匀性，因此金属有机化学气相沉积法可用于大面积的外延生长，便于工业化大批量生产；

（4）对于Ⅲ-Ⅴ族化合物晶体，生长速率与Ⅲ族的流量成正比，因此生长速率调节范围较大；（5）由于对真空度的要求较低，因此反应室的结构较简单；（6）随着检测技术的发展，可以对金属有机化学气相沉积的生长过程进行在位监测。

金属有机化学气相沉积法除气源及部分尾气具有易燃、易爆或有毒的缺点外，还存在金属有机化合物和氢化物等源物质价格昂贵的问题。部分源物质和尾气易燃、易爆或有毒，需要对反应产物进行无害化处理，以避免造成环境污染，这会增加设备的成本。另外，源物质包含其他元素（如 C、H 等），需要对反应过程进行仔细控制以避免引入非故意掺杂的杂质。而且，金属有机化学气相沉积以裂解方式产生的原子蒸气压，影响了沉积薄膜的均匀性和稳定性。

4.3.4　低维半导体材料的生长和制备

随着气相生长晶体材料技术的发展，特别是分子束外延和金属有机化学气相沉积的发展，实现了薄膜晶体生长速率和组分的精确可控，从而可进行 AlGaAs/GaAs 等超晶格结构的生长，这将半导体材料的维度和尺度都推向了更低的方向。当材料的维度从三维到零维，也就是从宏观到微观（小于 100nm）时，半导体材料的性质（电、光、磁、热、力等）发生了质的变化。例如，从硅块体晶体到硅量子点，发光峰位发生蓝移，且发光效率明显提高[23]；从石墨块体到石墨烯，光透过率达到了 97.7%，且电子的运动速率达到了光速的 1/300。

纳米材料是指三维空间的某个或多个维度的尺寸在纳米量级（1～100nm）的半导体材料，如二维的量子阱、超晶格等；一维的纳米线/管/棒；零维的量子点、纳米团簇等。纳米材料具有介于原子和块体材料之间的结构特征，但其性能与块体材料有明显的不同，这主要是因为纳米尺度导致它们的比表面积增大、表面能升高、空间被限域和缺陷相对减少。

当半导体材料的尺寸接近特征尺寸（电子的德布罗意波长、玻尔半径、相干波长、激子波长等）时，电子被限制于一个体积十分狭小的空间，费米能级附近的电子能量发生量子化，能级分布不连续且带隙变宽[24-25]，也就是产生了量子尺寸效应，这是量子效应在低维材料中的清晰表现，这样的材料也被称为低维量子材料。图 4.17 所示为不同维度量子材料的态密度分布示意图，随着维度的降低，态密度分布从抛物线型向台阶状、锯齿状、δ 函数分布转变。在量子阱、量子线、量子点等低维量子材料中，还发现了库仑阻塞效应、宏观量子隧穿效应、量子霍尔效应、表面效应等不同于块体材料的现象[26]，这些量子化的现象是制备量子器件的物理基础，这有力推动了当代信息技术的革命。

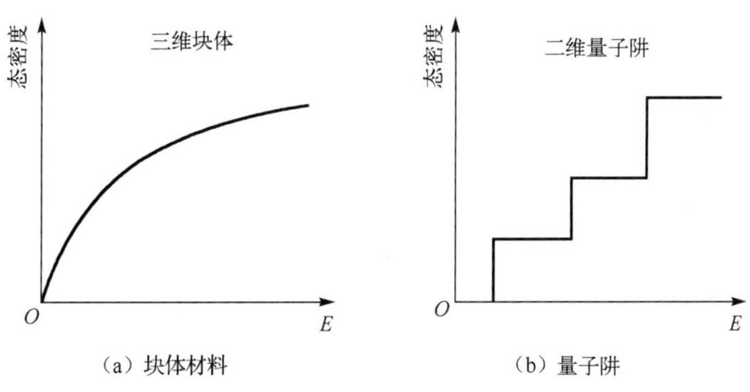

（a）块体材料　　（b）量子阱

图 4.17　不同维度量子材料的态密度分布示意图[25]

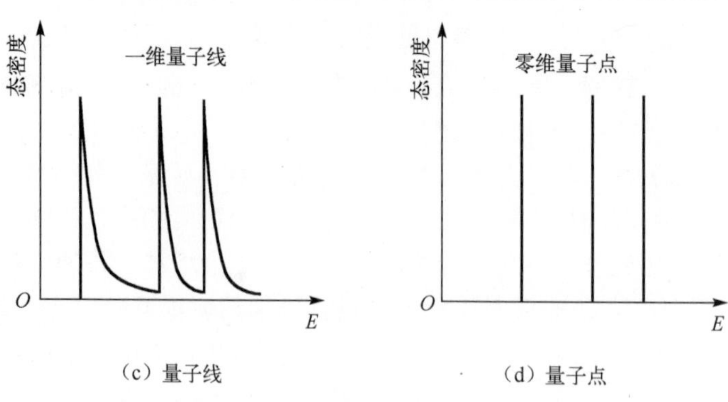

（c）量子线 （d）量子点

图 4.17 不同维度量子材料的态密度分布示意图[25]（续）

4.3.4.1 量子阱

量子阱（Quantum Well）是指通过两种不同能级的纳米半导体薄膜相间排列，使其能级形成陡直的竖阱，从而将载流子限制在阱内的薄膜晶体结构。量子阱的宽度一般小于电子的平均自由程或者小于玻尔半径（10～500Å），在垂直于阱壁方向（异质结平面）的电子将受限制而失去该方向的自由度，仅在阱平面内存在两个自由度，因此量子阱也是一种二维量子材料[24]。两种不同的材料形成的三明治结构的量子阱为单量子阱，如在宽禁带的 AlGaAs 上异质外延极薄的 GaAs，再异质外延较厚的 AlGaAs，就可形成 AlGaAs/GaAs/AlGaAs 量子阱，其能带结构如图 4.18（a）所示。如果两种或两种以上不同带隙的纳米半导体材料按照某一方向交替排列，则可以形成多量子阱，它是一种人工周期材料，其中窄带隙材料的厚度接近特征长度，而宽带隙的材料较厚。而当两种薄膜的周期厚度小于电子的平均自由程时，则形成的势垒足够薄，使电子从一个量子阱隧穿到另一个量子阱，即量子阱相互耦合成为超晶格，其周期结构的能带如图 4.18（b）所示。

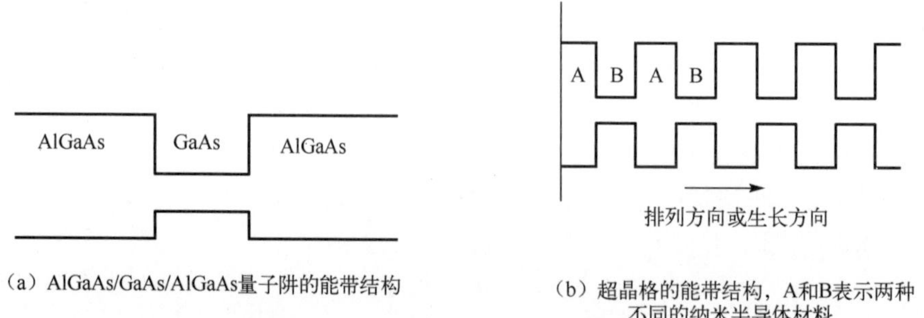

（a）AlGaAs/GaAs/AlGaAs量子阱的能带结构

（b）超晶格的能带结构，A和B表示两种不同的纳米半导体材料

图 4.18 量子阱和超晶格的能带图

通过量子阱不仅能观察和探索量子效应，还能改善光电子器件的性能，这对推动半导体光电子产业的发展发挥了重大的作用。早在 20 世纪 70 年代，L. L. Zhang 等人在分子束外延生长的 AlGaAs/GaAs/AlGaAs 量子阱结构中观察到了共振隧穿效应。到 20 世纪 80 年代，人们提出了应变量子阱，即两种异质材料的晶格失配所产生的应力或应变通过弹性形变来释放或缓减，因此通过控制应变类型和应变量来调整空穴的相对位置与有效质量，实现能带结构的调整，也被称为“能带工程”。例如，基于 SiGe/Si 应变超晶格材料，可提高载流子的迁移率，从而得到更高速的硅基电子器件。另外，由于量子阱态密度的特殊形状

及增益效应，与体材料相比，量子阱激光器能获得更高的输出功率，因此，从 20 世纪 80 年代开始，量子阱激光器得到了快速发展，从单量子阱激光器到多量子阱激光器，再到量子级联激光器，量子阱激光器得到了越来越多的关注，并在小型集成激光器方面有着重大的应用前景。

4.3.4.2　量子点和量子线

继量子阱之后，出现了量子点（Quantum Dot）或量子线（Quantum Wire），是指让量子（如电子）失去所有维度或只有一个维度自由度的结构，它们都是人造的低维半导体材料，大小只有几纳米到几十纳米。量子线生长主要通过外延的生长方法获得，一般在有 V 形或 T 形槽或者微倾斜的衬底上进行外延生长。量子点的生长主要采用 S-K 生长模式自组装生长的方法，即当两种异质材料的晶格失配较大时，可利用外延进行层状再到岛状的生长（混合生长，Stranski-Krastanov，S-K）从而实现自组织成核生长。量子点和量子线在电子器件与光学应用上有重要的表现，已实现量子点激光器、单电子晶体管、探测器、光存储器及量子线沟道场效应晶体管、量子干涉场效应晶体管、量子线激光器等量子器件，是通信、探测、侦察等微型化器件的关键材料。

除此之外，由于具有优异的光学性质，量子点在生物分析和生物标记方面也有广泛应用。将具有发射或吸收特定波长光的量子点嵌入细胞或生物体中标记蛋白质，可实现更精确的靶向定位。当量子点被紫外线照射时，量子点中的电子可以被激发到更高的能量状态，被激发的电子回到低能态时释放出光子，该光子的能量取决于高能态和低能态（或者导带和价带）之间的能量差。由于能量与波长有关，这意味着粒子的光学特性可以根据其大小进行精细调整。因此，只要控制粒子的大小，就可以使粒子发射或吸收特定波长的光。图 4.19 所示为硅量子点光致荧光谱随尺寸的变化。

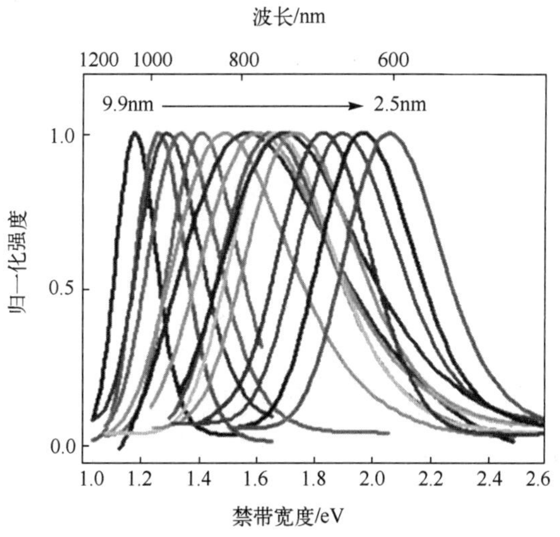

图 4.19　硅量子点光致荧光谱随尺寸的变化[23]

在人类发展的历史长河中，人类对材料的探索从未停止，晶体材料生长技术在这一过程中应运而生，使得自然晶体逐渐被人工晶体代替。半导体晶体技术的发展促进了信息技术的发展，在短短百年的时间内就对人类社会的发展产生了巨大的影响。半导体材料晶体生长的技术使半导体材料更加丰富、质量更加优质，反过来对半导体材料的深入研究也有助于半导体晶体材料生长技术的发展。不同类型的半导体材料需要采用不同类型的晶体生长技术，加强对半导体晶体材料生长技术的学习，能帮助我们更好地认识半导体材料。

习 题 4

1．哪些晶体生长技术适用于生长单晶硅？原因是什么？

2．布里奇曼法和区熔法有何异同？如何实现悬浮区熔？

3．什么是溶液生长技术？该技术的成核的驱动力是什么？包括哪些方法？有何特点？

4．气相生长技术适用于生长块体材料吗？什么是升华法？有何特点？

5．化学气相沉积与物理气相沉积最大的不同是什么？化学气相沉积的方法有哪些？

6．低维半导体材料和块体半导体材料除了维度不同，还有何不同之处？

参 考 文 献

[1] DASH W C. Growth of Silicon Crystals Free from Dislocations[J]. Journal of Applied Physics, 1959, 30(4): 459-474.

[2] 介万奇. 晶体生长原理与技术[M]. 北京：科学出版社，2010.

[3] 张克从，张乐潓. 晶体生长科学与技术上册[M]. 2 版. 北京：科学出版社，1981.

[4] PRITULA I, SANGWAL K. 29-Fundamentals of crystal growth from solutions[M]//RUDOLPH P. Handbook of crystal growth. 2nd ed. Boston: Elsevier, 2015: 1185-1227.

[5] KASAP S, CAPPER P. Springer handbook of electronic and photonic materials[M]. Berlin, Heidelberg: Springer, 2017.

[6] CAPPER P, MAUK M. Liquid phase epitaxy of electronic, optical and optoelectronic materials[M]. West Sussex: John Wiley & Sons, 2007.

[7] DHANASEKARAN R. Growth of semiconductor single crystals from vapor phase[M]//DHANARAJ G, BYRAPPA K, PRASAD V, et al. Springer handbook of crystal growth. Berlin, Heidelberg: Springer, 2010: 897-935.

[8] FORNARI R. 3.01-Bulk crystal growth of semiconductors: An overview[M]//BHATTACHARYA P, FORNARI R, KAMIMURA H. Comprehensive semiconductor science and technology. Amsterdam: Elsevier, 2011: 1-35.

[9] PAORICI C, ATTOLINI G. Vapour growth of bulk crystals by PVT and CVT[J]. Progress in Crystal Growth and Characterization of Materials, 2004, 48-49: 2-41.

[10] CHERNOV A A. Modern crystallography III: crystal growth[M]. Berlin, Heidelberg: Springer, 1984.

[11] PIPER W W, POLICH S J. Vapor-phase growth of single crystals of II-VI compounds[J]. Journal of Applied Physics, 1961, 32(7): 1278-1279.

[12] PEER S, MICHAEL B, ROBERT G, et al. Chemical vapor transport reactions-methods, materials, modeling[M]//SUKARNO OLAVO F. Advanced topics on crystal growth. Rijeka: IntechOpen, 2013: 227-305.

[13] BINNEWIES M, GLAUM R, SCHMIDT M, et al. Chemical vapor transport reactions-A historical review[J].

Zeitschrift Für Anorganische Und Allgemeine Chemie, 2013, 639(2): 219-229.

[14] XUE X, ZHOU Z, PENG B, et al. Review on nanomaterials synthesized by vapor transport method: growth and their related applications[J]. RSC Advances, 2015, 5(97): 79249-79263.

[15] ZAPPETTINI A. 8-Cadmium telluride and cadmium zinc telluride[M]//FORNARI R. Single crystals of electronic materials. Cambridge: Woodhead Publishing, 2019: 273-301.

[16] KOVALENKO N O, NAYDENOV S V, PRITULA I M, et al. 9-II sulfides and II selenides: growth, properties, and modern applications[M]//FORNARI R. Single crystals of electronic materials. Cambridge: Woodhead Publishing, 2019: 303-330.

[17] 唐伟忠. 薄膜材料制备原理、技术及应用[M]. 北京：冶金工业出版社，2003.

[18] FRIGERI P, SERAVALLI L, TREVISI G, et al. 3.12 - Molecular beam epitaxy: An overview[M] //BHATTACHARYA P, FORNARI R, KAMIMURA H. Comprehensive semiconductor science and technology. Amsterdam: Elsevier. 2011: 480-522.

[19] MOKHOV E N, WOLFSON A A. 12-Growth of AlN and GaN crystals by sublimation[M]//FORNARI R. Single crystals of electronic materials. Cambridge: Woodhead Publishing, 2019: 401-445.

[20] CHAUSSENDE D, OHTANI N. 5-Silicon carbide[M]//FORNARI R. Single crystals of electronic materials. Cambridge: Woodhead Publishing, 2019: 129-179.

[21] TAIROV Y M. Growth of bulk SiC[J]. Materials Science and Engineering: B, 1995, 29(1): 83-89.

[22] BICKERMANN M, PASKOVA T. 16-Vapor transport growth of wide bandgap materials[M]//RUDOLPH P. Handbook of crystal growth. 2nd ed. Boston: Elsevier, 2015: 621-669.

[23] LIU X, ZHANG Y, YU T, et al. Optimum quantum yield of the light emission from 2 to 10nm hydrosilylated silicon quantum dots[J]. Particle & Particle Systems Characterization, 2016, 33(1): 44-52.

[24] 黄德修. 半导体光电子学[M]. 北京：电子工业出版社，2013.

[25] BARBAGIOVANNI E G, LOCKWOOD D J, SIMPSON P J, et al. Quantum confinement in Si and Ge nanostructures: theory and experiment[J]. Applied Physics Reviews, 2014, 1(1): 011302.

[26] 张立德，解思深. 纳米材料和纳米结构：国家重大基础研究项目新进展[M]. 北京：化学工业出版社，2005.

第 5 章　元素半导体材料的基本性质

元素半导体材料主要是指单一元素组成的半导体，如硅、锗、硼、碳、硒、锡等。但是受限于提纯方法和晶体生长工艺等因素，除硅和锗外，大部分元素半导体材料并不能实际应用。

锗（Ge）是最早实现晶体生长并制备晶体管器件的半导体材料。锗具有红外折射率高、红外透过波段范围宽、对红外线吸收系数小等优点，特别适用于制造热成像仪、红外雷达及其他红外光学装置的窗口、透镜、棱镜和滤光片等。但是，锗的禁带宽度小、器件工作温度低、资源有限且其氧化物不稳定等因素，影响了它在半导体器件方面的大量应用。

硅（Si）是地球上含量最丰富的元素之一，是主要的半导体材料，也是现代电子工业和光伏工业的基础材料。从 20 世纪 50 年代开始，半导体硅材料就在电子领域得到了广泛的应用。到目前为止，硅材料是制作二极管、晶体管、集成电路和太阳电池最主要的材料之一。

碳（C）在自然界中存在多种同素异形体，具有非晶碳、石墨和金刚石等多种物质结构。除此之外，研究者还发现和合成了新的同素异形体，如石墨烯、碳纳米管、富勒烯和石墨炔等。这些碳材料既可以同金属一样，具有优良的导电、导热特性；也可以同陶瓷一样，具有耐热、耐腐蚀特性；还可实现半导体材料的功能。例如，金刚石具有超硬、宽禁带、高导热性质，在高温、高频、大功率器件方面有着广泛的应用前景；而石墨烯的禁带宽度接近于 0，载流子迁移率高，热传导性好，也是非常重要的新型半导体材料。

本章将介绍硅半导体材料、锗半导体材料、金刚石和石墨等碳材料的基本性质。其中着重阐述硅半导体材料的基本性质，包括晶体结构、能带结构、电学性质、化学性质、光学性质、力学性质及热学性质。

5.1　硅　材　料

硅是具有灰色金属光泽的固体，在常温下具有稳定的化学性质。它不溶于单一的酸，仅溶于某些碱或混合酸，但在高温下很容易与氧发生化学反应。硅在自然界中没有游离的单质态，它一般以硅酸盐或二氧化硅的形式广泛存在于岩石、砂砾、尘土之中。1824 年，瑞典科学家 J. J. Berzelius 将氟硅酸钾和金属钾混合加热得到了粉状的硅，从而开启了硅材料制备、研究和应用的大门。

5.1.1　硅的基本性质和应用

硅位于元素周期表中的第 3 周期第Ⅵ主族，原子序数为 14，相对原子质量为 28.085，如图 5.1 所示。其熔点和沸点分别为 1414℃和 3265℃，如表 5.1 所示。硅有三种稳定的同位素，分别是 Si-28、Si-29 及 Si-30，分别占自然界中硅元素的 92.21%、4.70%和 3.09%。在地壳中，硅很少以纯元素的形式出现，而是以氧化物和硅酸盐的形式存在于沙子、岩石、黏土和土壤中。地壳中的硅酸盐含量超过了地壳总质量的 90%，这使得硅成为地壳中含量仅次于氧的第二丰富的元素，质量比达到了 27.7%。硅不仅存在于地球中，也存在于宇宙中，它是陨石的主要成分，是宇宙中第七丰富的元素。

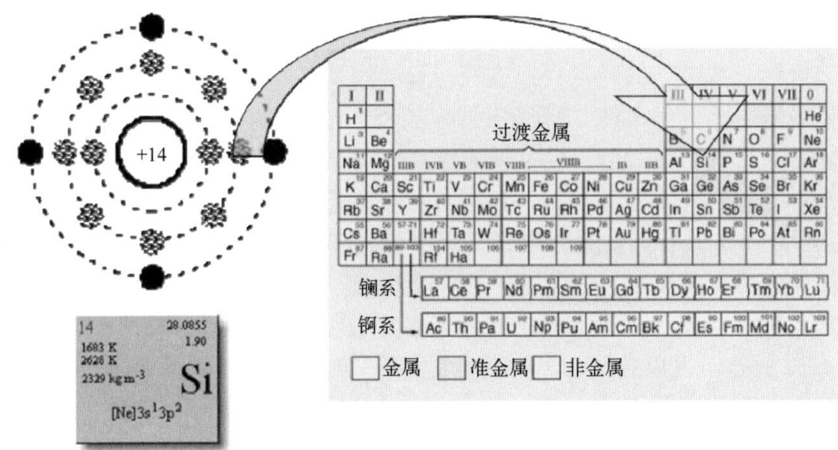

图 5.1　硅的原子结构

硅元素的发现经历了一个漫长的过程。在硅元素被发现之前，硅的化合物（如玻璃、陶瓷等）就已经被人类广泛使用了。在 1787 年，A. Lavoisier 试图通过还原二氧化硅来获得硅，但失败了。1808 年，H. Davy 将这种元素命名为“silicium”。1811 年，G. Lussac 和 Thenard 通过加热钾和四氟化硅的混合物制备了不纯的非晶硅。直到 1824 年，瑞典科学家 J. J. Berzelius 用同样的方法制备了非晶硅，并通过反复洗涤去除了氟硅酸盐，分离出了真正的单质硅。“silicon”的命名则是在 1817 年由 T. Thomson 提出的，来自拉丁文的 silex，意为燧石，并沿用至今。到 1854 年，Deville 在电解质的产物中首次获得了硅晶体。经过了将近一百年之后，贝尔实验室的 A. K. Teal 和 J. B. Little 对晶体生长的直拉（Cz）法进行了改进，最终获得了坚硬的、深灰色且具有金属光泽的固体——单晶硅。

随着硅材料的发展，目前 Cz 法生长的硅晶体已是被研究得最透彻、应用得最广泛的半导体材料之一（占据半导体材料的 98%）。跟其他半导体材料相比，硅晶体是直径、体积和重量最大，生长和加工工艺最完善，产业规模最大和纯度最高的人工晶体。

表 5.1　硅的基本性质[1]

性　质	参　数	单　位
晶体结构	金刚石	—
原子密度	5.0×10^{22}	cm^{-3}
密度	2.33	$g\cdot cm^{-3}$
晶格常数	5.43	Å（300K）
熔点	1414	℃
沸点	3265	℃
电子结构	$1s^22s^22p^63s^23p^2$	—
化学价	+2, +4, −4	—
空间群	*Fd*3*m*	—

硅材料具有一系列的优越性质，它元素含量丰富、化学稳定性好、环境友好（完全没有毒性）、制备成本低廉、易生长无位错单晶，又具有良好的半导体材料特性。此外，由硅制作的器件工作温度较高（达 250℃），还可以方便地在表面形成结构高度稳定的 SiO_2 绝缘层。

因此，硅是半导体工业中应用最广泛且最重要的半导体材料之一，是微电子工业和太阳能光伏工业的基础材料。基于硅材料，可以实现晶体硅、集成电路、整流器、探测器、传感器、太阳电池、显示器、微机电系统（MEMS）等各个方向的应用。

但是，硅材料也有不足之处：它是间接带隙半导体材料，因此发光效率低；它不具备线性电光效应，不能做光调制器和开关；硅器件的工作温度最高为 250℃左右，如果高于这个环境温度，硅器件将失效；硅还存在电子迁移率低、高频性能差等问题，因此在高速、高频、抗辐照等方面的应用受到限制。

随着硅材料制备技术的发展，现在已经有多种类型、多种结构的硅材料，如图 5.2 所示。如果按晶体结构划分，可以将硅分为单晶硅、多晶硅和非晶硅；按纯度，可分为金属硅、太阳能级硅和电子级硅；按掺杂类型，可分为本征硅、P 型硅、N 型硅；按维度，可分为块体硅、薄膜硅和纳米硅（线/棒、颗粒/点）；按晶体生长方式，可分为铸造硅、直拉硅和区熔硅等。

作为半导体材料，硅材料的主要制备途径如下：首先将硅石（SiO_2）与碳加热至 2200℃，获得含有较多杂质的金属硅（硅元素的含量为 98%左右）。然后金属硅经过提纯，成为高纯多晶硅（硅元素的含量达到 99.99999%）。高纯多晶硅再经过直拉法生长为直拉单晶硅，或者经过铸造法生长为铸造多晶硅，分别应用在微电子和太阳能光伏产业。

图 5.2 不同类型、不同结构的硅材料照片

5.1.2 硅的晶体结构

晶体硅在常压下具有金刚石结构，属于立方晶系。N. W. Ashcroft 和 N. D. Mermin 称这种结构为“两个相互穿透的面心立方”[2]，也可以看作两套面心立方（fcc）结构沿对角线方向互相移动 1/4 对角线长叠加而成，如图 5.3 所示。硅晶胞含有 8 个完整的硅原子，分别位于晶胞的 8 个顶点、6 个面心和晶胞对角线上离近邻顶点 1/4 处。硅的晶格常数为 $a = 5.43$Å[3]，相邻原子的间距为 $\sqrt{3}\,a/4$，晶体硅的原子密度为 $8/a^3 = 5\times10^{22}\text{cm}^{-3}$。

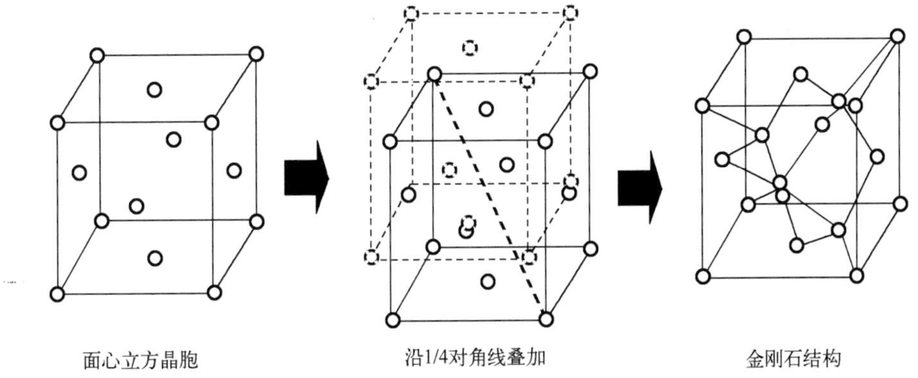

图 5.3　硅的金刚石结构示意图

晶体硅重要的晶面包括(111)面、(110)面和(100)面，和它们相互垂直的晶向是[111]、[110]和[100]，如图 5.4 所示。其中，(111)面是原子密排面，面间距最大（$\sqrt{3}\,a/4$=2.35Å），键密度最小（值为 $2.31/a^2$）；(100)面的面间距最小（$a/4$=1.36Å），键密度最大（值为 $4/a^2$）。(110)面的面间距和键密度则处于两者之间。因此，(111)面是晶体硅解理面，(110)面则是第二解理面。另外，密排面(111)面的原子密度高，表面态密度大，因此腐蚀速率相对较小；而(110)面和(100)面是非密排面，表面态密度小，腐蚀速率相对较大。

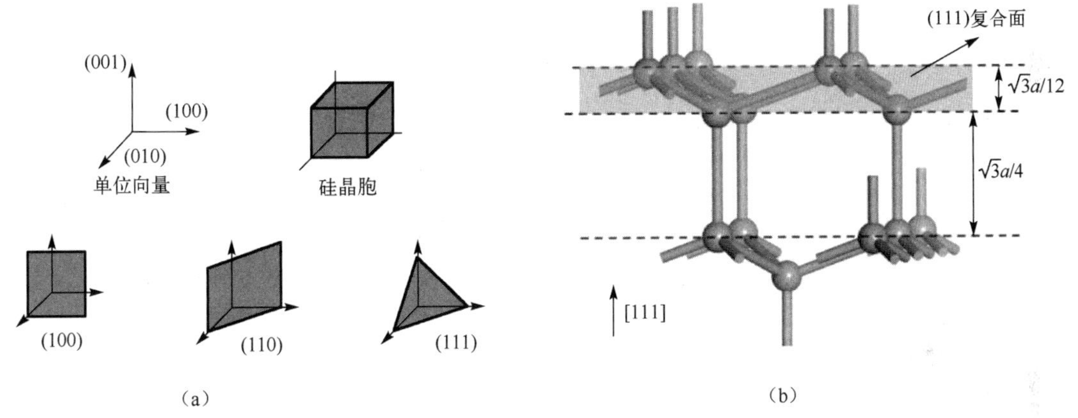

图 5.4　硅晶体中重要的晶向和晶面

由于硅是金刚石结构，由两套面心立方沿着晶胞对角线移动了 1/4 对角线长而组成，因此两个面心立方结构的(111)面也沿着对角线移动了同样的距离。距离相近的两个面心立方结构的(111)面可以看作一个复合(111)面，复合面之间的间距为 $\sqrt{3}\,a/4$=2.35Å。复合面中两个距离相近的(111)面之间的面间距为 $\sqrt{3}\,a/12$=0.78Å。表 5.2 所示为晶体硅中主要晶面的面间距、面密度和键密度。

表 5.2　硅晶体中主要晶面的面间距、面密度和键密度

晶　面	面间距/Å	面密度	键密度
(100)	$\frac{1}{4}a=1.36$	$2.00/a^2$	$4.00/a^2$
(110)	$\frac{\sqrt{2}}{4}a=1.92$	$2.83/a^2$	$2.83/a^2$

续表

晶面	面间距/Å	面密度	键密度
(111)	$\frac{\sqrt{3}}{4}a=2.35$	$2.31/a^2$	$2.31/a^2$
	$\frac{\sqrt{3}}{12}a=0.78$		
$(111)_{复合}$	$\frac{\sqrt{3}}{4}a=2.35$	$4.62/a^2$	$4.62/a^2$

晶体硅中最易发生滑移的体系是(111)面的<110>方向。如图 5.5 所示，如果硅晶体的晶面为(100)，则硅片沿着与晶面成 90°的方向裂开，即解理面与硅片表面成 90°；解理方向为<011>，解理方向之间成 90°。如果硅的晶面为(111)面，硅片沿着与晶面成 60°或 120°的方向裂开，即解理面与硅片表面成 60°；解理方向也为<011>，但解理方向之间成 60°。在研究硅片体内的缺陷沿截面的分布情况或洁净区形貌时，一般需要将硅片进行解理腐蚀。硅片解理的质量对缺陷截面形貌的观察影响很大，因此解理硅片是缺陷腐蚀观察中的重要一环。

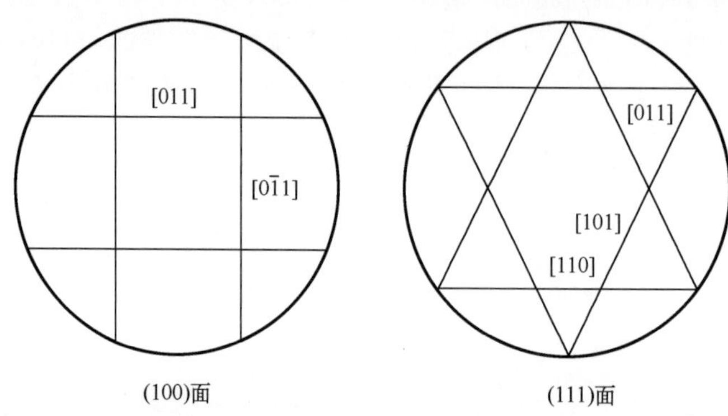

图 5.5 (100)面和(111)面的硅片的解理面与划片方向示意图

当硅的完整晶格在表面终止时，会产生能量不稳定的悬挂键，也就是 sp^3 杂化轨道只被一个电子占据。为了降低表面能，表面原子会进行重新排布，实现表面弛豫和表面重构，从而达到悬挂键减少和表面应力最小化之间的平衡。半导体材料和少数金属的弛豫不仅改变了原子层之间的垂直距离，而且改变了平行表面方向上的平移对称性，形成与理想表面不同的周期加倍的表面重构。通常，采用伍德缩写式来描述表面矢量（$\boldsymbol{a}_s$ 和 $\boldsymbol{b}_s$）和体内矢量（$\boldsymbol{a}$ 和 $\boldsymbol{b}$）的不同[4]，即 $\text{Si}(hkl)\left|\frac{\boldsymbol{a}_s}{\boldsymbol{a}}\right|\times\left|\frac{\boldsymbol{b}_s}{\boldsymbol{b}}\right|$。研究表明，硅的所有低指数表面都能通过二聚或结合吸附原子来重建，从而减小悬挂键的数量[5]。

图 5.6 所示为硅(001)面和(111)面的一种表面重构。在微电子器件中，常用到硅(001)面。在硅(001)面，每个原子都有两个悬挂键，它们形成二聚体（图 5.6）来降低表面自由能，已被观察到了(2×1)、p(2×2)和 c(4×2)的重构。自然解理面硅(111)面也是研究表面重构的对象，经过退火或外延生长后，硅(111)面呈现出包括吸附原子和二聚体在内的复杂结构；在室温下，一般认为硅(111)面稳定的重构结构是硅(111)面的(7×7)重构。对于理想的硅(110)面，表面原子可能进行(32×2)的表面重构，目前还没有全面的数据。一般认为镍杂质促使(110)表面原子进行(2×1)、(4×5)或(5×1)等的表面重构。表 5.3 所示为硅中几种重要晶面的表面重构类型。表面重构不仅影响了硅表面的电学状态，也影响了硅衬底的外延生长过程（如吸附、表面扩散

和岛状结构的形成)。但是在实际情况中，硅一旦暴露在空气中，就会与氧气发生作用，形成自然氧化层，从而改变硅表面的状态。因此，上述的表面重构现象一般是在高真空条件下被观察到的。

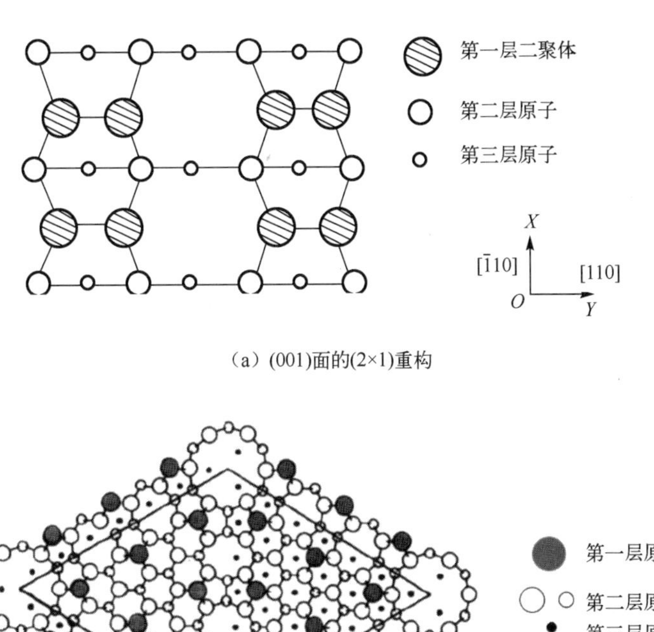

（a）(001)面的(2×1)重构

（b）(111)面的(7×7)重构[5]

图 5.6　硅的表面重构俯视图

表 5.3　硅(001)面、(111)面和(110)面的表面重构类型[4]

(001)面	(111)面	(110)面
(2×1) *p*(2×2) *c*(4×4) *c*(4×2)	(1×1) (2×1) (7×7)	(16×2) (32×2)

5.1.3　硅的能带结构

硅原子的电子结构为 $1s^22s^22p^63s^23p^2$，硅原子的 3*s* 轨道和 3*p* 轨道杂化简并，形成 4 个 sp^3 杂化轨道，如图 5.7（a）所示。硅原子的杂化轨道各含有 1/4 *s* 和 1/4 *p* 成分，共有 4 个未配对的电子。每两个杂化轨道间的夹角为 109°28'，杂化轨道的对称轴恰好指向正四面体的顶角。每个硅原子外层的 4 个未配对电子分别与相邻的硅原子的一个未配对的自旋电子方向相反的价电子组成共价键，共价键的键角也是 109°28'，如图 5.7（b）所示。1 个硅原子和 4 个相邻的硅原子结合形成 4 个共价键，组成了外层电子数为 8 的稳定的晶体结构，如图 5.7（c）所示，最终构成了金刚石的空间结构。

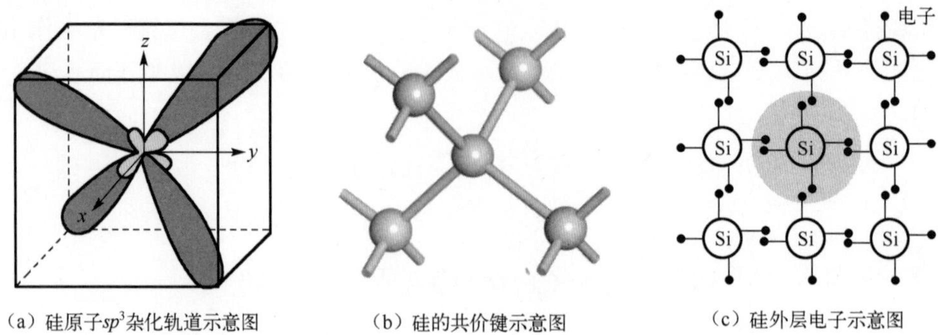

（a）硅原子sp^3杂化轨道示意图　（b）硅的共价键示意图　（c）硅外层电子示意图

图 5.7　硅原子的电子结构、共价键和外层电子示意图

硅晶体在实空间的能带结构与电子结构有关。硅原子的第三壳层含有一个 s 态和三个 p 态，共 4 个量子态。根据泡利不相容原理，最多可以容纳 8 个自旋电子，而硅原子在这个壳层中仅含有 4 个价电子。众所周知，在金刚石结构中，1 个原胞含有 2 个原子，那么两个硅原子就含有 2×4 个量子态，在具有原子周期性排列的晶体中，这些量子态最终形成了 8 个能带。这 8 个能带可分为上、下两组，各包含 4 个能带，如图 5.8 所示。两组能带之间隔着一定宽度的禁带，硅原子的 4 个价电子正好排满下面的 4 个能带，而上面的能带没有电子填充。类似地，在 N 个原胞的晶体中含有 2N 个硅原子、4×2N 个价电子、8N 个能带。每个能带都能容纳 2 个正、反自旋的电子，4×2N 个价电子正好填满下面的能带，这个能带的最顶端就是价带（E_c）。而上面的能带没有填充电子，最低端就是导带（E_v）。导带和价带之间就是禁带，费米能级（E_f）在禁带中间。而禁带的宽度可在 **κ** 空间中分析得到。

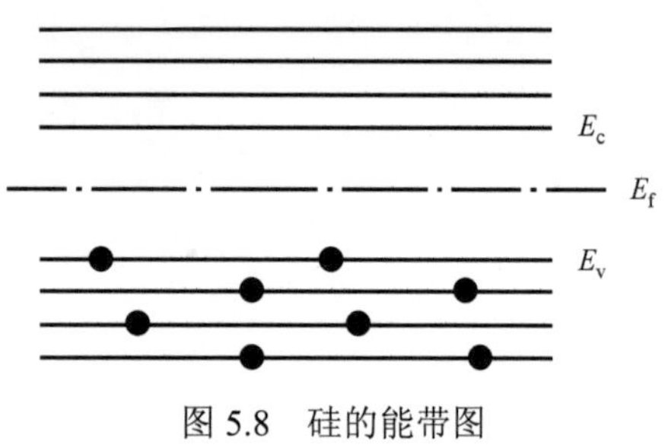

图 5.8　硅的能带图

晶体硅中的电子能量在动量空间（也称为波动矢量空间或 **κ** 空间）中的分布则构成了硅材料的能带结构。玻尔原子理论和量子力学理论表明，原子中的电子在动量上按照能级分布。多个原子发生相互作用后，如前面所述，原本孤立的能级将发生分裂。周期性排列的原子相互作用后，材料内部也将形成周期性的电势场，能级也发生展宽。动量空间中晶体倒易点阵的原胞即为布里渊区，在布里渊区的界面上电子能量不连续。金刚石结构的第一布里渊区同面心立方结构的一致，是截角八面的三维结构。图 5.9 所示为将理论和实验相结合得出的硅在<100>和<111>方向 300K 下的能带结构图，从图中可以看出，导带底和价带顶的波数矢量不一致，电子需要通过与声子的相互作用才能改

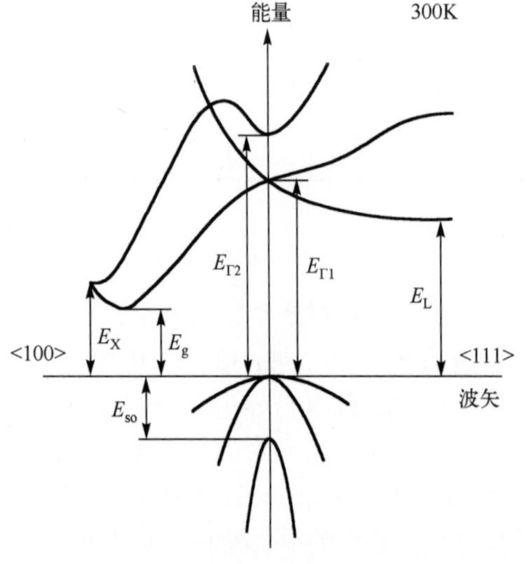

图 5.9　硅晶体能带结构图

变波数矢量，也就是说，晶体硅是间接禁带半导体材料，禁带宽度（E_g）为 1.11eV（300K）。禁带宽度和温度的函数关系如下

$$E_g(T) = E_g(0) - \frac{\alpha T^2}{T + \beta} \tag{5.1}$$

式中，$E_g(T)$ 和 $E_g(0)$ 分别表示温度为 T 和 0K 时的禁带宽度，温度系数 $\alpha = 4.73\times 10^{-4}$eV/K，$\beta = 636$K。按照式（5.1），当温度为 4.2K 时，可得禁带宽度为 1.17eV。

5.1.4　硅的电学性质

从能带的参数可以看出来硅是典型的半导体材料，导电性介于导体和绝缘材料之间，其实际电阻率为 $10^{-4}\sim10^{10}\Omega\cdot$cm。导体导电依靠的是自由电子的运动，而半导体材料则需要依靠两类载流子（电子和空穴）的运动。在热力学温度为 0K 时，硅的价电子填满价带，导带以上的能带没有电子填充，硅的共价键是饱和的及完整的。当温度大于 0K 时，硅的电子通过本征激发从价带到了导带，同时价带中产生空穴，也就是说，对硅的本征激发而言，电子和空穴成对出现。此时，导带中电子的浓度（n_o）等于价带中空穴的浓度（p_o）。在高纯的硅中，热产生的本征载流子浓度（n_i）同电子和空穴的浓度相同

$$n_i = n_o = p_o = 2\left(\frac{2\pi\sqrt{m_n^* m_p^*}k_B T}{h^2}\right)^{\frac{3}{2}} \exp\left(-\frac{E_g}{2k_B T}\right) \tag{5.2}$$

若硅中电子和空穴的状态密度有效质量在 300K 时分别取值 m_n^*=1.08 m_o、m_p^*=0.59 m_o，则硅的本征载流子浓度为 1.00×10^{10}cm^{-3}，本征电阻率为 $2.3\times10^5\Omega\cdot$cm，如表 5.4 所示。图 5.10（a）所示为硅晶体中本征载流子浓度和温度的关系，从图中可以看出，硅中本征载流子浓度的 $\ln n_i$ 随着 $1/T$ 的减小几乎线性增大。也可以说，本征载流子浓度随温度的升高而增大。

表 5.4　硅的基本电学参数

性　质	参　数	单　位
禁带宽度	1.11	eV（300K）
本征载流子浓度	1.00×10^{10}	cm^{-3}
本征电阻率	2.3×10^5	Ω·cm
最高器件工作温度	520	K
介电常数	11.9	—
电子迁移率	1900	cm^2/(V·s)（300K）
空穴迁移率	500	cm^2/(V·s)（300K）

硅材料本身没有电活性，其本征电阻率为 $2.3\times10^5\Omega\cdot$cm，因此本征硅的导电性能很差。但是适当掺杂后，硅材料的电阻率显著降低。例如，掺入百万分之一的磷，电阻率从 $2.3\times10^5\Omega\cdot$cm 显著降低至 0.2Ω·cm。掺杂的杂质原子一般在硅晶格中处在替代位置，如图 5.11 所示。如果掺入Ⅴ族元素，如 P、As、Sb 含有 5 个价电子，替代硅原子后引入多余的电子，在禁带中靠近导带附近引入施主能级，成为 N 型硅，如图 5.11（a）所示；如果掺入Ⅲ族元素，如 B、Al、Ga、In 含有 3 个价电子，替代硅原子后少了电子，在禁带中靠近价带附近引入受

主能级，成为P型硅，如图5.11（b）所示。图5.10（b）所示为P型硅和N型硅的电阻率与掺杂浓度的关系（300K时）。当掺杂浓度小于$1\times10^{16}cm^{-3}$时，室温下杂质几乎全部电离，电阻率与掺杂浓度成反比关系（图中近似直线），一般被称为“轻掺”；当掺杂浓度大于$1\times10^{16}cm^{-3}$时，杂质在室温下不能全部电离，电阻率随杂质浓度的增大而显著下降，曲线偏离直线，一般被称为“重掺”。在实际的应用中，需要通过控制掺杂浓度来获得合适的电阻率。

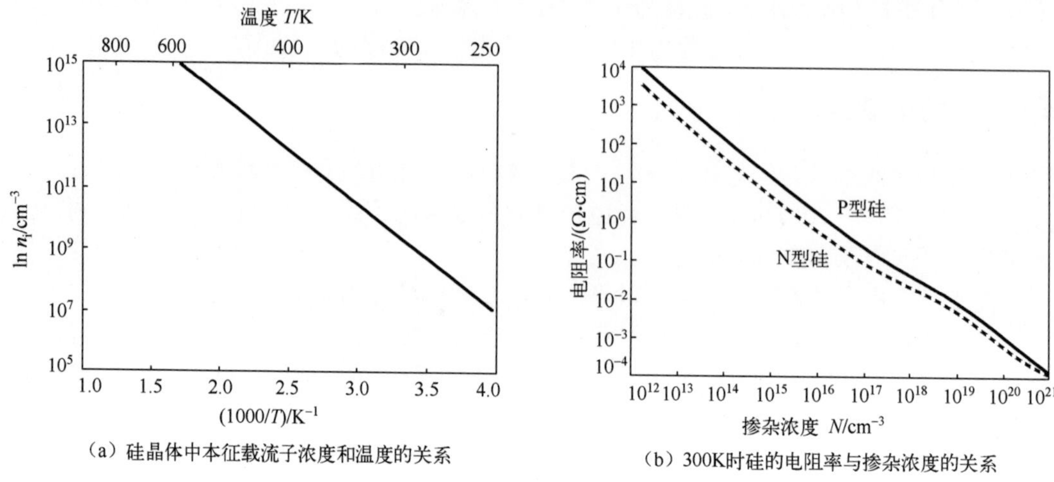

（a）硅晶体中本征载流子浓度和温度的关系

（b）300K时硅的电阻率与掺杂浓度的关系

图5.10 硅晶体中的本征载流子浓度和电阻率

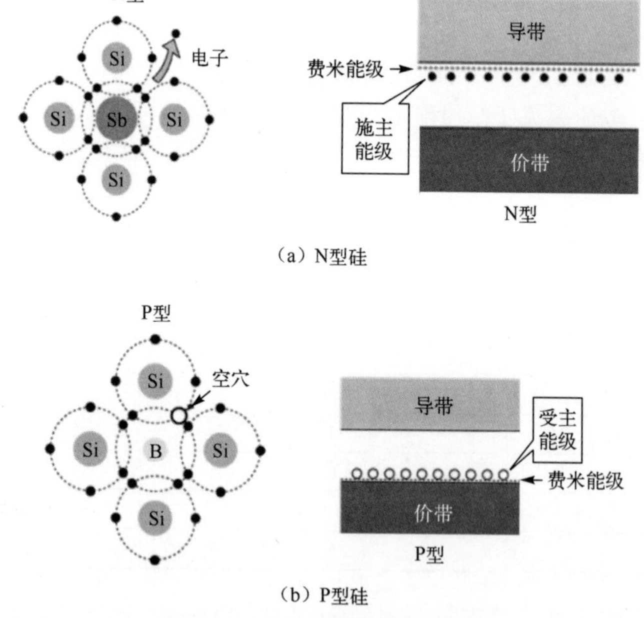

（a）N型硅

（b）P型硅

图5.11 硅中的杂质掺杂和能级

5.1.5 硅的化学性质

硅是通过sp^3杂化形成共价键的晶体。硅和碳一样，在常温下相对不活跃，但在高温下几乎与所有的物质都可发生反应。当硅和碳在高温（2000～2600℃）下结合时，它们会形成碳化硅（SiC），这是一种重要的半导体材料，也可用作磨料。当硅与碳氢化合物结合时，就形成一系列有机硅化合物。硅和氢作用，则形成一系列氢化物，如硅烷等。硅还会与卤族元素（氟、氯、溴和碘）激烈反应，形成卤化物。硅还会与某些金属反应，形成硅化物。

单质硅的化学键足够强大，需要很大的能量才能在酸性介质中激活或促进反应。所以除了氢氟酸和硝酸的混合溶液，硅几乎不受其他酸的影响。但是硅很容易受水蒸气或氧气的侵蚀，并在表面形成二氧化硅。硅有明显的非金属特性，可以溶于碱金属氢氧化物溶液中，产生（偏）硅酸盐和氢气，并表现出明显的各向异性。下面介绍几种常见的化学反应。

（1）硅的氧化（硅与氧气、水等的反应）

$$Si + O_2 \rightarrow SiO_2 \tag{5.3a}$$

$$2H_2O + Si \rightarrow SiO_2 + 2H_2 \tag{5.3b}$$

硅表面很容易被氧化，即使在常温下，硅的表面也会生成 Si-O_x 的化合物，称为自然氧化层。在高温下，硅与 O_2 形成符合化学计量比的 SiO_2。在集成电路工艺中，常采用热氧化的方法（氧化温度一般为 900～1000℃）获得能降低界面态密度的高质量氧化层，可以作为绝缘层，从而实现基于硅衬底的微电子器件（如场效应晶体管）。

（2）硅与酸的反应

$$HNO_3 + 6HF + Si \rightarrow H_2SiF_6 + H_2O + HNO_2 + H_2 \tag{5.4}$$

硅不溶于 HCl、H_2SO_4、HNO_3、HF 及王水，却很容易被 HNO_3 和 HF 的混合液体所溶解，如式（5.4）所示。因此，该混合液体通常作为硅的腐蚀液及化学抛光液。在实际反应时，硅首先和 HNO_3 反应，在硅表面形成致密的二氧化硅层，它在常温下十分稳定，只与 HF 或强碱反应，因此生成的二氧化硅阻止了 HNO_3 和硅的进一步作用，使腐蚀反应暂停。但是，混合液体中的 HF 可以和生成的二氧化硅反应，使硅表面重新暴露在 HNO_3 溶液中，最终使腐蚀反应继续进行。

利用硅和二氧化硅腐蚀液的不同，可以实现两种材料的选择性刻蚀，这也是实现基于硅的半导体器件的工艺基础。

（3）硅与碱溶液反应

$$Si + 2NaOH + H_2O \rightarrow Na_2SiO_3 + 2H_2 \tag{5.5}$$

硅可以与碱在一定温度下反应，并产生氢气，如式（5.5）所示。在实际硅器件工艺中，常常利用 NaOH、KOH 在 80～100℃温度下对硅晶体表面进行腐蚀、抛光。

硅在化学溶液中的腐蚀属于湿法各向异性腐蚀（又称蚀刻），在不同晶向（面）上的腐蚀速率不同，其中原子密排面(111)面的腐蚀速度最慢。在氢氧化钠（NaOH）、氢氧化钾（KOH）等溶液中，硅片{111}面的腐蚀速率不足(100)面腐蚀速率的 10%。图 5.12 显示了(100)面的硅晶体在碱溶液中各向异性腐蚀的截面示意图，腐蚀后孔的侧壁就是密排面{111}面，侧壁与(100)面形成 54.7°角。

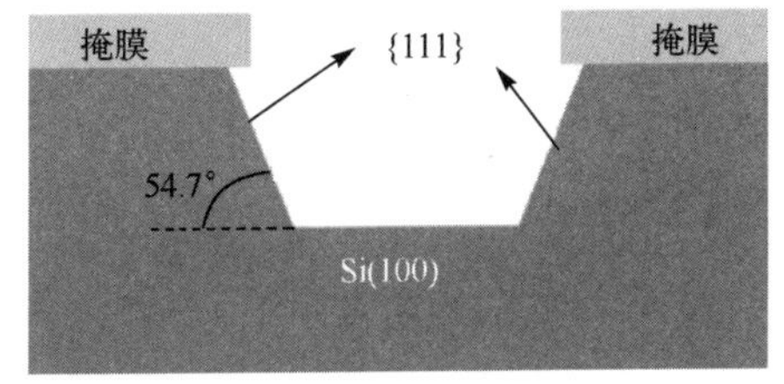

图 5.12　硅晶体在碱溶液中各向异性腐蚀的截面示意图

5.1.6　硅的光学性质

光传播至具有光滑表面的硅晶体上，一部分被反射和折射，一部分被吸收，还有一部分透过了硅的晶体。而这些过程跟光子的能量和硅材料的性质有很大的关系，一般利用折射率（n）、反射率（R）及吸收系数（α）等光学参数来表征。

半导体材料可以强烈地吸收光能，可能使电子从低能级跃迁到较高的能级，也可能被声子吸收转换为晶格振动。其中，当光子能量大于禁带宽度 E_g 时，价带的电子跃迁到导带，从而产生本征吸收。本征吸收是半导体材料中的重要吸收过程，光子的吸收遵循吸收定律

$$I = I_0 e^{-\alpha x} \tag{5.6}$$

式中，I_0 是光的初始强度，x 是光在半导体材料中的入射深度。图 5.13 所示为硅在室温（300K）的本征吸收和光子能量的关系。从图中可以看出，硅晶体的光吸收表现为连续的吸收谱，吸收深度与吸收系数成反比。当光子能量（$h\nu$）小于硅的禁带宽度（1.11eV）（入射波长 $\lambda > 1.24/E_g$）时，不产生本征吸收，吸收系数迅速下降，硅对该波段的光子几乎是透明的。当光子能量（$h\nu$）大于或等于硅的禁带宽度（1.11eV）时，随着光子能量的增大（波长减小），吸收系数先增大到一段较平缓的区域，这是由于硅是间接带隙半导体材料，其吸收是一个二级的过程，需要光子和声子同时参与，因此同直接带隙半导体相比，硅的吸收系数要小得多，吸收的深度也更大。当光子能量继续增大时，硅的吸收系数再一次增大，硅中开始发生直接跃迁，同时，位于导带底部的电子也可以吸收能量，跃迁至更高的能级。

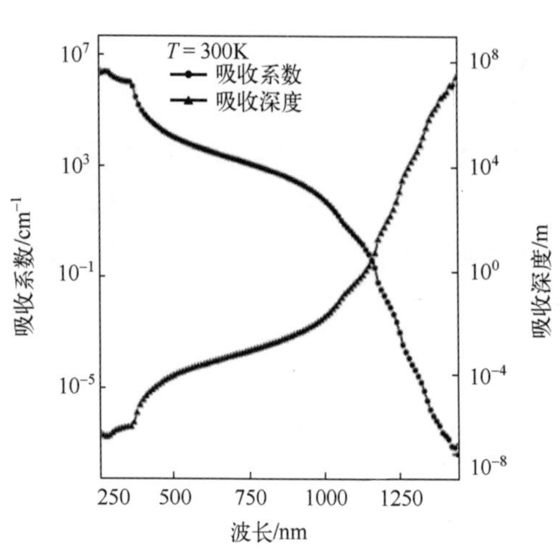

图 5.13　硅的本征吸收和光子能量的关系

利用硅对光子的吸收，可以推测硅太阳电池需要的硅片的有效厚度。硅太阳电池通常在可见光附近（波长 400～1100nm）工作，根据硅晶体产生光电流同太阳光谱和光子吸收等的关系，可以推导出硅片的有效厚度在 100μm 左右。

除了本征吸收，半导体材料中还存在非本征吸收。非本征吸收包括自由载流子吸收、激子吸收、杂质吸收和晶格振动吸收等，一般比本征吸收小几个数量级。当入射光子的能量不足以引起本征吸收或形成激子时，入射光子可使自由载流子在同一带内跃迁，即自由载流子吸收。图 5.14 所示为 N 型硅与 P 型硅的自由载流子吸收和波长的关系[6-8]。随着掺杂浓度的增大，N 型硅和 P 型硅自由载流子吸收系数逐渐增大。对于 P 型硅的自由载流子吸收，吸收系数随着波长的增大几乎是线性的。对于 N 型硅，随着波长的增大，自由载流子吸收系数的增大基本可以分为三个阶段：在近红外波段（0.7～2.5μm），自由载流子吸收系数快速增大；在中红外波段（2.5～25μm），自由载流子吸收系数缓慢增大；在远红外波段（25～500μm），自由载流子吸收系数又快速增大。在低载流子浓度的样品中（如图 5.14 的曲线 1），还看到大约从 6μm 开始出现的吸收带，这是因为存在硅晶格的吸收。在 1.5～5μm 区域的吸收则是晶格吸收带和正常的自由载流子吸收的叠加，而自由载流子吸收随波长而平滑增大。这种吸收随电子浓度而变化，在 P 型硅中没有观察到。

硅的反射和折射对硅材料的应用同样起着重要的作用。一般地，折射率较大的材料，反射率也较大。在室温下，单晶硅对波长为 800nm 的入射光的折射率为 3.68，而反射率为 32.8%。

图 5.15 和图 5.16 分别显示了硅的反射率和折射率与光子能量的关系（300K 时）。为了提高硅太阳电池对光的吸收，常常改变硅的表面形貌（如制绒）和增加减反射层。

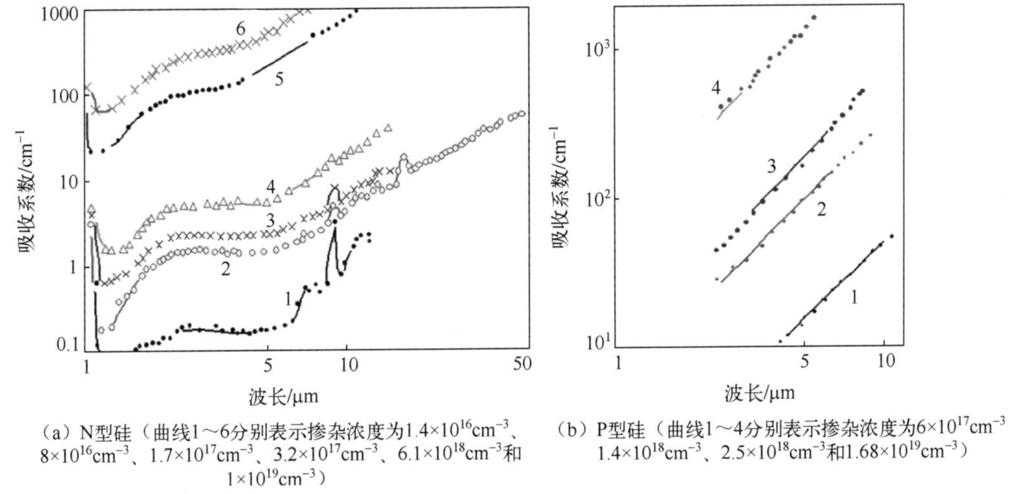

（a）N型硅（曲线1～6分别表示掺杂浓度为$1.4\times10^{16}cm^{-3}$、$8\times10^{16}cm^{-3}$、$1.7\times10^{17}cm^{-3}$、$3.2\times10^{17}cm^{-3}$、$6.1\times10^{18}cm^{-3}$和$1\times10^{19}cm^{-3}$）

（b）P型硅（曲线1～4分别表示掺杂浓度为$6\times10^{17}cm^{-3}$ $1.4\times10^{18}cm^{-3}$、$2.5\times10^{18}cm^{-3}$和$1.68\times10^{19}cm^{-3}$）

图 5.14　硅中自由载流子吸收与波长的关系（300K）

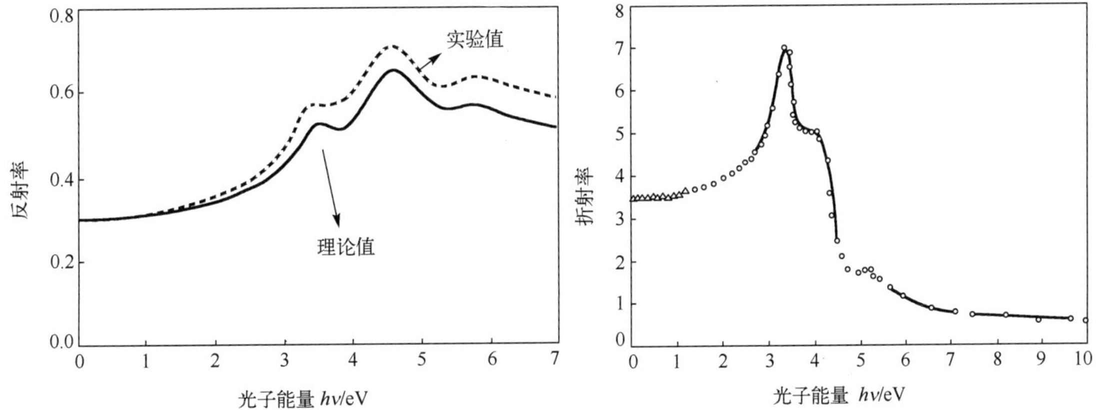

图 5.15　300K 时硅的反射率与光子能量的关系[9]　　图 5.16　300K 时硅的折射率与光子能量的关系[10]

硅的光学性质决定了硅材料在光学方面的应用。硅的禁带宽度在室温下为 1.11eV，因此非常适合作为太阳电池材料。硅的本征吸收对红外波段（波长为 1.1～1.5μm）的光几乎是透明的，对波长为 1～7μm 的红外线的透过率高达 90%～95%，因此硅可以被用来制作红外聚焦透镜。硅的自由载流子吸收比锗小，所以其热失控现象比锗好。但是，硅作为光电子材料也存在一些缺点：它是间接带隙半导体材料，具有较长的复合寿命和非常低的发光效率，因此不能用作激光器和发光管；也没有线性电光效应，不能用作调制解调器和开关。因此，如果要实现硅基发光及光电集成，需要引入其他方式来实现，例如，通过 Ge-Si 能带调节工程实现准直接带隙材料、Ⅲ-Ⅴ族化合物半导体发光器件与硅键合、缺陷发光、稀土掺杂发光及多孔硅等方式实现发光。

5.1.7　硅的力学性质

弹性模量表示的是材料在外部载荷下抵抗弹性变形的能力。从微观上说，弹性变形是原子在平衡位置发生微小移动引起的，因此弹性模量和材料中原子、离子或分子的结合力有关，与同样代表这些结合力的其他物理参数（如熔点、沸点、德拜温度和应力传播速度等）也存在函数关系[11]。材料的弹性模量主要有正弹性模量（E）（通常称为杨氏模量）、剪切弹性模量（G）和体弹性模量（bulk modulus）。其中杨氏模量使用得最为广泛，通常所说的弹性模量指的就是材料的杨氏模量。

单晶硅具有各向异性，各个晶向上的杨氏模量有所不同。[111]、[110]和[100]晶向的杨氏模量分别为 187GPa、169GPa 和 130GPa[12-13]，如表 5.5 所示。

表 5.5　硅的力学参数

力 学 参 数	值	单　位
键的强度	326.8	kJ/mol
杨氏模量[100] [110] [111]	130 169 187	GPa
剪切弹性模量	64.1	GPa
莫氏硬度	7	—
泊松比	0.22～0.28	—

硅通过 sp^3 杂化形成共价键，键的强度为 326.8kJ/mol[1]。由于共价键具有很高的键强和强烈的方向性，因此硅材料是一种典型的脆性材料，在外力作用力下引起的裂纹和扩展不依赖位错的产生。当温度 $T \geqslant 0.5T_m$（T_m 为熔点）时，硅进入脆塑转变，在一定的外力作用下会产生位错并钝化裂纹，发生塑性变形。对于理想的晶体，原子键断裂而形成两个新的表面所需的能量称为表面能γ。理想晶体的(111)面的γ为 1.1～5.0J/m^2，(110)面的γ为 1.7～4.7J/m^2[14]。表面能γ不仅与晶面有关，也与裂纹扩展的晶向相关。裂纹倾向于沿着{111}面和{110}面的<110>方向扩展。在实际的应用中，发现(100)面的硅片的脆性破坏主要发生在第二解理面{110}面，沿<110>和<100>晶向族；而(110)面的硅片的脆性破坏主要发生在解理面{111}面，沿<110>和<112>方向[15]。

当硅中的某些杂质原子达到一定浓度时可影响硅的断裂行为。这些杂质原子自身或形成的化合物及沉淀等在位错处聚集，起到钉扎位错运动的作用；或者与硅原子成键，改变断裂所需克服的表面能，提高了硅的断裂强度。例如，N 型重掺杂质使位错运动的激活能降低，从而导致单晶硅的脆塑转变温度降低[16]。间隙氧和氮原子在一定温度下会在位错上聚集，形成团簇或复合体，通过阻止位错的滑移而影响位错的运动，从而提高硅片的机械性能[17-20]。在硅晶体中掺入锗原子，锗附近氧原子聚集或体内生成高密度小尺寸的氧沉淀而钉扎位错，从而可提高硅晶体的机械强度[21-23]。

硅的机械性能还与表面状况有关。在硅片加工过程中，经历各种机械切割、研磨、夹持或化学腐蚀等作用，这些不同的处理方式直接影响着硅片的表面平整度，甚至会引起表面晶格缺陷。机械切割在硅片表面会留下损伤层，去除该损伤层后硅片断裂强度提高为原来的近 10 倍[24]。如果脆性材料中存在微缺陷，则会明显导致应力集中[25]，这也是表面存在切割缺陷会使材料强度降低的原因[25]。

单晶硅的维氏硬度一般在 9～14GPa 范围内[1]。同样地，硅的硬度也存在各向异性，单晶硅{001}面、{110}面和{111}面的维氏硬度依次减小。材料在硬度测试过程中的塑性形变一般由位错运动导致，因此一般认为材料的硬度由材料的屈服强度决定。图 5.17 所示为硅的屈服应力随温度的升高而降低。单晶硅的硬度和屈服强度没有直接联系，通常认为低温下硅的硬度由硅的压痕诱导相变控制[26]。

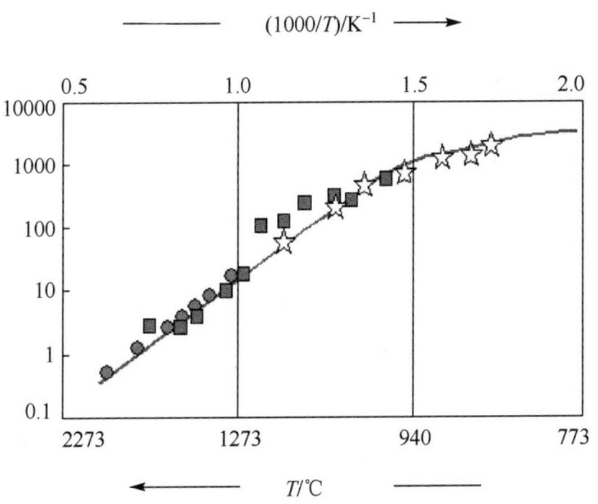

图 5.17　硅的屈服应力随温度的升高而降低

5.1.8　硅的热学性质

热膨胀通常是指物质因温度变化而发生尺寸的变化，在固体、液体和气体中很常见。热膨胀通常表示为单位温度变化所引起的长度或体积的变化。与气体或液体不同，固体材料在经历热膨胀时倾向于保持其形状，通常用线性热膨胀系数（α）来描述。图 5.18 所示为硅的热膨胀系数和温度的关系[27-28]，从图中可以看出，硅的热膨胀系数在 76K 时最小。在 14K 以下，热膨胀系数符合$\alpha(T) = 4.8\times10^{-13}T^3$的关系，硅的体积变化是很微小的；当温度为 18～125K 时，硅热膨胀系数是负数，也就是说出现了负膨胀；当温度为 125～1500K 时，硅的热膨胀系数符合 $\alpha(T) = 3.725\times10^{-6}\{1-\exp[-5.88\times10^{-3}(T-124)]\}+5.548\times10^{-10}T$ 的关系；当温度高于 1500K 时，硅的热膨胀系数符合$\alpha(T) = (3.684+0.00058T)\times10^{-6}$的关系。在室温下，一般取硅的线性热膨胀系数为 2.6×10^{-6}/K。但是，当硅熔化时，共价键断开，原子排列从长程有序变为短程有序，熔体的密度增大（为 2.533g/cm^3）[29]，体积减小约 10%。由于凝固过程中体积膨胀，在直拉单晶硅结束后剩余熔体凝固有可能会导致石英坩埚的破裂。另外，硅熔体有较大的表面张力（为 736mN/m），使得硅棒晶体可以采用悬浮区熔技术生长[4]。

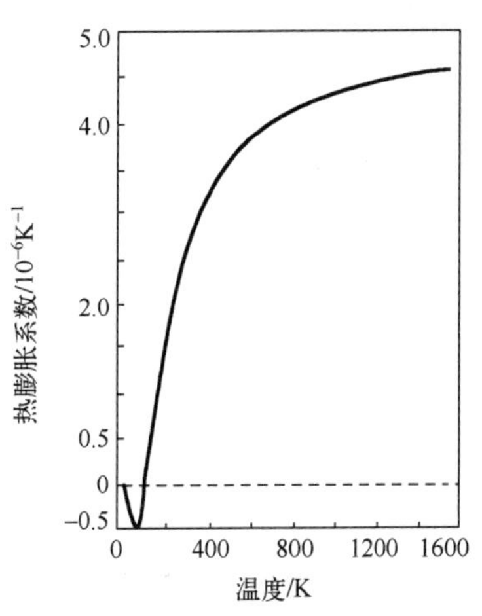

图 5.18　硅的热膨胀系数和温度的关系[27]

图 5.19 所示为硅的晶格常数随着温度的升高逐渐增大，基本符合温度每升高 10℃，晶格常数增大 0.00032Å[30]。硅的晶格常数和温度的关系如下

$$a(T) = a_0\left[\int_{273.2}^{T}\alpha(T)\mathrm{d}T + 1\right] \tag{5.7}$$

式中，a_0 是室温下的晶格常数，为 5.43Å。宏观的热膨胀和晶格常数的热膨胀之间存在一定的差异，有研究表明这可能跟晶体硅的点缺陷有关[5]。随着温度的升高，点缺陷（自间隙原子、空位）浓度升高，尤其是空位成为主要的点缺陷。

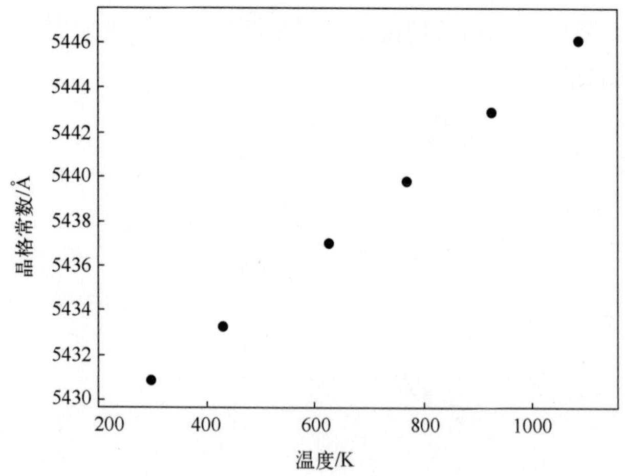

图 5.19 硅的晶格常数随温度的变化[31]

除了热膨胀，固体材料随着温度的升高还存在热传递。当晶体中某一部分温度升高时，热能将由晶体的高温部分传导到低温部分，使整个晶体的温度趋于一致。那么材料的导热能力通过热导率（κ）来说明，热导率低的材料比热导率高的材料的传热速率低。金属通常具有高的热导率，导热效率非常高，而绝缘材料则相反，半导体材料一般介于两者之间。这是因为金属的热传导主要依靠电子的运动，而半导体的热传导依靠载流子和声子的运动，而且一般情况下声子对热导率的贡献要大于电子的贡献[32]。例如，室温下硅中载流子浓度远小于银中电子的浓度，但硅的热导率达到了银的 1/3，为 144W/(m·K)。

一般情况下，单晶硅的热导率表现出对温度的依赖特性。对于高纯的硅样品，如图 5.20 所示，在 22K 左右热导率达到最大值。在此温度以上，声子散射减小了声子平均自由程，热导率开始下降。当温度低于 22K 时，热导率随温度（T^3）的降低而下降，与晶格比热的变化密切相关。

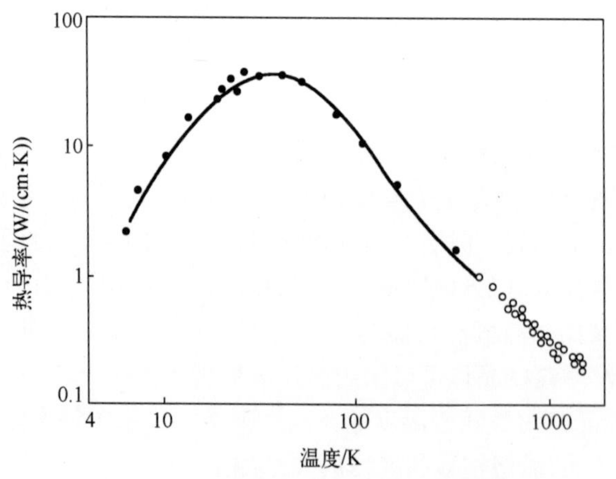

图 5.20 本征硅中热导率随温度的变化

5.2 锗材料的基本性质

锗是元素半导体材料，在元素周期表中属于第Ⅵ主族，位于硅和锡之间，电子结构为

$1s^22s^22p^63s^23p^63d^{10}4s^24p^2$，原子序数为 32，相对原子质量为 72.63，熔点和沸点为 938℃和 2833℃，如表 5.6 所示。

表 5.6　锗的基本性质[1]

性　质	数　值	单　位
原子序数	32	—
电子结构	$1s^22s^22p^63s^23p^63d^{10}4s^24p^2$	—
晶格常数	5.65	Å（300K）
原子密度	4.4×10^{22}	cm^{-3}
密度	5.323	g/cm^3
熔点	938	℃
沸点	2833	℃
电离能	7.90	eV
氧化态	+4, +2	—
禁带宽度	0.66	eV
本征载流子浓度	2.33×10^{13}	cm^{-3}
本征电阻率	47.6	Ω·cm
热膨胀系数	5.8×10^{-6}	K^{-1}（300K）
热导率	60.2	W/(m·K)（300K）
电子迁移率	3800	$cm^2/(V\cdot s)$（300K）
空穴迁移率	1820	$cm^2/(V\cdot s)$（300K）

锗在地壳中的含量约为 0.0007%，远小于氧、硅等常见元素，是一种典型的“稀散金属”。它一般以分散状态分布于各种金属的硅酸盐矿、硫化物矿及各种类型的煤中，在岩石、泥土、泉水甚至植物（如茶叶等）中都含有微量的锗，但是很难独立成矿。1871 年，D. Mendeleev 根据元素周期表预言了锗的存在，并把它命名为“类硅”（ekasilicon）。1886 年，德国的 C. A. Winkler 教授在研究一种新矿石时，发现了一种未知的新元素，并通过实验验证了它就是锗元素，命名为 germanium。直到 1948 年，美国 Bell 实验室的 J. Bardeen、W. Brattain 和 W. Shockley 发明了锗晶体管，奠定了现代半导体器件和技术的基础。

锗晶体具有金刚石结构，含有 4 个价电子，通常以+4 价存在。它的晶格常数为 5.65Å（比硅的晶格常数大 4%），密度为 $5.323g/cm^3$，硬度为 6～6.5，热导率为 60.2W/(m·K)（300K），物理和化学性质与硅非常相似。同硅类似，锗的熔体密度比固体密度大，熔化后体积收缩约 5.5%。锗晶体具有灰白色的金属光泽，也是一种硬而脆的半导体材料。

锗不溶于稀酸和碱，但缓慢溶解于王水，并与熔融碱会发生剧烈反应并生成锗酸盐。锗在常温下不与空气或水蒸气作用；大约从 250℃时开始，在空气中缓慢氧化形成 GeO_2；而在 700℃以上能很快氧化，生成 GeO_2。GeO_2 的吉布斯自由能与 H_2O 相当（约 3.41kJ/mol），相对不稳定，可被水溶解，并在 800℃左右分解。这也是锗半导体材料作为电子器件材料的一个弱点，无法形成集成电路需要的稳定绝缘层。而 SiO_2 则更加稳定，能钝化硅的表面，降低硅表/界面态密度，使得硅晶体替代锗晶体成为集成电路的主要材料。

锗的禁带宽度为 0.66eV（300K），也属于间接禁带半导体材料。图 5.21（a）所示为锗的能带结构，导带最低处是沿<111>的 L_6，价带最高处在布里渊区中心的Γ_8。锗的直接带隙Γ_8

和Γ_7间的带隙仅为 0.8eV，非常接近，而且比硅的直接带隙小 2.6eV。因此，跟硅相比，锗在禁带宽度附近的吸收系数快速上升，类似于直接禁带的砷化镓半导体，如图 5.21（b）所示，这也是锗材料被广泛应用于红外和远红外探测器的原因。

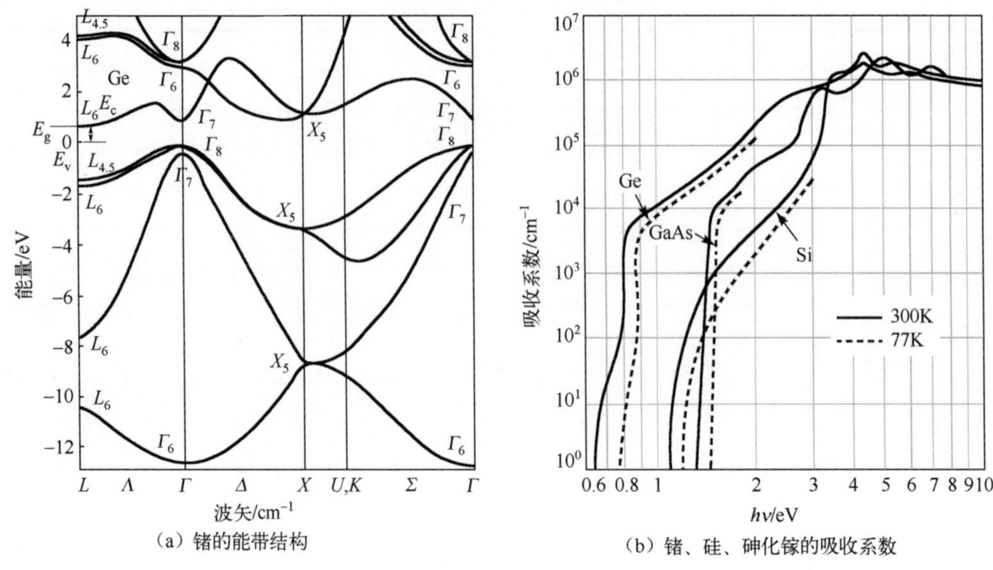

（a）锗的能带结构　（b）锗、硅、砷化镓的吸收系数

图 5.21　锗的能带结构和锗、硅、砷化镓的吸收系数

另外，在室温下锗的电子迁移率 m_e 和空穴迁移率 m_h 分别为 3800cm^2/(V·s)和 1820cm^2/(V·s)，分别是硅的 2 倍和 3.6 倍[1]。并且锗的电子迁移率和空穴迁移率更为相近，这样相同尺寸的 N 型或 P 型的锗器件具有更相近的驱动能力，更易于研制 CMOS 门电路。

但是，锗的禁带宽度小也带来一定的问题。禁带宽度越小，意味着本征载流子浓度越大，器件越容易产生漏电流。锗的本征载流子浓度比硅大了两个数量级，为 2.33×10^{13}cm^{-3}。在较高温度下能观察到相当大的漏电流，这限制了锗器件的工作温度不能超过 370K，小于硅器件的极限工作温度。

另外，全球锗的资源比较贫乏，晶体和器件成本高，密度比硅高，热导率比硅低，影响了锗在微电子领域的应用。但是它在半导体探测、红外光学、光纤通信、核物理探测、太阳电池、化学催化剂、生物医学等领域发挥着重要的用途，是军工、国防、高新科技等领域的重要原料。目前锗材料的应用可分为三类（表 5.7）：红外光学、电子学和放射学[33]。另外，锗也被用于其他材料的掺杂剂、合金剂和聚合催化剂。

表 5.7　锗材料的应用和材料特性[33]

应　用	红 外 光 学	电 子 学	放 射 学
主要的产品	镜片，窗口	CMOS，衬底	γ 射线检测器
机制	透过光波长 1.85～15μm	高的载流子迁移率	光电子效应
原料纯度	光学级别（约 10^{13}cm^{-3}）	电子级（约 10^{13}cm^{-3}）	高纯（$<10^{11}$cm^{-3}）
载流子的浓度	4×10^{13}～1×10^{15}cm^{-3}	—	10^9～2×10^{10}cm^{-3}
位错密度	—	无位错	10^2～10^4cm^{-2}
最大晶体直径	约 350mm	约 350mm	约 350mm
最大晶体质量	约 300kg	约 35kg	约 10kg

锗半导体材料是人类首先大规模实际应用的半导体材料。在 1948 年，美国 Bell 实验室发明的锗晶体管奠定了现代半导体器件和技术的基础。到 1958 年，美国德州仪器（TI）公司的 J. S. Kilby 发明了锗集成电路，开创了现代微电子技术。随着历史的发展，具有提纯容易、制备成本低、材料来源广、禁带宽度适宜、氧化层绝缘性能好等优点的硅半导体材料，在 20 世纪 50 年代逐渐替代了锗半导体材料而成为微电子产业的基础材料，占据了半导体材料 98%以上的市场份额。但是，锗半导体材料同其他半导体材料相结合能实现不同的应用。比如，锗与硅同为Ⅵ族元素，晶格失配小，可在硅衬底上外延生长单晶锗薄膜，这样可以结合锗和硅两种材料的优势，从而有助于实现新型高效微电子器件和硅基光电集成。另外，硅锗合金也是一种重要的新型半导体材料，可应用在高速集成电路等器件上。进一步地，由于锗同 GaAs 的晶格失配小，可实现 GaAs/Ge 异质结太阳电池，其光电转换效率、抗辐射能力都高于硅太阳电池。

锗在红外光学领域也具有非常重要的作用，它具有红外折射率高、红外透过波段范围宽、对红外线吸收系数小等优点，特别适用于制造热成像仪、红外雷达及其他红外光学装置的窗口、透镜、棱镜和滤光片等，在军事、国防等领域具有重要的应用。

同时，高纯锗晶体还是重要的γ射线探测材料，这跟锗具有高原子序数、高密度、高的载流子迁移率等特性有关。要实现γ射线探测器，通常要求单晶锗中具有电活性的杂质含量小于 $10^{10}cm^{-3}$，而且位错密度不超过 10^4cm^{-3}。

5.3　碳材料的基本性质

碳的原子序数为 6，属于第Ⅵ主族的元素，占地壳的 0.025%。C 在自然界中存在 3 种同位素，^{12}C 和 ^{13}C 是稳定的，而 ^{14}C 是一种放射性核素，其衰变的半衰期约为 5730 年。

碳起源于宇宙大爆炸，是生命之源，是地球上一切有机体生物的重要元素。自从人类学会了用火，便开始了碳材料的使用。石墨电极的应用、碳纤维复合材料的开发、以碳元素为主体的有机材料的大量使用及金刚石薄膜的推广等都极大地推动了社会的进步。新型的纳米碳材料（如石墨烯、碳气凝胶等）先后被发现，理论和实验都证明它们具备特殊性质和性能。目前，碳材料被广泛应用于机械工业、电子工业、电器工业、航空航天、核能工业、冶金工业、化学工业等。但是，作为元素半导体材料，碳仅仅是一种潜在的材料，在基础研究领域吸引了许多研究者的关注，尚未大规模实际应用。

碳原子的电子结构为 $1s^2 2s^2 2p^2$，具有 4 个价电子，价电子通过 sp^n（$n = 1, 2, 3$）杂化形成共价键。碳的 sp^n 杂化结构的多变性导致了材料性质和结构的多变性，产生了多种碳材料。自然界中就存在多种碳的同素异形体，如非晶碳、石墨和金刚石等。除此之外，研究者还发现和合成了新的碳的同素异形体，如石墨烯、碳纳米管、富勒烯、石墨炔等，这些碳材料可以同金属一样具有导电性、导热性，也可以同陶瓷一样耐热、耐腐蚀，同有机高分子一样轻且分子结构多样，还具有强度高、模量高、震动衰减性好、生物相容性好，具有自润滑性和中子减速性等性能。下面将主要阐述金刚石、石墨和石墨烯的基本性质，如表 5.8 所示。

表 5.8 金刚石、石墨和石墨烯的基本性质[1, 36]

性　质	金 刚 石	石　墨	石 墨 烯	单　位
结构	金刚石	六方	二维六边形	—
晶格常数	5.65	$a = 2.46$ $c = 6.71$	2.46	Å（300K）
密度	3.515	2.267	0.77mg/m^2（平面）	g/cm^3
熔点	3550	3630	—	℃
禁带宽度	5.33	—	0	eV
电阻率	10^{13}～10^{20}	10^{-2}	10^{-6}	Ω·cm
热导率	900～2300	398（a 轴、b 轴方向） 2.2（c 轴方向）	5×10^3	W/(m·K)
莫氏硬度	10	1～2	—	—

石墨烯是由碳原子以 sp^2 杂化轨道组成的六角形呈蜂巢晶格的、只有一个碳原子厚度的二维碳纳米材料。由于只有一个原子的厚度，因此石墨烯对光的透过率达到了 97.7%。石墨烯具有特殊的能带结构，导带和价带相交成狄拉克点，禁带宽度几乎为 0，电子的运动速度约为光速的 1/300，因此，理想的石墨烯的载流子迁移率能超过 2×10^5cm^2/(V·s)，几乎是硅的 140 倍。石墨烯的理论杨氏模量为 1.1TPa，是已知的强度最高、最坚韧的材料之一。同时石墨烯还具有很好的韧性，它可以翘曲成零维的富勒烯或者卷成一维的碳纳米管，甚至可以堆叠成三维的石墨[34]。石墨烯的热导率高达 5×10^3W/(m·K)，比铜（401W/(m·K)）的热导率高了一个数量级。另外，石墨烯是一种超轻材料，平面密度为 0.77mg/m^2。但是，如何调控禁带宽度，如何形成高浓度、稳定的 N 型或 P 型掺杂，是石墨烯作为半导体材料要解决的问题。

金刚石是由碳原子以 sp^3 杂化轨道形成的具有金刚石结构的材料[35]，其晶体结构同硅、锗一样。金刚石中的 1 个碳原子与另外 4 个碳原子紧密键合，所有 4 个价电子都参与形成了共价键，形成了 8 电子稳定结构。由于晶体结构中存在共价网络，因此金刚石的弹性模量非常大，人造纳米金刚石是一种已知的最坚硬的材料。与硅和锗一样，金刚石是间接带隙半导体材料，禁带宽度超过了 5eV，原则上是一种绝缘材料，对可见光几乎是透明的。但是，掺杂硼（B）原子以后，金刚石也可以具有类似金属的导电性，从而用于制造晶体管。在极低的温度（5K）下，掺杂硼的金刚石还会产生超导性。同时，利用金刚石中的氮空位，可以得到具有足够长相干时间的耦合相干自旋对，可以用于量子信息领域。另外，金刚石是天然的导热体，由于碳的相对原子质量小，相关联的声子传输快，从而导致金刚石具有很高的热导率，在高功率半导体器件应用方面具有重要的潜力。而且，金刚石的化学性质稳定，耐酸碱，具有非磁性、亲油疏水性和摩擦生电性等特性，在常温常压下是非热力学稳定的相，在外力作用下趋向于转变为更稳定的石墨。但是，如何低成本、简便地生长金刚石晶体材料，如何形成高浓度、稳定的 N 型或 P 型掺杂，则是金刚石作为半导体材料面临的挑战。

本章主要介绍了元素半导体材料的晶体结构、电子结构、能带结构等基本性质，包括硅、锗及碳（石墨烯、金刚石）。硅是被研究得最透彻、应用得最广泛的半导体材料之一，在本章中进行了重点介绍，阐述了其基本性质和应用、晶体结构、能带结构、电学性质、化学性质、光学性质、力学性质和热学性质等。锗的禁带宽度小，且间接带隙和直接带隙非常接近，是红外光学领域的重要材料之一。石墨烯的禁带宽度接近于 0，载流子迁移率高。金刚石的禁带宽度大，但是可以通过掺杂来改变电学性质，是天然的导热体，具有重要的潜在应用前景。不同的元素半导体材料的性质各有不同，这使得它们适用于不同的应用场景。

习　题　5

1．为什么有人称硅是上帝的材料？硅材料的存在形态有哪些？

2．晶体硅的结构有何特点？它的密排面和解理面分别是哪个面？滑移体系有哪些？

3．晶体硅中掺入百万分之一的硼，导电类型有何变化？对费米能级有何影响？电阻率是多少？

4．晶体硅通过 sp^3 杂化形成共价键，容易与哪些酸性溶液和碱性溶液反应？

5．单晶硅有哪些光学特性？有哪些应用？

6．太阳电池用单晶硅片的厚度仅为 100～180μm，远小于微电子器件用硅片的厚度，是什么原因？

7．锗晶体有哪些性质？为什么说锗是红外光学领域的重要材料？

参 考 文 献

[1] RUMBLE J R. CRC handbook of chemistry and physics[Z]. Boca Raton, FL: CRC Press/Taylor & Francis. 2021.

[2] ASHCROFT N W, MERMIN N D. Solid state physics[M]. Philadelphia: Saunders College, 1976.

[3] HART M, LLOYD K H. Measurement of strain and lattice parameter in epitaxic layers[J]. Journal of Applied Crystallography, 1975, 8: 42-44.

[4] 阙端麟. 硅材料科学与技术[M]. 杭州：浙江大学出版社，2000.

[5] ZIELASEK V, LIU F, LAGALLY M G. 5.1 Reconstruction of silicon (001), (111) and (110) surfaces[M]// HULL R. Properties of crystalline silicon. London: The Institution of Electrical Engineers, 1999: 174-243.

[6] SCHRODER D K, THOMAS R N, SWARTZ J C. Free carrier absorption in silicon[J]. IEEE Transactions on Electron Devices, 1978, 25(2): 254-261.

[7] SPITZER W, FAN H Y. Infrared absorption in n-type silicon[J]. Physical Review, 1957, 108(2): 268-271.

[8] HARA H, NISHI Y. Free carrier absorption in p-type silicon[J]. Journal of the Physical Society of Japan, 1966, 21(6): 1222-1223.

[9] CHELIKOWSKY J R, COHEN M L. Nonlocal pseudopotential calculations for the electronic structure of eleven diamond and zinc-blende semiconductors[J]. Physical Review B, 1976, 14(2): 556-582.

[10] PHILIPP H R, TAFT E A. Optical constants of silicon in the region 1 to 10 ev[J]. Physical Review, 1960, 120(1): 37-38.

[11] 曾徽丹. 杂质对直拉硅单晶力学性能的影响[D]. 杭州：浙江大学，2011.

[12] COOK R F. Strength and sharp contact fracture of silicon[J]. Journal of Materials Science, 2006, 41(3): 841-872.

[13] HOPCROFT M A, NIX W D, KENNY T W. What is the young's modulus of silicon?[J]. J Microelectromech S, 2010, 19(2): 229-238.

[14] 王朋. 晶体硅太阳电池中的电学复合行为[D]. 杭州：浙江大学，2011.

[15] TANAKA M, HIGASHIDA K, NAKASHIMA H, et al. Orientation dependence of fracture toughness measured by indentation methods and its relation to surface energy in single crystal silicon[J]. International Journal of Fracture, 2006, 139(3): 383.

[16] HALL J J. Electronic effects in elastic constants of N-type silicon[J]. Physical Review, 1967, 161(3): 756.

[17] YONENAGA I, SUMINO K, HOSHI K. Mechanical strength of silicon-crystals as a function of the oxygen concentration[J]. Journal of Applied Physics, 1984, 56(8): 2346-2350.

[18] ZENG Z, MA X, CHEN J, et al. Effect of oxygen precipitates on dislocation motion in Czochralski silicon[J]. Journal of Crystal Growth, 2010, 312(2): 169-173.

[19] WANG G, YANG D, LI D, et al. Mechanical strength of nitrogen-doped silicon single crystal investigated by three-point bending method[J]. Physica B-Condensed Matter, 2001, 308: 450-453.

[20] SUMINO K, YONENAGA I, IMAI M, et al. Effects of nitrogen on dislocation behavior and mechanical strength in silicon-crystals[J]. Journal of Applied Physics, 1983, 54(9): 5016-5020.

[21] ZENG Z, WANG L, MA X, et al. Improvement in the mechanical performance of Czochralski silicon under indentation by germanium doping[J]. Scripta Materialia, 2011, 64(9): 832-835.

[22] CHEN J H, YANG D R, MA X Y, et al. Influence of germanium doping on the mechanical strength of Czochralski silicon wafers[J]. Journal of Applied Physics, 2008, 103(12).

[23] WANG P, YU X G, LI Z L, et al. Improved fracture strength of multicrystalline silicon by germanium doping[J]. Journal of Crystal Growth, 2011, 318(1): 230-233.

[24] HU S M. Critical stress in silicon brittle fracture, and effect of ion implantation and other surface treatments[J]. Journal of Applied Physics, 1982, 53(5): 3576-3580.

[25] GRIFFITH A A. The Phenomena of Rupture and Flow in Solids[J]. Philosophical Transactions of the Royal Society A, 1920, 221: 163-198.

[26] VANDEPERRE L J, GIULIANI F, LLOYD S J, et al. The hardness of silicon and germanium[J]. Acta Materialia, 2007, 55(18): 6307-6315.

[27] OKADA Y, TOKUMARU Y. Precise determination of lattice parameter and thermal expansion coefficient of silicon between 300 and 1500K[J]. Journal of Applied Physics, 1984, 56(2): 314-320.

[28] LYON K G, SALINGER G L, SWENSON C A, et al. Linear thermal expansion measurements on silicon from 6 to 340K[J]. Journal of Applied Physics, 1977, 48(3): 865-868.

[29] GLAZOV V M, SHCHELIKOV O D. Volume changes during melting and heating of silicon and germanium melts[J]. High Temperature, 2000, 38(3): 405-412.

[30] LIU F. Influence of thermal expansion on the lattice parameter of silicon[J]. Powder Diffraction, 2013, 9(4): 260-264.

[31] YIM W M, PAFF R J. Thermal-expansion of AlN, sapphire, and silicon[J]. Journal of Applied Physics, 1974, 45(3): 1456-1457.

[32] 刘恩科，朱秉升，罗晋生. 半导体物理学[M]. 西安：西安交通大学出版社，1998.

[33] YONENAGA I. 4-Germanium crystals[M]. FORNARI R. Single crystals of electronic materials. Cambridge: Woodhead Publishing, 2019: 89-127.

[34] ZHEN Z, ZHU H. 1-Structure and properties of graphene[M]//ZHU H, XU Z, XIE D, et al. Graphene: fabrication, characterizations, properties and applications. New York: Academic Press, 2018: 1-12.

[35] RAZEGHI M. Diamond[Z]. The Mystery of Carbon. IOP Publishing. 2019: 2-1-2-8.10.1088/2053-2563/ab35d1ch2.

[36] YAMADA H. 10-Diamond[M]//FORNARI R. Single crystals of electronic materials. Cambridge: Woodhead Publishing, 2019: 331-350.

第 6 章　元素半导体材料的提纯和制备

元素半导体材料是半导体材料的主要种类之一。从理论上讲，有 12 种元素可能成为元素半导体材料，包括 Si、Ge、Se、C、B、Sn、P、As 等。但是，由于高纯、少缺陷单晶材料制备困难及材料的有意 P 型、N 型掺杂困难，实际能在产业应用的元素半导体材料只有 Si、Ge、Se。虽然半导体晶体管、集成电路都是首先在锗（Ge）上实现的，但是锗晶体的禁带宽度窄（0.66eV），导致器件的工作温度受到限制，而且锗的氧化膜极不稳定，不仅在 800℃左右就分解，而且可以被水溶解，导致器件的稳定性差。进一步地，硅（Si）材料具有低成本、性能优异、稳定性好等一系列优越性（见第 5 章），因此 Si 成为一种最主要的元素半导体材料，甚至在所有的半导体材料中占据 90%以上的市场份额，是半导体产业的核心、基础材料。而 Ge 主要被应用于晶体管、光电探测器等领域。Se 作为半导体材料使用得很少，其主要作为光敏器件的材料，如打印机的硒鼓感光层等。

作为半导体材料，材料的提纯是必需的。在元素半导体材料制备之前，需要将其原料提纯，尽可能地在基体中减少其他原子，以便在随后的晶体生长工艺中掺入一定浓度的掺杂剂，从而控制元素半导体材料的导电类型、载流子浓度等基本电学性质。

本章主要介绍元素半导体硅、锗的提纯原理和技术[1-2]。首先阐述金属硅的制备原理和基本技术；然后介绍高纯多晶硅的制备原理和技术，包括三氯氢硅（改良西门子法）工艺、硅烷制备工艺和其他工艺制备高纯多晶硅的技术，同时介绍利用物理冶金工艺制备太阳能级多晶硅的技术；最后阐述高纯锗半导体材料的制备原理和技术。

6.1　金属硅的制备

硅是自然界丰度最高的元素之一，它占地壳元素含量的 27.7%左右，仅次于氧，是第二丰富的元素。但是在自然界，硅是没有单质材料存在的，它主要以硅酸盐、石英砂等矿石形式存在。要制备半导体硅材料，首先要从自然界的矿石中制备出单质硅材料，这种硅材料含有大量的杂质，硅的纯度为 95%～98%，具有金属性，被称为“金属硅”，在工业界也被称为“冶金硅”“工业硅”“粗硅”。在金属硅的基础上，通过化学、物理或者物理化学等多种技术将其提纯，尽可能去除其中的杂质原子，制备成纯度很高的“半导体级”或者“电子级”的高纯多晶硅材料，为制备半导体硅材料提供原料。因此，金属硅的制备是半导体硅材料制备的首要步骤。

金属硅的基础原料是大自然中的石英砂，如图 6.1 所示，其主要成分是 SiO_2。由于对杂质含量有严格的要求，因此并不是所有的石英砂都能作为金属硅的原料，通常人们选取 SiO_2 纯度在 98%以上的石英砂作为原料。为了今后方便控制载流子浓度，原始杂质的浓度（特别是硼、磷杂质浓度）要尽可能低。

金属硅工业制备的基本工艺比较简单，主要采用碳热还原法。利用石英砂和高质量的焦炭进行高温反应，生成单质硅。具体而言，在电弧炉中，利用碳电极产生电弧使纯度 98%以上的石英砂和焦炭在 1800℃左右进行还原反应生成熔体硅，被凝固收集后就是金属硅。

同时，在炉子底部产生炉渣，在炉体上部有 CO_2 气体排放。其反应炉的结构示意图如图 6.2 所示。

图 6.1 金属硅原料石英砂的照片

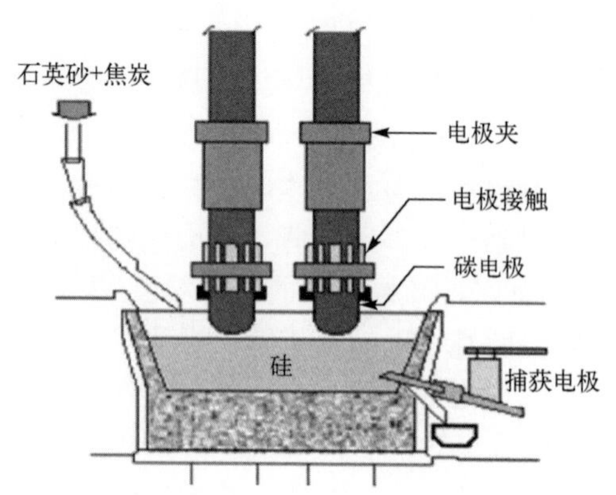

图 6.2 金属硅制备反应炉的结构示意图

石英砂和焦炭的主要化学反应式为

$$SiO_2 + 3C \rightarrow SiC + 2CO \tag{6.1}$$

$$2SiC + SiO_2 \rightarrow 3Si + 2CO \tag{6.2}$$

同时，会有副反应发生

$$2CO + O_2 \rightarrow 2CO_2 \tag{6.3}$$

因此，金属硅制备的总的化学反应式为

$$SiO_2 + C \rightarrow Si + CO_2 \tag{6.4}$$

图 6.3 金属硅

实际上，在电弧炉中发生的反应过程是非常复杂的。在炉子的不同部位，由于温度不同，会发生不同的反应。石英砂和焦炭反应获得的单质硅就是金属硅，银灰色，呈多晶状态，如图 6.3 所示。

通常，金属硅的纯度为 95%～98%。金属硅中的杂质可以分为三类：一类是 B、P 等电活性杂质，一类是金属杂质，另一类是 O、C 等轻元素杂质。金属硅中 B 和 P 杂质的浓度为 20～60ppma（$1ppma = 5\times10^{16}cm^{-3}$），金属杂质 Fe 的浓度为 1600～3000ppma，Al 的浓度为 1200～4000ppma，Ti 的浓度为 150～200ppma，Ca 的浓度为 600ppma。

金属硅主要作为其他工业产品的添加剂。如果将金属硅添加到钢铁产品中，则可以制备矽钢产品；如果添加到铝金属产品中，则可以制备铝硅合金；金属硅还可以作为还原剂，辅助多种金属冶炼过程。金属硅的另一个重要用途是作为有机硅的原料，大约 45%的金属硅被广泛应用于硅橡胶、硅树脂、硅油等高分子材料的制备中。

除了作为添加剂，大约 25%的金属硅还需要进行进一步的提纯，制备成太阳能级、电子级（半导体级）的高纯多晶硅，分别应用在太阳能光伏电池器件和电子、微电子（半导体级）

器件。相对而言，电子级多晶硅的纯度比太阳能级多晶硅的纯度还要高，它不仅能满足微电子器件的要求，也可以满足硅太阳电池制备的需求，但是，电子级多晶硅的提纯、制备成本较高。

目前，我国金属硅产业发展迅猛，产能和产量都居世界第一，占全球总产量的60%以上。金属硅的制备过程需要高温反应，是高耗能产业；同时，在制备金属硅的同时会排放大量的 CO_2，从而引起环境保护的问题。因此，如何降低能耗及如何减小 CO_2 的排放量是产业界关注的重点。另外，在选择石英砂原料方面，如何使原料具有尽可能少的 B、P 杂质，也是一个需要关注的问题。总之，金属硅是半导体硅材料的基本原料，也是其他重要冶金材料、高分子材料的必要添加剂，从保障国家高科技产业安全的方面讲，我国必须保持适量的金属硅产业。

6.2　高纯多晶硅的提纯和制备

在金属硅的基础上，需要进一步提纯才能得到半导体硅材料制备所需的高纯多晶硅（Polycrystalline Silicon）原料。高纯多晶硅包括太阳能级高纯多晶硅材料和电子级（半导体级）高纯多晶硅材料两大类，纯度一般要求达到 99.999999%～99.9999999%（8N～9N）及以上，特别是电子级高纯多晶硅，其中杂质原子的浓度要降到十亿分之几（ppba①）的水平。一般电子级高纯多晶硅的基硼浓度要小于 0.05ppba，基磷浓度要小于 0.15ppba，碳浓度要小于 0.1ppma②，金属杂质的浓度要小于 1ppba。

金属硅的提纯可以通过化学提纯、物理提纯和物理冶金技术提纯等技术路线实现。物理提纯利用晶体生长杂质分凝、区域精炼的原理，通过金属硅重复多次凝固，将杂质排除在晶体的头部或者尾部，从而在中部得到高纯多晶硅。而物理冶金技术提纯则在物理提纯的基础上，加入氧气等反应气氛、添加剂（除杂剂）等，将杂质变成可挥发气体或者炉渣以便去除，从而得到高纯多晶硅。

而金属硅的化学提纯是指通过化学反应，将金属硅转化为容易提纯的中间化合物；然后利用精馏提纯等技术提纯中间化合物，使之达到高纯度；最后将中间化合物还原成硅，此时的高纯硅为多晶状态，可以达到电子级（半导体级）工业原料的要求。在实际产业中，化学提纯具有成本低、纯度高等优势，是电子级高纯多晶硅制备的主要技术。

在硅材料的化学提纯过程中，通常根据中间化合物的不同，分为不同的技术路线[3]。目前，在工业界应用的主要技术有：三氯氢硅（$SiHCl_3$）氢还原法和硅烷（SiH_4）热分解法。在过去的研究和产业中，对四氯化硅（$SiCl_4$）氢还原法、二氯二氢硅（SiH_2Cl_2）还原法等技术也有过开发和生产，最终由于能耗大、成本高、副产品多、综合利用率差等多种原因而被放弃。

6.2.1　三氯氢硅工艺制备高纯多晶硅

三氯氢硅氢还原法是德国西门子（Siemens）公司 1954 年发明的，又称西门子法（或改良西门子法），是采用的高纯多晶硅制备技术中最广泛的一种。2020 年，国际高纯多晶硅 98% 的产量是用三氯氢硅技术制备的。国际高纯多晶硅制备的主要大公司包括瓦克（Wacker）、海姆洛克（Hemlock）和德山（Tokuyama）等，以及我国的高纯多晶硅制备企业协鑫集团江

① ppba，十亿分之一的原子比；硅晶体中：1ppba = $5\times10^{13}cm^{-3}$。

② ppma，百万分之一的原子比；硅晶体中：1ppma = $5\times10^{16}cm^{-3}$。

苏中能硅业科技发展有限公司、通威集团有限公司、新特能源股份有限公司、黄河上游水电开发有限责任公司等。

三氯氢硅技术主要利用金属硅（硅粉）和氯化氢（HCl）在 300℃左右反应，生成中间化合物三氯氢硅，而此时不和 HCl 反应的杂质原子可以被去除，其工艺图如图 6.4 所示。从图中可见，金属硅粉经过干燥，输入反应室（合成炉）；同时干燥的 HCl 经过氮气、水蒸气的携带，也从反应室的底部进入反应室；在反应室，硅粉和 HCl 反应，其主要化学反应式为

$$Si + 3HCl \rightarrow SiHCl_3 + H_2 \tag{6.5}$$

生成的 $SiHCl_3$ 气体经过旋风过滤除尘器，在冷凝管中冷却为 $SiHCl_3$ 液相，随后存储在储槽中；而反应产生的废气，或经过水淋等除尘、环保措施后排放，或经过处理后循环综合利用。

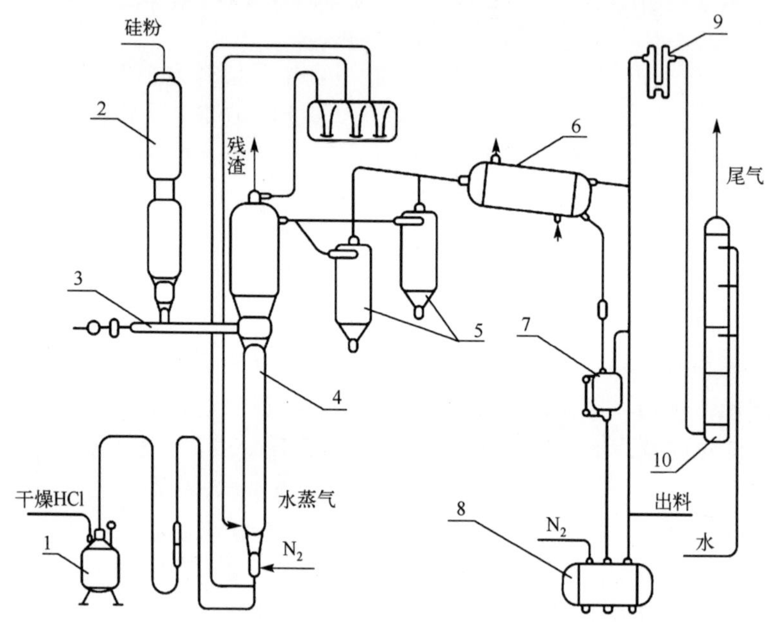

1—氯化氢缓冲器；2—硅粉干燥器；3—加料器；4—合成炉；5—旋风过滤除尘器；6—冷凝器；7—计量器；8—储槽；9—液封器；10—废气淋洗塔

图 6.4 三氯氢硅制备工艺示意图

生成的三氯氢硅是无色透明的油状液体，易挥发和水解，在空气中剧烈冒烟，有刺激性气味。反应除生成中间化合物三氯氢硅外（反应产物占最终产物的约 90%），还有附加的化合物副产品，如 $SiCl_4$、SiH_2Cl_2 氯硅烷气体和 $FeCl_3$、BCl_3、PCl_3 等杂质氯化物，其中 $SiCl_4$ 是主要副产品，需要经过氢化再生成三氯氢硅。

三氯氢硅的提纯可以利用络合物提纯、固体吸附提纯、部分水解提纯和精馏提纯等工艺，在实际生产中人们通常利用的是精馏提纯。所谓的精馏提纯，就是利用液体中不同组分的不同沸点来分离提纯的，其核心在于利用三氯氢硅的低沸点（31.8℃），可在较低温度下与其他气态杂质分馏分离，从而获得高纯度。当三氯氢硅液体的温度低于沸点时，此时挥发、蒸发的所有气体都可以被作为杂质气体去除；当达到沸点时，三氯氢硅汽化为气相，经过冷凝收集，可以得到“单纯”的三氯氢硅，而没有汽化的杂质留在液体中被去除。因此，通过精馏提纯可以得到纯度较高的三氯氢硅液体。

三氯氢硅精馏提纯工艺的示意图如图 6.5 所示。从图中可见，液相三氯氢硅被加入蒸发室（蒸发器）中，蒸发室的下部输入热水作为加热源，通过加热使三氯氢硅汽化并进入精馏塔；同样，精馏塔用热水加热，使三氯氢硅气体精馏并从顶部溢出，在冷凝塔中重新冷凝成液相。相对而言，金属氯化物的分离相对容易，而 PCl_3、BCl_3 等氯化物的分离比较困难，必须经过多次反复的粗馏及精馏，三氯氢硅的杂质含量可以降到 10^{-10}～10^{-7} 数量级，最终得到高纯的三氯氢硅。

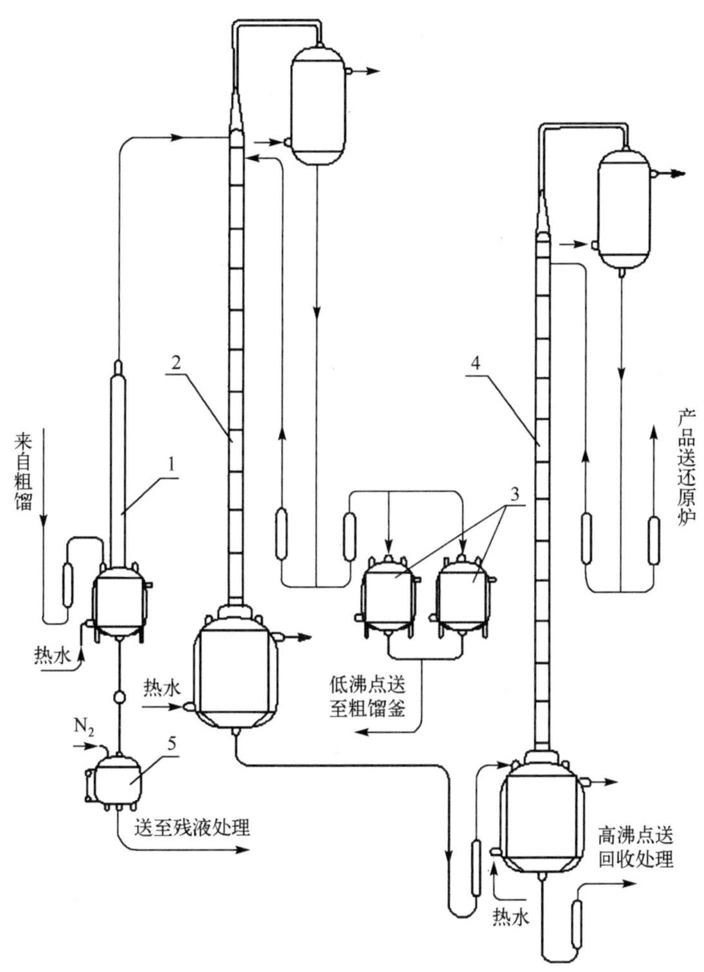

1—蒸发器；2—精馏塔 Ⅰ；3—低沸点槽；4—精馏塔 Ⅱ；5—残液塔

图 6.5　三氯氢硅精馏提纯工艺的示意图

然后将高纯的三氯氢硅气体和高纯氢气一起通入还原炉，其氢还原工艺和还原炉的示意图如图 6.6 所示。从图 6.6（a）可以看到，三氯氢硅和氢气混合后输入还原炉，在炉内发生还原反应，尾气经过处理后被循环综合利用，剩余少量尾气经过水淋等除尘、环保措施后排放。在还原炉[图 6.6（b）]中列有“倒 U 形”（或称门字形）的多晶硅沉积硅芯（原始高纯多晶硅细棒，其直径约为 5mm，高度为 2～3m），俗称“多晶硅沉积对棒”；根据沉积对棒的数目，还原炉通常分为 16 对棒、24 对棒、36 对棒、48 对棒及 72 对棒的多晶硅还原炉。还原炉的对棒数越大，反应控制越难，技术要求越高，产率越大，能耗越低，而综合成本也越低。

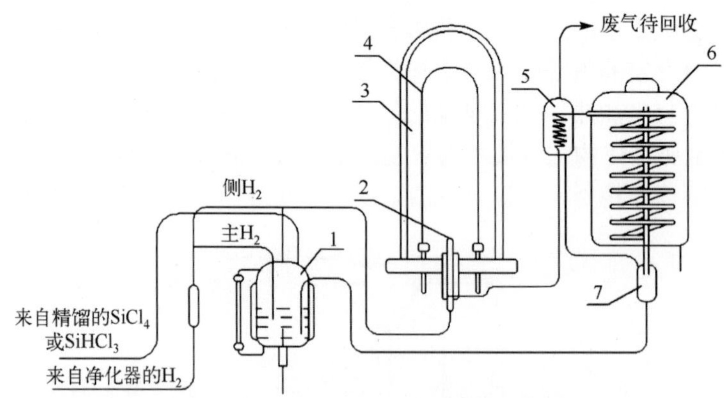

1—混合器；2—喷头；3—炉体；4—硅芯和多晶硅沉积对棒；5—预冷器；6—尾气回收器；7—气液分离器

（a）三氯氢硅氢还原工艺

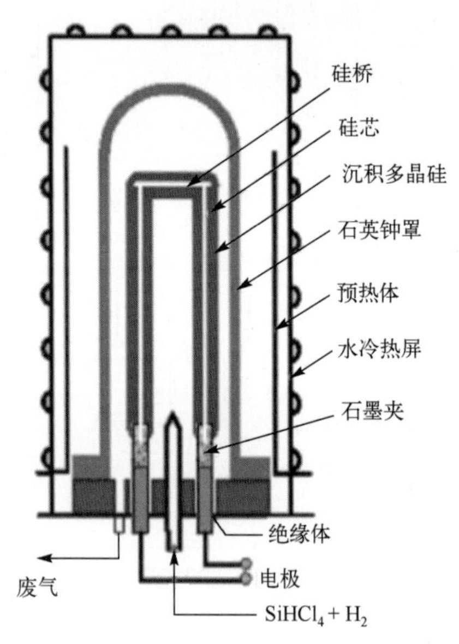

（b）还原炉的示意图

图 6.6 三氯氢硅氢还原工艺和还原炉的示意图

在还原炉内，通电将硅芯加热到 1100℃以上，压力为 0.4～0.6MPa，通入高纯的三氯氢硅和高纯氢气，发生还原反应；通过化学气相沉积生成新的高纯硅并沉积在硅芯上，使硅棒不断长大；经过 200～300h，一直到硅棒的直径达到 150～200mm，制成半导体级高纯多晶硅，如图 6.7 所示。其化学反应式为

$$SiHCl_3 + H_2 \rightarrow Si + 3HCl \qquad (6.6)$$

通常进入还原炉中的 H_2 要过量，是实际反应所需的 10～20 倍，以保证反应尽可能正向进行。此时得到的是高纯的多晶硅棒，经过机械或高压粉碎形成块状的多晶硅，作为半导体硅晶体生长的原料。

一般来说，三氯氢硅氢还原的效率比较低，转化率仅为 30%左右。在实际反应时，除了上述主反应发生，还会伴随多种副反应，产生多种副产品，如 H_2、HCl、$SiHCl_2$ 和 $SiCl_4$ 等，其中 $SiCl_4$ 的产生量较大，甚至远超过高纯硅的产量（$SiCl_4$ 与硅的比例约为 4:1），其副反应如下

$$2SiHCl_3 \rightarrow Si + 2HCl + SiCl_4 \tag{6.7}$$

在实际生产中，副产品 H_2、HCl 可以作为原料气体重复使用，见式（6.5）和式（6.6）。而 $SiCl_4$ 的毒性较大、腐蚀性强、不易封存和处理，对环境有严重影响，因此，$SiCl_4$ 的尾气处理工艺是改良西门子技术的关键之一，人们希望将其转化为可以利用的 $SiHCl_3$ 等，从而减少有害尾气排放、提高多晶硅的产出率。

图 6.7　化学气相还原制备的高纯多晶硅

在早期，工业界一般将 $SiCl_4$ 作为制备气相白炭黑的原料进行综合利用。近年来，工业界主要通过氢化工艺将 $SiCl_4$ 转化为 $SiHCl_3$，在生产线形成“闭环”综合利用。目前，在线“闭环”处理 $SiCl_4$ 有两种主要的技术途径，分别为热氢化和冷氢化技术。所谓的冷氢化技术，是指 20 世纪 80 年代开发的高压低温氢化工艺，具有相对能耗低、成本小、产出高的优点，由美国联合碳化合物公司（Union Carbide Corporation）首先实现了产业化。该工艺将 $SiCl_4$ 和硅粉、氢气反应，生成可重复使用的 $SiHCl_3$，其主要化学反应式为

$$Si + 2H_2 + 3SiCl_4 \rightarrow 4SiHCl_3 \text{（主反应）} \tag{6.8}$$

$$Si + 2H_2 + SiCl_4 \rightarrow 2SiH_2Cl_2 \text{（副反应）} \tag{6.9}$$

$$2SiHCl_3 \rightarrow SiCl_4 + SiH_2Cl_2 \text{（副反应）} \tag{6.10}$$

冷氢化技术的优点在于反应温度较低（500℃左右），因此能耗低、投资小，但是反应过程中需要加入硅粉，且操作气压较大，对设备的密封和操作要求高，而且易引入杂质，降低硅料的品质。

20 世纪 90 年代，人们又开发出了高温低压氢化技术（简称热氢化技术），其化学反应式为

$$SiCl_4 + H_2 \rightarrow SiHCl_3 + HCl \tag{6.11}$$

该反应过程不需要添加硅粉，也不需要催化剂，因此设备操作难度低，且反应气压比冷氢化技术低，对设备的要求也低，因为没有额外的杂质引入，所以后续的精馏提纯工艺也较易实施，产出硅料的纯度高。但是，热氢化技术的反应温度在 1200℃以上，单位生产的能耗较高，氢化环节的电耗量是冷氢化技术的 2 倍以上，成本比较高。而电耗目前在高纯多晶硅材料制备成本上占据了很大比例，为了降低成本，太阳能级硅提纯工艺更多地使用冷氢化技术。

无论是冷氢化技术还是热氢化技术，都采用了氢化循环再利用副产品的技术，高纯多晶

硅提纯生产基本可以实现闭路循环，这种方法被称为改良西门子法。与传统的西门子法相比，改良西门子技术具有污染小、能耗低、成本低的优势，是当前国内外最主要的高纯多晶硅原料生产方法之一。

6.2.2 硅烷热分解工艺制备高纯多晶硅

1956 年，英国国际标准电气公司成功研究出硅烷热分解制备多晶硅的方法，称为硅烷法。随后日本石塚电子株式会社、株式会社小松制作所、美国联合碳化合物公司、浙江大学也都开发出用硅烷法制备多晶硅的技术。这种技术具有一系列优点：首先，硅中的金属杂质在硅烷的制备过程中，不易形成挥发性的金属氢化物气体；硅烷一旦形成，其剩余的主要杂质就仅是 B 和 P 等非金属原子，相对容易去除；其次，硅烷在常温下为气体，可用吸附提纯方法有效去除杂质，容易得到高纯多晶硅；再次，硅烷气体可以热分解直接生成多晶硅，不需要还原反应，而且分解温度相对较低，仅为 800℃左右，分解率高达 99%以上，能耗相对较低；最后，与三氯氢硅氢还原工艺相比，硅烷法还有两个优点，一是硅烷气体对管道不具有腐蚀性，生产设备易维护，二是工艺流程短，相对容易控制。

但是，用硅烷法制备多晶硅的工艺也有弱点。用该工艺制备的高纯多晶硅的结晶性能不好，有时会出现少量非晶硅；另外，硅烷易燃易爆，在空气中即可燃烧，容易发生安全事故，对生产线的安全监控要求非常高，也导致它的综合生产成本比较高。因此，在多晶硅实际生产中，仅有少量企业应用该技术；2010 年前后，国际上有 MEMC（现 SunEdison）、REC 公司生产；到 2020 年前后，硅烷热分解制备高纯多晶硅产业化技术基本转移到我国，协鑫集团江苏中能硅业科技发展有限公司、陕西有色天宏瑞科硅材料有限责任公司是使用硅烷法生产高纯多晶硅的主要企业，其产量约占世界多晶硅总产量的 2%。

硅烷法的关键技术之一是高纯硅烷的制备，目前世界上硅烷制备的主要技术路线有以下几种：硅化镁氨化法（小松法）、二氯二氢硅催化歧化反应法、氟硅酸钠方法。

（1）硅化镁氨化法

硅化镁氨化法是 Johnson（强生公司）于 1935 年提出的制备 SiH_4 的技术，由株式会社小松制作所（Komatsu）在 20 世纪 60 年代开发出产业化技术；浙江大学硅材料国家重点实验室于 20 世纪 50 年代在国内独立开发出类似的产业化技术，制备了高纯硅烷及高纯多晶硅，并在国内推广应用。该工艺成熟，成本较低，是我国曾经长期生产硅烷的主要技术。

该方法首先利用金属硅粉和镁粉在 600℃左右反应，生成硅化镁（Mg_2Si），化学反应式为

$$Si + 2Mg \rightarrow Mg_2Si \tag{6.12}$$

然后，利用硅化镁和液氨溶剂中的氯化铵在 0℃以下反应，具体化学反应式为

$$Mg_2Si + 4NH_4Cl \rightarrow 2MgCl_2 + 4NH_3 + SiH_4 \tag{6.13}$$

图 6.8 是硅化镁氨化制备硅烷工艺的示意图。从图中可以看出，硅化镁和氨水混合后加入反应室，在反应室的外部加循环的液氨溶剂保持温度，反应生成的硅烷气体从上部溢出被收集，残渣在底部被收集排出。

（2）二氯二氢硅催化歧化反应法

另一种重要的硅烷制备技术是美国联合碳化合物公司提出的，利用四氯化硅和金属硅反应生成三氯氢硅（$SiHCl_3$），然后三氯氢硅发生歧化反应生成二氯二氢硅（SiH_2Cl_2），最后二氯二氢硅催化歧化反应生成硅烷，其主要化学反应式为

$$3SiCl_4 + Si + 2H_2 \rightarrow 4SiHCl_3 \quad (6.14)$$

$$2SiHCl_3 \rightarrow SiH_2Cl_2 + SiCl_4 \quad (6.15)$$

$$3SiH_2Cl_2 \rightarrow SiH_4 + 2SiHCl_3 \quad (6.16)$$

（3）氟硅酸钠方法

该技术是美国 Ethyl 公司开发的，以磷酸盐肥料工业的副产品 Na_2SiF_6 作为原料制备 SiH_4，具体化学反应式为

$$Na_2SiF_6 + H_2SO_4 \rightarrow SiF_4 + 2HF + Na_2SO_4 \quad (6.17)$$

$$NaAlH_4 + SiF_4 \rightarrow SiH_4 + NaAlF_4 \quad (6.18)$$

上述三种方法各有优劣，但是基于能耗、流程、副产品综合利用等因素，二氯二氢硅催化歧化反应法是目前产业界制备硅烷的主要技术。

通过上述技术制成的硅烷利用精馏、分子筛等技术进行多次提纯，得到高纯硅烷。最后，高纯硅烷通入热分解反应室，和三氯氢硅氢还原技术一样，利用硅芯电加热，温度加热到 500～850℃，反应压力为 0.15～0.3MPa，硅烷分解，生成的多晶硅沉积在硅芯上形成高纯多晶硅棒，其化学反应式为

$$SiH_4 \rightarrow Si + 2H_2 \quad (6.19)$$

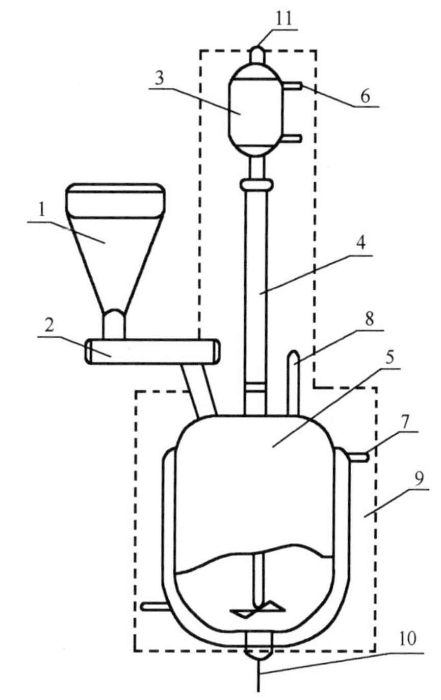

1—Mg_2Si 和 NH_4Cl 混合器；2—螺旋下料器；3—氨回流冷凝器；4—液氨回流柱；5—硅烷发生器；6—-75℃冷却剂出/入口；7—-30℃冷却剂出/入口；8—液氨加入管；9—保温层；10—排渣阀；11—硅烷产品出口

图 6.8　硅化镁氨化制备硅烷工艺的示意图

与 $SiHCl_3$ 相比，SiH_4 的转换效率高得多，SiH_4 气体分解率高达 99%以上，而且 SiH_4 分解温度低，能耗较小。

6.2.3　流化床工艺制备高纯多晶硅

在上述两种工艺中，无论是三氯氢硅氢还原工艺，还是硅烷热分解工艺，在最后的还原炉或者热分解炉中，生成的多晶硅一般都沉积在通电加热的硅芯上，最终形成高纯多晶硅棒材料。而流化床工艺制备高纯多晶硅是在硅烷法技术上的改进工艺，最终产品是颗粒状的高纯多晶硅，颗粒的尺寸为 0.2～3.0mm，如图 6.9 所示。流化床法最初由美国联合碳化合物公司开发，美国 SunEdison、德国 Wacker、挪威 REC 等公司采用流化床法生产颗粒多晶硅原料，而我国协鑫集团江苏中能硅业科技发展有限公司、陕西有色天宏瑞科硅材料有限责任公司通过自主研发和引进 SunEdison、REC 的技术，也建立了硅烷制备颗粒多晶硅的流化床生产线。

该工艺将经过精馏提纯或吸附处理的高纯硅烷（SiH_4）或者高纯三氯氢硅（$SiHCl_3$）和高纯氢气（H_2），从流化床反应器底部进口通入，将粒径为 0.01～1mm 的高纯硅粉作为多晶硅生长的晶种，从反应器顶部送入反应器内。反应气体在合适的气速下，吹扫高纯硅粉，呈现出流化状态。与此同时，在反应器外部加热器的作用下，硅烷热分解或者三氯氢硅还原，在高纯硅粉表面发生化学气相沉积现象，使得高纯硅粉逐渐生长，最终生长至直径为 0.2～3.0mm 的近似球形颗粒多晶硅（图 6.9）。

流化床制备颗粒多晶硅的基本原理是：将流化床反应器通过底部加热，使反应器底部通

入的气体流层上升，从而使由顶部进入的固体硅颗粒床层受到向上的作用力，流层流速不同，固体床层的存在形式也不同。当流速低于起始流化速度（V_{mf}）时，固体硅颗粒处于静止状态，此时称为固定床；当流速在 V_{mf} 至带走速度（V_t）之间时，固体硅颗粒处于悬浮状态，此时称为流化床；当流速大于 V_t 时，固体硅颗粒被流体带走，床层消失，若连续加入颗粒，则此时称为输送床。当处于流化床状态时，流体与颗粒接触得最为充分，原料的利用率最大。此时，在固体硅颗粒表面发生化学气相沉积过程，固体硅颗粒逐渐长大，达到一定重量后，最终沉积到反应器底部。

图 6.10 是用三氯氢硅流化床工艺制备颗粒多晶硅的示意图。从图中可以看出，反应器由石英管和加热器构成，上部为硅粉原料加料口与废气排放口，下部分别为 $SiHCl_3$ 和 H_2 进气口，下部侧边是颗粒多晶硅的出口，中间主体部分为流化层反应区。以 $SiHCl_3$ 和 H_2 为反应气体，从反应器底部通入，作为床层的粒径为 0.01～1mm 的高纯硅粉由顶部加入，反应气体的管口深入颗粒多晶硅床层的内部，以管口高度为界限将床层分为反应区和加热区。由于籽晶硅颗粒尺寸小、比表面积较大、表面能大、吸附性强，因此在其表面上易于发生化学气相沉积。多晶硅颗粒长至 3mm 的球形颗粒后（图 6.9），可通过排料口排出，最终获得颗粒多晶硅。

图 6.9 流化床工艺制备的高纯颗粒多晶硅

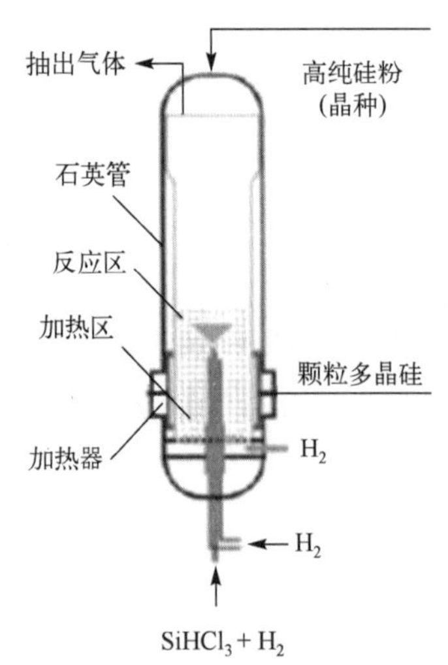

图 6.10 用三氯氢硅流化床工艺制备颗粒多晶硅的示意图

流化床法制备颗粒多晶硅有一些特殊的优点：在流化床反应炉内参与反应的硅颗粒的表面积大，硅烷分解或者还原效率高，所以电耗低、成本低；而且可连续化生产，装置生产效率高；颗粒多晶硅无须破碎，可直接用于太阳电池用的直拉单晶硅及多晶硅铸锭的制备，而且比块状多晶硅在坩埚中的装填密度大，可以提高硅晶体的批次产量。此外，颗粒多晶硅还可以方便地被用于直拉单晶硅及多晶硅铸锭的连续加料系统，从而进一步提高产量、降低产品的单位制造成本。其不足之处在于，颗粒多晶硅的纯度不如硅芯沉积技术制备的棒状多晶硅，一般不适用于电子级高纯多晶硅制备，但可以满足太阳能级多晶硅原料的要求。

6.2.4 其他化学提纯工艺制备高纯多晶硅

从 20 世纪 50 年代以来，人们研究和开发了多种技术来制备电子级高纯多晶硅，这些技术分别具有一些优点，曾经被研究甚至被大规模生产，但是由于其综合成本、能耗、副产品回收等因素，最终没能大规模产业化。

（1）四氯化硅（$SiCl_4$）氢还原法

四氯化硅氢还原法是早期最常用的技术之一，但是其材料利用率低、能耗大，现在已很少使用。该方法利用金属硅和氯气反应，生成中间化合物四氯化硅，其化学反应式为

$$Si + 2Cl_2 \rightarrow SiCl_4 \tag{6.20}$$

采用精馏技术对四氯化硅提纯，然后利用高纯氢气在 1100～1200℃还原，生成高纯多晶硅，化学反应式为

$$SiCl_4 + 2H_2 \rightarrow Si + 4HCl \tag{6.21}$$

在四氯化硅提纯后，如果利用金属锌（Zn）还原，则称为四氯化硅锌还原法，其主要化学反应式为

$$SiCl_4 + 2Zn \rightarrow Si + 2ZnCl_2 \tag{6.22}$$

（2）二氯二氢硅（SiH_2Cl_2）还原法

由美国 Hemlock 公司开发的二氯二氢硅还原法主要可分为三个步骤：二氯二氢硅的制备、提纯和分解。

该技术首先利用三氯氢硅分解制备二氯二氢硅，如下式所示

$$2SiHCl_3 \rightarrow SiH_2Cl_2 + SiCl_4 \tag{6.23}$$

然后对中间化合物 SiH_2Cl_2 精馏提纯，获得高纯的二氯二氢硅，最后分解，如下式所示

$$6SiH_2Cl_2 \rightarrow 4Si + SiHCl_3 + SiCl_4 + 3H_2 + 5HCl \tag{6.24}$$

6.2.5　物理冶金工艺制备太阳能级多晶硅

太阳能光伏电池是一种简单的半导体器件，其利用太阳光照射在 PN 结上，通过光生伏特效应产生光生电流，将太阳能转换成电能。由于太阳能是重要的洁净、可持续的新能源，因此近 20 年来逐渐成为人类能源的重要形式。到 2020 年，太阳能光伏电池的主要材料是硅晶体材料，其太阳电池是硅的 PN 结器件，占据了太阳能光伏产业 97%以上的市场。

硅太阳电池建立在硅晶体上，主要包括直拉单晶硅和多晶硅铸锭两大类，同样利用高纯多晶硅作为原料。到 2020 年，全球太阳能光伏电池用的高纯多晶硅约为 50 万吨，而微电子工业用的高纯多晶硅仅约 4 万吨，可见太阳能光伏电池用高纯多晶硅占据了高纯多晶硅市场的主要地位。

毫无疑问，三氯氢硅、硅烷等化学提纯工艺制备的电子级高纯多晶硅，不仅可以应用在微电子产业，也可以应用在太阳能光伏产业。相比微电子器件而言，太阳电池对硅材料和器件中的杂质容忍度要大得多，也就是说，可以利用相对低纯度的高纯多晶硅来制备太阳电池用的硅晶体。因此，在实际产业中，除电子级高纯多晶硅外，为了降低成本，纯度稍低的“太阳能级多晶硅”成为硅太阳电池的主要原料。

通常，太阳能级的高纯多晶硅是利用电子级高纯多晶硅的制备工艺，通过适当简化、减少提纯步骤，降低纯度要求和生产成本，来制备太阳电池专用的高纯多晶硅的。随着太阳能光伏产业的快速发展，光伏产业迫切需要纯度远高于金属硅、略低于电子级多晶硅，而成本

又远低于电子级高纯多晶硅的太阳电池专用的太阳能级多晶硅材料。化学提纯工艺制备和提纯电子级高纯多晶硅的工艺复杂、成本很高，因此，研究者提出利用物理冶金技术对金属级硅进行低成本提纯，升级成可以用于太阳电池制造的太阳能级多晶硅（Solar Grade Polycrystalline Silicon）。

相对于化学提纯制备高纯多晶硅工艺，“物理冶金工艺制备多晶硅”并不是指在它的制备过程中完全没有化学反应，而是它通过凝固、分凝、挥发、结晶、扩散等物理手段，结合造渣、酸洗等化学反应，低成本地制备相对高纯多晶硅的一种技术。在这个过程中，对硅材料而言，没有形成中间化合物，也就是说，硅原子价态没有发生任何改变。

下面介绍几种国际上常用的金属硅物理冶金提纯工艺[2, 4]。

6.2.5.1 真空熔炼挥发

将金属硅在真空炉内中熔化成熔体硅，其中部分杂质存在挥发现象，从熔体硅表面挥发到真空，使得熔体硅中杂质的浓度降低，从而达到提纯的目的。

这种工艺需要一定的真空度，一定的真空度可以使在常压下难以从熔体硅中分离出的杂质得以挥发，也可以降低易挥发性杂质在硅中的溶解度，还可以降低硅中杂质挥发所需的温度。

要使得熔体硅中的杂质尽可能多地挥发，主要的问题有两个：一个是如何尽可能地减小熔体表面上方的杂质浓度；另一个是如何尽量将熔体内的杂质传输到熔体的表面，使它们能从表面挥发，特别是当熔体体积较大时，内部的杂质往往不能及时传输到表面。为了解决前一个问题，在实际工艺中，常常在熔炉中通入流动的氩气（Ar）等保护气体，通过气体的流出使得熔体表面上方的杂质浓度始终保持较低，以提高杂质的挥发速度。也可以利用电磁等离子法，使得熔体和坩埚壁四周不直接接触，从而增大熔体的表面积，使得熔体中的杂质尽快挥发。为了解决后一个问题，在实际工艺中常常通过机械搅动、吹气等方式，提高熔体的流动性。

但是，对于挥发系数小的杂质，这种工艺没有提纯作用。因此，人们常常在 Ar 保护气体中加入含氧、氢或氯的气体，通过化学反应使杂质形成挥发性物质，通过熔体表面挥发，从而达到有效去除杂质的目的。例如，利用水蒸气携带 H_2，与 B 杂质反应，可以较有效地去除硅中的 B 杂质。

但是，利用这种工艺要使杂质降低到一定浓度以下，需要长时间的挥发，即需要长时间地保持熔体硅状态，其能耗大幅增大，从而会导致成本增加。

6.2.5.2 真空熔炼造渣

金属硅在真空中熔化时，在金属硅或者在熔体硅中加入一定的添加剂，这些添加剂同样可以和杂质反应形成挥发性物质。另外，这些添加剂可以与 B、P、金属杂质作用，形成炉渣（第二相），浮在熔体硅的表面，或者沉积在熔体硅的底部，在硅晶体凝固后加以去除。例如，已经有研究表明，在熔体硅中通入氧气或者氧化物，可以使得硅中 Ca 等杂质形成 CaO 等炉渣，从而有效地降低硅中 Ca 等金属杂质浓度。

但是，这种工艺有两点困难：一是金属硅中微量杂质的种类很多，有效、高效的添加剂（造渣剂）的选择比较难；二是金属硅中各种杂质浓度不同，甚至同一种杂质在不同批次金属硅中的浓度也不相同，所以添加剂重量的选择也非常困难，过多或过少都会影响杂质去除的效果。同时还需要注意，加入的添加剂不能给硅材料增添新的杂质，避免在其后的过程需要附加的处理。

6.2.5.3　酸洗

金属硅在经过真空挥发、造渣等工艺处理后，在真空熔炼炉中冷却，可获得纯度较高的金属硅。此时，一般对这种金属硅进行破碎，使之成为小块状。由于在硅晶体冷却时，杂质（特别是金属杂质）容易在硅晶界处富集，浓度较高；相对而言，晶粒内的杂质浓度较低。因此，将小块状的金属硅浸泡在适当的酸腐蚀液中，硅表面的金属杂质和酸反应，形成可溶性物质，溶解在腐蚀液中；或者酸和硅直接反应，将块状硅表面层与表面富集的杂质一起去除，从而达到去除金属等杂质的目的。

在酸洗工艺中，酸腐蚀剂的选择非常重要，通常使用 HF、HNO_3 等混合酸。另外，块状硅的大小、腐蚀时间的长短也是重要的参数。块状硅尺寸太大，腐蚀效果差；尺寸太小，破碎成本增加，而且腐蚀损耗又快速增大，最终还会导致成本增加。

6.2.5.4　电磁感应等离子处理

金属硅在经过挥发、造渣、酸洗等工艺后，还需要进一步提纯。在硅晶体中，除 B 和 P 外，其他金属杂质的分凝系数都较小，为 10^{-5} 左右或者更小，能够通过定向凝固的方法进行有效去除[5]。但是，对于硅中的 B 和 P 杂质，由于它们在硅中的分凝系数比较大，分别是 0.8 和 0.35，很难通过定向凝固的方法将它们去除，因此，1996 年日本川崎制铁株式会社在日本新能源产业技术综合开发机构的支持下，采用电子束和等离子冶金技术相结合的定向凝固技术，开发出由金属硅提纯制备太阳能级多晶硅的方法。这种利用电磁感应等离子技术提纯硅材料的工艺[6]，可以更有效地去除硅材料中的 B、P 杂质。

图 6.11 显示了等离子体电磁感应提纯硅材料的工艺示意图[7]。该工艺将金属硅粉在惰性气体保护下输入反应腔，加入含有氧气和氢气的混合反应气体，利用等离子体电磁感应加热，使硅粉原料熔化；在电磁场的作用下，反应气体形成了等离子体，和熔体硅中的杂质进行化学反应，让 B、P 杂质生成挥发性气体或炉渣，达到去除杂质、提纯硅材料的目的。

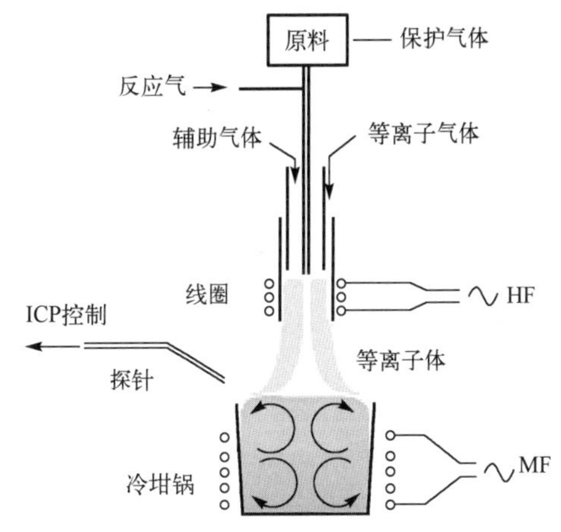

图 6.11　等离子体电磁感应提纯硅材料的工艺示意图[7]

经过这样的工艺，硅材料中 B 的浓度可以低于 2ppma，P 的浓度可以低于 20ppma，其他金属杂质的浓度可以低于 10ppma。但是，这种工艺产能低、能耗高、设备贵、总体成本高，工业化的可能性比较低。

6.2.5.5　定向凝固

定向凝固工艺是金属硅物理冶金技术提纯的基本工艺。其原理是利用杂质在晶体凝固时的分凝作用，分凝系数小于 1 的杂质将富集于晶体的尾部（最后凝固部分），分凝系数大于 1 的杂质将富集于晶体的头部（首先凝固部分），因此，只要去除头部、尾部富集杂质的部位，就可以得到纯度较高的晶体。如果将定向凝固过程多次重复，就可以将材料提纯。

金属硅熔化后，由于B、P和金属杂质的分凝系数都小于1，因此在凝固后大部分杂质将富集在硅晶体的尾部（最后凝固部分），通过去除尾部硅晶体，可以获得纯度较高的多晶硅材料；将上述定向凝固过程重复多次，可以得到纯度较高的太阳能级多晶硅。

硅晶体中大部分金属的分凝系数都远小于1，为10^{-5}左右或者更小，因此通过定向凝固工艺可以比较有效地去除硅中的金属杂质[5]。但是，B杂质在硅中的分凝系数为0.8，P杂质的分凝系数约为0.35，相对比较大，所以定向凝固工艺对B、P的去除作用不大。对于金属硅物理冶金技术提纯多晶硅而言，降低B、P杂质浓度是制备太阳能级多晶硅的核心关键。

在金属硅物理冶金技术提纯时，上述的每种工艺都不能同时去除所有的杂质，往往只能对其中的几种杂质有效。因此在实际工艺中，上述工艺是组合使用的，既可以产生挥发性物质，也可以产生炉渣。同时，这些技术也和保护气体的应用结合起来，通过控制真空度、保护气体成分（氧气、氢气或水蒸气）和流动的速度、添加剂成分、熔体上端的自由空间和熔体的温度等，经过反复多次的定向凝固工艺，多晶硅材料中B的浓度可以低于0.3ppma，P的浓度可以低于10ppma，而金属杂质浓度可以低于0.1ppma，初步满足太阳电池制备的需要。

除上述工艺外，国内外研究者还提出了其他多种物理冶金工艺制备太阳能级多晶硅技术，如SunEdison公司提出的区熔技术提纯金属硅技术、浙江大学提出的铝硅熔体提纯金属硅（铝热还原）技术[8]。但如果采用简单的物理冶金工艺，硅材料的纯度最高只能到99.99%～99.999%（4N～5N）级别，品质较差，不能满足太阳能光伏产业的需求。如果采用复杂、多流程物理冶金工艺，其成本又远高于化学提纯工艺。另外，没有高效、经济实惠、低成本的技术去除硅中的B和P杂质，因此到目前为止，还没有物理冶金技术制备太阳能级多晶硅的技术能够投入大规模的工业应用。

6.3 高纯锗半导体材料的提纯和制备

锗是另一种重要的元素半导体材料，也是最早实际应用的一种元素半导体材料。随着微电子工业的发展，在绝大多数领域，硅半导体材料替代了锗半导体材料，但是在锗晶体管、锗红外探测等领域，锗半导体材料依然是主要的基础材料[2]。

和半导体硅材料一样，锗半导体器件建立在锗半导体单晶材料上，而后者需要高纯锗材料来作为原料。因此，锗材料的提纯和制备是锗半导体应用的前提。

6.3.1 锗半导体材料的应用

1885年，德国矿物学家威斯巴克发现了一种以硫化银为主的新矿石——硫化银锗矿（$4Ag_2S{\cdot}GeS_2$），又称弗莱贝格矿石。第二年（1886年），德国化学家温克勒（C. A. Winkler）从中分离出一种新的元素，命名为Germanium（锗），源自德国的拉丁名称“Germania”。

自从C. A. Winkler发现了锗以后，在很长时间内未曾找到锗的实际用途。直到1915年发现锗的整流效应，锗才开始得到实际应用。1942年，人们用高纯锗制造了耐高压二极管，用于雷达。1948年，美国Bell实验室的巴丁（J. Bardeen）等人利用锗材料发明了晶体管，引起了新的工业革命。1950年，国际上首次制备出单晶锗。1952年，又发明了区域提纯法，利用水平区熔技术有效地进行锗提纯，得到了高纯单晶锗。1958年，单晶锗被用来制备了第一个集成电路的原型器件。实际上，在 1959 年以前，锗是最主要的一种半导体材料。

但是锗器件的工作温度低（75～90℃）、耐压低，也不能形成像二氧化硅那种性质的氧化膜作为绝缘层，不适用于制造大规模集成电路。因此在半导体器件方面，从 20 世纪 60 年代开始，锗的用量不断下降，逐渐被硅所取代。但是，在某些应用方面，单晶锗仍然具有独特的优势，如特殊用途的锗晶体管、二极管，光通信领域的长波管、光敏器件、锗雪崩光电二极管，以及高纯锗探测器等。

随着社会的发展，锗在半导体领域又有了一些新的用途。在 1980 年前后，出现了异质结 Ge_xSi_{1-x}/Ge 或 Ge_xSi_{1-x}/Si 超晶格器件，由于锗晶体中的载流子迁移率比硅晶体中大得多，可以制备高频器件，因此人们将 Ge 和 Si 的优势结合起来，在硅衬底上制备了 Ge_xSi_{1-x}，通过改变 Ge 的成分比例可以改变 Ge_xSi_{1-x} 的能带结构，在异质结双极型晶体管、P 沟道场效应晶体管、1.3～1.5μm 波长的红外探测器等方面得到了广泛应用。相比而言，Ge_xSi_{1-x} 晶体管的处理速率更快、功效更高，与标准硅晶体管相比，噪声性能更卓越。但是，Ge_xSi_{1-x} 产品的开发成本高、设计难度大，其应用受到一定的限制。近年来，随着移动电话、光纤网络、硬盘驱动、蓝牙、WLAN、GPS 和数字机顶盒等应用领域的快速发展，Ge_xSi_{1-x} 应用得越来越广。另外，由于 Ge 的 P 型空穴迁移率远大于硅，最近几年，在 SiGe 层上生长 Ge 层制备纳米级集成电路的基础研究，在国际上正在广泛展开。

锗在半导体方面的一个重要用途是人造卫星用的太阳电池。和硅太阳电池相比，GaAs 太阳电池的光电转换效率和抗中子辐照能力都较高，因此，空间用太阳电池从 20 世纪的硅太阳电池逐渐转变为 GaAs 太阳电池。但是，GaAs 晶体材料的密度为 $5.32g/cm^3$，是硅晶体密度（$2.329g/cm^3$）的两倍多，如果利用单晶 GaAs 制备太阳电池，其电池板重量会大幅增加，这样无疑增加了卫星发射成本。为了既能利用 GaAs 的优点，又能避开其重量问题，人们便在硅上外延生长 GaAs 薄膜制造太阳电池，利用单晶硅作为衬底材料。但是，单晶硅的晶格常数是 5.43Å，而 GaAs 的晶格常数是 5.653Å，两者有所差异，会在 GaAs 外延层中引入大量位错，影响太阳电池的效率。所以，人们通常在硅上首先外延锗缓冲层，然后生长单晶 GaAs 材料；由于单晶锗的晶格常数是 5.6575Å，和 GaAs 的晶格常数非常接近，这样就不会在单晶 GaAs 层中引起大量失配位错。

锗晶体在红外器件、γ 辐射探测器方面也有着重要的应用。单晶锗在 2～15μm 波长范围内有较好的透过率，又和玻璃一样易被抛光，能有效地抵制大气的腐蚀，可用来制造红外窗口、三棱镜和红外光学透镜材料。

在医学领域，由于锗能刺激红血球的生成，因此锗的化合物还可用来治疗贫血症和嗜眠症。不仅如此，锗的化合物还可用于催化剂、光纤、荧光粉等。

6.3.2　金属锗的制备

锗在地壳中的含量很少，仅约为 0.0007%，且分布极为分散，通常存在于煤、金属硫化物等矿物的含锗矿石中。锗通常以伴生状态存在于闪锌矿、某些铁矿及其他硫化矿物中，在各类煤中的含量为 0.001%～0.1%（其中低灰分的煤中含锗多），在闪锌矿中的含量为 0.01%～0.1%[9]。锗矿主要有硫银锗矿、黑硫银锡矿、锗石和硫锗铁铜矿等，硫银锗矿（$4Ag_2S{\cdot}GeS_2$）含锗可达 6.93%，锗石（$7CuS{\cdot}FeS{\cdot}GeS_2$）含锗 6%～10%，黑硫银锡矿（$4Ag_2S{\cdot}(Sn{\cdot}Ge)S_2$）含锗 1.82%，但是它们都很稀少。在实际制备高纯锗半导体材料时，其原料一般来自低烟煤矿或锌矿（ZnS 等）的副产品。

6.3.2.1 锗矿石制备金属锗

要制备锗半导体晶体，首先要从锗矿石中制备金属锗，纯度一般约为 99.999%，远大于金属硅的纯度（95%～98%），其制备过程包括：锗的富集、$GeCl_4$ 的制备、$GeCl_4$ 的提纯、$GeCl_4$ 的水解和 GeO_2 氢还原等工艺，具体步骤如下。

（1）锗的富集

制备金属锗，首先需要从锗矿石中提炼出锗化合物（GeO_2），称为锗的富集处理。通常采用火法和水法两种途径：火法是指将锗矿石在焙烧炉中加热，使砷等杂质挥发，得到含 GeO_2 的锗氧化物矿渣；水法是指将锗矿石以硫酸浸泡，然后用络合物将锗沉淀，最后将沉淀物过滤焙烧，得到含 GeO_2 的矿渣。

（2）$GeCl_4$ 的制备

将含有 GeO_2 的矿物（锗精矿）和盐酸反应，可以生成 $GeCl_4$，其化学反应式为

$$GeO_2 + 4HCl \rightarrow GeCl_4 + 2H_2O \tag{6.25}$$

（3）$GeCl_4$ 的提纯

式（6.25）反应得到的粗 $GeCl_4$ 中含 As、Si、Fe 等的氯化物杂质，需要采用萃取法与精馏法进行提纯。所谓萃取法，就是利用杂质氯化物与 $GeCl_4$ 在盐酸中的溶解度差异进行萃取分离。萃取法可去除主要杂质 As 及其他大部分杂质（Al、B、Sb 等）。

（4）$GeCl_4$ 的水解

提纯后的 $GeCl_4$ 经水解，生成含水的 $GeO_2 \cdot nH_2O$，如下式所示

$$GeCl_4 + (2+n)H_2O \rightarrow GeO_2 \cdot nH_2O + 4HCl \tag{6.26}$$

（5）GeO_2 的氢还原

GeO_2 呈白色粉末状，它在高温下和 H_2 反应会生成水蒸气，制备得到粉末状的金属锗。其化学反应式如下

$$GeO_2 + 2H_2 \rightarrow Ge + 2H_2O \tag{6.27}$$

以上为化学法提纯得到的金属锗，纯度一般不高于 99.999%。和金属硅的纯度相比，金属锗的纯度更高，但是，其纯度要求又远小于电子级（半导体级）高纯锗材料的要求。因此，金属锗需要经过进一步提纯，以得到纯度更高的超纯锗材料。

6.3.2.2 烟道灰制备金属锗

烟道灰中也含有锗的氧化物，其含量往往是煤中的 100～1000 倍。因此，金属锗也可以从烟道灰中提取，其过程大致如下：烟道灰（含锗的氧化物）和盐酸反应，生成锗的氯化物；再和水反应，生成锗酸；然后加热，得到纯净的锗的氧化物；再通入高纯氢气，通过还原反应得到金属锗材料。具体的化学反应式为

$$GeO_2 + 4HCl \rightarrow GeCl_4 + 2H_2O \tag{6.28}$$

$$GeCl_4 + 4H_2O \rightarrow H_4GeO_4 + 4HCl \tag{6.29}$$

$$H_4GeO_4 \rightarrow 2H_2O + GeO_2 \tag{6.30}$$

$$GeO_2 + 2H_2 \rightarrow Ge + 2H_2O \tag{6.31}$$

6.3.3　高纯锗的制备

金属锗的纯度只有 99.999%左右，对半导体应用而言其含有太多的杂质，因此需要利用水平区熔（Float Zone）技术进一步提纯。

水平区熔提纯是利用水平式石英管加热炉，将粉末状金属锗放入条状石英坩埚，其提纯设备如图 6.12（a）所示。坩埚的内部尺寸一般为 3cm×4cm 左右，长度约为 1m；当然，不同的工艺条件，坩埚的尺寸是不同的。

然后，在水平条件下多次区熔，能得到高纯、多晶的锗棒，如图 6.12（b）所示。此时，高纯锗的纯度在 99.9999999%以上。锗区熔生长的技术和区熔制备单晶硅的技术相似，具体生长工艺可以参见第 7 章（区熔单晶硅的生长和制备）。

（a）水平区熔设备

（b）水平区熔技术制备的高纯锗棒材料

图 6.12　水平区熔制备高纯锗材料

6.3.4　单晶锗的制备

将高纯多晶锗棒破碎并装入石英坩埚，利用直拉单晶技术（Czochralski 技术）生长直拉单晶锗。其生长技术和直拉生长单晶硅基本相同，具体生长工艺可以参见第 8 章（直拉单晶硅的生长和制备）。

在晶体生长时，通常需要经过装炉、熔化、烤晶、引晶、缩颈、放肩、等径和收尾等工序。首先将装有高纯锗的石英坩埚放入晶体炉内，同时，在原料中放置适量的掺杂剂；然后将反应室抽成真空，将坩埚温度升至 940℃以上，使锗在坩埚中熔化；利用固定在拉杆或软轴上的无位错单晶锗作为籽晶，在熔锗上方放置一段时间，以便烘烤籽晶，使籽晶温度尽量接近熔体；随后，籽晶垂直浸入温度略高于熔点的熔锗中，以一定的速度从熔体向上拉出锗晶体，使熔锗按籽晶的结晶方向凝固；在引晶时，还要采用“缩颈”技术（Dash 技术），使引晶的直径逐渐减小，以便让引晶产生的热冲击位错可以排出晶体；进一步地，降低晶体的生长速率，使得晶体直径迅速增大，达到所需要的直径；再通过控制晶体拉速、坩埚和籽晶转速等措施，保持晶体直径不变，同时晶体不断生长；最后，加快晶体的提升速度，使得晶体直径逐渐变小，最终结束于一点，和剩余熔体分离，完成单晶锗生长。

单晶锗生长完成后，和直拉单晶硅一样，需要经过切断、滚圆、切割、研磨和抛光等加工过程，制备成锗抛光片。

目前，常用的单晶锗直径是 100mm，今后将向 150mm 直径过渡。2006 年，比利时的 Umicore 公司成功制备了直径为 300mm 的单晶锗，目前，云南锗业已可生长直径为 380mm 的单晶锗。但是，由于大直径单晶锗的成本太高，因此短期内还不可能投入实际使用。

如果生长光学器件用单晶锗，由于位错对光学性能没有影响，所以可以简单地生长有位错的单晶锗。因此，光学器件用单晶锗的生长可以不用“缩颈”工艺，晶体生长速率也可以高一些，以降低生产成本。但是，对于电子工业用单晶锗，还需要无位错。

利用直拉技术生长的单晶锗，其最高电阻率约为 40Ω·cm，还不能用作探测器级单晶锗。因此，如果γ探测器等需要用更高纯的单晶锗，则需要利用籽晶和水平区熔技术生长和制备高纯单晶锗。其工艺与水平区熔制备高纯多晶锗基本相同，但是由于利用了籽晶，因此生长的是单晶。因为单晶没有晶界，减小了杂质在晶界偏聚的可能性，所以和多晶相比，其晶体纯度可以进一步增大。

总之，本章阐述了元素半导体硅（Si）、锗（Ge）的提纯原理和技术，包括精馏提纯技术、物理区域熔炼提纯技术、物理冶金提纯技术，利用这些原理和技术不仅可以成功地提纯半导体硅、锗材料，使之纯度达到或超过 99.9999999%，为制备元素半导体材料提供合格的原料，而且可以提纯其他元素，使之成为化合物半导体材料的高纯原料。

习 题 6

1．从石英砂到晶体硅需要经过哪些过程？金属硅提纯的技术路线有哪些？
2．金属硅的化学提纯有哪些技术路线？什么是改良西门子法？
3．请阐述流化床工艺制备高纯多晶硅的原理和特点。
4．太阳能级多晶硅的制备方法有哪些？
5．半导体级高纯多晶硅的制备方法有哪些？
6．半导体级高纯多晶锗的制备过程和方法有哪些？
7．常用的金属硅物理冶金技术提纯工艺有哪些？各有什么特点？

参 考 文 献

[1] 杨德仁. 太阳电池材料[M]. 2 版. 北京：化学工业出版社，2018.
[2] 王占国，郑有炓. 半导体材料研究进展[M]. 北京：高等教育出版社，2012.
[3] 杨树人，王宗昌，王兢. 半导体材料[M]. 3 版. 北京：科学出版社，2013.
[4] KHATTAK C P, JOYCE D B, SCHMID F. A simple process to remove boron from metallurgical grade silicon[J]. Solar energy materials and solar cells, 2002, 74(1-4): 77-89.
[5] PIRES J, BRAGA A, MEI P. Profile of impurities in polycrystalline silicon samples purified in an electron beam melting furnace[J]. Solar energy materials and solar cells, 2003, 79(3): 347-355.
[6] WODITSCH P, KOCH W. Solar grade silicon feedstock supply for PV industry[J]. Solar energy materials and solar cells, 2002, 72(1-4): 11-26.
[7] ALEMANY C, TRASSY C, PATEYRON B, et al. Refining of metallurgical-grade silicon by inductive plasma[J]. Solar energy materials and solar cells, 2002, 72(1-4): 41-48.
[8] 杨德仁，顾鑫，余学功. 一种铝熔体提纯金属硅的方法[P/OL]. CN101759188B. 2012.
[9] 材料科学技术百科全书委员会. 材料科学技术百科全书[M]. 北京：中国大百科全书出版社，1995.

第 7 章　区熔单晶硅的生长和制备

在获得高纯多晶硅材料之后，需要解决的问题是如何将多晶硅原料制备成单晶硅。单晶硅可以是利用直拉技术制备的直拉单晶硅，也可以是利用区熔法制备的区熔单晶硅，还可以是利用化学气相沉积法制备的薄膜单晶硅，其中，前两种是从熔体中生长的单晶硅。

用区熔法制备单晶硅的技术是一种区熔提纯的技术，是 W. G. Pfann 在研究去除材料中的污染物的过程中发展起来的。起初 W. G. Pfann 在研究锗在石墨或石英坩埚中的区熔提纯时，发现大部分杂质都可以被提纯，但是对分凝系数大的杂质则不起作用。区熔法在用于硅材料的提纯时遇到了同样的问题，硅中硼的分凝系数很大（0.8），提纯很困难。另外，液态硅可与高纯石英坩埚反应，且硅和坩埚的膨胀系数相差大，这些问题容易造成晶体的污染和破裂。为了解决这些问题，20 世纪 50 年代初，贝尔实验室和西门子公司的科学家利用熔体硅的表面张力大和密度小的特点，提出了无坩埚区熔的方法，也就是悬浮区熔（Floating Zone，FZ）法。之后，W. Keller 的“针眼工艺”（needle-eye）、W. C. Dash 的籽晶技术及 G. Ziegler 的“缩颈”技术，让用悬浮区熔法生长无位错的大直径单晶硅成为可能。

利用区熔法生长的单晶硅的杂质含量少、电阻大、少子寿命长、晶体质量好，其电阻率几乎可以接近硅的理论本征电阻率，因此，区熔单晶硅在大功率器件、高灵敏度探测器、高效太阳电池等领域具有重要的应用。

本章将介绍区熔单晶硅的生长及其原理。首先介绍与区熔生长直接相关的杂质分凝现象及分凝系数，然后介绍晶体生长正常凝固后的杂质分布，再介绍区熔提纯的基本原理并讨论影响提纯的因素，最后介绍区熔单晶硅的生长方法，包括工艺流程、对原料棒和籽晶等材料的要求，并讨论其优缺点及技术改进方向等。

7.1　分凝现象和分凝系数

7.1.1　分凝现象和平衡分凝系数

在晶体生长的过程中，会有意或无意地引入杂质（impurity）。如果是有意掺入的杂质，通常称其为掺杂剂（dopant），它们是用来控制半导体材料的电学性能的；如果是无意掺入的杂质，则称其为污染物，是半导体材料制备过程中需要避免的。半导体器件的性能主要依赖于半导体材料的电学性能，因此，半导体材料的掺杂是材料制备的核心技术。

掺杂剂的分布和含量主要取决于平衡分凝系数（k_0）和固溶度，可以通过相图进行表述。如图 7.1 所示，如果在两相区内存在平衡的固相和液相，则杂质浓度在固相和液相中是不同的。因此，热平衡时，含有杂质的物质熔化后结晶（生长成晶体）时，杂质（溶质）在结晶的固体和熔体（溶液）中的浓度是不同的，这一现象称为分凝现象或偏析现象。杂质在固相和液相中的浓度分布可以用分凝系数来表示。在某温度下，当固液两相平衡时，固相中的杂质浓度（C_S）与液相中的杂质浓度（C_L）的比值称为平衡分凝系数[1]

$$k_0=\frac{C_S}{C_L} \tag{7.1}$$

当固液两相达到平衡时，如果液相中的杂质浓度比固相中的杂质浓度大，则杂质降低了熔体的凝固点，$k_0<1$。此时，结晶过程消耗不完熔体中的杂质原子，导致界面附近的熔体中的杂质原子富余并逐渐向熔体中扩散。当结晶速度很慢时，固液界面的移动速度很慢，杂质原子有充分的时间扩散进入熔体，固液界面达到热平衡状态，如图 7.1（a）所示。

当固液两相达到平衡时，如果液相中的杂质浓度比固相中的杂质浓度小，则杂质提高了熔体的凝固点，$k_0>1$。此时，结晶时固相会消耗固液界面附近熔体中的杂质，将导致界面附近的熔体缺少杂质。当固液界面移动速度很慢时，远离界面的熔体中的杂质在浓度梯度的影响下，有充分的时间从熔体内部向界面处扩散，从而使界面附近熔体中的杂质得到补充，如图 7.1（b）所示。

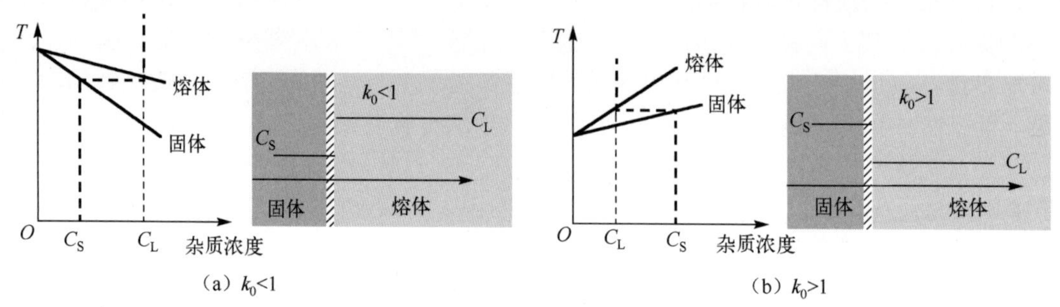

图 7.1 在平衡状态下固液两相的相图和杂质在固液界面处的浓度分布示意图

还有一种情况，杂质在固液两相中的浓度相当，即 $k_0\approx 1$，也就是说，熔体凝固后基本不改变原有杂质的分布状态。按照能斯特分配定律，在二元二相的系统中，纯溶质的熔融态和固态的化学势不相等，因此通常 k_0 不等于 1[2]。在能斯特分配定律中，平衡分凝系数又称为分配系数。

在热力学平衡的条件下，从统计热力学的角度来看，杂质由固体进入熔体的速率和由熔体进入固体的速率相等。假设固液界面是光滑的平面，杂质原子在固体、熔体中的振动频率相等，同时可以忽略弹性碰撞，则[2]

$$k_0=\frac{C_S}{C_L}=\exp\left(\frac{Q_S-Q_L}{\kappa T}\right) \tag{7.2}$$

式中，Q_S 是杂质原子从固体进入熔体必须克服的其近邻原子的键合力，Q_L 为熔体中的杂质原子进入固体的晶格位置需要克服的能量。一般情况下，Q_S 和 Q_L 不相等；当 $Q_S<Q_L$ 时，$C_S<C_L$，$k_0<1$，即杂质原子克服进入熔体的能量小于克服进入固体的能量；当 $Q_S>Q_L$ 时，$C_S>C_L$，$k_0>1$，情况则相反。从杂质原子克服能垒的角度来考虑，在一定程度上，平衡分凝系数取决于杂质原子的共价半径。杂质原子的共价半径越大，进入固体的晶格位置需要克服的能量 Q_S 越大，因此平衡分凝系数就越小，杂质在固体、熔体中的浓度差别就越大。

表 7.1 显示了硅中杂质元素的平衡分凝系数和共价半径。由表可见，在硅晶体中，除 O 外，几乎所有杂质元素的平衡分凝系数都小于 1。

表 7.1　硅中杂质元素的平衡分凝系数和共价半径[3]

元素	平衡分凝系数	共价半径/Å	元素	平衡分凝系数	共价半径/Å
H	—	0.03	Sn	0.016	1.4
Li	0.01	1.23	Ta	1.0×10^{-7}	—
Cu	4.0×10^{-4}	1.35	N	7.0×10^{-4}	0.70
Ag	1.0×10^{-6}	1.53	P	0.35	1.10
Au	2.5×10^{-5}	1.5	As	0.3	1.18
Zn	1.0×10^{-5}	1.31	Sb	0.023	1.36
Cd	1.0×10^{-6}	1.48	Bi	7.0×10^{-4}	1.46
B	0.8	0.88	Cr	1.1×1.0^{-5}	—
Al	2.0×10^{-3}	1.26	O	0.25～1.25	0.66
Ga	8.0×10^{-3}	1.26	S	1.0×10^{-5}	1.04
In	4.0×10^{-4}	1.44	Mn	1.0×10^{-5}	—
Tl	1.7×10^{-4}	1.47	Fe	8.0×10^{-6}	—
Ti	3.6×10^{-4}	—	CO	8.0×10^{-6}	—
C	0.07	0.77	Ni	8.0×10^{-6}	—
Ge	0.33	1.22			

7.1.2　有效分凝系数

实际晶体生长会偏离热平衡状态，既存在杂质的扩散，也存在自然对流（重力场引起）和强迫对流（搅拌、旋转等引起）引起的杂质移动。在这样的情况下，在固液界面处杂质分布存在浓度梯度，如图 7.2 所示。如果熔体中的杂质平均溶度为 C_L，则用有效分凝系数（k_{eff}）代替平衡分凝系数，其定义为

$$k_{eff}=\frac{C_S}{C_L} \tag{7.3}$$

当结晶速度十分缓慢时，符合热力学平衡的条件，杂质原子完全混合在熔体中，此时 k_{eff} 趋近于 k_0。但是，当晶体生长存在一定速率时，k_{eff} 不再等同于 k_0。

当 $k_0<1$ 时，如果结晶速度大于杂质由界面扩散到熔体内的速度，则杂质就会在界面附近的熔体薄层中堆积，如图 7.2 所示。此时，杂质向熔体内部扩散，最后达到动态平衡，形成稳定的杂质富集层（或扩散层）。假设固液界面附近熔体中杂质浓度的变化为 $C_L(z)$，很显然，杂质浓度随着与界面距离的增大而逐渐减小，最终达到杂质在熔体中的原始浓度 C_{L0}。当 $k_0>1$ 时，此时的结晶速度快于熔体中杂质扩散到固液界面的速度，也就是说，杂质来不及扩散至固液界面处，最终在固液界面的熔体处形成一个稳定的杂质贫乏层，固液界面附近熔体中杂质浓度的变化与 $k_0<1$ 时正好相反。

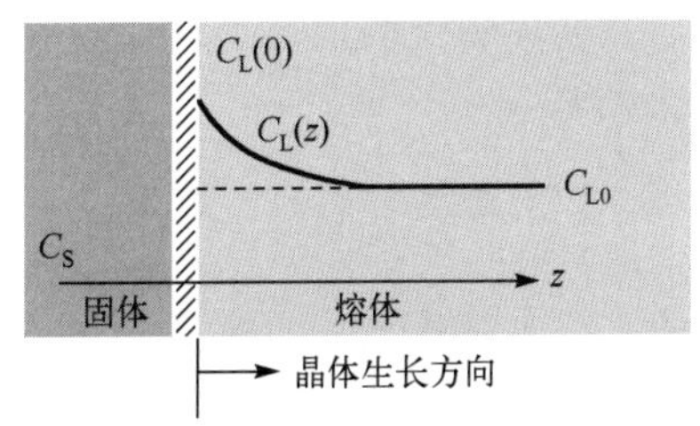

图 7.2　非平衡状态下固液界面处的杂质浓度分布示意图（$k_0<1$）

总之，液体凝固时，在固液界面靠近熔体的一侧形成了一个杂质富集或贫乏的区域，J. A. Burton 等人[4]称之为“杂质边界层”，其厚度用 δ 表示。在这个区域内，杂质传输主要依赖于扩散，其浓度分布不均匀，存在浓度梯度 $C_L(z)$。在杂质边界层外，受对流的影响，

杂质完全混合均匀，杂质分布是均匀浓度，记为 C_{L0}。在杂质边界层，杂质浓度用一维稳态传输方程描述

$$D_L \frac{d^2 C_L(z)}{dz^2} + v \frac{dC_L(z)}{dz} = 0 \tag{7.4}$$

式中，v 为固液界面移动速度或晶体的生长速率，D_L 为杂质在熔体中的扩散系数，z 为运动坐标，坐标原点固定于固液界面上，坐标轴指向熔体内部，如图 7.2 所示[5]。实际上，要精确地获得运动流体中的杂质浓度分布是很困难的，J. A. Burton 等人采用了近似的方法获得了实际晶体生长过程中的有效分凝系数和平衡分凝系数的关系

$$k_{eff} = \frac{k_0}{k_0 + (1-k_0)e^{-v\delta/D_L}} \tag{7.5}$$

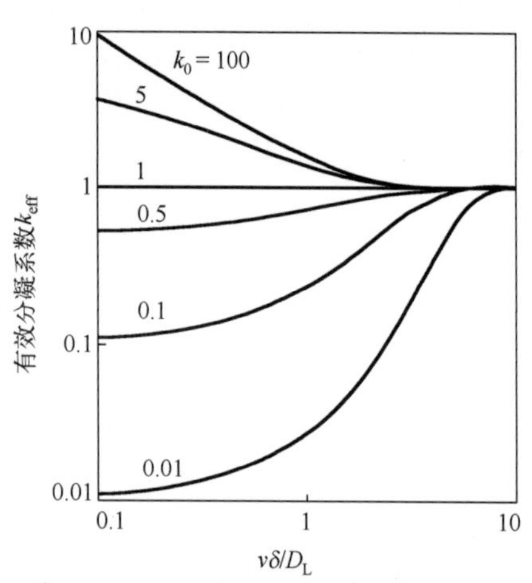

图 7.3 有效分凝系数与凝固速度的关系

式（7.5）也称为 BPS 关系式。对于确定的熔体系统，平衡分凝系数 k_0 是常数，而有效分凝系数 k_{eff} 主要与晶体生长速率 v、杂质边界层厚度 δ 及杂质在熔体中的扩散系数 D_L 有关。而 δ 又和对流有关，因此通过改变 $v\delta/D_L$ 可以有效地影响 k_{eff}，从而影响固体中的杂质分布，如图 7.3 所示。

BPS 关系式显示，在完全由扩散控制的情况下，若 δ 趋近于无穷大，则有效分凝系数 k_{eff} 趋近于 1。越接近 1，熔体中和晶体中杂质的溶度越接近，也就是说，杂质平均分布于整个晶体中，从而不利于杂质在固体头部或尾部的聚集。另一种极端的情况是晶体的生长速率趋近于 0，也就是 k_{eff} 逐渐趋近于 k_0。在实际情况中，k_{eff} 介于 k_0 和 1 之间。例如，通过搅拌增大熔体的对流，能有效地减小 δ 并使 k_{eff} 趋近于 k_0。另外，组分过冷或小晶粒都会快速增大有效分凝系数，从而影响杂质在固体中的分布，因此在实际晶体生长时，应该尽量控制好晶体生长的速率和温度梯度，避免组分过冷。

在晶体旋转的情况下，J. A. Burton 等人通过数值计算得到了杂质边界层的厚度与晶体转速的关系

$$\delta = 1.61 D_L^{\frac{1}{3}} \upsilon^{\frac{1}{6}} \Omega^{-\frac{1}{2}} \tag{7.6}$$

式中，υ 为熔体的运动黏滞系数，Ω 为晶体的转速[3]。通过有效分凝系数及与晶体转速关系的公式[式（7.5）、式（7.6）]，可以看出晶体生长工艺（如拉晶速度、晶体旋转速度等）对晶体生长过程中的杂质分凝存在影响。

7.1.3 正常凝固和杂质分布

材料全部熔化成熔体后，从熔体的一端向另一端缓慢移动并逐渐凝固，受分凝现象的影响，凝固后的晶体会出现杂质的宏观偏析，这个过程被称为正常凝固。它是一个准静态的过程，可以看作热力学的平衡过程。实际上，要达到正常凝固，需要满足以下 4 个基本假设条件：（1）假设晶体生长的过程十分缓慢，杂质在熔体中是均匀分布的；（2）假设分凝系数在

整个晶体凝固过程中保持不变，且是常数；（3）忽略凝固过程中体积的变化和熔体的杂质蒸发，假设固相和液相的比容相等；（4）假设杂质在固体中的扩散速度比其凝固速度慢得多，可以忽略杂质在固体中的扩散。

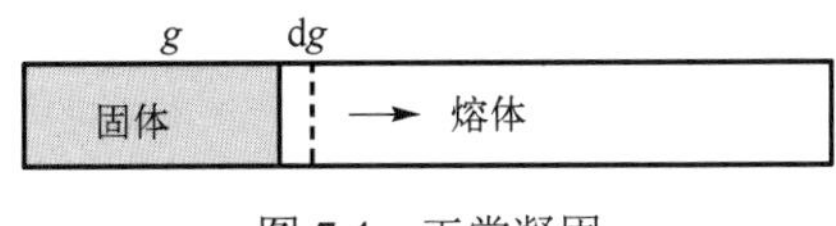

图 7.4　正常凝固

美国科学家 W. G. Pfann 提出了正常凝固杂质分布与分凝系数的关系[6]。如图 7.4 所示，假设固液界面是平面，等溶度面平行于固液界面，以此作为近似处理方法。晶体的总长度为 L，截面积为单位面积，凝固部分的体积百分数为 g。当熔体凝固了 dg 时，若 S 是熔体中杂质的量，则固液界面附近固体中的杂质浓度为

$$C_S = -\frac{\mathrm{d}S}{L\times \mathrm{d}g} \tag{7.7}$$

因为分凝系数 $k=C_S/C_L$，且 $C_L=S/[L\times(1-g)]$，所以

$$C_S = \frac{kS}{L\times(1-g)} \tag{7.8}$$

假设 S_0 是固体和熔体中的杂质总量，代入式（7.8），积分得

$$S = S_0(1-g)k \tag{7.9}$$

杂质总量等于杂质的初始浓度，即 $S_0=L\times C_0$，最终得到

$$C_S = kC_0(1-g)^{k-1} \tag{7.10}$$

式（7.10）即为正常凝固的杂质分布关系（Pfann 关系），其给出了在准静态生长过程中杂质分布的极限情况。利用式（7.10），可以获得杂质经过正常凝固后在晶体中的分布情况。式（7.10）是一个近似表达式，它与实际情况还是有差异的。

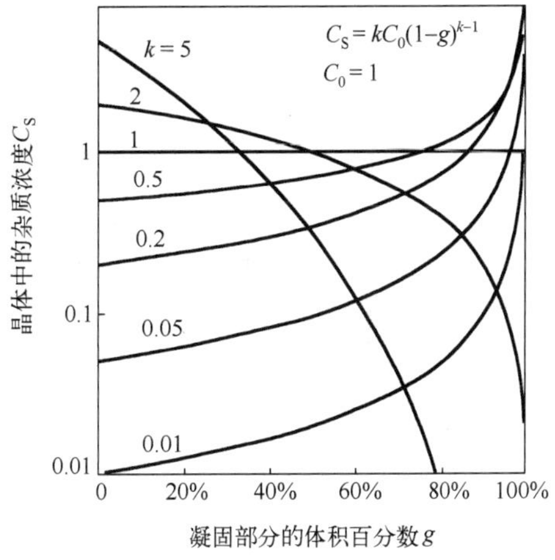

图 7.5　正常凝固后杂质的分布

在熔体凝固的过程中，杂质分布和 k 的大小有关，如图 7.5 所示。k<1 时，越接近凝固的尾部，杂质浓度越大，杂质原子集中在尾部。在实际晶体生长时，式（7.10）不能在整个 g 范围内成立，因为尾部杂质浓度太大，k 值已经发生了偏离。k>1 时，越接近头部，杂质浓度越大，杂质原子集中在头部。而对于 $k\approx 1$ 的杂质，基本保持原有的分布方式，杂质原子均匀分布在整个晶体中。

7.2　区熔晶体生长理论

区熔提纯（Zone Refining）又称区域熔炼，是一种利用凝固过程来提纯晶体、排除杂质的方法。它利用分凝现象将原料局部熔化形成狭窄的熔区，并使其从一端缓慢地移动到另一端，重复多次使杂质尽量集中在尾部或头部，进而使中部区域的材料更纯并最终达到提纯材料的目的。它最早是由 W. G. Pfann 提出的[6]，并在 20 世纪 50 年代早期首先用于提纯锗晶体

材料。目前，区域熔炼的方法已被应用于许多材料的提纯，三分之一以上的元素及数百种无机/有机化合物都可以通过区域熔炼获得较高的纯度。

假设原料棒的长度为 L，横截面的面积为 a，熔区长度为 l，凝固部分长度为 x，如图 7.6 所示。假设：原料中的杂质均匀分布且初始浓度为 C_0，熔区长度 l 恒定且远小于原料棒的长度 L，熔区缓慢匀速地通过整个原料棒。此时，凝固的固体中的杂质浓度为 kC_0。当凝固的熔区前进 $\mathrm{d}x$ 时，熔区中的杂质增加了 $C_0a\mathrm{d}x$，形成固体而减少的杂质的量为 $C_Sa\mathrm{d}x = kC_La\mathrm{d}x$，熔区的杂质净增$(C_0-kC_L)a\mathrm{d}x$。这里的 x 是指实验室坐标系的坐标，以凝固的起始点为原点，如图 7.6 所示。熔区中杂质的浓度 $C_L=S/al$，即熔区中杂质的浓度是熔区中杂质的量（S）除以熔区的体积（al），因此，熔区前进造成的杂质量的微量变化与熔区中的杂质净增的量相等，即

$$\mathrm{d}S = \left(C_0 - \frac{kS}{l}\right)\mathrm{d}x \tag{7.11}$$

积分得到

$$S\mathrm{e}^{\frac{k}{l}x} - S_0 = \frac{C_0 l}{k}(\mathrm{e}^{\frac{k}{l}x} - 1) \tag{7.12}$$

在第一个熔区 $x = 0$ 时，熔区中杂质的量为 $S_0 = C_0al$，固体中的杂质浓度为 $C_S = kC_L = kS/al$，因此得到

$$C_S(x) = C_0[1-(1-k)\mathrm{e}^{-\frac{k}{l}x}] \tag{7.13}$$

根据式（7.13）的杂质分布表达式可计算得到晶体中的杂质浓度 C_S 和 x/l 的关系，如图 7.7 所示。分凝系数 k 的取值为 0.01～10，并假设原料棒的长度 L 和熔区长度 l 的比值为 10，且 $C_0 = 1$。需要注意的是，当 $k < 1$ 时，k 值增大，初始凝固的晶体浓度更接近 C_0；当 $k > 1$ 时，则相反。当 k 小于某个值（如图 7.7 中为 0.2）时，晶体中的杂质分布将变化较大，很难获得相对均匀分布的区域。另外对于特定的 k，增大原料棒长度或减小熔区长度，可以增大杂质均匀分布的区域。反之，熔区长度在极限情况下等于原料棒的长度，这种情况称为正常凝固。

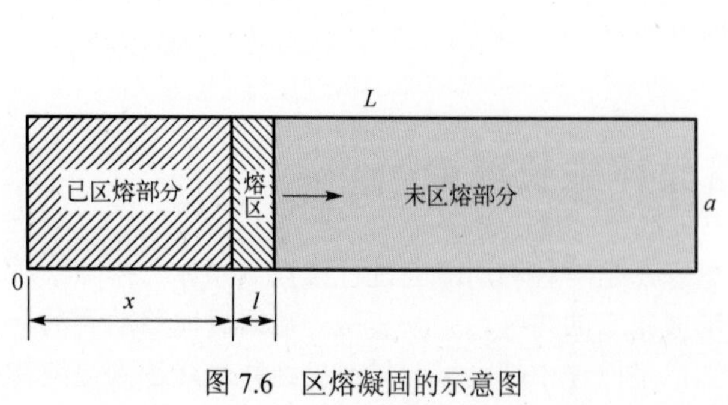

图 7.6　区熔凝固的示意图

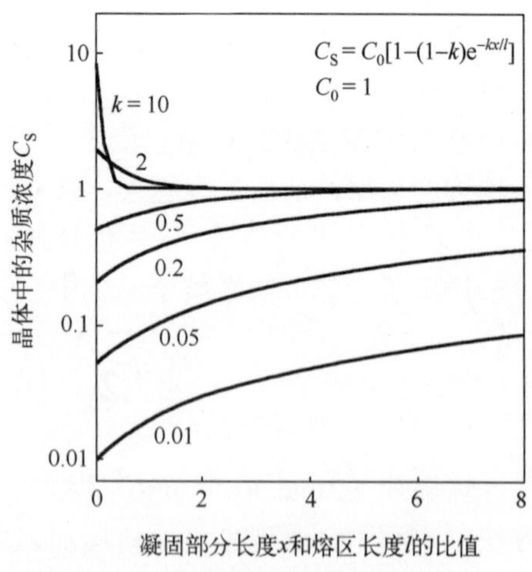

图 7.7　一次区熔后杂质沿晶体的分布

显然，区熔不完全等于正常凝固。与正常凝固相比，如图 7.8 所示，一次区熔后的杂质浓度高于正常凝固的杂质浓度，一次区熔的提纯效果不如正常凝固好。但是，相较于正常凝固，一次区熔后的杂质浓度分布更加均匀。值得注意的是，在最后一个熔区的情况属于正常凝固[服从式（7.10）]，不服从区熔的规律。

多次区熔能够得到更高纯度的晶体，但也不可能把纯度无限提高。对于长度为 L 的原料棒，用同样长度的熔区进行多次区熔后，再增加一次区熔，杂质分布将不再变化，这一现象被称为“极限分布”或“最终分布”。因此，若达到极限分布后再进行区熔，则固体中的杂质分布将维持不变。

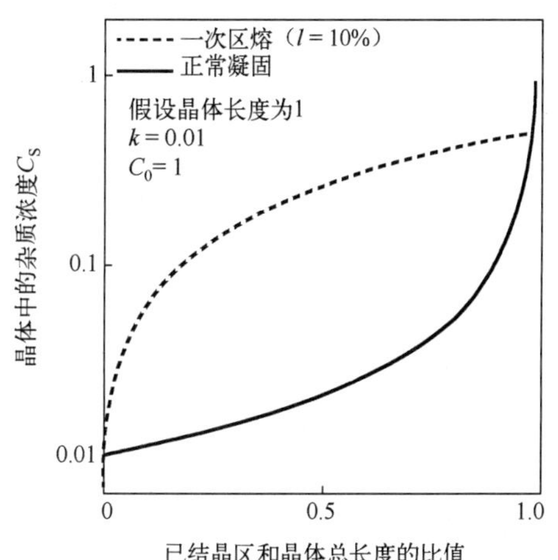

图 7.8　一次区熔和正常凝固的对比

设极限分布时杂质的浓度为 $C_S(x)$，如果继续进行区熔提纯，熔区在 x 至 $x+l$ 的范围，熔区中的杂质总量为 $a\int_x^{x+l} C_S(x)\mathrm{d}x$。假设杂质在熔区中均匀分布，因此熔区中的杂质浓度为

$$C_L(x)=\frac{1}{l}\int_x^{x+l} C_S(x)\mathrm{d}x \tag{7.14}$$

如果 $C_S(x)=kC_L(x)$，那么

$$C_S(x)=\frac{k}{l}\int_x^{x+l} C_L(x)\mathrm{d}x \tag{7.15}$$

在初始阶段，在一个单位面积的原料棒中，其熔区内的杂质浓度等于熔化前该区域固体中的杂质总量除以该熔区长度，即边界条件为 $\frac{1}{l}\int_0^l C_S(x)\mathrm{d}x=C_0$。因此式（7.15）的解为

$$C_S(x)=A\mathrm{e}^B x \tag{7.16a}$$

$$k=\frac{Bl}{\mathrm{e}^{Bl}-1} \tag{7.16b}$$

$$A=\frac{C_0LB}{\mathrm{e}^{LB}-1} \tag{7.16c}$$

从式（7.16）可以看出，影响杂质浓度极限分布的主要因素为分凝系数和熔区长度。熔区长度 l 越小，极限分布时晶体中的杂质浓度越低。在 $k<1$ 时，k 值越小，极限分布时初始位置的杂质浓度越低。图 7.9 显示了达到极限分布后杂质浓度在固体中的分布曲线，其中假设 $L=10$，$l=1$，$C_0=1$，k 的取值为 0.001、0.01、0.1 和 0.5。

由上述公式可知，对于特定的杂质，影响区熔提纯的主要因素是熔区长度和区熔的次数。对于一次区熔，根据式（7.13）可知，熔区长度越大，杂质浓度越低。正常凝固可以被看作一次区熔，且是具有最大熔区长度的区熔，其提纯效果最好。在这种情况下再进行第二次凝固，理想条件下杂质分布将不发生变化。那么，当减小熔区长度进行第二次区熔时，杂质将重新分布。在 $k<1$ 的情况下，根据区熔的公式[式（7.13）]，一次区熔将使晶体中的杂质浓度减小。对一次区熔获得的晶体进行第二次区熔后，晶体中的杂质浓度将进一步减小，如图 7.9（b）所示。以此类推，杂质最终集中在最后凝固的位置。对于多次区熔，如式（7.16），

熔区长度越小，越有利于晶体的提纯。在实际区熔时，开始时可以采用大的熔区长度，后几次再用小的熔区长度。

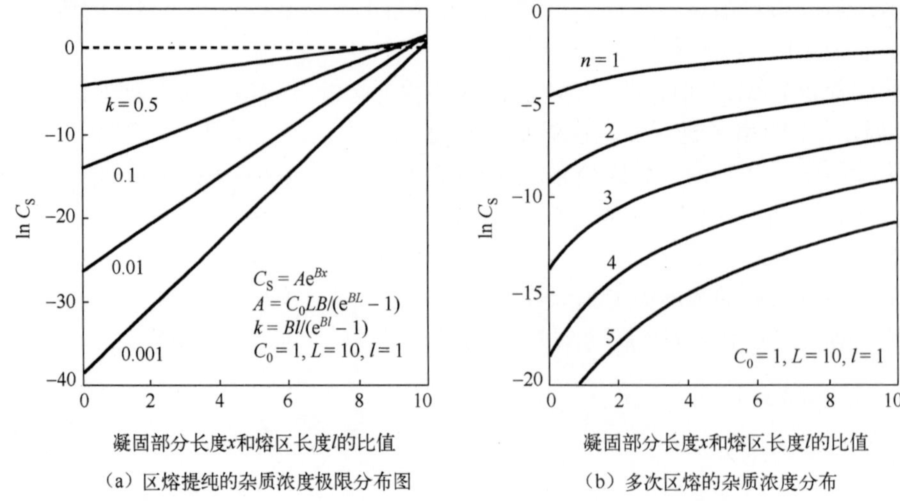

（a）区熔提纯的杂质浓度极限分布图　（b）多次区熔的杂质浓度分布

图 7.9　达到极限分布后杂质浓度在固体中的分布曲线

对于多次区熔，存在极限分布的情况。在区熔达到一定的次数以后，杂质分布的变化就不明显了。在实际晶体生长的过程中，区熔次数（n）的选择可采用经验公式[7]

$$n = (1 \sim 1.5)L/l \tag{7.17}$$

一般用 $L/l = 10$，因此区熔的次数为 10～15 次。

熔区移动的速度也会影响杂质的输运。熔区移动速度的大小会直接影响有效分凝系数，从而影响杂质的分布。在熔区移动过程中，熔区的前后有两个固液界面，分别称为凝固界面和熔化界面。在凝固界面，对于 $k<1$ 的杂质，因分凝作用将被排斥到熔区。而在熔化界面，因原料熔化又有新的杂质进入熔体，它们将从熔化界面向凝固界面运动，其运动方向正好与分凝出来的杂质的运动方向相反。对于 $k>1$ 的杂质，在熔区也存在类似的情况。为了避免造成杂质局部的聚集，应该减小熔区移动的速度，从而改善提纯效果。但是过小的区熔速度又会提高成本和降低生产效率，因此，应根据实际情况，合理考虑区熔速度。

对于晶体的提纯，除了上述杂质输运的影响，还存在热量的传输、液体中的混合传输（热量、质量对流及扩散）等的共同影响。对于区熔的具体工艺，需要综合考虑这些因素。

7.3　区熔单晶硅生长

区熔法经过长时间的发展，已经演化出了多种实现晶体区熔生长的方法。其中，利用熔体表面张力维持熔区形状而实现无坩埚生长的悬浮区熔（FZ）法不再局限于区熔提纯，而可被用于生长高纯晶体。FZ 法将原料棒垂直固定在保温管内，不需坩埚，利用高频感应线圈局部熔化原料棒，并使熔区从一端逐渐移至另一端以完成结晶的垂直区熔过程，也称为无坩埚区熔法。除了高频感应线圈加热的方式，还有光辐射聚焦加热、激光加热、电子束加热等方式[8]。

自 1951 年以来，W. G. Pfann 研究了用石墨或石英坩埚水平区熔生长 Ge 晶体的方法，获得了非常纯净的单晶锗。但是，硅熔化后的化学性质极为活泼，可与高纯石英坩埚强烈反应，并黏着和侵蚀坩埚，不可避免地会破坏坩埚并污染本身的熔体。同时，由于硅的热膨胀系数比坩埚的热膨胀系数大得多，因此在冷却过程中将导致坩埚破裂。所以，有坩埚的水平区熔技术并不能应用于硅晶体的生长。20 世纪 50 年代初，一些研究人员利用液态硅有大的表面张力（720mN/m）和小的密度（2.3g/cm^3）的特性，提出了无坩埚区熔的方法，将熔区悬浮于多晶硅棒和长出的单晶之间，也就是悬浮区熔法[9-11]。来自贝尔实验室的 P. H. Keck 和 M. J. E. Golay 用 FZ 法生长出了单晶硅，而西门子的 R. Emeis 独立设计了有旋转系统的生长方法，获得了 10mm 直径的区熔单晶硅。但是，单晶硅直径的增大意味着熔区的增大，直到硅的表面张力不能支撑熔区，从而限制了 FZ 法生长大直径的硅晶体。1959 年，W. Keller 发明了“针眼工艺”（needle-eye）[12-13]，如图 7.10（a）所示，用高频感应线圈包围熔区并形成一个窄颈，熔区长度和表面张力、重力有关，而不受晶体直径的限制。如果没有针眼工艺的作用，如图 7.10（b）所示，熔区长度就不能过大，而且由于熔体的表面张力的限制，只能生长直径较小的硅晶体。针眼法和 1959 年 W. C. Dash[14]提出的籽晶技术，以及 1960 年 G. Ziegler[12, 15]提出的“缩颈”技术，使 FZ 法生长无位错的更大直径的单晶硅成为可能。目前，用 FZ 法已经可以生长直径为 200mm 的单晶硅。

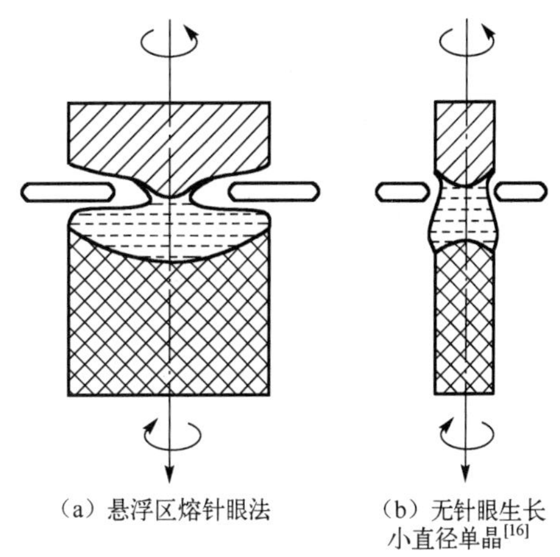

（a）悬浮区熔针眼法　　（b）无针眼生长小直径单晶[16]

图 7.10　FZ 法的浮区示意图

图 7.11（a）显示了悬浮区熔单晶硅设备的示意图，主要包括动力控制系统（上轴控制多晶硅棒的旋转，下轴控制籽晶、单晶的旋转）、加热系统、真空与气体系统、晶体夹持装置、炉体、冷却系统等。原料棒垂直固定在设备的上轴，籽晶放置在原料棒的下端，单晶硅是由下向上生长并由籽晶支撑的。但是籽晶的细颈支撑力是有限的，而且一般为了改善径向电阻率的均匀性，通常采用偏心生长，因此籽晶在细颈处容易折断，所以通常在下轴安装一个夹持机构，夹住晶体使之与下轴同步运动。晶体生长炉的保护性气氛可以为 Ar、H_2 或 N_2+Ar，也可以为真空。对于不同的气氛，加热线圈也不同。氩气保护气氛对熔体硅有一定的托浮作用，晶体生长比在真空状态下稳定，此时一般采用单匝线圈来实现针眼工艺。

其中，原料棒为区熔单晶硅的原料，是化学气相沉积的致密的高纯多晶硅棒。通过对多晶硅棒进行滚磨，可控制多晶硅棒的形状和尺寸，使原料棒圆而直。然后，对原料棒进行化学腐蚀抛光，去除表面的机械损伤和可能的金属杂质污染，使表面光滑且平整。籽晶应无位错，晶向和导电类型与预生长的晶体一致，一般为<111>或<100>晶向。

熔区的加热技术是生长晶体的关键。利用高频感应线圈（或者其他加热技术）加热多晶硅棒，使多晶硅棒的部分区域熔化，通过平衡表面张力和重力获得稳定的悬浮熔区，从而维持晶体的顺利生长。在针眼工艺中，熔区的最大长度 l_{max} 同表面张力γ和熔体的重力 g 及密度ρ满足如下的关系[1, 16]：$l_{max}=2.84\times(\gamma/\rho g)^{1/2}$。对于高频感应线圈，通过控制加热的参数（如频率、功率、分布、线圈形状等），可达到控制熔区形状和温度梯度的目的。

悬浮区熔单晶硅（简称区熔单晶硅）的生长过程包括：装料—预热—熔接—引晶—缩颈—放肩—等径生长—收尾等，如图 7.12 所示。装料后，首先对籽晶和原料棒进行预热，再通过对高频感应线圈局部加热使原料棒的最下端熔化并在表面张力的作用下产生稳定的熔区。然后籽晶向上移动与熔体熔接，进行引晶，晶体的生长先从硅棒和籽晶的结合处开始。籽晶与硅棒同步下行，熔体硅冷凝再结晶形成单晶硅。接着，通过控制移动速度和高频感应线圈的功率等参数，实现缩颈和放肩。通过缩颈可消除位错，通过放肩可达到需要的直径。保持晶体直径不变，熔区以一定的速度从下端沿着硅棒缓慢向上运动（制备 P 型高纯单晶硅时，提纯的速度一般小于 1mm/min），使多晶硅逐步转变成单晶硅，也就是等径生长的过程。最后进行收尾，轻拉上轴使熔区逐步拉断后凝成尖形，完成晶体生长。

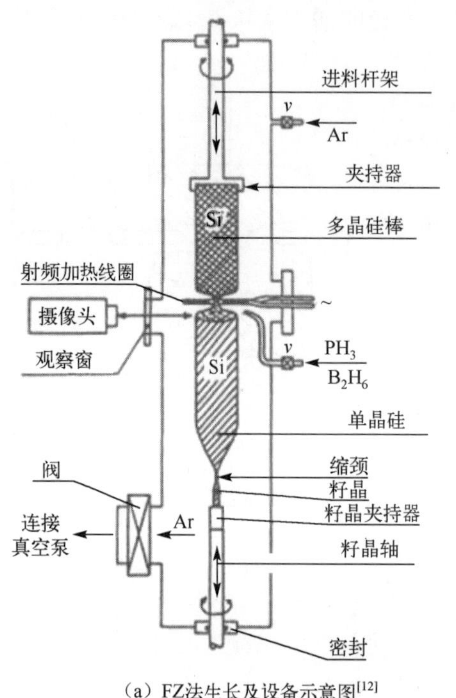

（a）FZ法生长及设备示意图[12]

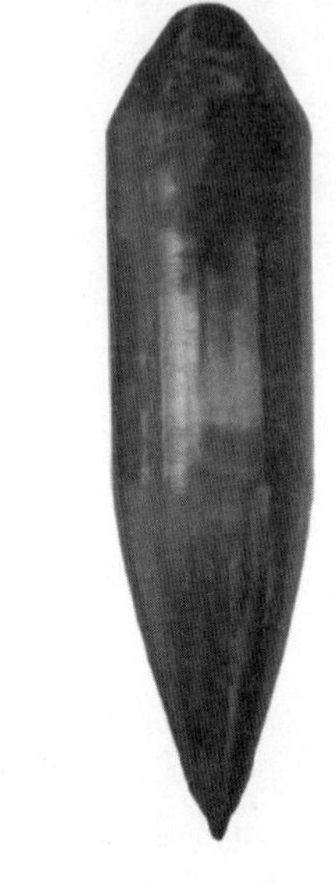

（b）国产200mm（8英寸）区熔单晶硅

图 7.11 悬浮区熔单晶硅设备的示意图

在针眼工艺中，多晶硅棒的直径可以比预生长的单晶硅的直径小，多晶硅棒的下端呈圆锥形，下截面和籽晶上表面的面积相同，高频感应线圈的直径比多晶硅棒的直径还要小。在晶体开始生长后，熔区始终很小，而熔区下端形成的单晶硅的直径可以比上端的多晶硅棒的直径大，保证熔区可顺利地通过整个多晶硅棒，从而生长大直径区熔单晶硅。图 7.11（b）显示了国产的 8 英寸区熔单晶硅。

（a）熔接　（b）缩颈和放肩　（c）等径生长

图 7.12 区熔单晶硅生长过程示意图[17]

利用悬浮区熔法生长的区熔单晶硅是纯度很高的晶体，其杂质含量少，电阻大，少数载流子寿命长。由于不接触坩埚，因此区熔单晶硅的纯度比直拉单晶硅高两个数量级，其电阻率可以达到 $1\times10^5\Omega\cdot cm$，接近硅的理论本征电阻率。因此，区熔单晶硅被广泛地应用于电子器件，如功率二极管、晶闸管、绝缘栅双极型晶体管、栅极可关断晶体管等。

但是，高的电阻率使得区熔单晶硅的导电能力很弱，需要通过掺杂来提高载流子的浓度，一般采用气相掺杂来控制区熔单晶硅的导电类型。在晶体生长时，在氩气保护气体中掺入稀释的磷化氢（PH_3）或乙硼烷（B_2H_6），以达到掺入磷或硼从而制备 N 型硅或 P 型硅的目的。还可在化学气相沉积高纯多晶硅原料棒时直接掺入磷或硼，然后通过区熔直接制备 N 型硅或 P 型硅。除了掺杂剂，区熔单晶硅中的主要杂质是碳和氧，主要来自多晶硅原料，它们的浓度分别低于 $1\times10^{16}cm^{-3}$ 和 $5\times10^{16}cm^{-3}$（红外光谱的检测极限）。

区熔单晶硅在生长过程中也会产生微缺陷，它同生长的保护气氛有关。在 20 世纪六七十年代，为了抑制区熔单晶硅中的微缺陷，在氩气保护气体中添加了一定浓度的氢气。但是，这会导致与氢相关的新的微缺陷产生。到 20 世纪 80 年代，研究者又发现在保护气氛中掺入 3%～10%的氮气或在区熔单晶硅中引入微量氮杂质，可以降低区熔单晶硅中的微缺陷密度；同时，微量的氮原子可以钉扎位错，阻碍位错的运动，从而在一定程度上提高了区熔单晶硅的机械强度。

区熔单晶硅除具有纯度高、电阻率高等优点外，与直拉法相比，区熔法的最大生长速率也比较高，而且耗能较小[18]。这是因为用区熔法生长单晶硅时，产热部分主要集中在相对较小的熔区和靠近固液界面的固体硅部位，所以热可以有效地消散。

当然，区熔单晶硅也存在一些问题，如内应力大、机械强度低等。悬浮区熔的生长方式决定了区熔单晶硅在纵向上的温度梯度大，因此单晶硅的内应力较大。另外，无坩埚生长使得区熔单晶硅中的氧杂质浓度很低，从而降低了区熔单晶硅的机械强度，提高了硅片和器件的加工碎片率。区熔单晶硅生长的另一个弱点是设备贵重、体积大、重量大、高度大及精度复杂，为了保障晶体生长的质量，需要大重量的设备保障高的机械精度，需要维持稳定的旋转运动，设备高度还需要达到晶体长度的 4 倍左右。另外，对用于区熔生长的多晶硅原料棒的要求高，除要求外形必须是精度良好的圆柱形外，还要求原料棒无裂纹、气孔、析出物（SiO_x、SiC、Si_3N_4）和高残余应力。而且，在惰性生长气氛中的射频阈值电压限制了单晶硅的最大直径，因为增大单晶硅直径就意味着需要增大射频功率，而高的射频功率容易在高频感应线圈的狭缝中产生电弧。区熔单晶硅的这些不足，会大大增加其生长成本。

为了克服多晶硅原料棒昂贵的问题，德国 Siltronic 公司提出了一种新的技术——颗粒悬浮区熔（granulate Floating Zone，gFZ）法[16]，即用连续进料的流化床颗粒取代多晶硅原料棒来生长低成本的区熔单晶硅，如图 7.13 所示。这种技术在单晶硅生长的射频线圈的上方增加了硅颗粒进料及加热等装置，然后，硅颗粒投料至硅盘上，硅盘上方的射频线圈加热熔化硅颗粒，熔体从硅盘中间的孔进入熔区（或者叫作熔体池）。为了防止硅盘变形，在硅盘下方和熔体池顶部安装独立的感应线圈，确保硅盘从底部冷却。

另外，为了将区熔硅应用于太阳能光伏领域，研究者还提出了用区熔法生长方形截面的单晶硅（quadratic cross-section Floating Zone，qFZ）[16, 18]。太阳电池片是方形的，如果用方形的硅锭晶体可以减少材料的浪费。这种技术在区熔单晶硅生长系统的基础上，利用特殊的感应线圈提供四重对称热场，同时不旋转晶体，从而获得方形截面的单晶硅，如图 7.14 所示。

本章阐述了区熔单晶硅的生长原理和制备技术。通过区熔的方法既可以提纯晶体，又可以生长单晶材料。相较于正常凝固，多次区熔通过杂质分凝可以大大改善提纯的效果。实际的晶体生长偏离热力学平衡状态，杂质分凝需要综合考虑晶体生长速率、杂质边界层厚度和杂质在熔体中的扩散系数。区熔提纯也需要综合考虑熔区长度和区熔的次数，而且提纯的次数不是越多越好，一般在接近极限分布的情况下就可以停止区熔。从熔体中生长硅晶体，坩埚会对晶体造成污染，无坩埚悬浮区熔法是生长高纯单晶硅的重要方法，但是该方法存在对多晶硅原料棒的要求高、设备昂贵及晶体尺寸受限等问题。

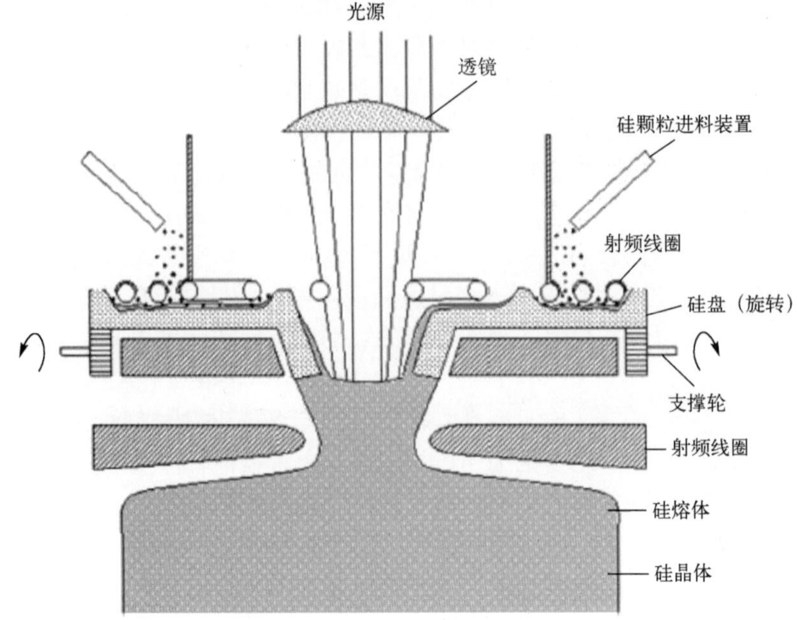

图 7.13 颗粒悬浮区熔法示意图[16]

图 7.14 方形截面的 qFZ 晶体（截面为 100mm×100mm）[18]

习 题 7

1．平衡分凝系数与有效分凝系数有何异同？

2．什么是正常凝固？与分凝系数有何关系？

3．阐述区熔提纯的原理。

4．影响区熔提纯的因素有哪些？区熔的次数是不是越多越好？为什么？

5．区熔单晶硅的工艺特点有哪些？

6．区熔单晶硅有哪些特点？

参 考 文 献

[1] 阙端麟. 硅材料科学与技术[M]. 杭州：浙江大学出版社，2000.

[2] 闵乃本. 晶体生长的物理基础[M]. 南京：南京大学出版社，1982.

[3] WATKINS G D. Properties of crystalline silicon[M]. London: INSPEC, 1999.

[4] BURTON J A, PRIM R C, SLICHTER W P. The Distribution of solute in crystals grown from the melt. Part I. Theoretical[J]. The Journal of Chemical Physics, 1953, 21(11): 1987-1991.

[5] LIAW M, ARAGONA F S. Sequential purification and crystal growth for the production of low cost silicon substrates. Quarterly technical progress report No. 2[R]. United States: Motorola, Inc., Phoenix, AZ (USA). Semiconductor Group, 1980.

[6] PFANN W G. Principles of zone-melting[J]. The Journal of the Minerals, Metals & Materials Society(TMS), 1952, 4(7): 747-753.

[7] 杨树人，王宗昌，王兢. 半导体材料[M]. 2 版. 北京：科学出版社，2004.

[8] 介万奇. 晶体生长原理与技术[M]. 北京：科学出版社，2010.

[9] THEUERER H C. Method of processing semiconductive materials, US.3060123[P/OL]. 1952.

[10] KECK P H, GOLAY M J E. Crystallization of silicon from a floating liquid zone[J]. Physical Review, 1953, 89(6): 1297.

[11] EMEIS R. Notizen: tiegelfreies ziehen von silicium-einkristallen[J]. Zeitschrift für Naturforschung A, 1954, 9(1): 67-68.

[12] ZULEHNER W. Historical overview of silicon crystal pulling development[J]. Materials Science and Engineering: B, 2000, 73(1): 7-15.

[13] KELLER W. Verfahren zum vergroessern des stabquerschnittes beim tiegellosen zonenschmelzen eines stabes aus kristallinem material, insbesondere Halbleitermaterial, DE 1148525[P/OL]. 1959.

[14] DASH W C. Growth of silicon crystals free from dislocations[J]. Journal of Applied Physics, 1959, 30(4): 459-474.

[15] ZIEGLER G. Notizen: zur bildung von versetzungsfreien siliciumeinkristallen[J]. Zeitschrift für Naturforschung A, 1961, 16(2): 219.

[16] MUIZNIEKS A, VIRBULIS J, LüDGE A, et al. 7-Floating zone growth of silicon[M]//RUDOLPH P. Handbook of Crystal Growth. 2nd ed. Boston: Elsevier, 2015: 241-279.

[17] 陈海滨，闫志瑞，库黎明，等. 区熔法拉制硅单晶中多晶棒化刺工艺探讨[J]. 材料科学，2020，10（4）：4.

[18] NAKAJIMA K, USAMI N. Crystal growth of Si for solar cells[M]. Berlin Heidelberg: Springer, 2009.

第 8 章　直拉单晶硅的生长和制备

硅材料是最重要和应用最广泛的元素半导体材料之一，是微电子工业和太阳能光伏工业的基础材料。它既具有元素含量丰富、化学稳定性好、无环境污染等优点，又具有良好的半导体材料特性。

硅材料有多种晶体形式，包括单晶硅、多晶硅、非晶硅和纳米硅等。其中，单晶硅（也称硅单晶）具有晶格完整、晶体缺陷少、纯度高（杂质浓度低）等优点，适用于制备高性能的半导体器件。

除第 7 章介绍的区熔单晶硅外，直拉单晶硅也是单晶硅的一种主要形式。区熔单晶硅利用高频感应线圈在多晶硅原料棒上形成区域熔化，达到提纯和生长单晶的目的，这种区熔单晶硅没有利用石英坩埚，其纯度可以很高，电学性能均匀。但是，它的直径小，机械加工性差，设备、工艺成本高，所以区熔单晶硅主要用来制备高压、大功率半导体器件。和区熔单晶硅相比，利用直拉法生长的单晶硅对高纯多晶硅原料纯度、形状和尺寸的要求都相对较低，可以获得较大直径的单晶（最大直径可以达到 450mm），机械强度高、加工碎片率低，而且设备、工艺成本也比较低。因此，直拉单晶硅被广泛用于制备微电子器件和高效太阳电池。

直拉法生长单晶体的技术是由波兰科学家 J. Czochralski 在 1917 年发明的，所以又称切氏法（Cz 法）。1950 年，G. K. Teal 等人将这种方法用来生长半导体单晶锗[1]，然后又利用这种方法生长直拉单晶硅[2]。在此基础上，W. C. Dash 提出了直拉单晶硅生长的缩颈技术[3,8-9]，G. Ziegler 提出了快速引颈生长细颈的技术，构成了现代的大直径无位错直拉单晶硅的基本方法。

直拉单晶硅生长技术通过在石英坩埚中熔化高纯多晶硅原料，并添加一定量的高纯掺杂剂，再经过引晶、缩颈、放肩、等径生长和收尾等晶体生长阶段，最终制备成直拉单晶硅。近年来，为了提高直拉单晶硅的质量和产量，磁控拉晶、连续加料、重复加料等新型技术被开发和应用。在单晶硅生长完成后，通过切断、滚圆、化学清洗等工艺，再利用切片、化学清洗等工艺，制备成太阳电池用硅片；如果利用切片、磨片、抛光、化学清洗等工艺，则可以制备微电子器件用硅片。

本章将介绍直拉单晶硅的基本生长原理和工艺[4]，阐述装料、引晶、缩颈、放肩、等径生长和收尾等晶体生长工艺及直拉单晶硅生长的主要技术参数，最后介绍磁控拉晶、连续加料、重复加料等新型单晶硅生长技术及直拉单晶硅的切磨抛等硅片加工工艺。

8.1　直拉单晶硅的生长工艺

直拉单晶硅生长炉的示意图如图 8.1 所示。从图中可见，直拉单晶硅生长炉的最外层是水冷腔，里面是保温层（热屏），再里面是石墨加热器。在炉体下部有一圈石墨托，固定在支架上，可以上下移动和旋转。在石墨托上面放着圆柱形的石墨坩埚，在石墨坩埚里置有石英坩埚，在坩埚的上方悬空放置着籽晶轴，同样可以自由地上下移动和转动。所有的石墨件和石英件都是高纯材料，以防止生长过程中对单晶硅产生污染。

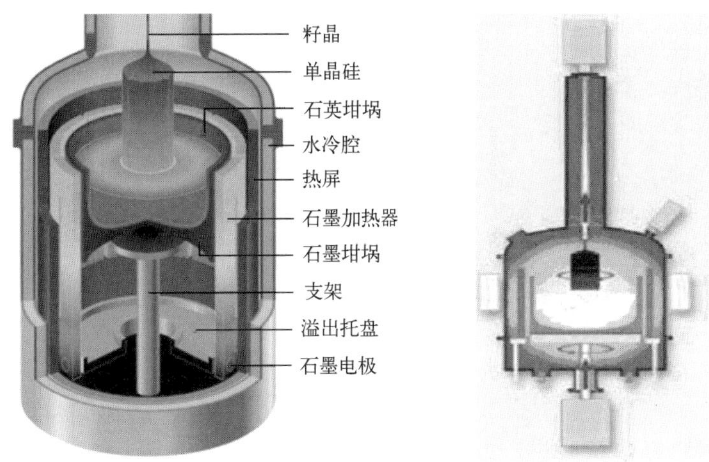

图 8.1　直拉单晶硅生长炉的示意图

8.1.1　直拉单晶硅生长的基本工艺

直拉单晶硅生长的基本工艺包括：多晶硅的装料、熔化、引晶（种晶）、缩颈、放肩、等径生长和收尾等过程，具体工艺流程如图 8.2 所示。在单晶硅生长时，通常通入低压的氩气作为保护气体，浙江大学还发明了用氮气或氮气/氩气的混合气作为直拉单晶硅生长的保护气体[5-7]。

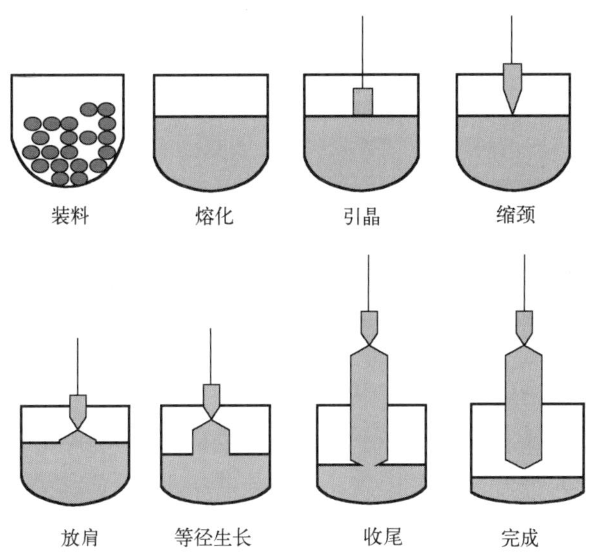

图 8.2　直拉单晶硅生长工艺流程

8.1.1.1　多晶硅的装料

在直拉单晶硅生长之前，需要对晶体炉的炉膛进行清洁处理，并在石墨坩埚内放入高纯的石英坩埚；同时，要检查坩埚的表面，防止使用有裂纹或损坏的坩埚。然后，将真空包装的高纯多晶硅原料（块体材料或颗粒硅材料）放入石英坩埚。如果需要，可以将多晶硅原料在硝酸和氢氟酸的混合酸液中清洗，去除硅材料的外表面，以除去可能的金属等杂质。

图 8.3 多晶硅原料装入石英坩埚的照片

图 8.3 是多晶硅原料装入石英坩埚的照片。在往石英坩埚中装料时，要注意多晶硅原料放置的位置。不能使石英坩埚底部有过多的空隙，因为在多晶硅熔化时其底部先熔化，如果在石英坩埚底部的多晶硅有过多的空隙，熔化后熔体硅液面将和上部未熔化的多晶硅之间有一定的空间，使得多晶硅跌入熔体硅，造成熔体硅外溅，形成“硅跳”，影响单晶的生长。同时，多晶硅原料之间也不应该有较多的空隙，否则会使硅料的装载量较小，不利于提高生产效率。因此，在实际生产时，在加装大块多晶硅原料时，也可以加入高纯颗粒多晶硅、硅粉等原料，以充填块状硅料的空隙，提高生产效率。

另外，多晶硅原料不能碰到石英坩埚的上边沿，以免熔化时这部分多晶硅黏结在坩埚的上边沿，而不能熔化到熔体硅中，形成“硅挂边或搭桥”，在晶体生长时，“硅挂边或搭桥”的硅料会跌入熔体硅液面，影响固液界面，从而导致单晶硅生长的失败。

在多晶硅装料的同时，一般会加入适量的固体掺杂剂；根据需要，均匀地放置在多晶硅的不同部位，以便在多晶硅熔化时掺杂剂能均匀地分布在熔体硅中。

在多晶硅装料完成后，要在单晶炉的上方籽晶轴上安装籽晶。籽晶是具有一定晶向的细长棒状单晶硅，籽晶截面的法线方向就是直拉单晶硅的晶体生长方向，一般为<111>或<100>方向。籽晶的长度一般为 50～100mm，直径为 3～5mm。籽晶制备后需要进行化学抛光，以去除籽晶的表面机械损伤，避免表面损伤层中的缺陷（如位错）延伸到生长的直拉单晶硅中，同时，化学抛光也可以减少由籽晶带来的金属杂质污染。

8.1.1.2 熔化

多晶硅、掺杂剂和籽晶放置或安装完成后，关闭炉膛，将单晶硅生长炉抽成一定的真空，再充入一定流量和压力的保护气体。单晶硅生长的保护气体一般是惰性气体氩气（Ar），而浙江大学发明了利用氮气作为保护气体生长直拉单晶硅的技术，并在产业上得到了应用。作为保护气体，氮气的纯度更高而制备成本更低，但是，防止在晶体生长过程中高纯氮气和熔体硅反应是关键。

通电加热石墨加热器，使得石英坩埚和多晶硅原料逐步升温，加热温度超过硅材料的熔点（1420℃），多晶硅原料开始熔化，最终形成熔体硅。在通电加热时，加热功率是主要因素：加热功率大，硅熔化时间短，但可能造成石英坩埚壁的损伤；加热功率小，硅熔化时间长，生产效率低。图 8.4 是从直拉单晶硅生长炉的观察窗口拍摄的多晶硅原料加热熔化的照片。在多晶硅原料熔化时，低熔点的掺杂剂也会同时熔化在熔体硅中。

图 8.4 直拉单晶硅生长炉中多晶硅原料加热熔化的照片

多晶硅原料熔化时，石英坩埚要保持一定的旋转速度（埚转），使得多晶硅原料可均匀熔化，也使得掺杂剂能均匀地分布在熔体硅中。多晶硅原料在熔化后需要保温一段时间，同时保持一定的埚转，使熔体硅的温度和流动达到稳定状态，同时使得熔体硅中可能存在的气泡排出，然后开始直拉单晶硅的生长，这个阶段又称为直拉单晶硅生长的“稳定化”阶段。

8.1.1.3　引晶（种晶）

“引晶”过程又称“种晶”。在熔体硅稳定以后缓缓使籽晶轴下降，在离液面数毫米处暂停一会儿，使籽晶温度尽量接近熔体硅温度，以减少可能的热冲击，称为“烤晶”。接着，将籽晶轻轻浸入熔体硅，使头部首先少量熔化，然后和熔体硅形成一个固液界面，此时称为直拉单晶硅生长的“浸润”阶段。

然后，将籽晶旋转（晶转），其方向和石英坩埚的旋转方向相反。籽晶一边旋转，一边逐步提升（晶升），和籽晶相连并离开固液界面的熔体硅部分温度降低，开始结晶，形成单晶硅。

8.1.1.4　缩颈

去除了表面机械损伤的无位错籽晶，虽然本身不会在新生长的硅晶体中引入位错，但是在籽晶刚碰到液面时，因热振动可能会在晶体中产生位错，这些位错甚至能够延伸到整个晶体。因此，在 20 世纪 50 年代，W. C. Dash[3,8-9]发明了直拉单晶硅生长的缩颈技术，用于生长无位错的单晶。

硅的晶体结构是金刚石结构，其滑移系为{111}滑移面的<110>方向。通常单晶硅的生长方向为<111>或<100>，这些方向和{111}滑移面的夹角分别为 36.16°和 19.28°。在单晶硅生长的引晶阶段，有意将单晶硅的直径变小，一旦位错产生，就会沿着滑移面向体外滑移，位错很快就会滑移出单晶硅表面，而不是继续向晶体内延伸，以保证其后的直拉单晶硅可进行无位错生长，其原理示意图如图 8.5 所示。

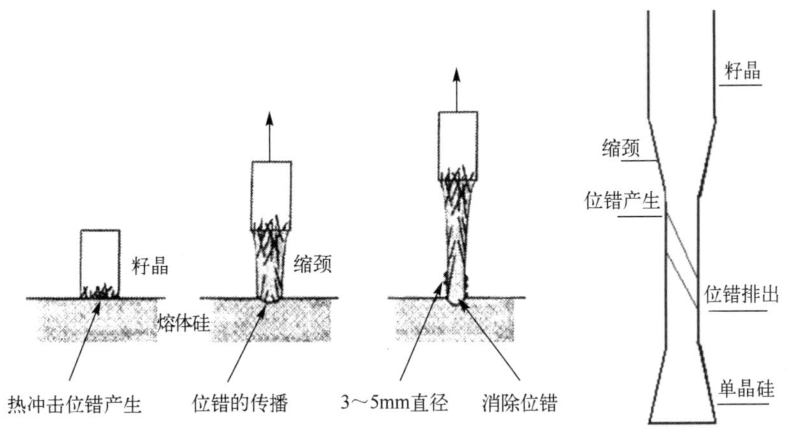

图 8.5　直拉单晶硅生长“缩颈”示意图

因此，在引晶开始后将进行缩颈过程。此时，籽晶将快速向上提升，晶体生长速率（晶升速率）增大，新结晶的单晶硅的直径将比籽晶的直径小，并逐渐变小，如图 8.6 所示。缩颈时，生长出的晶体的直径可达到 3mm 左右及以下，其长度为此时籽晶直径的 6～10 倍。

缩颈时，单晶硅的直径很小，是整根晶体最细小、最脆弱的地方，它承受了整根晶体的重量。在现代直拉单晶硅的生长中，晶体的总重量已经可以超过 300kg，因此，籽晶的直径和缩颈后的晶体直径非常关键。如果在晶体生长过程中籽晶断裂，已经生长完成的单晶硅就会坠入熔体硅，砸破石英坩埚，造成高温 1420℃以上的熔体硅溢出到生长炉内，造成重大安全事故。

为了解决直拉单晶硅籽晶缩颈工艺对单晶硅总重量的限制，人们提出增大籽晶的直径，或者在单晶硅的头部增加机械夹持装置。但是，前者需增大缩颈的长度，以便热冲击产生的位错能顺利排出晶体，延长了晶体的生长时间，增加了成本；后者增加了复杂的机械夹持装置，对籽晶、夹持装置的旋转精度的要求很高。

浙江大学及国际研究者先后提出了利用重掺硼单晶硅或掺锗的重掺硼单晶硅作为籽晶。由于重掺硼或掺锗原子可以提高硅晶体的机械强度，抑制晶体中热冲击位错的产生和增殖，从而不用缩颈技术同样可以生长无位错的直拉单晶硅。图 8.7 是浙江大学利用无缩颈技术生长的直拉单晶硅的照片。

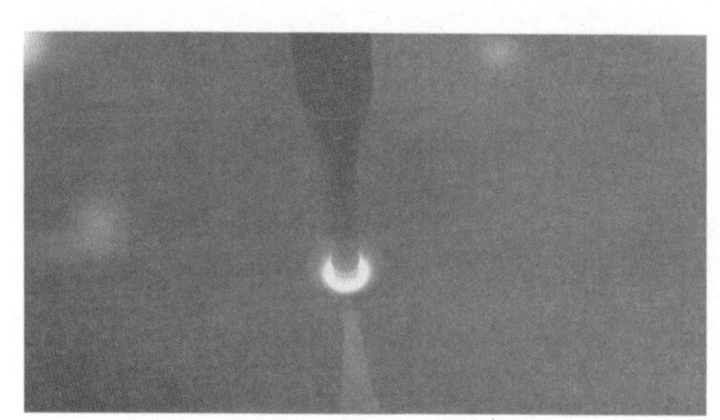

图 8.6 直拉单晶硅生长时缩颈的照片

图 8.7 利用无缩颈技术生长的直拉单晶硅的照片

8.1.1.5 放肩

在缩颈完成后，硅晶体的生长速率大幅放慢，使得单晶硅不仅沿晶体生长方向纵向生长，也使得晶体沿径向方向生长。此时，硅晶体的直径急速增大，从籽晶的直径增大到所需要的单晶硅直径，这时晶体表面和液面形成一个接近 180°的夹角，这个阶段为“放肩”，如图 8.8 所示。当晶体的直径达到设定的尺寸时，迅速提高晶体的提升速度，使得晶体的直径不再增大，而变成晶体的等径生长，这个转变过程称为直拉单晶硅生长的转肩。

8.1.1.6 等径生长

直拉单晶硅的晶体转肩后，让晶体保持固定的直径生长，此时的阶段称为“等径生长”。图 8.9 所示为从直拉单晶硅生长炉的观察窗口观察到的直拉单晶硅等径生长时的照片。

在单晶硅等径生长时，保持晶体直径基本不变，直径误差一般控制在±2mm 内。同时，要注意保持单晶硅的无位错生长。有两个重要因素可能会影响晶体的无位错生长，一是晶体径向的热应力，二是生长炉内的细小颗粒。在单晶硅生长时，坩埚的边缘和坩埚的中央存在着温度差，有一定的温度梯度，使得生长出的单晶硅的边缘和中央也存在温度差，一般而言，这个温度梯度随半径的增大呈指数变化，从而导致单晶硅内部存在热应力。同时，晶体离开固液界面后冷却时，晶体边缘冷却得快，中心冷却得慢，也增大了热应力。如果热应力超过了位错形成的临界应力，新的位错就会形成。另外，从单晶硅表面挥发的 SiO 气体在炉壁上冷却，形成了 SiO 颗粒，如果这些颗粒不能及时被排出炉体，就会掉入熔体硅，最终进入单晶硅，破坏晶格的周期性生长，导致位错的产生。

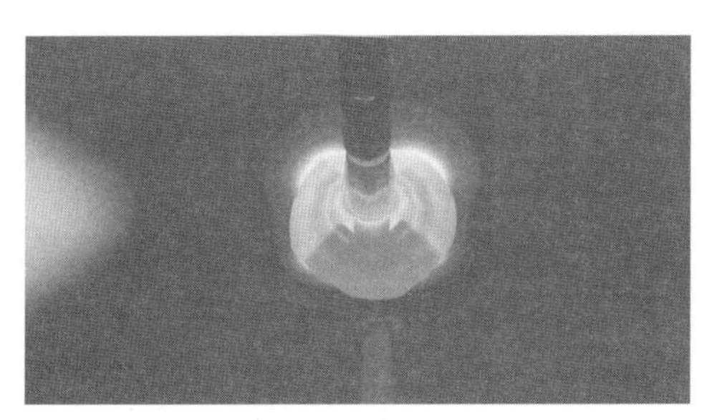

图 8.8　直拉单晶硅生长的放肩

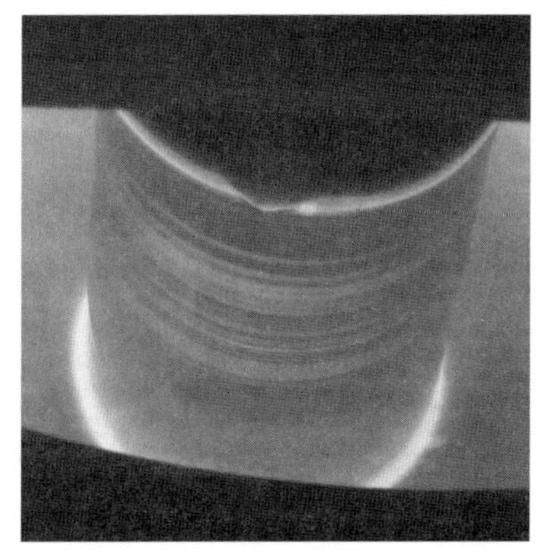

图 8.9　直拉单晶硅等径生长时的照片

通常，单晶硅在生长时，外形上有一定规则的扁平棱线。如果是<111>晶向生长，则有三条互成 120°夹角的扁平主棱线；如果是<100>晶向生长，则单晶硅有 4 条互成 90°夹角的扁平棱线。在直拉单晶硅生长时，如果一直是无位错单晶，则这些棱线将连续不断；一旦位错产生或者形成多晶相，棱线就将中断。晶体生长时直拉单晶硅的外形棱线中断，会导致单晶硅外形的变化，俗称“断苞”。

在等径生长阶段，一旦位错生成，在断苞处产生的位错就可以延伸到新生长的单晶硅中，而且可以反向延伸到已经结晶的单晶硅部分，造成晶体内产生大量位错，导致晶体质量不合格，如图 8.10 所示。不仅位错的产生会导致断苞，多晶相的生成也会导致断苞，因此，在产业界，在晶体生长时如果遇到断苞，需要将生长好的单晶硅重新在坩埚中熔化，更换籽晶，重新生长单晶硅。如果断苞时晶体生长已近结束，则可以迅速将单晶硅脱离液面，中断生长。

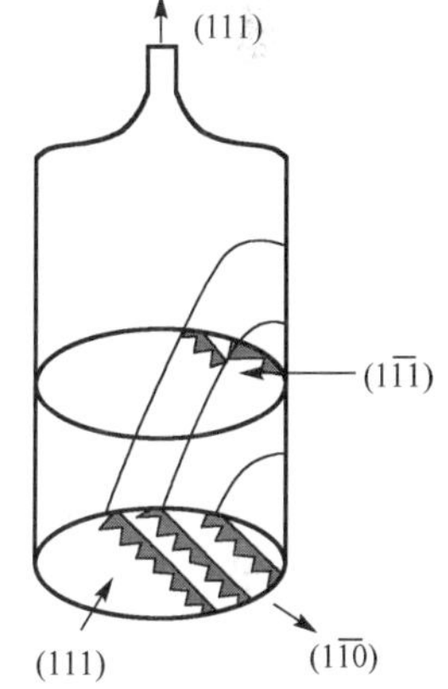

图 8.10　直拉单晶硅生长时位错产生及反向延伸示意图

8.1.1.7　收尾

在晶体生长快结束时，单晶硅的生长速率再次加快，同时升高熔体硅的温度，使得单晶硅的直径不断缩小，形成一个圆锥形的形状，最终晶体离开液面，单晶硅生长完成，最后的这个阶段就是“收尾”，如图 8.11 所示。

单晶硅生长完成时，如果单晶硅突然脱离熔体硅液面，其中断处会受到很大的热应力，其超过硅中位错产生的临界应力，会导致大量位错在界面处产生，并向上部单晶硅部分反向延伸，延伸的距离一般能达到一个直径，导致这部分单晶硅含有大量的位错，类似于晶体生长的断苞（图 8.10）。因此，在单晶硅生长快结束时，要逐渐缩小晶体的直径直至很小的一点，再脱离液面，完成单晶硅的生长。

直拉单晶硅收尾后，要放在生长炉中随炉冷却，直至冷却到接近室温，然后打开炉膛取出单晶硅棒。在冷却过程中，一般需要同时通入保护气体。

前面简要地叙述了直拉单晶硅的生长过程，图 8.12 显示的是直拉单晶硅生长过程和相应晶体部位。除上述晶体生长的不同阶段外，实际的生长过程很复杂。除坩埚的位置、转速和上升速度，以及籽晶的转速和上升速度等常规工艺参数外，热场的设计和调整也是至关重要的。

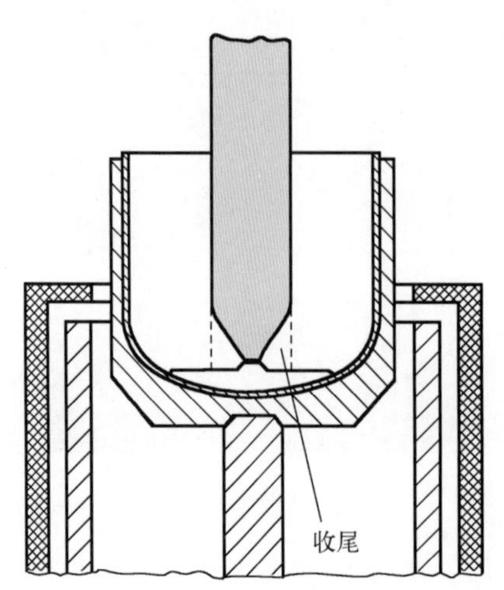

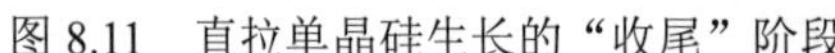

图 8.11 直拉单晶硅生长的“收尾”阶段

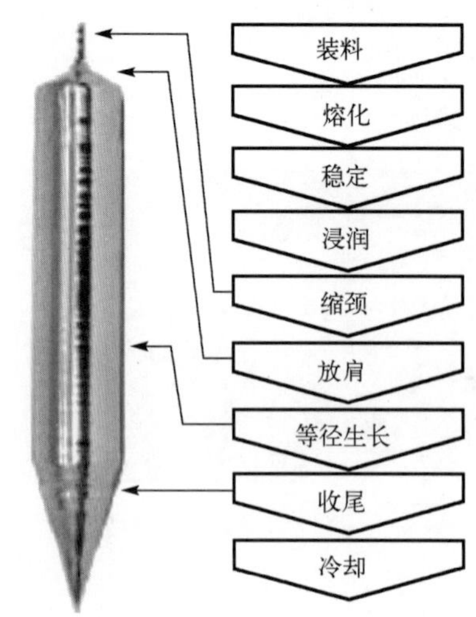

图 8.12 直拉单晶硅生长过程和相应晶体部位

8.1.2 直拉单晶硅生长的主要控制因素

并不是有了上述基本工艺，就能生长出合格的直拉单晶硅。在直拉单晶硅生长时，首先要生长无位错的单晶，不能出现双晶或多晶，也不能出现线性位错；其次，要控制电阻率的范围，包括晶体沿生长方向的纵向电阻率分布及沿半径方向的径向电阻率分布；然后，要控制微缺陷的形状、密度和分布；最后，还要控制氧、碳、氮非金属杂质和金属杂质的浓度及分布。除此之外，产业界还需要考虑能耗、环保、成本等因素。因此，直拉单晶硅的生长是需要精细控制的晶体生长过程。

8.1.2.1 热场控制

高质量直拉单晶硅生长的首要因素是热场。热场的设计是通过生长炉的加热和冷却系统的设计而实现的，主要体现在石墨加热器的设计，包括加热器的形状、放置的位置、加热的功率等。石墨加热器的电阻很小，通常采用双向直流电源使石墨电阻发热，因此加在石墨加热器上的电流很大而电压相对较低，在进行加热器设计时需要特别注意。

热场的作用是控制熔体硅和生长后的单晶硅内的温度及分布，在其设计中要重点关注两个温度梯度。第一个温度梯度是固液界面的纵向温度梯度，这是能够生长出单晶硅的核心要素，也是控制单晶硅中微缺陷的核心要素。这一温度梯度包括两个方面：首先是熔体硅与固液界面的温度梯度，其决定是否能生长出单晶硅；其次是固液界面以上单晶硅中的温度梯度，其决定单晶硅中微缺陷的密度、分布及热应力。第二个温度梯度是固液界面处的径向温度梯度，这既决定是否能生长出单晶硅，也决定单晶硅的径向均匀性。

热场设计还要考虑熔体对流对温度场产生的影响。通常，在熔体硅中存在 4 种对流，如图 8.13 所示，即熔体硅中温度差所产生的热对流、表面张力所产生的表面对流、晶体旋转和坩埚旋转所产生的强制对流，而且 4 种对流的方向可能不同甚至相反，体现了熔体硅对流的复杂性。

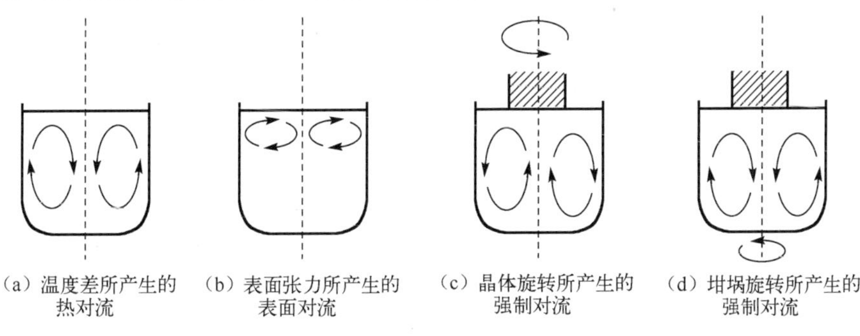

图 8.13　直拉单晶硅中熔体的对流示意图

8.1.2.2　晶体生长参数控制

直拉单晶硅生长的影响元素众多，和籽晶及生长单晶硅相关的部分参数有：晶升（晶体提升速度）和晶转（晶体旋转速度）；和坩埚相关的有：埚位（坩埚在生长炉的位置）、埚升（坩埚提升速度）和埚转（坩埚旋转速度）；和保护气体相关的有：种类、压力、流速和流量等。

上述因素都能影响直拉单晶硅的质量和性能，构成了复杂的影响关系，需要精心地设计和研究。例如，图 8.14 显示的是不同晶转时电阻率偏差（ρ/ρ_{max}）沿径向的分布，其中，a 代表 35r/min，b 代表 2r/min，从图中可以看出，如果晶转很小，只有 2r/min，那么单晶硅的中心部分和边缘部分的电阻率偏差接近 50%；如果提高晶转，达到 35r/min，单晶硅的中心部分和边缘部分的电阻率偏差就很小，电阻率的径向均匀性得到了明显改善。

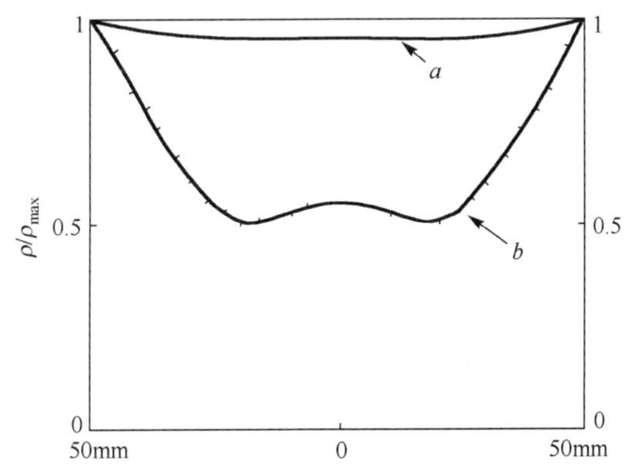

图 8.14　不同晶转时电阻率偏差（ρ/ρ_{max}）沿径向的分布

直拉单晶硅生长时，一方面熔体硅侵蚀石英坩埚会产生 SiO，在炉内挥发后凝结在温度较低的炉壁上，形成 SiO 颗粒；这些颗粒易落入熔体硅中并漂浮在熔体表面，甚至移动到固液界面破坏单晶硅的生长，形成多晶硅。另一方面，石墨坩埚、石墨加热器在高温下和炉内残余的氧气反应，形成 CO 气体并溶入熔体硅，导致熔体硅及生长的单晶硅的碳杂质浓度过高，影响单晶硅的质量。因此，在单晶硅生长时，通常需要利用惰性气体作为保护气体。

为了有效排除 SiO 和 CO 气体，生长炉内的压力一般应保持在负压状态，保护气体的压力通常为 5～100Torr，而保护气体的流量需要在高效排出气体和成本控制之间平衡。

保护气体一般采用高纯氩气（Ar），但是，浙江大学研发了低压充氮直拉单晶硅生长工艺，利用高纯、低价的氮气，克服了氮气和熔体硅反应易生成 Si_3N_4 颗粒的技术瓶颈，成功地利用高纯氮气作为保护气体生长了低碳高质量直拉单晶硅，并实现了大规模产业化。

8.1.2.3 晶体直径控制

直拉单晶硅生长过程中，可通过放肩和等径生长工艺来控制直拉单晶硅的直径。无论是微电子器件还是太阳电池，都需要大直径的单晶硅，这样可以相对降低生产成本。

在微电子工业中，随着集成电路的发展，直拉单晶硅的直径逐渐增大。从 20 世纪 70 年代的 50～76mm（2～3in，in 为英寸），到 80 年代的 100～150mm（4～6in）、90 年代的 150～200mm（6～8in），直到现在的 200～300mm（8～12in）。目前，300mm 直拉单晶硅是集成电路用硅片的主流，占微电子单晶硅的 60%以上。集成电路和单晶硅材料大直径化的根本动力在于经济成本。从 200mm 到 300mm 的转变可以使每一硅片上的芯片数增加为原来的约 2.5 倍，整体成本降低 20%～30%。

同样，在太阳能光伏工业中，随着硅太阳电池技术的发展，直拉单晶硅的直径也不断增大。硅太阳电池的尺寸从 100mm×100mm、125mm×125mm、156mm×156mm、166mm×166mm，到目前的 182mm×182mm 或 210mm×210mm，因此，太阳电池用直拉单晶硅的直径也从 150mm、200mm、250mm 增大到 300mm。

因此，目前 300mm（12in）直拉单晶硅的生长技术是核心关键。和小直径直拉单晶硅的生长相比，在 300mm 直拉单晶硅生长时，多晶硅的每炉装料量可达到 300kg 以上，热场主要用 28in 或 32in 的，晶体生长过程中熔体的对流、热场分布、晶体生长的速率等晶体生长参数都有了很大的改变。其主要技术前沿包括：（1）磁场技术，即应用磁场控制熔体的对流、抑制熔面的温度起伏和降低单晶硅中氧杂质的浓度；（2）导流筒（导流热屏）技术，即利用导流筒（导流热屏）减少热辐射和热量损失，减少对流，加快蒸发气体的挥发，加快晶体的冷却；（3）双加热器技术，即为了保证固液界面的温度梯度，利用上、下加热器的技术。

8.1.2.4 晶体缺陷控制

无论是微电子产业用直拉单晶硅，还是太阳能光伏产业用直拉单晶硅，都是利用缩颈技术制备的无位错单晶硅。因此，单晶硅晶格完整，没有晶界、层错或位错等晶格缺陷，但是存在点缺陷（包括空位和自间隙硅原子）及由它们聚集所引起的微缺陷，对单晶硅的性能有重要影响。例如，200mm 直径的直拉单晶硅材料中出现的微缺陷的尺寸为 50～100nm，将对现代集成电路造成致命的影响。实际上，当单个缺陷的尺寸达到最小集成电路特征线宽的二分之一或三分之一时，将导致集成电路失效。所以，在直拉单晶硅生长时，如何控制点缺陷的产生、扩散和聚集是重点[10]。

在直拉单晶硅中，晶体的原生缺陷主要是由自间隙硅原子或空位的过饱和与聚集所造成的。研究指出[11]，当温度达到硅熔点时，空位和自间隙硅原子的浓度是相当的，如果在晶体生长时固液界面上自间隙硅原子和空位处于平衡状态，在单晶硅内将没有过饱和的自间隙硅原子和空位，则有可能生长无缺陷的完美单晶硅。当晶体离开固液界面，温度下降时，点缺陷（自间隙硅原子、空位）的固溶度降低，单晶硅中的实际点缺陷浓度处于过饱和状态。同时，点缺陷形成了和单晶硅中轴向温度梯度 G 成正比的浓度梯度，导致点缺陷从界面到晶体的扩散通量叠加在由晶体提升而引起的和晶体生长速率 V 相关的点缺陷对流通量上，此时点缺陷主要取决于晶体的拉速 V（晶体生长速率）和沿晶体生长方向在固液界面处的轴向温度梯度 G 的比值 V/G。当 V/G 较大时，晶体中存在大量过饱和的空位；当 V/G 较小时，晶体中存在大量过饱和的自间隙硅原子。也就是说，低拉速生长晶体时，扩散速度快的自间隙硅原

子呈过饱和状态；高拉速生长晶体时，高温溶解度大的空位是多余的点缺陷。在这之间存在一个临界值，一般认为是

$$R = V / G(r) = 1.34\times10^{-3}\text{cm}^2 / (\text{K}\cdot\text{min}) \tag{8.1}$$

当高拉速生长晶体时，空位处于过饱和状态，这些多余的空位在一个很窄的温度段进行聚集，形成空洞型（VOID）缺陷，而在该温度段之上或之下聚集的速度都很小。对于正常的直拉单晶硅工艺，这个温度段在 1100℃左右[12]，形成的空洞型缺陷是在大规模集成电路中起很大破坏作用的空洞型缺陷。一般认为，空洞型缺陷的密度为 $2\times10^6\text{cm}^{-3}$ 左右，其平均大小约为 80nm，它是八面体形态，内壁有约 2nm 的氧化层。根据观察技术的不同，VOID 缺陷被分别称为 D 缺陷（D-defects）、COP 缺陷（Crystal Originated Particles，晶体原生缺陷）、FPD 缺陷（Flow Pattern Defects，流动图形缺陷）和 LSTD 缺陷（Light Scattering Tomography Defects，激光散射层析缺陷）。

由于石英坩埚的污染，在直拉单晶硅中存在浓度为 10^{18}cm^{-3} 数量级的氧杂质，是直拉单晶硅中的主要杂质，以过饱和状态存在于硅晶格的间隙位置，又称为“间隙氧原子”。在单晶硅生长完成后的冷却过程中，过饱和的间隙氧原子会聚集、沉淀下来，形成细小的原生氧沉淀。而过饱和的空位除形成 VOID 缺陷外，在 VOID 缺陷的形成温度以下还可能和氧结合，形成 O_2V 复合体。空位也参与形成了原生的氧沉淀，空位能够为氧沉淀提供空间，减小沉淀成核的应变能，在低饱和空位浓度区域，作用特别明显，往往能促进形成氧沉淀，而后导致氧化诱生层错环（OSF-RING）。

图 8.15 显示的是随着温度的降低直拉单晶硅中空位浓度的变化示意图[13]。在接近熔点的高温时，空位和自间隙硅原子迅速复合，其浓度接近平衡浓度；在 1300℃左右，由于 V/G 大于临界值 R，有过饱和空位存在；在 1050～1150℃范围内，空位聚集形成 VOID 缺陷；温度再稍低点，主要形成的是 O_2V 复合体；900℃以下，空位主要起促进氧沉淀的作用。但是值得注意的是，空位浓度只有接近 10^{12}cm^{-3}，空位的促进氧沉淀的作用才能体现出来。

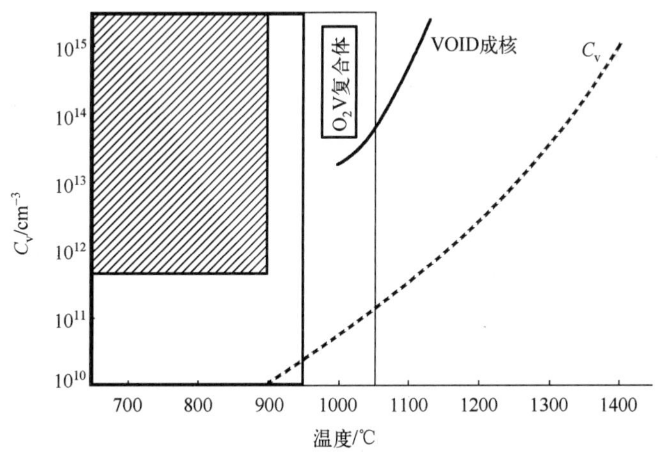

图 8.15　随着温度的降低直拉单晶硅中空位浓度的变化示意图[10]

当低拉速生长晶体时，自间隙硅原子呈过饱和状态，在单晶硅冷却过程中会形成间隙型位错环，被称为 A 型旋涡缺陷（A-Sirls）或 LEP（Large Etch Pit，大腐蚀坑）缺陷。这种缺陷对栅氧化层没有重要影响，但会增大结漏电流。另外，轴向温度梯度 G 不是常数，而是沿

晶体直径从中心到边缘逐渐增大的。研究者发现利用铜缀饰可以在硅晶体的剖面上观察到不同的缺陷形态，也可以观察到 OSF-RING（氧化诱生层错环）；在环的内部有空位造成的缺陷，在环的外部有自间隙硅原子造成的缺陷，此时，OSF-RING 便成了空位缺陷和自间隙硅原子缺陷区域的判据。

在生长现代微电子产业或太阳能光伏产业中用的大直径直拉单晶硅时，晶体生长速率比较高，基本空位都处于过饱和状态，此时 VOID 缺陷是主要的微缺陷。因此，如何控制直拉单晶硅的 VOID 缺陷是核心挑战。

一般根据点缺陷和 V/G 的关系[式（8.1）]来寻找一个合适的晶体生长速率和温度梯度，此时，自间隙硅原子浓度和空位浓度达到平衡，没有多余的、过饱和的点缺陷，这样可以生长没有点缺陷聚集的微缺陷，称为“完美硅晶体”（Perfect Silicon）。但是，这种技术有两点困难：第一，由于晶体的纵向温度梯度无法实时测量，因此 V/G 很难确定；第二，通常此时晶体生长速率 V 比较低，严重影响单晶硅的生长效率和成本。

浙江大学建立了较完整的掺氮直拉单晶硅的缺陷理论体系，研发了直拉单晶硅中掺氮控制微缺陷的技术，并在国际上得到了广泛应用，成为制备微电子用大直径直拉单晶硅的主流技术。20 世纪 80 年代末期，浙江大学硅材料国家重点实验室发明了氮保护生长直拉单晶硅技术，进行了大批量的生产，并对集成电路用直拉单晶硅中氮的性质进行了较深入、系统的研究[14-17]，发现氮原子可以减小 VOID 缺陷的尺寸，增大其密度，在后续的 1150℃以上热处理，可以方便地消除 VOID 缺陷，从而使得微氮单晶硅在超大规模集成电路上得到很好的应用。直拉单晶硅中氮杂质的性质也可以参见第 9 章的相关内容。

8.2 直拉单晶硅的新型生长工艺

8.2.1 磁控直拉单晶硅生长工艺

在区熔单晶硅生长时，热起伏等原因会使得单晶硅中存在生长条纹。为了克服它，H. Chedzey 和 D. Hurle 提出了磁控晶体生长的技术[18]，也就是在晶体生长炉上加上电磁场，利用磁场来控制熔体硅的热起伏。后来，这一技术被他们和 A. Witt 等人应用在直拉单晶硅的生长上[19]，1980 年索尼（Sony）公司的 K. Hoshi 等人[20]在商业化的直拉单晶硅生长炉上加上了电磁铁，实现磁控生长单晶硅。

在直拉单晶硅生长时，由于熔体中存在热对流，因此在晶体生长的固液界面处会产生温度的波动和起伏，导致在单晶硅中形成杂质条纹和缺陷条纹；同时，热对流将加剧熔体硅与石英坩埚的作用，使得熔体硅杂质中的氧浓度升高，最终进入硅晶体。随着硅晶体直径的增大，热对流也增强，因此，抑制热对流对单晶硅的质量改善的作用很大，特别是可以控制单晶硅中主要杂质氧的浓度。

利用磁场抑制导电流体的热对流，是磁控单晶硅生长的基本原理。通常，在磁场中运动的带电粒子会受到洛伦兹力的作用，如下

$$\boldsymbol{f} = q\boldsymbol{v} \times \boldsymbol{B} \tag{8.2}$$

式中，q 为电荷，$\boldsymbol{v}$ 为运动速度，$\boldsymbol{B}$ 为磁感应强度。由式（8.2）可知，具有导电性的熔体硅在移动时，作为带电粒子，会受到与其运动方向相反的作用力，从而使得熔体硅在运动时受

到阻碍，最终抑制了坩埚中熔体硅的热对流。

在直拉单晶硅生长炉上加上电磁场抑制热对流时，磁感应强度可达 1000～5000Gs，其磁场的方向对抑制热对流的作用大有不同[21-24]。在实际工艺中，有横向（Horizontal）磁场、纵向（Vertical）磁场和钩形（Cusp）磁场等多种磁场，如图 8.16 所示。所谓的横向磁场，就是在生长炉的外围水平放置磁极，使得熔体硅中与磁场方向垂直的熔体对流受到抑制，而与磁场方向平行的熔体对流不受影响，即沿坩埚壁上升和沿坩埚的旋转运动被减少了，但径向流动不减少。横向磁场生长获得的磁控单晶硅的氧浓度低，均匀性好，但是磁场设置的成本高。纵向磁场则在生长炉的外围设置螺线管，产生中心磁力线垂直于水平面的磁场，此时径向的熔体硅对流被抑制，而纵向的熔体硅对流不受影响，但获得的单晶硅的氧浓度高。为了克服上述两种磁场的弱点，多种非均匀性磁场技术得以发展，其中钩形磁场应用得最为广泛。这种磁场是由两组与晶体同轴的平行超导线圈组成的，在两组线圈中分别通入相反的电流，从而在生长炉中产生“钩形”对称的磁场。

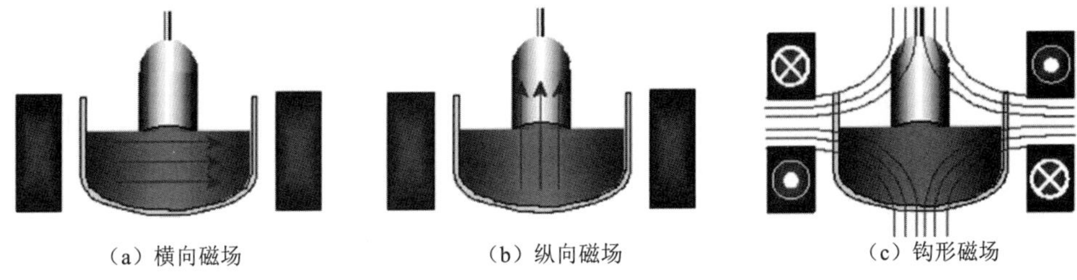

（a）横向磁场　（b）纵向磁场　（c）钩形磁场

图 8.16　磁控直拉单晶硅的磁场结构

在直拉单晶硅生长时，增加磁场可有效抑制熔体硅的热对流，使得固液界面稳定，有利于大尺寸（尤其是直径 300mm 及以上的）直拉单晶硅的生长。同时，增加磁场可减少熔体硅对石英坩埚的冲刷作用，减小了对坩埚的腐蚀作用，从而明显降低了直拉单晶硅中的氧浓度，也能减少硼、铝等杂质从坩埚进入熔体硅及单晶硅；进一步地，磁场可有效抑制熔体硅热对流，可以明显减少直拉单晶硅的杂质条纹，改善单晶硅的晶体质量。同时，在设计好温度场的情况下，磁场中直拉单晶硅的生长速率可以提高；有研究表明，磁控直拉单晶硅的生长速率可以达到普通直拉单晶硅的两倍。

但是，这会增加设备成本、能耗成本和运营成本，磁控直拉单晶硅的生产成本要明显高于普通直拉单晶硅，因此磁控直拉单晶硅技术主要应用在高质量超大规模集成电路用大直径单晶硅（直径 300mm 以上）的制备上，在小直径的微电子用直拉单晶硅和太阳电池用单晶硅的制备上基本不用。

8.2.2　重复装料直拉单晶硅生长工艺

通常直拉单晶硅在收尾后会脱离液面，从而结束晶体生长。然后，晶体应继续保留在生长炉内，等到温度降低到室温后才打开炉膛，将单晶硅取出。而留在坩埚内的熔体硅冷却后，因热胀冷缩会导致石英坩埚破裂，因此需要将破裂的坩埚更换。同时需要清扫炉膛，然后重新装料，以便生长新的直拉单晶硅。这个过程需要较多的时间，而且更换高纯石英坩埚也增加了生产成本，所以，重复装料直拉单晶硅（Repeated charge Cz，RCz）生长技术得到了发展和应用[25]。

重复装料（简称重装料）直拉单晶硅生长技术就是在单晶硅收尾后，迅速移去单晶硅棒，然后在籽晶轴上装上多晶硅棒，多晶硅棒缓慢熔入熔体硅，在新加入的多晶硅棒全部熔化后，就达到了重新加入多晶硅原料的目的；也可以在单晶炉内通过安装特殊管道，将高纯颗粒多晶硅原料加入石英坩埚的熔体硅中，直接熔化，达到重新加入多晶硅原料的目的。当然，在重新加入多晶硅原料时，需要同时加入适量的掺杂剂，以控制生长的直拉单晶硅的电阻率。

在新装入的多晶硅熔化、稳定后，在籽晶轴上重新安装籽晶，进行新一轮直拉单晶硅的生长，其重复装料直拉单晶硅生长的示意图如图 8.17 所示。重复装料直拉单晶硅生长由于省去了多晶硅冷却、进料、排气、炉膛清扫等过程，而且石英坩埚可以重复利用，因此使得生产成本大幅降低，在太阳电池单晶硅的生产中得到了广泛的应用。目前，使用单个石英坩埚可以最多生长 8～10 根 200mm 的太阳电池用直拉单晶硅。

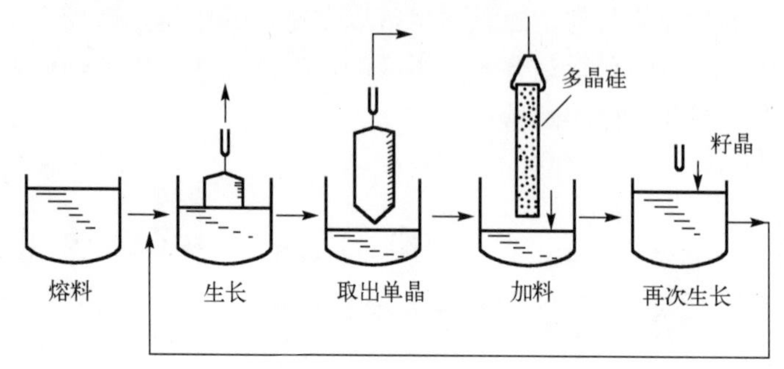

图 8.17　重复装料直拉单晶硅生长的示意图

在重复装料直拉单晶硅生长时，由于多次重复加入多晶硅原料，使得熔体硅中聚集的杂质的量增大；同时，随着时间的推移，石英坩埚的腐蚀也越来越厉害，更多的杂质（特别是氧杂质）会溶入熔体硅，最终使得熔体硅中的杂质浓度上升，晶体的质量变得较差；而且，石英坩埚会变薄，存在破裂的危险。因此，重复装料直拉单晶硅生长的次数会受到一定的限制。

8.2.3　连续加料直拉单晶硅生长工艺

在直拉单晶硅生长时，如果在熔体硅中不断加入多晶硅和所需要的掺杂剂，使得熔体硅的液面基本保持不变，那么硅晶体生长的热场条件也就几乎保持不变，这样硅晶体就可以连续生长，称为连续加料直拉单晶硅（Continuous charge Cz，CCz）生长。

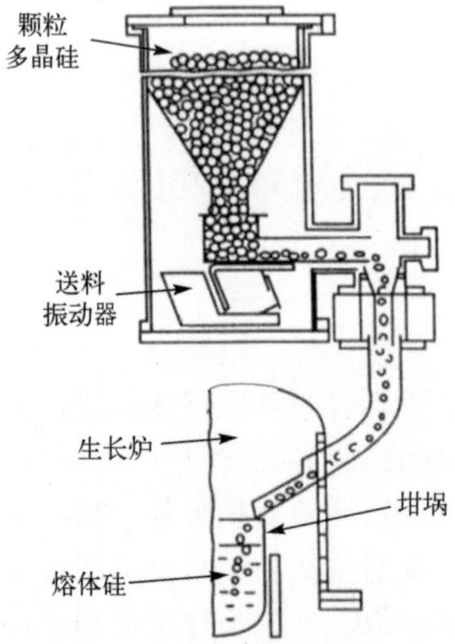

利用这种生长技术，在一根单晶硅生长完成后将其移出炉外，装上另一籽晶，就可以进行新单晶硅的生长。显然，连续加料直拉单晶硅生长可以节省大量的时间，也可以节省高纯坩埚的费用，使得硅晶体的生产成本大幅降低。

通常有三种连续加料的技术。

一是连续固态加料，也就是利用颗粒多晶硅，在晶体生长时直接加入熔体硅，如图 8.18 所示。从图 8.18 可以看出，颗粒多晶硅携带适量的掺杂剂，从机械设备中连续加入熔体硅，需要注意的是：加入的颗粒多晶硅要远离单晶硅生长的固液界面，不能影响单晶硅生长的温度梯度，也不能聚集到固液界面附近破坏单晶硅生长。

图 8.18　固体加料的连续直拉单晶硅（CCz-Si）生长示意图

二是连续液态加料，晶体生长设备分为熔料炉和生长炉两部分，熔料炉专门熔化多晶硅，可以连续加料，生长炉则专门生长晶体，两炉之间有输运管，通过熔料炉和生长炉之间的不同压力来控制熔料炉中的熔体硅源源不断地输入生长炉，并保持生长炉中的熔体硅液面的高度不变。

三是双坩埚液态加料，即在外坩埚中放置一个底部有洞的内坩埚，两者保持相通，其中内坩埚专门用于晶体生长，外坩埚源源不断地加入多晶硅原料，使得内坩埚的液面始终保持不变，以利于晶体生长。

连续加料直拉单晶硅技术具有许多优点：第一，从晶体生长上看，连续加料直拉单晶硅技术可以节约时间、节约坩埚，可以相对地降低制备成本；第二，整根单晶硅从头到尾的电阻率、氧浓度的纵向（轴向）均匀性好。但是，晶体生长设备的复杂度大幅增大，也就是说设备的成本增加了，同时单晶硅中氧、碳浓度比普通直拉单晶硅要高。因此，虽然连续加料生长直拉单晶硅的前景很好，但目前应用得并不是很广泛。

8.3　硅片加工工艺

直拉单晶硅生长完成后是圆棒状的晶体（图 8.12），而无论是太阳电池用单晶硅，还是微电子器件用单晶硅，都需要利用硅片，因此，直拉单晶硅生长完成后需要进行机械加工。根据半导体器件的不同要求，单晶硅加工需要不同的机械加工程序，从而制备成不同规格的硅片。对于大规模集成电路用单晶硅，一般需要对单晶硅棒进行切断（割断）、滚圆、切片、化学腐蚀、倒角、研磨和抛光等工艺，在不同的工艺间还需要进行不同程度的化学清洗。而对于晶体管用单晶硅和太阳电池用单晶硅，对硅片的表面要求比较低，通常应用切断（割断）、滚圆（切方块）、切片和化学腐蚀等几道加工工艺就可以了。

下面具体介绍直拉单晶硅的硅片加工工艺，这些工艺原理同样适用于区熔单晶硅、太阳能光伏用铸造多晶硅、碳化硅等其他半导体材料的加工。

8.3.1　晶锭切断

切断又称割断，是指在晶体生长完成后，沿垂直于晶体生长的方向，切去硅晶体头尾无用的部分，即头部的籽晶、放肩部分及尾部的收尾部分。

直拉单晶硅的切断通常利用外圆切割机，其刀片为钢片材料，边缘为金刚石涂层。这种切割机的刀片厚，速度快，操作方便；但是刀缝宽，浪费材料，而且硅片表面机械损伤严重。目前，也有使用带式切割机（带锯）来割断单晶硅棒的，尤其适用于大直径的单晶硅，如图 8.19 所示。

切断也可用来切割单晶硅晶锭，从而检查单晶硅的质量。通常，利用切断，在单晶硅晶锭的头尾部位切割 1～2mm 厚的硅片，检查其电阻率、少子寿命等电学性能，也检查氧和碳含量、位错、氧化诱生层错等晶体中的杂质和缺陷。

进一步地，因为掺杂剂的分凝现象，沿单晶硅生长方向掺杂剂的浓度不同，导致电阻率有一定的分布。对于普通掺 B、掺 P 的直拉单晶硅，其分凝系数都小于 1，因此，随着单晶硅的生长，晶体中 B、P 的浓度逐渐增大（原理见 9.1 节），即晶体中的电阻率从晶体头部到晶体尾部逐渐减小，电阻率沿晶体生长方向存在纵向偏差。如果单晶硅的长度比较大，头尾电阻率就会相差得比较大；如果器件对硅片的电阻率要求比较高，就需要对直拉单晶硅晶锭通过“切断”进行分段，以保证每个晶锭的单晶硅电阻率保持在一定范围之内。

图 8.19　带锯切割直拉单晶硅头尾部位的示意图

8.3.2　晶锭滚圆和切方

直拉单晶硅生长时，由于热起伏、热振动、热冲击等原因，单晶硅的表面都不是非常平滑的，也就是说整根单晶硅的直径有一定的偏差起伏；而且晶体生长完成后的单晶硅棒表面存在扁平棱线，也需要进一步加工；因此，整根单晶硅棒的直径和表面需要处理、统一，以方便在今后的材料和器件加工工艺中操作。

将单晶硅晶锭制备成统一直径的晶锭的工艺，称为“滚圆”。通常，将晶锭从两端固定，并将晶锭旋转，确定好加工深度后，利用移动的金刚石砂轮从晶锭的一端移动到晶锭的另一端，磨削单晶硅晶锭的表面，从而获得直径一致的晶锭。有时为了获得准确的、设定的晶体直径，需要对原始直拉单晶硅晶锭进行多次滚圆加工。

微电子器件一般使用的是圆形的硅片，只要进行单晶硅晶锭的滚圆工艺就可以了。而太阳电池利用的是方形的硅片，在制成硅太阳电池、组装成组件时，可以最大程度地利用组件的面积，提高太阳电池组件的总输出功率。因此，对于太阳能光伏用直拉单晶硅，不需要滚圆工艺，而需要进行切方工艺，将直拉单晶硅从“圆棒”形加工成“方棒”形。

切方一般利用带锯或外圆切割机，将单晶硅棒切掉边皮，切成一定尺寸的长方体，其截面为正方形，早年的截面尺寸为 100mm×100mm、125mm×125mm、156mm×156mm；近年向大直径方向发展，截面尺寸一般为 166mm×166mm、182mm×182mm、210mm×210mm。

滚圆和切方工艺会在单晶硅的表面造成严重的机械损伤，甚至有微裂纹，其中滚圆时单晶硅的转速、金刚石砂轮的转速、磨削的速度、金刚石粒度等是决定机械损伤的主要因素。而这些损伤会在其后的切片过程中引起硅片的崩边和微裂纹，因此，在滚圆（切方）后，一般要进行化学腐蚀或精细研磨，去除滚圆（切方）的机械损伤。

8.3.3　晶锭切片

在单晶硅滚圆、切方完成后，需要对单晶硅棒进行切片。微电子器件用的单晶硅在切片时，硅片的晶向、厚度、平行度和翘曲度是关键参数，需要严格控制。但是，太阳电池用硅片对这些参数的要求不是很高，通常不进行晶向、平行度和翘曲度的检查，只对硅片的厚度进行控制。但是，晶向偏差太大，会影响光电转换效率；平行度和翘曲度太大，在太阳电池加工和组件加工过程中会造成硅片碎裂，导致生产成本增加。

微电子器件用硅片的厚度和直拉单晶硅的直径相关，对于 5～12in 直径的直拉单晶硅，其厚度为 525～775μm。而太阳电池用单晶硅片的厚度则薄得多，为 160～180μm，特殊情况下可为 100～150μm。

从单晶硅晶锭切成硅片，通常采用内圆切割机或线切割机。内圆切割机用高强度轧制圆环状钢板刀片，环内边缘有坚硬的颗粒状金刚石，外环固定在转轮上，将刀片拉紧，如图 8.20

所示。切片时，刀片高速旋转，速度达到 1000～2000r/min，在冷却液的作用下，固定在石墨条上的单晶硅晶锭向刀片做相对移动。这种切割方法技术成熟，刀片稳定性好，硅片表面平整度好，设备价格相对便宜，维修方便。但是由于刀片有一定的厚度，一般为 250～300μm，也就是说，大约一半多的硅晶体在切片过程中会变成“锯末”，因此这种切片方式对硅晶体材料的损耗很大。而且，内圆切割机的切片速度慢，效率低，切片后硅片的表面损伤大。目前，该方法已经逐渐被淘汰。

另一种单晶硅切片方法是线切割，即通过粘有金刚砂颗粒的金属丝线的运动来达到切片的目的，如图 8.21 所示。线切割机的使用始于 1995 年，其效率是惊人的，一台线切割机的切片产量相当于 35 台内圆切割机。它可以将超过 200km 长的金属丝线，通过复杂的机械结构绕成 800 条或更多的平行刀线，每次可以切片 800 片以上，而且可以同时切割多根单晶硅晶锭，切割的效率高。通常内圆切割机的刀片厚度为 250～300μm，而线切割机的金属线直径只有 50μm 以下，对于同样的硅晶体，用线切割机可以使材料损耗降低 20%～50%或以上，所以切割损耗小，而且线切割的应力小，切割后硅片的表面损伤也小；但是，硅片的平整度稍差，而且设备相对昂贵，维修困难。

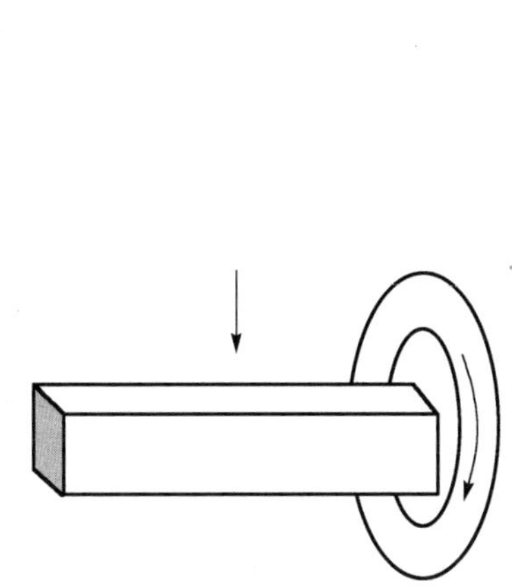

图 8.20　单晶硅片的内圆切割示意图

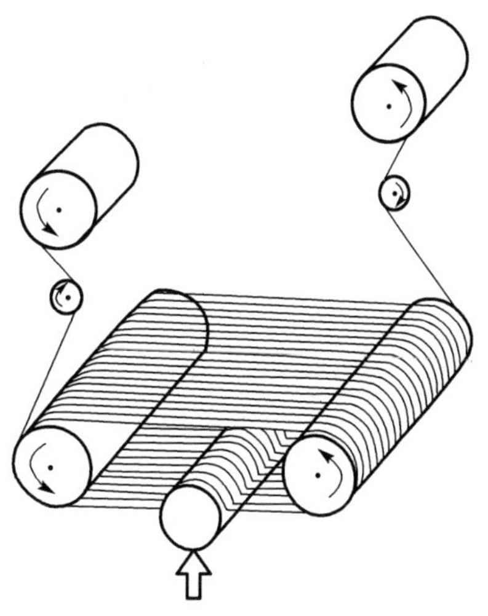

图 8.21　单晶硅片的线切割示意图

作为脆性材料，硅晶体切片后因刀具的作用，在硅片表面会有机械的损伤层，包括碎晶区、位错网络区和弹性应变区，其结构如图 8.22 所示。碎晶区又称微裂纹区，是由破碎的硅晶粒组成的；位错网络区存在大量位错；在弹性应变区，则存在弹性应变，硅原子排列不规整。在实际工艺中，影响损伤层的厚度和结构的因素有很多，包括刀片的质量、刀片的转速、硅片的切割速度和冷却液等。显然，硅片的损伤层会影响半导体器件的性能，因此在其后的工艺中必须通过化学腐蚀或磨片、抛光等工艺进行去除。

利用 X 射线双晶衍射的方法可以测量单晶硅片的表面损伤层的厚度[26-27]。其基本原理是单晶硅的 X 射线双晶衍射峰具有一定的本征宽度，包括硅晶体本身和 X 射线仪本身原因造成的宽度。如果硅晶体的表面具有应变层，则衍射峰的宽度会增大，因此，可以根据硅晶体的 X 射线双晶衍射峰的宽度变化来确定损伤层的厚度。具体而言，在硅晶体切片后，将硅片放入稀释的化学腐蚀液进行多次缓慢腐蚀，将硅表面逐层剥落，每腐蚀一次，进行一次 X 射线双晶衍射，测量衍射峰的半高宽（衍射峰高度一半位置时衍射峰的宽度），最终得到衍射峰的半高宽随腐蚀深度的变化曲线。在腐蚀的初始时刻，由于硅片表面处于碎晶区，因此有较大的应力应变，其衍射峰的宽度较大。随着腐蚀深度的增大，晶体损伤程度越来越小，衍射峰的宽度也越来越小。在损伤层被腐蚀完毕后，此时硅晶体表面不再有应力，衍射峰的宽度达到最小，即本征宽度，并随着进一步的腐蚀衍射峰的宽度保持不变，这样就可以得到硅片表面损伤层的厚度。图 8.23 显示的是用内圆切割机切割后硅片的 X 射线双晶衍射峰的半高宽随腐蚀深度的变化曲线，从图中可以看出，该硅片的切割损伤层厚度约为 7μm。

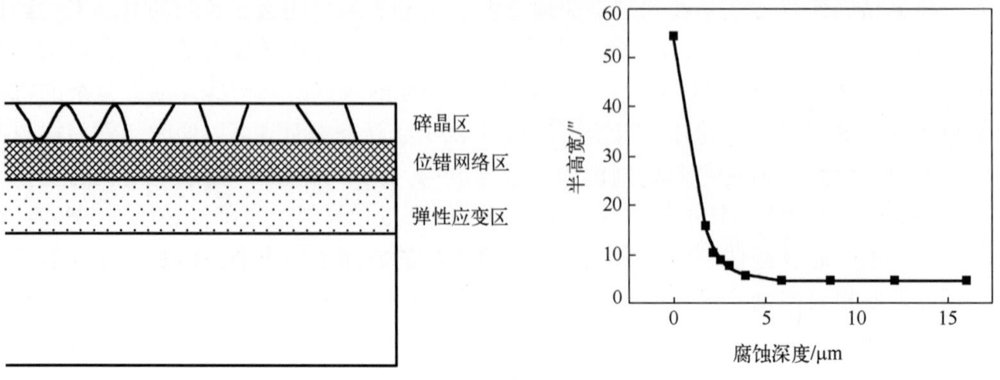

图 8.22　单晶硅切片损伤层结构示意图

图 8.23　硅片的 X 射线双晶衍射峰的半高宽随腐蚀深度的变化曲线

在切片时，除表面损伤层外，硅片表面的晶向、厚度的准确性和均匀性，以及硅片的翘曲程度都是需要保证的参数。这些参数不仅和刀片有关系，而且和切割机的机械运动精度与稳定性、冷却液的选择、晶体的 X 射线定向精度及操作技术等因素相关，现代的切割机一般都配有切割刀片或切割线的在线监视装置。

8.3.4　硅片化学腐蚀

切片后，单晶硅片表面有切割损伤层，近表面晶体的晶格不完整，而且硅片表面有金属离子、有机沾污等杂质污染，因此，一般切片后，需要对硅片进行化学腐蚀或化学清洗。

硅片化学腐蚀液的类型、配比、温度、搅拌与否及硅片放置的方式都是硅片化学腐蚀效果的主要影响因素，这些因素既影响硅片的腐蚀速率，又影响腐蚀后的硅表面质量。硅晶体的腐蚀液多种多样，但是出于对腐蚀液高纯度和减少可能金属离子污染的要求，目前主要使用氢氟酸（HF）、硝酸（HNO_3）和醋酸（CH_3COOH）混合的酸性腐蚀液，以及氢氧化钾（KOH）或氢氧化钠（NaOH）等碱性腐蚀液。对于太阳电池用单晶硅的化学腐蚀，从成本控制、环境保护和操作方便等因素出发，一般利用氢氧化钠腐蚀液，腐蚀深度要超过切片损伤层的厚度，一般为 20～30μm。

在氢氧化钠化学腐蚀时，采用 10%～30%质量百分比的氢氧化钠水溶液，加热到 80～90℃，将硅片浸入腐蚀液中，腐蚀的化学方程式为

$$Si + 2NaOH + H_2O \rightarrow Na_2SiO_3 + 2H_2 \tag{8.3}$$

氢氧化钠碱腐蚀实际上是一种各向异性腐蚀，受反应过程的控制，其化学反应的速度取决于表面悬挂键的密度，即与腐蚀速率和硅片的表面晶向有关。所以在用氢氧化钠碱腐蚀硅片时，腐蚀液不需要搅拌，腐蚀后硅片的平行度比较好。而且从式（8.3）可以看出，氢氧化

钠碱腐蚀不会像酸腐蚀那样产生 NO_x 有毒气体。但是，碱腐蚀后硅片的表面相对比较粗糙，如果碱腐蚀的时间较长，硅片表面还会出现金字塔结构，称为“绒面”，这种结构可以减少硅片表面的太阳光反射，增加光线的入射和吸收。所以在单晶硅太阳电池的实际生产工艺中，常常将化学腐蚀和绒面制备工艺合二为一，以节约生产成本。

8.3.5　硅片倒角

对于微电子器件用直拉单晶硅，在切片之后，为了去除硅片表面切割的机械损伤，改善硅片表面质量，同时校正硅片几何参数，还需要进行研磨、抛光等硅片表面加工工艺。

但是，在后续的研磨、抛光工艺中，由于硅片的边缘是直角形状，极易被磕碰，产生硅片边缘“崩边”或“裂纹”，这些“崩边”或“裂纹”部位容易形成应力集中，导致硅片破碎或断裂。不仅如此，因“崩边”所掉落的硅颗粒会存在于硅片研磨板或抛光板上，对硅片表面造成新的划痕或损伤，严重影响硅片的表面加工质量。

因此，人们利用圆弧形内凹的砂轮对硅片的边缘进行加工，使硅片边缘形状从直角形变为圆弧形，即打磨硅片边缘锋利的棱角使其具有一定的弧度，从而使硅片在后续的加工过程中不易产生“崩边”或“裂纹”，这个加工过程称为倒角，如图 8.24 所示。

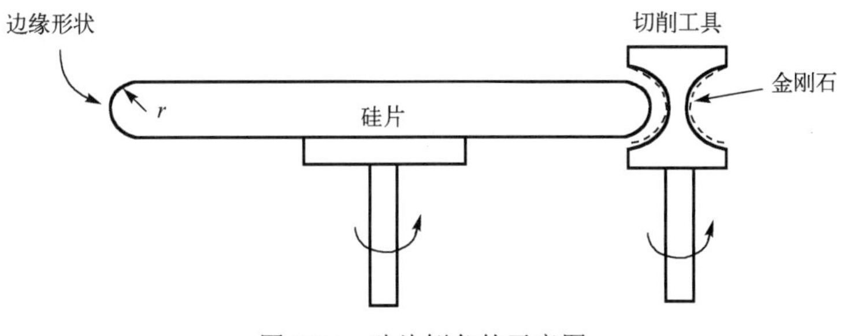

图 8.24　硅片倒角的示意图

8.3.6　硅片研磨

在倒角工艺之后，硅片还需要经历研磨工艺。通常，硅片放在下研磨板的星形模板内，加入研磨浆料（主要成分为氧化铝、铬砂和水），利用上研磨板进行转动，上、下研磨板的运动方向相反，对硅片表面进行研磨加工。

在这个过程中，将研磨掉 60～47μm 厚度的硅片，去除了硅片切割产生的损伤层（切痕），同时改善了硅片的弯曲度、翘曲度和厚度不均匀性，提高了硅片的平整度和平行性。但是在研磨过程中，研磨在硅片表面也会产生机械损伤，只是其损伤层远小于切割产生的损伤层。

8.3.7　硅片抛光

对于二极管、晶体管等简单半导体器件，硅片研磨并经过清洗后，就可以用于器件制造了。但是，对于集成电路等高性能微电子器件，硅片还需要经过抛光工艺，去除硅片研磨损伤，降低硅片表面的粗糙度，减少硅片表面的金属杂质污染。经过抛光的硅片再经过清洗、检查，用真空硅片盒进行保护，以便给集成电路芯片制造企业使用。

硅片抛光一般是单面抛光，即单晶硅片的一面是化学腐蚀，另一面是化学机械抛光。在抛光时，通常用蜡将硅片固定在抛光盘上，利用特制的绒布抛光垫并借助 SiO_2 抛光液对硅片的抛光面进行粗抛、精抛等多次抛光。粗抛过程主要用于去除损伤层，抛光液的主要成分是 SiO_2 的微细硅溶胶及 NaOH（或 KOH），去除硅材料的厚度为 15～20μm；而精抛过程主要用于改善晶片表面的微观粗糙度，抛光液的主要成分是 SiO_2 的微细硅溶胶及 NH_4OH，去除硅材料的厚度约为 1μm。

对 300mm 大直径的单晶硅而言，单片双面抛光技术已经替代多片单面抛光技术，以提高硅片表面精度。图 8.25 所示为大直径硅片单片双面抛光的示意图，从图中可以看出，抛光盘和硅片之间有一定的缝隙，抛光时硅片浮在空中，而抛光液是通过 N_2 作为载气运输到硅片表面的。单片双面抛光既有高的平整度，又可以省去中间的清洗过程、减少有蜡抛光的蜡污染，具有明显的质量优势。这种抛光技术的表面微观粗糙度约为 4Å，可以满足 45nm 及以下集成电路的需求。

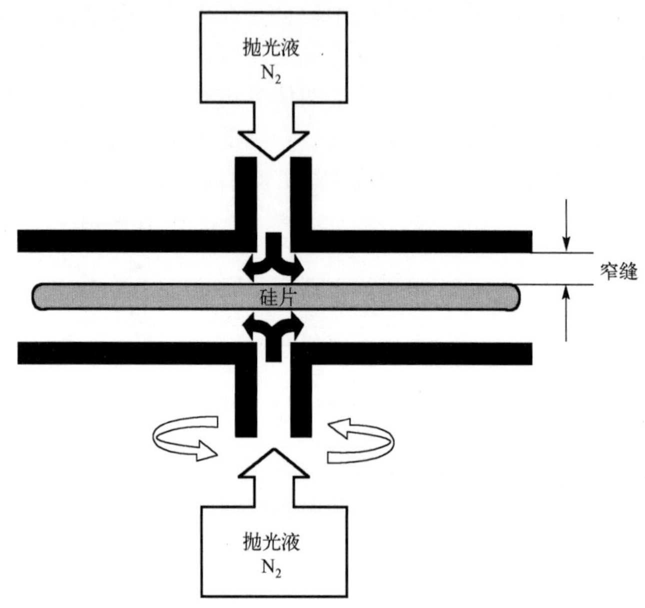

图 8.25　大直径硅片单片双面抛光的示意图

总之，直拉单晶硅是单晶硅的主要类型，是集成电路、太阳电池的基础材料。它使用直拉（Czochralski）技术，利用籽晶，将熔化的多晶硅经过引晶、缩颈、放肩、等径生长、收尾等工艺生长成单晶硅棒。在单晶硅生长时，要精心控制热场、直径、晶体生长参数和微缺陷。近年来随着时代的发展，磁控、重复装料和连续加料等直拉单晶硅新技术也逐步走向应用。在单晶硅生长完成后，需要进行切断（割断）、滚圆（切方）、切片、化学腐蚀、倒角、研磨、抛光和清洗等工艺，以制备集成电路和太阳电池所需的硅片。

习　题　8

1．直拉单晶硅生长的工艺过程包括哪些？

2．什么是“缩颈”技术？其在直拉单晶硅生长过程中有何作用？如何克服缩颈的局限？

3．在直拉单晶硅的生长过程中，如何抑制直拉单晶硅中位错的产生？

4．比较直拉单晶硅法和区熔单晶硅法的异同。

5．为何重复装料直拉单晶硅生长工艺和连续加料直拉单晶硅生长工艺只能连续进行数次？

6．将晶锭加工为硅片需要经过哪些步骤？各起什么作用？

7．晶锭切片后可否直接进行化学抛光？

参 考 文 献

[1] TEAL G K, LITTLE J B. Growth of germanium single crystals[J]. Physical review, 1950, 78:647.

[2] TEAL G K, BUEHLER E. Growth of silicon single crystals and of single crystal silicon pn junctions[J]. Physical Review, 1952, 87:190.

[3] DASH W C. Growth of silicon crystals free from dislocations[J]. Journal of Applied Physics, 1959, 30(4): 459-474.

[4] 杨德仁. 太阳电池材料[M]. 2 版. 北京：化学工业出版社，2018.

[5] 阙端麟，李立本，林玉瓶. 采用氮保护气氛制造直拉（切氏法）硅单晶的方法：CN85100295[P/OL]. 1986-02-10.

[6] 阙端麟，李立本，陈修治，等. Czochralski silicon crystal growth in nitrogen atmosphere under reduced pressure[J]. 中国科学：数学（英文版），1991，（8）：1017-1024.

[7] 杨德仁，李立本. 氮气氛下直拉硅单晶的杂质控制[J]. 半导体技术，1992，（1）：4.

[8] DASH W C. Improvements on the pedestal method of growing silicon and germanium crystals[J]. Journal of Applied Physics, 1960, 31(4): 736-737.

[9] DASH W C. Silicon crystals free of dislocations[J]. Journal of Applied Physics, 1958, 29(4): 736-737.

[10] 何杰，夏建白. 半导体科学与技术[M]. 2 版. 北京：科学出版社，2017.

[11] VORONKOV V, FALSTER R. Vacancy and self-interstitial concentration incorporated into growing silicon crystals[J]. Journal of Applied Physics, 1999, 86(11): 5975-5982.

[12] PUZANOV N I, EIDENZON A. The effect of thermal history during crystal growth on oxygen precipitation in Czochralski-grown silicon[J]. Semiconductor Science and Technology, 1992, 7(3): 406.

[13] VORONKOV V, FALSTER R. Vacancy-type microdefect formation in Czochralski silicon[J]. Journal of Crystal Growth, 1998, 194(1): 76-88.

[14] YU X, CHEN J, MA X, et al. Impurity engineering of Czochralski silicon[J]. Materials Science and Engineering: R: Reports, 2013, 74(1-2): 1-33.

[15] YANG D, QUE D, SUMINO K. Nitrogen effects on thermal donor and shallow thermal donor in silicon[J]. Journal of Applied Physics, 1995, 77(2): 943-944.

[16] YANG D, FAN R, LI L, et al. Effect of nitrogen-oxygen complex on electrical properties of Czochralski silicon[J]. Applied Physics Letters, 1996, 68(4): 487-489.

[17] YU X, YANG D, MA X, et al. Grown-in defects in nitrogen-doped Czochralski silicon[J]. Journal of Applied Physics, 2002, 92(1): 188-194.

[18] CHEDZEY H, HURLE D. Avoidance of growth-striae in semiconductor and metal crystals grown by zone-melting techniques[J]. Nature, 1966, 210(5039): 933-934.

[19] WITT A, HERMAN C, GATOS H. Czochralski-type crystal growth in transverse magnetic fields[J]. Journal of Materials Science, 1970, 5(9): 822-824.

[20] HOSHI K, SUZUKI T, OKUBO Y, et al. Cz silicon crystal growth in transverse magnetic field[J]. Electrochem Soc Ext Abstr, 1980, 324: 811-813.

[21] HOSHIKAWA K, KOHDA H, HIRATA H. Homogeneous dopant distribution of silicon crystal grown by vertical magnetic field-applied czochralski method[J]. Japanese Journal of Applied Physics, 1984, 23(1A): L37-L39.

[22] HIRATA H, HOSHIKAWA K. Silicon crystal growth in a cusp magnetic field[J]. Journal of Crystal Growth, 1989, 96(4): 747-755.

[23] HIRATA H, HOSHIKAWA K. Homogeneous increase in oxygen concentration in Czochralski silicon crystals by a cusp magnetic field[J]. Journal of Crystal Growth, 1989, 98(4): 777-781.

[24] HIRATA H, HOSHIKAWA K. Three-dimensional numerical analyses of the effects of a cusp magnetic field on the flows, oxygen transport and heat transfer in a Czochralski silicon melt[J]. Journal of Crystal Growth, 1992, 125(1-2): 181-207.

[25] LANE R, KACHARE A. Multiple Czochralski growth of silicon crystals from a single crucible[J]. Journal of Crystal Growth, 1980, 50(2): 437-444.

[26] 杨德仁，樊瑞新. 硅晶片切割损伤层微观应力的研究[J]. 材料科学与工程，1994，12（3）：5.

[27] 樊瑞新，卢焕明，张锦心，等. 线切割硅片的表面损伤[Z]. 全国半导体硅材料学术会议. 中国有色金属学会. 1998.

第 9 章　直拉单晶硅的杂质和缺陷

半导体材料需要高纯，含有尽可能少的杂质（与基体半导体材料原子不同的其他原子），只有原料及制备的晶体材料的纯度足够高，才能控制半导体材料的载流子浓度、电阻率等电学性能。如果材料中有杂质原子，不仅会影响半导体材料和器件的载流子浓度、载流子迁移率等基本电学性能，还会引入深能级中心导致半导体材料和器件的反型、漏电等问题。实际上，直拉单晶硅中的杂质原子有两类：一类是有意掺入的杂质，被称为掺杂原子（Dopant），是被用来为半导体材料提供电子、空穴的，是需要有意识地加入、控制其浓度及分布的；另一类是在材料和器件制备过程中无意引入的杂质原子（Impurity），对半导体材料和器件的性能起负面作用，需要避免、减少和控制。

同时，半导体材料的应用一般需要单晶材料，需要晶格尽可能完整，晶体缺陷尽量少。如果材料中存在缺陷，会导致杂质的偏聚、深能级中心的引入、载流子漏电通道的产生等问题，影响和损害半导体器件的性能。因此，半导体材料的杂质和缺陷控制是半导体材料的核心关键技术。

同样地，直拉单晶硅材料也需要高纯。虽然直拉单晶硅的原料是高纯多晶硅（纯度超过99.999999%），但是经过晶体生长、晶体加工和器件制造等过程，不仅会在单晶硅生长过程中有意地加入控制电学性能的掺杂原子，也会在工艺过程中引入新的杂质原子，对单晶硅器件的性能产生严重影响。进一步地，直拉单晶硅是单晶材料，在晶体生长完成后的原生单晶硅中虽没有晶界、层错和线性位错，但是存在点缺陷和聚集体，以及由杂质沉淀引起的诱生缺陷，还会在单晶硅加工和器件制造过程中引入位错、层错等二次（工艺）诱生缺陷，对硅器件的性能有严重的影响。

本章阐述直拉单晶硅的杂质和缺陷的基本性质[1]，介绍直拉单晶硅中掺杂剂的加入、分凝和分布规律，阐述直拉单晶硅生长过程中引入的轻元素杂质氧、碳的基本性质，单晶硅材料和器件制造工艺过程中故意引入的氢、氮、锗等杂质原子的基本性质，还有直拉单晶硅生长过程中引入的原生缺陷及在晶体加工、器件制造过程中引入的工艺诱生缺陷的基本性质。

9.1　直拉单晶硅的掺杂

在实际应用中，常常需要在高纯单晶硅中有意地掺入一定量的具有电活性的其他原子。对于高纯单晶硅而言，这是一种特殊的杂质，通常称为掺杂剂。通过掺入掺杂剂可以控制单晶硅的导电类型和电阻率，以便适应不同半导体器件的需要。因此，在直拉单晶硅生长过程中，实现掺杂剂的均匀掺杂、杂质浓度的精确控制、电阻率范围的有效调控（纵向电阻率均匀性、径向电阻率均匀性的控制）等，是直拉单晶硅生长的主要目标之一。

9.1.1　直拉单晶硅的掺杂剂

硅是Ⅳ族元素半导体，要得到 P 型半导体硅材料，一般需要在单晶硅中掺入Ⅲ族元素的原子，如 B、Al、Ga 和 In，以向硅材料中提供空穴，这些故意引入的Ⅲ族元素的原子被称为

“受主（Acceptor）”掺杂剂。要得到 N 型半导体材料，需要掺入Ⅴ族的 P、As 和 Sb 元素的原子，称为“施主（Donor）”掺杂剂。理论上，只要是能在单晶硅中提供空穴的原子，都可以被选择为 P 型单晶硅的受主掺杂剂；只要是能在单晶硅中提供电子的原子，都可以被选择为 N 型单晶硅的施主掺杂剂。

但是，在实际应用中，选择何种掺杂剂取决于掺杂剂在熔体硅中的熔点、分凝系数、蒸发系数、固溶度及需要的掺杂量等多种因素。表 9.1 是单晶硅中的主要掺杂原子的平衡分凝系数和固溶度。

表 9.1 单晶硅中的主要掺杂原子的平衡分凝系数和固溶度

掺杂原子	平衡分凝系数	固溶度/cm^{-3}	导电类型
B	8×10^{-1}	1×10^{21}	P 型
Al	2×10^{-3}	5×10^{20}	P 型
Ga	8×10^{-3}	4×10^{19}	P 型
In	8×10^{-4}	4×10^{17}	P 型
P	3.5×10^{-1}	1.3×10^{21}	N 型
As	3×10^{-1}	1.8×10^{21}	N 型
Sb	2.3×10^{-2}	7×10^{19}	N 型

对于 P 型单晶硅掺杂，由于 Al、Ga 和 In 元素在硅中的分凝系数很小，在晶体生长后晶体头部和尾部的电阻率相差很大，难以得到电阻率均匀的晶体，所以很少作为单晶硅的 P 型掺杂剂；而 B 元素在硅中的分凝系数为 0.8，而且它的熔点和沸点都高于硅的熔点，在熔体硅中很难蒸发，是直拉单晶硅最常用的 P 型掺杂剂之一，也是 P 型重掺（高浓度掺杂）单晶硅的掺杂剂。

但是，对于太阳电池用直拉单晶硅，情况有所不同。太阳电池用直拉单晶硅一般也利用掺 B 的 P 型单晶硅，但是 B 原子和硅中的氧形成 B-O 复合体，在太阳光的照射下会产生光致衰减现象，导致硅太阳电池的光电转换效率下降，相对增加了生产成本。为了避免 B-O 复合体的产生，人们利用镓（Ga）原子作为掺杂原子替代 B 作为 P 型单晶硅的电活性掺杂剂，从而形成掺镓直拉单晶硅及太阳电池。

而对于 N 型单晶硅掺杂，P、As 和 Sb 元素在硅中的分凝系数较大，都可以作为掺杂剂。它们各有优势，可应用在不同的场合：P 是直拉单晶硅中最常用的一种 N 型单晶硅的掺杂剂，而 N 型重掺单晶硅则常用 As 和 Sb 作为掺杂剂。相比于 Sb，As 的分凝系数更大，原子半径更接近硅原子，掺入后不易引起晶格失配，是比较理想的 N 型重掺单晶硅的掺杂剂。但是 As 及其氧化物都有毒，需要特殊的晶体生长和尾气处理设备，否则会对人体和环境造成伤害。

9.1.2 直拉单晶硅的掺杂技术

直拉单晶硅的掺杂一般通过在多晶硅装料时同步加入适量的掺杂剂来实现。这些掺杂剂可以是单质，也可以是合金/化合物（硅化物）。在直拉单晶硅中所需要的掺杂剂剂量可以很低（轻掺的单晶硅掺杂原子浓度仅在 10^{15}～$10^{16}cm^{-3}$ 数量级），因此容易出现计量误差。小的计量误差可能会导致单晶硅的载流子浓度发生很大变化，严重影响单晶硅材料和器件的电学性能。因此，为了较好地控制掺杂精度，在工业界人们常常利用含有低掺杂原子浓度的硅化物（如磷硅合金）作为掺杂剂，称为“母合金”。

直拉单晶硅的掺杂剂无论是单质还是合金，一般都是固体粉末，熔点低于硅材料，蒸发系数比较小，在晶体生长过程中掺杂原子少蒸发或不蒸发，最终实现在单晶硅中掺入电活性原子、控制单晶硅电阻率（载流子浓度）的目的。

如果蒸发系数比较大的掺杂剂与多晶硅一起装炉和熔化，由于经历的热过程时间长，掺杂原子会大量蒸发，导致实际进入单晶硅的掺杂原子的浓度大幅降低，最终导致单晶硅的载流子浓度控制不精确。因此，对于蒸发系数比较大的掺杂剂，人们常常在多晶硅熔化后，通过特殊的掺杂机构将掺杂剂直接加入熔体硅，再进行稳定化处理，使得掺杂剂均匀地进入熔体硅。

9.1.3　直拉单晶硅的掺杂量

直拉单晶硅掺杂的首要因素是掺杂量的控制。掺杂量的控制是调控单晶硅电阻率最重要的手段。下式是单晶硅的电阻率ρ和杂质浓度 C_s 的关系式

$$\rho = \frac{1}{\sigma} = \frac{1}{C_s q \mu} \tag{9.1}$$

式中，σ是电导率（S/cm），q 是电子电荷（1.6×10^{-19}C），μ是硅的电子或空穴的迁移率，分别为 1900cm^2/(V·s)和 500cm^2/(V·s)。在室温下，对于 1Ω·cm 的 P 型掺 B 单晶硅而言，B 的杂质浓度为 1.3×10^{16}cm^{-3}；而对于 1Ω·cm 的 N 型掺 P 单晶硅而言，P 的杂质浓度为 3.3×10^{15}cm^{-3}。图 9.1 是室温（300K）下硅晶体的电阻率和杂质浓度的关系曲线。

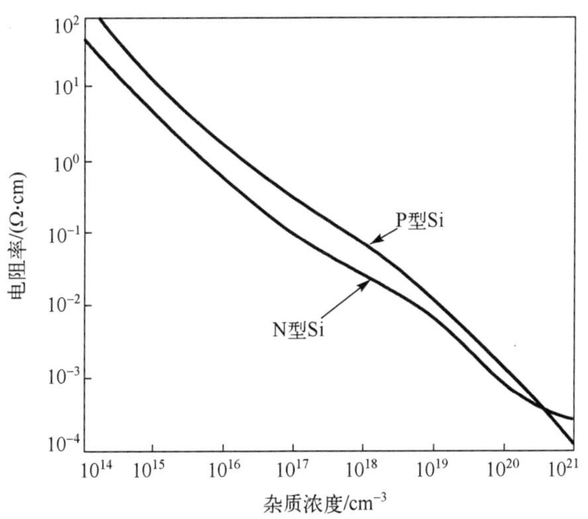

图 9.1　室温（300K）下硅晶体的电阻率和杂质浓度的关系曲线

直拉单晶硅的生长过程是一种近似的晶体正常凝固过程，其杂质（包括掺杂原子和杂质原子）在单晶硅中长度分布（凝固分数）g 处的浓度 C_s，即正常凝固的杂质分布关系（详见第 7 章）如下

$$C_s = kC_0(1-g)^{k-1} \tag{9.2}$$

式中，C_0 是熔体硅中的掺杂剂（杂质）浓度，k 是分凝系数，g 是凝固分数。

因此，根据式（9.2）可以计算出掺杂原子在直拉单晶硅中的浓度及分布。图 9.2 是 B 原子浓度在直拉单晶硅中的理论分布曲线，B 在硅晶体中的分凝系数是 0.8。从图中可以看出，随着晶体的生长，B 原子浓度逐渐增大，晶体尾部的 B 原子浓度最高。

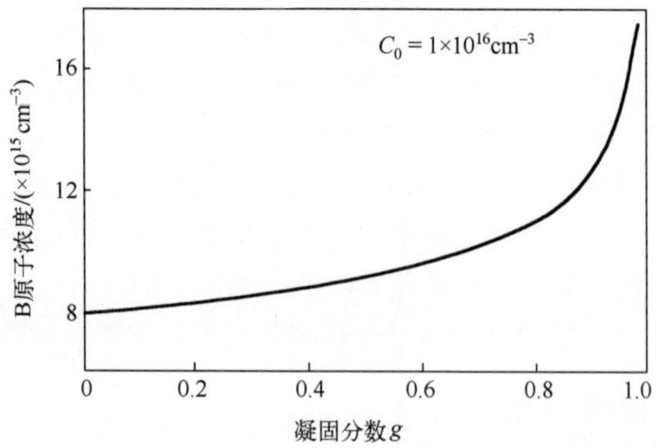

图 9.2　B 原子浓度在直拉单晶硅中的理论分布曲线

因此，通过控制熔体硅中的掺杂剂浓度（C_0），就可以控制单晶硅的掺杂原子的浓度（C_s），进而得到直拉单晶硅中的电阻率。

将式（9.2）代入式（9.1），可得在单晶硅 g 处的电阻率为

$$\rho=\frac{1}{q\mu kC_0(1-g)^{k-1}} \tag{9.3}$$

$$C_0\rho=\frac{1}{q\mu k(1-g)^{k-1}} \tag{9.4}$$

从式（9.3）和式（9.4）可以看出，单晶硅的电阻率主要取决于在熔体硅中掺杂原子的浓度，即多晶硅原料中的掺杂剂的质量。因此，要得到浓度为 C_0（单位为 m^{-3}）的熔体硅，在多晶硅原料中需要掺入的掺杂剂的质量 m（kg）为

$$m=C_0\times\frac{W}{d}\times\frac{M}{N_A} \tag{9.5}$$

式中，W 是高纯多晶硅的质量（kg），d 为硅的密度（kg/m^3），M 是杂质（掺杂原子）的摩尔质量（kg/mol），N_A 是阿伏加德罗常数（$N_A\approx6.0221367\times10^{23}mol^{-1}$）。

将式（9.4）代入式（9.5），可得掺杂剂的质量 m（kg）为

$$m=\frac{WM}{dN_Aq\mu k\rho(1-g)^{k-1}} \tag{9.6}$$

如果掺杂剂是母合金，式（9.6）就不适用了，需要进行修正。因为掺杂剂在母合金的总量和在熔体硅中的总量是不变的，因此

$$\frac{M_{合金}}{d_{合金}}C_m=\frac{W+M_{合金}}{d}C_0 \tag{9.7}$$

式中，C_m 是杂质（掺杂剂）在母合金中的浓度，$d_{合金}$是母合金的密度，$M_{合金}$是母合金的质量。由于掺杂剂的量极少，因此 $d\approx d_{合金}$，$W+M_{合金}\approx W$。简化上式，母合金的质量 $M_{合金}$为

$$M_{合金}=\frac{W}{C_m}C_0=\frac{1}{q\mu k\rho(1-g)^{k-1}}\frac{W}{C_m} \tag{9.8}$$

另外，在直拉单晶硅生长时，高纯多晶硅可能含有极少量的电活性杂质，会影响单晶硅的电阻率；石英坩埚中的微量杂质可能进入熔体硅，也会影响单晶硅的电阻率。因此，直拉单晶硅的掺杂量会受到多晶硅原料和石英坩埚质量的影响。为了避免这种情况，可以利用同种多晶硅原料和坩埚在不掺杂的情况下，首先生长直拉单晶硅，通过测试单晶硅的电阻率，转化为载流子（电子或空穴）浓度（C_i），得到多晶硅原料中杂质和石英坩埚对直拉单晶硅载流子浓度的影响，再计算得到所要电阻率的单晶硅的母合金的质量，如下

$$M_{合金} = \frac{(C_0 \pm C_i)W}{C_m} \tag{9.9}$$

式中，C_i是由石英坩埚和多晶硅原料产生的熔体硅杂质浓度，C_0是根据电阻率要求而产生的熔体硅杂质浓度，“+”和“−”分别适用于坩埚和原料引入的杂质与所用掺杂剂导电型号相同和不同的情况。

在实际生产中，掺杂剂在熔体硅中的蒸发会直接影响直拉单晶硅的杂质浓度。由于多晶硅的熔化和直拉单晶硅的晶体生长都需要一定时间，随着多晶硅的熔化和单晶硅生长的进行，掺杂剂（特别是蒸发系数大的掺杂剂）会不断从熔体硅的表面蒸发，导致熔体硅中的相关掺杂剂的浓度不断降低，从而使得实际直拉单晶硅中的掺杂剂浓度低于计算值。

9.2　直拉单晶硅的杂质

在半导体硅晶体中除有意掺入的电活性杂质原子（如硼、磷等）外，在直拉单晶硅的晶体生长和器件制造的工艺过程中，常常会由各种原因无意地引入电活性或非电活性的杂质原子，其中重要的一类杂质就是轻元素杂质，包括氧、碳、氮和氢。实际上，氧和碳是直拉单晶硅生长过程中难以避免的杂质，而氢、氮和锗杂质则是在晶体生长过程中有意引入的杂质，它们对直拉单晶硅材料和器件有不同的作用——既有引入深能级中心、增加缺陷、增大器件漏电流等负面作用，又有抑制微缺陷、提高机械强度、提高吸杂性能等正面作用[2]。

9.2.1　氧杂质

氧是直拉单晶硅（Cz-Si）中最主要的杂质之一，主要是在晶体生长过程中由石英坩埚的侵蚀而引入的，其浓度一般处于 10^{17}～$10^{18}cm^{-3}$ 数量级，一般以间隙态存在于硅晶格中。在直拉单晶硅的晶体生长、冷却及随后的器件制造过程中，硅晶体经历了各种温度的热处理。间隙氧原子会在硅晶体中偏聚、沉淀，形成氧施主、氧沉淀及二次缺陷。这些与氧有关的缺陷对硅材料和器件具有有利及不利两个方面的影响。有利的方面：它们能结合器件工艺，形成内吸杂能力，可以吸除有害的金属杂质；氧原子还能钉扎位错，提高硅片的机械强度。不利的方面：氧施主会引入附加载流子，严重影响单晶硅的载流子浓度，甚至改变导电类型；当氧沉淀尺寸过大时，又会引入大量的二次缺陷，甚至导致硅片的翘曲。因此，需要精准地控制直拉单晶硅中的氧杂质的浓度、性质。

9.2.1.1　氧的基本性质

直拉单晶硅中的氧杂质来自晶体生长时石英坩埚的污染。当多晶硅熔化成液相时，熔体硅在高温下侵蚀石英坩埚，其作用式为

$$Si + SiO_2 \rightarrow 2SiO \tag{9.10}$$

熔入熔体硅中的 SiO 部分从熔体硅表面挥发，部分则在熔体硅中分解，作用式为

$$SiO \rightarrow Si + O \tag{9.11}$$

分解的氧原子进入熔体硅中，最终进入直拉单晶硅。在硅的熔点，熔体硅中氧原子的平衡固溶度约为 $2.75\times10^{18}cm^{-3}$。

进入直拉单晶硅中的氧原子占据着硅晶格间隙（Interstitial）位置，也称为“间隙氧原子”（O_i），它处于硅-硅键中间偏离轴向方向，其原子结构如图 9.3 所示。氧原子具有 6 个外层电子，其中 4 个自我配对形成 2 个电子对；从图中可见，剩余的 2 个电子分别和两侧的硅原子的外层电子结合，组成 2 个共价键。因此，单晶硅中的间隙氧原子本身是电中性的，不会引入载流子。尽管间隙氧原子的浓度要比直拉单晶硅中掺杂原子的浓度高 3～4 个数量级，但它不影响硅的电学性能。

和直拉单晶硅中的掺杂原子一样，氧杂质在单晶硅中也遵循分凝规则。一般认为单晶硅中氧的分凝系数是 1.25，因此，在直拉单晶硅的头部氧原子的浓度比较高，随着晶体的生长，尾部氧原子的浓度逐渐降低。

直拉单晶硅中的间隙氧原子如果遇到高温过程（如器件制备的热处理过程），在硅晶体中会发生扩散现象，其扩散系数 D（cm^2/s）一般可以表示为[3]

$$D = 0.13\exp\left(-\frac{2.53eV}{k_B T}\right) \tag{9.12}$$

式中，k_B 是玻耳兹曼常数（$1.380\times10^{-23}J/K$），T 是热力学温度（K）。

直拉单晶硅中的氧原子浓度很低，普通的元素组分测试技术无法应用，通常使用带电粒子活化法、二次离子质谱法和红外法测定。其中红外法简单、方便，可以通过直拉单晶硅的 $1107cm^{-1}$ 红外吸收峰的高度（如图 9.4 所示），根据下列公式直接计算间隙氧原子的浓度（cm^{-3}）

$$[O_i] = 10^{17} C\alpha \tag{9.13}$$

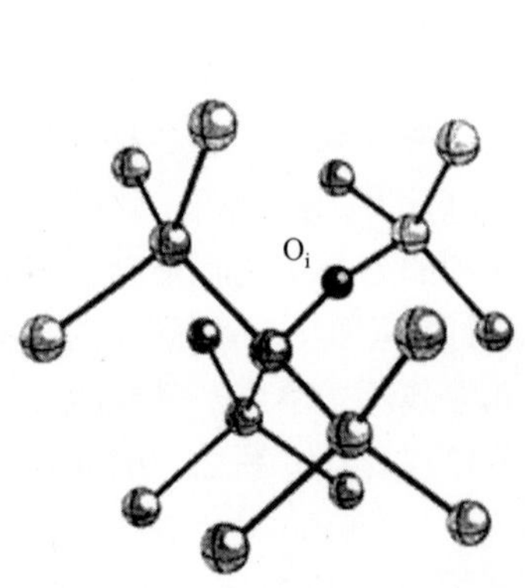

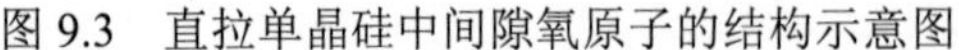
图 9.3 直拉单晶硅中间隙氧原子的结构示意图

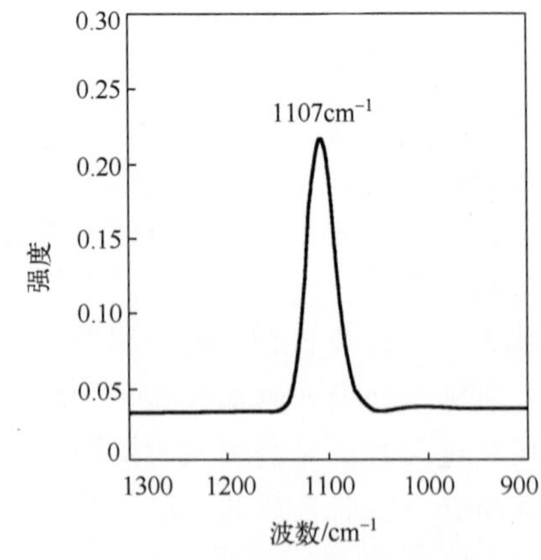

图 9.4 直拉单晶硅的室温红外光谱，其中 $1107cm^{-1}$ 峰是间隙氧的吸收峰

式中：C 为校正系数，为 $3.14cm^{-2}$；α 是 $1107cm^{-1}$ 红外吸收峰的最大吸收系数（cm^{-1}）。值

得说明的是，式（9.13）测量的是间隙氧原子的浓度，如果单晶硅中还有氧施主、氧沉淀等氧的其他存在形式，则这部分的氧浓度是不能通过式（9.13）测量计算的。

在硅的熔点，熔体硅中氧的平衡固溶度约为 $2.75\times10^{18}cm^{-3}$，随着温度的降低，氧在直拉单晶硅中的固溶度逐渐减小。对于普通的直拉单晶硅而言，晶体生长后原生单晶硅中间隙氧原子浓度为 $5\times10^{17}cm^{-3}$，通常处于过饱和状态。后续的随炉冷却过程和集成电路工艺过程相当于对单晶硅在不同情况下进行热处理，使得过饱和的间隙氧原子扩散、偏聚，形成氧施主或氧沉淀及相关缺陷。

直拉单晶硅中的间隙氧原子对位错有钉扎作用，可以使之不易滑移，从而在硅器件热循环工艺中提高了硅片机械强度，既保证了器件的制造精度，又减少了硅片的破损、降低了生产成本。和区熔单晶硅相比，这是直拉单晶硅的一个重要优点。

9.2.1.2　氧施主

在一定的温度下，过饱和的间隙氧原子会扩散和偏聚，形成和氧有关的施主杂质团，为单晶硅提供电子。氧相关的施主缺陷统称为“氧施主”（Oxygen Donor）。

氧施主提供电子，使得 N 型直拉单晶硅的电子浓度增大，电阻率减小；P 型直拉单晶硅中的空穴减少（复合效应），电阻率增大。施主效应严重时，甚至能使 P 型硅晶体转换为 N 型硅晶体。

直拉单晶硅中的氧施主分为热施主（Thermal Donor）和新施主（New Donor）两种，具有不同的结构和性质。

（1）热施主

热施主是在 350～500℃的温度范围内生成的和氧相关的施主。早在 20 世纪 50 年代末，C. S. Fuller 等人就发现了直拉单晶硅中的热施主效应[4]。经过数十年的研究，人们揭示了直拉单晶硅热施主的基本规律和基本性质，包括：①在 350～500℃热处理数小时以后，就可以生成热施主，其中 450℃是热施主生成速度最快的温度，100h 左右可达到施主浓度的最大值（$1\times10^{16}cm^{-3}$ 左右）；②直拉单晶硅中的间隙氧原子浓度越高，生成的热施主浓度也越高，生成的速率也越快，热施主浓度和原始氧浓度的平方成正比；③单晶硅在 550～600℃或以上温度热处理，可以消除热施主效应，去除由热施主生成的附加载流子；④热施主是双施主，最多可以对单晶硅提供 2 个电子，并可能具有 16 种形态，可以在低温远红外光谱中被鉴别和确认；⑤热施主是氧原子的聚集体，是过饱和间隙氧原子扩散和团聚的结果。虽然目前提出了多种热施主的结构模型，如双氧原子（Oxygen Dimer）扩散、团聚等，但其真实结构问题依然没有解决。

在直拉单晶硅生长完成后的随炉冷却过程中，单晶硅棒经历了从高温到低温的降温过程，会经过热施主的形成温度区间，因此，在原生的直拉单晶硅中就存在“热施主”。也就是说，在原生的直拉单晶硅的载流子中叠加了热施主的贡献，此时直拉单晶硅的电阻率数值是不准确的，甚至导致导电类型的反型。因此，为了得到直拉单晶硅的真实载流子浓度（或电阻率），通常需要进行 650℃、30min 左右的热处理，以去除原生的热施主。

（2）新施主

新施主是在 550～800℃的温度范围内形成的和氧相关的施主[5]，它是在 20 世纪 70 年代被发现的[6]。人们在研究 650℃左右热处理去除热施主时，发现如果延长热处理时间，可以产生新的和氧相关的施主——这就是新施主。因为新施主的形成温度区间和硅器件制造工艺温度区间相重叠，所以新施主的形成过程很重要。

同样，新施主也具有一些特别的性质和特征，主要包括以下几点。①新施主在 550～800℃温度区间形成，在 650℃左右新施主的浓度可达最大值。和热施主相比，它的形成速率比较慢，需要较长的时间（一般大于 20h）；其最大浓度小于 $1\times10^{15}cm^{-3}$，比热施主低约一个数量级。②直拉单晶硅中的间隙氧原子浓度越高，生成的新施主浓度也越高，生成的速率也越大。硅中的碳杂质能促进新施主的产生，而氮杂质则抑制它的产生。③新施主比热施主更稳定，前者需要在 1000℃以上退火才能将其消除。④新施主显示出和热施主不同的性质，但和热施主也有关联。热施主浓度高的单晶硅，在后续形成的新施主浓度也较高。⑤新施主的产生和硅中的间隙氧原子的偏聚与沉淀密切相关，但其具体结构问题则尚未解决。

9.2.1.3 氧沉淀

直拉单晶硅在 350～500℃或 550～800℃热处理时会发生氧原子的扩散、聚集，产生具有电学性能的热施主和新施主。如果直拉单晶硅经历了 650℃以上的热处理，则间隙氧原子不仅会聚集成复合体或聚集体，而且会形成和氧相关的沉淀，称为“氧沉淀”（Oxygen Precipitate）。实际上，直拉单晶硅在 650℃以下热处理时，只要时间足够长，原来产生的热施主和新施主也可能转换为氧沉淀。图 9.5 所示为直拉单晶硅中氧沉淀及诱生冲出型（Punch-out）位错的透射电子显微镜照片，从照片可以看出，氧沉淀的存在导致了冲出型位错的产生。

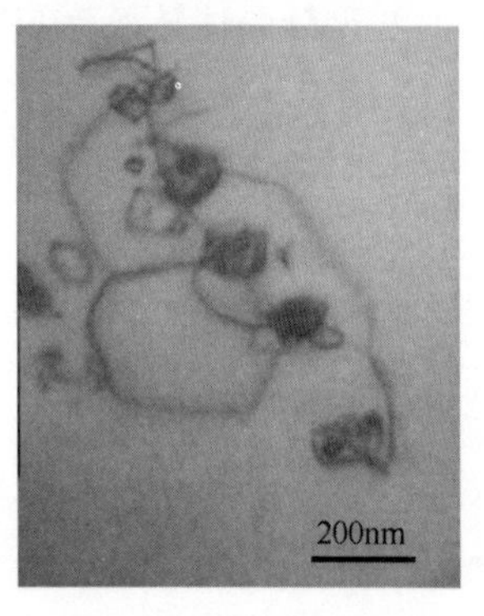

图 9.5 直拉单晶硅中氧沉淀及诱生冲出型位错的透射电子显微镜照片

氧沉淀对直拉单晶硅材料与器件的影响比较复杂。一般而言，如果氧沉淀的尺寸大，则会引起位错、层错等二次缺陷（图 9.5），从而导致机械强度降低；氧沉淀和硅晶体的界面悬挂键可能会引入载流子或提供深能级缺陷中心。但是，如果氧沉淀的尺寸小，则可以钉扎位错，提高单晶硅的机械强度，这是直拉单晶硅中氧沉淀的一个优点。此外，当氧沉淀仅在硅晶体内部形成时，其诱发层错、位错等二次缺陷会产生应力场，减小晶格能量，吸引硅片表面的重金属杂质原子在此沉淀，从而在近表层（器件有源区）形成几乎无金属杂质、无缺陷的洁净区，呈现吸杂效应，这就是所谓的内吸杂（Internal Gettering）[7]。目前，内吸杂已经成为现代大规模集成电路工艺中的重要工艺，它能有效地吸除金属杂质，从而提高器件的成品率，这是直拉单晶硅中氧沉淀的另一个优点。

氧沉淀的数量一般利用热处理前后间隙氧原子浓度的减少来表示，其结构和基本性质比较复杂。它不仅与硅晶体中的初始氧浓度、氧浓度分布、氧的存在状态相关，而且和碳、氮杂质及其他杂质原子的浓度、分布，原始晶体生长条件，以及其后的热处理过程（如气氛、温度、时间、次序等）有关。人们已经做了很多工作，但由于问题具有复杂性和实验条件、初始状态不尽相同等原因，在氧沉淀的许多研究中都存在未解决的问题。

氧沉淀的主要特性包括：①氧沉淀在 650℃以上的单步、多步热处理过程中产生；②氧沉淀的生成速率同样与直拉单晶硅中的间隙氧原子浓度成正相关，硅中的碳、氮杂质能促进氧沉淀的生成；③氧沉淀大致有三种形态，在低温（650～750℃）范围生成的氧沉淀，其形状是“棒状”（或“针状”），在中温（800～1050℃）范围生成的氧沉淀，其形状是“片状”，在高温（1100～1250℃）范围生成的氧沉淀，其形状是“多面体状”（或“八面体状”）；④氧沉淀的主要组成成分为 SiO_x，x 的取值和氧原子的偏聚、沉淀相关，不同形状的氧沉淀，其具体结构也不同。

9.2.1.4　内吸杂

现代集成电路建立在硅片表面 1μm 的区域，器件的性能主要受表面层的金属杂质的影响。因此，人们在直拉单晶硅片的体内或背面故意制造损伤或缺陷，就可以在集成电路的制备热工艺中吸引表面的金属原子扩散到晶格缺陷处沉淀，从而使得硅片表面或近表面保持洁净状态，称为吸杂工艺。如果缺陷在硅晶体的体内，则称为“内吸杂”（Internal Gettering）；如果缺陷在硅晶体的背面，则称为“外吸杂”（External Gettering）。

内吸杂就是人们利用直拉单晶硅中的间隙氧原子的扩散、沉淀、诱生二次缺陷的性质，设计高温—低温—高温三步热处理工艺（比如常见的 1150℃—750℃—1050℃），可以在硅片体内制备高密度的缺陷区作为吸杂区，吸收硅片表面的金属原子沉淀，从而在硅片表面形成几乎无缺陷、无金属原子的洁净区，作为器件的有源工作区。具有内吸杂功能的直拉单晶硅片截面的光学显微镜照片和示意图如图 9.6 所示。可见，在硅片内部已经形成了高密度的缺陷，而在近表面约 20μm 的区域则形成了几乎无缺陷的洁净区。

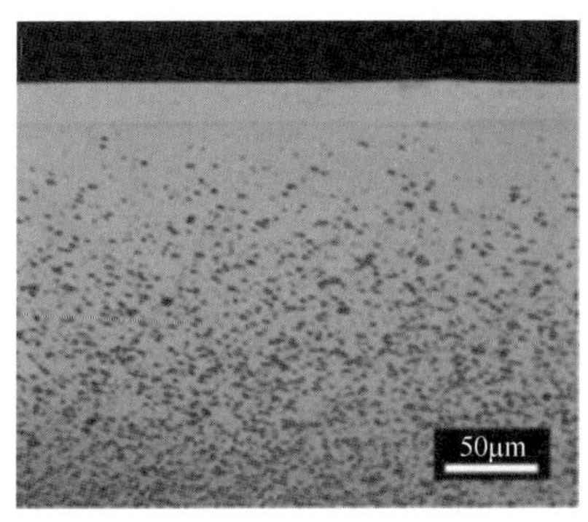

（a）光学显微镜照片

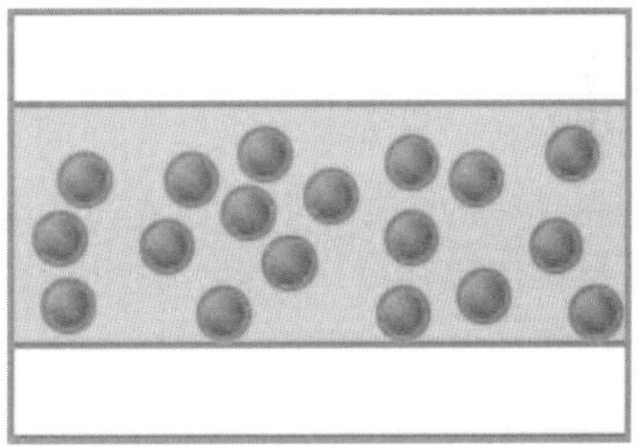

（b）示意图

图 9.6　高温—低温—高温三步热处理之后，具有内吸杂功能的直拉单晶硅片截面的光学显微镜照片和示意图

9.2.2　碳杂质

碳是直拉单晶硅中的另一种重要杂质，在区熔单晶硅中偶尔也能观测到。硅中的碳杂质能使器件击穿电压大大降低，从而增大漏电流，对器件的性能有负面作用。同时，碳杂质能作为异质核心促进氧沉淀的生成，因此，在直拉晶体生长中应尽力避免碳杂质的引入。在直拉单晶硅研究和生产的早期阶段，碳杂质曾严重地破坏器件的性能，经过多年的努力，在目前的高纯区熔单晶硅和集成电路用直拉单晶硅中，碳的浓度已能被控制在 $5\times10^{15}cm^{-3}$ 以下。

9.2.2.1　碳的基本性质

在直拉单晶硅中，碳主要来自多晶硅原料、晶体炉内的剩余气体及石英坩埚与石墨加热件的反应。在正常生长条件下，直拉单晶硅碳的浓度主要取决于石英坩埚与石墨加热件的热化学反应，其反应式为

$$C + SiO_2 \rightarrow SiO + CO \tag{9.14}$$

反应生成的 CO 气体大多进入熔体硅，和熔体硅反应，其表达式为

$$CO + Si \rightarrow SiO + C \tag{9.15}$$

反应生成的碳杂质原子留在熔体硅中，随着晶体的生长，最终进入直拉单晶硅。

在直拉单晶硅中碳原子处于硅晶格替位位置，由于它和硅原子一样属于Ⅳ族元素，因此对直拉单晶硅而言，替位碳原子是非电活性杂质，原则上不影响单晶硅的电学性能。但是，碳的原子半径小于硅原子的半径，所以当碳原子处于晶格位置时会引入晶格应变，碳浓度的增大能够引起晶格常数的减小。另外，在器件制造过程中，由氧沉淀、离子注入或等离子工艺而引入的自间隙硅原子能够被替位碳原子俘获，进行位置互换，因而也可能形成少量的处于间隙态的碳原子。这些间隙碳原子在室温下是可移动的，可以与替位碳原子、硼原子、磷原子和间隙氧原子结合，形成各种各样的复合体。

碳在熔体硅和晶体中都是轻微溶解的，它在熔体硅和晶体中的平衡固溶度分别为 $4\times10^{18}\text{cm}^{-3}$ 和 $4\times10^{17}\text{cm}^{-3}$。随着温度的降低，直拉单晶硅中替位碳原子的固溶度也逐渐减小，其方程式为

$$[C_s] = 3.9\times10^{24}\exp\left(-\frac{2.3\text{eV}}{k_B T}\right) \tag{9.16}$$

当碳杂质浓度在熔体硅中超过固溶度时，会有 SiC 固体颗粒形成。它们会漂浮在熔体硅表面，甚至到固液界面处，直接影响单晶硅的晶体生长。而在直拉单晶硅体内，替位碳的浓度一般都低于饱和固溶度，基本不会出现 SiC 的第二相沉淀。

碳在单晶硅中的分凝系数远小于 1（一般认为是 0.07），所以在直拉单晶硅头部的碳浓度很低，而在尾部的碳浓度则很高，这和氧沿晶体生长方向的浓度分布恰好相反。

和氧相比，碳在硅中的扩散要慢得多。和氧一样，碳在直拉单晶硅中的浓度测量技术包括带电粒子活化法、二次离子质谱法和红外法等。在实际工作中，常常同时测量氧和碳的原子浓度。在各种测量技术中，红外技术最为简单、方便，可以通过直拉单晶硅的 607cm^{-1} 吸收峰的高度计算替位碳原子的浓度（cm^{-3}）

$$[C_s] = 10^{17}\alpha \tag{9.17}$$

式中，α 是 607cm^{-1} 吸收峰的最大吸收系数。与氧的红外分析方法类似，式（9.17）测量的是替位碳原子的浓度，并不包括以其他形式存在的碳原子的浓度。

9.2.2.2 碳和氧杂质的作用

直拉单晶硅中的碳原子以替位态存在于硅晶格中，本身不引入电学载流子。它在单晶硅中的浓度比较低，一般不会像氧杂质形成氧沉淀一样形成 SiC 第二相沉淀并析出。但是，它很容易和直拉单晶硅中的氧原子作用，形成碳-氧（C-O）复合体，成为氧沉淀的成核中心，从而促进氧沉淀的生成，进而影响单晶硅材料和器件的性质。

因为氧是直拉单晶硅中难以避免的杂质（很多时候氧原子浓度甚至比掺杂原子浓度还高），因此，当碳原子进入直拉单晶硅时，碳原子会很容易地和氧原子结合，形成各种 C-O 复合体，这些复合体一般是非电活性的。有研究表明，在直拉单晶硅中有替位碳和间隙氧的复合体（C_s-O_i），在直拉单晶硅中的低温红外吸收谱中有 1104cm^{-1} 和 1108cm^{-1} 吸收峰与之对应；也有间隙碳原子和间隙氧原子的复合体（C_i-O_i），被称为 C 中心，和 0.79eV 的能级位置相对应。

研究认为，直拉单晶硅中的碳原子会抑制热施主的形成。在过饱和的间隙氧原子聚集形成热施主时，碳原子和氧原子结合形成复合体，这些复合体吸引氧原子进一步聚集，从而相对地抑制了氧原子聚集而形成热施主。另外，间隙碳原子也容易被热施主俘获，而导致热施主的电活性消失，这可能是碳原子抑制热施主的原因。但是，碳原子对直拉单晶硅中新施主的形成是促进的。一般认为，碳原子作为氧聚集的异质核心促进了它们的生成，而且随着单晶硅中替位碳浓度的增大，新施主浓度也会增大，甚至有研究者认为，新施主就是由 C-O 复合体构成的。

碳原子会促进直拉单晶硅中氧沉淀的形成，原因是和硅原子相比，替位碳原子的半径比较小，会引发点阵应变，因而很容易吸引氧原子的偏聚，形成氧沉淀的核心。此外，碳原子如果吸附在氧沉淀和基体的界面上，有可能会降低氧沉淀的界面能，稳定氧沉淀的核心。特别是对低氧浓度的直拉单晶硅，碳原子的存在会明显促进氧沉淀的形成。碳在硅中不仅会影响氧沉淀的数量，还会影响氧沉淀的形状。

9.2.3　氮杂质

在传统的晶体生长和制备工艺中，氮杂质不是直拉单晶硅的主要杂质。在区熔单晶硅的生长中，在保护气体中加入氮气（N_2），可以起到提高硅片机械强度的作用，以弥补区熔硅片机械强度低的不足。在单晶硅的器件制备中，可以通过氮离子（N^+）注入在硅晶体中形成氮化硅的绝缘层，从而在硅晶体引入氮杂质。但是，氮杂质和氧、碳不同，一直不是直拉单晶硅的无法避免的杂质。

20 世纪 70 年代，浙江大学阙端麟与合作者发明了利用高纯氮气作为保护气体的直拉单晶硅生长方法[8]，在减压条件下成功地生长出了低碳直拉单晶硅。他们用该方法还实现了大规模产业化制备，并应用在二极管、晶体管等电子器件的工业生产中。随后 20 年，本书作者和合作者[9]利用氮保护气体生长直拉单晶硅技术，系统地研究了直拉单晶硅中氮原子的基本性质和掺氮直拉单晶硅的主要性能，发现氮原子具有抑制直拉单晶硅中微缺陷的形成等优良性质，推动了国际同行对掺氮直拉单晶硅的研究和应用，最终使得掺氮直拉单晶硅成为国际通用的高端集成电路（芯片）的主流材料。

9.2.3.1　氮的基本性质

氮原子是直拉单晶硅生长过程中故意引入的一种杂质，用来控制缺陷，从而改善直拉单晶硅材料和器件的性能。通常，在直拉单晶硅生长时，利用氮气替代常用的氩气作为保护气体，或者用一定比例的氮气和氩气的混合气体作为保护气体，可以在直拉单晶硅中掺入氮原子。此外，也可以在高纯多晶硅装料时，加入 Si_3N_4 颗粒（粉末）或表面具有氮化硅层的硅片作为掺杂剂。但如果有剩余的掺杂剂没有及时熔化在熔体硅中，则会导致直拉单晶硅的晶体生长失败，需要特别小心。另外，将直拉单晶硅片在氮保护气体中高温热处理，也可将氮原子掺入单晶硅。

虽然氮原子是Ⅴ族元素，但是和直拉单晶硅中的其他Ⅴ族元素（如磷、砷）不同。一般认为，氮原子极少以替位形式占据晶格位置，而在单晶硅中以双原子氮（氮对）结构存在，即两个氮原子替代一个硅原子。因此，氮杂质在硅晶格中不具有电活性，不引入电活性中心。目前，存在两种单晶硅中氮对的结构模型：一种认为氮对是一个替位氮原子和一个间隙氮原子沿硅晶格的<100>方向的结合，它具有 D_{2d} 结构；另一种认为氮对是两个氮原子在硅晶格的

<100>方向的间隙位置，取代一个硅原子，分别和两边的硅原子相连，同时两者又互相结合，如图 9.7 所示。

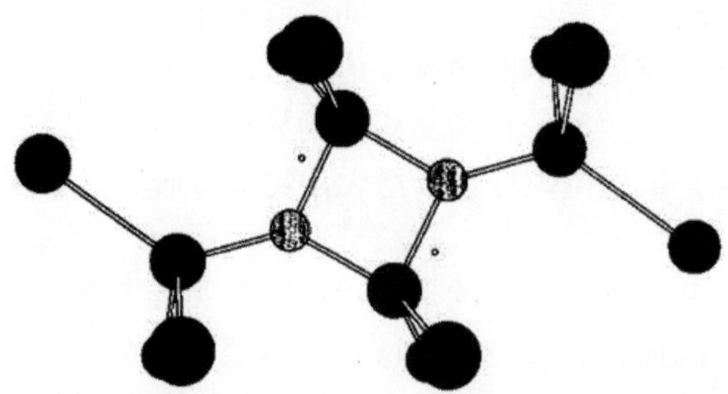

图 9.7 单晶硅中双原子氮（氮对）的原子结构示意图（其中一种）

氮原子在直拉单晶硅中的饱和固溶度很小，仅为 $4.5\times10^{15}\text{cm}^{-3}$，和氧、碳原子相比，直拉单晶硅中氮原子的浓度很低。同时，氮原子在熔体硅晶体生长时的分凝系数也非常小，仅为 7×10^{-4}，所以在固相、液相中，氮元素的分凝现象特别明显：晶体生长时，氮原子的浓度从直拉单晶硅的头部到尾部逐渐增大，且晶体尾部的氮浓度远大于晶体头部的氮浓度。

在硅晶体中，氮对原子结构被认为是快扩散结构，其扩散系数 D 为[10]

$$D = 2.7\times10^{3}\exp\left(-\frac{2.8\text{eV}}{k_{\text{B}}T}\right) \tag{9.18}$$

氮原子的测量和单晶硅中氧、碳的测量一样，主要利用红外技术。在直拉单晶硅的室温红外光谱中，963cm^{-1} 和 766cm^{-1} 两个吸收峰被认为是氮对的吸收峰。一般利用 963cm^{-1} 吸收峰来计算氮原子的浓度（cm^{-3}），如下

$$[\text{N}] = 1.83\times10^{17}\alpha \tag{9.19}$$

式中，α 是 963cm^{-1} 吸收峰的最大吸收系数。

9.2.3.2 氮和微缺陷的作用

现代大直径直拉单晶硅中的最重要的一种微缺陷是由过饱和空位聚集形成的 VOID 缺陷，又称为 COP（Crystal Originated Particle，晶体原生颗粒）缺陷，对微电子器件的性能、成品率和成本都有重要影响。

为了解决这一问题，可以在直拉单晶硅的生长过程中适量掺入氮原子。氮原子和空位结合，形成 N-V 复合体或 N-O-V 复合体，消耗大量空位，从而使得直拉单晶硅中的自由空位浓度大幅减小，导致 COP 缺陷形成温度降低、缺陷尺寸减小，使其在后续热处理过程或集成电路器件制备的热处理工艺中易于消除。图 9.8 是掺氮直拉单晶硅和普通直拉单晶硅的原生晶体、1150℃、1200℃热处理后的 COP 图[11]。从图中可以看出，在原生（as-grown）硅片状态，掺氮单晶硅和普通直拉单晶硅都含有高

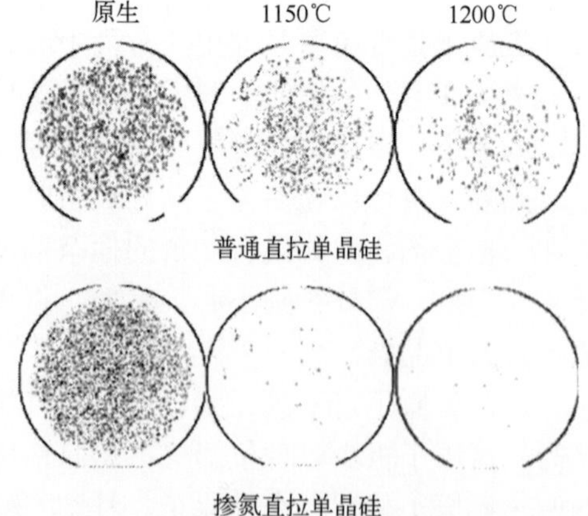

图 9.8 掺氮直拉单晶硅和普通直拉单晶硅的原生晶体、1150℃、1200℃热处理后的 COP 图

密度的 COP 缺陷。但是，经过 1150℃或 1200℃、2h 热处理，掺氮直拉单晶硅的 COP 缺陷几乎全部消除，而普通直拉单晶硅的 COP 缺陷仅被部分消除，这说明了掺氮对直拉单晶硅中的 COP 缺陷具有抑制作用。

9.2.3.3　氮和氧杂质的作用

氧杂质是直拉单晶硅中的不可避免的杂质，是由石英坩埚引入的。当氮原子进入直拉单晶硅时，很容易和氧杂质发生作用。

当直拉单晶硅在 450～750℃温度下热处理时，氮对原子和间隙氧原子将结合，形成多种结构的氮-氧复合体（N-O Complex），和红外吸收光谱中的多个吸收峰相对应，包括 $1026cm^{-1}$、$1018cm^{-1}$、$996cm^{-1}$、$810cm^{-1}$ 和 $801cm^{-1}$ 等与局域振动模相关的吸收峰。氮-氧复合体具有浅施主性质，会影响直拉单晶硅的电学性能。但是，当含有氮-氧复合体的直拉单晶硅在 750℃以上热处理时，氮-氧复合体就会逐渐消失。热处理温度越高，去除氮-氧复合体所需要的时间就越短。

直拉单晶硅中的氮-氧复合体有多种类型，迄今为止，它的结构仍然是谜。其中有两种可能的结构：一种是一个相邻的氮对和一个间隙氧原子组成的 N_{2s}-O_i 结构，不具有电活性；另一种是一个间隙氮原子和两个成对的间隙氧原子组成的 N_i-O_{2i} 结构，具有电活性。

当氮-氧复合体形成时，直拉单晶硅中的氮原子吸引了较多的可移动的间隙氧原子，可能使得氧原子自我聚集且形成氧施主的能力变弱。实验已经证明，在直拉单晶硅中掺入氮原子可以有效地抑制热施主和新施主的生成。

研究还证实：氮原子或氮-氧复合体作为异质成核中心，可以有效地促进氧沉淀的成核和生成，增大氧沉淀的密度。利用这一性质可以提高掺氮直拉单晶硅的内吸杂能力，改善器件的质量，提高成品率，这也是掺氮直拉单晶硅最重要的优点之一。

总之，在直拉单晶硅中掺入氮原子可以减小 COP 缺陷的尺寸，使之容易被消除；可以促进氧沉淀的形成，改善内吸杂性能；可以钉扎位错，提高硅片的机械强度；还可以抑制热施主、新施主的生成等。掺氮单晶硅的重要优点和基本理论已经被国际学术界与产业界普遍接受，在国际上，已经被广泛应用在大规模集成电路的制造中。

9.2.4　锗杂质

和氮原子一样，锗（Ge）原子也不是普通直拉单晶硅中不可避免的杂质，而是在直拉单晶硅生长工艺中有意加入的杂质原子。国际上，研究者曾利用直拉技术生长和研究了小直径的 SiGe 合金（Ge 的含量大于 1%）；也有大量的关于 SiGe 薄膜的研究，并实现了产业化的应用。一般地，传统的直拉单晶硅生长从来不用锗原子作为掺杂原子来调控微缺陷，但是在 21 世纪初，本书作者及浙江大学的团队发明了该技术[12]。

二十多年来，本书作者和合作者系统地研究了微量掺锗直拉单晶硅的生长技术[13-14]，在国际上率先制备了 75～300mm 掺锗直拉单晶硅，详细地研究了直拉单晶硅的基本性质，揭示了锗相关缺陷的作用规律和机理。我们发现在直拉单晶硅中掺入锗原子，具有与直拉单晶硅中掺入氮原子相同的部分优点，同时具有掺氮直拉单晶硅不具备的优点。在直拉单晶硅中掺入适量的锗原子，不仅可以像掺氮直拉单晶硅那样抑制 COP 缺陷的形成，提高机械强度，改善内吸杂性能，还可以调控硅晶体的晶格应力，消除硅基外延失配位错，又可以抑制太阳电池中的光衰减。因此，微量掺锗直拉单晶硅得到了广泛关注和研究，并在产业上得到大规模应用。

9.2.4.1 锗的基本性质

在直拉单晶硅中掺入锗原子的掺杂方法和普通的掺杂剂掺入方法相似。在多晶硅装料期间，将适量的高纯锗粉或 SiGe 合金作为掺杂剂，均匀地放入多晶硅原料，然后关炉并抽真空，通入保护气体，再升温熔化多晶硅原料。此时，锗掺杂剂会熔入熔体硅中，最终进入直拉单晶硅中。

锗和硅一样都是Ⅳ族元素，它在直拉单晶硅的晶格中处于替代位置。因此，在直拉单晶硅中掺入锗原子，不引入电活性中心，也不影响载流子浓度、载流子迁移率等电学性能。

理论上，锗和硅是无限互熔的，也就是说，锗在硅晶体中的浓度可小、可大，不受限制。但实际上，当锗在硅晶体中的浓度超过 1%时，生长无位错单晶就非常困难了。但是，锗在直拉单晶硅中可以方便地实现约 $10^{20}cm^{-3}$ 数量级的高浓度掺杂。同时，锗在熔体硅内的蒸发系数很小，几乎不蒸发，所以锗在直拉单晶硅中的浓度也很容易控制。

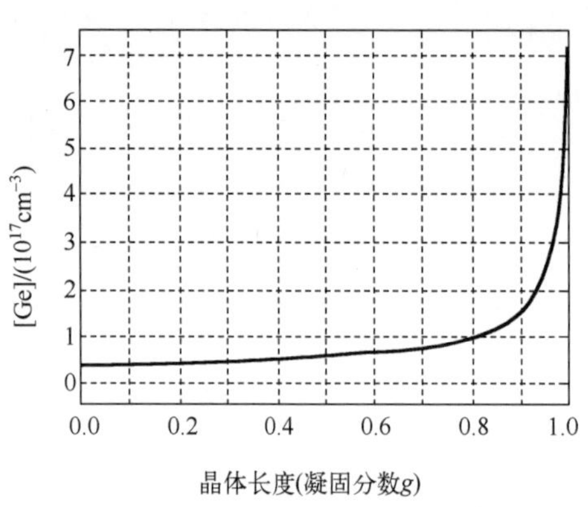

图 9.9 锗原子浓度沿直拉单晶硅晶体长度的理论分布图

锗在直拉单晶硅中的浓度分布也遵循分凝规律，其平衡分凝系数一般认为是 0.35。因此，随着直拉单晶硅的晶体生长，单晶硅中锗原子的浓度从头部到尾部逐渐增大，在尾部锗浓度最高。根据式（9.2），图 9.9 显示了锗原子浓度沿直拉单晶硅晶体长度的理论分布图。

通常，当锗原子在直拉单晶硅中的杂质浓度很低时，可以用二次离子质谱仪（SIMS）测量，其浓度测量极限为 $1\times10^{15}cm^{-3}$。

9.2.4.2 锗和微缺陷的作用

和直拉单晶硅中的氮原子一样，锗原子对空位聚集的 VOID 缺陷（COP 缺陷）有明显的抑制作用。锗原子的原子半径为 1.22Å，比硅原子的原子半径大。当锗原子处于硅晶格的替代位置时，会对周边原子产生张应力，非常容易吸引硅晶格中的空位结合成锗-空位（Ge-V）复合体，从而消耗了大量的空位，降低了 COP 缺陷的生成温度，最终导致 COP 缺陷的密度增大而尺寸减小。在后续的高温热处理或集成电路工艺过程中，COP 缺陷可以被消除。

在直拉单晶硅中掺入锗原子，还可以调控重掺硼直拉单晶硅的晶格应力，消除以其为衬底生长外延层的晶格失配位错，如图 9.10 所示。从图 9.10（b）可以看出，如果利用微量掺锗的直拉单晶硅作为衬底，在制备外延层时，可以消除失配位错。

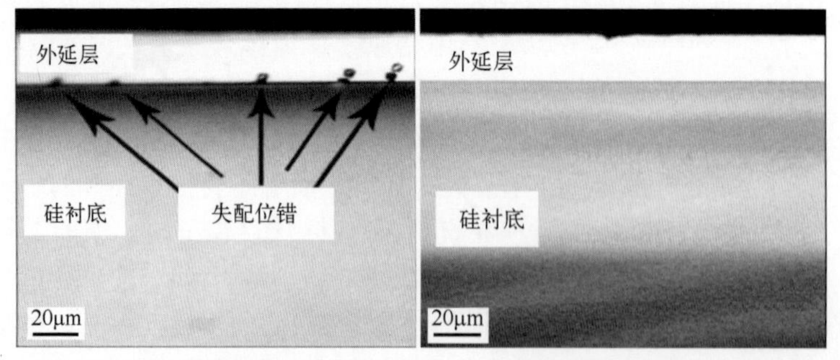

（a）硅衬底是普通直拉单晶硅　（b）硅衬底是微量掺锗直拉单晶硅

图 9.10 重掺硼直拉单晶硅的衬底生长外延层的截面光学照片

9.2.4.3　锗和氧杂质的作用

当锗原子进入直拉单晶硅时，也会和单晶硅中的间隙氧原子发生作用。研究已经发现，在微量掺锗直拉单晶硅中，有锗-氧（Ge-O）复合体的生成，但对其性质、结构等还研究得较少。

我们的研究已经证明，锗原子可以促进直拉单晶硅中热施主、新施主的生成，也能促进氧沉淀的生成。通过促进氧沉淀的生成，可以增加更多的二次缺陷作为有效吸杂点。因此，和直拉单晶硅中掺入氮原子一样，锗原子可以有效地提高直拉单晶硅的内吸杂能力。

锗原子的加入还可以抑制掺硼直拉单晶硅中 B-O 复合体的生成，从而抑制硅太阳电池的光衰减现象。众所周知，直拉单晶硅是制备硅太阳电池的主要晶体材料，2021 年占据太阳能光伏市场的 90%以上。通常，工业界利用掺硼的 P 型直拉单晶硅作为基础材料来制作硅太阳电池，但是在太阳光的照射下，掺硼的 P 型直拉单晶硅中的掺杂原子 B 和氧杂质产生作用，形成 B-O 复合体，导致太阳能光电转换效率降低，提高了太阳电池的成本。我们的研究发现，锗原子掺入以后，可以影响间隙氧原子的扩散，导致 B-O 复合体生成困难且浓度减小，从而抑制了硅太阳电池的光衰减现象。

9.2.5　氢杂质

和氮杂质一样，氢杂质也是普通直拉单晶硅中没有的杂质。一般情况下，在生长区熔单晶硅时，为了抑制微缺陷，可以在保护气体中加入少量氢气，从而在区熔单晶硅中引入氢杂质。对于直拉单晶硅，主要在器件制备的工艺（如硅太阳电池的 Si_3N_4 减反射膜的制备工艺）中有意引入氢杂质，其主要目的是钝化晶体缺陷和消除金属原子的电活性，改善单晶硅材料与器件的性能。

9.2.5.1　氢的基本性质

和直拉单晶硅中的氧、碳、氮等杂质原子不同，氢原子不是在晶体生长阶段被引入单晶硅的，而是在硅片后处理工艺或器件制备工艺中有意引入的。通过对直拉单晶硅在氢气、水蒸气、氢的混合气体甚至空气中进行热处理，杂质氢原子可以被引入直拉单晶硅。例如，对单晶硅在 450℃左右的水蒸气中进行热处理可以引入氢原子，利用氢离子注入技术也可以在单晶硅中引入氢原子。

一般而言，直拉单晶硅中的氢原子在室温下不能以单独氢原子或氢离子的形式出现，而是以复合体的形式存在的。在液氮或液氦温度，硅中的氢原子占据着晶格点阵的间隙位置，一般以正离子或负离子这两种形态出现。正离子氢在 P 型硅材料的晶格中占据键中心位置，而负离子氢在 N 型硅材料的晶格中占据反键中心位置。如果温度稍高一些，正、负离子氢可以结合起来形成一个氢分子；当温度在 200K 以上时，氢原子产生偏聚，或者和其他杂质、点缺陷形成复合体或沉淀。

直拉单晶硅中氢的固溶度不大，一般小于 10^{14}cm^{-3}，其表达式为

$$S = 9.1\times10^{21}\exp\left(-\frac{1.80\text{eV}}{k_\text{B}T}\right) \tag{9.20}$$

在实验中，人们常常对直拉单晶硅在 1100～1200℃的氢气中进行热处理，然后快速淬火，获得所需氢原子浓度的硅晶体。

在直拉单晶硅中，氢是快扩散杂质，它的扩散系数为[15]

$$D = 7.9 \times 10^{-3} \exp\left(-\frac{0.48\text{eV}}{k_{\text{B}}T}\right) \tag{9.21}$$

由于直拉单晶硅中的氢在室温下不能以单独氢原子或氢离子的形式存在，而是以复合体的形式存在的，而且在室温下硅中氢的固溶度很小，因此给硅中氢浓度的测量带来了困难。当氢以离子注入的方式进入硅晶体时，浓度比较高，可以用二次离子质谱仪来测量。对于在氢气中热处理或经氢等离子工艺引入的氢，其浓度很低，如在 250℃时平衡固溶度仅为 $6\times10^{13}\text{cm}^{-3}$。通常，需要通过测量氢复合体浓度或被氢钝化的金属杂质浓度的变化，或者根据引入氢原子时的平衡固溶度，才能估算直拉单晶硅中的氢原子浓度。

9.2.5.2 氢和微缺陷的作用

氢原子的原子半径小、扩散快，可以和直拉单晶硅中的点缺陷（自间隙硅原子和空位）作用。有研究报告，氢原子可以与自间隙硅原子结合，产生 IH_2 复合体，这种复合体在 225℃以上都能稳定存在。氢原子也可以和空位作用，形成 VH_n 复合体，其中的 VH_4 复合体在 525℃以上都很稳定。

由于原生直拉单晶硅中没有晶界、层错、位错等晶体结构缺陷，因此氢原子在原生直拉单晶硅中没有明显的缺陷钝化作用。但是，如果有氧沉淀及其诱生的二次缺陷生成，氢原子就可以和其悬挂键结合，起到钝化其电学性能的作用，达到去除其电活性的目的。

对于直拉单晶硅而言，硅片表面含有大量的悬挂键。这些悬挂键可以形成表面态或界面态，从而引入复合中心，缩短硅片的少数载流子的寿命，影响材料与器件的性能。通过氢原子与硅表面的悬挂键结合，可起到钝化作用，从而改善单晶硅材料和器件的性能。

9.2.5.3 氢和氧杂质的作用

毫无疑问，间隙氧原子是直拉单晶硅中的主要杂质。在氢原子进入单晶硅后，氢和氧作用能结合成 H-O 复合体。有研究指出，如果直拉单晶硅在 1200℃氢气中热处理引入氢原子，然后在 40～110℃短时间热处理，那么一个氢原子将和一个间隙氧原子结合形成 H-O 复合体。这种复合体浓度在 80℃左右达到最高值，在 110℃以上就会消失。在低温红外光谱中，它对应于 1085cm^{-1} 的红外吸收峰。

氢原子对直拉单晶硅中的热施主有两种作用：一种是氢原子促进间隙氧原子的扩散，进而促进热施主的生成；另一种是氢通过和热施主反应形成热施主-氢复合体，能够钝化热施主的电活性。

一般认为，氢原子能被强烈地吸引到间隙氧原子处促进氧的扩散，从而促进氧沉淀的生成。

9.2.5.4 氢和金属杂质的作用

直拉单晶硅中的氢除能和氧原子互相作用外，也能和各种金属杂质的悬挂键结合，形成各种各样电中性的复合体，起到钝化作用。

如果氢原子和浅施主结合，会形成 D_--H_+中心；如果氢原子和浅受主结合，会形成 A_+-H_-中心；如果和钴、铂、金、镍等深能级金属结合，可去除或形成其他形式的深能级复合体。

9.2.5.5　氢和掺杂原子的作用

氢原子在直拉单晶硅中还可能和硼、磷等电活性掺杂原子结合，钝化其电活性。但是，总体而言，掺杂原子的浓度比较高，通常为 10^{15}～$10^{16}cm^{-3}$ 或以上，而氢原子的浓度一般远低于 $10^{14}cm^{-3}$，所以即使氢原子可能钝化掺杂原子，也几乎不影响总的载流子浓度。但是，对于轻掺高阻直拉单晶硅，由于掺杂原子的浓度低，其和氢原子作用后会导致载流子浓度降低，电阻率上升。

有研究指出，重掺硼的单晶硅在氢气中高温热处理时，有部分氢原子和硼原子会作用形成 H-B 复合体，和低温红外光谱中的 $1904cm^{-1}$ 吸收峰相对应。同样，在磷掺杂的 N 型直拉单晶硅中，磷原子和氢原子结合可以形成 H-P 复合体，其结合能为 0.35～0.65eV。

9.2.6　金属杂质

金属杂质是直拉单晶硅材料中需要极力避免的杂质，对单晶硅材料和器件有非常不利的影响。因此，人们利用超高纯的多晶硅原料，利用高纯石墨、石英、化学试剂，利用超净间等，主要是为了避免金属杂质的引入。

但是，对于直拉单晶硅而言，金属杂质又很难避免，特别是 3d 过渡金属。在直拉单晶硅的生长、加工和器件制备工艺中，保护气体、化学试剂、设备、管道甚至环境气氛都有可能引入金属杂质。而金属杂质会改变载流子浓度、引入深能级中心、缩短少数载流子的寿命、降低器件性能，甚至增大漏电流等，对器件性能具有消极作用。

9.2.6.1　金属杂质的基本性质

直拉单晶硅中的金属杂质主要是指过渡金属杂质，如 Fe、Cu、Ni 等杂质。它们不是在晶体生长、加工和器件制备过程故意引入的杂质，而是在上述过程中被无意引入的杂质，也是需要极力避免的杂质。但是，在直拉单晶硅的生长、加工和器件制备时，因原料、保护气体、化学试剂、设备等因素，仍然有少量的金属原子作为杂质被引入直拉单晶硅。

进入直拉单晶硅的过渡金属杂质原子一般处于硅晶格的间隙位置，其浓度为 10^{10}～$10^{13}cm^{-3}$。这些金属杂质具有电活性，既可以和掺杂原子复合，从而影响载流子浓度，也可以是深能级复合中心，缩短少数载流子的寿命。如果直拉单晶硅中的过渡金属杂质是以金属沉淀形式存在的，它也能使少数载流子的寿命缩短，减小其扩散长度，增大器件的漏电流。如果金属杂质原子沉淀在器件的空间电荷区，由于它的介电常数和硅基体的不一样，因此还能导致器件漏电。

和掺杂原子相比，直拉单晶硅中金属杂质的固溶度很小，特别是在室温下。金属原子在单晶硅中的饱和固溶度最大的是铜和镍原子，其高温最大固溶度约为 $10^{18}cm^{-3}$。而单晶硅中磷和硼的最大固溶度分别可达 $10^{21}cm^{-3}$ 和 $5\times10^{20}cm^{-3}$，与之相差 2～3 个数量级。单晶硅中的金属的固溶度随温度的降低而迅速减小，不同温度或同一温度的不同金属的固溶度都是不同的，相差可达几个数量级。倘若从高温固溶度外推到室温，可以发现金属原子室温时在硅中的固溶度很小，如果不经淬火处理，金属杂质在直拉单晶硅中往往以金属沉淀的形式出现。

金属杂质在单晶硅中的扩散是很快的，最大的扩散系数可达 $10^{-4}cm^2{\cdot}s^{-1}$，远比单晶硅中掺杂原子磷和硼的扩散系数大。对快扩散金属铜(Cu)而言,在高温时仅用 10s 就能穿过 650μm 厚的硅片。金属杂质在单晶硅中的扩散系数一般表示为

$$D = D_0 \exp\left(-\frac{H_m}{k_B T}\right) \tag{9.22}$$

式中，D_0 是扩散因子，H_m 是迁移焓。

由于单晶硅中的金属杂质常处于间隙原子或沉淀形式，因此硅中金属杂质的测量可分为三种情况：第一种是测量硅中各金属杂质的总浓度；第二种是测量硅中各金属单个原子状态的浓度；第三种是测量硅中金属沉淀的浓度。单晶硅中金属杂质的总浓度可以用中子活化法、质谱法、原子吸收谱法、小角度全反射 X 射线荧光等方法测量；单个原子状态的金属杂质的浓度可以利用深能级瞬态谱（DLTS）法测量；而金属沉淀的浓度则可用化学腐蚀和光学显微镜、扫描电子显微镜的结合来测量，或者利用透射电子显微镜技术来测量和分析。

实际上，直拉单晶硅中金属杂质的浓度极低，很难方便、简捷地测量。一般情况下，人们可以利用光电导衰减法测量单晶硅的少数载流子寿命，或利用表面光生伏特法测量单晶硅的少数载流子的扩散长度，来监控单晶硅中金属杂质污染的程度。

9.2.6.2 金属复合体

在高温时，直拉单晶硅中的金属杂质大多以间隙原子出现。当快速冷却或淬火时，扩散速率低的间隙原子不能直接形成金属沉淀，在室温下依然以间隙原子形式存在。但这些间隙原子并不稳定，在室温下也能迁移，并和其他杂质形成各种复合体。如直拉单晶硅中的铁、铬、锰原子都能和硼、铝、镓、铟分别反应；铁还能和金、锌等金属反应，生成复合体。直拉单晶硅中最常见和最重要的一种金属复合体是铁-硼对（FeB）。

在室温时，处于间隙态的铁金属原子可以在掺硼直拉单晶硅中迁移，在硅晶格的<111>方向和硼原子结合，形成铁-硼复合体。在这个反应过程中，铁是正离子，硼是负离子，两者依靠静电吸引相结合。这个过程在室温下进行得很快，如正常 5～10Ω·cm 的硼掺杂 P 型直拉单晶硅，铁浓度如果达到 $10^{14}cm^{-3}$，则在室温下避光保存一天后，能全部形成铁-硼复合体。而且铁-硼复合体也具有电活性，引入深能级中心可起施主作用。

9.2.6.3 金属沉淀

大部分过渡金属在直拉单晶硅中能够形成不同形式的稳定的金属-硅沉淀相,沉淀结构主要取决于高温热处理的温度。对于 3d 过渡金属原子而言，一般形成 $M\mathrm{Si}_2$ 相（M = Ni, Ti, …）；而铜原子是例外，它形成的是 Cu_3Si 沉淀。

金属在冷却过程中通过均匀成核或异质成核形成沉淀。对于均匀成核，其金属沉淀的密度和形状取决于不同的热处理温度和冷却速度。对快扩散金属而言，在高温热处理后淬火，形成的金属沉淀密度大、尺寸小，并且没有特征形态；在高温处理后缓慢冷却，形成的金属沉淀一般密度小、尺寸大，且有特征形态。图 9.11 是直拉单晶硅经 1100℃铜扩散热处理后，在不同冷却速度下形成的铜沉淀的扫描红外显微（SIRM）照片。从图中可以看出，如果冷却速度快（如空冷），单晶硅中的铜沉淀的密度大、尺寸小；如果冷却速度慢（0.3K/s），铜沉淀的密度小、尺寸大。

对直拉单晶硅中的大部分金属沉淀而言，其体积和晶格常数往往与硅晶体不同。于是金属沉淀的形成会引起晶格失配，从而在硅晶体中引入应力。同时，当沉淀体积小于硅晶体相

应体积时，沉淀能够吸收自间隙硅原子；当沉淀体积大于硅晶体相应体积时，沉淀将向硅基体中排出自间隙硅原子。

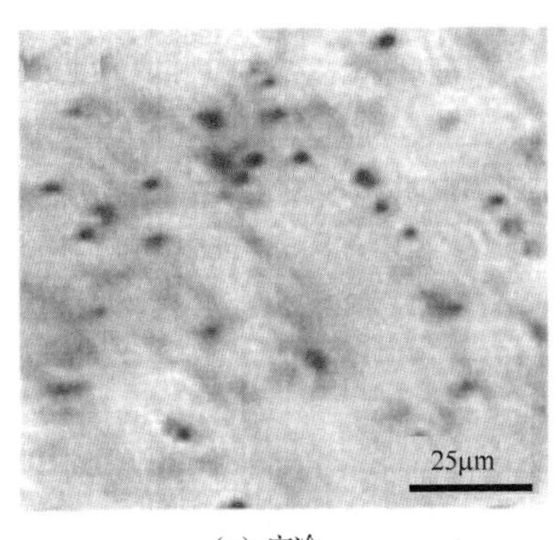

（a）空冷

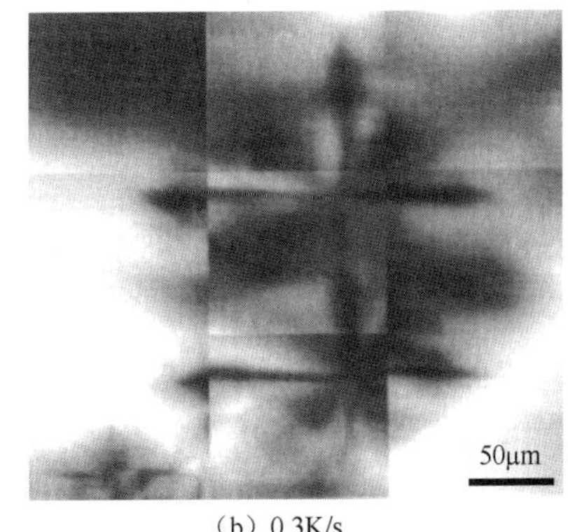

（b）0.3K/s

图 9.11　直拉单晶硅经 1100℃铜扩散热处理后不同冷却速度形成的铜沉淀的扫描红外显微（SIRM）照片

9.2.6.4　金属和氧沉淀及相关缺陷的作用

当直拉单晶硅中的氧沉淀形成时，会在自身的硅基体周围产生层错、位错等二次缺陷。金属杂质原子和这些氧沉淀及二次缺陷互相作用，并沉淀在氧沉淀或二次缺陷上，这也是硅片内吸杂的基本原理。

一般认为，当氧沉淀和位错、层错同时存在于单晶硅中时，金属杂质优先沉淀在位错或层错等晶体结构缺陷上。

9.3　直拉单晶硅的缺陷

半导体材料的晶体缺陷会严重影响器件的电学性能，是需要严格控制的。所以，“少缺陷”乃至“无缺陷”是半导体材料追求的目标。

在直拉单晶硅生长完成后，在原生晶体中一般没有晶界、层错和位错等缺陷。但是，在直拉单晶硅生长时，晶体中存在过饱和的点缺陷（空位、自间隙硅原子）及氧、碳等杂质原子。在单晶硅生长完成后的晶体冷却过程中，点缺陷将扩散、聚集形成空洞型（VOID）缺陷；而氧原子也可能扩散、聚集，形成原生氧沉淀，甚至产生诱生缺陷。这些在晶体生长和冷却过程中形成的缺陷就是原生缺陷（As-grown Defect 或 Grown-in Defect）。

在硅片的加工过程中，单晶硅会经历切、磨、抛等机械加工过程，在硅片的表面和边缘造成机械损伤，也会引入位错、裂纹等晶体缺陷。而且在硅器件的制备过程中，单晶硅片将经历氧化、扩散、外延和离子注入等工艺，还会经历数十道热处理过程。在这些工艺过程中，单晶硅中的点缺陷、氧杂质等也会扩散、聚集，形成新的氧沉淀及位错等缺陷；热处理过程中的热应力也会引起位错及其滑移等。这些在单晶硅材料及器件加工过程中引入的缺陷，统称为“工艺诱生缺陷”（Process-induced Defect），也称为“二次缺陷”或“扩展缺陷”（Extended Defect）。

9.3.1　单晶硅原生缺陷

顾名思义，原生缺陷是指存在于未经过机械加工、器件制备过程的“原生”直拉单晶硅中的缺陷。在直拉单晶硅中有两类原生缺陷：一类是由点缺陷形成的；另一类是由氧原子形成的。

9.3.1.1 点缺陷聚集形成的原生缺陷

如 8.1.2 节所述，直拉单晶硅中存在自间隙硅原子和空位两种点缺陷，是热力学平衡条件下可以存在的缺陷。在直拉单晶硅生长时，点缺陷的类型和数目取决于晶体生长速率（V）和固液界面以上单晶硅中的温度梯度（G）的比例。在温度梯度 G 一定的情况下，如果单晶硅生长的速率低，则晶体中将出现自间隙硅原子过饱和；如果单晶硅生长的速率高，则晶体中将出现空位过饱和。

当自间隙硅原子过饱和时，在直拉单晶硅生长后的冷却过程中，这些硅原子在硅晶格中扩散、聚集，形成间隙型位错环，称为 A 型旋涡缺陷（A-Sirls）或 LEP（Large Etch Pit）缺陷。这种缺陷对器件的影响主要是增大结的漏电流。

当空位过饱和时，在直拉单晶硅生长后的冷却过程中，这些多余的空位在一个很窄的温度段进行聚集，形成空洞型（VOID）缺陷。根据不同的观察分析技术，这种空洞型缺陷对应于直拉单晶硅中的 D 缺陷、COP 缺陷、FPD 缺陷和 LSTD。一般认为，VOID 缺陷的密度为 $2\times10^6cm^{-3}$ 左右，大小为 50～150nm，内壁有约 2nm 的氧化层。VOID 缺陷的透射电子显微镜照片和硅片腐蚀 FPD 缺陷的光学照片如图 9.12 所示。

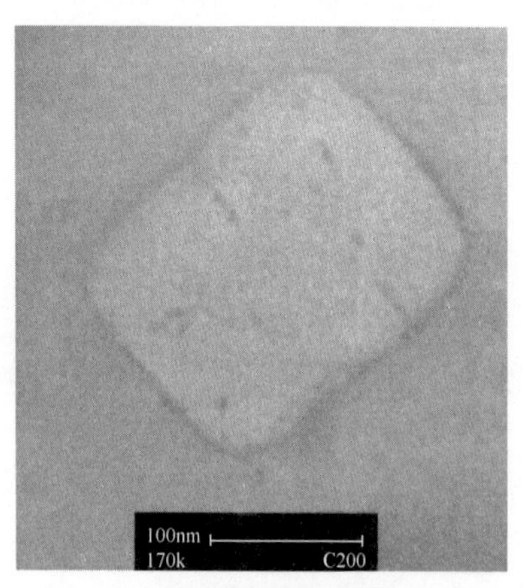

（a）VOID缺陷的透射电子显微镜照片

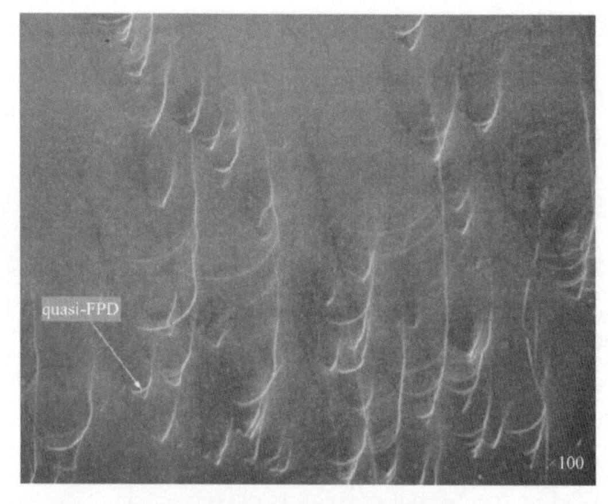

（b）硅片腐蚀FPD缺陷的光学照片

图 9.12 VOID 缺陷的透射电子显微镜照片和硅片腐蚀 FPD 缺陷的光学照片

9.3.1.2 氧原子聚集形成的原生缺陷

由于熔体硅对石英坩埚具有侵蚀作用，氧原子成为直拉单晶硅中一定会存在的杂质，而且以过饱和的间隙氧原子的形式存在于硅晶格中。在单晶硅生长完成后的冷却过程中，单晶硅经历了从熔点 1420℃附近逐渐冷却到室温的过程，实际上经历了从高温到低温的一系列热处理过程。因此，直拉单晶硅中的过饱和氧原子将发生扩散、聚集，形成氧沉淀，作为第二相析出于硅晶格中。这种在直拉单晶硅冷却过程中自发产生的氧沉淀就是“原生氧沉淀”，是原生缺陷的一种。特别是在直拉单晶硅的晶体头部，间隙氧原子的浓度较高，晶体完成后在炉内的时间较长，非常容易生成原生氧沉淀。

通常，原生氧沉淀的尺寸比较小，虽然在硅基体中会造成应力，但是很少导致位错、层错等诱生缺陷出现。在实际晶体生长时，原生氧沉淀常常结合点缺陷，在热场温度起伏的影响下，在直拉单晶硅中形成“生长条纹”，对直拉单晶硅的晶体截面进行化学腐蚀就可以看到这些呈“漩涡状”分布的原生缺陷条纹。

图 9.13 是直拉单晶硅在 1270℃、2h 前后的间隙氧原子浓度。从图中可以看出，原生直拉单晶硅的氧浓度比较低，经过 1270℃、2h 热处理后，间隙氧原子浓度增大了约 $0.2\times10^{17}cm^{-3}$，达到 $9.5\times10^{17}cm^{-3}$，这就说明了在原生直拉单晶硅中存在原生氧沉淀。经过高温热处理，这部分小尺寸的原生氧沉淀熔解，分解为单个的氧原子并重新进入间隙位置，导致单晶硅中总的间隙氧原子浓度增大。

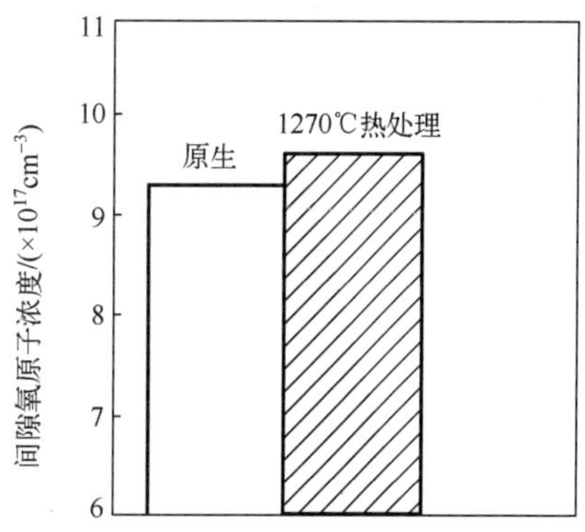

图 9.13　直拉单晶硅在 1270℃、2h 前后的间隙氧原子浓度

9.3.2　硅片加工诱生缺陷

直拉单晶硅需要经过机械加工制备成硅片，才可以用来制造器件，其具体的硅片加工过程可以参见 8.3 节。

直拉单晶硅晶棒在切断、滚圆（切方）过程中，会在晶棒的表面引入机械损伤，甚至会引入裂纹。这些损伤在随后的切、磨、抛工艺中会进一步延伸到硅晶体的内部，造成位错增殖甚至硅片断裂。因此，在切断、滚圆之后，需要对晶棒进行精密抛光或化学腐蚀抛光，从而去除晶棒表面的损伤层。

9.3.2.1　硅片切割工艺缺陷

在利用线切割技术切割硅片时，硅片表面会出现刀痕及机械损伤层，其损伤层的结构与切割方式、切割速度、切割介质等紧密相关。图 9.14 显示的是砂浆切割和金刚线切割后的直拉单晶硅表面的照片。从图中可以看出明显的切割线痕，并且表面有 10～15μm 的微观粗糙度。不同的切割技术，硅片的表面粗糙程度也不同。

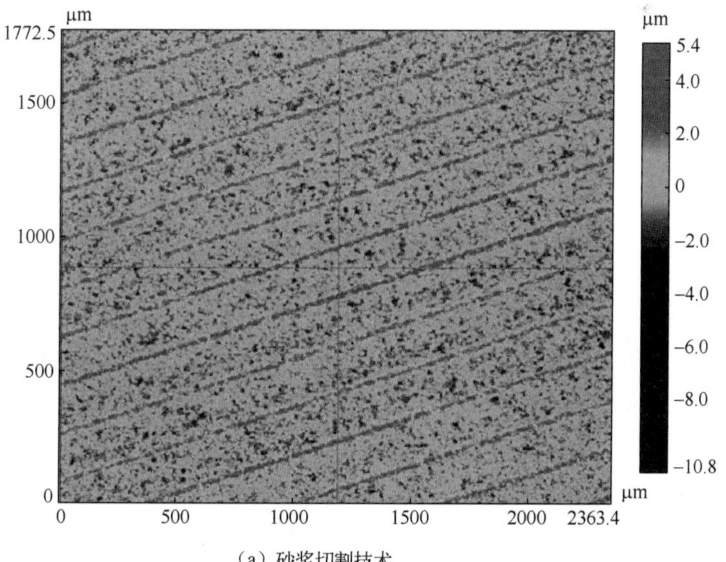

（a）砂浆切割技术

图 9.14　切割后的直拉单晶硅表面的轮廓仪照片

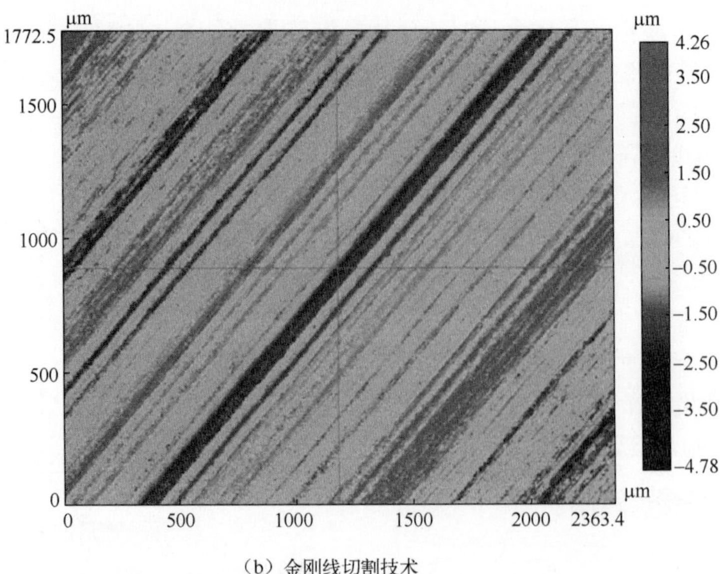

（b）金刚线切割技术

图 9.14　切割后的直拉单晶硅表面的照片（续）

如 8.3 节所述，直拉单晶硅切片将在硅片表面产生机械损伤层，深 15～20μm，包括碎晶区、位错网络区和弹性应变区（图 8.22）。碎晶区又称微裂纹区，是由破碎的硅晶粒组成的；位错网络区存在大量位错；弹性应变区则存在弹性应变，硅原子排列不规整。因此，切片产生的工艺诱生缺陷主要是微裂纹和位错，需要在硅片的研磨、抛光阶段将它们去除。同时，在单晶硅切片时，在硅片的边角还容易形成“崩边”，这在随后的工艺中会引入微裂纹、位错及抛光划痕。因此，单晶硅切片后需要“倒角”，以避免这些缺陷的产生。

9.3.2.2　硅片研磨工艺缺陷

直拉单晶硅的研磨，除能对硅片的几何尺寸（硅片厚度、厚度均匀性、翘曲度、弯曲度等）进行修正外，另一个重要作用是能去除切片所产生的机械损伤层。

通过研磨，去除了切割产生的碎晶层及位错网络层。但是，研磨还会在硅片表面产生新的位错层和弹性应变层，只是研磨产生的位错层和弹性应变层比切割产生的要小，将在抛光工艺过程中去除。

9.3.2.3　硅片抛光工艺缺陷

通过抛光可进一步将硅片的几何尺寸进行修正，大大改善表面粗糙度，使之甚至小于2nm。

同时抛光可将研磨产生的位错网络层和弹性应变层去除，在硅片表面仅保留极薄的抛光产生的应变层。经过抛光工艺后，硅片再也没有机械损伤层和位错等缺陷。但是，如果抛光液存在颗粒或硅片有“崩边”等问题，则在硅片表面就会出现划痕，在器件制造过程中会引入新的位错缺陷。

9.3.3　器件工艺诱生缺陷

在单晶硅器件制备过程中要经历氧化、扩散、外延、离子注入等工艺，需要数十道热处理工艺。在这些热处理工艺中，热应力会导致硅片中产生位错、层错等缺陷。同时，由于直拉单晶硅中存在过饱和的间隙氧原子，它们在这些热处理过程中会扩散、沉淀，形成氧沉淀及诱生位错、层错等二次缺陷。

9.3.3.1　热工艺诱生缺陷

单晶硅片的氧化、扩散、外延等工艺都和热处理过程相关，涉及升温、保温、降温等程序。由于硅片不同部位之间的升温（冷却）很难保持均匀，因此热处理工艺难免会在硅片中产生热应力，从而导致诱生的层错、位错等工艺缺陷。

图 9.15 是（100）直拉单晶硅片在低温—高温两步热处理（750℃ 6h + 1150℃ 6h）后的化学腐蚀照片及位错滑移晶向示意图。从照片中可以看见，由于在硅片的边缘存在热应力形成点，位错在硅片边缘附近产生，并在晶面上沿两个[110]晶向产生滑移，从而形成了相交 60°的两个位错滑移带。

（a）化学腐蚀照片

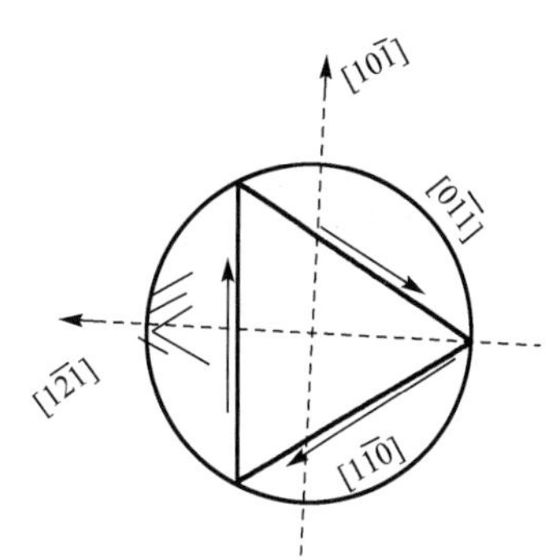

（b）位错滑移晶向示意图

图 9.15　直拉单晶硅片在低温—高温两步热处理（750℃ 6h + 1150℃ 6h）后的化学腐蚀照片及位错滑移晶向示意图

9.3.3.2　氧沉淀诱生缺陷

在器件经历的热处理过程中，过饱和的间隙氧原子会形成氧沉淀。由于热处理的步骤多、时间长，因此会有大量不同形态的氧沉淀生成。

在高温过程中，间隙氧原子扩散并与硅原子团聚形成氧沉淀（SiO_x 沉淀相）。由于 SiO_x 的体积约是 Si 晶格的 2.25 倍，因此在氧沉淀形成的过程中，有大量的自间隙硅原子被发射到氧沉淀周边的硅基体中。这些自间隙硅原子聚集起来，形成了诱生的位错、层错，成为工艺诱生缺陷。

图 9.16 是具有氧沉淀和诱生层错的直拉单晶硅的透射电子显微镜照片。在照片的中间部分有多面体状的氧沉淀生成，而在氧沉淀的周边则形成了诱生层错。

9.3.3.3　氧化诱生层错

氧化诱生层错是指表面存在微缺陷或金属杂质污染的直拉单晶硅片在氧气、空气、水蒸气等含氧气氛中经过高温热处理后，在硅晶体的表面观察到的层错。人们可以根据氧化诱生层错的数量来直观地鉴定硅片的质量，因此，氧化诱生层错是集成电路用直拉单晶硅的最主要技术指标之一。

通过氧化诱生层错分析硅片质量的技术一般是在湿氧（水+氧气）中，将硅片在 1100℃

热处理 30～60min，然后进行化学择优腐蚀，再用光学显微镜或扫描电子显微镜观察，并对氧化诱生层错的形状和数目进行统计，如图 9.17 所示。

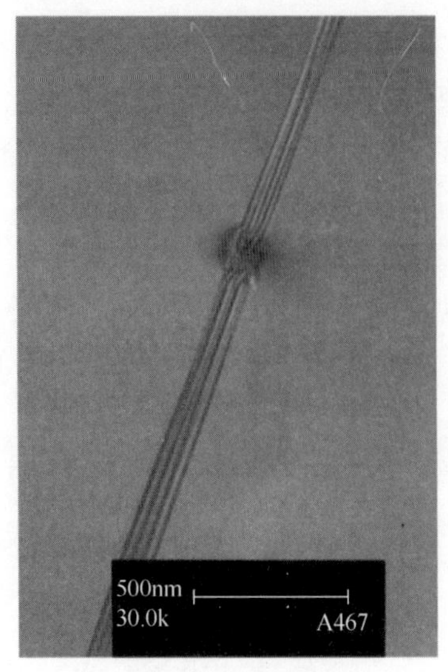

图 9.16 具有氧沉淀和诱生层错的直拉单晶硅的透射电子显微镜照片

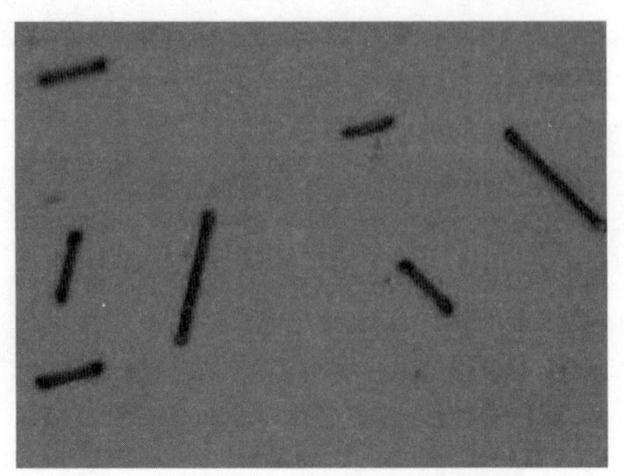

图 9.17 直拉单晶硅 1100℃湿氧气氛热处理后的氧化诱生层错的光学显微镜照片

当直拉单晶硅在湿氧气氛中热处理时，硅会和氧反应，在单晶硅表面生成 SiO_2 薄膜，从而向单晶硅体内发射大量的自间隙硅原子。这些硅原子将在硅晶体表面的微缺陷、金属杂质污染处聚集，从而形成层错。通过择优腐蚀，它们就可以被观察到。因此，氧化诱生层错常被用来评判单晶硅的质量。

总之，直拉单晶硅作为重要的半导体材料，需要实现材料高纯净、晶格高完整。一方面，在高纯硅晶体材料的基础上，需要通过有意掺杂的电活性原子来控制直拉单晶硅的电学性能；另一方面，要尽量避免碳、金属等有害杂质的引入，并充分利用氧、氮、锗、氢等杂质对缺陷的调控作用。同时，无论是在单晶硅生长过程中，还是在材料加工和器件制备过程中，都要尽量减少缺陷的产生；对于无法避免的缺陷，要尽量通过适当工艺和适当的掺杂进行控制。

习 题 9

1．在 P 型掺杂的直拉单晶硅中，可能存在哪些主要的杂质？其中，哪些杂质引入深能级中心？

2．直拉单晶硅的掺杂技术有哪些？

3．利用高纯多晶硅作原料生长 60kg 的 P 型掺硼直拉单晶硅，需要在凝固分数 g=0.9 处的电阻率为 1Ω·cm，需要掺入高纯硼单质的质量是多少？如果利用硼浓度为 0.001%的母合金，需要母合金的质量是多少？

4．在电阻率为 3Ω·cm（室温）的 P 型掺硼单晶硅和 N 型掺磷单晶硅中，硼和磷的杂质浓度分别为多少？

5．N 型硅中的磷掺杂浓度为 10^{14}～$10^{16}cm^{-3}$，其电阻率（室温）大约是多少？

6.直拉单晶硅中的氧杂质来自哪里？它在单晶硅中的存在形态有哪些？对晶体的电学性质有什么影响？

7. 如果在单晶硅中掺入锗杂质，对单晶硅有何影响？为什么？

8. 直拉单晶硅中的金属杂质主要有哪些？它们有什么危害？

9. 直拉单晶硅中的主要缺陷有哪些？什么是原生缺陷？什么是诱生缺陷？

参 考 文 献

[1] 杨德仁. 太阳电池材料[M]. 2 版. 北京：化学工业出版社，2018.

[2] 阙端麟. 硅材料科学与技术[M]. 杭州：浙江大学出版社. 2000.

[3] MCQUAID S, BINNS M, LONDOS C, et al. Oxygen loss during thermal donor formation in Czochralski silicon: New insights into oxygen diffusion mechanisms[J]. Journal of Applied Physics, 1995, 77(4): 1427-1442.

[4] FULLER C S, LOGAN R. Effect of heat treatment upon the electrical properties of silicon crystals[J]. Journal of Applied Physics, 1957, 28(12): 1427-1436.

[5] 杨德仁. 硅晶体中新施主研究[J]. 材料科学与工程，1994，12（1）：13-17.

[6] KANAMORI A, KANAMORI M. Comparison of two kinds of oxygen donors in silicon by resistivity measurements[J]. Journal of Applied Physics, 1979, 50(12): 8095-8101.

[7] TAN T Y, GARDNER E E, TICE W K. Intrinsic gettering by oxide precipitate induced dislocationsin Czochralski Si[J]. Applied Physics Letters, 2008, 30(4): 175-176.

[8] 阙端麟，李立本，林玉瓶. 采用氮保护气氛制造直拉（切氏法）硅单晶的方法：CN85100295[P]. 1986-02-10.

[9] YANG D R, YU X. Nitrogen in silicon[J]. Defect and Diffusion Forum, 2004, 230-232; 199-220.

[10] ITOH T, ABE T. Diffusion coefficient of a pair of nitrogen atoms in float-zone silicon[J]. Applied Physics Letters, 1988, 53(1): 39-41.

[11] YU X, YANG D R, MA X, et al. Grown-in defects in nitrogen-doped Czochralski silicon[J]. Journal of Applied Physics, 2002, 92(1): 188-194.

[12] 杨德仁，马向阳，田达晰，等. 一种微量掺锗直拉硅单晶：CN1422988[P]. 2003-06-11.

[13] YANG D R, CHEN J. Germanium in Czochralski silicon[J]. Defect and Diffusion Forum, 2005, 242: 244; 169-184.

[14] 孙玉鑫，陈加和，余学功，等. 直拉硅单晶的杂质工程：微量掺锗的效应[J]. 中国科学：信息科学，2019，49（04）：369-384.

[15] BINNS M, MCQUAID S, NEWMAN R, et al. Hydrogen solubility in silicon and hydrogen defects present after quenching[J]. Semiconductor Science and Technology, 1993, 8(10): 1908.

第 10 章　硅薄膜半导体材料

硅薄膜半导体材料是半导体硅材料的一个重要类型，在集成电路、显示、光伏发电等领域有重要应用。根据硅薄膜半导体材料的微观晶体结构的不同，硅薄膜半导体材料可以分为：单晶硅薄膜、多晶硅薄膜、非晶硅薄膜及锗硅（SiGe）薄膜半导体材料。

单晶硅薄膜具有与块体硅材料类似的电学、光学等性质，除能够实现跟块体硅材料类似的功能外，还可实现块体硅材料不能实现的功能。单晶硅薄膜的制备方式不同，则功能和应用也不同。外延生长的单晶硅薄膜的电阻率可控、组分可调、厚度可变，生长温度也远低于熔点，可以有选择性地生长并制备特殊结构的器件，也提高了器件设计的可变性。而绝缘体上硅（SOI）薄膜半导体材料除能应用于集成电路制备外，还可用于制备透明的、柔性的、生物应用的各种光电器件。

多晶硅薄膜是由众多大小不一且晶向不同的硅晶粒组成的薄膜材料。除了晶界，在多晶硅薄膜的晶粒中还可能存在位错、点缺陷及杂质等。与块体多晶硅类似，晶界、位错等缺陷和杂质的存在会影响多晶硅薄膜的电学、光学等性质。多晶硅薄膜一般通过化学气相沉积或非晶硅薄膜晶化等技术来制备，具有成本低、制备简单及易大面积生长等优点。基于多晶硅薄膜可实现场效应薄膜晶体管、太阳电池、传感器等光电器件，同时，它也是重要的微机电系统（MEMS）制备材料。

非晶硅薄膜的结构具有短程有序、长程无序的特点。非晶硅薄膜半导体材料内部存在很多悬挂键，通过氢钝化悬挂键和缺陷，可大大降低薄膜材料的缺陷密度，从而提高薄膜半导体材料的性能。氢化的非晶硅薄膜可应用于太阳电池，还可用于薄膜晶体管、传感器等各种器件的制备。非晶硅薄膜具有制备工艺简单、成本低且可大面积连续生长的优点。

SiGe 薄膜是在外延单晶硅薄膜的基础上发展起来的，是大规模集成电路的重要材料。SiGe 薄膜同样具有金刚石结构，是间接带隙半导体。其带隙随着 Ge 组分的变化而连续可调。在硅衬底上外延 SiGe 薄膜时，晶格失配将在薄膜中引入压缩应变。应变的引入和能带的连续可调使得 SiGe 薄膜材料的应用有了更多的可能性。

本章主要介绍硅薄膜半导体材料。对于单晶硅薄膜，主要介绍外延生长单晶硅和绝缘体上单晶硅的基本性质，以及它们的制备方法、工艺、材料特点及应用等；对于多晶硅薄膜，主要介绍材料的性质和制备方法；对于非晶硅薄膜，主要介绍材料的性质、制备方法及氢化的作用等。最后，阐述 SiGe 薄膜的基本性质和制备方法。

10.1　单晶硅薄膜半导体材料

单晶硅薄膜常用外延的方法获得，即在单晶硅的衬底材料上外延生长一层新的单晶硅薄膜半导体材料，统称为硅外延片。

外延（Epitaxy）一词由 L. Royer 提出，用来表示一种单晶材料（外延层）在另一种单晶材料（衬底）上定向生长的现象[1]。在衬底上定向生长的单晶薄膜材料被称为外延层，在导电类型、电阻率、厚度、晶体结构和完整性等各个方面都可能不同于衬底单晶材料，一般具有新的材料电学、光学及结构参数。外延层薄膜材料可以被设计，从而可以解决半导体器件制造中许多原来难以解决的问题，对半导体器件技术产生了革命性的影响[2]。例如，利用外延生长，可以在低电阻率的单晶硅衬底上生长很薄的高电阻率的单晶硅薄膜外延层，解决了大功率晶体管的高击穿电压和低串联电阻之间的矛盾。因此，外延技术常常被用来生长单晶薄膜半导体材料，特别是生长单晶硅薄膜半导体材料。

外延生长有多种分类方法[2]。根据外延层和衬底材料成分的异同，分为同质外延和异质外延：如果外延层的成分和衬底材料相同，称为同质外延；如果衬底材料和外延层属于不同成分的材料，则称为异质外延。根据器件制作位置的不同，分为正向外延和反向外延：将器件制作在外延层上，称为正向外延；将器件制作在衬底上，则称为反向外延。根据外延材料输运到衬底材料的方法不同，分为真空外延、气相外延和液相外延。根据相变过程的不同，分为气相外延、液相外延和固相外延。根据生长机制的不同，分为直接外延和间接外延：利用加热、电子轰击或外加电场等方法使生长的材料直接沉积在衬底上从而获得外延层的方法，称为直接外延；利用化学反应在衬底表面生长外延层的方法，则称为间接外延，如化学气相外延。

从简单性、灵活性、可靠性、成本、产量及对自动化的适应性等方面综合考虑，制备半导体晶体薄膜最广泛的方法是化学气相沉积（Chemical Vapour Deposition，CVD）外延[2]，而单晶硅薄膜半导体材料就是利用化学气相外延在单晶硅衬底上生长的。

10.1.1　外延生长单晶硅薄膜

10.1.1.1　单晶硅薄膜外延生长设备

单晶硅薄膜的化学气相沉积所使用的外延设备主要包括氢气净化系统、气体输运及控制系统、加热设备和反应器[3]，其核心设备是反应器。反应器的几何形状会影响气体的流动特性，进而影响沉积层的性质[1, 4]。而气流流动可分成两种类型：一种是置换流或活塞流，即进入的气体置换已经存在的气体，其混合量最小；另一种是混合流，进入的气体与退出反应器之前已经存在的气体彻底混合。由于外延过程涉及复杂的中间化学反应，微量的掺杂剂会对材料的性质产生显著的影响，因此反应器中气体流动的性质会对反应器的性能产生重大影响。

反应器的结构有三种基本的类型[5-6]（图 10.1）：水平式反应器、垂直式反应器和圆桶式反应器[2-3,7]。水平式反应器是一种置换流系统，总的气体速度为 30～70cm/s；反应器中的基座类似于晶体生长炉中的坩埚，它们不仅在机械上支撑了单晶硅衬底，而且起了传输热量的作用。水平式反应器的基座略向上倾斜，从而提高了局部气体流速，减小了边界层，并有利于消耗下游的反应物，从而提高了薄膜生长速率。这种反应器结构简单、容易操作、成本低，但是对单晶硅薄膜外延层的厚度均匀性的控制相对较差。

垂直式反应器是一种混合流系统。在该系统中，新的气体从中心进入反应器，与旧的气体混合后在石英钟罩表面冷却，并沿钟罩壁向石墨基座回流。在石墨基座附近，气体的径向速度为 5～10cm/s，切向速度为 2～4cm/s。用这种反应器制备的单晶硅外延层薄膜厚度均匀，但设备机械结构复杂、成本高。

圆桶式反应器是混合流和置换流混合的组合流系统。该反应器中的石墨基座倾斜以提高局部气流流速，并通过两个气体射流提高气体向下的速度，使得气体平均速度达到 10～20cm/s。而且，石墨基座转动能减小气流的不均匀性，提高了外延层的均匀性。该反应器的成本低、精度高，但是不能在 1200℃以上长时间工作。

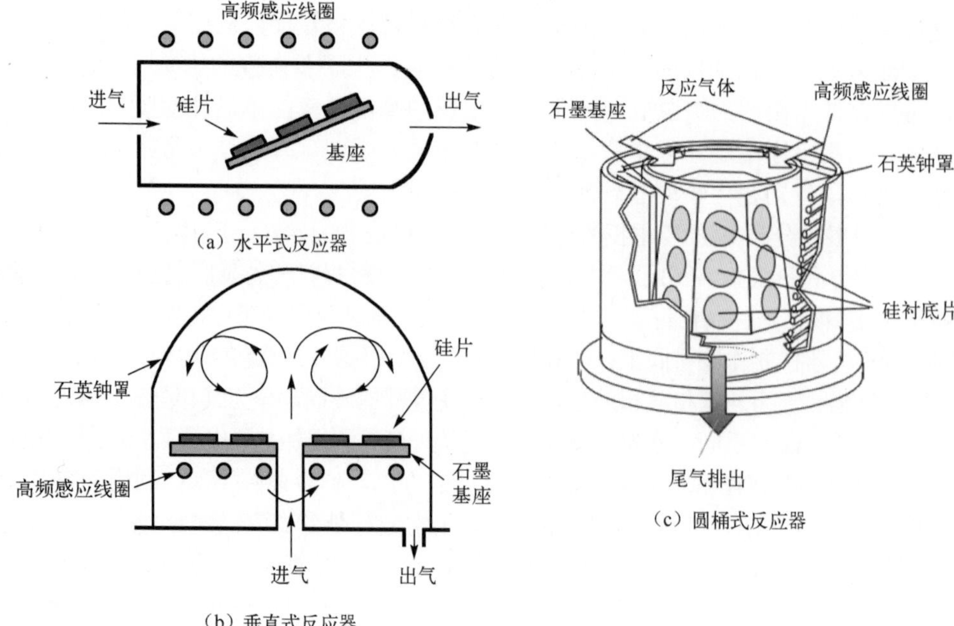

图 10.1　三种基本类型的反应器结构

除上述几种典型的反应器外，还有一种相对较新的锥形腔反应器，是 1986 年被提出的一种新的商用外延反应器（图 10.2）[6]。在该反应器中，基座形成多个锥形的空腔并呈环形排列，每个空腔都可放置两个相对的单晶硅衬底片，且腔体与腔体之间相互隔离。该反应器是置换流系统，气体的径向速度为 15～30cm/s，而切向速度为 2～3cm/s。采用这种设计，即使在反应器中有 50 个直径为 150mm 的重掺杂单晶硅衬底，也可以获得高电阻率的单晶硅薄膜

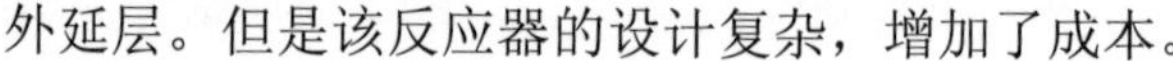
外延层。但是该反应器的设计复杂，增加了成本。

图 10.2　锥形腔反应器[6]

反应器一般采用高频感应线圈加热，它能适应各种形状的基座。但是，利用高频感应线圈加热时，单晶硅衬底片的温度比基座的温度低，会在硅片内部形成温度梯度。硅片中心的温度要高于边缘，从而在硅片内部产生热应力。一旦热应力超过单晶硅的临界应力，就会在单晶硅衬底和外延层中产生位错及滑移。而利用红外辐射加热可以抑制硅片内部的热应力，有效防止位错的产生及滑移。这种加热方式现在已被广泛用于圆桶式反应器。

10.1.1.2　单晶硅薄膜外延生长工艺

典型的外延生长单晶硅薄膜工艺包括如下几个主要步骤：将抛光的单晶硅衬底片清洗烘干并放在基座上；通入高纯氢气（H_2）净化反应器中的空气；将反应器加热到一定的温度，通入干燥的盐酸（HCl）对单晶硅衬底进行气相腐蚀，从而去除表面的损伤、污染物及表面氧化层等；通入高纯氢气及硅源气体，使之形成混合气体后进入反应器；调整反应器温度至生长温度，按需、按比例通入硅源和氢气进行单晶硅薄膜的外延生长；生长结束后，停止通硅源气体，继续通氢气作为保护气体，并将反应器降温至室温，最后通入氮气，再取出硅外延片。

在硅外延生长单晶硅薄膜时，反应物气体（硅源气体和氢气）首先被输运到衬底区域，然后穿过边界层，被加热的衬底表面吸附；其次，反应物气体在衬底表面发生化学反应及扩散，生成晶体所需的原子和气体副产物，生成的原子排列生长成外延层；最后，副产物从表面脱附，离开边界层并被输运出反应系统。上述过程依次进行，最终的单晶硅薄膜生长速率由最慢的一步所决定。

外延过程中的化学反应主要与反应物气体的种类有关，主要分为歧化反应、还原反应和热解反应[8]。在实际产业中，人们常采用后两种化学反应。歧化反应一般发生在密闭的外延炉内，将硅的卤化物（SiX_2）分解为固态硅和气态的 4 价硅卤化物。通常，硅卤化物的生成需要很高的温度，且要求较长的反应时间才能生成足够的源物质，这样就要求气体流速慢；同时，歧化反应的效率低，导致硅源气体的利用率低。因此，歧化反应在单晶硅薄膜的外延中未得到广泛应用。

硅的还原反应是指利用氢气还原硅的卤化物（包括 SiH_2Cl_2、$SiHCl_3$ 和 $SiCl_4$）。其中 SiH_2Cl_2 成本高，在产业中未被普遍采用。$SiCl_4$ 和 $SiHCl_3$ 常温下都是液体，在反应时需要氢气作为载气，因此氢气既是还原剂，又是载气。硅的还原反应一般为可逆反应，需要在高温下进行，其还原反应如下

$$SiCl_4(g)+2H_2(g) \rightleftharpoons Si(s)+ 4HCl(g) \tag{10.1}$$

$$SiHCl_3 + H_2 \rightleftharpoons Si + 3HCl \text{ 或者 } 2SiHCl_3 \rightleftharpoons Si + SiCl_4(g)+ 2HCl \tag{10.2}$$

值得注意的是：在反应过程中，氢气从液相源鼓泡蒸发，使得液相的温度降低，从而影响了液相的饱和蒸气压及硅源气体与氢气的比例。因此，需要稳定液相源（硅的卤化物）的温度，以便获得稳定的单晶硅薄膜生长速率。对于 $SiCl_4/H_2$ 体系，在典型的生长条件下单晶硅薄膜的生长速率约为 1μm/min。

硅外延的热解反应利用硅烷在高温下分解出硅原子并沉积为单晶硅薄膜[9]

$$SiH_4(g) \rightarrow Si(s)+ 2H_2(g) \tag{10.3}$$

虽然该反应需要在高温下进行，但是相对于还原反应和歧化反应，所需的温度仍相对较低，一般温度达到 850℃就可以实现单晶硅薄膜的外延生长。该反应不可逆，不存在卤化物等腐蚀性产物。但是，硅烷对氧和空气极为敏感，易燃易爆，对设备的安全性要求很高，而且受硅烷纯度的影响，比较难控制外延层杂质的分布。因此，相较于 SiH_4，$SiCl_4$ 的应用更广泛。

从热力学角度考虑，化学气相沉积过程中的各气体分压决定了反应的方向和效率。对于 Si-Cl-H 体系的硅外延生长而言[2, 4]，气相成分涉及近 14 种相关的物质，其中 8 种物质（$SiCl_4$、$SiHCl_3$、SiH_2Cl_2、SiH_3Cl、SiH_4、$SiCl_2$、H_2、HCl）对硅薄膜的生长有较大的影响[4]。根据质量作用定律、物质守恒及已知的热力学参数，可以确定各气体的平衡常数，从而确定这 8 种物质在某一温度下和某一总压下的平衡分压[2, 4]。在该体系中，Cl 相关气体（$SiCl_4$、$SiHCl_3$、SiH_2Cl_2、SiH_3Cl、$SiCl_2$、HCl）分压和 H 相关气体（$SiHCl_3$、SiH_2Cl_2、SiH_3Cl、SiH_4、H_2、HCl）分压的比值（P_{Cl}/P_H）与初始分压一致，例如，由 H_2 载入 $SiCl_4$ 的体系中，平衡状态下 $P_{Cl}/P_H = 4P(SiCl_4)/2P(H_2)$。那么在特定条件（温度、压强和 P_{Cl}/P_H）下，硅在气相中的溶解度可以认为是所含硅气体（$SiCl_4$、$SiHCl_3$、SiH_2Cl_2、SiH_3Cl、SiH_4、$SiCl_2$）的平衡分压之和。当含硅气体的分压（P_{Si}）在溶解度之上时，则沉积形成硅薄膜；反之外延生长不发生，甚至会腐蚀硅薄膜或硅衬底。热力学数据表明，对于输入一定压力的含硅气体，P_{Cl}/P_H 越大，过

饱和度越低，生长速率就越低。显然，硅的沉积速率与 P_{Cl}/P_H、温度和压力密切相关[2, 4]。

从动力学角度考虑，硅薄膜外延生长的速率与外延的过程有关（包括物质的输运、扩散、反应、生长等），也就是和反应物浓度、沉积温度、反应速率及气体输运速度等参数都有关。通过对硅的化学气相沉积外延生长动力学过程的分析可知，对硅薄膜外延层的生长速率起决定作用的主要是质量传输速率和反应速率[2-4]。

首先，反应物的浓度对单晶硅薄膜沉积速率的影响不是一个线性过程[10]。以 $SiCl_4$ 为例，如图 10.3 所示，随着 $SiCl_4$ 的浓度（$SiCl_4$ 在氢气混合气中的摩尔分数）的增大，单晶硅薄膜的生长速率先增大后减小[7]，存在一个最大速率。当 $SiCl_4$ 的浓度较低时，$SiCl_4$ 与 H_2 的反应［式（10.1）］向右进行，硅薄膜的生长速率随着 $SiCl_4$ 浓度的增大而线性增大；随着 $SiCl_4$ 浓度的增大，生长速率达到最大后开始下降；当 $SiCl_4$ 的浓度超过 0.28 时，$SiCl_4$ 与 H_2 的反应［式（10.1）］向左进行，此时硅薄膜停止生长且衬底表面被刻蚀，这个反应也可以被用来原位清洗硅衬底表面和反应器壁。值得注意的是，当硅薄膜生长速率过高（超过 2μm/min）时，沉积的硅薄膜为多晶硅薄膜，而不是单晶硅薄膜。因此，在工业生长单晶硅薄膜时，一般控制 $SiCl_4$ 的浓度在 0.005～0.01 范围内，相应的生长速率为 0.5～1μm/min。

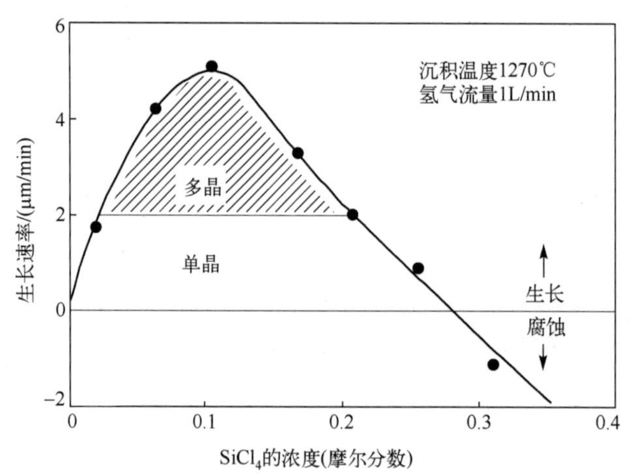

图 10.3　$SiCl_4$ 的浓度和硅薄膜生长速率的关系[5]

其次，单晶硅薄膜外延温度的选择需要综合考虑各种因素。一般外延生长的温度可以比熔点低 30%～50%，其对生长速率的影响如图 10.4 所示。当温度较高时，单晶硅薄膜的外延过程主要受质量传输作用的控制，外延层的生长速率随温度的升高而缓慢增大，并且晶体完整性较好。对于 $SiCl_4$ 来说，当温度高于 1100℃时，外延过程主要受质量传输作用的控制。当降低温度时，单晶硅薄膜的外延过程主要受表面反应的控制，外延层的生长速率随温度的升高而按指数增大。

除温度和反应物浓度外，气流速度和衬底晶向也会对生长速率有较大的影响。例如，在反应物浓度和温度一定的情况下，水平式反应器中的生长速率基本与总气体的输运速度的平方成正比。<100>晶向硅衬底的生长速率大于<110>晶向，<111>晶向的最小。<111>晶向硅衬底的低生长速率容易形成切面或橘皮状缺陷，但生长方向稍偏离<111>晶向反而能增大生长速率。因此，为了防止<111>晶向的生长形成切面，需要稍偏离(111)晶面几度；而对于<100>晶向的外延生长则不存在这个问题。

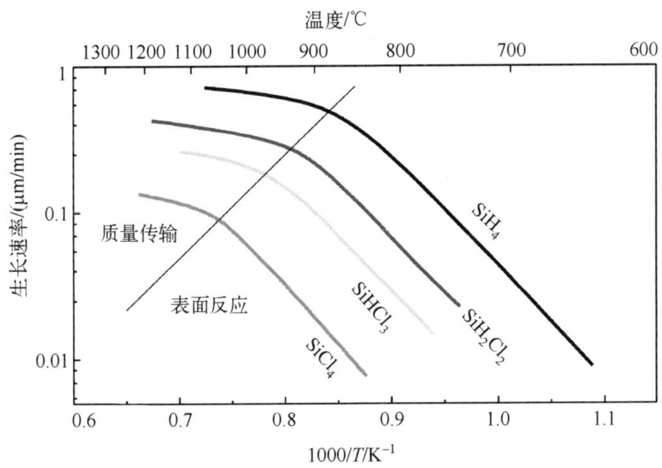

图 10.4　单晶硅薄膜外延层生长速率和温度的关系[4]，反应气体分压为 0.8Torr

10.1.2　外延单晶硅薄膜掺杂

为了获得半导体器件所需要的电学性质，需要在外延单晶硅薄膜中掺入 P 型或 N 型掺杂剂（电活性杂质），并需要精确地控制其浓度和分布。单晶硅薄膜常用的 N 型掺杂原子为 P 或 As，掺杂剂气源是 PCl_3、PH_3 及 $AsCl_3$ 等；常用的 P 型掺杂原子是 B，掺杂剂气源是 B_2H_6、BCl_3 或 BH_3 等。在单晶硅薄膜外延生长时，掺杂剂气源与反应物气体一起被输运至反应器；当硅源气体在硅衬底表面分解形成硅原子时，掺杂剂气源同时分解，掺杂原子进入单晶硅薄膜晶格，实现电学掺杂。和硅源气体一样，掺杂剂的气体通常用氢气作为稀释剂，以便通过控制两者的流量比精确控制掺杂浓度，进而达到控制硅薄膜电阻率的目的。

在化学气相沉积时，掺杂剂在反应器中与反应物一起被吸附在硅衬底表面，分解后相关原子进入生长层。图 10.5 所示为掺杂原子在硅衬底表面分解并进入单晶硅薄膜晶格的示意图。由图可见，在一定的温度下，硅原子和掺杂原子（如磷）被吸附在硅衬底表面，并向台阶位置移动进入晶格，生长出特定电学性质的单晶硅薄膜。掺杂剂掺入硅中的效率由有效分凝系数决定[4]，和掺杂剂气体的浓度（N_{dope}）、掺杂剂分压（P^0_{dope}）及硅源气体的分压（P^0_{Si}）有关

$$K_{\mathrm{eff}}=\frac{N_{\mathrm{dope}}/5\times10^{22}}{P^0_{\mathrm{dope}}/P^0_{\mathrm{Si}}} \tag{10.4}$$

若有效分凝系数为 1，则表示掺杂原子全部进入了硅薄膜外延层；如果小于 1，则表示只有部分掺杂原子进入了硅薄膜外延层，而在生长界面积累了多余的掺杂原子。

总体来说，掺杂剂的气体分压、外延层的生长温度和生长速率对掺杂的效果都有影响，其中影响最大的因素是掺杂剂的气体分压。通常，外延层中掺杂原子的浓度随着掺杂剂气体分压的增大而线性增大，受质量传输作用的控制。但是，在较高的掺杂剂气体分压下，受热力学条件的控制，外延层中掺杂原子的浓度随掺杂剂气体分压增大的幅度减弱，因此，单晶硅薄膜掺杂时需要选择一个适当的掺杂剂气体分压。

除故意掺入的控制电学性质的掺杂剂外，单晶硅薄膜外延层中还可能包含无意中引入的其他杂质，也就是“自掺杂”现象。这些杂质主要来自几个方面：（1）固态外扩散，即单晶

硅衬底中的杂质通过固态扩散进入硅薄膜外延层；（2）气态自掺杂，即单晶硅衬底中挥发出来的杂质掺入了硅薄膜外延层；（3）系统外掺杂，即反应系统（反应器和基座等）中的杂质污染。自掺杂会影响硅薄膜外延层的电阻率，使硅衬底与外延层界面处的杂质分布变缓，外延层有效厚度减小，造成器件特性偏离，可靠性降低，特别妨碍双极型集成电路速度的提高和微波器件相应频率的提高[2]。

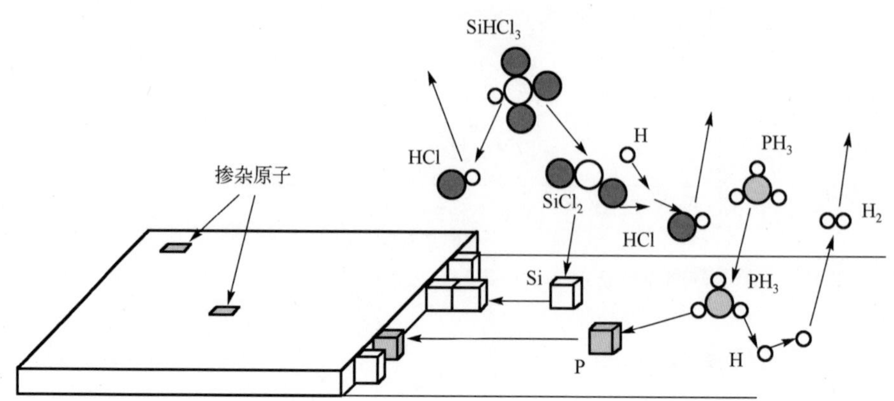

图 10.5　掺杂原子在硅衬底表面分解并进入单晶硅薄膜晶格的示意图

目前，抑制自掺杂有两种途径[2]：一种是尽量减少单晶硅衬底杂质的逸出；另一种是使已蒸发到气相的杂质尽量不进入外延层硅薄膜。减小单晶硅衬底中杂质逸出的方法主要包括如下几种。(1) 尽量选用扩散系数小、蒸发速率较低的杂质原子作为单晶硅衬底的掺杂原子。(2) 高温热处理单晶硅衬底：在硅薄膜外延生长前，高温加热单晶硅衬底，使硅衬底表面形成杂质原子耗尽层，抑制背面杂质的蒸发，从而降低自掺杂。(3) 背封技术：在单晶硅衬底背面沉积 SiO_2、多晶硅或氮化硅等掩膜，抑制背面杂质的蒸发。(4) 两步外延生长：在外延生长开始时，首先生长很短一段时间，形成薄薄的外延层把单晶硅衬底轻微盖住，阻止硅衬底的杂质进一步继续从衬底表面逸出；然后通一定时间的氢气驱赶残存在边界层的气体，同时外延层中的杂质将会蒸发一部分；再进行第二阶段的生长，直到达到所需的厚度。但是该方法对横向自掺杂的效果不明显，对纵向自掺杂有效。(5) 低温外延：单晶硅中的杂质扩散和蒸发强烈地依赖于温度，降低生长温度有助于减少自掺杂。选择合适的硅源来降低硅薄膜生长温度，例如，利用不含卤族元素的硅源。也可以采用变温外延的方法，可以获得比持续高温情况下高的平均生长速率及缩短的高温热处理时间，从而减少自掺杂。另外，也可以通过降低氢气中的含水量来降低硅薄膜生长的温度。氢气中含有较多的水量不仅限制了单晶硅薄膜外延生长温度的降低，而且会使硅衬底氧化，增加了界面缺陷。

而抑制自掺杂的第二种途径是通过冲洗气相沉积反应器或低压外延生长的方式来实现的。冲洗气相沉积反应器是指在气相腐蚀之后，用纯氢气充入反应器，使得气相中的杂质原子被带出反应器。而低压外延生长则增大了杂质分子的平均自由程，导致其在气相中的扩散速度增大，由单晶硅衬底蒸发出来的杂质大部分将被抽走。将这两种工艺结合，能很好地抑制单晶硅薄膜外延过程中的横向和纵向的自掺杂，得到陡峭的界面杂质分布和较小的图形漂移畸变，并且提高了外延层的均匀性。

10.1.3　外延单晶硅薄膜的缺陷

单晶硅薄膜外延层质量的好坏除与外延层厚度均匀性和掺杂浓度均匀性有关外，也与外延层晶体结构的完整性有关。硅薄膜外延层的表面形貌和缺陷类型受到硅衬底及生长参数的强烈影响，硅衬底因素包括单晶硅取向、掺杂浓度、结晶缺陷和表面污染等，而生长参数因素则包括硅薄膜生长温度、生长压力和生长速率等。单晶硅薄膜外延层的晶体完整性常常比硅衬底差，它含有各种内部结构缺陷，包括层错、位错、微缺陷等，以及表面宏观缺陷，包括云雾状表面、角锥体、多晶点、塌边、划痕、位错滑移线等，对硅材料和器件的性能影响很大。

层错是单晶硅薄膜外延层中的主要缺陷之一，一般是由硅衬底表面的机械损伤、沾污或氧化所引起的。图 10.6 显示了缺陷从硅衬底向硅薄膜外延层传播的示意图，由图可见，大多数的层错核心产生在单晶硅衬底和外延层的交界处，并沿着（111）面传播，且随着外延层厚度的增大而增大。要消除单晶硅薄膜外延层中的层错，一般要采用无滑痕、无亮点、表面清洁光亮的单晶硅衬底，同时严格清洗外延反应系统，并且做到系统完全密封。另外，在硅薄膜外延前在氢气气氛下热处理硅衬底，并用 HCl、Br_2 等腐蚀性气体对硅衬底进行气相腐蚀，可以除去硅衬底表面残留的污染物和机械损伤层，也会减少单晶硅薄膜中层错的产生。

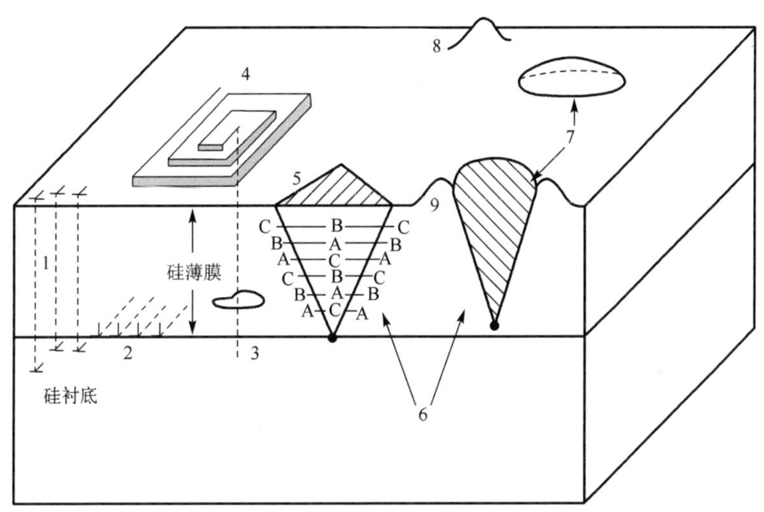

1—贯穿型刃位错；2—界面失配位错；3—贯穿型螺位错；4—外延层中的螺旋台阶；
5—薄膜中的层错；6—外延层错；7—卵形缺陷；8—丘形缺陷；9—夹杂或空洞

图 10.6　单晶硅薄膜外延层的晶体缺陷示意图

位错主要来自硅衬底中位错的扩展、热应力或机械应力引起的塑性变形，以及晶格失配引起的失配位错。在单晶硅薄膜外延生长时，硅原子优先沉积在位错的位置，使得螺位错从硅衬底表面延伸到薄膜外延层中，严重时会在硅表面形成螺旋台阶，如图 10.6 所示，因此，单晶硅薄膜外延一般采用无位错的硅衬底以减少薄膜外延层中的位错。晶格失配引起的位错主要是掺杂的原子和硅原子的共价半径不一致引起的点阵收缩（如 B、P 等）或扩张（Al、Sn、Sb 等），或者是衬底与外延层上掺杂浓度、类型存在较大不同而造成的晶格失配导致的。对于前一种掺杂原子的共价半径不一致的问题，可采用应力补偿的方式，即在单晶硅薄膜外延的同时引入原子共价半径不同而产生的应变正好相反的杂质，如 P 和 Sn。另外，热应力是引起单晶硅薄膜外延层位错的最常见的原因之一。硅外延生长温度分布的不均匀会导致热应力的产生，最终在外延层中产生位错。因此，外延时应使基座受热均匀，使硅衬底的温度梯度尽可能小（小于 4.5℃/cm）。

微缺陷是硅外延层中常见的一种缺陷，通常经择优腐蚀后在单晶硅薄膜外延层表面呈现宏观雾状。这类缺陷种类繁多，形成原因各异。一般认为这种雾状的微缺陷是由 Fe、Ni、Cr 和 Cu 等金属杂质的沾污形成沉淀后，作为缺陷成核的中心而形成的微观缺陷，因此在单晶硅薄膜外延生长时，需要注意基座及工具的清洁。通过硅衬底背面打毛、离子注入造成损伤、背面生长氮化硅或多晶层技术等方法，在硅衬底背面形成吸杂中心，从而将硅外延层中的金属杂质吸引到单晶硅衬底背面的吸杂点沉淀，即“吸杂技术”，来降低外延层中雾状微缺陷的浓度。

另外，外延层中还可能存在宏观缺陷，大部分是由工艺因素造成的。例如，硅衬底表面有残留物、操作引起擦伤、抛光不良等，会使硅衬底表面形成突起物。再例如，氢气纯度低、H_2O 过多、气相抛光浓度过高、生长温度太低，都会在单晶硅薄膜外延层表面产生呈乳白色条纹的云雾状缺陷，甚至肉眼可看到。

10.2 非晶硅薄膜半导体材料

非晶硅（amorphous Silicon，a-Si）又称无定形硅，呈棕黑色或灰黑色。非晶硅的微观结构具有短程有序、长程无序的特点，它的内部有许多未成键的电子，也就是悬挂键。它属于直接禁带半导体，禁带宽度为 1.7～1.8eV，而迁移率和少子寿命远比晶体硅低。其化学性质比晶体硅活泼，熔点、密度和硬度均小于晶体硅，但是非晶硅对可见光的光吸收系数比晶体硅大一个数量级。

非晶硅的研究始于 20 世纪 60 年代，当时的非晶硅薄膜主要通过蒸发或溅射的技术来制备，含有非常大的缺陷密度。此时，人们重点研究它的无序结构和缺陷态，实现了氢化非晶硅（a-Si:H）的制备，氢原子的加入大大改善了非晶硅材料的性能，特别是光电导率，这是非晶硅薄膜的第一项重大突破[11]。第二项重大突破是 1975 年实现的非晶硅掺杂[11]。人们发现在非晶硅的生长过程中，向硅烷等离子体中添加磷化氢或乙硼烷可以实现 N 型和 P 型非晶硅的制备，并能够实现费米能级在带隙中位置的控制。这使得非晶硅薄膜既可以作为太阳电池（图 10.7）材料，又可以作为薄膜晶体管的材料。

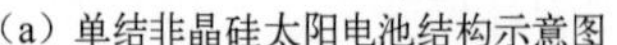

（a）单结非晶硅太阳电池结构示意图

（b）非晶硅太阳电池（Panasonic）

图 10.7 非晶硅薄膜作为太阳电池材料

非晶硅薄膜具有可以大面积加工、低温成膜、衬底（如玻璃、金属和塑料等）成本低等优点，其器件可以做得很薄，与现行半导体工艺也兼容，特别适用于柔性、廉价电子产品的领域。经过几十年的发展，非晶硅薄膜已经被广泛应用于太阳能光伏电池、液晶显示器件、图像传感器、非线性器件、复印感光膜，以及光敏、位敏、力敏、热敏等各种传感器等众多领域。

10.2.1　非晶硅薄膜材料的基本性质

10.2.1.1　非晶硅的晶格结构

非晶硅有一种共价无规则的网络原子结构（图 10.8）[12-13]，其基本的晶体结构特征是短程有序、长程无序。在几十埃范围内，硅原子与单晶硅中的原子一样，由 4 个硅原子组成共价键，基本保持了晶体硅的四面体配位结构，即短程有序；但更远的原子则是无序排列的，缺乏周期平移性，即长程无序。在长程无序的硅晶体结构中，键长和键角产生了偏差，造成大量的配位缺陷[14]，同时，这样的结构决定了其物理性质具有各向同性。但是，非晶硅比晶体硅具有更高的晶格势能，在热力学上处于亚稳态，在合适的热处理条件下，非晶硅可以转化为多晶硅、微晶和纳米硅，这也是从非晶硅制备晶体硅材料的一种方法。

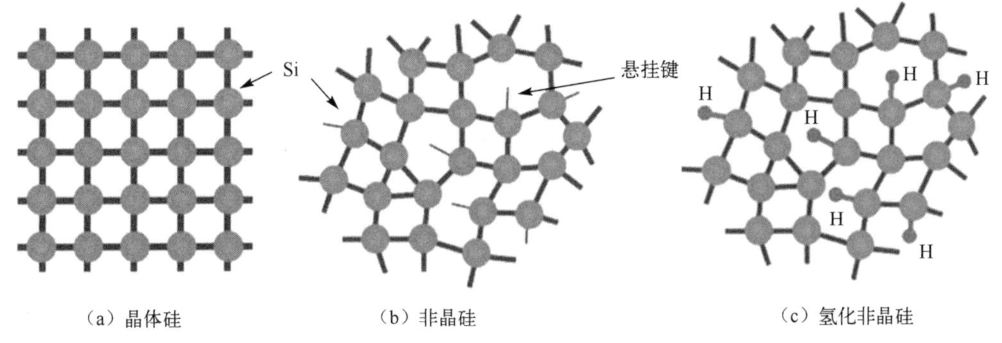

图 10.8　非晶硅的共价无规则的网络原子结构

非晶硅中原子的排列可以用原子径向分布函数（RDF，$4\pi r^2\rho(r)$）来描述，其中 $\rho(r)$是原子密度数，是以任意原子为起点，距离为 r 处的平均硅原子的密度，如图 10.9 所示。由图可知，非晶硅和晶体硅的最近邻 RDF 峰位一致，也就是有 4 个近邻原子，符合金刚石的结构；

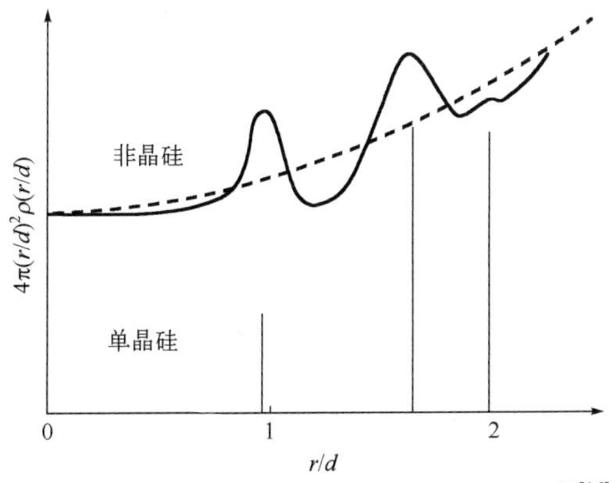

图 10.9　非晶硅和单晶硅的原子径向分布函数[16]
（采用 sp^3 杂化，d 指硅-硅键的键长）

两者的次近邻 RDF 峰位也一致。但是非晶硅从第三近邻开始，RDF 峰位不明显甚至消失，这说明了非晶硅的短程有序。常用的一些实验方法（如 X 射线衍射、电子衍射、中子衍射等）都能验证上述的结果[15]。但是，RDF 依靠的是两个相邻原子（原子对）的内部联系，是三维（3D）结构的一维（1D）表示，因此只携带有限的结构信息。新的模型和方法在不断被提出以帮助研究包括非晶硅的非晶材料半导体的结构，如变量相干显微术（Variable Coherence Microscopy）、连续无序网络（Continuous Random Network，CRN）模型、微晶模型等[15-18]。

10.2.1.2 非晶硅的晶格缺陷

在晶体中，只要偏离完美晶格，就会存在晶格缺陷。晶格缺陷可以是点缺陷（如空位或间隙缺陷）、线缺陷（位错）或面缺陷（层错、晶界），也可以是杂质、杂质复合体、杂质沉淀体等。在非晶材料中不存在完美的晶格，因此将非晶材料中的缺陷定义为与理想无定形网络的偏离[14, 18]。

对于非晶硅而言，理想无定形硅原子网络是一个连续的随机网络，所有的硅原子都是四重配位的，所有的氢原子都是单配位的。在此基础上，非晶硅中引出了“配位缺陷”的概念，而硅的悬挂键就是一个典型的配位缺陷。理想非晶硅原子网络中的所有电子都以成键或非成键状态配对，但是对于配位缺陷，硅原子的成键状态与理想的成键状态明显不同。如果一个硅原子的局部配位大于或小于理想配位，那么，该硅原子的中性态就有一个未配对的电子；因此，这类缺陷具有顺磁自旋或电荷的显著特征，这使它与理想网络的电子状态不同。

在非晶硅无规则的网络状原子结构中存在大量的悬挂键（图 10.8），是其晶格的主要缺陷。这些悬挂键在非晶硅中引入了高密度的深能级中心，会影响非晶硅的电学性质。同时，这些悬挂键很不稳定，其密度和结构会在后续的热处理中发生变化，这使得非晶硅的电学性质不容易控制。通常，人们在非晶硅中掺入氢原子，制备含氢非晶硅（或称氢化非晶硅，a-Si:H），利用氢原子来钝化悬挂键，从而有效降低非晶硅中的缺陷密度。

在非晶硅晶格中也可能存在特征不明确的其他类型的缺陷，例如，a-Si:H 中和氢相关的空穴，它有着不同于其他非晶硅原子的局部结构。

10.2.1.3 非晶硅的能带结构

非晶硅的能带结构和晶体硅不同。在晶体半导体能带理论的基础上，对非晶态半导体材料的能带理论已经研究了很多年，但仍存在争议。目前，Mott-CFO 模型和在此基础上修正的 Mott-Davis 模型是非晶态半导体能带的主要模型[19]。对于半导体晶体，在态密度模型中可以很明显地区分出价带、导带和禁带，但是，非晶体的能带结构则不能。

Mott-CFO 模型把非晶态半导体短程有序的原子结构看成与晶态半导体相同，可以应用晶态半导体的能带理论；而把长程无序的原子结构看成晶格紊乱对晶体能带中电子态密度的一种微扰，使导带和价带在边缘区域有延伸，形成带尾结构。该模型认为，晶格紊乱引起的键长和键角的偏差使带尾结构中的电子产生局域态，其他电子依然为扩展态。而局域态电子的迁移率比扩展态电子低几个数量级，导致了迁移率边缘的出现。局域态和扩展态的交界处被称为迁移率边（E_c 和 E_v），E_c 和 E_v 之间的间隔称为迁移率隙。

Mott-CFO 模型指出晶格无序的微扰和高的缺陷密度（$10^{17}cm^{-3}$ 左右）能够使带尾进入带隙，甚至连续延伸至带隙深处，使得价带和导带的带尾在带隙内交叠。这样费米能级就被钉扎在交叠带尾的中央，也就是说，非晶态半导体的费米能级 E_f 基本不随掺杂浓度、缺陷密度的改变而改变。若费米能级位于局域态范围内，则电子只能通过热激发或隧道效应发生跳跃式移动；如果在低温下，则电子只能通过与声子的作用才能实现局域态之间的跳跃。不仅如此，如果仅从带的重叠角度来看，带尾交叠好像是金属性导电；但实际上多数非晶态半导体对低能光子是透明的，说明带隙没有被完全填充。

为了克服上述问题，E.A. Davis 等人在 Mott-CFO 模型的基础上提出了一个修正模型，即 Mott-Davis 模型（图 10.10）[16, 19]。在这个模型中，非晶态半导体的能隙带尾没有交叠，而是只存在于导带底和价带顶附近很窄的区域；而由缺陷引起的深能级则位于带隙中央，并使费米能级 E_f 被钉扎于此。在该模型中，局域态中载流子的跃迁主要依靠热激发，费米能级的位置和缺陷态密度有关。当缺陷态密度较高时，少量的掺杂和温度变化对费米能级 E_f 的位置没有影响或影响很小，说明费米能级几乎被钉扎；当缺陷态密度较低时，少量的掺杂和温度变化才会对 E_f 的位置有明显的作用。

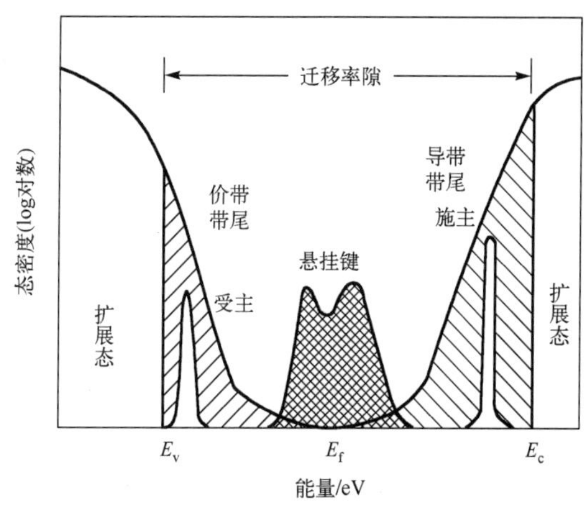

图 10.10　基于 Mott-Davis 模型的非晶态半导体能带的原理示意图[16-17]

由能带理论模型可知，降低缺陷态密度，可得到质量可控和性质优良的非晶硅薄膜。用不同的制备方法得到的非晶硅薄膜的缺陷密度不一样，这意味着缺陷能级和能带结构可能不同。在普通条件下制备的非晶硅薄膜含有大量的悬挂键等缺陷，性能较差。而在实际应用中，则利用氢钝化悬挂键，制备氢化非晶硅，改善非晶硅薄膜的性能。

10.2.1.4　非晶硅的掺杂

与晶体硅类似，非晶硅中掺杂的原子也处于替代位。但是非晶硅含有大量的缺陷（悬挂键、氢离子等），非常容易和掺杂原子相互作用，使得部分掺杂原子不能向非晶硅提供电子或空穴，从而无法起到施主或受主的作用。因此，能够提供载流子的掺杂原子数目和掺入非晶硅的总的掺杂原子数目是不同的，两者之比称为掺杂原子的活化率，主要取决于薄膜中的缺陷密度。

另外，与单晶硅薄膜的掺杂一样，非晶硅的掺杂也在薄膜生长时直接通入掺杂气体，在非晶硅薄膜形成的同时掺入了掺杂原子。对于 N 型非晶硅薄膜，一般掺入第Ⅴ主族元素，如 P、As 等；对于 P 型非晶硅薄膜，掺入第Ⅲ主族元素，如 B、Ga 等。在实际非晶硅薄膜生长时，通常利用 PH_3 和 B_2H_6 分别作为 N 型和 P 型掺杂气体。

10.2.1.5　非晶硅的光学性质

非晶硅薄膜的光吸收能力远大于晶体硅。非晶态半导体原子网络结构的无序性使得电子没有确定的波矢，没有直接跃迁和间接跃迁的概念，电子在不同能级之间跃迁不受动量守恒定律的限制，因此，非晶硅对于可见光的吸收系数比晶体硅大一个数量级。也就是说，厚度小于 1μm（不到相应晶体硅厚度的 1%）的非晶硅材料就能充分吸收太阳光，这也是非晶硅被用作薄膜太阳电池材料的原因之一。图 10.11 显示了典型的 a-Si:H 薄膜的吸收系数谱，分为 A、B、C 三个特征吸收区。需要注意的是，制备条件不同，非晶硅的吸收系数的值也不同。在强吸收区（图 10.11 中的 A 区域）为带-带跃迁，吸收系数α通常在 10^4cm^{-1} 以上，其大小随光子能量按指数变化，因此该吸收区常用来计算材料的光学带隙。B 区域的吸收系数为 $10\sim10^4cm^{-1}$，来源于价带带尾局域态到导带扩展态、价带扩展态到导带带尾局域态之间的电子跃迁，其吸收系数随能量按指数增大。在弱吸收区（C 区域），非晶硅的吸收系数通常低于 $10cm^{-1}$，其来自局域态间的电子跃迁，对非晶硅材料的结构性质相当敏感。

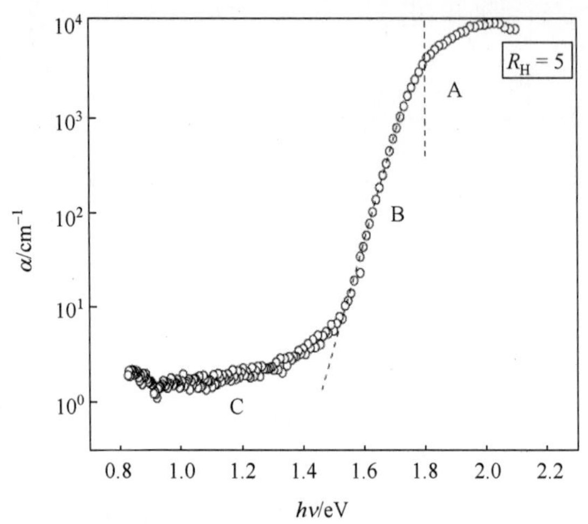

图 10.11 a-Si:H 薄膜的吸收系数谱[12][R_H=5（H_2/SiH_4）[18]]

10.2.2 非晶硅薄膜材料的制备

将熔体硅快速冷却，可以得到非晶硅块体，但是需要很高的冷却速率（10^5℃/s），通常很难实现，因此，一般采用物理气相沉积或化学气相沉积的方法来制备非晶硅薄膜。用物理气相沉积（PVD）（如溅射）制备的非晶硅含有大量的悬挂键缺陷，造成费米能级的钉扎，难以通过掺杂形成 N 型或 P 型非晶硅薄膜，所以在产业界很少使用。因此，在产业界制备非晶硅薄膜常用化学气相沉积，包括等离子增强化学气相沉积（PECVD）、光化学气相沉积（photo-CVD）、热丝化学气相沉积（HW-CVD）等，其中 PECVD（也称为辉光放电分解气相沉积）是最常用的一种非晶硅薄膜的沉积技术。

PECVD 利用辉光放电的原理产生等离子体，然后沉积形成薄膜。图 10.12 显示了 PECVD 系统的结构示意图，真空反应室中有阴极和阳极，稀薄的硅源和掺杂气体从反应室一端进入，在特定的电流、电压下，在两电极之间会产生异常辉光放电。一般用稀释的硅烷（SiH_4）在等离子体中进行热解反应[式（10.3）]生成硅原子，并沉积在被加热的衬底表面，从而形成非晶硅薄膜，而生成的副产物气体则随载气流出反应室。经过电场加速，等离子体中电子的温度可达到 $10^4\sim10^5K$，等离子体的温度为 100～500℃，而电子的能量为 1～10eV，电子的浓度为 $10^9\sim10^{12}cm^{-3}$。在等离子体中，低速电子与气体原子碰撞，产生正、负离子和大量的活性基团，从而大大增强了反应气体的化学活性。因此，在相对较低的温度下也可以气相沉积所需的硅薄膜。

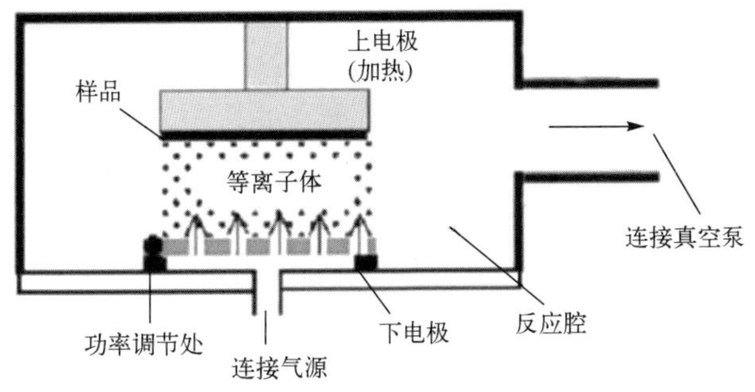

图 10.12　PECVD 系统的结构示意图

一般认为，氢气和硅烷在通入反应室后，首先在电场的作用下发生分解，可能产生 Si、SiH、SiH_2、SiH_3、H、H_2 基团，以及少量的 $Si_mH^+_n$（n>l，m>l）离子基团（图 10.13）。研究表明，SiH_2 和 SiH_3 是最重要的反应基团[14]。另外，硅烷分解时产生的氢及作为稀释气体的氢会进入沉积的薄膜，大大降低了薄膜的缺陷密度。但若表面的氢浓度过高（达到 50%～60%），则氢原子还可以重新结合形成 H_2，这样的体系是不稳定的。所以，在非晶硅薄膜生长时，表面上相对多余的氢原子一定要被除去（解析），以便形成较稳定的 Si-Si 键。

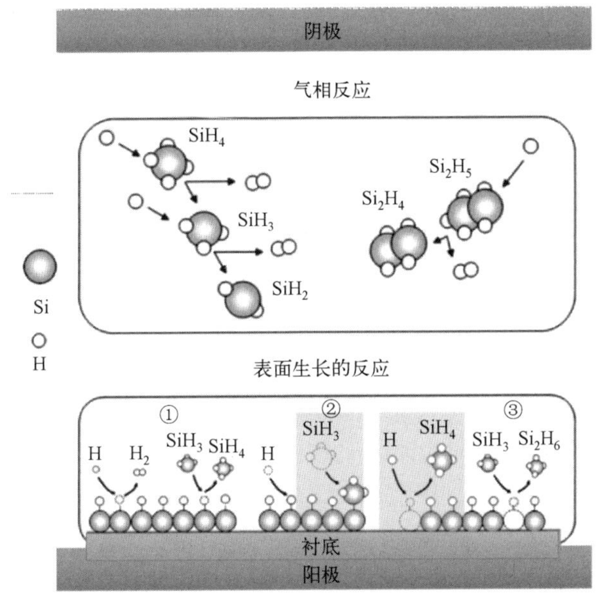

图 10.13　PECVD 的阳极和阴极之间的气相反应和衬底表面的示意图（①②③分别表示产生悬挂键、沉积、刻蚀[20]）

非晶硅薄膜生长的物理过程很复杂，相关的反应理论也存在许多争议。一般认为，利用硅烷分解[式（10.3）]制备非晶硅薄膜的过程包括三个步骤：（1）在等离子体中，硅烷分解产生活性基团；（2）活性基团向衬底表面扩散，与衬底表面反应；（3）反应层转变成非晶硅薄膜。如图 10.13 所示，在非晶硅表面通常布满了氢原子，对硅的悬挂键起到钝化作用（图 10.13 中的①）；反应的主要基团 SiH_3 不与硅烷反应，且具有较高的扩散系数，很容易扩散到衬底表面，其中的硅原子和悬挂键结合成共价键（图 10.13 中的②），氢原子逸出表面，将一个硅原子留下，逐渐形成非晶硅薄膜。而运动到非晶硅表面并物理吸附在上面的 SiH_3 基团会再吸引一个氢原子，组成新的 SiH_4 分子而逸出表面，对表面或外延层造成一定的刻蚀作用（图 10.13 中的③）。如果沉积温度较高，则热分解也可能在硅表面形成悬挂键。

利用硅烷进行 PECVD 生长，对非晶硅薄膜的主要影响因素为：硅烷浓度、气体流量和压力、衬底温度、加热功率等。硅烷（SiH_4）气体和氢气（H_2）或氩气（Ar）的比例，也就是硅烷的浓度，对非晶硅薄膜沉积速率的影响是非线性的。随着 SiH_4 气体比例的增大，薄膜的沉积速率先增大；当 SiH_4 气体比例达到 25%左右时，薄膜的沉积速率达到最大值；随后薄膜的沉积速率随 SiH_4 气体比例的增大而降低。

温度是影响非晶硅薄膜沉积的另一个重要因素。在利用硅烷 PECVD 技术制备非晶硅薄膜时，衬底的温度一般在 350℃以下。如果衬底温度高于 500℃，则在等离子体处理过程中产生的氢就会从非晶硅中逸出，使得氢钝化的能力消失，最终使非晶硅薄膜的性能很差。因此，在可能的情况下，非晶硅薄膜的沉积温度越低越好。较低的沉积温度不仅能节约能源和成本，而且对衬底的影响小，使得低成本衬底的应用成为可能。

由于可能存在多种化学反应，因此非晶硅薄膜的性能对制备条件十分敏感。对不同的设备需要使用独特的优化工艺，才能制备出高质量的非晶硅薄膜。

10.2.3 非晶硅薄膜材料中的氢杂质

氢原子是非晶硅中最重要的杂质之一，对非晶硅薄膜的沉积、电学性质和原子结构等都有重要的影响。氢能补偿非晶硅中未饱和的悬挂键，从而降低缺陷密度，影响能带结构和电学性质；另外，氢也能在非晶硅中引入新的缺陷，从而影响非晶硅薄膜的应用。

采用 PECVD 技术沉积的非晶硅薄膜通常含有 10%～15%的氢，其浓度与沉积温度有直接关系[21]。当沉积温度在 400℃以上时，氢原子可以直接从非晶硅薄膜表面逸出，导致薄膜中的氢浓度快速降低；当沉积温度为 250～400℃时，氢的逸出仅出现在薄膜表面数个原子层内，对薄膜体内氢浓度的影响不大。显然，非晶硅薄膜内的氢浓度随着沉积温度的升高而慢慢减小。

非晶硅中的氢含量可以用 ^{15}N 和 ^{1}H 的共振核反应所产生的 γ 射线来测量。使用这种测量技术可以测量非晶硅中氢原子的总量，但是费时且昂贵，因此，比较常规的是利用红外光谱中的 Si-H 振动吸收来计算氢浓度。图 10.14 显示了 a-Si:H 红外透射谱相关的峰，一般利用红外吸收谱中 630cm^{-1}、2000cm^{-1} 和 2090cm^{-1} 吸收峰的积分（或红外透射谱中相应的吸收谷的积分）来计算非晶硅中的氢浓度，其公式为

$$N_{\mathrm{H}} = A\int\frac{\alpha(\omega)}{\omega}\mathrm{d}\omega \tag{10.5}$$

式中，$A=1.4\times10^{20}\mathrm{cm}^{-2}$，$\alpha$ 为吸收系数，ω 为波数。

利用 PECVD 技术，通过硅烷分解而得到的非晶硅含有大量的结构缺陷（主要是硅的悬挂键，其次是 Si-Si 弱键），其中悬挂键的浓度远大于 $10^{17}\mathrm{cm}^{-3}$，甚至达到 $10^{20}\mathrm{cm}^{-3}$。而采用 PECVD 技术沉积的非晶硅薄膜含有 10%～15%的氢，这些氢原子与硅原子可以形成多种相关的键，钝化了悬挂键，降低了缺陷密度。通常，非晶硅被氢钝化后缺陷浓度会降至 10^{15}～$10^{16}\mathrm{cm}^{-3}$。如果 a-Si:H 样品中氢的含量为 10%（氢原子浓度为 $5\times10^{21}\mathrm{cm}^{-3}$），缺陷浓度为 $10^{15}\mathrm{cm}^{-3}$ 左右，显然氢含量远大于硅悬挂键的密度，多余的氢会在非晶硅材料中形成不同的形态，占据激活能更低的多种位置，形成 SiH、SiH_2、SiH_3、$(SiH_2)_n$ 等基团，甚至导致微空洞等缺陷。

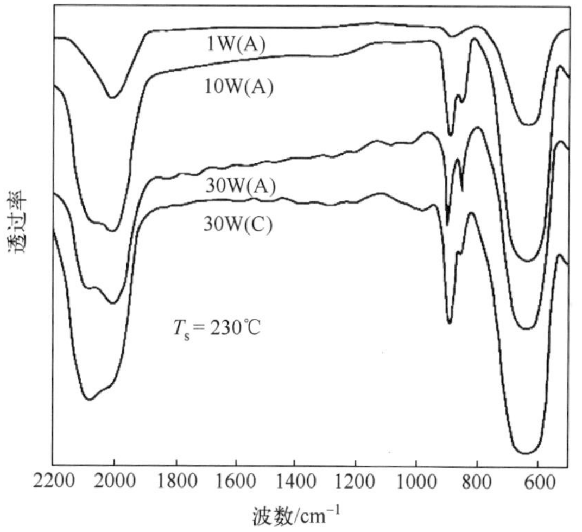

图 10.14　不同功率 PECVD 制备的 a-Si:H 的红外透射谱[18, 22]非晶硅生长的衬底温度 T_s=230℃，SiH_4 在氩气中的浓度为 5at.%；A 表示阳极衬底，C 表示阴极衬底

氢原子还会影响非晶硅薄膜的能带结构。如图 10.15（a）所示[23]，氢的加入改变了非晶硅薄膜的能带结构，氢键的成键和反键能级位于迁移率隙之外，降低了间隙中的态密度。如图 10.15（b）所示，随着非晶硅中氢浓度的增大，其能隙宽度从 1.5eV 开始逐渐增大。如在非晶硅中掺入 5%～15%的氢气，其光学带隙通常为 1.7eV，悬挂键缺陷密度为 10^{15}～$10^{16}cm^{-3}$。非晶硅中除了悬挂键，还有约占 a-Si:H 键 8%的 Si-Si 弱键，而掺入氢减小了 Si-Si 弱键的数量，增大了悬挂键的数量。每个弱键的断裂都会形成两个悬挂键，并被氢钝化，这将使得非晶硅薄膜半导体材料的结构无序性和内应力降低，导致非晶态基体的弛豫和带尾的局域态密度的减小。因此，氢的掺入实际上导致了 a-Si:H 薄膜的带间隙的扩大。

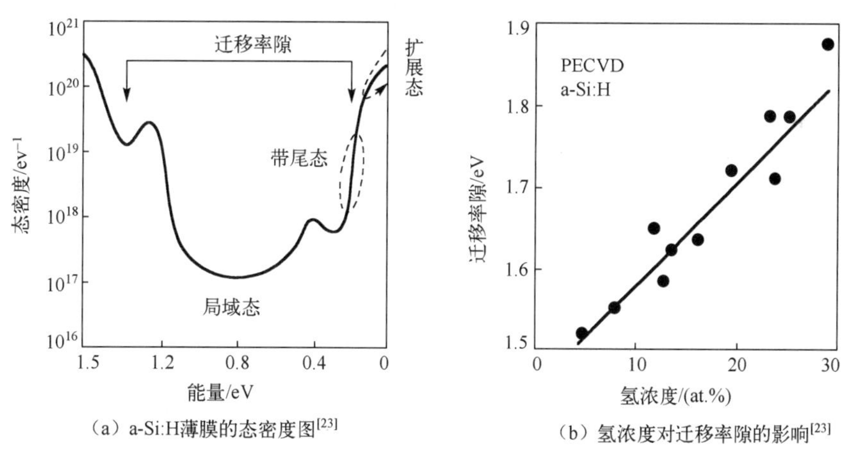

（a）a-Si:H薄膜的态密度图[23]　　（b）氢浓度对迁移率隙的影响[23]

图 10.15　a-Si:H 薄膜中氢对迁移率隙的影响

氢原子在非晶硅薄膜中也会引起负面作用。研究指出，a-Si:H 薄膜中能够产生光致亚稳缺陷。在长期光照下，非晶硅薄膜的光电导和暗电导同时减小，然后保持稳定；经过 150～200℃短时间热处理，又可以恢复到原来的状态，这种效应被称为 Stabler-Wronski 效应（S-W 效应），也称为“光衰减效应”。目前对 S-W 效应起因的解释还不一致，但基本认为与非晶硅中氢的移动有关。其可能的机理是：氢原子不仅钝化了硅的悬挂键，还形成了 SiHSi、H_2 等

多种形态的键，其中不同类型的 Si-H 键相对容易断裂，在光照后会反应或分解，导致氢原子在薄膜内扩散和移动，从而产生新的亚稳缺陷中心，最终导致了非晶硅薄膜性能的衰减。

10.3 多晶硅薄膜半导体材料

多晶硅（Polycrystalline Silicon，Poly-Si）薄膜与非晶硅薄膜和单晶硅薄膜类似，也是通过薄膜生长技术在衬底材料上生长的多晶材料，不同的是，它是由众多大小不一且晶向不同的硅晶粒组成的。多晶硅薄膜的晶粒尺寸覆盖从纳米级到微米级[24]。通常晶粒大小在 10～30nm 之间的多晶硅薄膜，称为微晶硅（microcrystalline Silicon，μc-Si）薄膜；晶粒大小在 10nm 以下的多晶硅薄膜，则称为纳米硅（nanocrystalline Silicon，nc-Si）薄膜。根据晶态结构的不同，多晶硅薄膜又可以分为两类：一类是晶粒较大、完全由多晶硅颗粒组成的多晶硅薄膜；另一类是部分晶化、晶粒细小的多晶硅镶嵌在非晶硅中的多晶硅薄膜。

制备多晶硅薄膜主要有两种途径：一是通过化学气相沉积等方法在一定的衬底材料上直接制备；二是先制备非晶硅薄膜，然后通过固相晶化、激光晶化和快速热处理晶化等技术，将非晶硅薄膜晶化成多晶硅薄膜。

总体来说，多晶硅薄膜不仅具有与铸造多晶硅材料相似的基本性质，还具有非晶硅薄膜的低成本、制备简单和可大面积制备等优点。早在 20 世纪 70 年代，人们利用多晶硅薄膜代替金属铝作为 MOS 场效应晶体管的栅极材料，后来又作为绝缘隔离、发射极材料在集成电路工艺中大量应用。大晶粒的多晶硅薄膜具有与单晶硅相似的高迁移率，可以做成大面积、具有快速响应的场效应薄膜晶体管、传感器等光电器件。因此，多晶硅薄膜在大阵列液晶显示领域也有广泛的应用。多晶硅薄膜不仅对长波长的光有高敏性，而且对可见光也有很高的吸收系数，同时具有与晶体硅相同的光稳定性，不会产生非晶硅中的光致衰减效应。20 世纪 80 年代以来，多晶硅薄膜也是太阳电池的重要材料。另外，多晶硅薄膜的晶界会阻碍位错运动，有助于提高机械性能；同时，多晶硅与二氧化硅之间具有较高的刻蚀选择比，因此，多晶硅薄膜也是重要的 MEMS 材料。

10.3.1 多晶硅薄膜的基本性质

多晶硅薄膜的性质基本与多晶硅块体材料一致。同单晶硅薄膜和非晶硅薄膜相比，多晶硅薄膜最大的结构特点是有大小不一的晶粒和大量的晶界。除了晶界，在晶粒中还存在位错和点缺陷及杂质等。

晶界是多晶硅薄膜的重要缺陷，它的存在会影响薄膜的能带结构和电学性质[25]。第一，多晶硅薄膜的晶界处存在悬挂键，在能带中引入了深能级中心，成为少数载流子的复合中心，缩短了少数载流子的寿命。第二，晶界处电荷的积累造成了晶界附近电荷的耗尽，引起能带的弯曲，产生了势垒 qV_B，其高度与掺杂的浓度、缺陷密度和能量等有关。对于 N 型和 P 型多晶硅薄膜，晶界电荷积累造成的能带弯曲正好相反，但势垒高度变化的趋势是一致的。

图 10.16 是 N 型多晶硅薄膜的能带结构及势垒高度和掺杂浓度的关系[25]。从图中可以看出，在低掺杂浓度下，自由载流子大部分被困在了晶界，耗尽区延伸到了整个晶粒，能带曲率小，势垒高度低。随着掺杂浓度的升高，更多的载流子被晶界捕获，能带的弯曲和势垒的高度都随着掺杂浓度的升高而升高。在掺杂浓度升高到一定程度（也就是临界掺杂浓度）后，晶界捕获的载流子达到了饱和。如果继续升高掺杂浓度，载流子浓度会增大，使得晶粒内部

的中性区增加、耗尽区减少，势垒高度也随之减小。也就是说，晶界处的势垒高度随着掺杂浓度的升高而增大，在达到最大值后又逐渐减小。

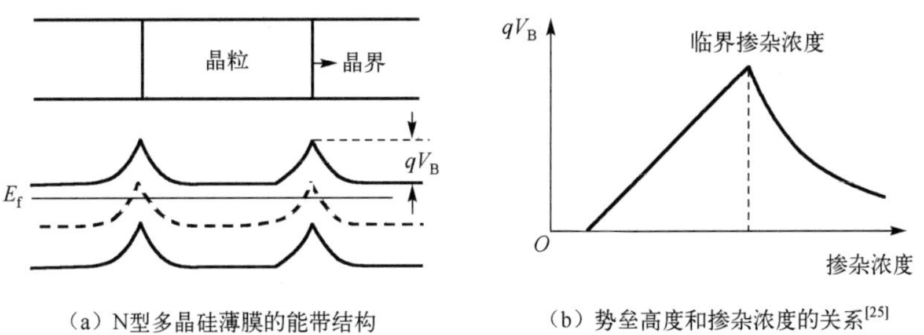

（a）N型多晶硅薄膜的能带结构　　（b）势垒高度和掺杂浓度的关系[25]

图 10.16　N 型多晶硅薄膜的能带结构及势垒高度和掺杂浓度的关系

受晶界的影响，多晶硅薄膜的电阻率和外延单晶硅薄膜的电阻率之间存在巨大的差异。如图 10.17 所示，在同样的掺杂浓度下，多晶硅薄膜的电阻率远大于外延单晶硅薄膜的电阻率。这是因为在多晶硅薄膜中载流子被困在晶界的深能级，造成了载流子数量的减小。另外，有些掺杂原子更倾向于偏析在能量更低的晶界处。在低掺杂浓度下，载流子输运的障碍小，很容易从一个能谷移到另一个能谷，多晶硅的电阻率接近本征硅的电阻率且变化缓慢。随着掺杂浓度的增大，势垒高度的升高使得载流子输运变得逐渐困难。也就是在中等掺杂浓度下，电阻率迅速下降，逐渐接近单晶硅的电阻率，这造成了电阻率精确控制的难度。但是，在这个掺杂范围内，电阻率对晶粒大小非常敏感。晶粒小且晶界多，电阻率随着掺杂浓度的变化而快速变化；晶粒增大且晶界减小，电阻率随掺杂浓度变化的敏感度降低。在高掺杂浓度下（也就是超过了临界掺杂浓度后），势垒高度逐渐减小，多晶硅薄膜的电阻率接近单晶硅的电阻率。

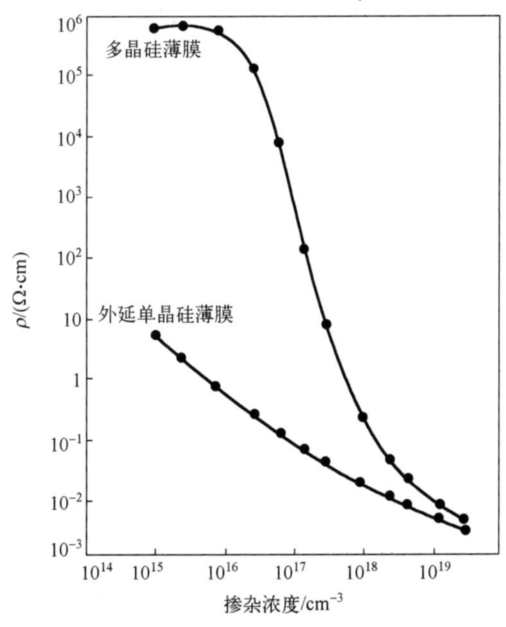

图 10.17　多晶硅薄膜和外延单晶硅薄膜的电阻率与掺杂浓度的关系

多晶硅薄膜的光学性质与单晶硅薄膜也有所不同。光学性质对晶体结构非常敏感，多晶硅薄膜的吸收系数略大于单晶硅薄膜，这和多晶硅薄膜的结构有关。多晶硅薄膜中的晶界等缺陷成为复合中心，能吸收能量小于能带的光；晶界等缺陷还会散射光，扭曲能带结构，进一步改变了多晶硅薄膜的光学性质。

在集成电路、传感器和微机电系统中，需要多晶硅有一定的散热能力或起到介质隔离的作用。当使用多晶硅薄膜作为热传感器时，晶界会显著阻碍热流，一般多晶硅薄膜的导热系数约为30W/(m·K)，仅为单晶硅的 20%～25%。单晶硅是一种良好的热导体，室温下导热系数约为144W/(m·K)。用于介质隔离结构的多晶硅薄膜的厚度较大，导热系数可达到单晶硅薄膜的 50%～85%。显然，具有低成本优势的多晶硅薄膜，在散热能力方面比单晶硅薄膜要差一点。

多晶硅薄膜的力学性质和晶粒取向及晶界有很大的关系。弹性常数主要受晶粒的影响，形变和断裂主要受晶界的影响。晶界会阻碍位错的滑移，从而导致塑性变形，因此多晶硅薄膜的断裂强度一般要大于单晶硅薄膜。

另外，杂质在多晶硅薄膜中的扩散强烈地依赖于多晶硅的晶粒大小、形状及晶界结构。与块体多晶硅中的扩散类似，杂质可以在晶粒内部扩散、在晶粒之间扩散及在晶界上扩散。研究表明，掺杂原子一般沿着晶界快速扩散，再扩散到晶粒内部[25]。当杂质原子处于晶界时，它们可能不是电活性的，而进入晶粒内部则具有电活性。显然，晶界的存在增强了杂质在多晶硅薄膜中的扩散。

10.3.2 多晶硅薄膜的制备

制备固态薄膜的方法大多适用于制备多晶硅薄膜，如真空蒸发法、溅射法、电化学沉积法、化学气相沉积法、液相外延法和分子束外延法等。其中，化学气相沉积法具有设备简单、工业成本低、生长过程容易控制、重复性好、便于大规模工业生产等优点，在工业界被广泛应用，也是制备多晶硅薄膜的主要技术。化学气相沉积法有多种方式，如等离子增强化学气相沉积（PECVD）法、热丝化学气相沉积（HWCVD）法、低压化学气相沉积（LPCVD）法和常压化学气相沉积（APCVD）法等，它们各有优缺点，都可用于制备多晶硅薄膜。

用化学气相沉积法制备多晶硅薄膜主要利用 SiH_4、SiH_2Cl_2、$SiHCl_3$ 等硅源气体和 H_2 的混合气体，在各种气相法下分解，然后在加热的衬底上沉积多晶硅薄膜（一般为 300～1200℃）。用化学气相沉积法生长多晶硅薄膜采用的是非均匀生长机制，主要有两条途径：一是与非晶硅薄膜的制备方法类似，利用化学气相沉积法直接在各种衬底上一步沉积多晶硅薄膜，也就是一步工艺法；二是利用化学气相沉积法首先在衬底表面形成一定厚度的非晶硅，这一厚度为 2～6nm，然后利用非晶的亚稳特性，通过不同的热处理技术将非晶硅晶化，进行成核、再生长成多晶硅薄膜，也就是两步工艺法。通常，利用化学气相沉积法制备的多晶硅薄膜晶粒都比较细小，经过再结晶的过程可以使得多晶硅薄膜的晶粒变大。

10.3.2.1 用化学气相沉积法制备多晶硅薄膜

在用化学气相沉积法制备多晶硅薄膜时，衬底温度是关键参数之一。根据衬底材料的玻璃化温度（普通玻璃的玻璃化温度为 500～600℃），化学气相沉积制备多晶硅薄膜技术分为高温工艺（衬底温度高于 600℃）和低温工艺（衬底温度低于 600℃）。低温化学气相沉积可以选择廉价的普通玻璃作为衬底，利用 PECVD 或 HWCVD 等方法沉积多晶硅薄膜。高温化学气相沉积必须采用价格相对昂贵的石英玻璃、陶瓷或其他材料作为衬底，用 APCVD 或LPCVD 等方法沉积薄膜。

通常衬底温度越高，多晶硅薄膜的质量越好，但是高温对衬底材料提出了更高的要求：一是要求衬底材料有高的玻璃化温度；二是要求衬底材料在高温时与硅材料有好的晶格匹配；三是要求衬底材料高纯，在高温时不能向多晶硅薄膜扩散杂质。为了防止高温工艺过程中杂质从衬底向薄膜扩散，可采用缓冲层技术，即在生长硅薄膜之前，在衬底上沉积一层 SiO_2 或 SiN_x 薄膜，可以有效地抑制杂质向薄膜扩散。相较于低温工艺，一般认为高温工艺的沉积速率快，获得的薄膜质量和电学性能更加优异。低温制备的多晶硅薄膜含有一定量的非晶硅，晶粒的尺寸较小，为 20～30nm。而高温工艺制备的多晶硅薄膜仅含有多晶硅晶粒，没有非晶硅相，尺寸相对较大，一般大于 100nm。

用化学气相沉积法制备的多晶硅薄膜的结构（晶粒大小、取向和分布）和性能不仅与衬底温度有关，还与沉积时间、气压、反应物浓度等生长条件有关。图 10.18 显示了 SiO_2 非晶衬底上生长多晶硅薄膜时晶核密度与沉积时间的关系。在沉积开始时，表面上几乎没有扩散的硅原子，它们相遇的概率很低，因此硅晶核的形成非常缓慢，成核前需要一个孕育期。随着表面吸附硅原子量的增大，这些原子之间更容易发生相互碰撞，使得成核密度迅速增大，直到达到饱和。相对于形成新的晶核，表面的原子更容易吸附在晶核上，使得部分晶核长大，同时部分小于临界晶核半径的晶粒收缩、消失，形成晶粒合并并最终形成连续的多晶硅薄膜。

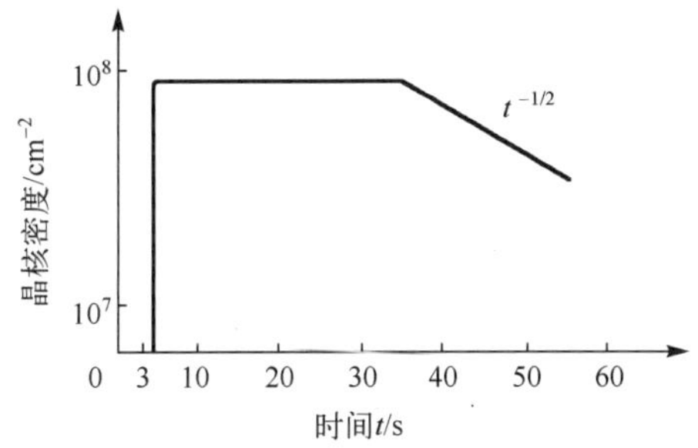

图 10.18　SiO_2 非晶衬底上生长多晶硅薄膜时晶核密度与沉积时间的关系

一般情况下，随着反应温度的升高和反应物浓度的增大，晶核形成孕育期的时间逐渐缩短。在反应温度升高、孕育时间缩短的同时，小的晶核变得不稳定，容易收缩、消失，导致晶核密度减小，形成更大的晶粒。另外，等离子体在较低温度下轰击衬底的表面可能会破坏 Si-O 键，从而去除氧并留下带有断键的 Si 原子，这些 Si 原子很可能充当成核的位点，从而有利于成核，提高成核速率，也可以缩短晶核孕育的时间。同时，等离子体还有助于含硅气体的分解，形成反应性自由基，其可以牢固地结合在表面上。

多晶硅薄膜的晶粒大小和晶粒内高密度的缺陷、晶界一起影响多晶硅薄膜器件的性能。一般来说，随着多晶硅薄膜的沉积温度的升高，晶粒尺寸增大；多晶硅薄膜厚度增大，晶粒尺寸也会增大。另外，随着沉积速率的减小，晶粒的平均尺寸增大。但是，当沉积速率小到一定程度时，杂质原子与表面沉积物质碰撞的概率增大，也就是说，在低沉积速率下吸附的杂质原子阻碍了硅原子的扩散路径，此时生长的薄膜的晶粒尺寸反而会减小。因此，要获得大晶粒尺寸的多晶硅薄膜，需要同时权衡沉积温度和沉积速率这两个主要因素。

单晶硅、非晶硅、多晶硅都可以用化学气相沉积法制备，其制备的基本条件相同，但具体的衬底、反应温度等是不同的。从热力学和动力学角度分析化学气相沉积的硅薄膜，可以通过控制温度、压强和反应物浓度等因素，来确定反应进行的条件和成核长大的条件，可以控制生长单晶硅薄膜、非晶硅薄膜和多晶硅薄膜。在其他条件一致的情况下，如果在较低的温度生长薄膜，此时硅原子在衬底表面扩散得非常缓慢。倘若高速沉积生长薄膜，硅原子来不及扩散至晶体学上更有利的位置，更容易形成非晶硅薄膜；如果减小沉积速率，原子有足够的时间在多个位置扩散团聚，最终成核长大，可以得到多晶硅薄膜（图 10.19）。而在较高的温度生长薄膜时，衬底吸附的原子拥有更多的能量扩散到晶体学有利的位置，降低沉积速率就容易生长单晶硅薄膜，提高沉积速率容易生长多晶硅薄膜（图 10.19）。如果反应物浓度在合适的范围内增大，也会使生长速率增大，有助于生长多晶硅薄膜，如图 10.3 所示。

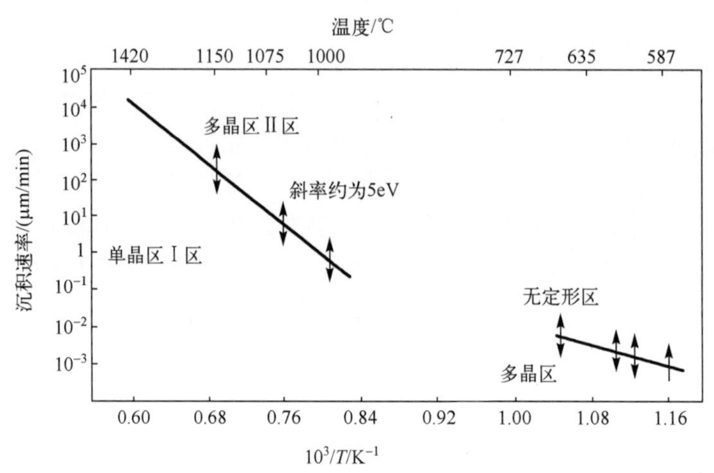

图 10.19　单晶硅、多晶硅和非晶硅的生长区域与沉积速率和温度的关系

研究还表明，在沉积非晶硅薄膜和多晶硅薄膜的转变温度附近，沉积的薄膜多出现纤维状结构的细长硅晶粒；提高温度，则形成非常细的等轴晶；继续提高温度，能获得较大的垂直于薄膜表面的柱状晶粒（平面内等轴结构）。

10.3.2.2　非晶硅晶化技术

非晶硅晶化技术是利用非晶硅亚稳的特点，经过不同的热处理技术，将非晶硅进行结晶形成多晶硅的技术，包括固相晶化（SPC）、金属（Al、Ni、Au）诱导晶化、激光晶化等。

（1）固相晶化

固相晶化是指非晶硅薄膜在保护气氛中，某温度下进行长时间（10～100h）的常规热处理。它具有工艺简单、易于大规模工业化应用等优点，但退火时间长、产率低，相对成本高。

非晶硅固相晶化时，可以在远低于熔点的温度下进行结晶，而热处理的时间、结晶的温度和非晶硅薄膜的结构共同决定了多晶硅晶粒的成核长大过程和最终晶粒尺寸。研究发现，多晶硅薄膜的晶粒尺寸与非晶硅薄膜的原子结构的无序程度密切相关，初始的非晶硅薄膜的结构越无序，固相晶化过程中多晶硅的成核速率越低，晶粒尺寸越大。如果某些区域具有局部的长程有序，在晶化过程中将成为一个晶核；长程有序的区域越多，成核速率就越高，晶粒尺寸就越小。热处理的温度也是影响晶化效果的重要因素，非晶硅在 700℃以下热处理时，温度越低，成核速率越低，所能得到的多晶硅晶粒尺寸就越大；而在 700℃以上热处理时，由于此时晶界移动引起了晶粒的相互吞并，小的晶粒逐渐消失，而大的晶粒逐渐长大，使得在此温度范围内晶粒尺寸随温度的升高而增大。例如，对 PECVD 生长的非晶硅薄膜进行固相晶化时，一般得到取向不规则且含有高密度缺陷的多晶硅薄膜（晶粒大小一般为 2～15μm）。

（2）金属诱导晶化

金属诱导晶化（MIC 或 MISPC）也是一种固相结晶技术。在制备非晶硅薄膜前、后或者过程中，在衬底或非晶硅表面沉积一层金属薄膜（Pt、Ni、Pd、Ag、Cu、Al 和 Au 等），然后在低温下利用金属诱导作用使非晶硅晶化为多晶硅。硅与金属接触后，能在较低的温度（100～700℃）下与大多数金属形成金属化合物，其共晶温度远低于纯非晶硅的晶化温度，也就是说，金属薄膜的存在降低了非晶硅薄膜的结晶温度[12]。

根据金属和非晶硅之间的反应，W. Knaepen 等人提出了两种模型，一种是共晶反应，另一种是化合物生成[26]。对于共晶反应金属（如 Al、Au、Ag），硅原子在加热过程中逐渐扩散到金属膜中，并在金属晶界处找到一些成核位点成核；随着硅原子供应的增多，硅晶核逐步长大并相互接触，最终形成连续的多晶硅薄膜。在这种情况下，金属诱导晶化过程受到硅原子在金属薄膜中的溶解度和扩散的限制。对于化合物金属（如 Ni、Cu、Pt、Pd），结晶发生在硅化物相形成之后，金属或硅原子扩散通过硅化层，并促进非晶硅结晶；当以金属扩散为主时，硅化物在硅化物和多晶硅边缘形成，在硅化物和非晶硅边缘分解；当以硅扩散为主时，硅化物则仅仅作为硅原子的传输层。

铝是最常用的晶化诱导金属之一。采用铝诱导结晶（AIC）可以获得大粒径的多晶硅，这在光伏领域得到了广泛的关注。铝诱导晶化制备多晶硅薄膜的示意图如图 10.20 所示，首先在基板（如玻璃）上沉积一定厚度（几十到几百纳米）的铝层；在其表面产生薄薄的自然氧化层；然后，通过化学气相沉积法沉积一层非晶硅薄膜；最后在一定的温度（400～500℃）下将 Al/a-Si 双层材料进行热处理（通常为 1～4h）。在最后的热处理过程中，铝原子从衬底向上移动到双层材料的顶部，同时非晶硅发生结晶形成多晶硅，晶粒尺寸为 10～30μm。

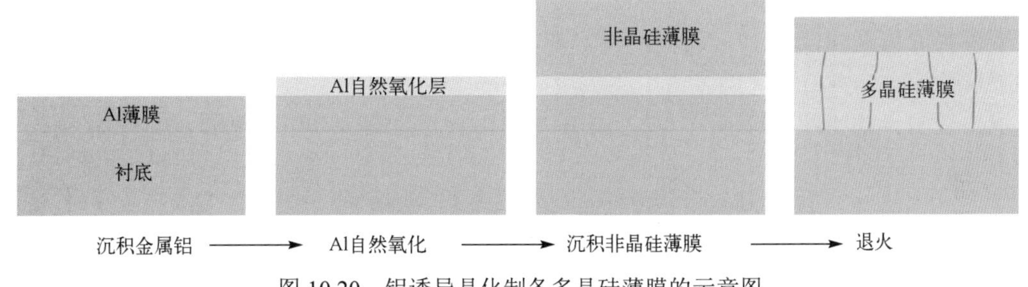

图 10.20　铝诱导晶化制备多晶硅薄膜的示意图

金属诱导晶化制备多晶硅薄膜的技术主要取决于金属的种类和晶化温度，与非晶硅的结构、金属层厚度等因素的关系不大。同时，金属诱导晶化工艺对非晶硅薄膜的原始条件的要求不高，这可以简化非晶硅薄膜的制备工艺，降低生产成本。但是，在金属诱导晶化过程中会引入金属杂质，对多晶硅薄膜的电学性能将产生致命的影响。

（3）激光晶化

激光晶化是一种液相结晶（LPC）的方法，它利用脉冲激光使非晶硅薄膜局部迅速升温并熔化，熔融硅层沿激光扫描方向重新结晶，形成大晶粒的多晶硅薄膜。激光具有短波长、能量高和光学吸收深度浅的特点，可以使非晶硅在数十到数百纳秒内升高至晶化温度，迅速晶化成多晶硅。激光晶化与固相晶化和金属诱导晶化相比，大大缩短了退火时间。通常，在衬底上需要沉积介电层（如 Al_3O_2、SiO_x、SiN_x、SiO_xN_y、SiC_x 及它们的叠层等），能有效地阻挡来自衬底杂质的扩散，也可以钝化多晶硅薄膜和衬底之间的界面。由于激光晶化是瞬间的晶化过程，同时利用了介电层，因此大大降低了多晶硅薄膜对衬底材料的要求。

激光的能量、扫描的速度和波长都对多晶硅薄膜的微观结构有影响。在从非晶硅熔化温度快速冷却到预热温度的过程中，由于温度变化大，薄膜内的温度梯度过高，因此会导致较大的热应力，最终使多晶硅薄膜开裂。如果降低激光扫描速度，会有利于减小样品内的热应力。激光的能量密度也会影响多晶硅薄膜的结构和质量，其能量密度越大，多晶硅薄膜的晶粒尺寸越大；当然，受到激光器功率的限制，激光的能量密度并不能无限增大，通常晶化使用的激光能量密度为 100～700mJ/cm^2。另外，激光的波长也会对多晶硅薄膜的结构和质量有影响，激光的波长越大，光吸收就越深，晶化效果相对就越好。目前，XeCl 和 KrF 激光器使用得较多，其波长分别为 308nm 和 248nm，非晶硅薄膜对它们的吸收深度分别为 7nm 和 4nm，晶化深度为 15nm 和 8nm。

10.4 绝缘体上硅（SOI）薄膜半导体材料

为了解决体硅器件抗辐照能力差的问题[27]，H. Manasevit 和 W. Simpson 于 1964 年提出 SOS（Silicon-On-Sapphire）[28-29]的设想。但是 SOS（蓝宝石）价格昂贵、热导性差，与硅存在晶格常数、介电常数和膨胀系数相差大等问题，因此 SOS 仅应用于耐高温和抗辐照的军工、航空航天等领域[30]。由于晶体硅材料在某种程度上能解决蓝宝石衬底的问题，因此人们开发了绝缘体上硅（Silicon On Insulator，SOI）薄膜半导体材料。

SOI 硅材料包括三部分：薄膜单晶硅、绝缘层（如二氧化硅）、衬底（硅），如图 10.21 所示。其中薄膜单晶硅具有与块体单晶硅类似的电学性质，绝缘层作为埋层氧化层。SOI 在超大规模集成电路（ULSI）上得到应用，和晶体硅（抛光片）、单晶硅薄膜（外延片）制备的同类器件相比，具有隔离效果好、集成度高、抗辐照、响应速度快等优点[31-33]，可以实现在高速、低压、低功耗、抗辐照等方面的应用[34]。

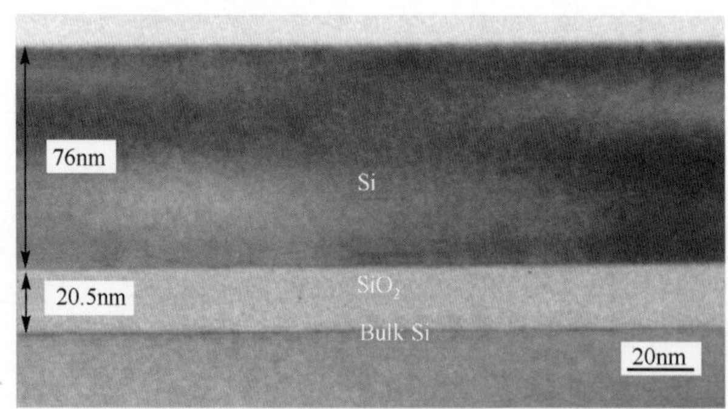

图 10.21 SOI 的结构的电子透射显微镜照片[33]

由于埋层氧化层的作用，相较于晶体硅的晶体管，SOI 可实现全耗尽或部分耗尽的场效应晶体管（MOSFET）[35]。这类器件改善了短沟道效应，提高了抗辐照性能，降低了源漏极电容，消除了门锁效应等[27, 32]。基于 SOI 的新型三维晶体管，也就是 FinFET[35]，减小了器件的尺寸，同时增大了栅极的作用区域，如图 10.22 所示。这种设计可以大幅改善电路控制，并减小漏电流，也大幅缩短了晶体管的响应时间。但是，埋层氧化层的热传导率非常低，仅相当于晶体硅的百分之一，将会不可避免地产生自加热效应。这种效应造成了器件的饱和驱动电流下降、跨导畸变及载流子的负微分迁移率形成等[36]，使得 SOI 硅材料及器件在高温高压领域的应用受到一定的限制。

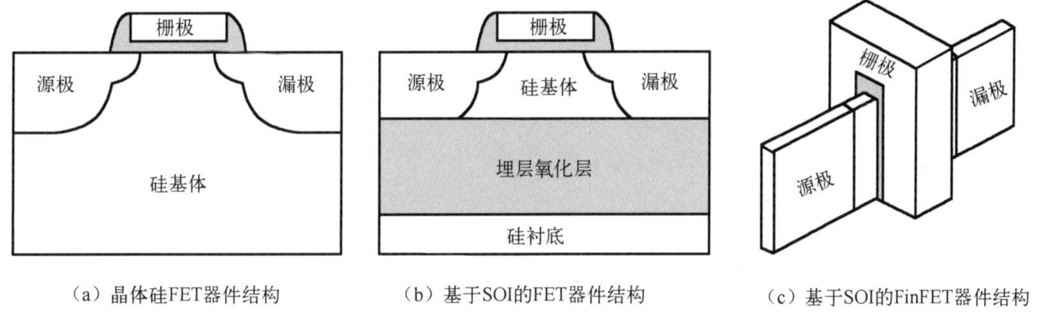

（a）晶体硅FET器件结构　（b）基于SOI的FET器件结构　（c）基于SOI的FinFET器件结构

图 10.22　基于 SOI 的新型三维晶体管（FinFET）

除在集成电路领域的应用外，基于 SOI 还可实现高性能的柔性器件、纳/微机电系统（NEMS/MEMS）、发光器件及生物器件等[37]。通过化学刻蚀可将硅薄膜转移至柔性衬底上，剥离的硅薄膜晶格完整，既具有柔性，又具有透明性，可以实现高迁移率的透明薄膜晶体管，如图 10.23（a）所示。如果将 SOI 器件转移到 PDMS（聚二甲基硅氧烷）上，器件和器件之间通过超薄有机物连接起来，保护器件不致遭受压缩和褶皱应变[38-40]。H. C. Ko 等人[40]利用可伸缩的导线互联 PDMS 上的柔性光电二极管，从而实现了半球摄像机[图 10.23（b）]。另外，SOI 上的单晶硅薄膜可以作为载流子输运层，钙钛矿作为光吸收层，可实现光电突触器件[图 10.23（c）][41]，这种类型的器件是实现人工神经器件的重要一环。

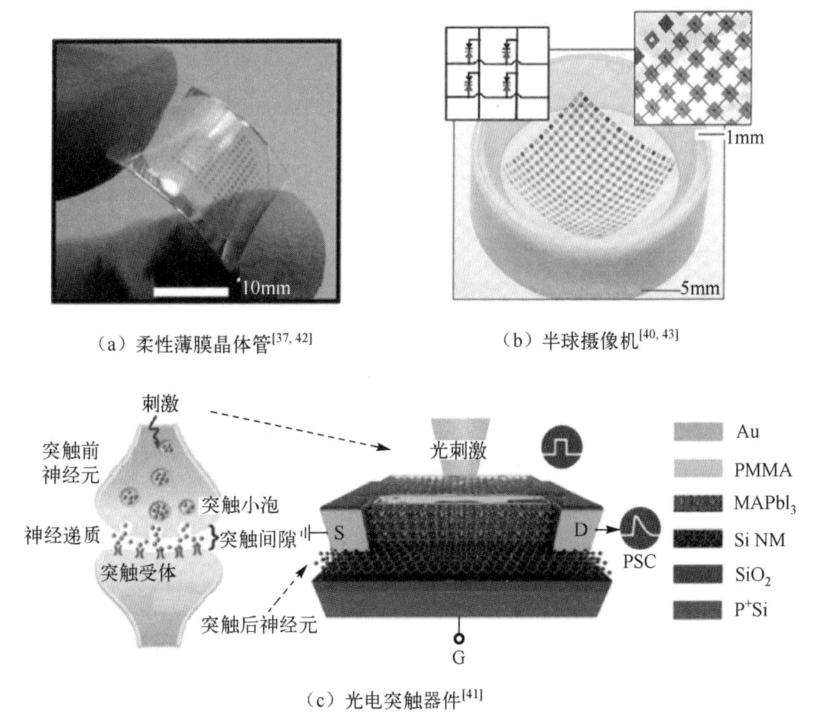

（a）柔性薄膜晶体管[37, 42]　（b）半球摄像机[40, 43]

（c）光电突触器件[41]

图 10.23　利用 SOI 硅材料制备的新功能器件

随着 SOI 制备技术的发展，SOI 材料的质量逐渐提高，成本持续下降。另外，由于便携式电子产品爆发式增加，因此对低压、低功耗电路的需求也日益增加。SOI 技术正好能满足这一需求，使得它得到了快速的发展，成为未来芯片必不可少的衬底材料[44]。

SOI 材料的制备是发展 SOI 技术的关键[28, 45-49]，也是影响 SOI 器件及电路的重要因素。目前制备 SOI 材料的主要技术有：注氧隔离技术（Separation by Implantation of Oxygen，SIMOX）、键合和反面腐蚀技术（Bonding and Etch back SOI，BESOI）、注氢智能切割技术（Smart-Cut）、多孔氧化硅全隔离技术（Full Isolation by Porous Oxidized Silicon，FIPOS）等。下面主要介绍前三种技术。

10.4.1　注氧隔离技术

1978 年，K.Izumi 等人用 SIMOX 技术制备的 SOI 成功地实现了环形振荡器[48]。后来经过进一步的发展和工艺改良，发展成了现在的 SIMOX 技术[50-51]，它是目前发展最成熟的 SOI 硅材料制备技术之一，在商业上已实现了批量生产。

SIMOX 技术通过将氧离子（O^+）注入至单晶硅，在硅表面以下形成高浓度的氧离子（O^+）埋层[52]，再经过高温退火工艺（大于 1300℃），在硅衬底内部形成了一层 SiO_2 埋层氧化层（Buried Oxide，BOX），如图 10.24 所示。在离子注入时，氧离子的注入剂量约为 $1.8\times10^{18}cm^{-2}$ 量级，注入能量为 20～50keV。通过高温退火，不仅能消除离子注入对单晶硅薄膜带来的缺陷，而且能形成分布均匀的且具有原子级的 Si/SiO_2 界面的二氧化硅埋层。

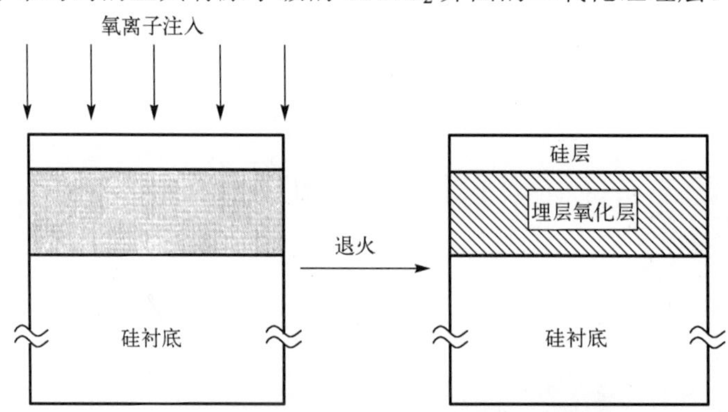

图 10.24　SIMOX SOI 硅材料制备的工艺示意图

用该技术制备的单晶硅薄膜的均匀性较好，通过控制注入的剂量可以使埋层氧化层的厚度为 50～400nm。但是，受离子注入能量的限制，一般单晶硅薄膜层的厚度不超过 200nm，人们可以通过外延生长的方式来增大这种 SOI 单晶硅层的厚度[53]。因此，SIMOX 技术比较适用于生长较薄的 SOI 层和埋层氧化层。总体来说，SIMOX 技术的成本较高。

10.4.2　键合和反面腐蚀技术

将两个平坦的、具有亲水性的表面（如被氧化的硅片）相对放置在一起时，即使在室温下，不需要施加外力也会自然发生键合，这是由吸附在两个表面上的羟基团$(OH)^-$相互吸引形成氢键所造成的。因此，人们将两片抛光硅片进行氧化，形成一定厚度的表面氧化层，然后键合。为了增大硅片之间的键合强度，后续还需要进行 300℃以上的热处理，其反应如下[54]

$$\text{Si-OH+OH-Si} \longrightarrow \text{Si-O-Si+H}_2\text{O} \tag{10.6}$$

其后，对键合在一起的硅片再进行机械或化学腐蚀，来减薄上层硅晶体，最终获得具有一定厚度的、在氧化硅上面的单晶硅薄膜，这就是键合技术。显然，通过减薄获得非常薄的单晶硅薄膜层（小于 200nm）是非常困难的，其薄膜厚度的均匀性也是难以控制的。因此，仅通过键合是不适合用于制作薄型 SOI 硅材料的[33, 55]。

在键合技术的基础上，人们提出了利用腐蚀停止层的 BESOI 技术，以获得超薄的 SOI 硅材料。该方法于 1985 年由 J. B. Lasky 等人提出[54]，其工艺流程图如图 10.25 所示。通常，在硅片键合前对其中一个晶片进行特殊处理（外延生长腐蚀停止层，或者形成 P^{++}型掺杂腐蚀停止层），使得其在后续的化学腐蚀过程中遇到腐蚀停止层就停止腐蚀。

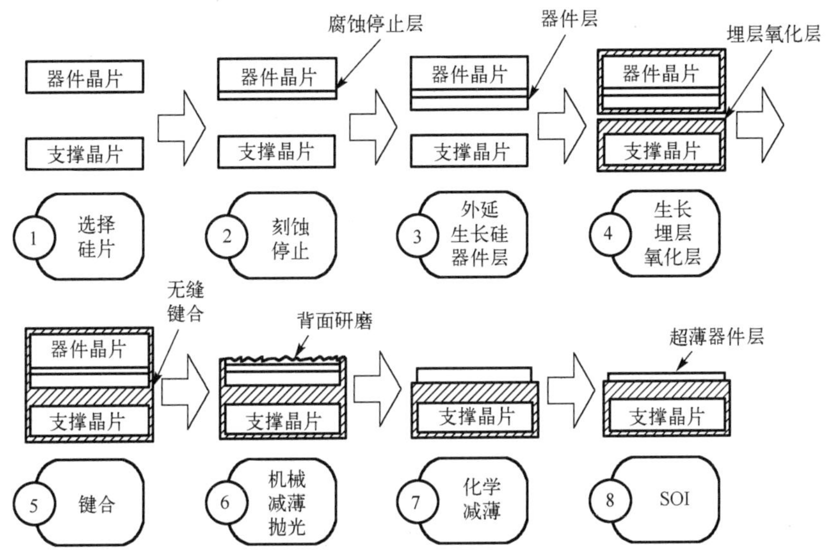

图 10.25　BESOI 硅材料制备的工艺流程图[56]

BESOI 硅材料的制备工艺包括以下几个主要步骤。

（1）生长腐蚀停止层（流程①②③）。准备两片晶片，一片作为后续制作器件的晶片，另一个作为支撑晶片。在器件晶片上外延生长腐蚀停止层，再外延生长制作器件所需要的单晶硅薄膜层，或者通过离子注入，形成 P^{++}型掺杂层作为腐蚀停止层。

（2）键合（流程④⑤）。至少对其中一片晶片的表面用热氧化法生长 SiO_2 层，用作埋层氧化层。在 700℃氧化环境下让两片晶片紧密接触，在两片晶片之间的氧会渗透氧化物，与硅反应形成硅氧化物[54]，最终使两片晶片更牢固地结合在一起。

（3）减薄（流程⑥⑦⑧）。用机械抛光和化学刻蚀将硅片减薄至所需厚度。对器件晶片的背表面进行机械研磨，随后利用选择性刻蚀去除腐蚀停止层上的硅，再用选择性腐蚀液（$HF:HNO_3:CH_3COOH$=1:3:8）腐蚀掉 P^{++}层，最后在 SOI 上只留下外延层作为顶层单晶硅薄膜[57]。

BESOI 方法能得到大面积高质量的单晶硅薄层，但在减薄的过程中有 99.6%的材料会被浪费，造成 BESOI 硅材料技术价格昂贵、生产效率低，而且大量的化学腐蚀对生态环境有害，因而该技术在工业界很少应用。

10.4.3　注氢智能切割技术

法国 LETI 公司的 M. Bruel 在 1995 年提出了在 BESOI 技术中注入 H^+离子的方法，称为智能切割（Smart-Cut）技术[49]，可以制备与其集成电路工艺相互兼容的 SOI 硅片。该技术首先将 H^+离子注入一单晶硅片，在硅表层下形成一层氢气泡层，称为注氢片；然后将注氢片与另一片经过热氧化形成氧化膜的硅片键合在一起；最后经过热处理，使注氢片从氢气泡层完整裂开，形成 SOI 硅材料。

注氢智能切割技术的工艺流程图如图 10.26 所示[44]，它主要包括 4 个步骤。

（1）离子注入。准备两片硅片，分别记为 A 和 B。在室温下，以一定能量向硅片 A 注入一定剂量的 H^+离子，从而在硅表层下形成一个离子注入层。另一片硅片 B 作为 SOI 结构中的衬底。

（2）键合。在其中一片硅片的表面用热氧化法生长 SiO_2 层。对硅片 A 与 B 进行严格的清洁处理，并在室温下键合。

（3）热处理。对键合的硅片进行热处理，使注入后的硅片 A 从氢气泡层分开，氢气泡层以上部分可循环使用。氢气泡层以下的硅片 A 与 B 键合在一起便形成了 SOI 结构。对初步键合的硅片再进行高温处理，从而进一步提高 SOI 的质量和键合强度。

（4）抛光。用化学机械抛光（CMP）进一步降低 SOI 表面粗糙度。

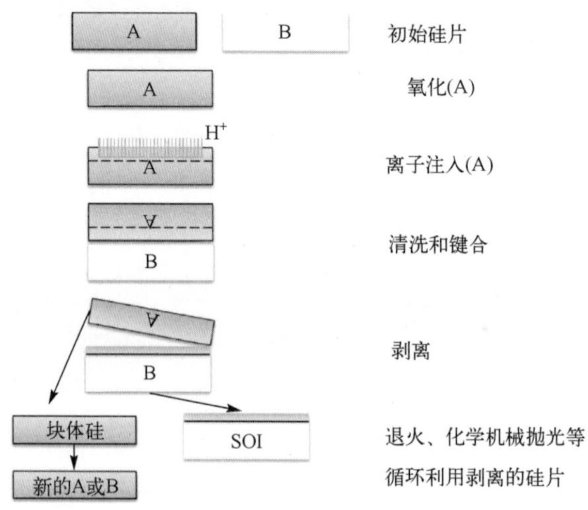

图 10.26 注氢智能切割技术的工艺流程图[44]

通过精确控制注入 H^+离子的能量，可以精确地控制硅层的厚度。注氢技术能使硅片循环使用，并且易于把薄层从一片晶片转移到另一片晶片。Smart-Cut 技术兼有 SIMOX 和 BESOI 技术的优点，是一种较理想的 SOI 制备技术，在产业上得到了大规模应用。

10.5 锗硅（SiGe）薄膜半导体材料

锗硅（SiGe）薄膜是在单晶硅薄膜外延的基础上发展起来的类硅薄膜半导体材料。在单晶硅衬底上外延生长单晶硅薄膜时，加入适量的 Ge 原子，就可以得到 SiGe 薄膜。和单晶硅薄膜一样，硅锗薄膜半导体材料具有金刚石结构，也是间接带隙半导体，其带隙在硅和锗带隙间连续可调。因为 SiGe 薄膜是外延生长在单晶硅衬底上的，所以 SiGe 薄膜与单晶硅衬底之间存在晶格失配。由于锗原子半径大于硅原子半径，因此无论锗的浓度多大，SiGe 薄膜都将受到双轴压缩应变的作用。这一应变将改变 SiGe 薄膜半导体材料的带隙和能带结构，为硅基器件的设计提供了更高的自由度。因此，根据 SiGe 和单晶硅衬底的失配程度，可以将其分为应变 SiGe 薄膜和应变弛豫 SiGe 薄膜两种类型。

SiGe 薄膜半导体材料和器件技术已经成为超大规模集成电路的重要技术。利用能带工程对 SiGe 薄膜进行能带剪裁，可以制作硅基量子结构器件。用应变 SiGe 薄膜制作的异质结双极型晶体管（HBT），其器件体积更小、信息处理速度更快、通信质量更好、电池寿命更长。用应变弛豫 SiGe 薄膜，可获得电子迁移率和空穴迁移率更高的应变硅材料，该材料可应用于高速硅基器件。另外，SiGe/Si 异质结结构还可用来制作红外探测器。

SiGe 薄膜的制备主要有两种方式：一种是在整个硅片上生长 SiGe 薄膜，可以和硅片的制备联系起来，主要用于基础研究；另一种是在硅器件部位上局部制备 SiGe 薄膜，和器件工艺相连接，主要用于实际生产中。SiGe 薄膜应变能随着薄膜厚度的增大而增大，当 SiGe 薄膜厚度达到某临界值时，应变能通过晶格失配释放出来，会产生失配位错。为了保证应变层没有失配位错，SiGe 薄膜外延层必须小于某一临界厚度。为了获得高质量、低位错密度的 SiGe 薄膜，在 SiGe 薄膜生长时，还会在 SiGe 和硅衬底之间生长热稳定性好、厚度薄、易于集成的缓冲层。如果将 SiGe 薄膜作为缓冲层，则在其上可以生长具有一定应变的单晶硅薄膜，即应变硅薄膜。

目前有多种技术可用于制备 SiGe 薄膜的缓冲层，常用的是组分渐变缓冲层技术，即从单晶硅衬底开始逐步改变 SiGe 层的组分，从低锗浓度逐渐向高锗浓度过渡，最终达到所需组分。在组分渐变的过程中，锗含量的增大梯度需要严格控制，一般每一微米厚度的 SiGe 缓冲层中锗含量的增大不超过 10%。采用这种方法，利用化学气相沉积法和分子束外延法都能生长质量很好的缓冲层与 SiGe 薄膜半导体材料。

另一种缓冲层技术是低温制备缓冲层技术，即首先在较低温度下，于单晶硅衬底上生长一层薄层硅应力释放层作为缓冲层，然后在较高的温度下生长 SiGe 层。低温生长的薄层硅材料含有很多点缺陷，在随后进行高温生长 SiGe 薄膜时，它们成为应力弛豫的核心。

还可以利用 SOI 上的氧化层和单晶硅薄膜层作为缓冲层。该技术以 SOI 硅材料作为衬底，在其上生长厚度小于临界厚度的应变 SiGe 层，其厚度大于 SOI 上的单晶硅层；然后进行高温退火，使 SiGe 的应变得到释放，发生弛豫。由于应变 SiGe 层的厚度大于单晶硅层，单晶硅层的晶格常数会屈从于应变 SiGe 层，位错在单晶硅中形成并向下进入氧化层。但是，用该技术不能获得高浓度锗的 SiGe 薄膜。进一步地，对生长在 SOI 硅材料上的应变 SiGe 层进行干法氧化，使 SiGe 薄膜中的硅先被氧化形成氧化硅，锗原子向内部扩散，但是由于 SOI 氧化层的阻挡，锗只能存在于两个氧化层中间的单晶硅薄膜之内，使之形成新的 SiGe 薄膜层。随着氧化时间的增加，两层氧化硅间的单晶硅薄膜越来越薄；当其厚度小于锗的扩散长度时，中间的单晶硅层将完全成为锗组分均匀弛豫的 SiGe 薄层。为了防止锗在外表面流失，还可以在表面生长一层硅薄膜。该工艺相对简单，可以得到高浓度锗的 SiGe 薄膜材料。

离子注入技术也可以用来制备 SiGe 薄膜。该技术在单晶硅衬底上生长应变的 SiGe 薄膜材料，接着进行氢离子注入，从而在 SiGe 薄膜附近的硅侧形成薄的损伤层，经过退火后损伤层得到修复，SiGe 薄膜应变也得到了弛豫。如果在 SiGe 薄膜层中注入氧离子的埋层，则可以得到绝缘层上的弛豫 SiGe 薄膜材料。

硅薄膜是重要的半导体材料，对光电器件的发展起着重要的作用。不同类型的硅薄膜（单晶硅薄膜、非晶硅薄膜、多晶硅薄膜、锗硅薄膜）具有不同的结构特点、不同的性质，制备方式和生长条件也有很大的区别。外延单晶硅薄膜除具有类似块体硅材料的电学和光学等性质外，还可以根据应用的场景被设计，可以选择性地外延及实现梯度分布电阻率。非晶硅薄膜的原子排布具有短程有序、长程无序的特点，其能隙宽度大于晶体硅的能隙宽度，光学吸收系数比晶体硅的光学吸收系数大一个数量级。利用 PECVD 生长的氢化非晶硅薄膜钝化了硅的悬挂键，大大提高了非晶硅薄膜的电学性能，特别适用于柔性及廉价电子产品的领域。多晶硅薄膜中存在的大量晶界及位错等缺陷为杂质扩散提供了通道，改变了薄膜内部的能带结构，在一定程度上提高了多晶硅薄膜的电阻率、吸收系数和机械性能，降低了多晶硅薄膜的热导率。多晶硅薄膜的生长主要用化学气相沉积法和非晶硅晶化技术，可实现低成本且大面积的生长，是场效应薄膜晶体管、传感器、太阳电池和 MEMS 的重要材料。SOI 薄膜的特殊结构，拓展了硅薄膜在超大规模集成电路，以及柔性器件、纳/微机电系统（NEMS/MEMS）、发光器件及生物器件领域的应用。锗硅薄膜是间接带隙半导体，带隙连续可调。利用缓冲层技术可获得硅基量子结构器件、异质结双极型晶体管、高速硅基器件及红外探测器等器件。

习　题　10

1．什么是外延？单晶硅薄膜外延生长工艺的主要步骤有哪些？

2．采用化学气相外延法在单晶硅衬底上生长单晶硅薄膜，外延过程中的化学反应主要有哪几类？

3．什么是自掺杂现象？如何抑制外延单晶硅薄膜中的自掺杂？

4．外延单晶硅薄膜的缺陷有哪些？

5．比较多晶硅薄膜和非晶硅薄膜的异同。

6．氢原子是非晶硅材料中最重要的杂质之一，它在非晶硅材料中起什么作用？

7．SOI 材料的制备方法有哪些？

8．SiGe 薄膜有哪些特性？制备方法有哪些？

参 考 文 献

[1] LI C. Epitaxial Growth of Silicon and Germanium(I)[J]. Physica Status Solidi (b), 1966, 15(1): 3-56.

[2] 阙端麟. 硅材料科学与技术[M]. 杭州：浙江大学出版社，2000.

[3] 杨树人，王宗昌，王兢. 半导体材料[M]. 2 版. 北京：科学出版社，2004.

[4] BALIGA B J. Epitaxial silicon technology[M]. Orlando, Florida: Academic Press, 1986.

[5] SZE S M, LEE M-K. Semiconductor devices: physics and technology[M]. 3rd ed. New York: John wiley & sons, 2008.

[6] SESHAN K. Handbook of thin film deposition: techniques, processes, and technologies[M]. New York: Noyes Publications/William Andrew Publishing, 2012.

[7] THEUERER H. C. Epitaxial silicon films by the hydrogen reduction of SiCl[sub 4][J]. Journal of the Electrochemical Society, 1961, 108(7): 649.

[8] LIAW H M, ROSE J W. Silicon vapor-phase epitaxy[M]//BALIGA B J. Epitaxial Silicon Technology. New York: Academic Press, 1986: 1-89.

[9] JOYCE B, BRADLEY R. Epitaxial growth of silicon from the pyrolysis of monosilane on silicon

substrates[J]. Journal of the Electrochemical Society, 1963, 110(12): 1235.

[10] BLOEM J. Nucleation and growth of silicon by CVD[J]. Journal of Crystal Growth, 1980, 50(3): 581-604.

[11] STREET R. Technology and applications of amorphous silicon[M]. Berlin, Heidelberg: Springer, 1999.

[12] YANG D. Handbook of photovoltaic silicon[M]. Berlin, Heidelberg: Springer, 2019.

[13] ZEMAN M. Advanced amorphous silicon solar cell technologies[M]//POORTMANS J, ARKHIPOV V I. Thin Film Solar Cells: Fabrication, Characterization and Applications. New York: John Wiley & Sons, Ltd, 2006: 173-236.

[14] STREET R A. Hydrogenated amorphous silicon[M]. Cambridge: Cambridge University Press, 1991.

[15] SCHüLKE W. Structural investigation of hydrogenated amorphous silicon by X-ray diffraction[J]. Philosophical Magazine B, 1981, 43(3): 451-468.

[16] KASAP S, ROWLANDS J A, BARANOVSKII S D, et al. Advances in amorphous semiconductors[M]. London: CRC Press, 2003.

[17] MORENO M, AMBROSIO R, TORRES A, et al. Amorphous, polymorphous, and microcrystalline silicon thin films deposited by plasma at low temperatures[M]//MANDRACCI P. Crystalline and Non-crystalline Solids. Rijeka: IntechOpen, 2016: 147-170.

[18] MORIGAKI K, OGIHARA C. Amorphous semiconductors: structure, optical, and electrical properties[M]//KASAP S, CAPPER P. Springer handbook of electronic and photonic materials. Berlin: Springer International Publishing, 2017: 1-265.

[17] MORENO M, AMBROSIO R, TORRES A, et al. Amorphous, polymorphous, and microcrystalline silicon thin films deposited by plasma at low temperatures[M]//MANDRACCI P. Crystalline and Non-crystalline Solids. Rijeka: IntechOpen, 2016: 147-170.

[18] MORIGAKI K, OGIHARA C. Amorphous semiconductors: structure, optical, and electrical properties[M]//KASAP S, CAPPER P. Springer handbook of electronic and photonic materials. Berlin: Springer International Publishing, 2017: 1-265.

[19] DAVIS E A, MOTT N F. Conduction in non-crystalline systems v. conductivity, optical absorption and photoconductivity in amorphous semiconductors[J]. Philosophical Magazine A, 1970, 22(179): 903-922.

[20] KATAYAMA H, YOSHIDA I, TERAKAWA A, et al. Growth mechanism of Si thin film by PECVD technique: effect of SiH_3 and H radical flux on deposition rate[Z]. 27th European Photovoltaic Solar Energy Conference and Exhibition. Messe Frankfurt: EUPVSEC, 2012: 2562-2566.

[21] ROBERTSON J. Growth mechanism of hydrogenated amorphous silicon[J]. Journal of Non-Crystalline Solids, 2000, 266-269; 79-83.

[22] LUCOVSKY G, NEMANICH R J, KNIGHTS J C. Structural interpretation of the vibrational spectra of a-Si: H alloys[J]. Physical Review B, 1979, 19(4): 2064-2073.

[23] ROCKETT A. The Materials science of semiconductors[J]. Materials Today, 2008, 11(5): 53.

[24] BEAUCARNE G, SLAOUI A. Thin film polycrystalline silicon solar cells[M]//POORTMANS J, ARKHIPOV V I. Thin film solar cells: fabrication, characterization and applications. New York: John Wiley & Sons, Ltd, 2006: 97-131.

[25] KAMINS T I. Polycrystalline silicon for integrated circuits and displays[M]. 2nd ed. New York: Springer, 1998.

[26] KNAEPEN W, DETAVERNIER C, VAN MEIRHAEGHE R L, et al. In-situ X-ray diffraction study of metal

induced crystallization of amorphous silicon[J]. Thin Solid Films, 2008, 516(15): 4946-4952.

[27] COLINGE J P. Silicon-on-Insulator technology: materials to VLSI[M]. New York: Springer Science & Business Media, 2004.

[28] MANASEVIT H, SIMPSON W. Single-crystal silicon on a sapphire substrate[J]. J Appl Phys, 1964, 35(4): 1349-1351.

[29] MANASEVIT H M, SIMPSON W I. Single-crystal silicon on a sapphire substrate[J]. Journal of Applied Physics, 1964, 35(4): 1349-1351.

[30] IMTHURN G P, GARCIA G A, WALKER H W, et al. Bonded silicon-on-sapphire wafers and devices[J]. J Appl Phys, 1992, 72(6): 2526-2527.

[31] NAKAGAWA, YASUHARA, OMURA, et al. Prospects of high voltage power ICs on thin SOI; proceedings of the 1992 International Technical Digest on Electron Devices Meeting[C]. San Francisco: IEEE, 1992.

[32] CRISTOLOVEANU S. Silicon on insulator technologies and devices: from present to future[J]. Solid-State Electronics, 2001, 45(8): 1403-1411.

[33] KONONCHUK O, NGUYEN B-Y. Silicon-on-insulator (SOI) technology: Manufacture and applications[M]. Cambridge: Woodhead Publishing, 2014.

[34] ADAN A, NAKA T, KAGISAWA A, et al. SOI as a mainstream IC technology; proceedings of the SOI Conference, 1998Proceedings, 1998IEEE International, F , 1998[C]. IEEE.

[35] FOSSUM J G, TRIVEDI V P. Fundamentals of ultra-thin-body MOSFETs and FinFETs[M]. Cambridge: Cambridge University Press, 2013.

[36] MCDAID L, HALL S, MELLOR P, et al. Physical origin of negative differential resistance in SOI transistors[J]. Electronics Letters, 1989, 25(13): 827-828.

[37] HUSSAIN A M, HUSSAIN M M. CMOS-Technology-enabled flexible and stretchable electronics for internet of everything applications[J]. Adv Mater, 2016, 28(22): 4219-4249.

[38] KO H C, SHIN G, WANG S, et al. Curvilinear electronics formed using silicon membrane circuits and elastomeric transfer elements[J]. Small, 2009, 5(23): 2703-2709.

[39] KIM D H, AHN J H, CHOI W M, et al. Stretchable and foldable silicon integrated circuits[J]. Science, 2008, 320(5875): 507-511.

[40] KO H C, STOYKOVICH M P, SONG J, et al. A hemispherical electronic eye camera based on compressible silicon optoelectronics[J]. Nature, 2008, 454(7205): 748-753.

[41] YIN L, HUANG W, XIAO R, et al. Optically stimulated synaptic devices based on the hybrid structure of silicon nanomembrane and perovskite[J]. Nano Letters, 2020, 20(5): 3378-3387.

[42] MENARD E, NUZZO R G, ROGERS J A. Bendable single crystal silicon thin film transistors formed by printing on plastic substrates[J]. Appl Phys Lett, 2005, 86(9): 093507.

[43] SONG Y M, XIE Y, MALYARCHUK V, et al. Digital cameras with designs inspired by the arthropod eye[J]. Nature, 2013, 497(7447): 95-99.

[44] MALEVILLE C, MAZURé C. Smart-Cut® technology: from 300mm ultrathin SOI production to advanced engineered substrates[J]. Solid-State Electronics, 2004, 48(6): 1055-1063.

[45] MISHRA U K, PARIKH P, CHAVARKAR P, et al. GaAs on insulator (GOI) for low power applications; proceedings of the 1997 Advanced Workshop on Frontiers in Electronics, WOFE '97 Proceedings, 6-11 Jan. 1997[C]. Spain: IEEE, 1997.

[46] DI CIOCCIO L, LE TIEC Y, LETERTRE F, et al. Silicon carbide on insulator formation using the Smart Cut process[J]. Electronics Letters, 1996, 32(12): 1144-1145.

[47] DEXTER R, WATELSKI S, PICRAUX S. Epitaxial silicon layers grown on ion-implanted silicon nitride layers[J]. Appl Phys Lett, 1973, 23(8): 455-457.

[48] IZUMI K, DOKEN M, ARIYOSHI H. CMOS devices fabricated on buried SiO_2 layers formed by oxygen implantation into silicon[J]. Electronics Letters, 1978, 14(18): 593-594.

[49] BRUEL M. Silicon on insulator material technology[J]. Electronics letters, 1995, 31(14): 1201-1202.

[50] LI Y, KILNER J, CHATER R, et al. Oxygen isotopic exchange between an $18O^+$ implanted Si layer and a natural SiO_2 capping layer during high-temperature annealing[J]. Appl Phys Lett, 1993, 63(20): 2812-2814.

[51] OGURA A. Formation of buried oxide layer in Si substrates by oxygen precipitation at implantation damage of light ions[J]. Japanese Journal of Applied Physics, 2001, 40(10B): L1075.

[52] JAUSSAUD C, STOEMENOS J, MARGAIL J, et al. Microstructure of silicon implanted with high dose oxygen ions[J]. Appl Phys Lett, 1985, 46(11): 1064-1066.

[53] CELLER G, CRISTOLOVEANU S. Frontiers of silicon-on-insulator[J]. J Appl Phys, 2003, 93(9): 4955-4978.

[54] LASKY J B. Wafer bonding for silicon-on-insulator technologies[J]. Appl Phys Lett, 1986, 48(1): 78-80.

[55] STENGL R, TAN T, GöSELE U. A model for the silicon wafer bonding process[J]. Japanese Journal of Applied Physics, 1989, 28(10R): 1735.

[56] SU J B, KUO K W. CMOS VLSI engineering: Silicon-on-insulator (SOI)[M]. New York: Springer, 1998.

[57] SARMA K R, LIU S T. Silicon-on-quartz for low power electronic applications; proceedings of the Proceedings IEEE International SOI Conference, 3-6 Oct[C]. USA: IEEE, 1994.

第 11 章　Ⅲ-Ⅴ族化合物半导体材料

Ⅲ-Ⅴ族化合物半导体材料是由元素周期表中的第Ⅲ主族和第Ⅴ主族元素组成的化合物材料。第Ⅲ主族的元素（B、Al、Ga、In 等）和第Ⅴ主族的元素（N、P、As、Sb 等）组成的化合物半导体材料主要有：AlN、AlAs、AlP、AlSb、GaN、GaAs、GaP、GaSb、BN、BP、BAs、InN、InAs、InP 和 InSb 这 15 种。它们拥有优异的光学性质和电学性质，在微波器件、太阳电池、光电器件、红外成像和传感器等方面得到广泛的应用，是重要的光电子和电子器件材料。

在Ⅲ-Ⅴ族化合物半导体材料中，以 Ga 为中心的 Ga 系化合物半导体材料的研究最广泛。其中，GaAs 的禁带宽度比 Si 稍大，电子迁移率比 Si 大，熔点比 Si 低，抗辐射能力强，器件工作温度高，是目前最重要的化合物半导体材料之一，也被视为理想的太阳电池材料。GaP 则是红光和绿光等发光器件的重要材料；GaN 的禁带宽度大，是蓝光器件的重要材料。GaSb 的禁带宽度跟 Ge 相近，制备容易，其应用还在研究阶段。

而 B 系的化合物半导体材料的制备困难，除 BN 外，对其他材料体系研究得并不多。但是，BN 的禁带宽度过大，在半导体领域的应用还存在问题。Al 系的化合物半导体材料也很少：AlP、AlAs 在室温下就能与水反应，而 AlN 的禁带宽度较大，可以做蓝光器件；AlSb 的禁带宽度相对小，可以作为太阳电池材料。另外，In 系的化合物半导体材料一般具有较大的电子迁移率，可用来做霍尔等器件。其中 InP 的抗辐照性能优于 GaAs，而 InSb 的禁带宽度仅为 0.17eV，可用于红外光电器件和超低温器件。

本章将介绍Ⅲ-Ⅴ族化合物半导体材料的基本性质，然后重点阐述主要的Ⅲ-Ⅴ族化合物半导体材料 GaAs 和 GaN 材料的性质、制备及它们的杂质和缺陷，最后简单介绍 InP 和 GaP 化合物半导体材料的基本性质和制备方法。本书中，单晶硅、单晶 GaAs、单晶 SiC 等均是指约定俗成的体单晶，与此对应的还有单晶硅薄膜、单晶 GaAs 薄膜、单晶 SiC 薄膜等。因此，本书中不再使用“GaAs 体单晶”等描述。

11.1　Ⅲ-Ⅴ族化合物半导体材料的基本性质

早在 1952 年，德国科学家 H. Welker 就发现了Ⅲ-Ⅴ族化合物具有典型的半导体特征，此后Ⅲ-Ⅴ族化合物半导体材料便引起了人们的广泛关注。与 Si 相比，Ⅲ-Ⅴ族化合物半导体材料有一些特殊的性质。例如，Ⅲ-Ⅴ族化合物半导体材料的禁带宽度（带隙）较大，大部分的带隙在室温时大于硅的带隙（1.1eV），因而其器件能够耐受较大的功率，以及更高的工作温度。而且大部分Ⅲ-Ⅴ族化合物半导体材料都为直接带隙（如 GaAs、GaN、InN、InP、GaSb、InAs 等），其光电转换效率比硅更高，适用于制作光电器件，如发光二极管（LED）、激光二极管（LD）、太阳电池等。GaP 虽为间接带隙半导体材料，但禁带宽度（E_g）较大、束缚激子发光效率高，是红光 LED、黄光 LED、绿光 LED 的主要材料。另外，Ⅲ-Ⅴ族化合物半导体的电子迁移率高，很适用于制作高频、高速器件。

（1）晶体结构

Ⅲ-Ⅴ族化合物半导体的晶体结构主要为闪锌矿结构（图 11.1）。与金刚石结构相似，闪锌矿结构是由两套面心立方结构沿体对角线方向移动 1/4 长度套构而成的，其空间对称群为 $F\bar{4}3m$。和金刚石结构不同的是，两套面心立方晶格是由不同的原子支撑的，一套是Ⅲ族原子，另一套是Ⅴ族原子。因此，每个Ⅲ族原子都被 4 个最靠近的Ⅴ族原子所包围并连接，从而形成了正四面体结构。同样，每个Ⅴ族原子都被 4 个最靠近的Ⅲ族原子所包围而形成正四面体结构。部分Ⅲ-Ⅴ族化合物（如 GaN、InN、BN 等）具有纤锌矿结构。

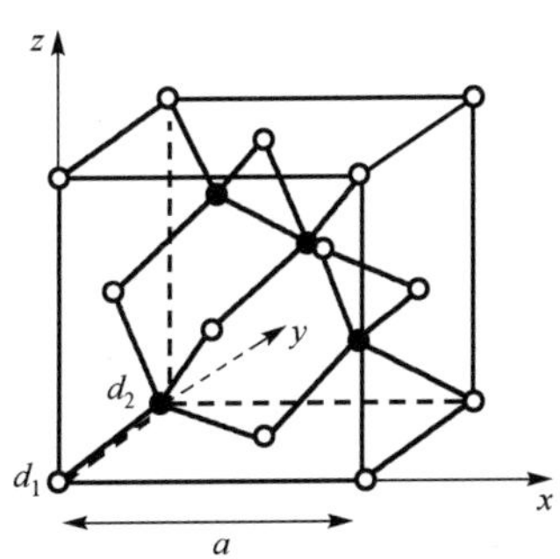

图 11.1　闪锌矿结构的示意图
（a 表示晶格常数，实心圆和空心圆分别表示两类不同的原子）

Ⅲ-Ⅴ族化合物半导体材料的化学键属于混合型化学键。它们以共价键为主，但是含有一定比例的离子键。因此，在Ⅴ族原子处出现负的有效电荷，而在Ⅲ族原子处出现正的有效电荷，即产生了极化的现象。这种由晶体内部结构引起的极化状态，称为自发极化。离子键的比例与Ⅲ族和Ⅴ族原子的电负性差有关[1]：两者电负性相差越大，离子键比例就越大，而共价键比例就越小。

（2）晶体极性

除了化学键的极性，Ⅲ-Ⅴ族化合物在晶体结构上也具有极性。闪锌矿结构的Ⅲ-Ⅴ族化合物晶体在晶格上是非中心对称的。假设把Ⅲ族原子记为 A 原子，把Ⅴ族原子记为 B 原子。在闪锌矿结构的晶体中，从垂直于[111]的方向看，原子排列为 BABA……而从垂直于$[\bar{1}\bar{1}\bar{1}]$的方向看，原子排列正好相反，如图 11.2 所示。由于Ⅲ族和Ⅴ族原子周围的电子云分布不同，双原子层便成为电偶极层。也就是说，在(111)面和$(\bar{1}\bar{1}\bar{1})$面上的化学键结构与有效电荷不同，各为电偶极层的一边。因此在 A 原子面和 B 原子面的电学性质和化学性质是不同的，这种不对称性也是一种极性，其中[111]轴是极性轴。一般把表面为 A 原子的{111}面称为 A 面或(111)A 面；把表面为 B 原子的{111}面称为 B 面或$(\bar{1}\bar{1}\bar{1})$B 面。

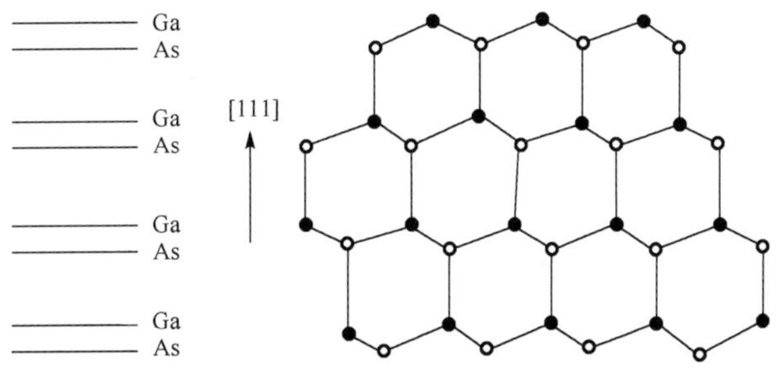

图 11.2　闪锌矿 GaAs (110)面原子排布[1]

Ⅲ-Ⅴ族化合物半导体晶体材料的极性会影响材料的力学、化学等性质，也使得其半导体晶体材料的解理面不同于金刚石结构的晶体[2]。对于闪锌矿结构的晶体，虽然(111)面的面间距大于(110)面，但是极性使(111)面存在较强的库仑力。而(110)面是由数目相同的 A 和 B 原子组成的，面与面之间存在相同原子的排斥力，同时存在 A、B 两种原子之间的库仑力。因此，即使(110)面的面间距小于(111)面，{110}晶面族仍是解理面，而不是{111}晶面族。

极性也会影响Ⅲ-Ⅴ族化合物半导体材料的腐蚀行为[1]。以 GaAs 为例，B 面的 As 原子有一个未公有化的电子对，而 A 面的 Ga 原子没有电子对；因此，在亲电性介质（如硝酸和氢氟酸的混合溶液等氧化剂）中，A 面显示腐蚀坑，而 B 面的反应速度很快而不能显示腐蚀坑。若在腐蚀液中加入一些带正电荷的有机物，与 B 面结合形成阻挡层，则 B 面的腐蚀速度降低。当其腐蚀速度比位错的腐蚀速度还低时，B 面上就会出现位错腐蚀坑。另外，当提高腐蚀液温度时，材料表面的氧化速度增大，总的腐蚀速度由溶质扩散速度决定，这时极性对腐蚀行为的影响就很小了，A 面、B 面之间的腐蚀差异就看不出来了。

极性还会影响Ⅲ-Ⅴ族化合物半导体晶体材料的生长。如果按[111]方向生长化合物单晶，受极化特性的影响，A 面比 B 面更容易生长出单晶；但是，一般沿 B 面生长的晶体的位错密度低。当然，这种影响不是绝对的，还受到晶体生长方法的影响，如用水平区熔法生长<111>晶向族的单晶 GaAs 和沿[111]、[$\overline{1}\overline{1}\overline{1}$]晶向生长的单晶的结构差异不大。

（3）晶体能带

大部分Ⅲ-Ⅴ族化合物半导体材料都是直接带隙的，一小部分是间接带隙的。对于间接带隙的Ⅲ-Ⅴ族化合物半导体材料（如 GaP），它们有较大的带隙，通过掺入施主杂质形成束缚激子发光，同样可以获得较高的发光效率。与硅相比，Ⅲ-Ⅴ族化合物半导体的带隙更大[3]，室温时其带隙大多在 1.1eV 以上；而且，随着组成原子序数和的增大，带隙会减小，如图 11.3 所示。从图中还可以看到，BP 晶体的带隙最大，InSb 晶体的带隙最小，仅为 0.17eV。另外，Ⅲ-Ⅴ族化合物半导体材料的带隙在不同的温度下变化较大，带隙和温度的关系为

$$E_{\mathrm{g}}(T)=E_{\mathrm{g}}(0)-\frac{\alpha T^{2}}{T+\beta} \tag{11.1}$$

式中，$E_{\mathrm{g}}(0)$为 0K 时的带隙，α 和 β 为系数。

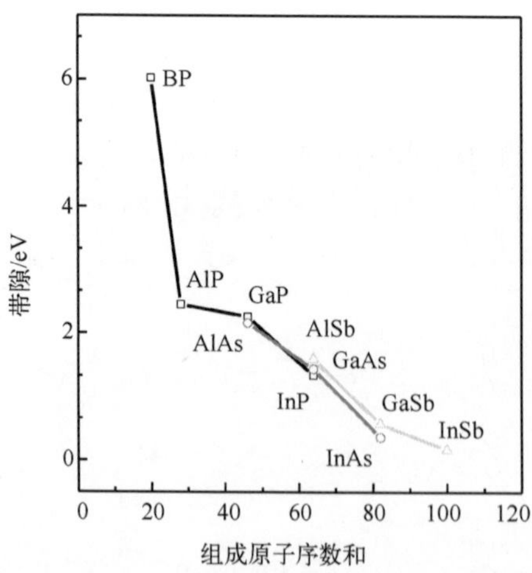

图 11.3 部分Ⅲ-Ⅴ族化合物半导体的带隙与组成原子序数和的关系

（4）相图

Ⅲ族和Ⅴ族元素在液相时是无限互溶的。当它们的原子比为 1:1 时，将生长出固液同组

成的稳定的化合物（图 11.4），而且该化合物在冷却的过程中不发生相变。另外，除 InSb 外，其他化合物的熔点都高于各组元纯物质的熔点。不同组元的Ⅲ-Ⅴ族化合物的相图略有不同，如 InAs、InSb、GaAs、GaSb 等相图，在靠近 In 或 Ga 的一侧可能存在低温共晶点。从相图角度考虑，制备Ⅲ-Ⅴ族化合物半导体的晶体可以通过冷却组分为 1:1 的液相获得；或者在以某一组分为溶剂（如常用Ⅲ族元素作溶剂）的溶液中生长晶体。值得注意的是，Ⅲ-Ⅴ族化合物在高温时会发生部分离解，且Ⅴ族元素具有较大的挥发性，所以必须考虑蒸气压的影响。例如，P 和 As 都有较大的饱和蒸气压，尤其是 P，因此给相图测定带来了困难。

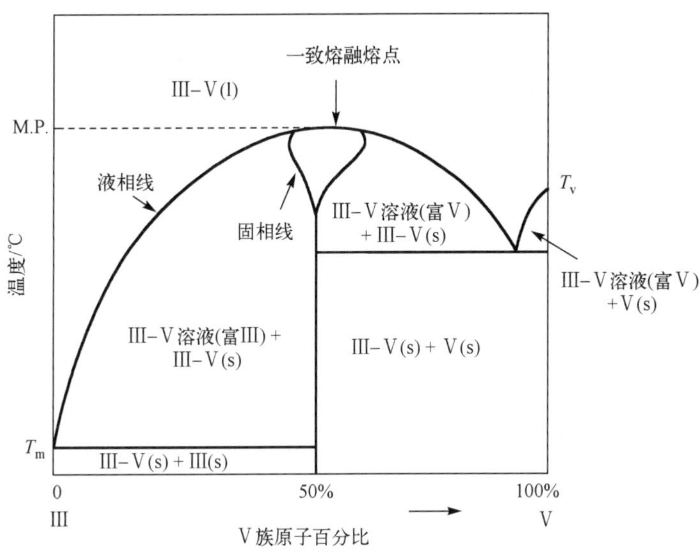

图 11.4　Ⅲ-Ⅴ族化合物半导体材料的二元相图[3]

11.2　GaAs 半导体材料的性质和应用

砷化镓（GaAs）是应用最广泛的Ⅲ-Ⅴ族化合物半导体材料之一，它在室温下呈暗灰色，有金属光泽，相对分子质量为 144.64，在空气或水蒸气中能稳定存在。常温下，GaAs 的化学性质稳定，不溶于盐酸，但溶于硝酸和王水。当温度达到 600℃时，GaAs 在空气中发生氧化反应；当温度高于 800℃时，GaAs 发生化学离解，离解压为 1 大气压。GaAs 晶体是闪锌矿结构，具有极性非中心对称的特点。其化学键属于混合型，一般认为除 Ga^-和 As^+的共价键外，还有 Ga^{3+}和 As^{3-}形成的离子键。GaAs 材料的物理性质如表 11.1 所示。

表 11.1　GaAs 材料的物理性质

性　质	数　值	单　位
晶格常数	5.653	Å（300K）
相对分子质量	144.64	—
密度	5.32	g/cm^3
原子密度	4.41×10^{22}	cm^{-3}
熔点	1237	℃
热膨胀系数	6.6×10^{-6}	K^{-1}（300K）

续表

性　质	数　值	单　位
禁带宽度	1.44	eV
本征载流子浓度	1.3×10^6	cm^{-3}
热导率	0.46	W/(cm·K)（300K）
电子迁移率	8500	$cm^2/(V\cdot s)$
空穴迁移率	450	$cm^2/(V\cdot s)$
最高工作温度	470	℃

闪锌矿结构的布里渊区与金刚石结构的布里渊区相同，但是能带结构不同。图 11.5 显示了 GaAs 带隙附近的能带结构。从图中可以看出，导带极小值和价带极大值都在布里渊区的中心（k=0），说明 GaAs 是直接带隙半导体材料，其光子的发射不需要声子的参与，因此具有较高的光电转换效率。由表可见，室温下 GaAs 的禁带宽度为 1.44eV，最高工作温度达到了 470℃，而硅的最高工作温度仅为 250℃。另外，GaAs 的电子迁移率约为硅材料的 5.7 倍，达到了 $8500cm^2/(V\cdot s)$。

GaAs 在<100>方向上具有双能谷的能带结构，即除 k=0 处有导带极小值外，在<100>方向边缘上存在另一个导带极小值，因此电子具有主、次两个能谷，其电子有效质量不同，但能量相差不大。在高场下，电子可以从导带极小值处转移到次能谷，使得电子有效质量增大，迁移率下降，态密度增大，表现出电场增强、电阻减小的负阻现象，称为转移电子效应或耿氏（Gunn）效应，这是制作体效应微波二极管的物理基础。

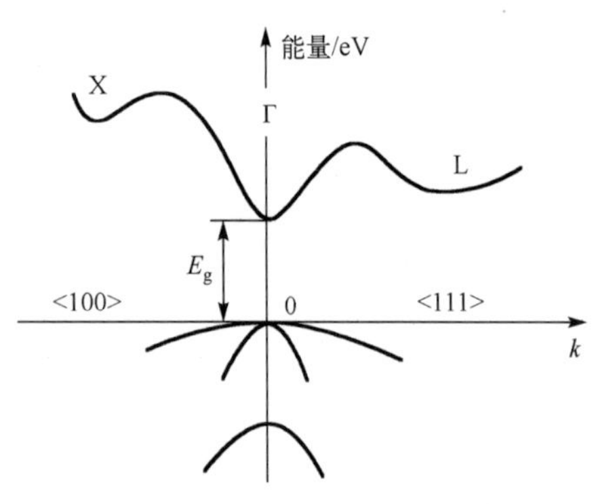

图 11.5　GaAs 带隙附近的能带结构

GaAs 对可见光具有良好的吸收（图 11.6），因此可作为太阳电池材料。当波长小于 850nm 时，GaAs 的光吸收系数快速增大，达到 10^4cm^{-1} 以上，比硅材料要高 1 个数量级，而小于 850nm 的部分正是太阳光谱中最强的部分。因此，当 GaAs 的厚度达到 3μm 时，就可以吸收太阳光谱中约 95%的能量。此外，GaAs 太阳电池的抗辐射能力强，高能粒子辐射产生的缺陷对 GaAs 中的光生电子-空穴复合的影响较小。有研究指出，经过 $1\times10^{15}cm^{-2}$ 的 1MeV 的高能电子辐射，高效空间硅太阳电池的效率降低为原来的 66%，而 GaAs 太阳电池的效率仍保持在 75%以上。显然，GaAs 太阳电池在辐射强度大的空间飞行器上有更明显的优势。另外，GaAs 的禁带宽度为 1.44eV，与太阳光谱的匹配良好，其最高工作温度高，光谱响应好，太阳电池的理论转换效率高，抗辐射能力强。因此，GaAs 被认为是理想的太阳电池材料。

根据电阻率的不同，GaAs 晶体通常分为两种，一种是半绝缘型（高阻），另一种是半导体型，且前者的单晶更容易实现。目前，一般通过掺碳的方式获得电阻率超过 $10^7\ \Omega\cdot cm$ 的半绝缘型 GaAs 晶体，通过掺硅或碲来获得 N 型半导体材料，通过掺锌获得 P 型半导体材料。

总体来说，GaAs 材料与硅半导体材料相比，是直接带隙半导体材料，具有电子迁移率高、禁带宽度大、消耗功率低等特性，其器件具有高速、高频、高温、低温性能好，噪声小，抗辐射能力强等优点。表 11.2 列举了基于 GaAs 的主要器件及它们的应用领域，可以看出，GaAs 适合用来做光电器件，是理想的光伏电池材料；GaAs 具有耿氏效应，可以制作耿氏二极管；高阻 GaAs 可以制作光探测器（γ 射线电子探测器、红外探测器）及集成电路的衬底。因此，GaAs 可被应用于能源、雷达、电子对抗、计算机、卫星通信、遥控、蜂窝电话、数字个人通信、光纤通信及航天系统等领域。

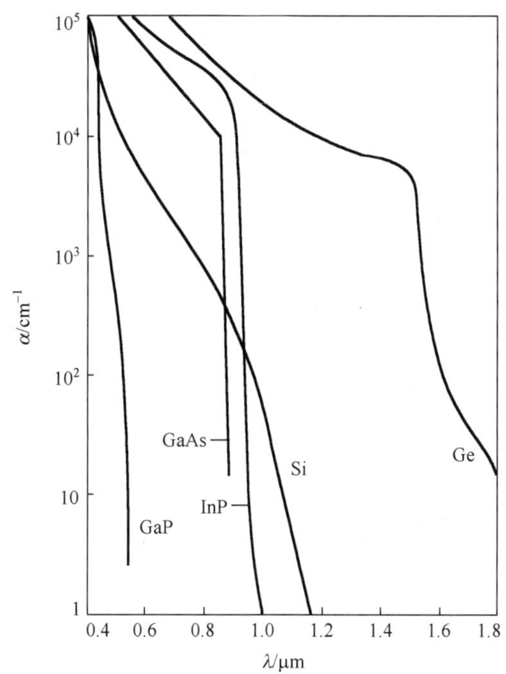

图 11.6　GaAs、GaP、InP 及 Si 和 Ge 的光吸收系数α和波长λ的关系

表 11.2　基于 GaAs 的主要器件及它们的应用领域

主要器件	器件特点	应用领域
红外发光二极管 可见光发光二极管 激光二极管 光探测器 太阳电池 耿氏二极管 变容二极管 场效应晶体管 高电子迁移率晶体管 异质结双极型晶体管	高速、高频、高温、低温性能好 噪声小 抗辐射能力强	能源 雷达 电子对抗 计算机 卫星通信 遥控 蜂窝电话 数字个人通信 光纤通信及航天系统等

虽然 GaAs 具有优越的性能，但是仍然存在一些问题。首先，As 和 Ga 的自然资源不丰富，并且 As 是剧毒物质且易挥发。GaAs 在高温下会离解，不易精确控制其化学计量比。由于资源和制造难度等原因，单晶 GaAs 价格昂贵。而且 GaAs 的空穴迁移率很低，大约是电子迁移率的 1/19，这给实现 GaAs 的 CMOS 器件制备带来了困难。为了平衡 N 型晶体管和 P 型晶体管中的电流，在 GaAs 基板上，P 型晶体管的栅极宽度应是 N 型晶体管的 19 倍，而在硅中仅仅是 3.8 倍。另外，硅可以氧化生长成氧化硅而作为绝缘层，而 GaAs 没有单纯的绝缘体氧化物，因此需要在 GaAs 上通过 CVD 等方法生长氧化物或氮化物作为绝缘层。但这些工

艺过程在一定程度上引起了缺陷的产生，从而降低了 GaAs 的质量。此外，难以获得无位错 GaAs 的单晶，晶体的力学性能较差及热导率较低等问题限制了 GaAs 的更广泛应用。

11.3 GaAs 半导体材料的制备

1952 年 Welker 提出 GaAs 具有半导体的性质，并于 1954 年成功制备了 GaAs 晶体。到 1962 年，人们实现了第一个基于 GaAs 的可见光发光二极管（LED）。1985 年，美国贝尔实验室改进了垂直梯度凝固（VGF）法的工艺，生长了高质量的单晶 GaAs。1995 年，美国 AXT 公司开发了可规模量产 4 英寸单晶 GaAs 制备技术，到 1999 年该公司开始提供商用 6 英寸的单晶 GaAs。

目前，Ⅲ-Ⅴ族化合物单晶主要通过熔体法生长获得，单晶 GaAs 也是如此。单晶 GaAs 的制备一般通过两步工艺，首先利用高纯的 Ga 和 As 合成符合化学计量比的多晶 GaAs，然后将多晶熔化成熔体，再通过晶体生长技术生长一定晶向的单晶。但是，GaAs 熔体在高温下会离解，并且 As 易挥发，使得精确控制 GaAs 的化学计量比存在一定困难。图 11.7 显示了 GaAs 的温度-压力-成分（*T*-*p*-*x*）图，从图中可以看出，GaAs 的熔点为 1237℃，高于 Ga 和 As 的熔点；而 As 的蒸气压在温度不到 800℃时便达到了 10^6Pa，这么高的蒸气压给 GaAs 的晶体生长带来了困难和安全隐患。

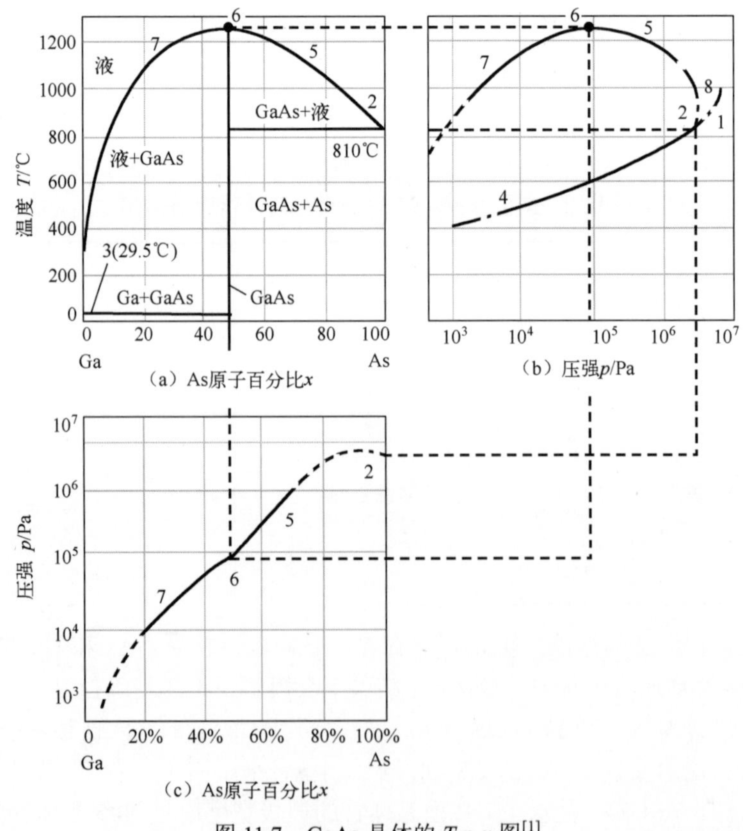

图 11.7 GaAs 晶体的 *T*-*p*-*x* 图[1]

从 GaAs 的 *T*-*p*-*x* 图（图 11.7）可以进一步看出，GaAs 的离解压为 9.5×10^4Pa（熔点为

1237℃）。在晶体生长时只要维持或稍大于这个离解压（也就是 As 蒸气过饱和使可逆反应 Ga(l)+As(g)$\rightleftharpoons$GaAs(s)向右进行），就能生长出 GaAs 晶体。假设晶体生长时维持 As 的蒸气压在 1×10^5Pa，此时固态 As 蒸发的温度只需 617℃。因此，在生长 GaAs 晶体时，人们需要控制 As 的蒸气压。为了达到这个目的，人们需要对不同 GaAs 晶体生长技术进行设计。水平布里奇曼（Bridgeman）法（图 11.8）通常采用高温（GaAs 熔点）和低温（As 的加热温度）两个温区，此时通过密封的高纯石英反应室实现对 As 蒸气压的控制。用液封直拉（LEC）法控制 As 蒸气压通过在 GaAs 熔体上覆盖 B_2O_3 惰性熔体，从而防止 As 挥发。

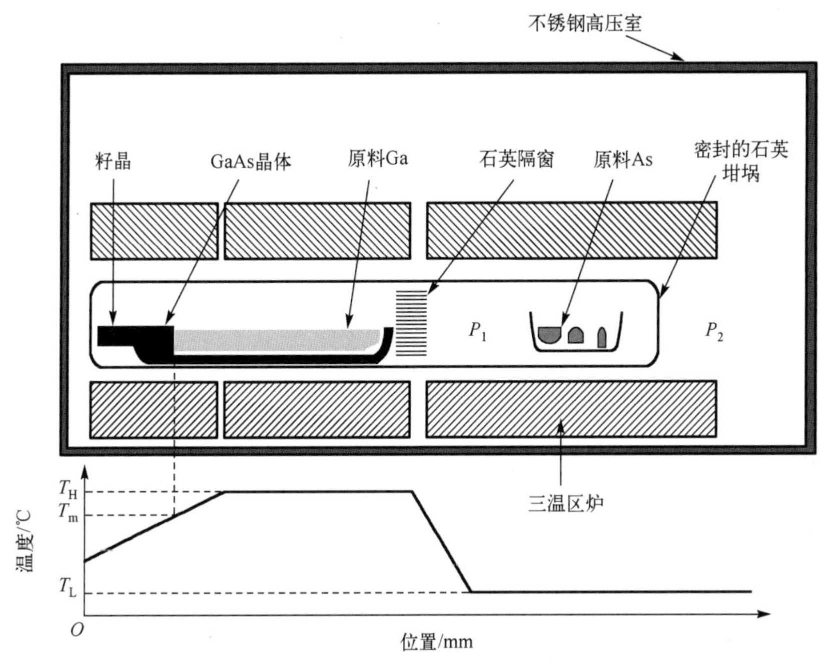

图 11.8 用水平布里奇曼法生长单晶 GaAs 的示意图和温度分布图[3]

除上述介绍的从熔体中生长单晶 GaAs 的方法外，也可以利用各种晶体外延技术制备单晶 GaAs 薄膜材料，其主要技术包括：气相外延（VPE）、液相外延（LPE）和分子束外延（MBE）等。

11.3.1 布里奇曼法制备

用布里奇曼法生长单晶实质上是一种区域熔炼技术，可分为水平布里奇曼（HB）法和垂直布里奇曼（VB）法两种。目前，单晶 GaAs 大规模生长主要采用垂直布里奇曼法或垂直梯度凝固法。

单晶 GaAs 生长的水平布里奇曼法如图 11.8 所示，这种方法也是多晶 GaAs 的主要制备方法。水平布里奇曼法中的反应室一般是圆柱形石英管，中间有石英隔窗；将盛放高纯 Ga 的石英舟放在石英管的一端，利用液氮或干冰将其冷冻凝固成液态的 Ga，而石英管的另一端放置高纯 As。在高纯原料被放入反应室后，反应室需要抽成真空。在装料过程中，由于 Ga 和 As 与空气接触而氧化形成氧化膜，将影响晶体的生长，因此在实际生长中，需要首先在高真空下热处理 2h 左右除去 Ga（在 700℃）和 As（在 280～300℃）的氧化膜；之后，在真空条件下用氢氧焰封闭石英管。然后用石英撞针（或用固体 As）撞破石英隔窗，使得石英管的两部分连通。最后，将石英管放入加热炉中加热，其中 Ga 原料一端的石英管置于高温炉中，As 原料一端的石英管置于低温炉中，As 的蒸气通过石英隔窗进入高温区与 Ga 反应生成多晶 GaAs。

多晶 GaAs 制备完成后，在同一反应室内通过区熔的方法可实现单晶 GaAs 的生长，见图 11.8 的左边部分。生长晶体时，通过预先放入的籽晶进行引晶，并利用缩颈技术来减小单晶体内的位错密度。这种晶体 GaAs 的形状生长技术受石英舟尺寸的限制，GaAs 晶体的最大直径为 75mm，而且受重力等因素的影响，单晶 GaAs 的形状多为矩形或半圆形。另外，在高温 1250℃左右，单晶 GaAs 和石英舟之间可能发生轻微的侵蚀反应，冷却后 GaAs 与石英舟粘连在一起，这会导致晶体中产生大量的缺陷，还造成了材料的损耗。为了防止粘舟，一般将石英舟打毛或喷砂，然后在 1000～1100℃用 Ga 处理 l0h 左右。另外，彻底清除氧化膜、严格控制温度场也能防止粘舟的发生。无疑，单晶 GaAs 与石英舟之间的粘舟问题降低了单晶 GaAs 的生长效率、增加了时间成本。

单晶 GaAs 生长的另一种方法是垂直布里奇曼（VB）法或垂直梯度凝固（VGF)法。在利用 VB 法生长单晶 GaAs 时，籽晶放在坩埚底部，然后装入多晶 GaAs 和少量 B_2O_3 覆盖剂，待多晶原料熔化后，从籽晶端开始生长单晶。VGF 法是与 VB 法相似的一种晶体生长方法，两者的最大区别是坩埚和炉膛的相对运动方式不同[4]：VB 法是通过机械的方法使坩埚与炉膛相对运动的，而 VGF 法的坩埚和炉膛的相对位置不变，通过控制炉膛中的温度场变化进行顺序降温。总体来说，用 VB 法、VGF 法可以得到低位错密度的单晶，且单晶炉成本低，目前是Ⅲ-Ⅴ族化合物晶体生长的主要方法。表 11.3 给出了几种单晶 GaAs 生长工艺的主要参数。

表 11.3 几种单晶 GaAs 生长工艺的主要参数[5]

主要参数	水平布里奇曼（HB）法 水平梯度凝固（HGF）法	垂直布里奇曼（VB）法 垂直梯度凝固（VGF）法	液封直拉（LEC）法
单晶炉成本	低	低	高
单晶形状	矩形或半圆形	圆形	圆形
大直径单晶	不适合	适合	适合
位错密度	低	很低	较高
内应力	低	很低	较高
机械强度	高	高	低
单晶生长速率	低	低	较高

11.3.2 液封直拉法制备

液封直拉（LEC）法的可靠性高，可批量生长大直径的 GaAs 晶体，用该法得到的晶体的碳含量可控、半绝缘性能好。液封直拉法可以生长单晶 GaAs 及高离解压的磷化物等单晶半导体材料，是目前拉制大直径Ⅲ-Ⅴ族化合物半导体材料的主要方法。

图 11.9 显示了液封直拉法生长单晶 GaAs 的示意图。在晶体生长时，首先将多晶 GaAs 材料和 B_2O_3 放入石英坩埚或热解氮化硼坩埚（pBN 坩埚），通入惰性气体，利用加热器加热坩埚使原料熔化；然后将具有一定晶向的 GaAs 籽晶浸入熔体中，并进行缓慢的旋转提拉，包括缩颈、放肩、等径生长和收尾等工艺，最终制备成单晶 GaAs。该工艺生长单晶 GaAs 的关键是防止 As 的挥发，需要将惰性的透明 B_2O_3 熔体覆盖在 GaAs 熔体上，同时炉内充入一

定压力的惰性气体（如 2MPa 的氩气），从而保证生长出符合化学计量比的单晶 GaAs。另外，在装料过程中，Ga 和 As 易与空气中的氧反应生成氧化膜，因此，装料完成后需在真空下 700℃左右热处理 2h，以便除去 Ga 和 As 的氧化膜。利用液封直拉法制备的单晶 GaAs 的成本低，直径可达 8 英寸，但是，用该方法生长单晶 GaAs 面临化学计量比难控制、温度梯度大、位错密度高和设备成本高等问题。

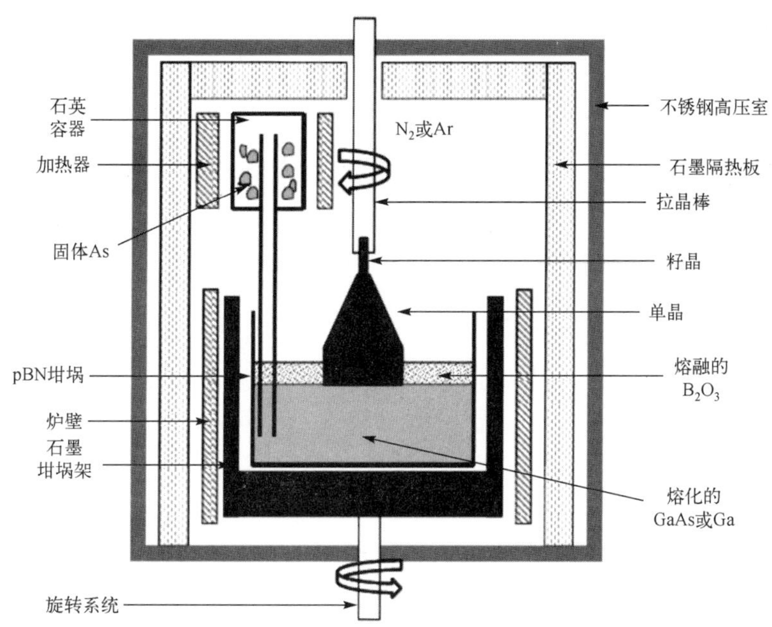

图 11.9 液封直拉法生长单晶 GaAs 的示意图[3]

11.3.3 单晶 GaAs 薄膜的外延制备

单晶 GaAs 薄膜半导体材料主要采用外延方法生长，有液相外延（LPE）和气相外延（VPE）两类方法。其中气相外延法是主流法，主要包括卤化物化学气相外延法（$Ga/AsCl_3/H_2$ 体系）、氢化物化学气相外延法（$Ga/HCl/AsH_3/H_2$ 体系）、金属有机化学气相沉积（MOCVD）法和分子束外延（MBE）法等。

（1）液相外延法

在通过液相外延法生长单晶 GaAs 薄膜时，通常以 Ga 作为溶剂，将 GaAs 溶解在 Ga 的饱和熔体中；将盛放溶液的石墨舟放置在石英反应管中，利用氢气作为保护气体；然后缓慢降低温度至 600～850℃，低于 GaAs 的熔点，溶液将逐渐析出单晶 GaAs。利用推杆将石墨舟在单晶 GaAs 衬底上移动，使得析出的单晶 GaAs 沉积在单晶衬底的表面，逐渐生长出厚度为几百纳米到几百微米的 GaAs 晶体，从而实现单晶 GaAs 的液相外延。用液相外延法制备单晶 GaAs 薄膜技术简单、生长速率高、掺杂剂选择范围广、毒性小，而且在近似热平衡条件下生长薄膜，所以晶体薄膜的位错密度低，其关键技术是控制溶液的过冷度与其在 Ga 溶剂中的过饱和度。而且，用液相外延法制备单晶 GaAs 薄膜的温度较低，可以避免容器对单晶薄膜的污染。但是该方法也有一定的缺点，一是外延结束后，溶液和单晶衬底（含外延薄膜）分离比较困难；二是生长的单晶薄膜表面粗糙，表面复合速率高。除此之外，液相外延难以生长多层薄膜的复杂结构，较难实现对精度的精确控制。

（2）气相外延法

金属有机化学气相沉积（MOCVD）法是制备单晶 GaAs 薄膜的最主要方法之一。和其他Ⅲ-Ⅴ族/Ⅱ-Ⅵ族化合物半导体材料一样，通常用Ⅱ-Ⅲ族元素的有机化合物和Ⅴ-Ⅵ族元素的氢化物等作为晶体生长的原料，以热分解方式在衬底上进行外延生长相应的单晶薄膜。在制备单晶 GaAs 薄膜时，利用三甲基镓（TMGa）或三乙基镓和砷烷（AsH_3）为原料，氢气为载气，在反应室内相互作用分解，然后在单晶 GaAs 衬底上生长单晶 GaAs 薄膜。TMGa 与 AsH_3 的反应方程式为

$$Ga(CH_3)_3(g) + AsH_3(g) \rightleftharpoons GaAs(s) + 3CH_4(g) \tag{11.2}$$

实际的反应过程更加复杂，从图 11.10 可以看出，TMGa 最先发生均相分解，生成二甲基镓和甲基自由基。甲基自由基可以发挥两个重要作用：一是与周围的氢气反应，生成稳定的甲烷和氢自由基；二是与 AsH_3 反应，生成稳定的 CH_4 和 AsH_2。其中，甲基自由基或氢自由基将使 AsH_3 分解，这意味着可以通过自由基反应机制，使具有不同热分解特性的反应物在同一温度下反应。进一步可见，虽然氢气作为载气而不是反应物，但在反应过程中发挥了重要的作用。另外，TMGa 的分压决定了单晶 GaAs 薄膜的生长速率。一般情况下，单晶 GaAs 薄膜生长的温度为 680～730℃，生长速率为 0.05～1μm/min。

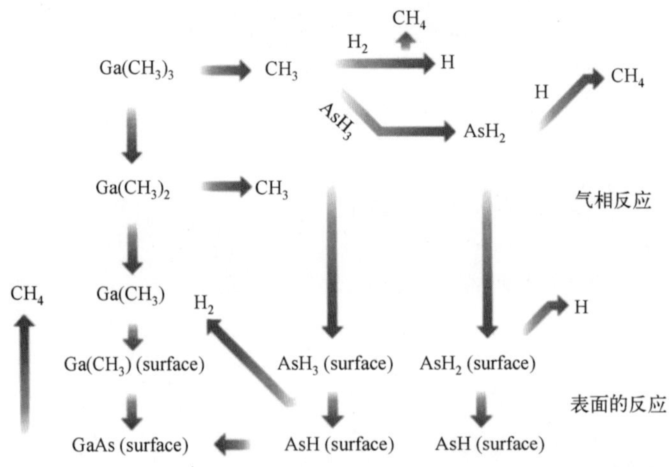

图 11.10 外延生长单晶 GaAs 薄膜的主要气相反应和表面反应[6]

AsH_3/TMGa（As/Ga）的分压比会直接影响单晶 GaAs 薄膜的导电类型、载流子浓度及其分布。当 As/Ga 的分压比较小时，会形成大量的 As 空位，外延薄膜为 P 型；当分压比较大时，会形成大量的 Ga 空位，外延薄膜则为 N 型。在实验中，Ga 和 As 的分压比通常由 AsH_3 的流速控制。

除了可以用上述的常压 MOCVD 法制备单晶 GaAs 薄膜，还可以用低压 MOCVD 法来提高单晶 GaAs 薄膜的质量。典型的生长工艺为：反应室的气压为 0.1bar，生长温度为 575～600℃，生长速率为 0.055μm/min。但是，这种技术采用金属有机化合物作为原料，因此碳成为不可避免的最主要污染物之一。为了减少碳污染，人们采用了低压金属有机化学气相沉积（LP-MOCVD）法，其生长温度更低，可以减少外延层的碳污染、提高电子迁移率，还可以获得陡峭的浓度和组分分布，具有寄生反应小等优势。

与液相外延相比，用 MOCVD 法生长的单晶 GaAs 薄膜质量好，外延层组分、厚度、掺杂都比较容易精确地控制，而且适应性强，易于实现多层结构、超薄量子阱等结构。但是，

MOCVD 法的设备昂贵、技术复杂、成本相对较高，而且 GaAs 的金属有机源大多有毒、易燃，需要进行安全保护，尾气需要进行处理。

11.4 GaAs 晶体的杂质和缺陷

和硅晶体一样，GaAs 晶体中的杂质和缺陷对材料的电学等性质有重大影响，是必须进行控制的参数。和硅晶体不同的是，GaAs 晶体中的杂质和缺陷情况更加复杂，无论是结构、性质研究，还是性能控制，都远比硅晶体困难。

通常，GaAs 晶体含有多种杂质，纯度不如硅晶体。和硅晶体中的杂质类似，GaAs 晶体中的非掺杂的杂质一般破坏晶体的电学性质；另一部分有意掺入的杂质（掺杂剂）主要用来控制晶体的电学性质。但是，GaAs 晶体中杂质的情况比较复杂，它们可能占据不同的晶格位置，又可能与缺陷相互作用形成各种复合体。杂质在 GaAs 晶体中处于间隙位置或替代位置，如果杂质 A 处于间隙（intersititial）位置，可以表示为 A_i；如果杂质 A 替代（substitution）Ga 原子，可以表示为 A_{Ga}；如果杂质 A 替代了 As 原子，则可以表示为 A_{As}。

Ⅱ族元素（Be、Mg、Zn、Cd、Hg 等）在 GaAs 晶体中通常替代 Ga 原子的位置。由于Ⅱ族元素比 Ga 少一个价电子，所以这些元素在 GaAs 晶体中是受主杂质，表现出浅受主的性质[7]。其中，Zn、Cd 是比较常用的受主杂质掺杂剂[3, 8]。有时，这些杂质也可以与晶格缺陷结合，形成各种复合体，表现出深受主的性质。

Ⅵ族元素（S、Se、Te、O 等）在 GaAs 晶体中通常替代 As 原子的位置。由于Ⅵ族元素比 As 多一个价电子，一般起到施主的作用，为浅施主杂质[3]。当浓度过高时，则会析出化合物。如果有浅受主存在，O 的掺入会使得形成高阻材料。

Ⅳ族元素（C、Si、Ge、Sn、Pb 等）在 GaAs 晶体中可以替代 Ga，也可以替代 As，甚至可以同时替代，表现出明显的两性杂质的特点[3]。如果它们替代 Ga 原子，则多一个价电子，为施主；如果它们替代 As 原子，则少一个价电子，为受主[7]。例如，当 Si 掺杂的浓度小于 $1\times10^{18}cm^{-3}$ 时，Si 原子替代 Ga 原子起施主作用，这时掺 Si 浓度与电子浓度一致；当 Si 掺杂的浓度大于 $1\times10^{18}cm^{-3}$ 时，部分 Si 原子又开始替代 As 原子的位置，出现补偿作用，导致电子浓度逐渐降低。

Ⅲ族元素（B、Al、In 等）和Ⅴ族元素（P、Sb 等）是中性杂质，在 GaAs 中分别替代 Ga 原子和 As 原子，不会改变原来的价电子数目，对材料的电学性质并没有影响[3]。但是，这些杂质的浓度过量会形成第二相，产生沉淀，从而形成诱生位错、层错等结构缺陷，影响 GaAs 晶体材料的性质[7]。

金属杂质，特别是过渡金属杂质，在 GaAs 中一般引入深能级杂质，甚至是多重深能级。Au、Cr、Fe、Mn、Co 等金属杂质多为深受主，V 为深施主杂质，而 Cu 具有多重能级。高浓度的金属杂质会影响载流子浓度，甚至使材料的电阻率大大提高，最终变成半绝缘 GaAs 晶体[7]。例如，通常利用高浓度的 Cr 掺杂来制备半绝缘 GaAs 晶体[3]。一般来说，Cr 在 GaAs 晶体中主要是替代位，在占据 Ga 位时可以贡献 3 个电子和 As 成键。根据不同情况，Cr 离子可以是 Cr^{+}、Cr^{2+}和 Cr^{3+}，也可以引入不同的杂质能级。

11.4.1 GaAs 晶体的掺杂

GaAs 的本征载流子浓度仅为 $1.3\times10^{6}cm^{-3}$，为了控制 GaAs 晶体的电学性质，需要对其进行有意掺杂。掺杂的原则是：在满足器件要求的同时，掺杂剂的浓度尽可能低。因为过量的掺杂剂会造成杂质的相互作用、杂质的局部沉淀等，从而影响 GaAs 晶体的电学性质。

GaAs 晶体常用的 N 型掺杂剂是 Te、Sn 和 Si，P 型掺杂剂是 Zn、Be 和 Ge，而半绝缘的高阻 GaAs 晶体的掺杂剂是 Cr、Fe 和 O 等。晶体的生长方式不同，GaAs 晶体使用的掺杂剂也是不同的；而且对于不同用途的晶体，其掺杂剂也不同。如在液相生长的 GaAs 晶体中，Si 和 B_2O_3 反应会在晶体中引入 B 杂质，此时 Si 不能用作掺杂剂。用 MOCVD 法生长的单晶 GaAs 薄膜一般引入 SiH_4 作为气源，掺 Si 实现 N 型掺杂；引入二乙基锌为气源，掺 Zn 实现 P 型掺杂。

除了在晶体生长过程中进行掺杂，还可以通过离子注入 GaAs 晶体的方式进行掺杂。在真空的环境下，相应掺杂剂的离子束射入 GaAs 晶体，其离子最终停留在晶体内部。通过控制离子束的能量和束流，还可实现高浓度的掺杂。另外，离子注入可在较低的温度下进行，从而防止形成补偿的缺陷中心。

从熔体中生长 GaAs 晶体的掺杂剂质量主要依靠实验和经验公式取得，没有完善的理论公式，其与晶体生长的方式紧密相关。对于用水平布里奇曼法生长的 GaAs 晶体中的掺杂剂质量 m，可采用经验公式获得

$$m = K\frac{nWM}{N_A d} = K\frac{nWM}{3.202\times 10^{24}} \tag{11.3}$$

式中，n 为载流子浓度，M 为掺杂元素的摩尔质量，W 为 GaAs 晶体的质量，d 为 GaAs 晶体的密度，N_A 为阿伏加德罗常数，K 为修正系数。对于 Fe、Se、Zn、Sn 等掺杂剂，其 K 值分别为 10、10～20、10～15、20。

对于用液封直拉法生长的 GaAs 晶体，不同的掺杂剂需要不同的经验公式，其掺杂剂的质量和掺杂剂的蒸发系数、分凝系数及晶体生长条件等密切相关。例如，掺杂剂为 Te 的经验公式为 $m=1.85\times10^{18}C_0-0.62\times10^{18}$，而 Se 的经验公式为 $\lg m=16.83+0.2C_0$，其中 C_0 为掺杂剂的浓度，单位为 mg/g（每克 GaAs 晶体应掺杂的掺杂剂的毫克数）。

11.4.2 GaAs 晶体的 Si 杂质

GaAs 晶体被 Si 沾污是比较普遍的现象，换句话说，Si 是 GaAs 晶体中最主要、最重要的非有意掺入的杂质之一。这是因为 GaAs 熔体侵蚀了石英容器，使晶体中 Si 的平均浓度达到了 10^{16}～10^{17}cm^{-3}。在 GaAs 的合成和生长过程中，若达到一定的高温，则 GaAs 熔体将与石英容器表面产生反应

$$4Ga(l) + SiO_2(s) \rightleftharpoons Si(s) + 2Ga_2O(g) \tag{11.4a}$$

$$2Ga(l) + 3SiO_2(s) \rightleftharpoons 3SiO(g) + Ga_2O_3(g) \tag{11.4b}$$

$$Si(s) + SiO_2(s) \rightleftharpoons 2SiO(g) \tag{11.4c}$$

反应生成的 Si 原子进入 GaAs 熔体，一部分与 SiO_2 反应，生成 SiO 并逸出熔体；另一部分进入 GaAs 晶体，成为其中的杂质。即使反应温度较低，GaAs 熔体也能与石英容器反应，而且温度越低，越容易发生反应。

另外，在发生上述主反应的同时，还会发生式（11.5）的副反应

$$3Ga_2O(g)+4As(g) \rightleftharpoons Ga_2O_3(s)+4GaAs(s) \quad (11.5a)$$

$$SiO(g) \rightleftharpoons SiO(s) \quad (11.5b)$$

从式（11.5a）可以看出，反应消耗了 Ga_2O 气体，使式（11.4a）向右进行，从而进一步加重了 Si 的污染。要生长高质量的 GaAs 晶体，需要尽量减小 Si 的污染和浓度。在实际产业中，抑制 Si 污染的措施主要包括以下几个方面。(1）式（11.5a）与温度有关，温度升高能减弱消耗 Ga_2O 的反应，从而抑制式（11.4a）中 Si 的生成，可以减小 Si 的污染。依据这一原理，在晶体生长时可以采用三温区炉结构，改变温度分布，即在 GaAs 熔点和 As 的蒸发温度中间加一个温度区；同时采取措施，减小或限制 Ga_2O 气体从高温区向低温区扩散。（2）从式（11.4a）还可以看出，硅的活度和反应平衡常数成正比，也就是硅的活度是温度的函数，因此，降低 GaAs 生长的温度或拉晶的温度，也可以减小 Si 的污染。另外，往反应系统中添加 O_2、Ga_2O_3、As_2O_3 等气体，可以增大 Ga_2O 的平衡分压，从而抑制式（11.4a）正向进行，减少 Si 的生成和对 GaAs 晶体的污染。(3）减小反应系统与 GaAs 熔区的体积比、改变 GaAs 熔体与石英舟接触的状态（如喷砂打毛石英舟从而减少粘舟现象）等措施，也可以减少 Si 的生成和对 GaAs 晶体的污染。

11.4.3　GaAs 晶体的缺陷

GaAs 晶体的缺陷包括点缺陷、位错、层错等。由于 GaAs 晶体的结构、组成、性质都比硅晶体复杂，因此很多问题到现在仍然在争论和研究中。GaAs 晶体中最重要的缺陷是点缺陷和位错。与其他Ⅲ-Ⅴ族和Ⅱ-Ⅵ族化合物半导体材料一样，GaAs 晶体有一部分离子键，而离子性强的晶体比共价键晶体更易于产生点缺陷；进一步地，GaAs 晶体的机械强度比单晶硅低，也易于产生位错，所以 GaAs 晶体具有较高密度的点缺陷和位错。一般认为，随着缺陷浓度的增大，相应器件的漏电流增大、发光效率降低、器件寿命缩短等，会严重影响器件的性能。

（1）点缺陷

一般认为，GaAs 晶体含有 6 种不同类型的点缺陷。由于 GaAs 晶体由 Ga 和 As 两种面心立方原子结构套构而成，因此存在两种形式的空位：一种是 Ga 点阵位置上的空位，称为 Ga 空位（V_{Ga}）；另一种是 As 点阵位置上的空位，称为 As 空位（V_{As}）。另外，当 Ga 和 As 原子处于间隙位置时，分别称为 Ga 间隙原子（Ga_i）和 As 间隙原子（As_i）。在化合物半导体晶体中还存在一种反结构缺陷，即 A 原子占据 B 原子的位置（A_B），或者 B 原子占据 A 原子的位置（B_A）。在较高 As 蒸气压下制备的 GaAs 晶体中，因存在较多的 V_{Ga}，故过量的 As 原子容易进入 Ga 空位，从而形成反结构缺陷 As_{Ga}；相反地，在富 Ga 条件下，用 LPE 法生长的 GaAs 晶体则含有较多的反结构缺陷 Ga_{As}。

除此之外，在 GaAs 晶体中两种或两种以上的点缺陷通过库仑力、偶极矩、共价键等形式互相作用，形成复合缺陷，如[Cu_{Ga}·V_{Ga}]、[Cu_{Ga}·V_{As}]、[Cu_{Ga}-Te]、[V_{Ga}·Sn_{Ga}]、[V_{Ga}·As_i]、[Ga_{As}·V_{Ga}]等，它们多数与空位缺陷有关，起受主作用。在一定温度下，这些复合缺陷也可能分解为简单点缺陷。因此，按照质量作用定律，温度越高，复合缺陷的浓度越小，简单点缺陷的浓度越大，反之亦然。一般认为，V_{Ga} 和 V_{As} 是主要的点缺陷，特别是 V_{Ga}，其深能级位置为 0.82eV。另外，As_i 和反结构缺陷也是重要的点缺陷，但是它们的性质仍然需要进一步研究。

（2）位错

GaAs 很难生长成无位错的晶体，一般位错的密度为 10^4～10^5cm^{-2}，这是因为存在以下几个因素。首先，GaAs 晶体的热导率低，而其晶体生长的固液界面结晶的温度梯度较大，导致容易产生位错。其次，GaAs 晶体的临界剪切应力较低，在较低的热应力下就可以产生位错。然后，GaAs 晶体易于产生点缺陷，它们的偏聚也将产生位错。最后，GaAs 晶体中位错移动的激活能较低，使得位错很容易增殖。所以，GaAs 晶体生长时要尽量控制位错密度在 10^4cm^{-2} 以下。

GaAs 中的位错主要来源于籽晶位错、晶体生长中的热应力和晶体加工过程中的机械应力，而晶体生长的热应力又与晶体生长的各种因素紧密相关，如温度梯度、固液界面形状和晶体生长速率等。显然，晶体生长方法不同，其位错产生和控制的方法也不同。对于用液封直拉法生长的 GaAs 晶体，位错的产生还与生长炉内的 As 蒸气压有关；随着 As 蒸气压的增大，晶体的位错密度增大，而且晶体边缘的位错密度要高于中心区域。另外，研究表明，合理的掺杂可以减小 GaAs 晶体的位错密度，其原因可能是高浓度的掺杂剂钉扎了位错，减缓了位错的移动和增殖，最终降低了位错密度。

在 GaAs 晶体中有两种不同的不全位错，一种位错的核心原子为 Ga，是 Ga（β）型不全位错；另一种位错的核心原子为 As，是 As（α）型不全位错。进一步地，位错在 GaAs 晶体的滑移面为{111}，滑移方向为<110>；位错腐蚀后，在(111)面上呈星形，在(100)面上呈方格形。

11.5 GaN 半导体材料的性质和应用

Ⅲ族氮化物半导体材料包括 GaN、AlN、InN 及其三元（InGaN、AlGaN、InAlN）和四元（InAlGaN）化合物半导体材料，带隙在 6.2～0.7eV 之间连续可调，具有电子饱和漂移速度高、热稳定性和化学稳定性好、临界击穿电场强度大等优势，而且还有强的自发极化和压电极化效应，在微电子与光电子领域具有广阔的应用前景。表 11.4 给出了纤锌矿结构的氮化物半导体材料 GaN 的基本物理参数。此节以发展较成熟的 GaN 为例，介绍氮化物半导体材料的基本性质。

表 11.4 纤锌矿结构的氮化物半导体材料 GaN 的基本物理参数[27]

物理参数	数值	单位
禁带宽度	3.4	eV（300K）
晶格常数	a=3.190 c=5.189	Å
熔点	约 4000（12GPa）	K
密度	6.10	g/cm^3
热膨胀系数	$\Delta a/a$=5.59 $\Delta c/c$=3.17	10^{-6}/K
热导率	656	mW/(cm·K)（300K）
电子迁移率	1300	$cm^2/(V·s)$
电子饱和漂移速度	2.5	10^7cm/s
临界击穿电场强度	3.5	MV/cm

自 1928 年 Johnson 等首次合成 GaN 材料之后，其潜在应用价值开始受到研究者的关注。早期 P 型掺杂问题限制了 GaN 的应用，1989 年 Amano 等人通过 Mg 掺杂和低能电子束辐照获得了 P 型掺杂的 GaN 晶体材料，1991 年 Shuji Nakamura 采用两步法生长了单晶 GaN 薄膜，

制备了高亮度蓝光发光二极管(LED)，使Ⅲ族氮化物蓝光 LED 迅速走向产业化。20 世纪 90 年代，Ⅲ族氮化物微波功率器件成为研究热点，1993 年首个 GaN 高电子迁移率晶体管（HEMT）诞生，之后其器件性能不断提升，目前已进入实用化阶段。

（1）GaN 的晶体结构

GaN 晶体存在纤锌矿结构、闪锌矿结构和岩盐矿结构三种结构，如图 11.11 所示。自然界中只存在纤锌矿结构和闪锌矿结构的 GaN，岩盐矿结构的 GaN 只有在极端高压下才会出现。在常温常压条件下，纤锌矿结构是 GaN 晶体的热力学稳态结构，也是最常见的一种结构，而闪锌矿结构为热力学亚稳态结构。因此，目前 GaN 器件均基于具有纤锌矿结构的 GaN 晶体材料。

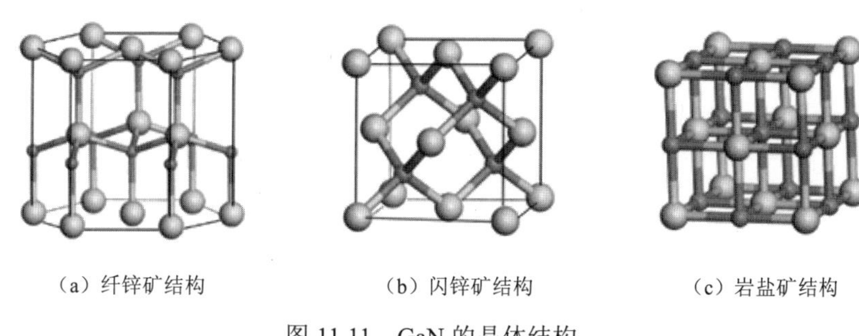

图 11.11　GaN 的晶体结构

纤锌矿结构属于六方晶系，具有 $C_{6v}^{4}-P6_{3}mc$ 空间对称群，由两个六边形密排晶格沿 c 轴平移 3/8 晶胞高度形成，晶胞由 6 个Ⅲ族原子和 6 个Ⅴ族原子构成。沿[0001]方向，GaN 晶体的 $(11\bar{2}0)$ 面的 N 原子与 Ga 原子以 ABABAB……的顺序排列（图 11.12）。A 原子与 B 原子的电负性差异较大，晶体离子性较强，正、负电荷中心不重合，晶格常数比偏离理想的六方密堆积结构的晶格常数比 c/a（1.633），材料产生自发极化效应。纤锌矿结构也是非中心对称的，解理面主要为 $\{0001\}$ 面或 $\{10\bar{1}0\}$ 面。

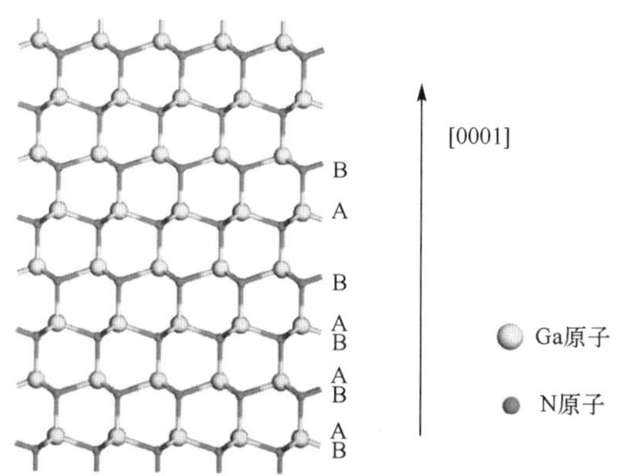

图 11.12　纤锌矿结构 GaN $(11\bar{2}0)$ 面的原子排列图

（2）GaN 的能带结构

纤锌矿结构的 GaN 晶体为直接带隙半导体材料，能带结构如图 11.13 所示。从图中可以看出，在 Γ 谷导带与价带达到极值，在温度 300K 条件下的带隙为 3.4eV。导带的第二低能谷为 M-L 谷，第三低能谷为 A 谷。由于晶体对称性和自旋-轨道相互作用，价带分裂为 3 个能带，包括重空穴带、轻空穴带和分裂带。GaN 的带隙受温度与应力的影响[10]，温度升高，带隙出现红移，带隙与温度的关系见式（11.1）。在 GaN 受压应力时，晶格常数减小，能带展宽。

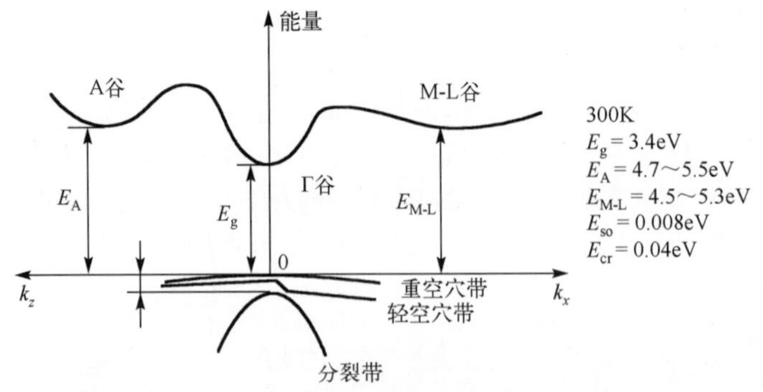

图 11.13 纤锌矿结构的 GaN 的能带结构

纤锌矿结构的 GaN、AlN、InN 三种材料还可以按照不同比例形成固溶体，构成三元化合物半导体材料（$A_xB_{1-x}N$）或四元化合物半导体材料（$A_xB_yC_{1-x-y}N$），所形成的半导体材料的晶格结构不变，晶格常数与摩尔组分 x 的关系遵循 Vegard（维加德）定律。

对于三元化合物半导体材料，有

$$a(A_xB_{1-x}N) = xa(AN) + (1-x)a(BN) \tag{11.6a}$$

$$c(A_xB_{1-x}N) = xc(AN) + (1-x)c(BN) \tag{11.6b}$$

对于四元化合物半导体材料，有

$$a(A_xB_yC_{1-x-y}N) = xa(AN) + ya(BN) + (1-x-y)a(CN) \tag{11.7a}$$

$$c(A_xB_yC_{1-x-y}N) = xc(AN) + yc(BN) + (1-x-y)c(CN) \tag{11.7b}$$

当氮化物晶体受外加应力作用时，晶格会产生应变，导致正、负电荷中心分离，形成偶极矩，偶极矩的相互累加使晶体表现出压电极化效应。氮化物器件多为含有氮化物合金材料的异质结结构，异质结材料之间的晶格失配也是产生压电极化效应的最主要原因之一。

（3）GaN 材料的应用

基于 GaN 材料的 LED（发光二极管）作为固态光源，具有节能高效、寿命长、无污染、可控性强等特点，是继白炽灯、荧光灯照明之后的又一次照明光源革命。典型 GaN 基蓝光 LED 结构示意图如图 11.14 所示。在正向注入条件下，从 N 型区注入的电子和从 P 型区注入的空穴在量子阱中聚集，实现高效复合发光。基于更高带隙的高 Al 组分 AlGaN 材料制备的紫外 LED，相比传统汞灯、氙灯等紫外光源，具有环保无毒、能耗低、波长可控、体积小、寿命长、易于集成等优点，在紫外杀菌、印刷、紫外固化、数据存储等方面有着重要应用。其中，在波长小于 280nm 的日盲紫外波段，能够实现高保密性、全天候抗干扰、可非视距通信，在军事上具有重大的应用价值。

除发光器件应用外，GaN 在光电探测器方面同样具有广阔的应用前景。基于 GaN 基材料的紫外光电探测器与传统紫外探测器相比，具有灵敏度高、噪声低、能耗低、体积小、可直接实现可见光或日盲操作、能够在恶劣环境下工作等优势，其构成的紫外成像系统在民用和军用领域都有重要应用。在民用领域，紫外成像系统可被广泛应用于火焰检测、环境监测、医学成像、天文观测等领域；在军用领域，基于 AlGaN 的日盲紫外探测器可被应用于导弹尾焰监测，实现导弹预警，与紫外发射源结合可构建高保密通信系统。

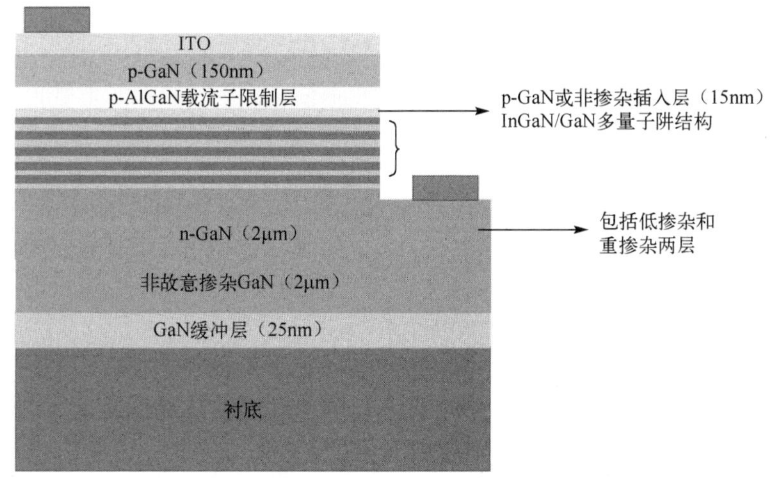

图 11.14　典型 GaN 基蓝光 LED 结构示意图

在未掺杂 AlGaN/GaN 或 InGaN/GaN 等的异质结中能够形成高浓度的二维电子气，且其电子迁移率显著高于体电子。与传统 Si 材料相比，GaN 等Ⅲ族氮化物半导体材料更适合在高温、高压、高频、大功率领域中应用。在微波功率器件应用方面，GaN 基器件的工作频率覆盖 1～100GHz 的范围，可达到的最高输出功率远超 GaAs 和 InP 基器件，更适合在高频、大功率领域应用，例如，特高频、超高频卫星通信，相阵控雷达，电子战干扰发射台，防空监视雷达和微波武器等领域。

在电力电子器件方面，GaN 基电力电子器件具有通态电阻低、击穿电压高等特点，这有利于减小器件的通态损耗、扩大器件的使用范围、提高其工作系统的可靠性。将 GaN 基电力电子器件应用在智能电网、电子信息设备、白色家电、新能源汽车等领域，能够提高能源利用效率、减小损耗，创造出可观的节能空间。

11.6　GaN 半导体材料的制备

11.6.1　单晶 GaN 的制备

单晶 GaN 的熔点与饱和蒸气压都较高，而且难以溶解氮气，氮气的溶解需要在较高的温度和压力下才能实现，这给单晶 GaN 生长带来了很大困难。在温度约为 1600℃、压力为 2GPa 的条件下，氮气的溶解度也仅为 1at.%[12]。经过研究者的多年努力，目前国内外多家公司已获得 2 英寸、4 英寸单晶 GaN 衬底产品，6 英寸单晶 GaN 衬底正在研发中。但是这样的单晶衬底材料价格昂贵，难以大规模推广应用。

对于以 GaN 为代表的氮化物半导体材料，人们倾向于利用外延的单晶 GaN 薄膜制备器件。同质外延的衬底材料单晶 GaN（可称为单晶 GaN 衬底）相对于蓝宝石、硅等异质衬底，可以明显改善外延单晶 GaN 薄膜的质量，减小其位错密度。因此，单晶 GaN 衬底的制备是提高 GaN 外延层单晶薄膜的结晶质量，并进一步提高 GaN 基光电子器件和微电子器件性能的关键。制备单晶 GaN 衬底有多种技术，主要包括：氢化物气相外延、氨热法、高压生长法和助溶剂法等。

氢化物气相外延（HVPE）是目前获得高质量、大尺寸单晶 GaN 衬底的主要方法，它实际上是一种常压热壁化学气相沉积法，通常在常压石英反应器内进行。晶体生长设备一般由炉体、反应器、气体配置系统、尾气处理系统这 4 部分构成。利用 HVPE 生长单晶 GaN 衬底的过程为：HCl 在载气（H_2、N_2、Ar、He）的携带下分别进入反应器，其中 HCl 在低温区（800～900℃）与镓舟中的金属镓发生反应生成 GaCl，并在载气的携带下进入高温区与氨气混合发生反应，再在衬底上生成 GaN（衬底温度保持在 900～1100℃范围内），未反应的气体则进入尾气处理系统进行处理，如图 11.15 所示。其主要化学反应为

$$\mathrm{Ga(s)+HCl(g)=GaCl(g)+\frac{1}{2}H_2(g)}\text{（低温区）} \tag{11.8a}$$

$$\mathrm{GaCl(g)+NH_3(g)=GaN(s)+HCl(g)+H_2(g)}\text{（高温区）} \tag{11.8b}$$

HVPE 生长单晶 GaN 衬底一般采用蓝宝石、硅等异质衬底，外延的 GaN 的厚度为 500～1000μm；再通过激光剥离（蓝宝石衬底）、化学腐蚀（硅衬底）、化学机械减薄或自剥离等方式，将异质衬底去除；最后通过切割、抛光等工艺得到单晶 GaN，作为今后 GaN 外延的单晶衬底材料（单晶 GaN 衬底）。

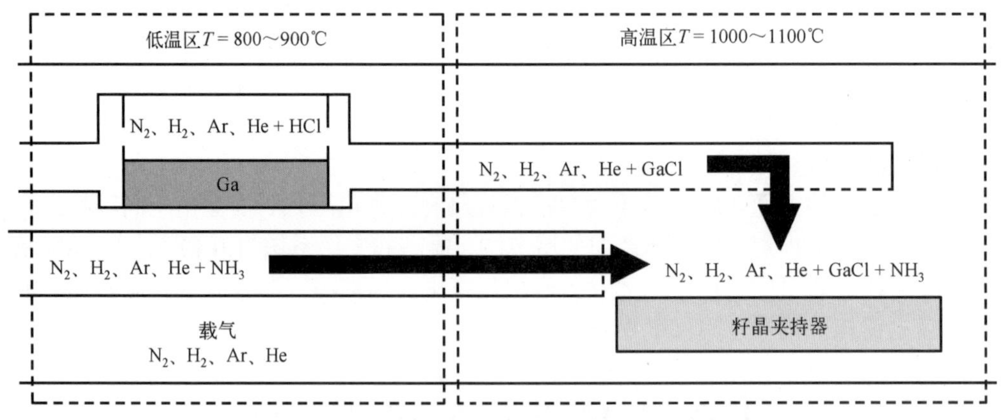

图 11.15　卧式氢化物气相外延反应的基本原理[13]

氨热法的生长过程为准热力学平衡过程，在超临界态溶液中加入矿化剂（NH_4Cl、KNH_2 等），在温度梯度的驱动下，形成过饱和溶液，从而析出 GaN 并结晶生长。图 11.16 所示为氨热法生长单晶 GaN 的原理示意图，单晶 GaN 的生长在高压釜中进行，高压釜分为生长区和溶解区。将 GaN 或 Ga 原料、矿化剂装载至溶解区，籽晶放置在生长区，高压釜填充 50%～70%的液氨。在晶体生长过程中，Ga 原料处于高压超临界氨环境中，在矿化剂的辅助下溶解形成中间化合物，在温度梯度的驱动下，通过对流的方式输运到生长区，溶液变为过饱和并在籽晶上析出，从而实现单晶 GaN 的生长。该方法的典型生长温度为 400～750℃，生长压力为 150～400MPa。

高压生长法是一种基于温度梯度的生长技术。图 11.17 所示为高压生长法生长单晶 GaN 的原理示意图，在高压（15～20kbar）和高温（1600～2000K）条件下，N_2 在液态 Ga 表面（气液界面）处被 Ga 原子吸附分解为 N 原子，分解的 N 原子在温度梯度的驱动下从溶解区输运到结晶区，在结晶区达到过饱和并析出 GaN 晶体。该生长法可以采用自发成核生长和加入籽

晶生长两种方式，生长的单晶 GaN 的晶体质量较高，位错密度为 $10\sim10^{2}cm^{-2}$。但是，该方法的生长速率缓慢，成本较高，难以实现产业化应用。

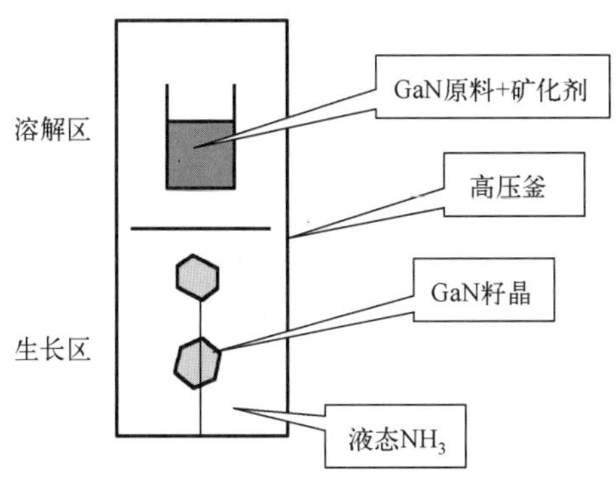

图 11.16 氨热法生长单晶 GaN 的原理示意图

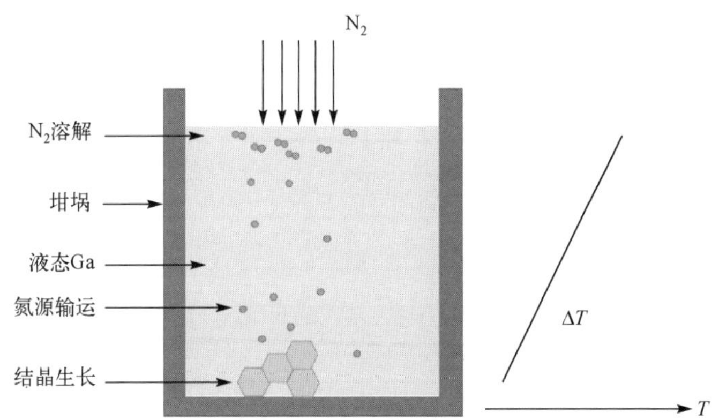

图 11.17 高压生长法生长单晶 GaN 的原理示意图

助溶剂法是一种近热力学平衡的熔体生长单晶 GaN 的方法。在生长过程中，在 Ga 熔体中加入碱金属、碱土金属（Li、Na、Ba、Ca）等作为助溶剂，能够降低生长温度（低至 750～900℃），生长压力能够降低至 3～5MPa。目前最具前景的是 Na 助溶剂，因此助溶剂法又称为钠流（Na-Flux）法。

11.6.2 单晶 GaN 薄膜的制备

通常，半导体材料的外延单晶薄膜的质量比块体单晶的质量更好，晶格缺陷更少，载流子浓度更容易调控，所制备的器件性能更优，当然成本也更高。单晶薄膜的制备是获得高性能 GaN 器件的关键之一。制备单晶 GaN 薄膜的常用方法包括金属有机化学气相沉积（MOCVD）法、分子束外延（MBE）法、氢化物气相外延法。其中，氢化物气相外延法由于生长速率较高（约为 150μm/h），因此通常用于制备大尺寸单晶 GaN 薄膜。而 MBE 法设备复杂，生长周期长，不适合大批量生长。

用 MOCVD 法制备单晶 GaN 薄膜的产量大、生长时间短，是目前大批量生产单晶 GaN 薄膜的主要方法。金属有机源[三甲基镓（TMGa）、三乙基镓（TEGa）等]与氨气作为原料，通过载气（H_2、N_2 或 H_2/N_2 混合气体）在反应室热分解形成前驱体，并在高温的作用下发生成核，实现薄膜的生长，副产物及多余的源气体被载气带出反应室。实际上，在 MOCVD 法

生长 GaN 过程中涉及一系列复杂的气相及表面化学反应，其反应式的简化模型如下

在气-固界面附近 $$Ga(CH_3)_3(g)+\frac{3}{2}H_2(g)\rightarrow Ga(g)+3CH_4(g) \tag{11.9a}$$

在衬底表面 $$Ga+NH_3(g)\rightarrow GaN(s)+\frac{3}{2}H_2(g) \tag{11.9b}$$

虽然单晶 GaN 衬底有助于获得高质量的外延层，但是其价格昂贵，因此单晶 GaN 薄膜的外延衬底多为异质衬底。异质外延衬底材料的选择主要考虑以下几个方面[1]：（1）晶体结构，衬底晶体的结晶质量高，缺陷密度小，与外延层结构相同或相近，晶格失配小；（2）界面特性，衬底界面应有利于外延材料成核，对外延材料的黏附性好；（3）化学稳定性与热稳定性好，衬底材料与外延材料之间的热失配小，在外延的温度与气氛中保持稳定，不易被热分解和腐蚀；（4）机械性能好，制备器件时衬底材料易被加工，如减薄、切割、抛光等；（5）尺寸一般不小于 2 英寸；（6）价格低廉。目前，单晶 GaN 薄膜常用的异质外延衬底材料包括蓝宝石（Al_2O_3）、硅（Si）和碳化硅（4H-SiC）。表 11.5 列出了 Al_2O_3、Si 和 4H-SiC 的相关参数。

表 11.5 单晶 GaN 薄膜常用的异质外延衬底材料 Al_2O_3、Si、4H-SiC 的相关参数[1]

衬　底	Al_2O_3	Si	4H-SiC
晶体对称性	六方	立方	六方
晶格常数/nm	$a = 0.4758$ $c = 1.2991$	$a = 0.5431$	$a = 0.30798$ $c = 1.0082$
最匹配晶面	(0001) 30°旋转	(111)	(0001)
晶格失配	16.09%	16.96%	3.8%
热失配	0.3%	0.17%	0.12%
热导率/（W/cm·K）	0.3	1.3	3.3～4.9
能带宽度/eV	大于 8.5	1.11	3.26

蓝宝石与纤锌矿结构的 GaN 晶体具有相同的六方对称性，能够外延得到稳定六方相 GaN，是目前 GaN 基 LED 最普遍使用的衬底之一。其优点是化学稳定性好，制造技术成熟，价格适中，对 GaN 基 LED 出射光波段无吸收；缺点是衬底与 GaN 晶体间的晶格失配（16.09%）与热失配（0.3%）较大，导致外延单晶 GaN 薄膜的位错密度大、热导率低、硬度高、解理困难。

硅是当今微电子技术的基石，Si 作为单晶 GaN 薄膜的外延衬底，具有质量高、尺寸大、热导率高、成本低、易加工等优势，是外延单晶 GaN 薄膜较为理想的衬底。但是 Si 与 GaN 之间的晶格失配和热失配较大，外延 GaN 易产生裂纹，结晶质量较差。

SiC 的晶格常数和热膨胀系数与 GaN 相近，且击穿电场强度、电子饱和漂移速度、热导率较高，是 GaN 外延理想的衬底材料，在微波功率领域具有广阔的应用前景。但是，单晶 SiC 价格昂贵，在一定程度上限制了其作为衬底的大规模应用。

11.7 GaN 晶体的杂质和缺陷

11.7.1 GaN 晶体的杂质

掺杂是调节 GaN 晶体电学性质的主要手段，微量的施主杂质或受主杂质（掺杂剂）的加入可使 GaN 材料成为 N 型或 P 型半导体材料。由于 GaN 晶体中存在施主型点缺陷（V_N、O

杂质等），原始生长的 GaN 晶体一般呈现弱 N 型，载流子浓度为 10^{16}～$10^{17}cm^{-3}$。

通常，人们通过 Si 掺杂可获得 N 型 GaN 半导体材料。Si 在 GaN 中一般占据 N 原子的位置，在晶体材料中提供一个多余的电子，呈浅施主能级，电离能为 0.012～0.02eV，电子浓度可达 $10^{20}cm^{-3}$。

GaN 晶体的 P 型掺杂在 20 世纪中后期曾被认为是不可能实现的，其主要限制机制如下：（1）外延单晶 GaN 薄膜中存在大量的施主型点缺陷，对 P 型掺杂有强烈的补偿作用；（2）常用的掺杂元素 Mg 的激活能较高（140～200meV），电离比例仅为 1%～5%，掺入的 Mg 绝大多数处于非活性状态，不能提供空穴载流子；（3）外延单晶 GaN 薄膜中存在大量的 H 杂质，形成 Mg_{Ga}-H 复合缺陷，会钝化 Mg_{Ga} 掺杂原子。1989 年，H. Amano 等人通过低能电子束辐照打破 Mg-H 键，获得了 GaN 晶体的有效 P 型掺杂[14]。1992 年，S. Nakamura 等人采用 N_2 气氛下高温退火的方式打开 Mg-H 键，实现了 GaN 晶体的高效 P 型掺杂[15]，成为目前广泛使用的技术。但是，对于 GaN 系的 AlGaN 半导体材料，随着 Al 组分的增大，掺杂剂 Mg 的激活能进一步提高，达到 630meV，这导致空穴浓度进一步降低，因此高 Al 组分 AlGaN 的高效 P 型掺杂仍然是一个挑战。

11.7.2　GaN 晶体的缺陷

外延的单晶 GaN 薄膜是 GaN 器件的主要材料，存在点缺陷、线缺陷（位错）、面缺陷和体缺陷等大量缺陷。其中，点缺陷包括替位、间隙、空位、复合缺陷等；线缺陷主要为位错，其包括穿透位错（刃位错、螺位错、混合位错）和失配位错；而面缺陷包括小角晶界、堆垛层错等；体缺陷则包括 V 形凹坑、裂纹和沉淀物等。

（1）点缺陷

点缺陷可以分为本征点缺陷、非故意掺杂引入的缺陷和复合缺陷，其中本征点缺陷主要包括 6 种形态：氮空位（V_N）、镓空位（V_{Ga}）、氮反位（N_{Ga}）、镓反位（Ga_N）、氮间隙原子（N_i）和镓间隙原子（Ga_i）。图 11.18 所示为富 Ga 条件下 GaN 中本征点缺陷的形成能与费米能级的关系[16]。由图可见，点缺陷的形成能及缺陷电荷态与 GaN 的费米能级紧密相关，对于携带正电荷的缺陷态（施主型缺陷），费米能级向导带方向移动，形成能增大；而对于携带负电荷的缺陷态（受主型缺陷），费米能级向导带方向移动，形成能减小。

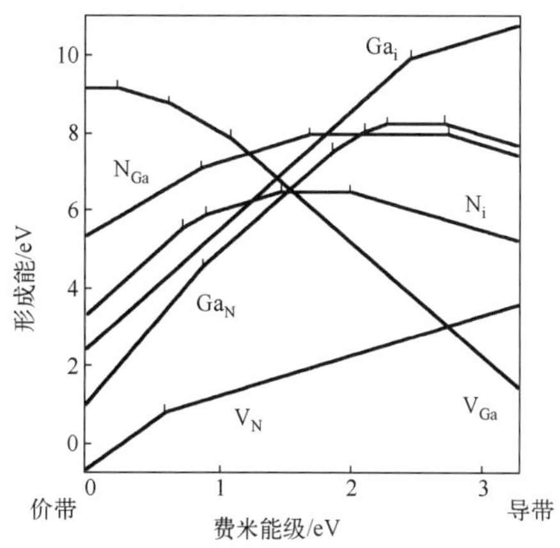

图 11.18　富 Ga 条件下 GaN 中本征点缺陷的形成能与费米能级的关系

非故意掺杂引入的缺陷主要来源于单晶生长过程及衬底材料，如 MOCVD 法生长的单晶

GaN 薄膜，其主要杂质为 C、Si、O 和 H。其中，Si 杂质主要来源于生长原料中携带的杂质、衬底材料、反应室残留的掺杂源等；O 杂质主要来源于生长原料、衬底、载气等；C 杂质主要来源于 MO 源；而 H 杂质的来源较多，如作为载气的 H_2、有机源中的 H 元素等。复合缺陷主要是点缺陷的结合体或复合体，包括 $V_{Ⅲ}$-O_N、Mg-H、$V_{Ⅲ}$-V_N 等。

（2）位错

单晶 GaN 薄膜中的位错主要来源于外延层与异质衬底之间的晶格失配与热失配。为了缓解异质衬底与外延层的晶格失配，一般采用缓冲层及成核层释放晶格失配带来的应力，为后续高质量 GaN 外延层的生长打下基础。也就是说，在实际外延生长单晶 GaN 薄膜时，首先生长一层晶格常数介于衬底和 GaN 之间的缓冲层材料，然后低温生长低应力、高缺陷密度的 GaN 成核层，最后高温生长得到高质量、低缺陷密度的单晶 GaN 薄膜。

在外延单晶 GaN 薄膜时，在缓冲层或成核层中存在大量的失配位错，其位错线一般平行于衬底表面。如果对成核层进行原位高温退火处理使其重结晶，则在衬底上可以形成柱状亚晶粒；再通过岛状生长，可以使亚晶粒合并成膜，最终减小单晶 GaN 薄膜中的位错密度。

单晶 GaN 薄膜中存在大量的穿透位错，这些位错垂直于衬底表面，会严重影响材料和器件的性能。和普通位错一样，穿透位错也分为螺位错、刃位错、混合位错三种类型，其中刃位错的伯格斯矢量为 $\boldsymbol{b}=\frac{1}{3}<11\bar{2}0>$，其位错线与伯格斯矢量垂直，滑移面为 $\{10\bar{1}0\}$ 晶面族，而且刃位错的核心有三种稳定存在的结构，分别为 4 重环、8 重环、5-7 重环[17-18]，图 11.19 所示为 GaN 三种刃位错核心原子的结构模型，其中核心为 N 原子缺失的 5-7 重环结构体系的能量最低，结构比较稳定[18]。此外，GaN 中空位缺陷及间隙原子的存在，会造成刃位错在垂直于滑移面的方向发生攀移。而螺位错的伯格斯矢量（简称伯氏矢量）$\boldsymbol{b}=<0001>$，位错线与其伯格斯矢量平行，其滑移面并非一个固定晶面，而是平行于[0001]晶向的所有晶面。螺位错的核心结构有 Ga 填充的闭环核心［图 11.20（a）］与开环核心［图 11.20（b）］两种，其中闭环核心是螺位错的常见核心，开环核心最终易转变为微管（Nanotube）。混合位错同时具有螺位错和刃位错的特征，其伯格斯矢量是螺位错与刃位错的伯格斯矢量之和（$\boldsymbol{b}=\frac{1}{3}<11\bar{2}3>$）。

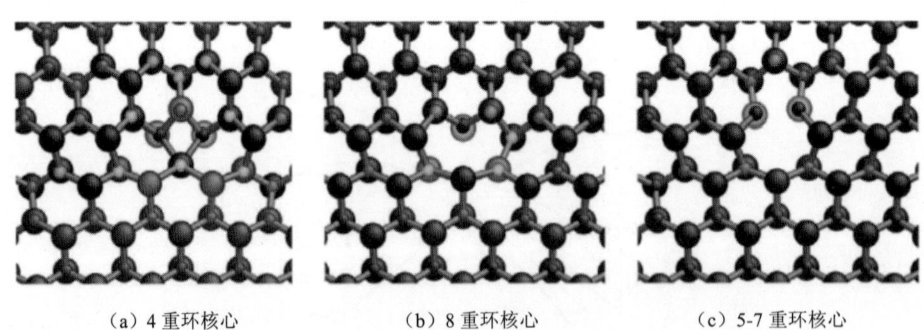

（a）4 重环核心　　（b）8 重环核心　　（c）5-7 重环核心

图 11.19　GaN 三种刃位错核心原子的结构模型[18]

（3）面缺陷

堆垛层错、孪晶、反向边界等面缺陷主要存在于单晶 GaN 薄膜生长的缓冲层或成核层中，这些面缺陷的出现与衬底表面状态相关。例如，对于蓝宝石衬底，单晶 GaN 薄膜中的堆垛层错比较常见[19]。图 11.21 所示为蓝宝石上外延 GaN 中堆垛层错的高分辨透射电子显微镜（HRTEM）图像和堆垛层错示意图。对于 SiC 衬底，除堆垛层错外，在单晶 GaN 薄膜中还观察到了孪晶、反向边界等缺陷[20, 21]。但是，缓冲层或成核层中存在的大量缺陷大部分在生长过程中终止，小部分可能扩展至高温生长的单晶 GaN 薄膜层，在单晶层内部终止，或者在单晶薄膜的表面露头[19]。在高温生长 GaN 层的生长初期，柱状亚晶粒合并后，由于这些亚晶粒的晶体取向存在微小的晶相差，因此合并后晶粒间易形成小角晶界，这些小角晶界由大量穿透位错构成。

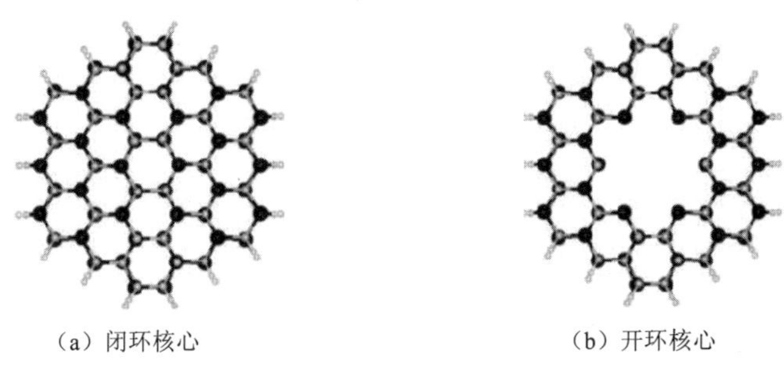

（a）闭环核心　　　　（b）开环核心

图 11.20　GaN 螺位错的核心结构

（a）GaN中堆垛层错的高分辨透射电子显微镜图像[19]

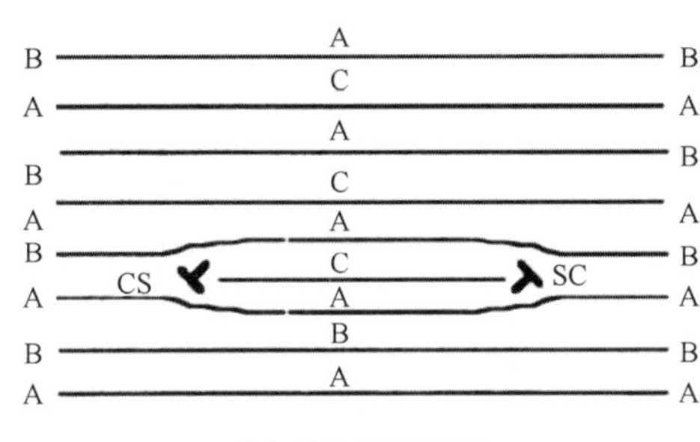

（b）堆垛层错示意图

图 11.21　GaN 中堆垛层错的高分辨透射电子显微镜图像和堆垛层错示意图

（4）体缺陷

单晶 GaN 薄膜中存在一定的体缺陷，如沉淀物、V 形凹坑（V-pit）甚至裂纹，是影响器件质量的重要因素。在大多数情况下，这些缺陷在晶体生长时可以得到有效的控制。在外延反应腔室清理不当、真空度不够或衬底表面污染等情况下，单晶 GaN 薄膜中会出现沉淀物。图 11.22 所示为单晶 GaN 薄膜上的裂纹和掉落物的光学显微镜图像。裂纹来自外延层生长过程中的应力释放，在衬底与外延层晶格失配与热失配较大时容易出现；对于常用的衬底 Si、蓝宝石和 SiC 而言，通过调整生长工艺，可以避免单晶 GaN 薄膜中裂纹的产生。

研究指出，V 形凹坑是少见的对 GaN 器件性能具有优化作用的缺陷，其形貌为 $\{10\bar{1}1\}$ 面或 $\{11\bar{2}2\}$ 面构成的倒六角锥形。在 InGaN/GaN 量子阱中，由于 V 形凹坑侧壁的量子阱较薄（图 11.23），量子限域效应的作用使得侧壁能带出现展宽，从而形成势垒，阻挡电子流入凹坑，钝化了凹坑底部位错对量子阱性能的影响，因此 V 形凹坑被认为可对 InGaN/GaN 量子阱起提高发光效率、减小漏电流的作用[22]。在半导体照明产业中，这一缺陷被故意引入用于提升 LED 的性能。其形成机理如下：①穿透位错可导致 V 形凹坑的形成；②在单晶薄膜岛状生长过程中，横向生长速率过高可形成 V 形凹坑；③反向筹、堆垛层错等缺陷也可能导致 V 形凹坑的形成。

（a）裂纹

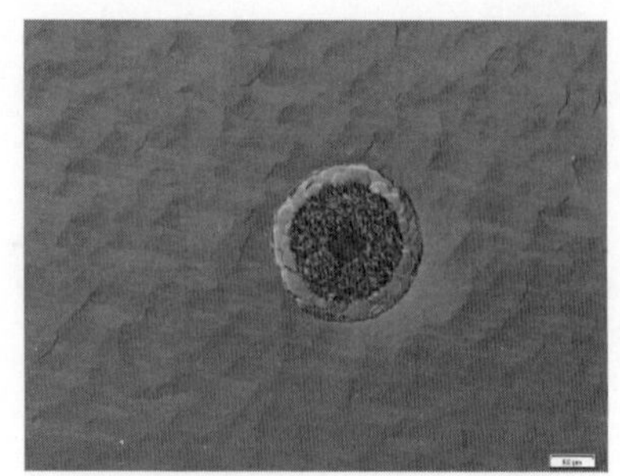
（b）掉落物的光学显微镜图像

图 11.22 单晶 GaN 薄膜上的裂纹和掉落物的光学显微镜图像

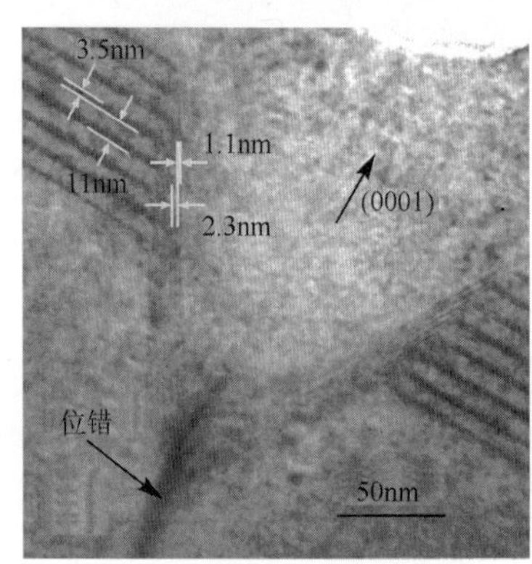

（a）V形凹坑的透射电子显微镜照片

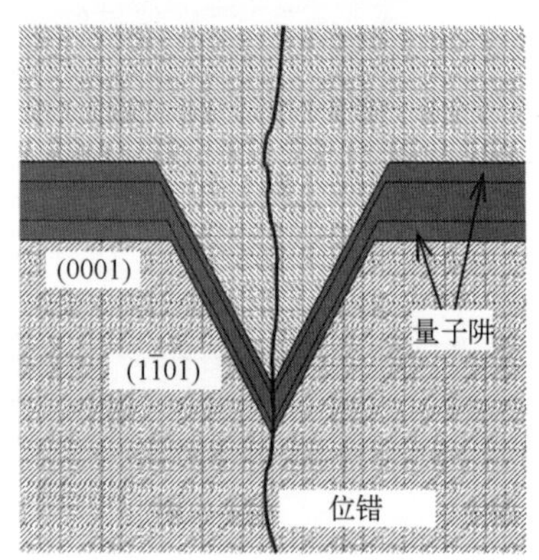

（b）缺陷结构示意图

图 11.23 InGaN/GaN 量子阱中 V 形凹坑的透射电子显微镜照片及缺陷结构示意图[22]

11.8 其他Ⅲ-Ⅴ族化合物半导体材料

11.8.1 InP 半导体材料

磷化铟（InP）是直接禁带半导体材料，其禁带宽度和 GaAs 接近，可实现高性能的光电子器件。InP 在高电场下的电子迁移率高，抗辐照性能优于 GaAs，可用于高频、大功率和抗辐照的电子器件，如 HEMT 微波射频器件等。因此，虽然 InP 具有毒性，价格昂贵，但是其具有重要的应用，特别是在光纤通信中[6]，所以 InP 是一种重要的半导体材料。

InP 是易碎的、具有沥青光泽的深灰色晶体，具有纤锌矿结构，晶格常数是 5.868Å，熔点为 1062℃，熔点下的离解压为 2.75MPa，常温下的禁带宽度为 1.35eV，电子迁移率为不大于 $5400cm^2/(V\cdot s)$，而空穴迁移率仅为 $200cm^2/(V\cdot s)$，本征载流子浓度为 $2\times10^7cm^{-3}$，本征电阻

率为 $8\times10^{-4}\Omega\cdot m$。掺入Ⅱ族、Ⅳ族或Ⅵ族原子可制成 P 型或 N 型半导体材料。InP 和 GaP 半导体材料的基本物理参数如表 11.6 所示[23]。

表 11.6 InP 和 GaP 半导体材料的基本物理参数[6, 9]

性　质	磷化铟（InP）	磷化镓（GaP）	单　位
晶格常数	5.868	5.450	Å（300K）
密度	4.81	4.138	g/cm^3
熔点	1062	1477	℃
离解压	2.75	3.9	MPa
热膨胀系数	4.75×10^{-6}	465×10^{-6}	K^{-1}（300K）
禁带宽度	直接禁带 1.35	间接禁带 2.26	eV（300K）
本征载流子浓度	2×10^7	2.7×10^6	cm^{-3}
热导率	0.68	1.1	W/(cm·K)（300K）
电子迁移率	小于或等于 5400	小于或等于 250	$cm^2/(V\cdot s)$（300K）
空穴迁移率	200	小于或等于 150	$cm^2/(V\cdot s)$（300K）

InP 半导体材料生长的技术分为两大类：液封直拉（LEC）法和垂直容器（如 VGF 法）[3,24]。和单晶 GaAs 的生长一样，InP 的液封直拉法生长也用 B_2O_3 作为液封剂，生长<100>晶向的单晶。一般来说，液封直拉法的成本低，但存在较大的热梯度，导致晶体生长过程中会存在较大的热应力，使 InP 晶体具有较高的位错密度。在实际晶体生长时，可以通过降低热梯度、减少熔体湍流、消除机械扰动来控制熔体的瞬态温度波动，从而提高 InP 晶体的质量。但是，实现这些晶体生长过程中的控制，将大大提高生长装置的复杂程度。

相比之下，垂直容器法（如 VGF 法）的应力环境优于液封直拉法。籽晶在容器底部，提高了熔体的热稳定性，从而降低了晶体的位错密度。但是，用这种方法生长的单晶 InP 会产生孪晶等问题。在实际晶体生长时，可以通过改进热挡板、控制蒸气压、优化旋转条件、控制化学计量、稳定磁场和控制晶体形状等方法，来实现无孪晶的单晶 InP 生长。需要注意的是，使用这种技术生长的晶向是<111>晶向，生长后的晶体需要额外的晶片处理才能获得<100>晶向的晶圆。

在 InP 晶体生长时，需要同时掺杂。一般采用 Fe 作为掺杂剂，制备的半绝缘 InP 可用来制备微波射频器件；采用 S、Sn、Zn 等掺杂剂，可制备 N 型或 P 型的 InP 半导体材料，用于制作激光器等光电子器件。

不论是用 LEC 法还是 VGF 法生长 InP 晶体，都需要先获得多晶 InP 作为原料。制备多晶 InP 的方法和制备多晶 GaAs 的方法类似，一般采用水平布里奇曼法，用高纯的磷蒸气与熔融高纯铟生成多晶 InP，并通过控制磷的温度来控制 InP 的化学计量比（图 11.24，其中 T_P 是磷区的温度，T_{max} 是合成区的温度，T_{In} 是铟熔融区的温度）。通过 p-T-x 图[25]可以确定固体磷的温度（一般需要保持在约 540℃），并控制 InP 熔体的温度在 1075～1080℃范围内[3]。另一种生长多晶 InP 的方法是通过将磷蒸气直接注入覆盖有 B_2O_3 的铟熔体中合成 InP，该方法可以快速生成符合化学计量比的多晶 InP，但不可避免地会影响多晶 InP 的纯度。

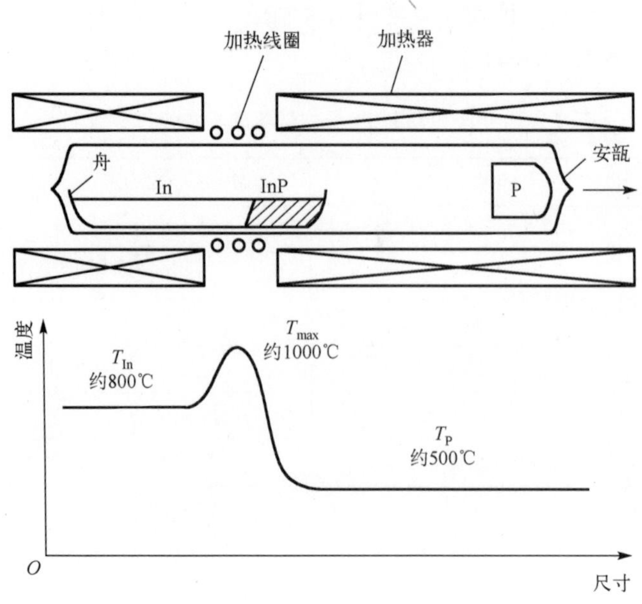

图 11.24 生长 InP 多晶的卧式炉

11.8.2 GaP 半导体材料

磷化镓（GaP）作为间接带隙半导体材料，通过激子发光可实现光电功能，主要用于制作具有中低亮度、低成本的发射红光、橙光和绿光的发光二极管。

GaP 是闪锌矿结构的间接带隙半导体材料，其能带结构示意图如图 11.25 所示。其晶格常数为 5.450Å，禁带宽度为 2.26eV，熔点为 1477℃（表 11.6）。GaP 的化学键是以共价键为主的混合键，其离子键成分的占比约为 20%。未掺杂的单晶 GaP 是橙红色且透明的；随着掺杂浓度的增大，由于自由载流子吸收，晶体的颜色逐渐变暗；不纯的多晶 GaP 呈淡橙色或灰色小块。GaP 无味且不溶于水，与其他Ⅲ-Ⅴ族化合物半导体材料类似，GaP 在其熔点的离解压为 3.9MPa，比 GaAs 半导体材料的生长更困难。

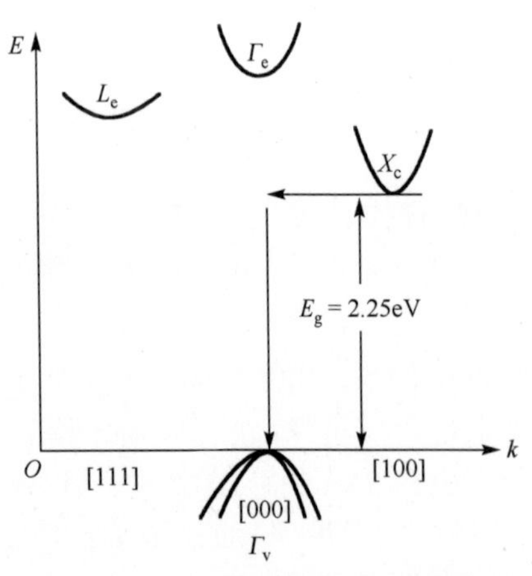

图 11.25 GaP 的能带结构示意图[26]

同 InP 半导体材料一样，GaP 晶体的制备主要采用液封直拉（LEC）法和垂直容器法（如 VGF 法）。相对来说，采用 LEC 法生长的单晶 GaP 的位错密度高，比采用 VGF 法生长的单晶的位错密度高 2～3 个数量级。在 LEC 法生长的单晶 GaP 衬底上，可以外延生长单晶 GaP 薄膜，为了提高外延层的质量，一般需要生长较厚的缓冲层。在采用 VGF 法制备 GaP 晶体时，需要将镓熔体（放置在石墨或氮化硼容器中）加热到 GaP 的熔点以上，将磷源加热到 550～560℃，使得密封的石英管内磷的蒸气压达到 30～35atm。该方法可以生长无掺杂或掺 S 的单晶 GaP 材料，位错密度仅约为 10^2cm^{-2}。

在 GaP 晶体中掺入 Te 或 S 可成为 N 型半导体材料，掺入 Zn 可成为 P 型半导体材料。掺入的这些杂质在禁带中形成一定的杂质能级，导带中的电子和价带中的空穴可通过这些杂质能级进行激子发光，其能量服从激子复合的能量变化。一般而言，基于无掺杂单晶 GaP 的二极管，可以发射绿光（波长约为 555nm）；基于掺 N 的单晶 GaP 的二极管，可以发射黄绿光（波长约为 565nm）；基于掺 Zn 的单晶 GaP 的二极管，可以发射红光（波长约为 700nm）。但是，GaP 二极管的寿命对温度很敏感，在较高电流下的寿命相对较短。

本章主要阐述了Ⅲ-Ⅴ族化合物半导体材料的基本性质和制备方法。Ⅲ-Ⅴ族化合物半导体材料大部分属于直接带隙半导体材料，带隙较大，器件功率和工作温度高，且光电转换效率高，是当今重要的光电器件材料。GaAs 是目前重要的一种化合物半导体材料，也被认为是理想的太阳电池材料；GaN 的禁带宽度大，是蓝光器件的重要材料；InP 的抗辐照性能优于 GaAs，但是价格昂贵、易碎且有毒；GaP 虽为间接带隙半导体材料，但禁带宽度较大，是红光和绿光等发光器件的重要材料。Ⅲ族和Ⅴ族元素在液态时是无限互溶的，它们的化合物在高温时会发生部分离解，且Ⅴ族元素具有较大的挥发性，晶体的生长非常困难。不同于元素半导体材料，用熔体法生长Ⅲ-Ⅴ族化合物晶体需要通过密封容器或采用特殊的办法，比如块体晶体多采用布里奇曼法、液封直拉法生长，单晶薄膜多采用液相外延法及 MOCVD 法等气相外延法。

习　题　11

1．Ⅲ-Ⅴ族化合物半导体材料有哪些特性？如果要获得它们的单晶，建议采用哪些类型的生长方式？

2．以硅半导体材料为参考，GaAs 有哪些特性？

3．用熔体法生长单晶 GaAs 时需要注意什么？

4．和晶体硅不同，GaAs 晶体中的杂质和缺陷情况更加复杂，也更难控制，这是为什么？

5．GaN 基半导体材料有哪些？禁带宽度分别是多少？是直接带隙半导体还是间接带隙半导体？

6．GaN 半导体材料的制备方法有哪些？GaN 半导体材料有哪些应用？

7．InP 和 GaP 半导体材料的制备方法有哪些？

参 考 文 献

[1] 杨树人，王宗昌，王兢．半导体材料[M]. 2 版．北京：科学出版社，2004.

[2] ADACHI S, TU C W. Physical properties of Ⅲ-Ⅴ semiconductor compounds: InP, InAs, GaAs, GaP, InGaAs and InGaAsP[J]. Physics Today, 1994, 47(2): 99-100.

[3] DUTTA P S. 3.02-Bulk growth of crystals of Ⅲ-Ⅴ compound semiconductors[M]//BHATTACHARYA P, FORNARI R, KAMIMURA H. Comprehensive Semiconductor Science and Technology. Amsterdam: Elsevier, 2011: 36-80.

[4] 介万奇．晶体生长原理与技术[M]. 北京：科学出版社，2010.

[5] 王占国，郑有炓．半导体材料研究进展[M]. 北京：高等教育出版社，2012.

[6] KASAP S, CAPPER P. Springer handbook of electronic and photonic materials[M]. Berlin, Heidelberg: Springer, 2017.

[7] 杨德仁．太阳电池材料[M]. 2 版．北京：化学工业出版社，2018.

[8] MADELUNG O. Semiconductors: group Ⅳ elements and Ⅲ-Ⅴ compounds[M]. Berlin, Heidelberg: Springer, 2012.

[9] RUMBLE J R. CRC handbook of chemistry and physics[Z]. Boca Raton: CRC Press, 2021.

[10] NEPAL N, LI J, NAKARMI M L, et al. Temperature and compositional dependence of the energy band gap of AlGaN alloys[J]. Appl Phys Lett, 2005, 87(24): 3.

[11] BERNARDINI F, FIORENTINI V, VANDERBILT D. Spontaneous polarization and piezoelectric constants of Ⅲ-Ⅴ nitrides[J]. Phys Rev B, 1997, 56(16): 10024-10027.

[12] GRZEGORY I, JUN J, BOCKOWSKI M, et al. Ⅲ-Ⅴ nitrides-thermodynamics and crystal-growth at high n-2pressure[J]. J Phys Chem Solids, 1995, 56(3-4): 639-647.

[13] BOCKOWSKI M, IWINSKA M, AMILUSIK M, et al. Challenges and future perspectives in HVPE-GaN growth on ammonothermal GaN seeds[J]. Semicond Sci Tech, 2016, 31(9): 25.

[14] AMANO H, KITO M, HIRAMATSU K, et al. P-type conduction in mg-doped gan treated with low-energy electron-beam irradiation (leebi)[J]. Jpn J Appl Phys Part 2-Lett Express Lett, 1989, 28(12): L2112-L2114.

[15] NAKAMURA S, MUKAI T, SENOH M, et al. Thermal annealing effects on p-type mg-doped gan films[J]. Jpn J Appl Phys Part 2-Lett, 1992, 31(2B): L139-L142.

[16] RESHCHIKOV M A, MORKOC H. Luminescence from defects in GaN[J]. Physica B, 2006, 376: 428-431.

[17] XIN Y, PENNYCOOK S J, BROWNING N D, et al. Direct observation of the core structures of threading dislocations in GaN[J]. Appl Phys Lett, 1998, 72(21): 2680-2682.

[18] GROGER R, LECONTE L, OSTAPOVETS A. Structure and stability of threading edge and screw dislocations in bulk GaN[J]. Comp Mater Sci, 2015, 99: 195-202.

[19] WU X H, BROWN L M, KAPOLNEK D, et al. Defect structure of metal-organic chemical vapor deposition-grown epitaxial (0001) GaN/Al_2O_3[J]. J Appl Phys, 1996, 80(6): 3228-3237.

[20] LILIENTALWEBER Z, SOHN H, NEWMAN N, et al. Electron-microscopy characterization of gan films grown by molecular-beam epitaxy on sapphire and sic[J].J Vac Sci Technol B, 1995, 13(4): 1578-1581.

[21] SMITH D J, CHANDRASEKHAR D, SVERDLOV B, et al. Characterization of structural defects in wurtzite gan grown on 6H SiC using plasma-enhanced molecular-beam epitaxy[J]. Appl Phys Lett, 1995, 67(13): 1830-1832.

[22] HANGLEITER A, HITZEL F, NETZEL C, et al. Suppression of nonradiative recombination by V-shaped pits in GaInN/GaN quantum wells produces a large increase in the light emission efficiency[J]. Phys Rev Lett, 2005, 95(12): 4.

[23] DARGYS A, KUNDROTAS J. Handbook on physical properties of Ge, Si, GaAs and InP[M]. Vilnius: Science and Encyclopedia Publishers, 1994.

[24] MANASREH M O. InP and related compounds[J]. London: CRC Press, 2000.

[25] BACHMANN K J, BUEHLER E. The growth of InP crystals from the melt[J]. Journal of Electronic Materials, 1974, 3(1): 279-302.

[26] ZALLEN R, PAUL W. Band structure of gallium phosphide from optical experiments at high pressure[J]. Physical Review, 1964, 134(6A): A1628-A1641.

[27] PIMPUTKAR S. 11-Gallium nitride[M]//FORNARI R. Single crystals of electronic materials. Cambridge: Woodhead Publishing, 2019: 351-399.

第 12 章　Ⅱ-Ⅵ族化合物半导体材料

Ⅱ-Ⅵ族化合物半导体材料是由元素周期表中的第Ⅵ主族（O、S、Se、Te 等）和第ⅡB族（Zn、Cd、Hg 等）元素组成的材料。早在 19 世纪，人们就发现硫化物和硒化物等材料具有光电导和整流特性，这也是半导体研究的起点。目前 ZnO、CdTe、CdS 和 CuInGaSe 等材料是Ⅱ-Ⅵ族化合物半导体材料的主要代表。

Ⅱ-Ⅵ族化合物半导体材料在室温下的稳定结构主要是闪锌矿或纤锌矿结构。闪锌矿结构的化合物半导体材料主要包括 ZnSe、HgSe、ZnTe、CdTe、HgTe 等，纤锌矿结构的化合物半导体材料主要包括 ZnS、CdS、HgS、CdSe 等。根据元素组成和结构特点，和Ⅲ-Ⅴ族化合物半导体材料类似，Ⅱ-Ⅵ族化合物半导体材料的元素和结构特性导致材料有极化特征，从而影响材料的各种物理性质。

Ⅱ-Ⅵ族化合物半导体材料都是直接跃迁半导体。特别是由 Zn 和 Cd 系组成的化合物半导体材料，其禁带宽度比同一周期的Ⅲ-Ⅴ族化合物半导体材料的禁带宽度大，是典型的宽带隙半导体材料，如 ZnSe 的禁带宽度为 2.71eV，而 GaAs 仅为 1.44eV。另外，在Ⅱ-Ⅵ族化合物半导体材料中，随着组成元素原子序数的增大，禁带宽度逐渐减小，如 ZnS 的禁带宽度大于 ZnSe 的禁带宽度。相较于 Zn 和 Cd 系Ⅱ-Ⅵ族化合物半导体材料，含 Hg 的Ⅱ-Ⅵ族化合物半导体材料的禁带宽度一般较小，如 $Hg_{1-x}Cd_xTe$（MCT）就是典型的窄带隙Ⅱ-Ⅵ族化合物半导体材料。

Ⅱ-Ⅵ族化合物半导体材料相对于Ⅲ-Ⅴ族化合物半导体材料，更容易形成离子键，熔点更高，熔化时的蒸气压也更高，组成它们的元素的单质蒸气压也更高。因此，制备Ⅱ-Ⅵ族化合物半导体材料比制备元素半导体、Ⅲ-Ⅴ族化合物半导体材料都要困难得多。另外，由于Ⅱ-Ⅵ族化合物半导体材料的点缺陷密度大，除少部分可以制备 P、N 两种类型的半导体晶体外，大多数为 N 型半导体材料，且很难通过掺杂改变其导电类型。这意味着多数Ⅱ-Ⅵ族化合物半导体的 P 型掺杂困难，难以实现 PN 结等基本器件结构，这大大限制了Ⅱ-Ⅵ族化合物半导体材料的应用。

和块体Ⅱ-Ⅵ族化合物半导体晶体材料的生长方法不同，Ⅱ-Ⅵ族化合物半导体单晶薄膜生长通常采用常规气相外延法，也可采用特殊的外延生长技术，如热壁外延（HWE）、分子束外延（MBE）、金属有机化学气相沉积（MOCVD）和原子层外延（ALE）等。由于化合物半导体的电学性质和光学性质受到杂质与缺陷的严重影响，因此，Ⅱ-Ⅵ族化合物半导体材料的纯度和质量对其工程应用非常重要，人们已经对高纯度、高质量、大尺寸的宽禁带Ⅱ-Ⅵ族化合物半导体单晶材料开展了基础研究，它们的单晶可以从气相、液相和固相中生长出来，其中熔体生长法最适合生长尺寸较大的块体晶体材料。

本章首先介绍Ⅱ-Ⅵ族化合物半导体材料的基本性质及制备方法，分别说明Ⅱ-Ⅵ族化合物半导体晶体材料和薄膜材料的生长方法，并阐述Ⅱ-Ⅵ族化合物半导体材料的缺陷的性质、特点和表征手段。然后，详细介绍几种重要的Ⅱ-Ⅵ族化合物半导体材料的性质、制备方法和缺陷，包括 CdTe、CdS 和 CuInGaSe。另外，ZnO 也是一种重要的Ⅱ-Ⅵ族化合物半导体材料，它将同其他氧化物半导体材料在第 13 章“氧化物半导体材料”中介绍。

12.1 Ⅱ-Ⅵ族化合物半导体材料的基本性质

Ⅱ-Ⅵ族化合物半导体材料是重要的光电材料，可应用于激光、太阳电池及光调制器等光电领域。多样的元素组成和多种类型的晶体结构，使得Ⅱ-Ⅵ族化合物半导体材料的应用具有多样性[1]。如 CdTe 是制备高效且稳定的低成本电池的材料；宽禁带的 ZnS、CdS 和 ZnTe 是重要的蓝绿光半导体材料；采用 ZnS 薄膜可实现各种面积、各种形状的高效低耗的平面光源；HgCdTe/CdTe 材料在红外成像方面发挥着重要作用，已被应用于国防和勘测等领域。Ⅱ-Ⅵ族化合物半导体材料除可被应用在光电器件领域外，近年来在非线性光学、光折射、声光效应、光加工及光存储等方面也有应用。

Ⅱ-Ⅵ族化合物半导体材料的晶体结构包括闪锌矿结构（图 11.1）和纤锌矿结构（图 11.11）。Ⅱ-Ⅵ族化合物半导体材料在晶体结构上具有极性，这导致许多晶体缺陷也具有极性[2]。大部分Ⅱ-Ⅵ族化合物半导体材料都可以制备成六角的纤锌矿或立方的闪锌矿结构的晶体，这两种类型的化合物的原子间距基本相同。纤锌矿结构的Ⅱ-Ⅵ族化合物半导体单晶材料的解理面主要为$\{0001\}$面或$\{10\bar{1}0\}$面，而闪锌矿结构的单晶材料的解理面则主要为$\{0\bar{1}0\}$面或$\{110\}$面[3-4]。

同Ⅲ-Ⅴ族化合物半导体材料类似，由于两套原子的电负性存在差别，Ⅱ-Ⅵ族化合物半导体材料的化学键属于混合型（含有共价键和一部分离子键），而且其中的离子键比Ⅲ-Ⅴ族化合物半导体材料中的离子键更强。Ⅱ-Ⅵ族化合物半导体材料的熔点较高，并随着两种元素的原子序数之和的增大而减小，如 CdS 的熔点为 1477℃，而 CdTe 的熔点则为 1092℃。Ⅱ-Ⅵ族化合物的化学键和结构的极性影响了Ⅱ-Ⅵ族化合物半导体晶体的性能，例如，高的离子性导致了Ⅱ-Ⅵ族化合物半导体材料的热导率低、晶体生长时固液界面形状难以控制等问题。

Ⅱ-Ⅵ族化合物半导体材料大多是直接带隙半导体材料，意味着它们的本征吸收远大于间接带隙半导体材料，具有较好的光电性质。另外，由于Ⅱ-Ⅵ族化合物半导体材料的离子性增强，其禁带宽度比Ⅲ-Ⅴ族化合物半导体材料的禁带宽度大（图 12.1），且随两种元素的原子序数之和的增大而减小。室温下，CdTe 的禁带宽度最小，ZnS 的禁带宽度最大。同种物质的禁带宽度与晶型有关，如六方 ZnS 的禁带宽度为 3.9eV，而立方 ZnS 的禁带宽度为 3.7eV。

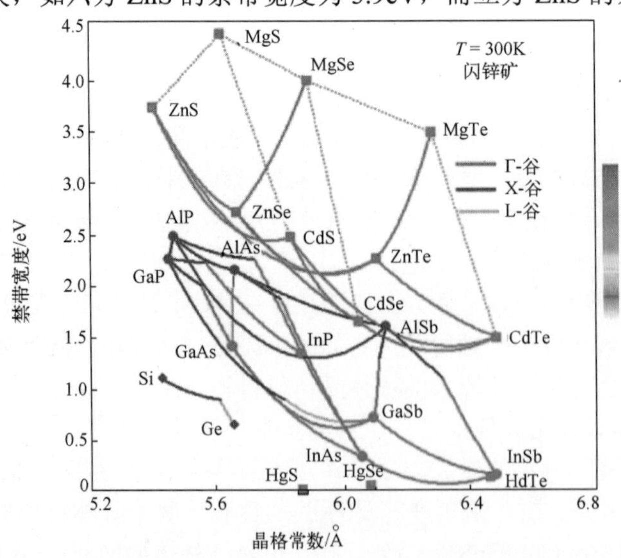

图 12.1 半导体材料的禁带宽度和晶格常数的关系（连接线代表禁带宽度随三元合金成分变化可调节）

Ⅱ-Ⅵ族化合物半导体材料的熔点高，且比相应的组成元素的熔点还要高[5-6]。对于多数高熔点的Ⅱ-Ⅵ族化合物半导体材料来说，在实际晶体生长过程中，要将各组元的气体分压精确地控制在符合化学计量比的狭小范围内是非常困难的。另外，Ⅱ-Ⅵ族化合物半导体材料在熔点处具有较高的蒸气压，各组成元素的蒸气压也高，因此，从熔体中生长Ⅱ-Ⅵ族化合物半导体晶体材料的难度很大。当具有 A、B 两种元素的Ⅱ-Ⅵ族化合物半导体材料在固相和气相处于平衡状态时，其平衡方程为

$$AB(s) \rightleftharpoons A(g) + \frac{1}{2}B_2(g) \tag{12.1a}$$

假设气相中存在 A 原子或分子，以及 B_2 的双原子分子，AB 分子的浓度很小，则上述方程的平衡常数为[7]

$$K_p = p_A p_{B_2}^{1/2} \tag{12.1b}$$

式中，p_A、p_{B_2} 分别是Ⅱ族和Ⅵ族元素的分压。从式（12.1b）可以看出，其中一个组分的分压增大时，另一个组分的分压就会减小。所以，对于熔体中生长的Ⅱ-Ⅵ族化合物半导体晶体材料而言，采用高压气体时可以放宽对气体成分配比的要求，也就是说，高压是实现Ⅱ-Ⅵ族化合物半导体晶体生长的重要途径。

在任何温度下，都有一个最小总压（p_{min}）。在这种情况下，各组分的分压 p_A 和 p_{B_2} 满足如下的关系

$$p_A = 2p_{B_2} = 2^{1/2}K_p^{2/3} \tag{12.1c}$$

在这个条件下，生长的Ⅱ-Ⅵ族化合物半导体符合化学计量比[6]。值得注意的是，虽然已经做了很多Ⅱ-Ⅵ族化合物半导体材料的相图的研究工作，但是仍然缺乏精确的热力学数据。

12.2　Ⅱ-Ⅵ族化合物半导体材料的制备

Ⅱ-Ⅵ族化合物半导体材料的熔点高，在熔点处的蒸气压较高，这就造成了很难从熔体中生长大块的晶体。若要从熔体中生长Ⅱ-Ⅵ族化合物半导体晶体材料，通常需要通过高压或封闭生长设备来实现[8-9]。除此之外，还可以采用液相或气相生长的方法获得块体晶体和薄膜晶体[10-11]，例如，块状晶体的生长可以利用升华法、移动加热法、水热法、布里奇曼法、化学气相输运（CVT）法及物理气相输运（PVT）法等，薄膜晶体的生长可采用液相外延（LPE）法、气相外延（VPE）法。气相外延（VPE）又包括常规的 VPE、热壁外延（HWE）、原子层外延（ALE）、金属有机化学气相沉积（MOCVD）及分子束外延（MBE）等。表 12.1 给出了几种Ⅱ-Ⅵ族化合物半导体材料的生长方法。

表 12.1　Ⅱ-Ⅵ族化合物半导体材料的生长方法[6]

材料	薄膜晶体生长						块体晶体生长			
	LPE 法	VPE 法	HWE 法	ALE 法	MOCVD 法	MBE 法	CVT 法	PVT 法	水热法	布里奇曼法
ZnS	✓	✓		✓	✓	✓	✓	✓		
ZnO					✓	✓	✓		✓	
ZnSe	✓	✓	✓	✓	✓	✓	✓	✓		✓

续表

材料	薄膜晶体生长						块体晶体生长			
	LPE 法	VPE 法	HWE 法	ALE 法	MOCVD 法	MBE 法	CVT 法	PVT 法	水热法	布里奇曼法
ZnTe	✓	✓	✓	✓	✓	✓	✓	✓		✓
CdS		✓	✓	✓	✓	✓	✓	✓		✓
CdSe		✓	✓	✓	✓	✓	✓	✓		✓
CdTe		✓	✓	✓	✓	✓	✓	✓		✓

注：✓ 表示适合。

12.2.1 Ⅱ-Ⅵ族化合物半导体晶体材料的制备

根据相平衡条件，Ⅱ-Ⅵ族化合物半导体晶体材料可以以气相、液相和固相生长。一般情况下，熔体生长法是获得大块晶体最有效的方法。但是，熔体生长法需要使用特殊的封闭容器，这给晶体生长带来了困难[12]。虽然Ⅱ-Ⅵ族化合物的组分具有挥发性，但即使离解后，由于强键的作用，在一定温度和压强下也会重新结合形成化合物。因此，从熔体中生长Ⅱ-Ⅵ族化合物半导体晶体一般采用垂直布里奇曼（VB）法或垂直梯度凝固（VGF）法[13]，也可以采用气相生长的方法，如 PVT 法、CVT 法及升华法，或者采用液相生长的方法，如移动加热法（TMH）等，下面介绍其中主要的几种方法。

1. 垂直布里奇曼法或垂直梯度凝固法

垂直布里奇曼（VB）法的晶体生长速率高，设备简单，可以生长大多数高熔点、高蒸气压的Ⅱ-Ⅵ族化合物半导体晶体材料，如锌和镉的硫属化合物半导体材料。图 12.2 显示了封闭式垂直布里奇曼生长炉及其温度分布，一般在真空密封的生长炉中将原料加热熔化，再凝固为晶体。对于 CdTe 和 ZnTe 等熔点相对较低的Ⅱ-Ⅵ族化合物半导体晶体材料，可以使用石英安瓿作为容器；对于熔点较高、活性较高的硫化物和硒化物等Ⅱ-Ⅵ族化合物半导体晶体材料，可以采用石墨或氮化硼坩埚。在晶体生长时，通过控制生长速率（R）、温度梯度（G）及容器中的气氛来影响固液界面的形状，从而实现对晶体质量的控制，特别是对孪晶及偏离化学计量比的抑制。例如，要利用垂直布里奇曼法生长单晶 ZnSe，实验结果表明 G 和 R 的比值一般为 57～175K·h/cm^2[1]。

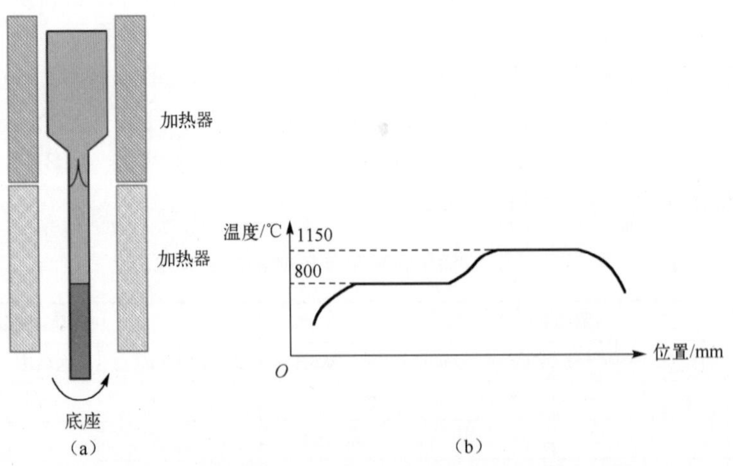

图 12.2 封闭式垂直布里奇曼生长炉及其温度分布[1]

T. Asahi 等人通过类似于垂直布里奇曼（VB）法的垂直梯度凝固（VGF）法的方法成功生长了直径为 80mm、长度为 50mm 的单晶 ZnTe[14]。在该方法中，使用了高压炉和 B_2O_3 覆盖剂来控制化学计量比。对于Ⅱ-Ⅵ族化合物半导体晶体材料的生长，除 ZnTe 及其三元合金外，B_2O_3 会与大部分Ⅱ-Ⅵ族化合物半导体晶体材料发生化学反应，因此液封的方法不适用。

2．升华法（物理气相输运法）

部分Ⅱ-Ⅵ族化合物半导体材料在某一温度和压力下可发生升华。升华法正是利用了Ⅱ-Ⅵ族化合物半导体材料的这一特点，通过升华后再冷凝制备晶体，也称为物理气相输运法（PVT 法）。在晶体生长时，将Ⅱ-Ⅵ族化合物半导体材料的多晶原料放在安瓿的一端，并加热至升华的温度，同时保持安瓿的另一端在较低的温度。安瓿两端的温度差使原料中蒸发的分子最终沉积在安瓿的冷却端，并生长出晶体。因此，通过选择合适的升华温度和沉积速率，可以生长出高质量的Ⅱ-Ⅵ族化合物半导体晶体。

基于“升华法”的基本原理，人们又做了多种技术改进。1961 年，W. W. Piper 和 S. J. Polich 在密闭的安瓿一端开设开放孔，研发出了 Piper-Polich 技术[15]。在晶体长成之前，挥发性的杂质可以从开放孔中流出。随着生长过程的进行，解离升华的化合物半导体材料会在温度较低的开放孔沉积并堵住孔洞，从而有效降低了晶体中挥发性杂质的含量。进一步地，为了更好地控制化学计量比，A. C. Prior 对晶体生长的密闭容器（安瓿）的一端进行了延长，并放置易挥发的组元，用于控制其蒸气压[16]，称为改良的 Prior 技术[18]［图 12.3(a)］。根据式(12.1a)和式（12.1b），如果控制了易挥发组元的蒸气压和温度，就可以实现对晶体的化学计量比的精确控制。目前，升华法（物理气相输运法）可用于生长和制备大尺寸晶体的 CdS、ZnS、ZnTe、ZnSe 等Ⅱ-Ⅵ族化合物半导体晶体材料。

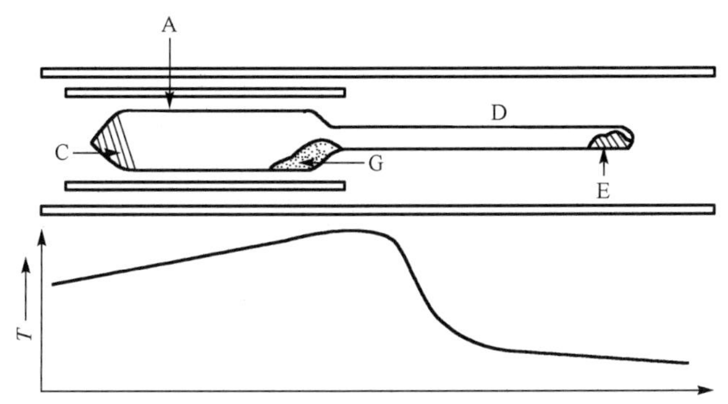

（a）改良的Prior技术示意图。容器 A 有一个延长管 D，用来放置易挥发的组元E，用于控制E的蒸气压。C 和G分别表示单晶和原料

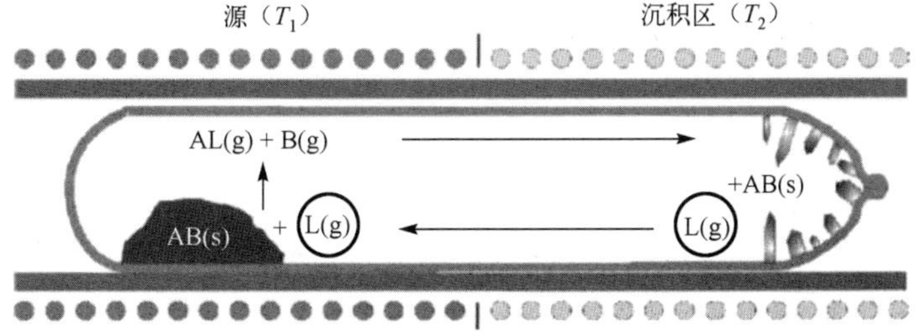

（b）化学气相输运法所采用的具有两温区的密闭安瓿中的反应示意图

图 12.3　生长Ⅱ-Ⅵ族化合物半导体晶体材料的气相外延的两种方法

3．化学气相输运法

同样是气相生长的方法，除了物理气相输运法（PVT 法），也可以通过化学气相输运法（CVT 法）来生长Ⅱ-Ⅵ族化合物半导体晶体材料[19]。最常用的 CVT 法是在具有两个温区的密闭安瓿中进行晶体生长，如图 12.3（b）所示[1]。传输气体（L）与Ⅱ-Ⅵ族化合物的原料（AB）一般在高温区发生正向反应：$AB(s)+L(g) \rightleftharpoons AL(g)+B(g)$；然后在低温区发生相反的反应，并生长出晶体[20]。气态物质向源区进行反向运动，持续供给生长晶体，直到原料耗尽为止。CVT 法制备Ⅱ-Ⅵ族化合物半导体晶体材料常用的传输气体是氢气、卤素（I_2、Br_2、Cl_2）气体和卤化物（HCl、HBr）气体等，对于 ZnS、ZnSe、ZnTe 和 CdS 晶体材料，常用 I_2 作为传输气体[21]。

4．移动加热法

移动加热法（THM）是一种溶液生长和晶体区熔的方法，如图 12.4 所示。在Ⅱ-Ⅵ族化合物半导体晶体材料生长时，位于上部的恒定成分的原料在温度梯度的影响下逐渐溶解，并进入中部的溶剂，然后在下部溶液的另一个固液界面析出，并沉积生长为晶体[22-23]。其晶体生长是通过加热器和液相区的相对运动进行的，一般是通过加热器相对于安瓿缓慢移动来实现的，从而获得合适的温度分布。在温度梯度的影响下，物质的输运通过对流和扩散来实现，最终在溶剂区的下部实现晶体生长。

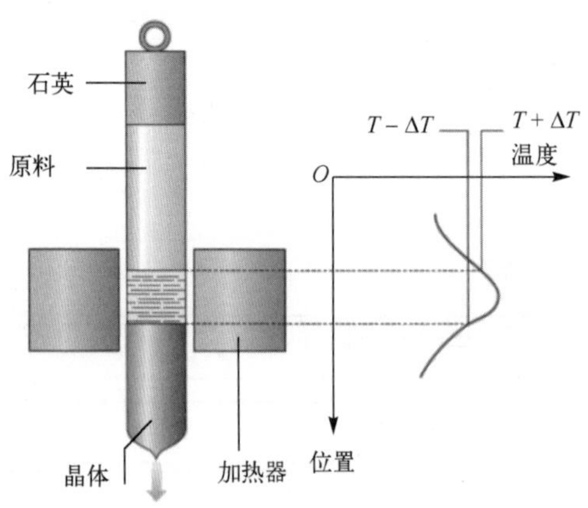

图 12.4　移动加热法（THM）晶体生长示意图[1]

在这种方法中，溶剂应具有低蒸气压和低熔点，同时对Ⅱ-Ⅵ族化合物半导体晶体材料具有高溶解度，而且不引入有害的杂质。例如，以 Te 作为溶剂，可以生长在熔融 Te 中的溶解度良好的碲化物半导体材料；以 $PbCl_2$ 为溶剂，可以生长 ZnSe 晶体；以 PbF_2 为溶剂，可以生长 ZnO 晶体等。这种移动加热法适用于部分二元和三元Ⅱ-Ⅵ族化合物半导体晶体材料的生长，如 CdTe 和 CdZnTe 等[1]，但在硫化物和硒化物半导体晶体材料生长中的应用并不普遍，可能是由于缺乏合适的溶剂。

移动加热法确保了Ⅱ-Ⅵ族化合物半导体晶体材料生长过程中的宏观成分恒定，是生长高质量单晶的最简单可靠的方法之一。这种方法的晶体生长发生在固相线温度以下，具有低温生长的优点，可有效降低杂质污染和缺陷密度，同时溶剂材料还有吸杂的作用。其缺点是晶体生长速率低（甚至每天小于 5mm），而且很难精确控制Ⅱ-Ⅵ族化合物的化学计量比。

12.2.2　Ⅱ-Ⅵ族化合物半导体薄膜材料的制备

除块体晶体材料外，Ⅱ-Ⅵ族化合物半导体薄膜材料也具有应用价值。在晶体衬底上进行同质或异质外延，相对于块体晶体，可以生长缺陷密度更小、载流子浓度更易控制的单晶薄膜，以便制备性能更好的器件。

由于Ⅱ-Ⅵ族化合物半导体晶体材料制备困难、成本高，因此大多数Ⅱ-Ⅵ族化合物半导体材料的外延单晶薄膜利用异质外延生长，显然衬底的选择会影响薄膜材料的质量。和Ⅲ-Ⅴ族化合物半导体晶体材料一样，衬底和单晶薄膜之间的晶格失配、热膨胀系数差异是单晶薄膜缺陷产生的主要原因[24]。

单晶 GaAs 是Ⅱ-Ⅵ族化合物半导体材料异质外延常用的衬底材料之一。从图 12.1 可以看出，GaAs 具有跟 ZnSe 非常接近的点阵常数，因而非常适合作为 ZnSe 外延生长的衬底材料。尽管 CdTe 和 GaAs 在 300K 时的晶格失配达 14.6%、热膨胀失配达 26%，但通过选择合适的生长条件和外延层厚度，仍可制备高质量的 CdTe 外延层[1]。除 GaAs 衬底的异质外延外，还有 ZnSe/Ge、ZnS/GaP、ZnS/Si、ZnTe/InAs、ZnTe/GaSb 等的异质外延[1, 24]。

外延生长Ⅱ-Ⅵ族化合物半导体薄膜材料的方法主要有金属有机化学气相沉积（MOCVD）法、分子束外延（MBE）法、液相外延（LPE）法及热壁外延（HWE）法等。实际上，可用于生长Ⅲ-Ⅴ族化合物半导体的外延方法几乎都可以用来生长Ⅱ-Ⅵ族化合物半导体薄膜材料。

金属有机化学气相沉积法是一种重要的Ⅱ-Ⅵ族化合物半导体薄膜材料的生长方法。只要找到合适的金属有机化合物作为反应物，用 MOCVD 法就几乎可以生长所有Ⅱ-Ⅵ族化合物半导体单晶薄膜材料[25]。自实现 ZnSe 的 MOCVD 法生长以来，已经开发出许多用于生长Ⅱ-Ⅵ族化合物半导体薄膜材料的金属有机化合物[1]，如二甲基锌（DMZn）和二乙基锌（DEZn）等可作为锌源；二甲基硒（DMSe）、二乙基硒（DESe）、甲基烯丙基硒化物（MASe）、二烯丙基硒化物（DAS）、叔丁基烯丙基硒化物（*t*-BuASe）、叔丁基硒化物（*Dt*-BuSe）、甲基硒醇（MSeH）和叔丁基硒醇（*t*-BuSeH）等可作为硒的来源；甲硫醇（MSH）、二乙基硫醚（DES）、二丁基硫醚（DTBS）、叔丁基硫醇（*t*-BuSH）是硫的来源；二甲基镉（DMCd）是镉的来源；二甲基碲化物（DMTe）、二乙基碲化物（DETe）、二异丙基碲化物（DIPTe）是碲的来源。

MOCVD 法使用的金属有机化合物在较低的温度下就可以挥发，因此薄膜的生长温度低。由于所有成分都处于气相，因此可以对气体流速和分压进行精确的控制，从而实现对化学计量比的精确控制，并实现单晶薄膜的高速生长。因此，用 MOCVD 法制备的Ⅱ-Ⅵ族化合物半导体单晶薄膜在纯度和晶体完整性上均优于普通气相外延法制备的单晶[1]。

分子束外延（MBE）法是制备Ⅱ-Ⅵ族化合物半导体单晶薄膜材料的另一种主要方法，它几乎可以外延生长所有Ⅱ-Ⅵ族化合物半导体单晶薄膜材料，特别是生长超薄材料，如量子阱和自组装的半导体纳米结构[1]。早在 1991 年，用 MBE 法已经可以生长 P 型掺杂的 ZnSe，并成功实现了蓝绿光的激光器[26]。Ⅱ-Ⅵ族化合物半导体薄膜的沉积受分子束流和衬底温度的影响。如图 12.5 所示[12]，图中∑Se、∑S 分别表示 Se、S 的各种化学类型的合集。除铍和汞的硫属化合物材料外，大多数Ⅱ-Ⅵ族化合物的平衡分压均远小于组成元素的平衡分压。当吸附在衬底上的分子形成化合物时，平衡分压将变得非常低，可促进化合物的生成。同时，保持各组元的分子束流一致，将生长符合化学计量比的薄膜。

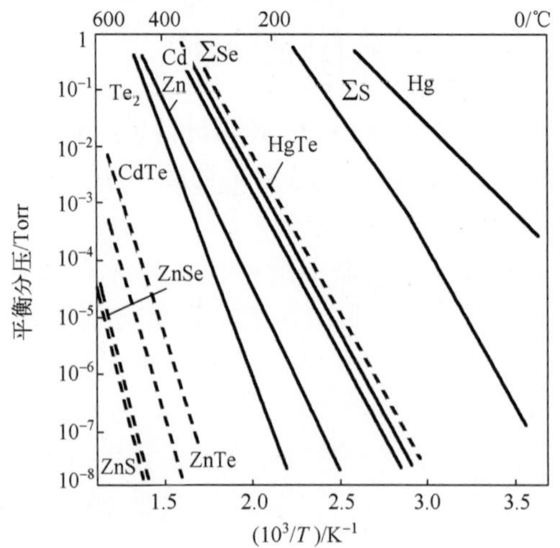

图 12.5　部分Ⅱ-Ⅵ族化合物半导体材料及组成元素的平衡分压同薄膜生长温度的关系[12]

用 MBE 法可以实现Ⅱ-Ⅵ族化合物半导体薄膜材料的低温生长，有利于生长符合化学计量比的薄膜，抑制了薄膜材料与衬底之间的交叉扩散，且生长速率、成分及掺杂浓度可控。但是 MBE 法的生长速率低，不适用于大规模产业化的薄膜生长。如果采用金属有机气体源进行分子束外延生长，则又被称为金属有机分子束外延（MOMBE），它将同时具有 MOCVD 和 MBE 的优点[1]。

热壁外延（HWE）法与常规气相外延（VPE）法不同的是生长室的温度与原料的温度，通过加热容器外壁可阻止或减少材料在容器内部的沉积，因此利用 HWE 法可在更接近热力学平衡的条件下生长薄膜。与常规 VPE 法相比，HWE 法具有成本低、设备简单、生长的晶体杂质和缺陷较少的优点。用 HWE 法已实现了多种Ⅱ-Ⅵ族化合物半导体单晶薄膜的外延生长，如 CdTe、CdS、CdSe、ZnTe[27-28]。但是，大多数 HWE 法的研究都集中在 CdTe 外延层薄膜材料的生长上。

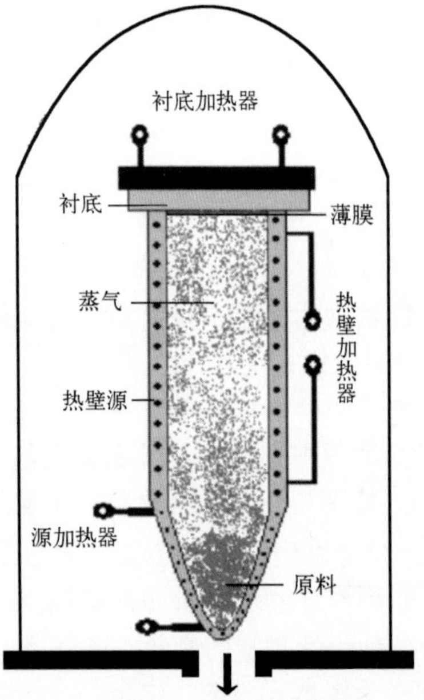

用 HWE 法生长Ⅱ-Ⅵ族化合物半导体薄膜材料的示意图如图 12.6 所示。整个装置处于真空中，原料固定放置在石英管的底部，衬底放置在顶部的开口端，三个电阻分别用于独立加热衬底、原料和管壁。原料和衬底之间的区域称为热壁，它保证了衬底表面的分子流量的均匀性和各向同性。为了更好地控制化学计量比，同 A. C. Prior 的方法类似，在石英管底部增加延长管，用于放置组成的元素[1]。J. Wan 等人使用该优化的 HWE 系统生长了高质量的 CdTe 外延层[29]。

图 12.6　用 HWE 法生长Ⅱ-Ⅵ族化合物半导体薄膜材料的示意图[30]

液相外延（LPE）法可用于生长高质量的Ⅱ-Ⅵ族化合物半导体的外延层薄膜材料。相比于Ⅲ-Ⅴ族化合物半导体薄膜材料的生长，Ⅱ-Ⅵ族化合物半导体的外延层薄膜材料的组元的蒸气压高，其液相外延溶剂的选择更加困难。目前常用的溶剂是 Te，图 12.7 显示了部分Ⅱ-Ⅵ族化合物在 Te 中的溶解度。LPE 的生长设备一般采用倾斜或水平滑动舟式外延炉[31]，它既可以进行Ⅱ-Ⅵ族化合物半导体材料的同质外延，也可以进行异质外延生长。C. Werkhoven 通过 LPE 法在 ZnSe 衬底上生长了高质量的 ZnSe 外延层[32]，除此之外，还可以生长 ZnS、ZnSe 和 ZnTe 等外延层。

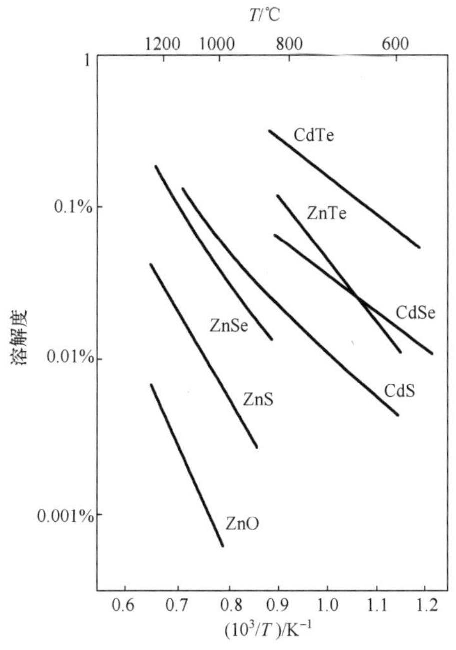

图 12.7　部分Ⅱ-Ⅵ族化合物在 Te 中的溶解度[33]

12.2.3　Ⅱ-Ⅵ族化合物半导体材料的缺陷

Ⅱ-Ⅵ族化合物半导体材料中的缺陷往往比元素半导体和Ⅲ-Ⅴ族化合物半导体材料中的缺陷更多，结构和性质更复杂，对器件性能的伤害更大。在Ⅱ-Ⅵ族化合物半导体材料中，缺陷与掺杂剂、杂质、晶体组分及缺陷本身之间相互作用，产生了自补偿等问题，不仅影响了Ⅱ-Ⅵ族化合物半导体材料的掺杂水平，而且严重影响了材料和器件的电学性质。

在Ⅱ-Ⅵ族化合物半导体材料中，点缺陷不仅会影响材料的导电类型，还会引入深能级复合中心[34]。这些点缺陷包括以空位、间隙及反结构等形式存在的本征点缺陷，以及以间隙或替代形式存在的杂质缺陷[34-35]。在缺陷化学中，常用 Kröger-Vink（克罗格-文克）符号表示缺陷及它们之间的化学反应[36]。用 MX 表示Ⅱ-Ⅵ族化合物半导体材料，M 代表电负性小的原子，X 代表电负性大的原子。同Ⅲ-Ⅴ族化合物半导体材料类似，用 V_M 和 V_X 分别表示 M 和 X 原子产生的空位，用 M_i 和 X_i 分别表示 M 和 X 原子产生的间隙。一般而言，正离子空位 V_M 和负离子间隙 X_i 是受主；负离子空位 V_X 和正离子间隙 M_i 是施主。对于反结构缺陷（表示为 M_X、X_M），M 或 X 相互替代各自的位置需要克服很大的能量，因此，在Ⅱ-Ⅵ族化合物半导体材料中一般可以忽略它们的作用。

Ⅱ-Ⅵ族化合物半导体材料中外来的杂质在晶体中可能处于间隙位或替代位，根据杂质类型的不同，它们可能是施主或受主，还可能是两性杂质（既能成为施主，又能成为受主）。一般ⅢA 族元素（如 Al、Ga、In）替代Ⅱ族原子 Zn 或 Cd 等，形成施主；而卤族元素（如 F、

C、Br、I）往往与 Zn 和 Cd 的空位形成复合体；ⅠB 族元素（如 Au、Cu、Ag）会迅速扩散，成为晶格中的间隙原子，或者替代 Zn 和 Cd 进入晶格，成为受主。当然，有些杂质原子进入Ⅱ-Ⅵ族化合物半导体材料的晶格后，会引入深能级，成为复合中心，造成材料电学性能的下降。例如，P 在硫化物和硒化物中通常会形成深受主能级，As 在 ZnSe 中可能会引入浅受主能级和深受主能级。和其他半导体材料一样，对于有意掺杂、控制晶体材料电阻率和导电类型的掺杂剂，一般选用可以引入浅能级的杂质。

化合物半导体材料中的点缺陷之间的相互作用，可以采用建立在热力学基础上的点缺陷平衡理论来描述。点缺陷平衡理论将点缺陷的平衡与转化过程视为一种准化学反应过程，可以写成化学反应的形式，用质量作用定律，在一定条件下，可以获得点缺陷浓度与化合物组分的蒸气压或温度的关系，由此可以分析点缺陷对晶体性能的影响及如何控制点缺陷。

研究表明，除了可通过改变温度影响点缺陷的浓度，还可以通过改变气相的平衡分压来影响材料的成分从而控制固相中点缺陷的浓度。反过来说，固体中存在的本征点缺陷将造成固体化合物（不含外来杂质）偏离化学计量比。X_i、V_M浓度大时，X 的量就会大于 M 的量，材料的化学计量比就会发生正偏离；反之，M_i、V_X浓度大时，化学计量比会发生负偏离。热力学研究也表明，严格按照理想的化学计量比组成的化合物在热力学上是不稳定的。在实际的晶体生长过程中，可以通过掺杂和改变气相的平衡分压来改变化学计量比的偏离，从而影响材料的电学性质[37]。

Ⅱ-Ⅵ族化合物半导体材料中存在的点缺陷具有不同的电学性质，它们之间可能发生相互补偿。通过自发形成一些与掺杂原子具有相反电荷的本征缺陷来补偿掺杂剂的现象，称为自补偿现象[34]。具体而言，当在材料中掺入施主杂质时，晶体中会产生受主型缺陷和它补偿；当在材料中掺入受主杂质时，晶体中会产生施主型缺陷和它补偿。其中，空位导致的自补偿现象在Ⅱ-Ⅵ族化合物半导体材料中最为明显[38]。研究表明，自补偿程度与化合物材料的禁带宽度（E_g）、空位的形成能（E_v）、空位浓度（C_v）及化学键和原子的半径有关[39]。缺陷形成能越高，自补偿的可能性越小；而禁带宽度越大，自补偿的可能性越大；离子键比例大的化合物更容易自补偿，而且组成元素的离子半径差别越大，越容易自补偿。例如，ZnTe 的禁带宽度大，Zn 的离子半径小于 Te 的离子半径，故易形成 Zn 的空位，电离出空穴。当在 ZnTe 中掺入施主杂质时，自补偿程度强，只能形成 P 型半导体材料；而 CdTe 的禁带宽度相对小，正、负离子半径相近，自补偿程度弱，可形成 N 型或 P 型半导体（两性半导体）。

除了本征缺陷的自补偿现象，掺杂剂的非补偿溶解度低、两性杂质及某些杂质引入深能级等原因，共同造成了Ⅱ-Ⅵ族化合物很难实现两性掺杂[40]，严重影响了Ⅱ-Ⅵ族化合物半导体材料在光电器件领域的应用。1990 年以前，CdTe 是Ⅱ-Ⅵ族化合物半导体材料中唯一可实现 N 型和 P 型掺杂的两性半导体材料，而具有很高导带的Ⅱ-Ⅵ族化合物半导体材料（如 ZnTe）很难实现 N 型掺杂，具有很低价带的硫化物则很难实现 P 型掺杂，如图 12.8 所示[40-41]。

为了实现Ⅱ-Ⅵ族化合物半导体材料的有效掺杂，一般采用非平衡过程的方法[42]，例如，晶体生长过程中的低温掺杂、离子注入掺杂、多个掺杂剂的共掺杂等方法[24, 42]。降低晶体的生长温度，可以减少杂质污染及降低点缺陷的浓度。通过共掺杂的方式可以获得更高的载流子浓度，但是两种以上的元素如何选择，以及它们是如何相互作用从而提高载流子浓度的，则还需要更多的研究。离子注入是一种重要的掺杂技术，原则上掺入的杂质量只依赖于被注入离子的能量和束流，因而可以实现在较低温度下的高浓度掺杂。但是离子注入也会引入其他问题，一方面是在离子注入过程中引起的材料损伤，另一方面是离子注入可能产生的补偿缺陷。

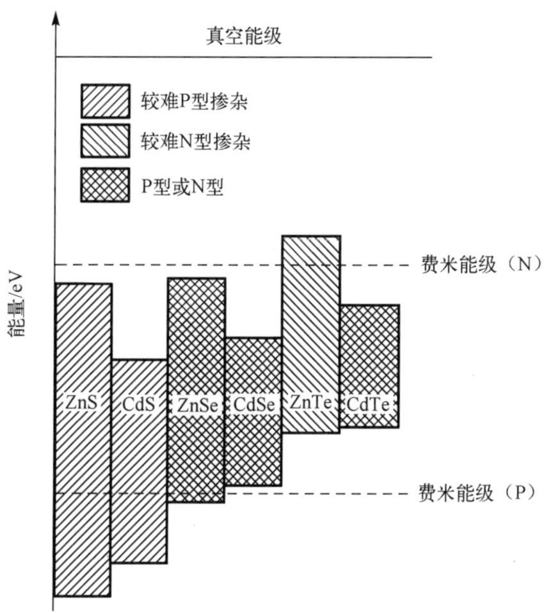

图 12.8 Ⅱ-Ⅵ族化合物半导体材料的能带和导电类型倾向（虚线表示 P 型或 N 型材料被钉扎的费米能级）

12.3 CdTe 半导体材料

12.3.1 CdTe 半导体材料的性质和应用

碲化镉（CdTe）是典型的Ⅱ-Ⅵ族化合物半导体材料，也是为数不多的被大规模实际应用的Ⅱ-Ⅵ族化合物半导体材料。碲化镉是棕黑色的直接带隙半导体材料，其禁带宽度为 1.44eV，熔点为 1092℃，密度为 5.85g/cm^3（表 12.2）。Cd 和 Te 的原子序数分别为 48 和 52，CdTe 的平均原子数 50 是所有Ⅱ-Ⅵ族化合物半导体中最高的。CdTe 具有闪锌矿结构，晶格常数为 6.477Å，以共价键为主且含有部分离子键，在室温下具有很好的化学和热稳定性，不溶于盐酸、硫酸、醋酸，易溶于较浓的硝酸。CdTe 在常温下是相对稳定和无毒的，但是碲和镉是有毒的，对人、动物和环境具有致命影响，且地球上这两种资源十分有限，其中碲是稀有元素。

表 12.2 CdTe 和 CdS 半导体材料的一些物理参数[1, 5]

性　质	碲化镉（CdTe）	硫化镉（CdS）	单　位
晶格常数	6.477 闪锌矿	5.825 闪锌矿 *a* 4.348 纤锌矿 *c* 6.749	Å（300K）
密度	5.85	4.82 闪锌矿	g/cm^3
熔点	1092	1477	℃
沸点	1130	—	℃
禁带宽度	1.44	2.42 纤锌矿	eV（300K）
电子迁移率	1200	350 纤锌矿	cm^2/(V·s)（300K）
空穴迁移率	50	40 纤锌矿	cm^2/(V·s)（300K）
热导率	58.5	200	mW/(cm·K)
热膨胀系数	4.9	4.7	10^{-6}K^{-1}（300K）

在Ⅱ-Ⅵ族化合物半导体材料中，CdTe是独特的存在。CdTe的平均原子数最大，熔点最低，形成焓最小，晶格常数最大，离子性最高。而且，CdTe 是Ⅱ-Ⅵ族化合物半导体材料中少数可以通过掺杂实现N型或P型的两性半导体材料。

CdTe的相图形状比较简单，最高的熔点在化学计量比附近，在相图富Cd和富Te侧的共晶温度分别为321℃和446℃，如图12.9（a）所示。不同于Ⅲ-Ⅴ族化合物半导体材料，CdTe和其他Ⅱ-Ⅵ族化合物半导体材料类似，液相线的最高点几乎都指向化学计量比，而且液相线温度的异常升高是由Ⅱ-Ⅵ族化合物的原子之间的相互作用比Ⅲ-Ⅴ族化合物的相互作用强得多导致的，这是因为离子键对Ⅱ-Ⅵ族化合物中内聚能的贡献大于Ⅲ-Ⅴ族化合物。需要注意的是，严格按照理想的化学计量比的化合物在热力学上是不稳定的，如图 12.9（b）所示，在化学计量比偏离1:1的情况下，富Cd和富Te两侧的浓度范围可能高达0.1at.%[43]。另外，在真空条件下高温处理，CdTe会分解为Cd原子和Te_2分子，其饱和蒸气压比为2:1，根据式（12.1c）可以控制CdTe的化学计量比。

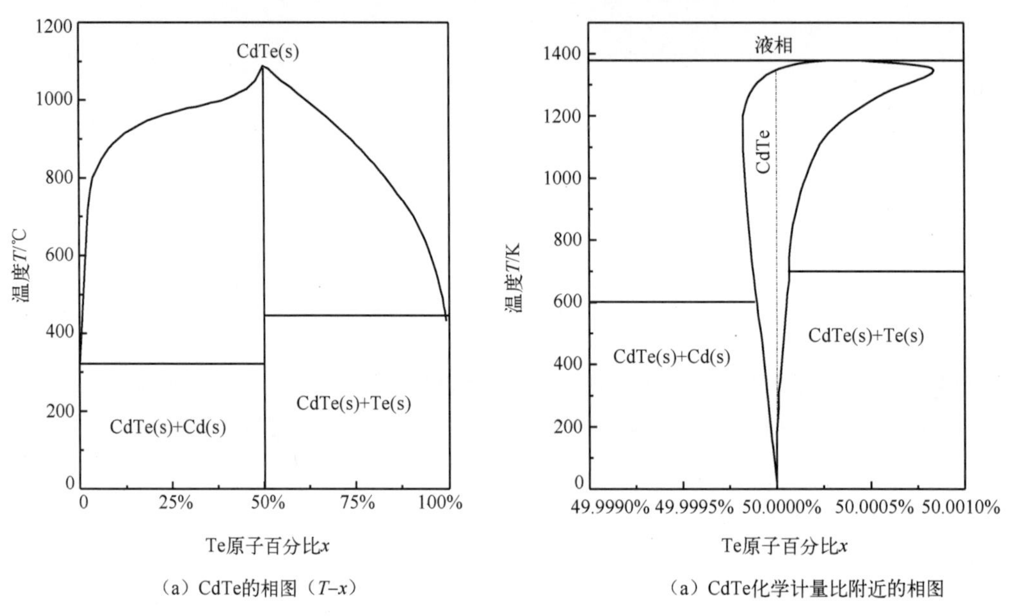

（a）CdTe的相图（T–x）　　（a）CdTe化学计量比附近的相图

图12.9 CdTe的相图

CdTe材料是具有较大带隙的直接禁带半导体材料，对红外线是透明的，但是对于波长小于700nm的光具有很高的吸收系数。在可见光部分，其吸收系数为10^5cm^{-1}左右（图12.10），因此只需要2μm厚度的CdTe薄膜就可以吸收90%以上的太阳光，而在相同的情况下硅需要10μm厚度。

从1890年开始，CdTe材料就已被广泛研究，CdTe的独特性质使得它可被应用于多个领域。CdTe的带隙位于太阳光谱的中间，是理想的光伏材料；CdTe的平均原子数大、带隙宽、输运性质好，适合作为核探测材料；CdTe既有高的电光系数，又有低的吸收系数，可实现高性能的电光调制器和光致折变器件；CdTe作为两性半导体，可实现二极管和场效应晶体管等电学器件。除此之外，CdTe基材料还可实现磁性（如CdMnTe）、红外探测（如CdHgTe）等功能。目前，CdTe的主要用途是作为太阳电池材料和红外光学窗口材料。

CdTe材料存在自补偿效应及高的表面复合速率，导致制作高电导率、浅同质结的CdTe

太阳电池或 PN 结非常困难。通常，人们在 CdTe 表面上生长一层“窗口材料”(厚度为 100～300nm)，可有效减少它的表面复合。因此，人们利用晶体结构与 CdTe 相同、晶格常数和热膨胀系数差异小的 N 型 CdS（CdS 很难制备 P 型）作为 CdTe 的窗口层[44]，可形成异质结薄膜太阳电池（图 12.11）[45]，其理论效率可高达 29%，目前实验室 CdTe 薄膜太阳电池的转换效率已经达到 22%[46]。需要注意的是，CdTe 的功函数（5.7eV）非常高，很难找到高功函数的金属与之形成较好的欧姆接触或较低的肖特基势垒。

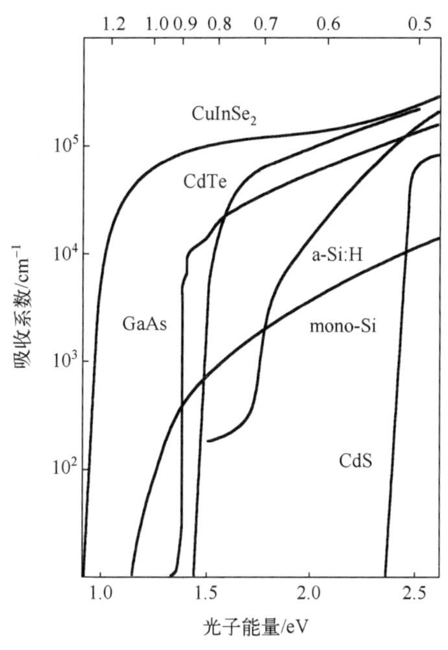

图 12.10　CdTe 材料和其他材料的吸收系数的对比

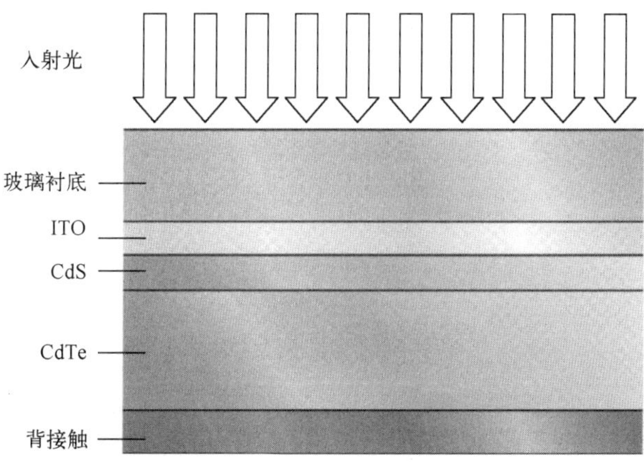

图 12.11　CdTe 异质结薄膜太阳电池结构示意图

12.3.2　CdTe 半导体材料的制备

CdTe 块体晶体和薄膜晶体的生长方法如表 12.1 所示，包括布里奇曼法、化学气相输运（CVT）法、物理气相输运（PVT）法、气相外延（VPE）法、热壁外延（HWE）法、原子层外延（ALE）法、金属有机化学气相沉积（MOCVD）法及分子束外延（MBE）法等方法。

需要注意的是：CdTe 的高离子性导致热导率较低（表 12.2），这意味着难以控制 CdTe 的固液界面的形状。因此，需要通过低温生长、过热生长及强制对流（提高坩埚旋转速度、增大微重力、振动搅拌、增大电场或磁场等）等方式来改善固液界面的形状。

单晶 CdTe 多用于制作红外电光调制器、红外探测器、红外透镜和窗口、γ 射线探测器等。而作为太阳电池的材料，人们发现多晶 CdTe 薄膜太阳电池的效率高于单晶 CdTe 薄膜太阳电池，这可能是因为在 CdTe 的晶界处存在一个势垒，它有助于光生载流子的收集。CdTe 薄膜的制备方法有很多种，如近空间升华（CSS）法、电化学沉积（ED）法、物理/化学气相输运（PVT/CVT）法、丝网印刷（SP）法、溅射（SD）法、MOCVD 法等方法。对于大面积高效率太阳电池用的 CdTe 薄膜，主要采用近空间升华法、电化学沉积法、物理气相输运法和丝网印刷法。

近空间升华（CSS）法是制备 CdTe 薄膜太阳电池的主要产业化方法，它是指在真空中将 CdTe 粉末加热（温度约为 700℃），使之蒸发分解，然后在温度较低的衬底上凝结，从而得到多晶 CdTe 薄膜，其简单的反应方程式为

$$CdTe \rightleftharpoons Cd + Te \tag{12.2}$$

图 12.12 显示了用近空间升华法制备 CdTe 薄膜的示意图，卤钨灯作为加热源分别加热放置于石墨上的衬底和原料（高纯的 CdTe 薄片或粉料），其中，衬底倒置放在石墨托上，以便 CdTe 升华沉积。两石墨间的距离控制在 1～30mm，使原料与衬底之间的距离小于衬底长度的 1/10[47]，这样能使衬底和原料尽量靠近，并减小两者的温度差，从而使薄膜的生长接近理想的平衡状态。通常衬底温度为 550～650℃，而原料的温度比衬底温度高 80～100℃，薄膜沉积速率为 1.6～160nm/s，最高可达 750nm/s。薄膜的微结构取决于衬底温度、原料与衬底温度的梯度和衬底的晶化状态。一般情况下，用近空间升华法只能制备多晶 CdTe 薄膜，晶向大多偏向<111>方向，晶粒是柱状的多晶，大小为数百纳米到数微米[31]。总体来说，近空间升华法具有效率高、设备简单、沉积速度高、Cd 污染小、易于控制等优点，而且制备的薄膜厚度均匀、晶粒大小适当。

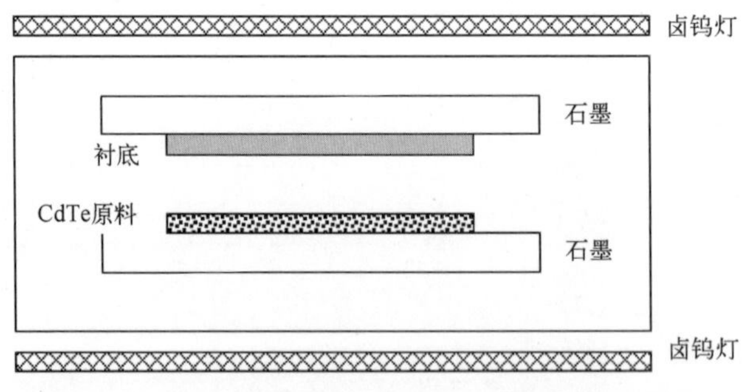

图 12.12　用近空间升华法制备 CdTe 薄膜的示意图[31]

电化学沉积法是指在水溶液中利用阴极电沉积的方法。用电化学沉积法制备 CdTe 薄膜是在含有 TeO_2 的 $CdSO_4$ 水溶液中，一个电极采用石墨，一个电极采用 Te 电极，在镍片表面或表面渡有半导体氧化物（氧化锑）的玻璃表面沉积 CdTe。电化学沉积法存在的问题是 TeO_2 的溶解度低，沉积速率低，不容易制备 P 型 CdTe 薄膜。但是电化学沉积法的设备简单、易控制、易大规模工业化生长，而且制备的薄膜具有最优的组分配比。

在用物理气相输运（PVT）法生长 CdTe 薄膜时，首先将固态的 CdTe 原料放在容器内，

受热而挥发出 CdTe 蒸气，随着传输气体（N_2、Ar、He、O_2 等）传输到衬底表面，过饱和的 Cd 与 Te 沉积在衬底表面从而形成 CdTe 薄膜。在蒸发 CdTe 的同时蒸发单质碲，使得生成的薄膜富 Te，可以获得 P 型 CdTe 薄膜。该方法的沉积速率大，沉积速率主要取决于 Cd、Te_2 的分压和衬底的温度，并能得到与薄膜厚度相当的晶粒大小。但是，用该方法生长 CdTe 薄膜的成本高，在大规模生长中一般不采用。

用丝网印刷法生长 CdTe 薄膜是将含有 CdTc（或 Cd 和 Te 粉末）及助熔剂（$CdCl_2$）的混合浆料透过不锈钢丝网涂敷在衬底上，然后在 600℃左右进行热处理近 1h，从而生长厚度为 15～30mm 的大晶粒薄膜。用丝网印刷法制备的薄膜厚度是用其他方法制备的薄膜厚度的 3～6 倍，热处理时间长，增加了生长成本和时间成本，但是该方法工艺和设备简单，适用于大规模生长。

12.3.3　CdTe 半导体材料的缺陷

除点缺陷外，CdTe 中已知的扩展缺陷包括位错、堆垛层错、晶界和第二相夹杂物等（图 12.13）。CdTe 中最常见的位错是 60° 位错，伯氏矢量 ***b*** = ½<110>，其滑移系为 [110]{111}。同时，CdTe 形成堆垛层错的能量较低，这导致 CdTe 中孪晶和堆垛无序的发生率高；进一步地，CdTe 中孪晶界比随机晶界的形成能更低，这和晶体中离子键比例较高有关[2, 48]。而且，CdTe 在高温下具有强烈的富碲倾向，当存在过量的 Te 时，晶体中不可避免地会出现第二相 Te[2]。

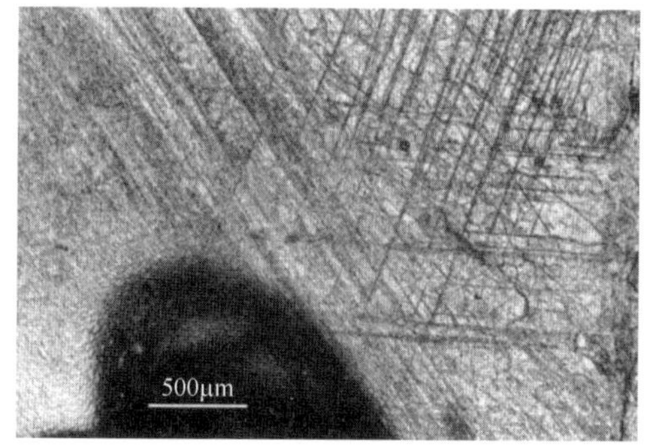

（a）气相生长的CdTe中位错在{111}晶面的滑移带

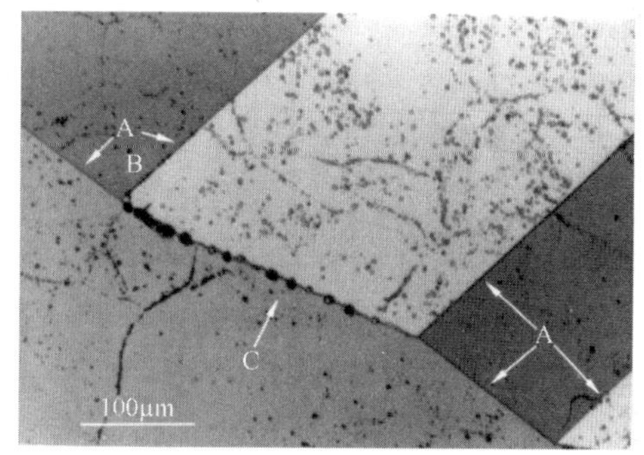

（b）气相生长的CdTe中的孪晶界和随机晶界处Te的夹杂物，图中A和C 箭头所指处是孪晶界

图 12.13　气相生长的 CdTe 中的某些缺陷

CdTe 中主要的本征点缺陷是 Cd 空位（V_{Cd}）和少量的 Te 反结构缺陷（Te_{Cd}），它们会严重影响 CdTe 的电学性质[2]。V_{Cd} 是一种受主缺陷，能级位于 E_v+0.47eV，这说明了未掺杂的 CdTe 属于 P 型半导体；而浓度较小的 Te_{Cd} 是一种施主缺陷，能级位于 E_c−0.75eV[49]。图 12.14 显示了用点缺陷平衡理论预测 700℃时 CdTe 晶体中本征点缺陷浓度与镉分压的关系[2]，图中，RT 表示室温。从图中可以看出，在富 Te 条件下 CdTe 中存在的主要缺陷是 Cd 空位，还可能存在高浓度的 Te_{Cd} 和少量的 Te_{Cd}-V_{Cd} 复合体；而在富 Cd 条件下，预计 Cd_i 是主要缺陷。目前，对于 CdTe 中的点缺陷的认识不是很充分，还需要进行大量的实验和理论研究。

可以通过对 CdTe 晶体掺入不同杂质来获得 N 型或 P 型半导体[31]。当用 In 替代 Cd 的位置时，便形成 N 型半导体材料。如果用 Cu、Ag、Au 替代 Cd 的位置，便形成了 P 型半导体材料。单晶 CdTe 的掺杂浓度可以达到约 $10^{17}cm^{-3}$，但是更高浓度的掺杂及更精确地控制掺杂浓度是非常困难的，特别是对于 P 型 CdTe 材料，这是由 CdTe 具有自补偿效应、Cd 和 Te 的蒸气压不同导致化学计量比难以控制，以及掺杂原子在 CdTe 中的固溶度极低等原因造成的。另外，对于多晶 CdTe 薄膜，由于存在晶界的分凝和增强补偿效应，掺杂变得更加复杂和困难，而且氧和铜等金属杂质也会对 CdTe 材料的掺杂产生影响。

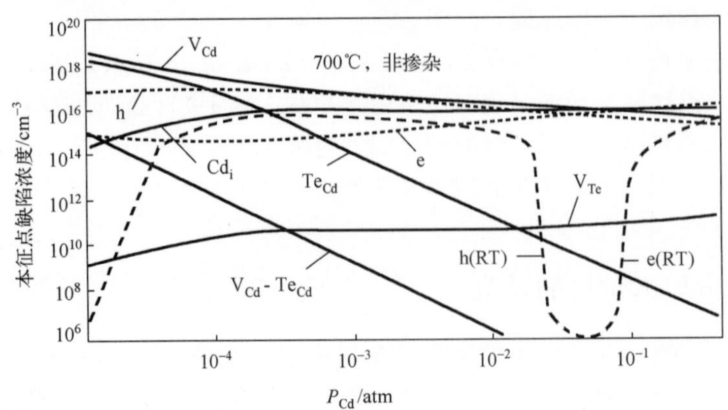

图 12.14 CdTe 晶体中本征点缺陷浓度与镉分压的关系（h 和 e 分别表示电子和空穴）[2]

12.4 其他Ⅱ-Ⅵ族化合物半导体材料

12.4.1 CdS 半导体材料

硫化镉（CdS）是黄色的直接带隙半导体材料（表 12.2），其禁带宽度为 2.42eV，熔点为 1477℃，密度为 4.82g/cm^3，会与酸和氧化剂发生反应[50]。根据生长条件的不同，单晶 CdS 材料（图 12.15）可以具有闪锌矿结构或纤锌矿结构[51]，而且一般呈现 N 型。它在自然界中以两种不同的矿物形式存在，即六方的硫镉矿和立方的硫镉矿，它们都对人和环境有毒。

图 12.15 单晶 CdS 材料的照片

CdS 的常规用途是作为颜料，但是作为半导体材料，它也可被应用在光电器件方面，如太阳电池、γ射线探测器、光电整流器等[45]。此外，硫化镉还可在铜铟镓硒（$CuIn_xGa_{1-x}Se_2$）太阳电池中用作缓冲层。进一步地，CdS 是一种具有光催化活性的半导体材料，可与不同类型的材料形成复合材料，在提高光催化能力的同时降低了光腐蚀效应，被广泛用于紫外探测器、压电晶体、光敏电阻、激光设备和其他红外设备[52]。

单晶 CdS 主要通过气相生长的方法获得，如 CVT 法，少部分从熔体或溶液中生长[6, 53-54]。R. Nitsche 首次实现了在低温下利用碘作为传输气体的 CdS 晶体生长[54]，其主要过程是：高纯的 CdS 原料经过处理（如低热处理）后，与碘一起装入石英安瓿中，抽成真空（约 10^{-6}Torr）后进行密封，再放入两温区的密闭安瓿中［图 12.3（b）］，通过控制生长温度进行升华或蒸发，经过分子扩散在安瓿的低温端从而生长出 CdS 晶体。由于 CdS 的饱和蒸气压高，出于安全原因，需要注意安瓿的厚度。另外，安瓿的大小直接决定了 CdS 晶体的尺寸。研究表明，生长条件（温度、过冷度、碘浓度及容器大小等）不同将导致 CdS 晶体大小和形态（如六角形片晶、空心圆锥形、锥体形及不规则形状等）有很大的不同[55]。通过 CVT 法生长高质量的单晶 CdS，还需要更多的研究来确定最优的生长条件。

CdS 薄膜的制备可采用 MBE 法、MOCVD 法、真空蒸发法、化学水浴（CBD）法、电化学沉积法及丝网印刷法等方法。当制备用于太阳电池的 CdS 薄膜时，化学水浴法具有明显的优势[31]。该方法具有可控性好、均匀性好、成本低等特点，而且生长的 CdS 薄膜晶粒致密、晶粒尺寸大、表面光滑。目前，化学水浴法常用含镉（氯化镉、硫酸镉等）和含硫（硫脲）的材料在氨水等水介质中形成镉离子（Cd^{2+}）和硫离子（S^{2-}），在离子浓度超过水介质的溶解度后，CdS 沉积在衬底上，形成薄膜。通过控制水浴温度、铵盐浓度、缓冲剂及衬底质量，可以实现对薄膜沉积速率、薄膜质量的控制。

12.4.2　CuInGaSe 半导体材料

铜铟镓硒（$CuIn_xGa_{1-x}Se_2$ 或 CIGS）半导体材料是在三元化合物半导体铜铟硒（$CuInSe_2$ 或 CIS）的基础上，使用少量 Ga 替代 In 而形成的。CIS 具有两种同素异形的结构，一种是闪锌矿结构的 δ 相，另一种是黄铜矿结构的 γ 相。δ 相在 570℃以上稳定存在，而 γ 相从室温至 810℃都是稳定的，因此，黄铜矿结构的 γ 相的 CIS 更适合作为太阳电池的材料。进一步地，CIGS 也具有黄铜矿结构（图 12.16），每个 Cu 原子或 In 原子与 4 个 Se 原子进行键合，而每个 Se 原子与 2 个 Cu 原子和 2 个 In 原子进行键合。

CIS 是直接带隙半导体材料，其禁带宽度为 1.02eV（300K 时），光吸收系数较大（当光子能量大于 1.4eV 时，吸收系数达到了 $4\times10^5cm^{-1}$）。通过调整组分 Ga 的浓度，可以使 CIGS 的禁带宽度在 1.02～1.68eV 范围内可调。

CIS 有较大的吸收系数，因此只需要 1～2μm 厚的 CIS 薄膜就可以吸收 99%以上的太阳光；而且 CIS 是直接带隙半导体材料，光电转换理论效率达到了 25%～30%。因此，CIS 被认为是一种具有良好发展前景的、低成本的太阳电池材料。但是，太阳电池材料的最佳带隙约为 1.45eV，因此，人们通过在 CIS 中掺入镓原子可制备成 CIGS 薄膜，使其禁带宽度更加匹配太阳的辐射光谱，从而可以提高光电转换效率。目前，CIGS 薄膜太阳电池的效率达到了 23.4%[57]。

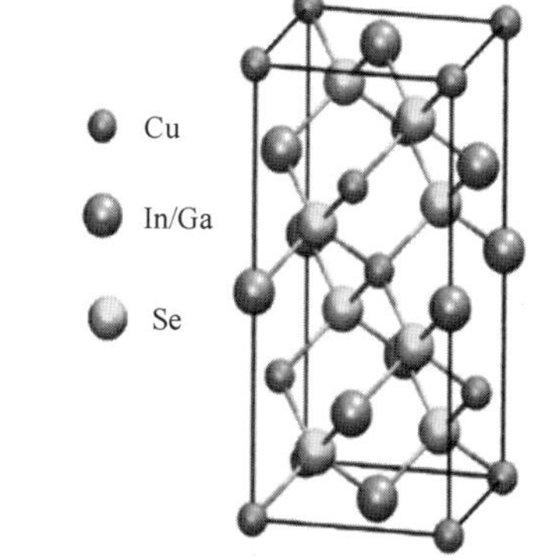

图 12.16　CIS/CIGS 的黄铜矿结构的示意图[56]

典型的 CIGS 太阳电池的结构如图 12.17 所示，包括钠钙玻璃衬底、钼背电极层、P 型 CIGS 吸收层、N 型 CdS 窗口层/缓冲层、高阻的本征氧化锌（ZnO-i）层、掺杂铝的氧化锌（ZnO-Al）层。钠钙玻璃衬底中的钠离子进入 P

型 CIGS 吸收层有助于提高吸收层中载流子的浓度和导电性；钼背电极层可以有效阻止衬底材料中的杂质扩散进入吸收层；几十纳米厚的 N 型 CdS 窗口层/缓冲层不仅与 P 型 CIGS 吸收层形成异质结，还减少了 P 型 CIGS 吸收层与 ZnO-i 层之间带隙和晶格匹配的差异；几百纳米厚的 ZnO-Al 层作为前接触透明导电氧化物（TCO）层可促进光的吸收。其中，厚度为 1～3μm 的 P 型 CIGS 吸收层的质量对电池的性能至关重要。

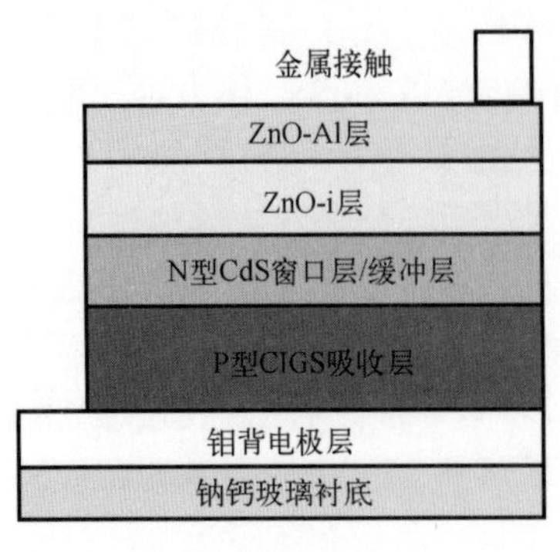

（a）典型的CIGS太阳电池结构的示意图

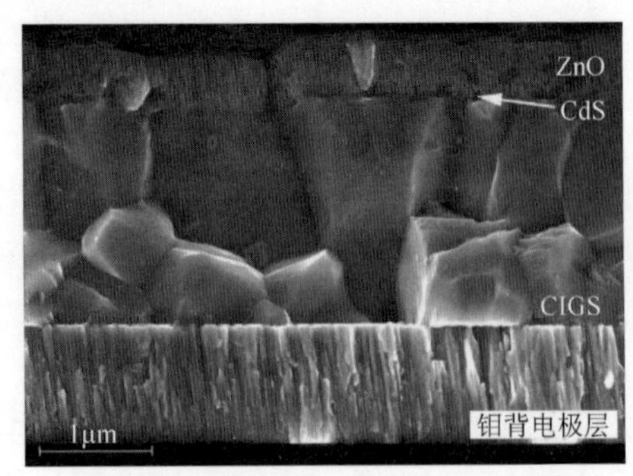

（b）CIGS太阳电池截面的扫描电子显微镜照片

图 12.17　典型的 CIGS 太阳电池的结构

CIGS 薄膜的生长方式主要有两种：共蒸发法和硒化法。共蒸发法是一种物理气相沉积法，是指在真空环境中利用不同的源（Cu、In、Ga、Se）同时或分步蒸发，并在加热的衬底上沉积薄膜。根据蒸发源的不同，共蒸发法可分为单源真空蒸发法、双源真空蒸发法和三源真空蒸发法。根据实现的步骤，共蒸发法又分为一步法、二步法及三步法。其中，用三步法生长的 CIGS 薄膜的质量最好，它的步骤如下[31]：第一步是在较低的温度（350℃）下在 Se 蒸气中蒸发 In 和 Ga，即同时蒸发 In、Ga 和 Se 到衬底上；第二步是在较高的衬底温度（550℃）下，在 Se 蒸气中蒸发 Cu 形成富 Cu 的 CIGS 薄膜；第三步是保持衬底温度，在 Se 蒸气中再次蒸发少量的 In 和 Ga，通过合金化形成 CIGS 薄膜。其中，第三步的蒸发很重要，有利于实现表面 Ga 的梯度分布，减少了载流子的界面复合，从而提高电池的开路电压。同时，通过第三步的处理可以在薄膜表面形成有序缺陷层（在 CdS 界面附近产生贫铜相），为过渡层的镉离子扩散提供空位，方便形成强 N 型的浅埋层，进而改善异质结的界面特性。但是，在共蒸发法中，如何实现对蒸发量的精确控制和大面积均匀沉积是难题。

硒化法包括金属预置层硒化法和固态源硒化法两种方法。金属预置层硒化法是指首先利用蒸发、溅射或电化学沉积法制备 Cu-In-Ga 金属预置层，然后在硒气氛中热处理硒化来制备 CIGS。硒化时，一般用氮气或氢气作为载气对 H_2Se 气体进行输运，同时通过调节衬底温度和 H_2Se 气压来实现硒化反应。金属预置层硒化法由多个简单步骤组成，每个步骤均技术简单、容易控制、工艺相对成熟，但是难以制备梯度可变化的 CIGS 薄膜。然而，H_2Se 气体具有毒性，易燃易爆且制备困难，为了解决这些问题，固态源硒化法得到了关注。固态源硒化法是指利用固态硒颗粒作为固态源，通过热蒸发调节硒气氛，从而使金属预置层实现硒化。这种方法降低了技术成本，提高了安全性，设备和工艺更容易实现，但是这种技术存在一个问题[31]：硒化时，衬底温度需要升高至 550℃以上，此时 Ga 原子可很快迁移到钼电极处以非晶态形式沉积，而并未与硒化合形成 CIGS，导致实际生长的 CIGS 缺 Ga。

总之，Ⅱ-Ⅵ族化合物半导体材料是重要的光电材料，它们是直接带隙半导体材料，具有闪锌矿结构或纤锌矿结构。依据元素组成和结构特点，Ⅱ-Ⅵ族化合物半导体材料具有一定的离子性且晶体的取向有极化特征。Ⅱ-Ⅵ族化合物半导体材料的点缺陷密度大，存在自补偿效应，导致其晶体多数为 N 型，且很难通过掺杂改变导电类型，这在一定程度上限制了Ⅱ-Ⅵ族化合物半导体材料的应用。另外，Ⅱ-Ⅵ族化合物的熔点高，组成元素的蒸气压也较高，且热导率低，导致Ⅱ-Ⅵ族化合物半导体材料比元素半导体材料的制备更加困难。如何实现高纯度、高质量、大尺寸的Ⅱ-Ⅵ族化合物半导体单晶材料的生长，还需要更多的深入研究。而Ⅱ-Ⅵ族化合物半导体薄膜材料（如 CdTe、CuInGaSe 薄膜）是理想的太阳电池材料，它们可与作为窗口层/缓冲层的 CdS 半导体材料形成异质结太阳电池，可以实现很高的光电转换效率。

习　题　12

1. Ⅱ-Ⅵ族化合物半导体材料有哪些特性？
2. Ⅱ-Ⅵ族化合物半导体晶体材料的制备方法有哪些？
3. Ⅱ-Ⅵ族化合物半导体薄膜材料的制备方法有哪些？
4. 什么是两性半导体材料？Ⅱ-Ⅵ族化合物半导体材料为何很难实现两性掺杂？
5. CdTe 是典型的Ⅱ-Ⅵ族化合物半导体材料，它有哪些特点？它是两性半导体材料吗？
6. CdTe 薄膜材料的制备方法有哪些？
7. CdTe 半导体材料的制备方法有哪些？

参 考 文 献

[1] KASAP S, CAPPER P. Springer handbook of electronic and photonic materials[M]. Berlin, Heidelberg: Springer, 2017.

[2] TRIBOULET R, SIFFERT P. CdTe and related compounds; physics, defects, hetero- and nano-structures, crystal growth, surfaces and applications[M]. Amsterdam: Elsevier, 2010.

[3] KIYOSAWA T, IGAKI K, OHASHI N. Vapor phase crystal growth of zinc selenide under controlled partial pressure and its crystal structure[J]. Transactions of the Japan Institute of Metals, 1972, 13(4): 248-254.

[4] MARFAING Y. Self-compensation in Ⅱ-Ⅵ compounds[J]. Progress in Crystal Growth and Characterization, 1981, 4(4): 317-343.

[5] RUMBLE J R. CRC handbook of chemistry and physics[M]. Boca Raton: CRC Press/Taylor & Francis, 2021.

[6] DHANASEKARAN R. Growth of semiconductor single crystals from vapor phase[M]//DHANARAJ G, BYRAPPA K, PRASAD V, et al. Springer Handbook of Crystal Growth. Berlin, Heidelberg:Springer, 2010: 897-935.

[7] RUDA H E. Widegap Ⅱ-Ⅵ compounds for opto-electronic applications[M]. New York: Springer, 1992.

[8] OMINO A, SUZUKI T. Bridgman growth of ZnSe crystals with a pBN crucible sealed in a molybdenum capsule[J]. Journal of Crystal Growth, 1992, 117(1): 80-84.

[9] FUKUDA T, UMETSU K, RUDOLPH P, et al. Growth and characterization of twin-free ZnSe single crystals by the vertical Bridgman method[J]. Journal of Crystal Growth, 1996, 161(1): 45-50.

[10] KOVALENKO N O, NAYDENOV S V, PRITULA I M, et al. 9-Ⅱ sulfides and Ⅱ selenides: growth, properties, and modern applications[M]//FORNARI R. Single Crystals of Electronic Materials. Cambridge:

Woodhead Publishing, 2019: 303-330.

[11] ZAPPETTINI A. 8-Cadmium telluride and cadmium zinc telluride[M]//FORNARI R. Single Crystals of Electronic Materials. Cambridge: Woodhead Publishing, 2019: 273-301.

[12] BHARGARA R. Properties of wide bandgap Ⅱ-Ⅵ semiconductors[M]. London: INSPEC, 1998.

[13] ASAHI T, KAINOSHO K, KOHIRO K, et al. Growth of Ⅲ-Ⅴ and Ⅱ-Ⅵ single crystals by the vertical-gradient-freeze method[M]//CAPPER P, RUDOLPH P. Crystal Growth Technology. Weinheim: Wiley-VCH, 2003: 323-348.

[14] ASAHI T, ARAKAWA A, SATO K. Growth of large-diameter ZnTe single crystals by the vertical gradient freezing method[J]. Journal of Crystal Growth, 2001, 229(1): 74-78.

[15] PIPER W W, POLICH S J. Vapor-phase growth of single crystals of Ⅱ-Ⅵ compounds[J]. Journal of Applied Physics, 1961, 32(7): 1278-1279.

[16] PRIOR A C. Growth from the vapor of large single crystals of lead selenide of controlled composition[J]. Journal of The Electrochemical Society, 1961, 108(1): 82.

[17] PAORICI C, ATTOLINI G. Vapour growth of bulk crystals by PVT and CVT[J]. Progress in Crystal Growth and Characterization of Materials, 2004, 2-41.

[18] AKUTAGAWA W, ZANIO K. Vapor growth of cadmium telluride[J]. Journal of Crystal Growth, 1971, 11(3): 191-196.

[19] PEER S, MICHAEL B, ROBERT G, et al. Chemical vapor transport reactions-methods, materials, modeling[M]//SUKARNO OLAVO F. Advanced topics on crystal growth. Rijeka: IntechOpen, 2013.

[20] BINNEWIES M, GLAUM R, SCHMIDT M, et al. Chemical vapor transport reactions-a historical review[J]. Zeitschrift Für Anorganische Und Allgemeine Chemie, 2013, 639(2): 219-229.

[21] HARTMANN H. Studies on the vapour growth of ZnS, ZnSe and ZnTe single crystals[J]. Journal of Crystal Growth, 1977, 42144-42149.

[22] OHMORI M, IWASE Y, OHNO R. High quality CdTe and its application to radiation detectors[J]. Materials Science and Engineering: B, 1993, 16(1): 283-290.

[23] TRIBOULET R. The travelling heater method(THM) for $Hg_{1-x}Cd_xTe$ and related materials[J]. Progress in Crystal Growth and Characterization of Materials, 1994, 28(1): 85-144.

[24] TAMARGO M C. Ⅱ-Ⅵ semiconductor materials and their applications[M]. Boca Raton, FL: CRC Press/Taylor & Francis, 2002.

[25] MANASEVIT H M. Single-crystal gallium arsenide on insulating substrates[J]. Applied Physics Letters, 1968, 12156-12159.

[26] HAASE M A, QIU J, DEPUYDT J M, et al. Blue-green laser diodes[J]. Applied Physics Letters, 1991, 59(11): 1272-1274.

[27] LOPEZ-OTERO A, HUBER W. CdTe thin films grown by hot wall epitaxy[J]. Journal of Crystal Growth, 1978, 45214-45217.

[28] VAITKUS J, TOMAŠŨNAS R, KUTRA J, et al. Picosecond photoconductivity of CdSe and CdTe thin films [J]. Journal of Crystal Growth, 1990, 101(1): 826-827.

[29] WAN J, KIKUCHI K, KOO B, et al. HWE growth and evaluation of CdTe epitaxial films on GaAs[J]. Journal of crystal growth, 1998, 187(3-4): 373-379.

[30] VENKATACHALAM T, GANESAN S, SAKTHIVEL K. Simulation for deposition of cadmium telluride

thin films in hot wall epitaxial system using Monte Carlo technique[J]. Journal of Physics D: Applied Physics, 2006, 39(8): 1650-1657.

[31] 杨德仁. 太阳电池材料 [M]. 2 版. 北京：化学工业出版社，2018.

[32] WERKHOVEN C, FITZPATRICK B, HERKO S, et al. High-purity ZnSe grown by liquid phase epitaxy[J]. Applied Physics Letters, 1981, 38(7): 540-542.

[33] 杨树人，王宗昌，王兢. 半导体材料[M]. 2 版. 北京：科学出版社，2004.

[34] NEUMARK G F. Defects in wide band gap Ⅱ-Ⅵ crystals[J]. Materials Science and Engineering: R: Reports, 1997, 21(1): 1-46.

[35] WATKINS G D. Intrinsic defects in Ⅱ-Ⅵ semiconductors[J]. Journal of Crystal Growth, 1996, 159(1): 338-344.

[36] HARTSHORN B R. The Red book-nomenclature of inorganic chemistry[J]. Chemistry International-Newsmagazine for IUPAC, 2007, 29(5): 14-16.

[37] TILLEY R J D. Defects in solids[M]. New Jersey: John Wiley & Sons, 2006.

[38] ROCKETT A. The materials science of semiconductors[J]. Materials Today, 2008, 11(5): 53.

[39] MANDEL G. Self-compensation limited conductivity in binary semiconductors. I. theory[J]. Physical Review, 1964, 134(4A): A1073-A1079.

[40] FASCHINGER W, FERREIRA S O, SITTER H, et al. Doping limits in wide gap Ⅱ-Ⅵ compounds[J]. Materials Science Forum, 1995, 182-184, 29-34.

[41] PEARTON S J. Processing of wide band gap semiconductors[M]. New York: William Andrew Publishing, 2000.

[42] DESNICA U V. Wide band-gap Ⅱ-Ⅵ compounds-can efficient doping be achieved?[J]. Vacuum, 1998, 50(3): 463-471.

[43] ZANIO K, POLLAK F H. Semiconductors and semimetals (Cadmium Telluride)[J]. Physics Today, 1978, 31(8): 53-54.

[44] BONNET D, RABENHORST H. New results on the development of a thin-film p-CdTe-n-CdS heterojunction solar cell. proceedings of the Photovoltaic Specialists Conference, 9th, Silver Spring, Md[C]. United States: IEEE, 1972 [1972-01-01].

[45] BöER K W. Cadmium sulfide enhances solar cell efficiency[J]. Energy Conversion and Management, 2011, 52(1): 426-430.

[46] KAPADNIS R, BANSODE S, SUPEKAR A, et al. Cadmium telluride/cadmium sulfide thin films solar cells: a review[J]. ES Energy & Environment, 2020, 10(2): 3-12.

[47] BONNET D, MEYERS P. Cadmium-telluride-Material for thin film solar cells[J]. Journal of Materials Research, 2011, 13(10): 2740-2753.

[48] TRIBOULET R. Fundamentals of the CdTe and CdZnTe bulk growth[J]. physica status solidi(c), 2005, 2(5): 1556-1565.

[49] TRIBOULET R. CdTe and CdZnTe growth[M]. Crystal Growth Technology, 2003: 373-406.

[50] DELIGOZ E, COLAKOGLU K, CIFTCI Y. Elastic, electronic, and lattice dynamical properties of CdS, CdSe, and CdTe[J]. Physica B: Condensed Matter, 2006, 373(1): 124-130.

[51] NELMES R J, MCMAHON M I. Chapter 3 structural transitions in the group Ⅳ, Ⅲ-Ⅴ, and Ⅱ-Ⅵ semiconductors under pressure[M]//SUSKI T, PAUL W. Semiconductors and Semimetals. Amsterdam: Elsevier, 1998: 145-246.

[52] CHENG L, XIANG Q, LIAO Y, et al. CdS-based photocatalysts[J]. Energy & Environmental Science, 2018, 11(6): 1362-1391.

[53] MEDCALF W E, FAHRIG R H. High-pressure, high-temperature growth of cadmium sulfide crystals[J]. Journal of The Electrochemical Society, 1958, 105(12): 719.

[54] NITSCHE R. The growth of single crystals of binary and ternary chalcogenides by chemical transport reactions[J]. Journal of Physics and Chemistry of Solids, 1960, 17(1): 163-165.

[55] MATSUMOTO, KOICHI. Kinetics of the cubic-hexagonal transformation of cadmium sulfide[J]. Journal of The Electrochemical Society, 1983, 130(2): 423.

[56] CHANDRAN R, PANDA S K, MALLIK A. A short review on the advancements in electroplating of $CuInGaSe_2$ thin films[J]. Materials for Renewable and Sustainable Energy, 2018, 7(2): 6.

[57] GREEN M A, DUNLOP E D, HOHL EBINGER J, et al. Solar cell efficiency tables (Version 60)[J]. Progress in Photovoltaics: Research and Applications, 2022, 30(7): 687-701.

第 13 章　氧化物半导体材料

氧化物半导体材料是指由氧元素和金属元素组成的具有半导体性质的氧化物。根据结构和组分，氧化物半导体材料可以分为二元、三元、四元等体系。二元氧化物半导体材料，如氧化锌（ZnO）、氧化镓（Ga_2O_3）、氧化铟（In_2O_3）、氧化亚铜（Cu_2O）、氧化钛（TiO_2）、氧化铁（FeO）等，大多具有强的离子性，带隙较宽，组成相对简单，是多元氧化物半导体的基础。例如，ZnO 和 In_2O_3 具有不同的配位数，掺在一起可形成氧化铟锌（IZO），可作为透明导电电极或半导体器件的有源层。本章主要介绍二元氧化物半导体材料，以下统称为氧化物半导体材料。

与元素半导体材料不同，氧化物半导体材料的化学性质更复杂，微小的化学计量比的偏差可导致导电类型的变化。缺陷和杂质对载流子浓度和迁移率的影响也更加复杂，氧化物半导体材料在非故意掺杂时多为 N 型，且难以实现 P 型掺杂。氧化物半导体材料的离子性强，晶体结构非中心对称，氧离子和金属离子间的电负性差异大，熔点高，制备条件的控制难度大，对大尺寸单晶生长用的坩埚等辅助材料的熔点、抗氧化、耐高温等要求高，因此制备大尺寸氧化物半导体材料单晶非常困难。氧化物半导体材料的禁带宽度较大，对可见光高透明，可应用于透光性较高的半导体器件。

从潜在的大规模应用的角度看，Ⅱ-Ⅵ族的 ZnO 和Ⅲ-Ⅵ族的 Ga_2O_3 这两种氧化物半导体材料很有发展前景，因而备受人们重视。本章将以 ZnO 和 Ga_2O_3 为代表，首先介绍氧化物半导体材料的基本性质和应用，然后阐述其晶体材料和薄膜材料的制备技术与原理，并说明这些氧化物半导体材料中的主要杂质和缺陷的性质。

13.1　ZnO 半导体材料

人类最早使用 ZnO 材料可追溯至罗马时期，主要将其作为制造黄铜（铜锌合金）的原料。工业革命之后，ZnO 材料主要作为工业添加剂，被应用于塑料、合成橡胶、润滑油、油漆涂料、药膏、黏合剂、食品等产品的制作中。1935 年，人们获得第一幅单晶 ZnO 的电子衍射图[1]；1954 年，人们首次报道了单晶 ZnO 的霍尔电导率[2]。从此，单晶 ZnO 半导体得到了人们的关注。到了 21 世纪初，ZnO 半导体材料的研究掀起了高潮，引起了全世界范围内的高度重视；但迄今为止，单晶 ZnO 半导体的 P 型掺杂仍无法稳定实现，因此，ZnO 半导体材料的产业化应用还有待突破。ZnO 半导体材料具有以下显著特点。

（1）禁带宽度大。室温下其禁带宽度为 3.37eV，宽禁带使 ZnO 可以被应用于蓝光到紫外波段的光电器件，如光电探测器、发光二极管（LED）和激光二极管等。宽禁带也使 ZnO 的抗辐照能力强。对抗辐照能力有高要求的器件（如高空或太空用器件）可以选用 ZnO 来制备。

（2）激子束缚能大。ZnO 的激子束缚能约为 60meV，远大于室温离化能（26meV）。较大的激子束缚能使 ZnO 激子在室温甚至更高温度下可稳定存在。激子复合相比电子与空穴的复合具有更高的跃迁振子强度，室温下激子的大量存在使 ZnO 具有更高的光学增益系数。

（3）压电系数大。在压电材料中，晶体形变会产生电势，反之亦然。ZnO 的非中心对称结构和较强的电-力耦合会引起很强的压电效应，所以 ZnO 可被用于制备压电器件。

13.1.1 ZnO半导体材料的基本性质

（1）晶体结构

ZnO晶体具有六方纤锌矿型、立方闪锌矿型和立方氯化钠（立方岩盐矿）型三种结构形式，如图13.1所示。在自然条件下，ZnO晶体的热力学稳定相为六方纤锌矿型（$P6_3mc$空间群），其晶格由两个具有密排六方结构（hcp）的亚点阵构成，两套亚点阵分别由锌原子和氧原子构成且沿c轴方向相对平移$u|c|$而构成纤锌矿结构。其中$u|c|$为沿c轴方向的键长，在理想六方晶胞中，u=3/8=0.375。在六方纤锌矿型结构中，每个锌原子都位于4个相邻的氧原子所形成的四面体间隙中，但只占据其中半数；而氧原子在六方纤锌矿型结构中的排列情况与锌原子类似。氧原子和锌原子通过sp^3轨道杂化，每个原子都形成4个共价键，以四面体键合的方式形成ZnO晶体；锌-氧四面体配位缺少中心对称性，且由于氧阴离子和锌阳离子之间的电负性差异较大，化学键具有一定的离子性，因此六方纤锌矿型ZnO晶体沿着c轴方向具有较强的极性。

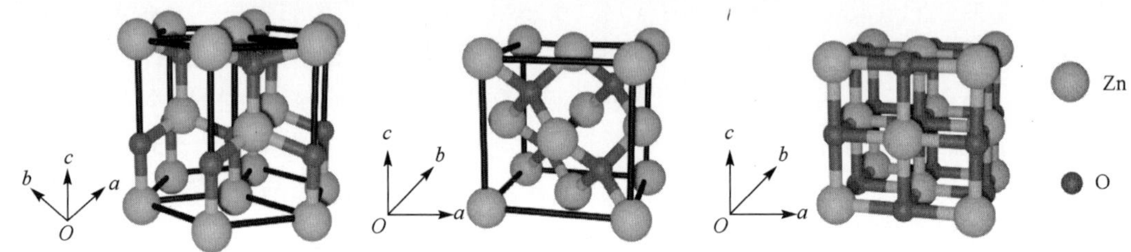

图13.1 ZnO的晶体结构（从左至右分别为六方纤锌矿型、立方闪锌矿型和立方氯化钠型）

室温下，六方纤锌矿型ZnO晶体的晶格常数a = 3.2496Å，c = 5.2042Å，c/a约为1.6，非常接近理想六方晶胞的值（$c/a=\sqrt{8/3}\approx 1.633$）。图13.2给出了不同温度（4.2～296K）下，六方纤锌矿型ZnO晶体的晶格常数a和c的X射线粉末衍射法测量值与四阶多项式的拟合值[3]。从图中可以看到，晶格常数c随温度的升高先基本不变然后明显增大；而晶格常数a随温度的升高先略微减小，而后快速增大。六方纤锌矿型ZnO晶体最主要的三个晶面为(0001)面、$(10\bar{1}0)$面和$(10\bar{2}0)$面，其表面能分别为99eV/nm^2、123eV/nm^{2}和209eV/nm^2。由于(0001)面具有最低的表面能，因此多数情况下，生长的ZnO薄膜晶体都具有[0001]方向的择优取向。

由于六方纤锌矿型结构中有非中心对称的四面体配位，因此ZnO具有非中心对称性，即具有极性。在六方纤锌矿型结构中，通常规定为从O平面指向Zn平面为[0001]方向，即Zn的极性方向；与之相对应，从Zn平面指向O平面为$[000\bar{1}]$方向，即O的极性方向。ZnO晶体结构的非中心对称性，使其加工工艺和性质（如生长、刻蚀、自发激化、热电效应和压电效应）常与极性方向有关。

除六方纤锌矿型结构外，立方闪锌矿型和立方氯化钠型结构是ZnO晶体中常见的亚稳态结构（图13.1），其空间群分别为$F\bar{4}3m$和$Fm\bar{3}m$，其晶格常数分别为4.619Å和4.058Å。根据密度泛函理论计算结果，立方闪锌矿型和立方氯化钠型ZnO的基态能量分别比六方纤锌矿型ZnO的基态能量高0.13eV/atom和0.25eV/atom[4]。立方闪锌矿型ZnO中氧原子（锌原子）也是通过sp^3杂化轨道与临近的锌原子（氧原子）形成4个共价键的，从而以四面体键合的方式形成ZnO晶体。在立方对称性的衬底（如ZnS和GaAs/ZnS）上外延生长的ZnO薄膜晶体通常具有立方闪锌矿型结构。而立方氯化钠型ZnO晶体一般只能通过高压获得。在室温下，当压强达到10GPa左右时，六方纤锌矿型ZnO晶体中的Zn-O化学键的离子性增强，共价性减弱，ZnO 晶体从六方纤锌矿型结构转变为立方氯化钠型结构。此时，最近邻原子从 4 个增加到 6 个，体积缩小 17%。当高压消失时，ZnO 依然会保持在亚稳状态，不会立即重新回到六方纤锌矿型结构[5]。

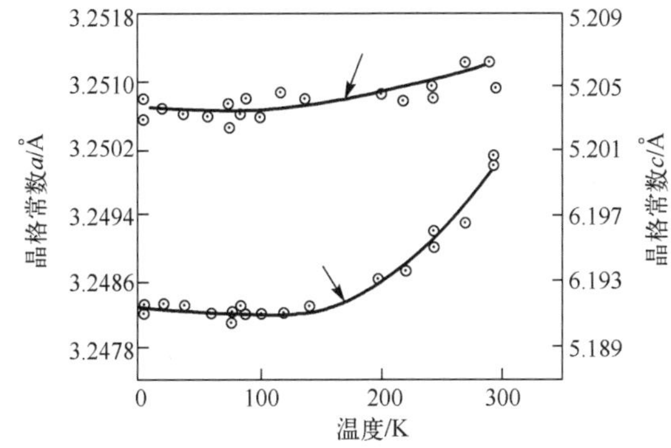

图 13.2　不同温度下六方纤锌矿型 ZnO 的晶格常数 a 和 c 的 X 射线粉末衍射法测量值与四阶多项式的拟合值（分别用数据点和实线表示）[6]

（2）能带结构

六方纤锌矿型和立方闪锌矿型 ZnO 晶体都是直接带隙宽禁带半导体材料，其价带顶和导带底均位于第一布里渊区的 Γ 点。而立方氯化钠型 ZnO 晶体为间接带隙半导体材料，其价带顶和导带底分别位于第一布里渊区的 Γ 点和 X 点。鉴于在 ZnO 的晶型中六方纤锌矿型最常见，接下来将主要介绍六方纤锌矿型 ZnO 晶体。如果没有指明具体晶型，则所述的 ZnO 晶体都是六方纤锌矿型的 ZnO 晶体。

六方纤锌矿型 ZnO 晶体的禁带宽度约为 3.37eV，Zn-4s 和 O-3s 杂化形成了 ZnO 晶体的导带，导带底随波矢 $\boldsymbol{k}$ 的变化较大（$\mathrm{d}^2E/\mathrm{d}k^2$ 较大），因此，ZnO 晶体的电子有效质量较小；Zn-4p、Zn-3d 和 O-2p 杂化形成了 ZnO 晶体的价带，价带顶随 $\boldsymbol{k}$ 的变化平缓，导致较大的空穴有效质量，如图 13.3 所示。ZnO 晶体的自旋-轨道耦合相对较强，在自旋-轨道耦合和晶体场分裂的共同作用下，价带分裂成三个子带，三个子带的有效质量不同，按能量由高到低分别被标记为 A 带、B 带和 C 带。A 带的激子束缚能约为 60meV，高于室温热离化能，可以在室温下稳定存在。

（3）电子迁移率

理想的单晶 ZnO 的本征载流子浓度极低，约为 $10^6\mathrm{cm}^{-3}$，实际上是一种绝缘体[3]。由于一般情况下生长的 ZnO 晶体存在本征或非本征的施主型缺陷，故 ZnO 晶体常呈现 N 型电导，是 N 型半导体材料。

ZnO 半导体材料的载流子浓度、电子迁移率会受温度的影响。图 13.4 展示了用化学气相输运法制备的 ZnO 块体晶体的电子迁移率随温度的变化，其中圆圈为测量值，黑色实线为根据玻耳兹曼方程拟合的曲线[7]。从图中可以看出，在极低温度（如 8K）下，大部分载流子处于“冷冻”状态，电子迁移率主要由跳跃机制决定；随着温度逐渐升高（15～40K），载流子浓度对电子迁移率的贡献增加，电子迁移率在 50K 时接近 $2000\mathrm{cm}^2/(\mathrm{V{\cdot}s})$；随着温度的进一步升高，声子振动加剧，声子对载流子的散射作用增强，电子迁移率逐步减小，在室温时约为 $205\mathrm{cm}^2/(\mathrm{V{\cdot}s})$。此外，不同的制备方法和样品形态，对载流子浓度和电子迁移率亦有较大影响。表 13.1 列举了室温下用霍尔效应测量的 ZnO 块体晶体和薄膜晶体的 X 射线半峰宽、载流子浓度与电子迁移率（μ_H）[3, 7-9]。

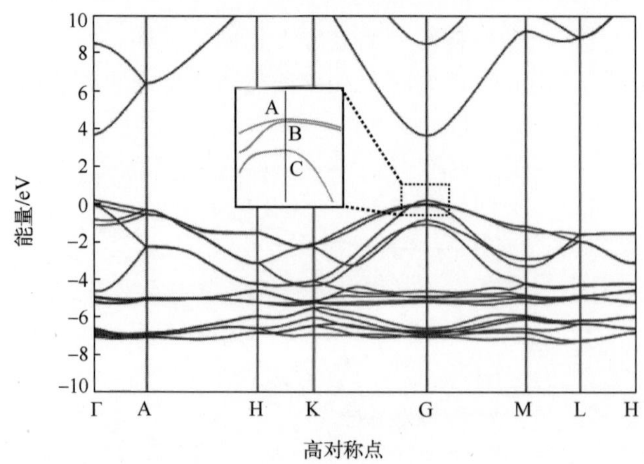

图 13.3 ZnO 晶体沿第一布里渊区高对称点的能带结构图，其中价带顶处的能量为 0eV

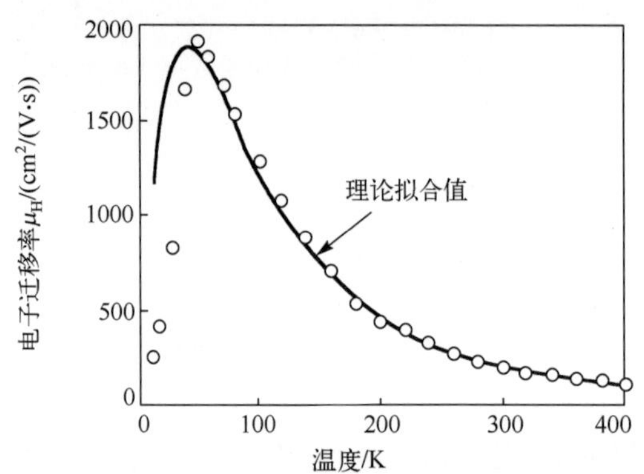

图 13.4 ZnO 块体晶体的电子迁移率（μ_H）随温度（T）的变化

表 13.1 对用不同方法制备的 ZnO 晶体材料用霍尔效应测量的 X 射线半峰宽、载流子浓度和电子迁移率[3, 7–9]

	X 射线半峰宽（晶面）/″	载流子浓度/cm^{-3}	电子迁移率/（cm^2/(V·s)）
ZnO 块体晶体（熔盐法）	49（0002）	5.05×10^{17}（296K） 3.64×10^{16}（77K）	131（296K） 298（77K）
ZnO 块体晶体（水热法）	18（0002）	3.64×10^{13}	200
ZnO 薄膜晶体（蓝宝石衬底激光脉冲沉积法）	151（0002）	2.00×10^{16}	155

ZnO 半导体材料的载流子迁移率也会受到外电场强度的影响。一般情况下，半导体材料中电子的传输可以分为在低电场强度下传输和在高电场强度下传输两种情况：①在外电场强度较低的情况下，电子从外场获得的能量远小于电子的热能，此时的外界电场对电子能量分布不会产生影响，对电子迁移率也不会产生影响，其导电行为遵循欧姆定律；②当外电场增大使得电子从中获得的能量能够与电子的热能相比拟时，电子能量分布函数就远离了其平衡状态，电子的温度超过晶格温度而变成热电子。通常情况下，人们讨论的是 ZnO 晶体在低电场下的电子传输性能。

（4）光学性质

单晶 ZnO 具有高光学折射率（约为 2.0），在可见光波段（400～800nm）有很高的透射率，可达 90%以上。因此，ZnO 薄膜是一种良好的透明氧化物材料，当导电性足够好时，可作为透明电极用于太阳电池、液晶显示等领域。单晶 ZnO 的激子束缚能约为 60meV[3]，这使得单晶 ZnO 具有较强的非线性光学特性，有利于制作光子开关等激子型器件。由于单晶 ZnO 的激子束缚能是室温热能的 2.3 倍[7, 10]，因此激子在室温下能够稳定存在，可以实现室温或更高温度下的激子-激子碰撞诱发的受激辐射。相对于电子-空穴对等离子体受激辐射而言，激子受激辐射所需的激射阈值更低。

光学质量良好的单晶 ZnO 带边发光由几个尖锐的峰组成，其中包括源自自由激子的发光峰、源自束缚激子的发光峰及双电子卫星峰，以及源自施主受主对的发光峰及其声子伴线[3]。在 4.2K 时，ZnO 晶体中的自由激子发光峰位于 3.377eV，束缚激子发光峰位于 3.353～3.367eV。ZnO 晶体中的束缚激子较为复杂，至今已发现 11 种不同来源的束缚激子辐射，其中绝大部分被认为是中性施主束缚激子和电离施主束缚激子，少数为中性受主束缚激子[11-13]。

（5）热学性质

在常见的氧化物半导体中，单晶 ZnO 具有最高的热导率[14]，有利于器件散热。其单晶热导率通常约为 100W/mK，晶体结构的极性与各向异性在热学性质中也有体现。D. I. Florescu 等人就发现单晶 ZnO 的不同极性表面的热导率略有差异[15]。基于声子-声子散射的理论计算显示六方纤锌矿型单晶 ZnO 的热导率具有显著的各向异性，沿 c 轴约为 62.82W/mK，沿 a 轴约为 45.2W/mK[16]。

此外，热处理、掺杂等手段可显著地改变 ZnO 晶体的热导率。研究人员对热处理后的单晶 ZnO 进行扫描热显微测试时发现，在氮气和氢气的混合气氛中退火可将其热导率降低至 46W/mK，而在氮等离子体氛围中热处理可将其热导率提高至 147W/mK[17]。F. C. Correia 等人发现，在利用磁控溅射法制备 ZnO 薄膜时，Al/Bi 掺杂可以把多晶 ZnO 薄膜的热导率从 60W/mK 降低至 29W/mK[18]。

13.1.2 ZnO 半导体材料的器件及应用

ZnO 是制备短波发光二极管（紫外线、蓝光、蓝绿光）的理想材料。ZnO 在 400～2000nm 甚至更大的波长范围内都是透明的，加之其所具有的光电、压电等效应，使其成为光电器件中一种较具潜力的材料。ZnO 半导体器件主要有 LED 和紫外光电探测器。此外，ZnO 也可以用于制备薄膜晶体管、压电器件、气敏器件和压敏器件。

ZnO 晶体可以被用于制备发射短波长光（如紫外线）的 LED。LED 有多种结构，如金属-绝缘体-半导体（MIS）结构、异质结、同质结、PIN 结和多量子阱结构等。由于 ZnO 晶体的 P 型掺杂较难获得，早期的 LED 结构主要为 MIS 结构和异质结。近年来，随着 ZnO 晶体的 P 型掺杂问题的初步解决，同质结 LED 也有较多研究。下面将以 MIS 结构和同质结为例，介绍 ZnO 发光二极管的基本结构和特性。

图 13.5 显示了具有 MIS 结构的 ZnO 发光二极管的示意图及其室温下的发光谱，其中 a、b、c 分别为 ZnO 薄膜的荧光发光谱、LED 在 25mA 工作电流下的发光谱及在 60mA 工作电流下的发光谱，插图为 MIS 结构示意图[19]。该 LED 在制备时，以 As 重掺的 N 型 Si 为衬底，首先在其上面沉积约 300nm 厚的多晶 ZnO 薄膜（其电子迁移率约为 $0.246\text{cm}^2/(\text{V·s})$），然后沉积厚度约为 100nm 的 SiO_x（$x≤2$）绝缘层，最后在 Si 背面和 SiO_x 薄膜上面分别沉积 Au 膜作为电极。ZnO 薄膜的荧光发射主要位于 ZnO 薄膜材料的 383nm 波长处。当 LED 工作时，室温下就能观测到器件主要在 383nm 波长处的发光。

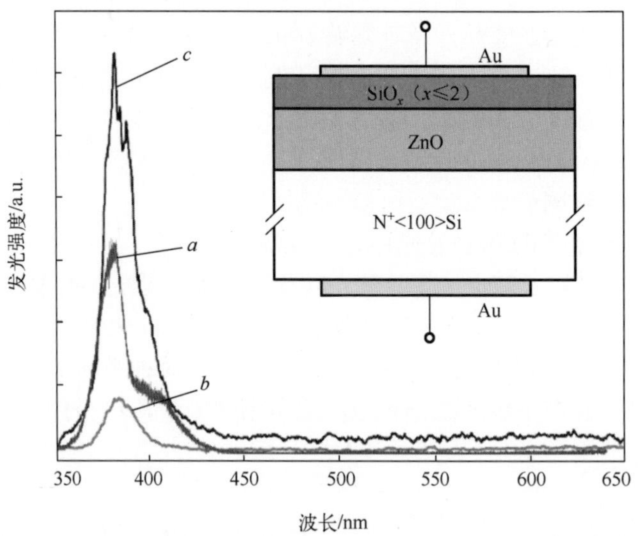

图 13.5 具有 MIS 结构的 ZnO 发光二极管的示意图及其室温下的发光谱[19]

随着 ZnO 晶体的 P 型掺杂研究的不断深入，ZnO 同质结 LED 研究也取得了较大进展，已经可实现在室温下电致发光。图 13.6 是一个 ZnO 同质结 LED 的结构示意图，*I-V* 特性曲线及其在不同工作电流下的发光强度[20]。该器件以 N 型掺杂的单晶 ZnO 为衬底，利用射频等离子体辅助氮掺杂的金属有机化学气相沉积（MOCVD）法生长 P 型单晶 ZnO 薄膜（厚度约为 1μm），In/Zn 电极为 N 型和 P 型层的欧姆接触电极。器件的 *I-V* 特性曲线显示了典型的二极管整流特性，正向开启电压约为 2.3V。当工作电流为 20mA 时，其室温下电致发光的波长主要为 430～600nm，其可能源于氧空位缺陷[20]。当工作电流增大至 40mA 时，其室温下电致发光的波长拓宽至 390～700nm，而且在 375nm 附近出现了 ZnO 的带边发光峰。

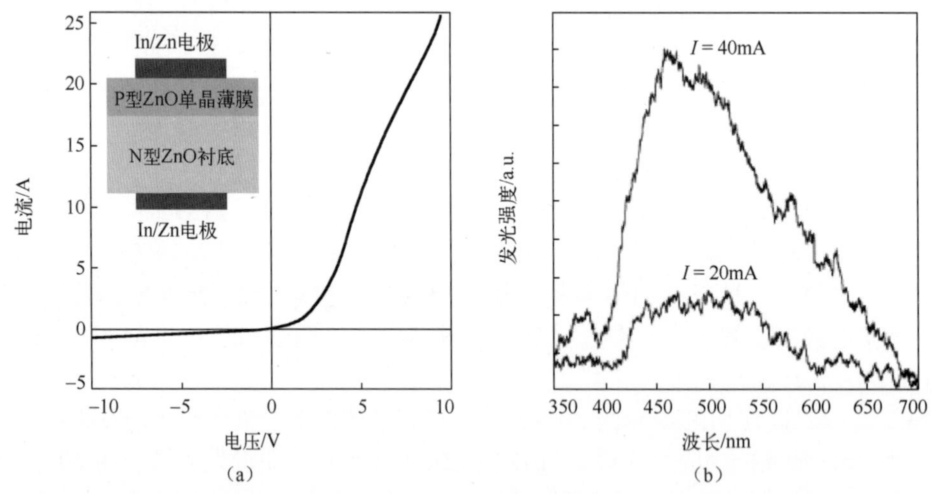

图 13.6 ZnO 同质结 LED 的结构示意图、*I-V* 特性曲线及其在不同工作电流下的发光强度[20]

常见的 ZnO 光电探测器有光电导型光电探测器、肖特基光电二极管、PN 结光电二极管等类型，下面以光电导型紫外光电探测器为例介绍。光电导型紫外光电探测器利用光电效应工作，结构较简单，通常由 ZnO 半导体材料和两个欧姆接触电极构成[21]。当能量大于 ZnO 禁带宽度的光子被 ZnO 吸收后，ZnO 中产生自由载流子，在外加电场下形成光电流。光电流的大小受光照、外加电压、电极距离等的影响，减小电极间的距离或延长载流子寿命，可实现较高的光电导增益，但载流子寿命过长会导致响应速度变慢。值得注意的是，在 ZnO 晶体与电极界面处，很大一部分光电流会被接触电阻以焦耳热的形式消耗，光响应信号减弱，因此低阻值电极的制备对提高光电导型光电探测器的性能非常重要。研究人员曾利用 MOCVD 法生长的氮掺杂 N 型 ZnO 薄膜制备了铝作为电极的光电导型紫外光电探测器[22]，发现当电极之间的间距为 10μm 时，在 5V 偏压下器件对紫外线（如波长为 365nm 的光）的响应度可达约 400A/W。

此外，ZnO 场效应晶体管是 ZnO 半导体材料的重要器件应用方向。ZnO 场效应晶体管可以是全透明的，它们通常使用玻璃、石英或蓝宝石等绝缘透明材料为衬底，以 ZnO 半导体薄膜为活性层，以 Al_2O_3、Si_3N_4 或 SiO_2 等材料为栅绝缘层，以透明导电氧化物薄膜为电极。最后必须指出，ZnO 也是各种压电器件和气敏器件可选用的半导体材料。

13.1.3　ZnO 半导体材料的制备

13.1.3.1　单晶 ZnO 材料的制备

单晶 ZnO 可用助溶剂法、水热法、化学气相输运法等方法制备。

（1）助溶剂法

助溶剂法是利用熔点低的助溶剂使材料在较低温度下形成饱和溶体，通过缓慢冷却或在恒定温度下蒸发溶剂，使溶体过饱和而结晶的方法，该方法适合生长熔点较高的晶体。图 13.7 所示为用助溶剂法生长单晶 ZnO 的生长示意图及光学照片[23]，其以 Mo_2O_3 和 V_2O_5 为助溶剂。但是，在晶体生长过程中，该方法容易在单晶 ZnO 内部引入助溶剂杂质，且单晶 ZnO 在溶体中容易挥发。

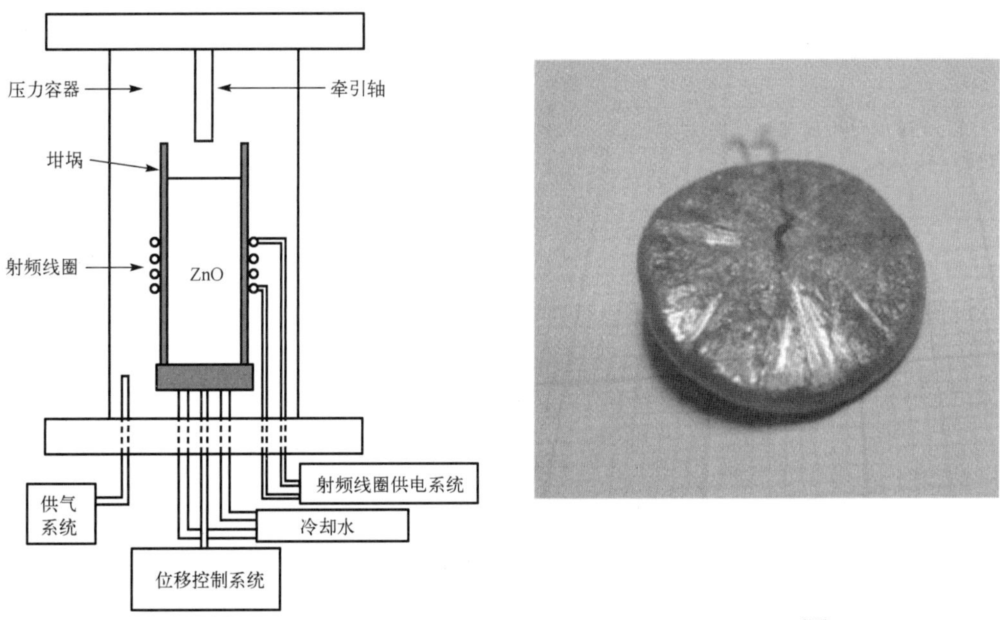

图 13.7　用助溶剂法生长单晶 ZnO 的生长示意图及光学照片[23]

（2）水热法

水热法是利用高温高压的水性溶液使在大气条件下难溶于水的物质溶解或反应，生成该物质的溶解或反应产物，达到一定的过饱和度而结晶、生长的方法。按照物质输运方式的不同，水热法可分为温差法、降温法和等温法三种，其中使用最广泛的是温差法。图 13.8 所示为用水热法生长单晶 ZnO 的示意图[24]及照片[25]，其中 T1、T2、T3 表示热电偶，F1、F2 表示炉体，P 表示压力计。该方法是目前生长单晶 ZnO 较为成熟的方法，可以生长直径较大的单晶 ZnO。但该方法容易在单晶 ZnO 内引入金属杂质，且生长周期长、危险性高，同时需要控制好碱溶液浓度、溶解区和生长区的温度差、生长区的预饱和、元素的掺杂、升温速率、籽晶的腐蚀和营养料的尺寸等一系列参数。

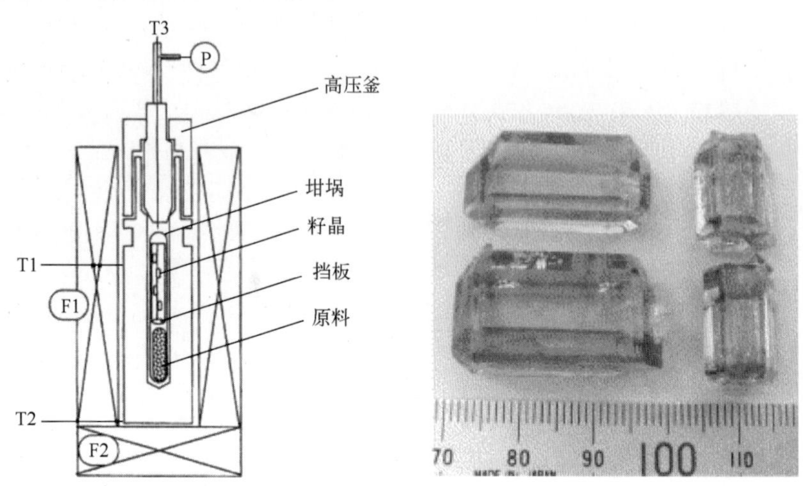

图 13.8　用水热法生长单晶 ZnO 的示意图[24]及照片[25]

（3）化学气相输运法

化学气相输运法是利用蒸气压较大的材料，在适当的条件下，使蒸气凝结成晶体的方法，适合生长板状晶体。图 13.9 所示为用化学气相输运法生长单晶 ZnO 的示意图及光学照片[26]。在单晶 ZnO 生长时，原料区的温度一般控制在 800～1150℃，生长区和原料区的温差控制在 20～200℃，常用的传输气体有 H_2、Cl_2、H_2O、HCl、NH_3、NH_4Cl、Br_2 和 $ZnCl_2$ 等。与水热法和助溶剂法相比，化学气相输运法可以避免杂质对原料的污染，提高了晶体的纯度和质量，但生长过程难以控制。

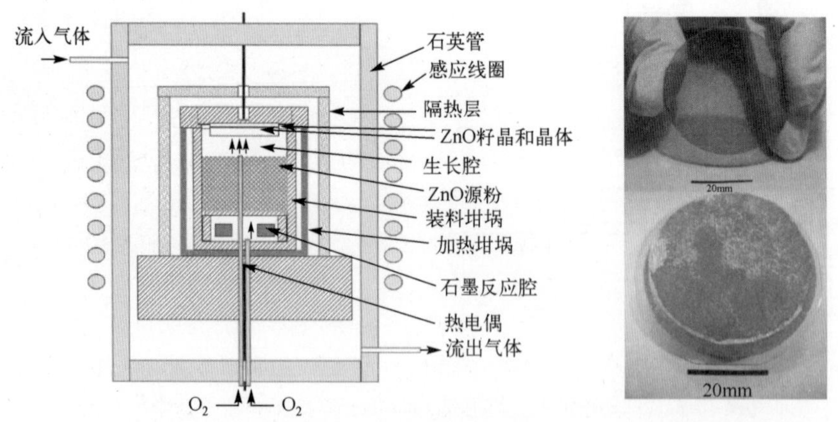

图 13.9　用化学气相输运法生长单晶 ZnO 的示意图及光学照片[26]

利用坩埚下降法、均匀沉淀法、高温氧化法等方法生长单晶 ZnO 也有报道[27]。近年来 单晶 ZnO 生长技术得到了长足的进步，研究者采用多种方法得到了晶体质量良好的单晶材料。目前，商品化的单晶 ZnO 已经可以获得，但其价格昂贵。在保证良好晶体质量的前提下，如何提高单晶 ZnO 的生长效率且降低成本，是一个亟须解决的问题。

13.1.3.2　ZnO 薄膜材料的制备

在 ZnO 半导体材料的研究和应用中，薄膜晶体是其主要的结构形态。ZnO 薄膜材料可以在一个很宽的温度范围（25～1000℃）内生长。低温生长有利于抑制固相外扩散和超晶格层的互扩散，并可以减少生长过程中对薄膜的非故意掺杂；高温外延生长更有可能得到高质量的 ZnO 薄膜材料，但是高生长温度对生长设备提出了更高的要求，另外高温对掺杂和制备异质结构都有不利影响。

ZnO 薄膜材料在不同的衬底上通常沿着[0001]方向优先生长，即具有 *c* 轴择优取向。一般来说，衬底选择主要考虑以下几个因素：①衬底材料的晶体结构与 ZnO 的晶体结构类似；②衬底与 ZnO 之间的晶格失配小；③衬底与 ZnO 的热膨胀系数接近；④衬底的热稳定性和化学稳定性好。单晶 ZnO 衬底是 ZnO 薄膜最好的一种衬底材料，但目前单晶 ZnO 成本高且尺寸相对较小，因此，大部分 ZnO 薄膜生长仍采用异质外延的方法，常用的衬底包括 Si、GaN 和蓝宝石等。

ZnO 薄膜材料具有较好的成膜性，常用的半导体材料薄膜制备技术均可以用来生长 ZnO 薄膜晶体，如金属有机化学气相沉积、分子束外延、脉冲激光沉积、磁控溅射、原子层沉积、热蒸发、喷雾热分解和溶胶-凝胶等。通常工艺下，制备的 ZnO 薄膜是晶向为[0001]的多晶薄膜；单晶 ZnO 薄膜的制备需要精确的晶体生长工艺。

金属有机化学气相沉积（MOCVD）法由于在生长效率、大面积均匀性、掺杂灵活性、制备多层结构和生产成本等方面具有综合优势，因此在半导体领域得到广泛应用，也是生长 ZnO 薄膜材料的主要技术。在生长 ZnO 薄膜材料时，二甲基锌和二乙基锌是常用的锌源，O_2、N_2O 和 NO_2 是常用的氧源，常用的掺杂源有二乙基镉、环戊二烯基镁、三甲基铝和三甲基镓等。

在用分子束外延（MBE）法生长 ZnO 薄膜材料时，高纯度的金属 Zn 蒸气来自喷射炉的蒸发，因此喷射炉的温度是控制 Zn 流量的最重要因素之一；而高纯度的 O_2 是反应的氧源，通常采用电子回旋共振装置或等离子体射频装置提高其活性。

在用脉冲激光沉积（PLD）法生长 ZnO 薄膜材料时，激光轰击 ZnO 靶材，将 Zn、O 原子、分子及其团簇从靶材表面剥离、汽化，然后沉积到具有一定温度的衬底上而形成 ZnO 薄膜材料。用脉冲激光沉积法制备 ZnO 薄膜材料的优点在于易制备超薄薄膜和多层结构、靶材更换方便、实验方案灵活多变、可实时掺杂、沉积速度可调等，而且脉冲激光沉积法的高能量密度和快速非平衡的特点使其在 ZnO 薄膜材料的 P 型掺杂研究中具有独特的优势。

13.1.4　ZnO 晶体的缺陷与杂质

13.1.4.1　点缺陷

ZnO 晶体中的点缺陷可分为空位、间隙原子和反位缺陷三类。其中，氧空位（V_O）、间隙锌（Zn_i）和锌反位（Zn_O）是施主型缺陷；锌空位（V_{Zn}）、间隙氧（O_i）和氧反位（O_{Zn}）

是受主型缺陷。图 13.10 所示为采用第一性原理杂化泛函计算出的 ZnO 晶体中本征点缺陷的形成能、价态转变能级示意图[28]。图 13.10（a）中，横坐标为费米能级（零点为价带顶 E_v），纵坐标为形成能。每条线段都代表一种缺陷的价态，线段之间的拐点代表缺陷的价态转变能级位置。例如，当费米能级位于 E_v 到 E_v+2.2eV 之间时，V_O 的价态是 2+；当费米能级位于 E_v+2.2eV 到导带底（E_c）之间时，V_O 的价态是 0，其 2+价至 0 价的价态转变能级，即 $\varepsilon(2+/0)$ 为 E_v+2.2eV。从图 13.10 中可以得到有关 ZnO 晶体中本征点缺陷的基本性质，如缺陷的最稳定价态、缺陷的价态转变能级位置和缺陷的形成能随化学势的变化。

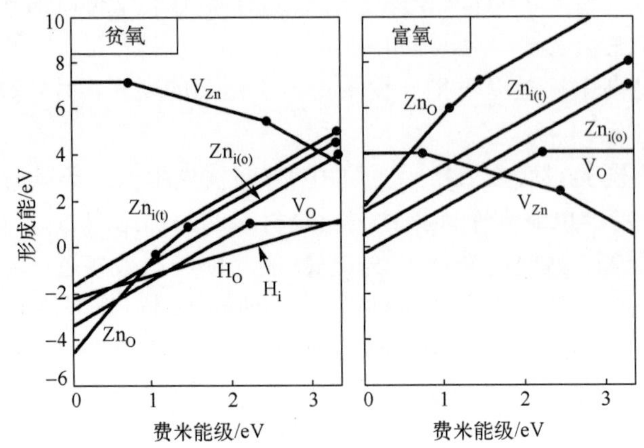

（a）采用第一性原理杂化泛函计算出的ZnO晶体中本征点缺陷的形成能

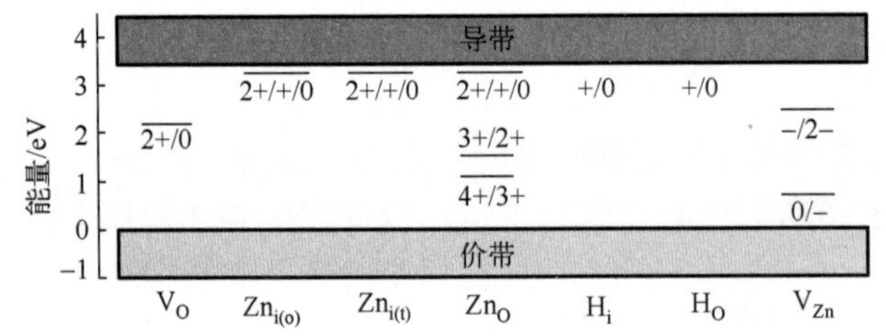

（b）ZnO晶体中本征点缺陷的价态转变能级示意图[28]

图 13.10 采用第一性原理杂化泛函计算出的 ZnO 晶体中本征点缺陷的形成能、价态转变能级示意图

（1）空位

V_O 是 ZnO 晶体中主要的施主型缺陷。当费米能级位于价带顶（E_v）到 E_v+2.2eV 之间时，V_O 的价态是 2+；当费米能级位于 E_v+2.2eV 到导带底（E_c）之间时，V_O 的价态是 0。其缺陷的价态转变能级 $\varepsilon(2+/0)$为 E_v+2.2eV[28]。V_O 在任何费米能级位置都不存在 1+价态，说明 V_O 呈现出负 U[Hubbard（哈伯德）模型中的电子库仑排斥强度]特性。由于 V_O 的 $\varepsilon(2+/0)$能级较深，因此其并不是非故意掺杂时 ZnO 晶体呈 N 型导电的原因。关于非故意掺杂时 ZnO 晶体呈 N 型导电的原因一直存在争论，目前认为主要有三种来源：亚稳定的浅施主 V_O、复合缺陷 Zn_i-V_O、非故意掺杂氢。关于这点，我们将在后面详细介绍。对于 P 型 ZnO 晶体，费米能级靠近价带，V_O 主要以 2+价态存在，并且其形成能在富氧条件下接近零，在贫氧条件下为负值，很容易形成，从而造成对空穴的强烈自补偿效应，限制 ZnO 晶体的 P 型掺杂。

V_{Zn} 是 ZnO 晶体中主要的受主型缺陷。V_{Zn} 的两个受主能级 $\varepsilon(0/-)$和 $\varepsilon(-/2-)$分别位于 E_v+0.7eV 和 E_v+2.4eV。V_{Zn} 能级较深而且它在 P 型 ZnO 晶体中的形成能很高，因此 V_{Zn} 不太可能对 ZnO 晶体的 P 型导电有贡献。

（2）间隙原子

ZnO 晶格中过量的氧原子以间隙氧存在，它处于晶格的八面体或四面体间隙位置。处于四面体间隙位置的 O_i 是不稳定且不具有电活性的，而当 O_i 处于八面体间隙位置时，它是一种受主。因此，O_i 既可在半绝缘或 P 型 ZnO 晶体中处于四面体间隙位置，不具有电活性；也可在 N 型 ZnO 晶体中处于八面体间隙位置，作为深受主。但是，这两种情况下 O_i 的形成能非常高（除非在极端富氧条件下），因此，O_i 的浓度很低。

Zn_i 同样位于晶格的八面体或四面体间隙位置，从能量的角度 Zn_i 更倾向于占据八面体间隙位置。Zn_i 是一个浅施主，其缺陷能级 $\varepsilon(2+/+/0)$ 紧靠导带。但由于 Zn_i 有较高的形成能，因此其浓度有限，并不能提供大量的自由电子。

（3）反位缺陷

对于 O_{Zn}（氧原子占据锌原子位置）和 Zn_O（锌原子占据氧原子位置）这两种反位缺陷，目前只有理论计算的结果，很少有实验方面的报道。通常认为，它们的形成能都非常高，因此在平衡态下不太可能存在。

13.1.4.2　位错与层错

在单晶 ZnO 中，位错和层错是最常见的两种缺陷。对于位错而言，在单晶 ZnO 中，螺位错和刃位错这两种位错均可观测到，其位错密度及位错类型与单晶生长方法密切相关。图 13.11 所示为用水热法生长的单晶 ZnO 中位错的 X 射线形貌图和化学腐蚀后的光学显微镜照片[29]，从图中可以观察到位错，其位错线沿 c 轴方向。其中，图 13.11（a）、（b）为沿 $(10\bar{1}0)$ 面切割单晶 ZnO 的 X 射线形貌图，图中 D、GS、I 和 S 分别代表位错、生长截面、包裹体和划痕；图 13.11（c）为沿(0001)面用稀释乙酸（30%乙酸，70%水）在室温下腐蚀单晶 ZnO 后的光学显微镜照片，其中六方形缺陷图形为位错腐蚀坑[29]。

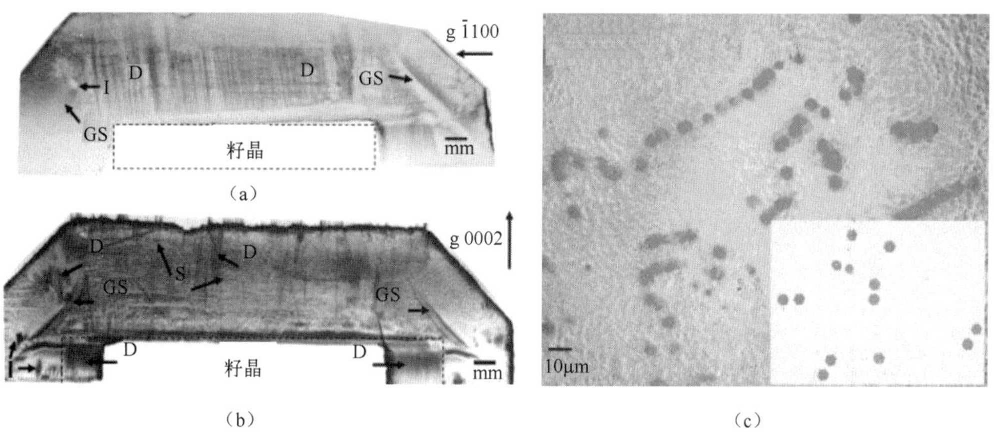

图 13.11　用水热法生长的单晶 ZnO 中的位错

在单晶 ZnO 薄膜中，单错排层的层错是最常见的缺陷之一。在单晶 ZnO 薄膜生长过程中，衬底的温度一般较低（400℃左右），生长速率较高，因此 Zn、O 原子无法及时扩散到平衡位置，处于低能量的亚平衡位置，最终形成了堆垛层错。在单晶 ZnO 薄膜的生长过程中，如果层错处的原子面在平面方向继续生长，层错将扩展到整个薄膜晶体；如果层错终止于薄膜晶体内部，便在层错边缘处形成不全位错。由于层错改变了晶体结构中原子的堆垛次序，从而使原子次近邻配位数改变而最近邻配位数保持不变，因此层错是低能量的面缺陷，极易形成。通过热处理可以减少单晶 ZnO 薄膜中的层错，这主要是由于在处理过程中部分原子越过了能垒，产生了原子与空位的扩散、移动，导致一些位错相互抵消或滑移到晶界处而消失。总体说来，目前人们对单晶 ZnO 中的位错和层错的认识比较有限。

13.1.4.3 杂质

（1）非故意掺杂

非故意掺杂时 ZnO 晶体为 N 型导电，V_O 虽然是施主缺陷，但是由于其较深的能级位置并不能提供大量的电子，因此 V_O 并不是非故意掺杂时 ZnO 晶体具有 N 型导电特征的原因。有研究人员曾报道了一种亚稳态的 V_O，它可以作为浅施主[30]。也有人提出，由于 Zn_i 和 V_O 缺陷能级波函数的对称性一致，Zn_i 和 V_O 缺陷能级之间存在强烈的库仑排斥作用，随着 V_O 浓度的增大，具有浅施主能级的 Zn_i 浓度也增大，从而导致 ZnO 晶体具有 N 型导电特征[31]。非故意掺杂的氢（H）也可能是 ZnO 晶体呈现 N 型导电的原因。作为一种单晶 ZnO 生长环境中极难去除的杂质，H 原子进入单晶 ZnO 中几乎是无法避免的。H 原子在大部分半导体中主要位于间隙位置并表现出两性杂质特征[32-33]。理论计算表明，H 原子在单晶 ZnO 中既可占据间隙位置（H_i），也可替代 O 的格点位置（H_O）。H_i 和 H_O 均是浅施主，其施主的能级距离导带底约为 35meV。在贫氧下，H_i 和 H_O 的形成能相当，且均低于 V_O 的形成能。所以非故意掺杂的 H 很可能是导致单晶 ZnO N 型导电的原因[34]。

（2）N 型掺杂

单晶 ZnO 的可控的 N 型掺杂比较容易实现，可供选择的施主掺杂元素包括Ⅲ族、Ⅳ族和Ⅶ族元素，最常用的为 Al、Ga 和 In 等元素。Al、Ga 和 In 掺杂进入 ZnO，替代 Zn 的格点位置，形成一个浅施主能级，其电离能分别为 15.1meV、16.1meV 和 19.2meV。

研究者采用直流反应磁控溅射技术沉积了 In 掺杂 ZnO（IZO）透明导电薄膜，获得的电阻率可达 $1.08\times10^{-3}\Omega\cdot cm$，可见光区透射率达到 80%以上[35]。此外，研究者采用中频磁控溅射方法沉积了 Al 掺杂 ZnO（AZO）透明导电薄膜，其电阻率为 $10^{-5}\sim10^{-3}\Omega\cdot cm$，电子浓度可达 $10^{21}cm^{-3}$，霍尔迁移率可达 $40cm^2/(V\cdot s)$ [36]。AZO 透明导电薄膜是最常用的透明导电薄膜之一，已作为太阳电池常用的透明电极。此外，Ga 掺杂 ZnO（GZO）薄膜与 IZO 和 AZO 相比具有独到优势。Ga 与 Zn 相比，原子半径很接近，与 O 结合键的键长相差较小，这种特点有利于掺杂。而且在沉积过程中，Al 具有较高的活性，容易氧化，而 Ga 不易氧化。

（3）P 型掺杂

单晶 ZnO 的 P 型掺杂则很困难，其主要原因有：①ZnO 本征施主缺陷能级较浅，对受主产生自补偿作用；②很多 P 型掺杂原子在单晶 ZnO 中的固溶度较低；③大部分 P 型掺杂的受主能级较深，室温下的电离效率低，因此要实现单晶 ZnO 的 P 型有效掺杂，一般需满足以下条件：ⓐ增大受主元素在 ZnO 晶体中的掺杂浓度；ⓑ使受主能级更浅；ⓒ抑制 ZnO 晶体中本征施主缺陷的形成，减少自补偿效应。到目前为止，实现 ZnO 晶体的载流子浓度可调的、稳定的 P 型掺杂仍是 ZnO 晶体实际应用的挑战。

ZnO 晶体的 P 型掺杂主要有Ⅰ族元素（如 Li、Na、K 和 Cu 等）掺杂、Ⅴ族元素（如 N、P 和 As 等）掺杂及共掺杂。

Ⅰ族元素主要包括ⅠA 族（如 Li、Na、K）和ⅠB 族（如 Ag、Cu、Au）元素。ⅠA 族元素在 ZnO 晶体中的能级位置通常较浅，如 Li、Na 和 K 的受主能级分别在价带顶以上 0.09eV、0.17eV 和 0.32eV 处。由于 Li 和 Na 的原子半径较小，一部分原子容易进入 ZnO 的间隙位置而形成间隙原子，此时它们不再是受主，而是施主。因而，Li 和 Na 掺杂的 ZnO 晶体会存在自补偿效应，通常会呈 N 型或高阻半绝缘型，而不是所希望的 P 型。但是有研究证明，如果以 ZnO-Li_2O 为靶材，在使用高压离化源的情况下，通过直流磁控溅射技术制备的 Li 掺杂 ZnO 晶体可实现 P 型掺杂[37]。另一种ⅠA 族元素 K 由于具有较大的离子半径，即使在富氧的环境中，在 K 受主生成的同时也很容易伴随着氧空位的形成，所以掺 K 原子也很难获得 P 型的 ZnO 晶体。

在 ZnO 晶格中，ⅠB 族元素 Cu、Ag、Au 可以替代 Zn 原子形成受主，其能级位置分别在价带顶以上 0.7eV、0.4eV 和 0.5eV 处。替代位的形成能低于间隙位的形成能，ⅠB 族原子在 ZnO 晶体不易形成间隙原子，所以自补偿效应不会发生。另外，采用ⅠB 族元素进行 ZnO 晶体的 P 型掺杂通常是在富氧条件下进行的，可以有效地抑制本征施主缺陷（如 Zn_i 和 V_O）等的形成。这与Ⅴ族元素的掺杂不同，Ⅴ族元素要想实现较好的 P 型掺杂，通常需要在富 Zn 的条件下进行。因而，从这个方面来看，ⅠB 族元素的掺杂是比较理想的。

单晶 ZnO 的 P 型掺杂也可以利用Ⅴ族元素，如 N、P、As、Sb 原子，它们通常替代 O 原子，作为受主存在。Ⅴ族元素在 ZnO 晶体中也会形成深能级缺陷复合体，即 AX 中心，在此复合体中，相邻的 Zn-N（或 P、As）与 Zn-O 键断裂释放出电子，形成 O-N（或 P、As）键，其作用相当于把掺入的受主转化为深能级施主。而且，ZnO 晶体中还存在着由施主而形成的 DX 中心，这些都是深能级施主态。理论研究表明，掺 N 的 ZnO 晶体中，AX 和 DX 中心处于亚稳态，特别是在低温生长时更容易分解；而在掺 P、As 的 ZnO 晶体中，AX 和 DX 中心则处于稳定状态，因而可稳定存在并补偿受主。从这个角度出发，N 作为受主掺杂元素是最为可行的。

另外，在Ⅴ族元素中，N 的受主能级较浅，N_O 能级位于价带顶以上 0.20～0.40eV 处，而且 N 具有较大的电负性，与 O 的尺寸相近，在 ZnO 晶体中的溶解度也相对较高，这些因素决定了 N 为 P 型 ZnO 晶体最有效的受主掺杂元素之一。但是，N 掺入后，只有当一个 N 原子替代 O 原子位于晶格位置（N_O）时，才能作为受主存在；其他形式的 N 大多为施主，特别是 N_2 占据 O 晶格位置形成$(N_2)_O$时，是浅施主缺陷；而且，该缺陷比较容易形成，会对 N 受主形成很强的补偿作用。因此，在利用 N_2 为掺杂源时，由于 N_2 中的 N-N 键能很强（N_2 的离化能为 15.56eV），在通常的生长条件下很难断裂，很容易形成$(N_2)_O$浅施主缺陷，因而无法实现 ZnO 晶体的 P 型掺杂。针对以上问题，常见的解决方法有：①使用 N 离子注入；②在生长过程中，利用射频等离子体等手段使 N_2 裂解；③以 NO 或 NO_2 为 N 掺杂源。

As 原子被掺入 ZnO 晶体中时会占据 Zn 原子的位置，同时诱生 2 个 Zn 的空位，形成 As_{Zn}-$2V_{Zn}$ 的复合体结构。这种结构具有低的形成能，为浅受主能级，在导带底以下 0.15eV 处。在利用 As 元素掺杂获得 P 型 ZnO 晶体时，一般需要富氧的生长条件或需要进行热退火处理。作为同类的Ⅴ族元素，P 和 Sb 在 ZnO 晶体中的掺杂行为与 As 类似。

（4）共掺杂（简称共掺）

共掺广泛用于克服 ZnO 单掺杂时 P 型杂质固溶度低和电离能较大的问题。共掺主要发挥三个方面的作用：①利用原子半径不同的杂质共掺可以缓解掺杂造成的晶格畸变，从而提升杂质原子的固溶度；②杂质原子的缺陷能级在对称性一致的情况下存在库仑排斥作用，共掺时可将较深的缺陷能级推到较浅的位置；③共掺可改变导带或价带的结构。对于 ZnO 晶体的 P 型掺杂，现已提出了施主-受主共掺、双受主共掺和等电子体共掺。

13.2 Ga_2O_3半导体材料

1875年，法国化学家L. Boisbaudran等人在门捷列夫的元素周期表的启示下，发现了镓元素和镓的氧化物。1952年，美国科学家R. Roy第一次报道了Ga_2O_3的5种不同晶型[38]。1964年，美国科学家A. O. Chase第一次采用焰熔法获得了β-Ga_2O_3的块体单晶[39]。到了2012年，日本科学家M. Higashiwaki等人发明了第一个基于单晶Ga_2O_3的场效应晶体管器件[40]，促使Ga_2O_3逐渐成为学术界和产业界的研究热点。

13.2.1 Ga_2O_3半导体材料的基本性质

（1）晶体结构

通过理论计算和实验研究，研究人员发现Ga_2O_3晶体共存在6种不同的晶相，分别是α-Ga_2O_3、β-Ga_2O_3、γ-Ga_2O_3、δ-Ga_2O_3、ε-Ga_2O_3和κ-Ga_2O_3。β-Ga_2O_3是所有晶相中热力学最稳定的结构，其他晶相均为亚稳态，在升高温度等条件下都会转换为β-Ga_2O_3。因此，β-Ga_2O_3是目前唯一可以通过熔体法生长的晶相，其他晶相一般仅能通过低温反应的方法获得。图13.12所示为Ga_2O_3常见晶相之间的转换关系。在低温下各晶相的生成自由能顺序为$\beta < \varepsilon < \alpha < \delta < \gamma$[41]。

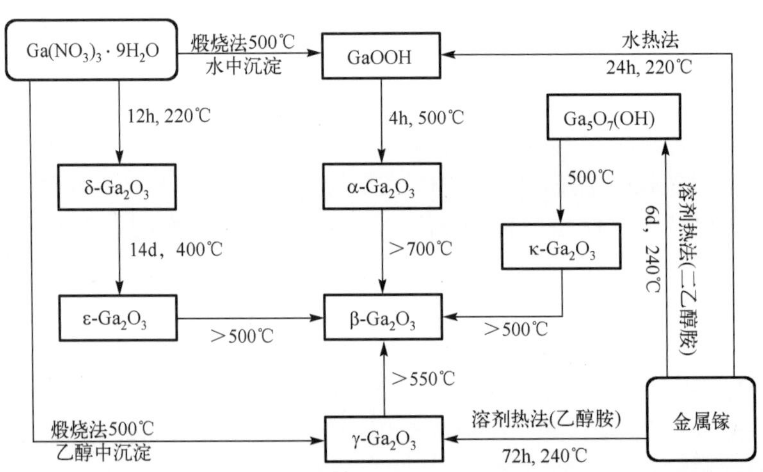

图13.12 Ga_2O_3常见晶相之间的转换关系[41]

β-Ga_2O_3属于单斜晶系，空间群为$C2/m$，其晶胞参数为a = 12.21Å，b = 3.03Å，c = 5.79Å，β = 103.83°。图13.13所示为β-Ga_2O_3的晶体结构[42]，其中β-Ga_2O_3晶胞中的Ga原子有两种不同的位置，分别以四配位Ga（Ⅰ）和六配位Ga（Ⅱ）两种形式存在；O原子有三种不同的位置，两种是三配位的，一种是四配位的。因此，Ga_2O_3晶体往往表现出各向异性。β-Ga_2O_3有两个解离面，分别是四配位O原子造成的(100)面和三配位O原子造成的(001)面。

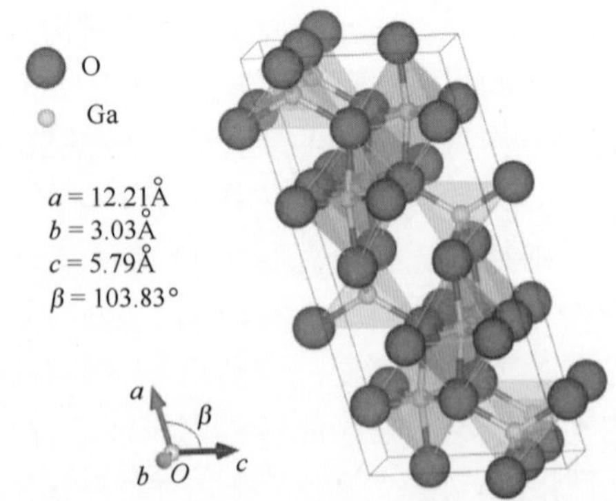

图13.13 β-Ga_2O_3的晶体结构[42]

α-Ga_2O_3属于三方晶系的刚玉结构，空间群为

$R\overline{3}c$，在所有亚稳相中研究得相对较多，其薄膜材料可以用低温异质外延的方法在蓝宝石衬底上生长获得。立方晶系的 γ-Ga_2O_3 则是一种有缺陷的尖晶石结构，空间群为 $Fd\overline{3}m$。而六方晶系的 ε-Ga_2O_3 的空间群为 $P6_3mc$，是除 β-Ga_2O_3 外第二稳定的晶体结构。斜方晶系的 κ-Ga_2O_3 的空间群为 $Pna2_1$，目前生长获得的 κ-Ga_2O_3 薄膜总是混杂其他晶相的，通常认为 κ-Ga_2O_3 是一种瞬态相。δ-Ga_2O_3 属于立方晶系，其空间群为 $Ia\overline{3}$。Ga_2O_3 不同晶相的晶体参数如表 13.2 所示。

表 13.2　Ga_2O_3 不同晶相的晶体参数[43]

晶　相	晶　系	晶胞参数	空 间 群
α	三方（Rhombohedral）	a=4.98Å c=13.43Å	$R\overline{3}c$
β	单斜（Monoclinic）	a=12.21Å b=3.03Å c=5.79Å α =103.83°	$C2/m$
γ	立方（Cubic）	a=8.23Å	$Fd\overline{3}m$
δ	立方（Cubic）	a=9.52Å	$Ia\overline{3}$
ε	六方（Hexagonal）	a=2.90Å c=9.26Å	$P6_3mc$
κ	斜方（Orthorhombic）	a=5.12Å b=8.79Å c=9.41Å	$Pna2_1$

除了生长方法及温度，Ga_2O_3 亚稳相材料的生长与制备在很大程度上还取决于衬底材料的晶体结构。另外，常规的热处理或退火步骤也会导致亚稳相转换为其他亚稳相或稳定相。Ga_2O_3 晶体的不稳定及需要从混合相中分辨不同晶相，给其表征工作带来了许多挑战。

（2）能带结构

Ga_2O_3 晶体的电子结构与能带主要是通过第一性原理计算和光谱学研究获得的[44-45]。β-Ga_2O_3 是间接带隙半导体材料，其带隙宽度约为 4.84eV，略小于其直接带隙的宽度(4.88eV)；但是，β-Ga_2O_3 的间接带隙载流子跃迁很弱，这使 β-Ga_2O_3 很容易表现出直接带隙半导体的性质[44]。β-Ga_2O_3 的导带底主要由 Ga 的 4s 轨道分裂出的能带构成，价带顶主要由电负性大的 O 的 2p 轨道贡献。从图 13.14 所示的 β-Ga_2O_3 的能带结构可以发现，其导带底波动较大而价带顶较为平缓，后者导致浅受主能级很难形成，与其他宽禁带氧化物半导体材料的情况类似[45]。另外，β-Ga_2O_3 平缓的价带顶导致较大的有效空穴质量，这表明即使在 β-Ga_2O_3 中成功地引入了空穴，空穴也很难在晶格中自由移动（主要被局限于 O 原子周围）。

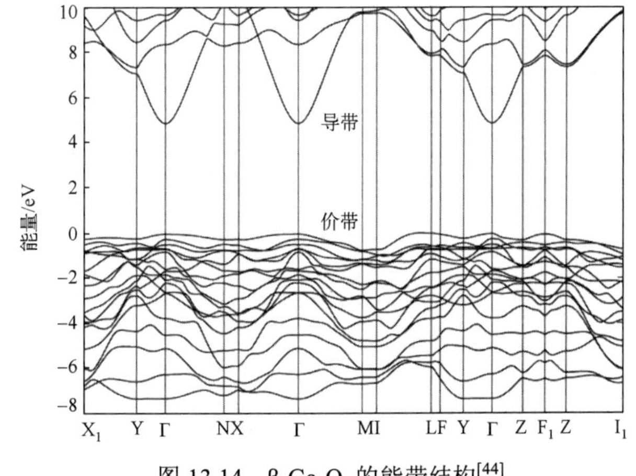

图 13.14　β-Ga_2O_3 的能带结构[44]

（3）电学性质

通过焰熔法在氧化气氛下生长的 β-Ga_2O_3 晶体是不导电的，室温下的电阻率大于 $10^6\Omega\cdot cm$[46]；而在还原气氛下生长的晶体是导电的，室温下的电阻率为 0.03～0.04Ω·cm，载流子浓度约为 $10^{18}cm^{-3}$。在电阻率改变的同时，Ga_2O_3 晶体的颜色也会发生改变。在纯 O_2 环境下生长的 Ga_2O_3 晶体是无色且不导电的；随着还原气氛浓度的逐渐升高，晶体的颜色逐渐变为蓝色，且电导率逐渐升高[47]。在制备 β-Ga_2O_3 晶体时，由于原料纯度的问题，难免有少量杂质元素（如 Si、Sn、H 等）被引入，以及在还原条件下可能形成 O 空位，所以非故意掺杂的 β-Ga_2O_3 晶体常常会表现出 N 型导电特征。

尽管理论预测 β-Ga_2O_3 的本征电子迁移率为 $220cm^2/(V\cdot s)$，但是实际测得的电子迁移率约为 $184cm^2/(V\cdot s)$ [48]，比 SiC 和 GaN 等宽禁带半导体的电子迁移率（约 $10^3cm^2/(V\cdot s)$）小约一个数量级。目前，一种较为合理的解释是：强离子性的 Ga-O 键导致了很强的 Fröhlich（弗罗利希）相互作用和极性光学声子散射，从而电子的迁移受到了限制[45]。根据文献推算，理论上室温条件下 β-Ga_2O_3 的空穴迁移率显著低于电子迁移率。

（4）光学性质

室温下，Ga_2O_3 的紫外吸收截止边为 250～260nm[47]。由于紫外吸收截止边在日盲波段范围（200～280nm）内，太阳辐射在这一波段几乎完全被臭氧层所吸收，大气层中的背景辐射几乎为零，因此 β-Ga_2O_3 是一种本征日盲半导体材料，在日盲光电探测等领域具有很好的应用价值。另外，由于 Ga_2O_3 带隙宽，纯化学计量比的单晶 β-Ga_2O_3 在近红外、可见光和部分紫外光谱区域是一种高度透明的材料。

单晶 β-Ga_2O_3 中的载流子对光具有吸收作用，所以单晶 β-Ga_2O_3 的光透过率可以通过晶体中的载流子浓度来调节。在低的自由电子浓度下，单晶 β-Ga_2O_3 在 260～2400nm 波段内是高度透明的，此时晶体常常呈无色或较淡的黄色；随着自由电子浓度的提高，晶体在可见光和近红外波段的光透过率逐渐降低，颜色也逐渐转变为淡蓝色。另外，单晶 β-Ga_2O_3 在红外波段的光透过率受自由电子浓度的影响较大，在紫外波段的光透过率受到的影响则较小[49]。

（5）热学性质

和常见的其他半导体材料相比，β-Ga_2O_3 是一种相对较差的导热材料，其热导率比 GaN 小一个数量级。由于晶体结构具有各向异性，因此 β-Ga_2O_3 在各个晶相的热导率有很大差别。利用激光脉冲法测试，晶体中[010]方向的热导率最高（约为 29W/mK），[100]方向的热导率最低（约为 11W/mK）。研究表明，单晶 Ga_2O_3 中的热传导不仅受限于声子散射，还受到自由电子散射的影响。另外，单晶 Ga_2O_3 的热导率随着温度的不同也不同，Z. Galazka 等人测试了掺 Mg 的单晶 Ga_2O_3 在不同温度下的热导率：20℃时为 21W/mK，1200℃时为 8W/mK[49]。

13.2.2 Ga_2O_3 半导体材料的器件及应用

Ga_2O_3 的器件应用研究离不开高质量单晶 Ga_2O_3 材料的发展，Ga_2O_3 器件性能的不断突破反过来推动了单晶 Ga_2O_3 材料的研究。Ga_2O_3 材料具备优良的电学性质和光学性质，其器件应用主要集中在功率器件和光电器件两个方向。

（1）功率器件

半导体功率器件的应用几乎遍布所有的电子制造业，从传统的通信、消费电子、工业控制，到新兴的新能源、高速铁路、航空航天等领域。硅材料是当前功率器件最为常用的材料之一，但是其性能已经逐渐达到理论极限，宽禁带半导体材料（SiC、GaN 及 β-Ga_2O_3）具备制作更高性能功率器件的潜力。

半导体材料的 BFOM（巴利加优值）越高，制作的功率器件所需的能耗越少，产生的热量也越少，器件效率越高。由于 β-Ga_2O_3 的临界击穿电场强度为 8MV/cm，约是 Si 的 27 倍，是 SiC 及 GaN 的 2～3 倍，因此 β-Ga_2O_3 的 BFOM 约是 Si 的 3000 倍、SiC 的 9 倍、GaN 的 4 倍，如表 13.3 所示。很显然，结合一些其他功率器件评价指数[JFOM（约翰逊优值）、BHFOM（巴利加高频优值）、KFOM（凯斯优值）]，BFOM 表明了 Ga_2O_3 材料在功率器件上具有十分大的潜力，有望在高压、高功率等领域发挥重要作用[41]。

表 13.3　β-Ga_2O_3 与其他主要半导体材料的性能对比[41]

性　能	Si	GaAs	4H-SiC	GaN	β-Ga_2O_3
禁带宽度/eV	1.1	1.4	3.3	3.4	4.8
电子迁移率/(cm^2/(V·s))	1400	8000	1000	120	184^a～220^b
热导率/(W/mK)	1500	50	490	230	29^c
临界击穿电场强度/(MV/cm)	0.3	0.4	2.5	3.3	8
介电常数	11.8	12.9	9.7	9	10
BFOM，$\varepsilon\mu E_c^3$	1	15	340	870	3214
JFOM，$E_c^2V_s^2/4\pi^2$	1	1.8	278	1089	2844
KFOM，$\lambda\sqrt{CV_s/4\pi\varepsilon}$	1	0.3	3.6	1.8	0.2

注：a 表示实验数据；b 表示理论数据。

Ga_2O_3 目前主要被用于场效应晶体管（FET）和肖特基二极管（SBD）这两类功率器件。2012 年，M. Higashiwaki 等人首先报道了基于 β-Ga_2O_3 的金属半导体场效应晶体管（MESFET）[40]，器件结构如图 13.15 所示，证明了 Ga_2O_3 晶体可以用于功率器件的制作。该器件的击穿电压达到 250V，开关截止比为 10^4，且栅漏电流很小（3μA）。2018 年，研究者提出了一种垂直结构的 MESFET[50]，采用了可量产的全离子注入工艺，形成了 N 型接触、N 型沟道和 P 型电流阻断层，器件的导通电流密度为 0.42kA/cm^2，特定导通电阻为 31.5mΩ·cm^2，电流开关比达到 10^8，为实现低成本和高可靠的 Ga_2O_3 功率器件开辟了一条新途径。另外，基于 Ga_2O_3 材料的器件击穿电场强度已经超过了 SiC 和 GaN 的理论极限，表明了 Ga_2O_3 在高压、高功率器件中具有应用潜力。

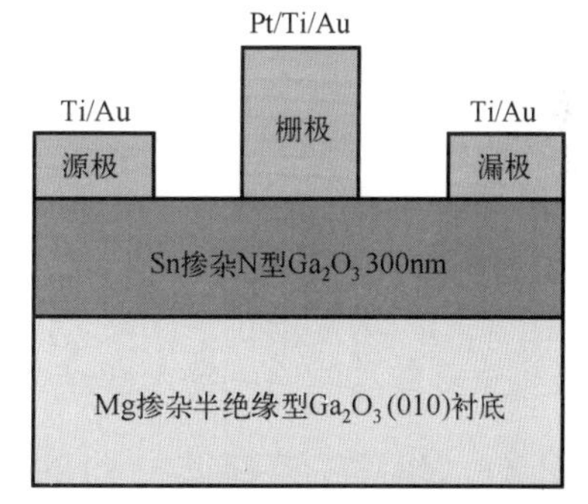

图 13.15　基于 β-Ga_2O_3 的 MESFET 器件结构示意图[40]

传统的硅基肖特基二极管的反向击穿电压仅为 50V，反向漏电流随着温度的升高会急剧变大。为避免热失控，实际使用的反向击穿电压比额定值小得多。Ga_2O_3 的宽带隙可以大大提高肖特基二极管的反向击穿电压。2012 年，首个基于 Ga_2O_3 的肖特基二极管是由日本的 K. Sasaki 等人制作完成的[51]，如图 13.16（a）所示，其中单晶 Ga_2O_3 衬底是利用浮区法生长获得的，器件反向击穿电压为 100V，导通电阻为 4.3mΩ·cm^2。2018 年，肖特基二极管的反向击穿电压已经高达 3kV [52]，且导通电阻最低为 10.2mΩ·cm^2，其结构如图 13.16（b）所示。2020 年，优化的肖特基二极管的反向击穿电压进一步提升至 3.4kV。这些例子都展现了基于 Ga_2O_3 制作的肖特基二极管具有高耐压且低损耗的优点。

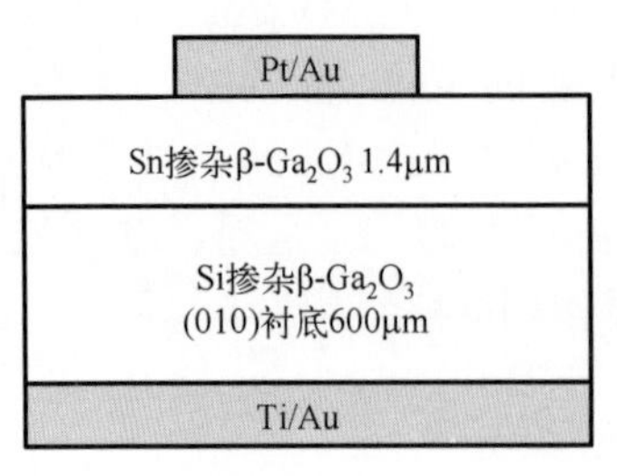

（a）Ga_2O_3的垂直结构肖特基二极管示意图[51]

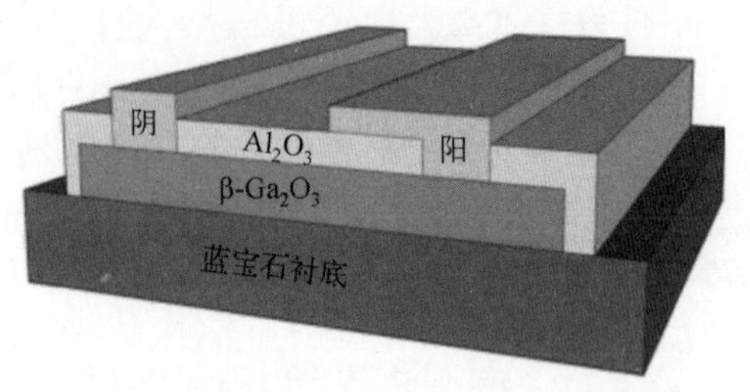

（b）Ga_2O_3的水平结构肖特基二极管示意图[52]

图 13.16 Ga_2O_3 的垂直结构及水平结构肖特基二极管示意图

（2）光电器件

Ga_2O_3 光电器件在民用和军事领域有着重要的应用前景，代表性的 Ga_2O_3 光电器件有日盲紫外光电探测器、高亮度发光二极管（LED）等。

Ga_2O_3 由于其禁带宽度为 4.8eV，只吸收波长小于 260nm 的紫外线，不需要合金化等手段来调控材料的带隙即可符合日盲紫外光电探测器的要求[42]，因此用 Ga_2O_3 制备日盲紫外光电探测器具有很好的优势。2017 年，F. Alema 等人利用 Ge 掺杂的 β-Ga_2O_3 薄膜制作了具有垂直结构的日盲紫外光电探测器[53]，其开启电压仅为 1V，偏压漏电流为 100fA，响应时间在毫秒量级；在波长 230nm 附近，该器件的性能与使用 GaN、SiC 及 AlGaN 等宽禁带半导体材料制作的商业器件的性能相当，且将温度提升至 300℃后依然对日盲紫外线有很高的探测性能。

由于透明度高、导电性好，因此 Ga_2O_3 也可用于制作 LED。2013 年，日本 Tamura 公司展示了采用 β-Ga_2O_3 制作的白光 LED，其最大亮度为 500lm。该 LED 器件使用 Ga_2O_3 作为衬底并采用了垂直结构，从而减少部件和热损失，使得器件中的电流分布更加均衡。2018 年，通过进一步在单晶 β-Ga_2O_3 衬底上制作 GaN/AlGaN 多层量子阱[54]，对比以蓝宝石为衬底，该器件可以用于制作更高效率的紫外发光二极管。

由于熔点高、稳定性好，Ga_2O_3 半导体材料（尤其是 β-Ga_2O_3）除能应用在功率器件和光电器件两个方向外，还能应用于制备高温气体探测器。其原理是：高温条件下 β-Ga_2O_3 通常呈现 N 型半导体的性质，不同的氧气浓度将导致晶体中施主杂质浓度的变化，进而改变材料的电阻率。作为宽禁带半导体，β-Ga_2O_3 具备良好的抗辐照能力。利用单晶 Ga_2O_3 衬底制作的具有垂直结构的整流器，暴露在 1.5MeV 的高能电子辐照之下，依然可以正常工作[55]。

13.2.3 Ga_2O_3 半导体材料的制备

13.2.3.1 Ga_2O_3 单晶材料的制备

高质量的单晶 Ga_2O_3（主要指 β-Ga_2O_3）能通过熔体法生长获得。单晶 Ga_2O_3 生长的熔体法可以分为焰熔法[39]、浮区法[56]、布里奇曼法[57]、直拉法[58]和导模法[59]，表 13.4 对用熔体法生长单晶 Ga_2O_3 的各种方法进行了对比。在获得单晶 Ga_2O_3 材料之后，经过切、磨、抛等加工流程，可以得到器件制备用的单晶 Ga_2O_3 衬底，常用的衬底晶面有(100)面、(010)面、(001)面和$(\bar{2}01)$面。

表 13.4 不同 Ga_2O_3 熔体法生长的对比[41]

名 称	单晶形状	晶体尺寸/mm	生长方向	坩 埚	可扩展性
焰熔法	柱状	$\phi 9\times 25$	在(100)面内	无	差
浮区法	柱状	$\phi 25\times 50$	<010>	无	差
布里奇曼法	柱状	$\phi 50\times 30$	[010]	Ir/Pt-Rh	好
直拉法	柱状	$\phi 50\times 85$	[010]	Ir	好
导模法	片/块状	$150\times 200\times 6$	[010]	Ir	好

（1）焰熔法

焰熔法（Verneuil Method）是最早用于生长 Ga_2O_3 单晶的方法之一，其原理是将研磨好的初始原料粉末用氢氧火焰高温熔化，熔融液滴在下落过程中冷却，接触籽晶凝固并逐渐生长成单晶，如图 13.17（a）所示。1964 年，A. O. Chase 首先报道了使用焰熔法获得的 β-Ga_2O_3 长条状单晶[39]，如图 13.17（b）所示，其最大直径约为 1cm，长度约为 2.5cm，生长方向平行于(100)面；但是单晶的质量不高，存在气泡及开裂等缺陷。用焰熔法生长的单晶 Ga_2O_3 普遍存在尺寸偏小、晶体质量偏低的问题。

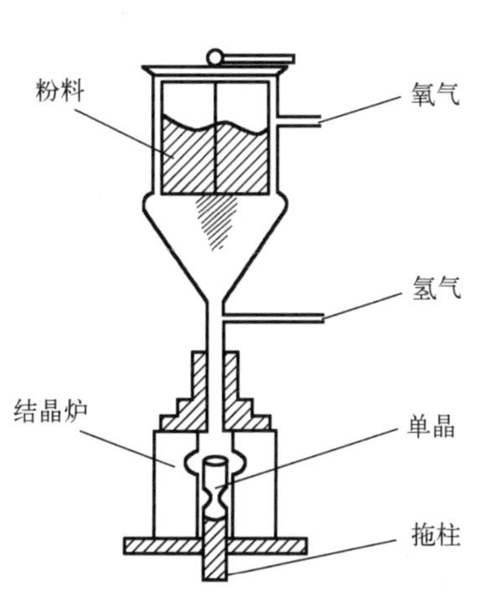

（a）焰熔法生长原理[60]

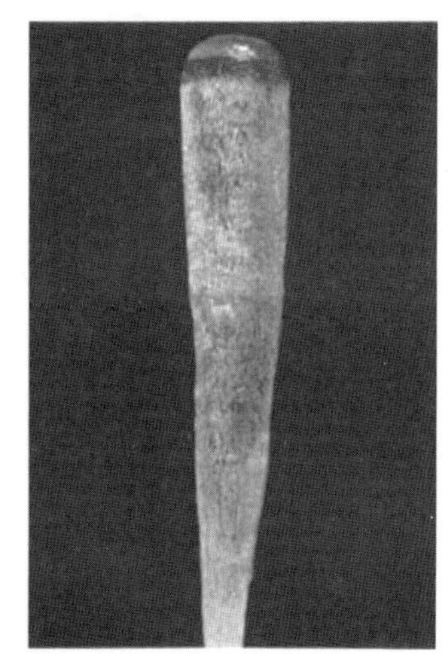

（b）用焰熔法生长获得的单晶β-Ga_2O_3[39]

图 13.17 焰熔法生长原理及用焰熔法生长获得的单晶 β-Ga_2O_3

（2）浮区法

浮区法（Floating Zone Method）的出现及应用大大提高了单晶 Ga_2O_3 的质量，其原理是将一个多晶原料棒通过狭窄的高温加热区域，形成熔融区域（简称熔区），移动熔区或原料棒，使熔区移动并结成单晶。浮区法和焰熔法一样都不需要使用坩埚，因此能用于生长高纯的单晶 Ga_2O_3。2004 年，E. G. Villora 等人报道了使用浮区法生长的单晶 Ga_2O_3[56]，如图 13.18 所示，其最大直径达到 1 英寸，长度约为 7cm，生长方向为<100>方向。由于熔体表面张力的原因，单晶 Ga_2O_3 的浮区法生长受限于单晶的尺寸，当前最大的单晶直径约为 1 英寸。而且，生长过程中单晶容易从熔区断开，因此浮区法不适合生长大尺寸的单晶 Ga_2O_3。

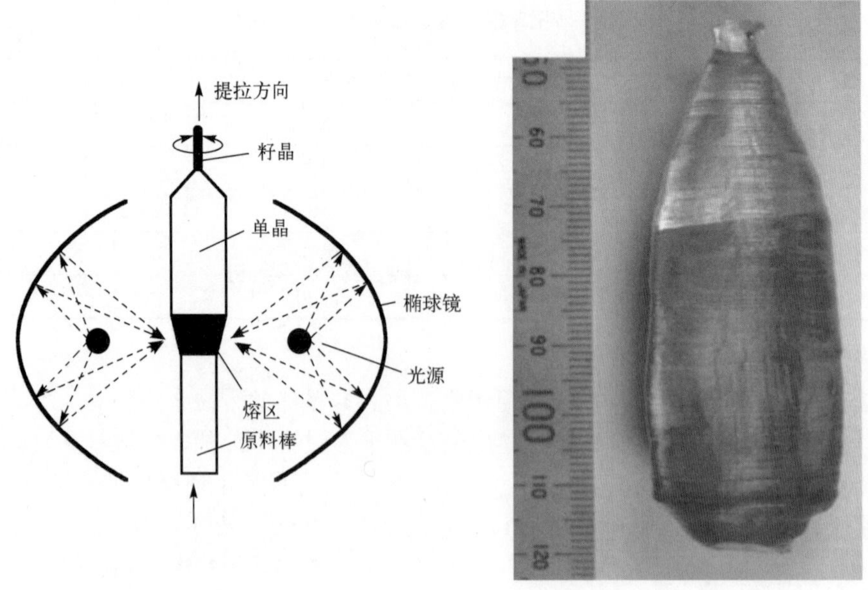

（a）浮区法生长原理[60]　　（b）用浮区法生长获得的单晶β-Ga_2O_3[56]

图 13.18　浮区法生长原理及用浮区法生长获得的单晶 β-Ga_2O_3

（3）布里奇曼法

布里奇曼法（Bridgman Method）也可用于生长单晶 Ga_2O_3，其原理是将装有晶体原料的坩埚垂直或横向经过有一定温度梯度的坩埚炉，使熔融原料固化结成单晶（图 13.19）。2020 年，K. Hoshikawa 等人报道利用垂直布里奇曼法生长了直径为 2 英寸的单晶 β-Ga_2O_3[57]。布里奇曼法的优点是使用铂铑合金作为坩埚材料，使得单晶 Ga_2O_3 可以在空气条件下生长。缺点是铂铑合金的熔点与单晶 Ga_2O_3 的熔点仅相差超 50℃，生长单晶时对温度控制的要求极高，温度稍高，坩埚就会有熔化穿孔的风险，而且生长结束后必须破坏性地剥离坩埚才能取出单晶。

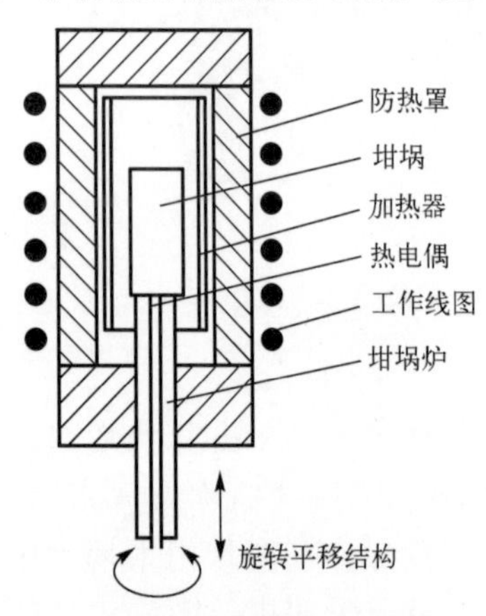

（a）垂直布里奇曼法生长原理[60]

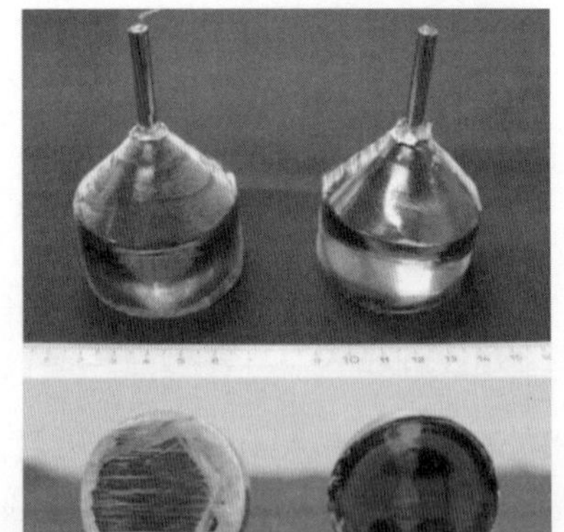

（b）用布里奇曼法生长获得的直径为2英寸的柱状单晶β-Ga_2O_3[57]

图 13.19　垂直布里奇曼法生长原理及用布里奇曼法生长获得的直径为 2 英寸的柱状单晶 β-Ga_2O_3

（4）直拉法

直拉法（Czochralski Method）是生长单晶材料最常用的方法之一，也可用于单晶 Ga_2O_3 的生长，原理如图 13.20 所示。由于单晶 Ga_2O_3 的熔点较高，直拉生长时的加热方式一般采用感应加热。2000 年，Y. Tomm 最早报道在氩气和二氧化碳混合气氛下[58]使用直拉法获得了单晶 β-Ga_2O_3，其直径大约是 1cm。直到 2014 年，用直拉法获得的单晶 Ga_2O_3 的直径才达到 2 英寸，由德国莱布尼茨晶体生长研究所的 Z. Galazka 等人通过调控生长气氛和气压等方式获得[49]。用直拉法生长单晶 Ga_2O_3 的方向一般为[010]方向。用直拉法获得的单晶 Ga_2O_3 的尺寸较大，晶体质量也较高，但是生长速率比较高（1～3mm/h），对设备的加热稳定性、热场的设计及操作人员经验都有比较高的要求。

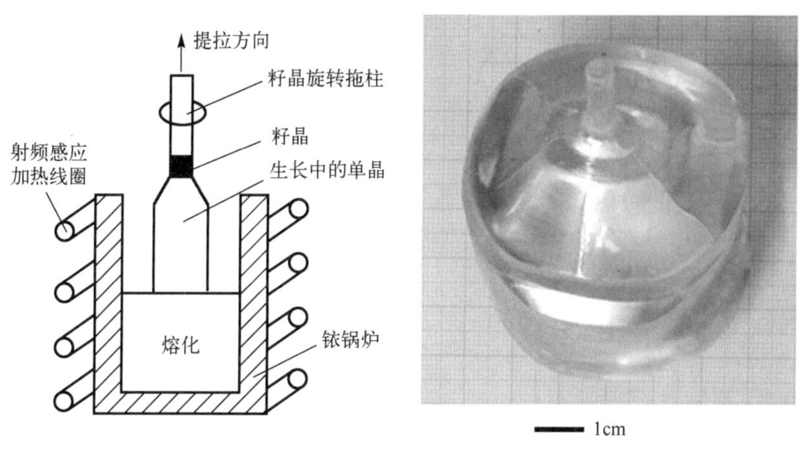

（a）直拉法生长原理[60]　　（b）用直拉法生长获得的直径为2英寸的单晶β-Ga_2O_3[61]

图 13.20　直拉法生长原理及用直拉法生长获得的直径为 2 英寸的单晶 β-Ga_2O_3

（5）导模法

导模法是当前生长大尺寸单晶 Ga_2O_3 的主要方法，其原理和直拉法类似，不同之处是导模法需要在坩埚中添加留有狭缝的模具。导模法的优势是可以生长不同形状的单晶，生长速率高，且单晶中的杂质分布一致性好。2016 年，A. Kuramata 等人报道通过导模法生长出 2 英寸的片状单晶 β-Ga_2O_3[59]，如图 13.21 所示，其生长方向为[010]方向，生长速率最高达到 15mm/h。2018 年，他们利用大尺寸的模具进一步成功地生长了 6 英寸的片状单晶 Ga_2O_3，宽度达到 150mm，主平面为(001)面，厚度为 6mm。但是，由于生长过程中的热场不均匀，片状单晶中部与边缘存在温度梯度，所制备的单晶普遍存在孪晶等缺陷，对于制作高质量器件不利。

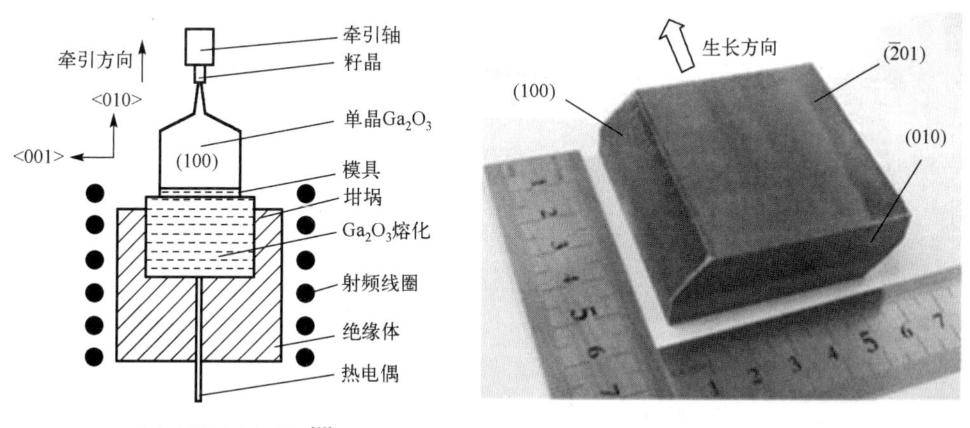

（a）导模法生长原理[60]　　（b）用导模法生长获得的单晶β-Ga_2O_3[59]

图 13.21　导模法生长原理及用导模法生长获得的单晶 β-Ga_2O_3

13.2.3.2 Ga_2O_3 薄膜材料的制备

目前生长 Ga_2O_3 薄膜材料的主要方法有：金属有机化学气相沉积（MOCVD）法[62]、分子束外延（MBE）法[63, 64]、卤化物气相外延（HVPE）法[65]、脉冲激光沉积（PLD）法[66]和雾化化学气相沉积（mist-CVD）法[67]等。一般说来，制备化合物薄膜材料的主要生长技术都可以应用在 Ga_2O_3 薄膜的生长上。

（1）金属有机化学气相沉积（MOCVD）法

使用 MOCVD 法生长 β-Ga_2O_3 薄膜时，通常使用镓的有机化合物作为镓源，高纯氧气作为氧源。2017 年，研究者在蓝宝石衬底上利用三甲基镓（TMGa）作为镓源[62]，在 900℃的衬底温度下，以 10μm/h 的生长速率获得了高质量的非掺杂 β-Ga_2O_3 薄膜，大大提高了 MOCVD 法生长 Ga_2O_3 薄膜的速率。2019 年，研究者使用 MOCVD 法在 Fe 掺杂单晶 Ga_2O_3 衬底上生长了厚度达到 1.25μm 的 β-Ga_2O_3 薄膜[48]，尽管生长速率较低（小于 1μm/h），但是薄膜的质量很高，电子迁移率最高达到 184cm^2/(V·s)，已经很接近常温下 Ga_2O_3 电子迁移率的理论值（220cm^2/(V·s)）。

（2）分子束外延（MBE）法

利用 MBE 法生长 Ga_2O_3 薄膜时，薄膜生长速率一般为 12～700nm/h，生长温度为 700～900℃[68]，通常使用单质镓和高纯氧气作为原料。相比 MOCVD 法，MBE 法的原料中的杂质元素少，因此可以获得高纯度的单晶 Ga_2O_3 薄膜。2014 年，研究者利用 MBE 法，在(010)面 Sn 掺杂 Ga_2O_3 衬底上生长了单晶 β-Ga_2O_3 薄膜[63]，在镓富余及 650～750℃温度条件下，生长速率最高能达到 130nm/h。2019 年，研究者使用 MBE 法在(010)面 Fe 掺杂 Ga_2O_3 衬底上生长了 β-Ga_2O_3 薄膜[64]，发现较高的生长温度（大于或等于 700℃）和经过 Ga 通量处理的衬底表面容易获得高质量的单晶 Ga_2O_3 薄膜。用 MBE 法生长的单晶 Ga_2O_3 薄膜普遍表面平整且晶体质量高，适用于制作半导体器件。

（3）卤化物气相外延（HVPE）法

卤化物气相外延法是另一种生长 Ga_2O_3 薄膜的方法，该方法的生长成本较低且生长速率很高，但是形成的 Ga_2O_3 薄膜通常表面较粗糙，需要进一步的表面处理（如化学机械抛光）才能为器件所用。2014 年，研究者使用 Ga_2O_3 和高纯氧气作为原料气氛，氮气作为载体气氛，利用卤化物气相外延法在(001)面 Ga_2O_3 衬底上生长了单晶 β-Ga_2O_3 薄膜[65]，最大生长速率为 5μm/h。研究发现，在 800℃下单晶 Ga_2O_3 薄膜的表面十分粗糙并有小坑，当温度提高到 1000℃时，得到了较为平整的薄膜表面。2015 年，也有研究者使用 HVPE 法在蓝宝石衬底上生长了 β-Ga_2O_3 薄膜，通过调节 HCl 气源的分压，最大生长速率可达到 250μm/h，比其他薄膜生长方法的速率高 1～2 个数量级。

（4）脉冲激光沉积（PLD）法

利用脉冲激光沉积法也可以生长 Ga_2O_3 薄膜。研究者在(001)面 Ga_2O_3 衬底上生长了 Si 掺杂单晶 β-Ga_2O_3 薄膜[66]，生长温度为 550℃时，薄膜的平均电导率达到了 732S/cm，激活的 Si 载流子浓度达到了 $1.74\times10^{20}cm^{-3}$，比其他薄膜生长方法的载流子浓度高了一个数量级。虽然高电导率的 Ga_2O_3 薄膜有助于解决 Ga_2O_3 材料的欧姆接触问题，然而，脉冲激光沉积法制备的 Si 掺杂 Ga_2O_3 薄膜的载流子迁移率仅为 26.5cm^2/(V·s)，远低于其他外延技术制备的单晶 Ga_2O_3 薄膜及块体单晶材料。

（5）雾化化学气相沉积（mist-CVD）法

雾化化学气相沉积法是将前驱体雾化后在衬底表面上进行气相化学反应生长薄膜的方

法，其相对成本较低，设备结构也比较简单。这种技术最早被用于在氧化铝衬底上生长 α-Ga_2O_3[67]，其禁带宽度达到 5.3eV，比 β-Ga_2O_3 更大，在部分功率器件上有更大的价值。后来，研究者利用雾化化学气相沉积法生长了高质量 α-Ga_2O_3 薄膜，厚度可以控制在 0.4～4μm，制作的肖特基二极管器件（SBD）的导通电阻最低为 0.1mΩ/cm^2，最大击穿电压为 855V，说明了 α-Ga_2O_3 薄膜可用于制备低成本的功率器件。

虽然 Ga_2O_3 外延薄膜的生长速率远小于块体单晶，但是单晶薄膜的电导率、载流子浓度及载流子迁移率等电学性质数据均优于块体单晶。为了进一步提升 Ga_2O_3 薄膜的质量，需要在缺陷种类、掺杂浓度、迁移率控制、合金化、衬底角度等问题上开展更深入的研究。

13.2.4 Ga_2O_3 晶体的杂质和缺陷

13.2.4.1 杂质

和其他半导体材料一样，Ga_2O_3 材料中的杂质也包含非故意掺杂和故意掺杂两种类型，非故意掺杂的来源主要是 Ga_2O_3 原料和晶体生长过程中引入的杂质原子，而故意掺杂是指晶体生长时故意引入一定量的杂质来调控 Ga_2O_3 的载流子浓度，从而实现不同的半导体材料性能。

（1）非故意掺杂

由于禁带宽度达到 4.8eV，纯的单晶 β-Ga_2O_3 在不掺杂的条件下应该是一种透明的绝缘体。然而，目前通过熔体法生长的非故意掺杂单晶 β-Ga_2O_3 往往是 N 型导电的，根据不同的实验条件，载流子浓度可以在 10^{16}～10^{18}cm^{-3} 范围内变化（如表 13.5 所示）。

表 13.5 不同生长条件下熔体法制备的非掺杂单晶 Ga_2O_3 的电学性能对比

生长方法	氧分压/Pa	载流子浓度/cm^{-3}	迁移率/（cm^2/(V·s)）	电导率/（S/cm)
焰熔法[46]	还原气氛	10^{18}	80	30～40
浮区法[69]	2×10^5	4.99×10^{17}	87.5	6.99
布里奇曼法[57]	2.1×10^4	5.1×10^{16}	90.5	0.74
直拉法[49]	6×10^2～44×10^2	0.4×10^{17}～22×10^{17}	80～152	0.87～25
导模法[70]	约 8×10^2	3.92×10^{16}	107	0.67

目前，非掺杂单晶 Ga_2O_3 呈现 N 型导电最有可能的根源是 Ga_2O_3 原料或生长过程中引入的 H、Si、F、Cl 等杂质。经过理论计算，这些微量的杂质元素可以作为浅施主提供自由电子，导致单晶 Ga_2O_3 呈现 N 型导电。其中，H 杂质既可以形成间隙 H_i，也可以替代 O 原子形成 H_O，这两种杂质引入的点缺陷在缺氧的晶体生长条件下的形成能都很低，很容易在生长的环境引入。在富氧环境下，H 相关点缺陷也容易在高温退火的条件下移动至晶体表面形成 H_2O 去除。因此，H 杂质也可以部分解释单晶 Ga_2O_3 在不同氧气气氛下导电类型的变化。其他杂质，如 Si 原子可以替代 Ga_2O_3 晶格中的 Ga 原子，F 和 Cl 原子可以替代晶格中的 O 原子，形成不同类型的点缺陷。对非故意掺杂的单晶 Ga_2O_3 的元素，表征实验证明，晶体中的 Si 元素浓度可以达到 10^{17}cm^{-3}，与载流子浓度接近，说明 Si 很有可能作为浅施主提供自由电子。因此，为了获得高质量的半绝缘或 P 型单晶 Ga_2O_3，需要尽可能去除这些浅施主杂质。

（2）N 型掺杂

目前已经发现多种元素可以实现 Ga_2O_3 的块体单晶或薄膜的可控 N 型掺杂，包括Ⅳ族元素（如 Si、Ge、Sn）及多种过渡元素（如 Nb、Zr、Ta）。通过调控掺杂浓度，可以获得 N 型

导电或绝缘的单晶 β-Ga_2O_3。

因为活化能比较小，Sn 元素（活化能为 10meV）和 Si 元素（活化能为 15～17meV）是 N 型单晶 Ga_2O_3 最常见的掺杂元素。在掺 Sn 和 Si 的条件下，单晶 Ga_2O_3 的载流子浓度可以控制在 10^{16}～$10^{19}cm^{-3}$ 范围内，而单晶 Ga_2O_3 薄膜的载流子浓度可进一步扩大至 10^{15}～$10^{20}cm^{-3}$ 范围。掺有不同浓度 Sn 和 Si 的单晶 Ga_2O_3 薄膜，在一定范围内（小于 $1×10^{19}cm^{-3}$）的霍尔载流子浓度随着掺杂剂（Si 和 Sn）浓度的升高而增大，说明大多数掺杂剂在室温被激活，产生了相应浓度的自由电子。然而对于 Sn 元素，继续提高掺杂剂浓度，载流子浓度反而会出现下降[71]。

在单晶 Ga_2O_3 中掺杂过渡金属或稀土金属元素也可以实现 N 型掺杂，比如，Nb、Ta、W 和 Mo 等元素。这些金属元素比Ⅳ族元素有更高的氧化态（比如 Nb^{5+}），故能在相同掺杂浓度下提供更多的电子，同时保持相对较高的迁移率。通过理论计算得出，Nb 是一种较好的 N 型掺杂剂（浅施主），其形成能和电离能都是过渡金属中相对较低的。用浮区法生长的含有不同浓度 Nb 的单晶 Ga_2O_3，其载流子浓度可以在 $9.55×10^{16}$～$1.8×10^{19}cm^{-3}$ 范围内变化，与掺 Sn 和 Si 的单晶 Ga_2O_3 有类似的电学性质[72]。

（3）P 型掺杂

如前面所述，和其他的氧化物半导体材料一样，实现单晶 Ga_2O_3 的有效 P 型掺杂存在很大难度。第一，研究发现，单晶 Ga_2O_3 中的空穴会被局域晶格捕获形成小极化子，易形成自陷能级[73]，并具备较好的稳定性，阻碍了空穴导电。第二，N 型掺杂通常具有较低的缺陷形成能，P 型掺杂会以 N 型缺陷的补偿缺陷形式存在，降低了空穴导电能力。第三，现有报道的单晶 Ga_2O_3 的 P 型掺杂剂大多是深受主杂质，降低了空穴被激活的效率。

通过理论计算方式，研究者筛选了一些可能用于单晶 Ga_2O_3 P 型掺杂的元素，如图 13.22 所示，主要可以分为两类：①N 等Ⅴ族元素掺杂替代晶格中的 O 原子，N 和 O 原子的尺寸相近，电子数更少，同时 N 的 2*p* 轨道比 O 的 2*p* 轨道高，且 N 已经被证明在 ZnO 中可以用作 P 型掺杂剂；②Be、Mg、Ca、Sr 等ⅡA 族元素和 Zn、Cd 等ⅡB 族元素替代晶格中的 Ga 原子。计算表明这些元素的受主跃迁能级均高于 1.3eV，Mg 元素是其中相对稳定的受主杂质。

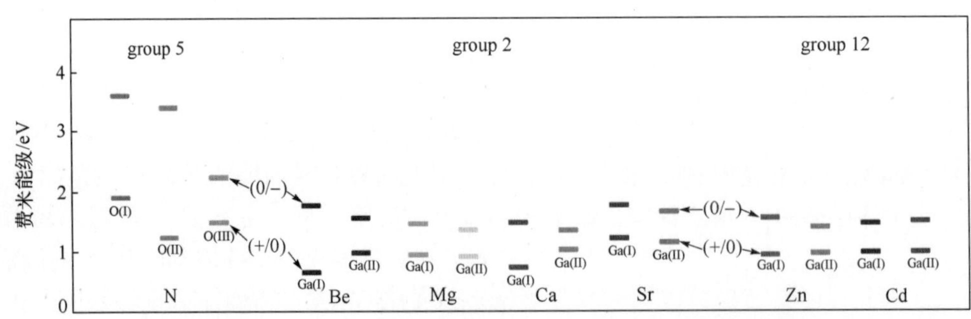

图 13.22　部分受主杂质在单晶 Ga_2O_3 中对应的跃迁能级位置[74]

单晶 Ga_2O_3 的 P 型掺杂已经有一些初步的实验结果，绝大多数研究是在一维或二维材料中进行的。在利用脉冲激光沉积法生长的非故意掺杂 Ga_2O_3 薄膜中发现了 P 型导电特征，利用霍尔效应、塞贝克测试及阴极发光光谱等表征手段进行验证，受主杂质的电离能比价带顶高 1.1eV，证明这是一种水平相对较低的 P 型掺杂[75]。Mg 是单元素掺杂中使用得较多的元素，研究人员利用射频磁控溅射在蓝宝石衬底生长了不同浓度的 Mg 掺杂 Ga_2O_3 薄膜，XPS（X

射线光电子能谱）表征证明这些高阻薄膜的费米能级更接近价带，表现出非常弱的 P 型导电特征[76]。然而，利用直拉法等熔体法获得的掺杂单晶 Ga_2O_3 并没有实现 P 型导电。由此可见，到目前为止并没有确凿的实验证据证明可以实现制备高质量的、稳定的 P 型导电的单晶 Ga_2O_3。

单一元素的掺杂（如 Mg、Zn）不能有效实现 Ga_2O_3 的 P 型掺杂，因此共掺杂或过渡金属掺杂等方法也在研究之中。参考其他氧化物半导体材料，双元素共掺是可能实现 P 型 Ga_2O_3 掺杂的方法之一，如双受主元素共掺（Mg-Zn 共掺）、受主施主元素共掺（Mg-N 或 Zn-N 共掺）、同价元素施主元素共掺（Al-N 或 In-N 共掺）等。同时，可以考虑通过掺杂过渡金属元素，利用这些过渡金属元素的 $3d$ 轨道或 $2s$ 轨道与 O 的 $2p$ 轨道进行杂化，达到减小有效空穴质量的目的，从而提高单晶 Ga_2O_3 中的载流子迁移率。

13.2.4.2 缺陷

单晶 Ga_2O_3 在薄膜及块体生长过程中会形成许多缺陷，通过维度来划分，可以归纳为点缺陷、线缺陷、面缺陷及体缺陷等，这些缺陷对 Ga_2O_3 材料的各项性质会产生不同的影响。目前报道的 Ga_2O_3 缺陷研究主要集中于位错、孪晶和空洞，相比点缺陷，这些缺陷更容易在实验中通过腐蚀、光学显微技术或电子显微学等技术观察到。尽管近年来单晶 Ga_2O_3 质量得到了显著的提高，但其缺陷密度仍然在 10^3～10^4cm^{-2} 范围内。下面详细介绍点缺陷、位错、孪晶、空洞。

（1）点缺陷

氧空位是氧化物半导体材料中最常见的一种缺陷，目前许多实验现象证明单晶 Ga_2O_3 中存在着氧空位，一方面是在还原气氛下生长或退火的非掺杂单晶 Ga_2O_3 会出现 N 型导电的现象，另一方面是原本导电的单晶 Ga_2O_3 在含氧气氛下退火后导电性会下降。研究发现在氧气或空气条件下，1200℃及以上温度退火的单晶 Ga_2O_3 会变为绝缘体[49]。另外，在不同氧分压下，单晶 Ga_2O_3 也会有不同的导电性，其可能的原因是电离后的氧空位可以提供自由电子。然而理论研究目前并不支持氧空位是非掺杂单晶 Ga_2O_3 呈现 N 型导电的原因。基于密度泛函理论的杂化泛函计算表明，氧空位在单晶 Ga_2O_3 中是一种电离能大于 1eV 的深施主，不能导致单晶 Ga_2O_3 形成 N 型导电[45]。

镓间隙是单晶 Ga_2O_3 的另一种主要点缺陷，理论计算表明镓间隙 Ga_i 是一种浅施主。但是其在缺氧生长环境下的形成能大于 2.5eV，因此它不是单晶 Ga_2O_3 呈现 N 型导电的主要原因[68]。

（2）位错

单晶 Ga_2O_3 中存在螺位错和刃位错两种位错类型。利用透射电子显微镜（TEM）可以表征用导模法生长的单晶 Ga_2O_3 中的位错[77]，如图 13.23 所示。从照片中可以看出，KOH 溶液腐蚀后坑底暴露的位错几乎与单晶 Ga_2O_3 的[010]生长方向平行，长度约为 2μm。由于该位错的伯氏矢量和位错线均平行于[010]方向，因此可以判断为螺位错。通过进一步分析可知，其螺位错的密度达到 10^6～10^7cm^{-2}，且大多数位错都在($\bar{2}01$)面和(001)面上。

研究者将 ($\bar{2}01$) 面单晶 Ga_2O_3 在 130℃的磷酸中腐蚀 7h 后，利用光学显微镜获得了单晶 Ga_2O_3 位错腐蚀坑的照片[78]。如图 13.24（a）所示，大多数腐蚀坑都沿着[010]方向排列，主要是由晶体内部的应力引起的，估算的腐蚀坑密度在 10^4cm^{-2} 数量级，腐蚀坑之间的距离在 20～100μm 范围内。除了这些腐蚀坑，还有部分腐蚀坑并不会排列成一条直线，如图 13.24（b）所示。图中的腐蚀坑具有核心，呈现偏心四面体结构，表面呈矩形，长轴沿[102]方向。由于伯氏矢量垂直于位错方向，因此这些腐蚀坑下方的缺陷被判定为刃位错。

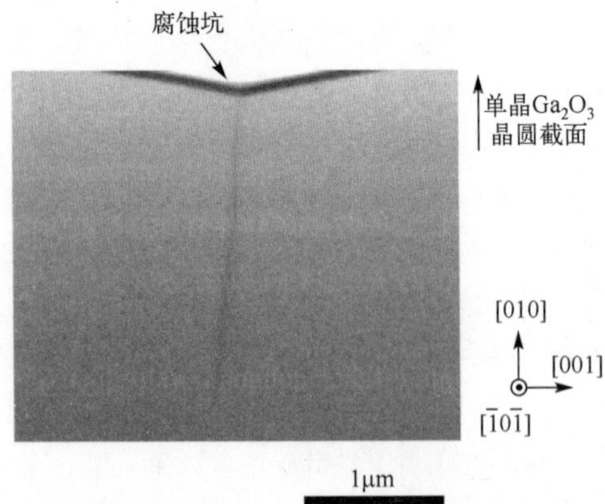

图 13.23 从[$\bar{1}0\bar{1}$]方向观察的单晶 Ga_2O_3 截面中螺位错的透射电子显微镜照片[77]

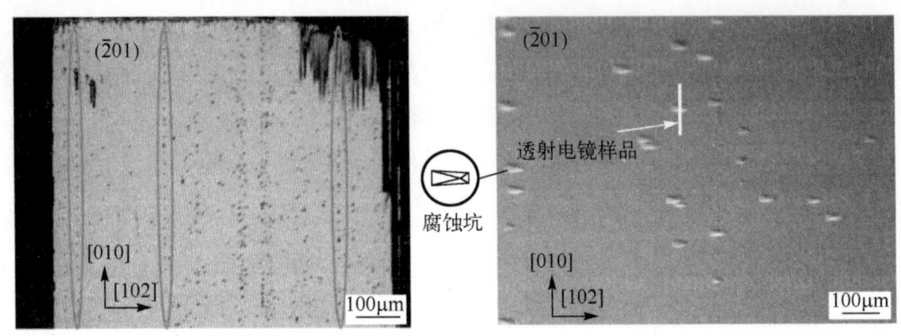

（a）($\bar{2}$01)面单晶Ga_2O_3位错腐蚀坑的光学显微镜照片　（b）腐蚀坑放大后的光学显微镜照片[78]

图 13.24 ($\bar{2}$01) 面单晶 Ga_2O_3 位错腐蚀坑的光学显微镜照片及其放大照片

位错是单晶 Ga_2O_3 中较为常见的缺陷，在利用直拉法或导模法生长单晶 Ga_2O_3 时也有相应的位错控制技术。首先，单晶 Ga_2O_3 生长需要用到籽晶，位错缺陷是可能通过籽晶引入并延伸进入单晶的，在晶体生长时可以通过缩颈技术来消除大部分位错。其次，在下籽晶阶段的较大热冲击会引起较强的应变区域，容易产生大量位错缺陷，这种情况可以通过回熔部分籽晶来减少位错。除上述的两种主要原因外，晶界形貌、应力、成分偏差和夹杂物等都会导致位错的产生。

（3）孪晶

受到晶体生长方法的限制，目前报道的大多数缺陷都集中于单晶 Ga_2O_3 的($\bar{2}$01)面、(001)面和(010)面上，(100)面上报道的缺陷相对较少。研究发现单晶 Ga_2O_3 的(100)面上存在着孪晶缺陷[78]，如图 13.25 所示。图 13.25（a）中的腐蚀坑是通过热磷酸化学腐蚀形成的，可以观察到部分腐蚀坑在虚线两侧呈镜像对称，虚线对应的平面就是(100)孪晶界。研究人员还通过 TEM 表征发现孪晶片成核发生在晶体放肩的初始阶段，宽度随着晶体生长过程中积累的应变释放而增大，如图 13.25（b）所示。从图中可以清楚地观察到基体和缺陷区域有两个界面，这两个界面都是(100)孪晶界。

（4）空洞

在单晶 Ga_2O_3 中还可能观察到空洞，由于它具备一定的体积，因此可以在单晶 Ga_2O_3 的不同晶面上观察到。通过电子衍射图和能谱分析，可知纳米管普遍呈现空心结构。图 13.26 所示为单晶 Ga_2O_3 横截面的 TEM 照片，从照片中可以看出空心纳米管与[010]晶向平行，直径约为 0.1μm，长度不小于 15μm，空心纳米管周围没有出现明显的应力区。空心纳米管的腐蚀坑形貌与前述位错导致的腐蚀坑形貌具有一定差异，且分布没有指向性，缺陷密度约为 10^2cm^{-2}。

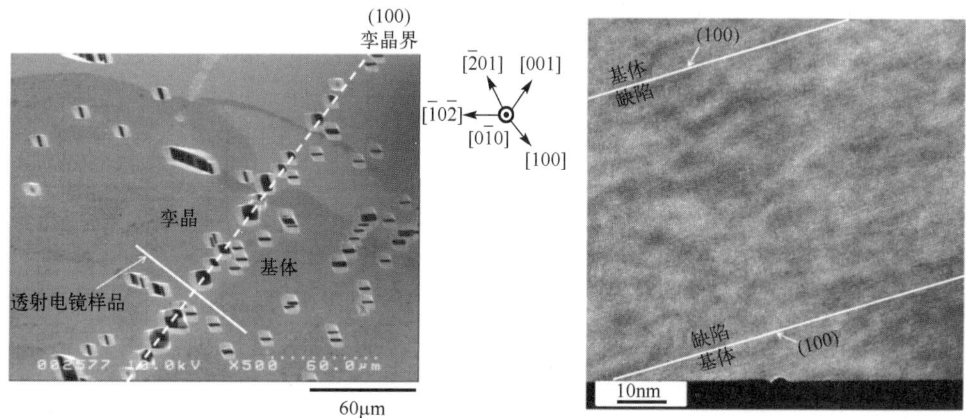

（a）含孪晶界的单晶 Ga_2O_3 腐蚀后的SEM照片　　（b）含孪晶缺陷的单晶 Ga_2O_3 的TEM照片[78]

图 13.25　含孪晶界的单晶 Ga_2O_3 腐蚀后的 SEM 照片及含孪晶缺陷的单晶 Ga_2O_3 的 TEM 照片

本章主要从结构、电学、光学、热学等基本性质和器件应用出发，介绍了 ZnO 和 Ga_2O_3 半导体材料。单晶 ZnO 生长技术相对比较成熟，成本较低。P 型掺杂 ZnO 技术也取得了显著进展，人们正在不断推进 ZnO 的器件应用。单晶 Ga_2O_3 材料可以通过多种熔体法来制备，熔体法相比气相法能大大提高生长速率。高质量的 Ga_2O_3 薄膜材料能通过多种气相生长技术实现。单晶 Ga_2O_3 衬底和外延薄膜的制备促进了 Ga_2O_3 器件的发展。Ga_2O_3 的杂质和缺陷研究相对其他宽禁带半导体材料（SiC、GaN）而言还不完善，未来需要进一步开展理论与实验相结合的研究，揭示 Ga_2O_3 的掺杂规律及缺陷调控机制，最终发挥 Ga_2O_3 在半导体领域的全部潜力。

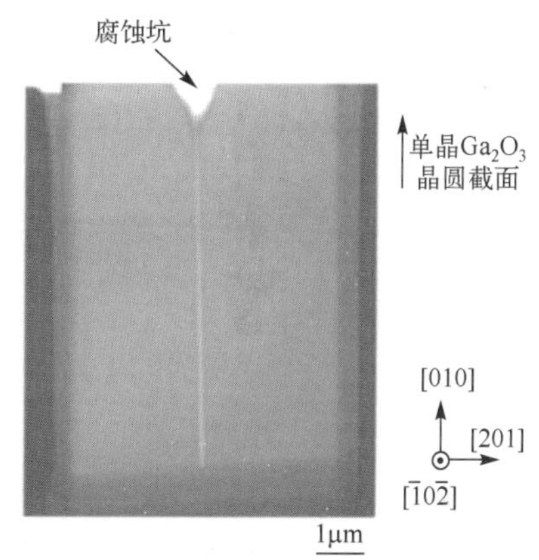

图 13.26　从 $[\bar{1}0\bar{2}]$ 观察的含有空心纳米管缺陷的单晶 Ga_2O_3 横截面的 TEM 照片[77]

习　题　13

1．ZnO 常见的晶体结构有哪些？其中自然条件下的热力学稳定相是哪一种？

2．ZnO 的 N 型掺杂可以通过掺杂哪些元素实现？

3．单晶 ZnO 的 P 型掺杂难度大的主要原因是什么？

4．Ga_2O_3 的晶体结构中，热力学最稳定的是哪一种？它的主要制备方法有哪些？

5．Ga_2O_3 存在哪些晶相？分别属于什么晶系？最稳定的晶相是哪一种？

6．Ga_2O_3 是否可以实现稳定的 P 型掺杂？并解释相应的原因。

7．Ga_2O_3 有多种晶体生长方法，请列举三种生长大尺寸单晶 Ga_2O_3 的方法。

8．请列举适合生长 Ga_2O_3 外延层的薄膜生长方法，并对比不同方法的生长速率及温度范围。

9．Ga_2O_3 材料中通常存在哪些杂质？这些杂质会对什么性质产生影响？

10．单晶 Ga_2O_3 中存在哪些缺陷？缺陷的产生原因可能有哪些？

参考文献

[1] YEARIAN H J. Intensity of diffraction of electrons by ZnO[J]. Physical Review, 1935, 48(7): 631-639.

[2] HARRISON S E. Conductivity and hall effect of ZnO at low temperatures[J]. Physical Review, 1954, 93(1): 52-62.

[3] ÖZGÜR Ü, ALIVOV Y I, LIU C, et al. A comprehensive review of ZnO materials and devices[J]. Journal of Applied Physics, 2005, 98(4): 041301.

[4] JAFFE J E, SNYDER J A, LIN Z, et al. LDA and GGA calculations for high-pressure phase transitions in ZnO and MgO[J]. Physical Review B, 2000, 62(3): 1660-1665.

[5] RECIO J M, BLANCO M A, LUAÑA V, et al. Compressibility of the high-pressure rocksalt phase of ZnO[J]. Physical Review B, 1998, 58(14): 8949-8954.

[6] REEBER R R. Lattice parameters of ZnO from 4.2° to 296°[J]. Journal of Applied Physics, 1970, 41(13): 5063-5066.

[7] LOOK D C, REYNOLDS D C, SIZELOVE J R, et al. Electrical properties of bulk ZnO[J]. Solid State Communications, 1998, 105(6): 399-401.

[8] ALBRECHT J D, RUDEN P P, LIMPIJUMNONG S, et al. High field electron transport properties of bulk ZnO[J]. Journal of Applied Physics, 1999, 86(12): 6864-6867.

[9] LOOK D C, HEMSKY J W, SIZELOVE J R. Residual native shallow donor in ZnO[J]. Physical Review Letters, 1999, 82(12): 2552-2555.

[10] MANG A, REIMANN K, RÜBENACKE S. Band gaps, crystal-field splitting, spin-orbit coupling, and exciton binding energies in ZnO under hydrostatic pressure[J]. Solid State Communications, 1995, 94(4): 251-254.

[11] LAMBRECHT W R L, RODINA A V, LIMPIJUMNONG S, et al. Valence-band ordering and magneto-optic exciton fine structure in ZnO[J]. Physical Review B, 2002, 65(7): 075207.

[12] REYNOLDS D C, LOOK D C, JOGAI B, et al. Valence-band ordering in ZnO[J]. Physical Review B, 1999, 60(4): 2340-2344.

[13] BOEMARE C, MONTEIRO T, SOARES M J, et al. Photoluminescence studies in ZnO samples[J]. Physica B: Condensed Matter, 2001, 308-310: 985-988.

[14] SPENCER J A, MOCK A L, JACOBS A G, et al. A review of band structure and material properties of transparent conducting and semiconducting oxides: Ga_2O_3, Al_2O_3, In_2O_3, ZnO, SnO_2, CdO, NiO, CuO, and Sc_2O_3[J]. Applied Physics Reviews, 2022, 9(1): 011315.

[15] FLORESCU D I, MOUROKH L G, POLLAK F H, et al. High spatial resolution thermal conductivity of bulk ZnO (0001)[J]. Journal of Applied Physics, 2002, 91(2): 890-892.

[16] YUAN K, ZHANG X, TANG D, et al. Anomalous pressure effect on the thermal conductivity of ZnO, GaN, and AlN from first-principles calculations[J]. Physical Review B, 2018, 98(14): 144303.

[17] ÖZGÜR Ü, GU X, CHEVTCHENKO S, et al. Thermal conductivity of bulk ZnO after different thermal

treatments[J]. Journal of Electronic Materials, 2006, 35(4): 550-555.

[18] CORREIA F C, RIBEIRO J M, FERREIRA A, et al. The effect of Bi doping on the thermal conductivity of ZnO and ZnO: Al thin films[J].Vacuum, 2023, 207: 111572.

[19] CHEN P L, MA X Y, YANG D R. Fairly pure ultraviolet electroluminescence from ZnO-based light-emitting devices[J]. Applied Physics Letters, 2006, 89(11): 111112.

[20] XU W Z, YE Z Z, ZENG Y J, et al. ZnO light-emitting diode grown by plasma-assisted metal organic chemical vapor deposition[J]. Applied Physics Letters, 2006, 88(17): 173506.

[21] HOU Y, MEI Z, DU X. Semiconductor ultraviolet photodetectors based on ZnO and $Mg_xZn_{1-x}O$[J]. Journal of Physics D: Applied Physics, 2014, 47(28): 283001.

[22] LIU Y, GORLA C R, LIANG S, et al. Ultraviolet detectors based on epitaxial ZnO films grown by MOCVD[J]. Journal of Electronic Materials, 2000, 29(1): 69-74.

[23] NAUSE J E. ZnO broadens the spectrum[J]. Ⅲ-Ⅴs Review, 1999, 12(4): 28-31.

[24] SEKIGUCHI T, MIYASHITA S, OBARA K, et al. Hydrothermal growth of ZnO single crystals and their optical characterization[J]. Journal of Crystal Growth, 2000, 214-215: 72-76.

[25] OHSHIMA E, OGINO H, NⅡKURA I, et al. Growth of the 2-in-size bulk ZnO single crystals by the hydrothermal method[J]. Journal of Crystal Growth, 2004, 260(1-2): 166-170.

[26] SANTAILLER J L, AUDOIN C, CHICHIGNOUD G, et al. Chemically assisted vapour transport for bulk ZnO crystal growth[J]. Journal of Crystal Growth, 2010, 312(23): 3417-3424.

[27] LEE E C, CHANG K J. Possible p-type doping with group-I elements in ZnO[J]. Physical Review B, 2004, 70(11): 115210.

[28] OBA F, TOGO A, TANAKA I, et al. Defect energetics in ZnO: A hybrid Hartree-Fock density functional study[J]. Physical Review B, 2008, 77(24): 245202.

[29] DHANARAJ G, DUDLEY M, BLISS D, et al. Growth and process induced dislocations in zinc oxide crystals[J]. Journal of Crystal Growth, 2006, 297(1): 74-79.

[30] LANY S, ZUNGER A. Anion vacancies as a source of persistent photoconductivity in Ⅱ-Ⅵ and chalcopyrite semiconductors[J]. Physical Review B, 2005, 72(3): 035215.

[31] KIM Y S, PARK C H. Rich variety of defects in ZnO via an attractive interaction between O vacancies and Zn interstitials: origin of n-type doping[J]. Physical Review Letters, 2009, 102(8): 086403.

[32] COX S F J, DAVIS E A, COTTRELL S P, et al. Experimental confirmation of the predicted shallow donor hydrogen state in zinc oxide[J]. Physical Review Letters, 2001, 86(12): 2601-2604.

[33] HOFMANN D M, HOFSTAETTER A, LEITER F, et al. Hydrogen: a relevant shallow donor in zinc oxide[J]. Physical Review Letters, 2002, 88(4): 045504.

[34] JANOTTI A, VAN DE WALLE C G. Hydrogen multicentre bonds[J]. Nature Materials, 2006, 6(1): 44-47.

[35] ITO N, SATO Y, SONG P K, et al. Electrical and optical properties of amorphous indium zinc oxide films[J]. Thin Solid Films, 2006, 496(1): 99-103.

[36] CROSSAY A, BUECHELER S, KRANZ L, et al. Spray-deposited Al-doped ZnO transparent contacts for CdTe solar cells[J]. Solar Energy Materials and Solar Cells, 2012, 101: 283-288.

[37] LU J G, ZHANG Y Z, YE Z Z, et al. Control of p- and n-type conductivities in Li-doped ZnO thin films[J]. Applied Physics Letters, 2006, 89(11): 112113.

[38] ROY R, HILL V G, OSBORN E F. Polymorphism of Ga_2O_3 and the System Ga_2O_3-H_2O[J]. Journal of the

American Chemical Society, 1952, 74(3): 719-722.

[39] CHASE A O. Growth of beta-Ga_2O_3 by the verneuil technique[J]. Journal of the American Ceramic Society, 1964, 47(9): 470.

[40] HIGASHIWAKI M, SASAKI K, KURAMATA A, et al. Gallium oxide (Ga_2O_3) metal-semiconductor field-effect transistors on single-crystal β-Ga_2O_3 (010) substrates[J]. Applied Physics Letters, 2012, 100(1): 013504.

[41] PEARTON S J, YANG J, CARY P H, et al. A review of Ga_2O_3 materials, processing, and devices[J]. Applied Physics Reviews, 2018, 5(1): 011301.

[42] BALDINI M, GALAZKA Z, WAGNER G. Recent progress in the growth of β-Ga_2O_3 for power electronics applications[J]. Materials Science in Semiconductor Processing, 2018, 78: 132-146.

[43] STEPANOV S I, NIKOLAEV V I, BOUGROV V E, et al. Gallium oxide: properties and applications-a review[J]. Reviews on Advanced Materials Science, 2016, 44: 63-86.

[44] PEELAERS H, VAN DE WALLE C G. Brillouin zone and band structure of β-Ga_2O_3[J]. Physica Status Solidi (b), 2015, 252(4): 828-832.

[45] VARLEY J B, WEBER J R, JANOTTI A, et al. Oxygen vacancies and donor impurities in β-Ga_2O_3[J]. Applied Physics Letters, 2010, 97(14): 142106.

[46] LORENZ M R, WOODS J F, GAMBINO R J. Some electrical properties of the semiconductor β-Ga_2O_3[J]. Journal of Physics and Chemistry of Solids, 1967, 28(3): 403-404.

[47] ZHANG J, LI B, XIA C, et al. Growth and spectral characterization of β-Ga_2O_3 single crystals[J]. Journal of Physics and Chemistry of Solids, 2006, 67(12): 2448-2451.

[48] FENG Z, ANHAR UDDIN BHUIYAN A F M, KARIM M R, et al. MOCVD homoepitaxy of Si-doped (010) β-Ga_2O_3 thin films with superior transport properties[J]. Applied Physics Letters, 2019, 114(25): 250601.

[49] GALAZKA Z, IRMSCHER K, UECKER R, et al. On the bulk β-Ga_2O_3 single crystals grown by the Czochralski method[J]. Journal of Crystal Growth, 2014, 404: 184-191.

[50] WONG M H, LIN C-H, KURAMATA A, et al. Acceptor doping of β-Ga_2O_3 by Mg and N ion implantations[J]. Applied Physics Letters, 2018, 113(10): 102103.

[51] SASAKI K, KURAMATA A, MASUI T, et al. Device-quality β-Ga_2O_3 epitaxial films fabricated by ozone molecular beam epitaxy[J]. Applied Physics Express, 2012, 5(3): 035502.

[52] HU Z, ZHOU H, FENG Q, et al. Field-plated lateral β-Ga_2O_3 schottky barrier diode with high reverse blocking voltage of more than 3kV and high DC power figure-of-merit of 500MW/cm^2[J]. IEEE Electron Device Letters, 2018, 39(10): 1564-1567.

[53] ALEMA F, HERTOG B, OSINSKY A V, et al. Vertical solar blind Schottky photodiode based on homoepitaxial Ga_2O_3 thin film[Z]. SPIE Proceedings.SPIE, 2017.10.1117/12.2260824.

[54] AJIA I A, YAMASHITA Y, LORENZ K, et al. GaN/AlGaN multiple quantum wells grown on transparent and conductive (-201)-oriented β-Ga_2O_3 substrate for UV vertical light emitting devices[J]. Applied Physics Letters, 2018, 113(8): 082102.

[55] YANG J, REN F, PEARTON S J, et al. 1.5MeV electron irradiation damage in β-Ga_2O_3 vertical rectifiers[J]. Journal of Vacuum Science & Technology B, Nanotechnology and Microelectronics: Materials, Processing, Measurement, and Phenomena, 2017, 35(3): 031208.

[56] VILLORA E G, SHIMAMURA K, YOSHIKAWA Y, et al. Large-size β-Ga_2O_3 single crystals and wafers[J].

Journal of Crystal Growth, 2004, 270(3-4): 420-426.

[57] HOSHIKAWA K, KOBAYASHI T, OHBA E, et al. 50mm diameter Sn-doped(001) β-Ga_2O_3 crystal growth using the vertical Bridgeman technique in ambient air[J]. Journal of Crystal Growth, 2020, 546: 125778.

[58] TOMM Y, REICHE P, KLIMM D, et al. Czochralski grown Ga_2O_3 crystals[J]. Journal of Crystal Growth, 2000, 220(4): 510-514.

[59] KURAMATA A, KOSHI K, WATANABE S, et al. High-quality β-Ga_2O_3 single crystals grown by edge-defined film-fed growth[J]. Japanese Journal of Applied Physics, 2016, 55(12): 1202A1202.

[60] 高尚，李洪钢，康仁科，等. 新一代半导体材料氧化镓单晶的制备方法及其超精密加工技术研究进展[J]. 机械工程学报，2021，57（9）：20.

[61] GALAZKA Z, GANSCHOW S, FIEDLER A, et al. Doping of Czochralski-grown bulk β-Ga_2O_3 single crystals with Cr, Ce and Al[J]. Journal of Crystal Growth, 2018, 486: 82-90.

[62] ALEMA F, HERTOG B, OSINSKY A, et al. Fast growth rate of epitaxial β-Ga_2O_3 by close coupled showerhead MOCVD[J]. Journal of Crystal Growth, 2017, 475: 77-82.

[63] OKUMURA H, KITA M, SASAKI K, et al. Systematic investigation of the growth rate of β-Ga_2O_3 (010) by plasma-assisted molecular beam epitaxy[J]. Applied Physics Express, 2014, 7(9): 095501.

[64] MAZZOLINI P, VOGT P, SCHEWSKI R, et al. Faceting and metal-exchange catalysis in (010) β-Ga_2O_3 thin films homoepitaxially grown by plasma-assisted molecular beam epitaxy[J]. APL Materials, 2019, 7(2): 022511.

[65] MURAKAMI H, NOMURA K, GOTO K, et al. Homoepitaxial growth of β-Ga_2O_3 layers by halide vapor phase epitaxy[J]. Applied Physics Express, 2014, 8(1): 015503.

[66] LEEDY K D, CHABAK K D, VASILYEV V, et al. Highly conductive homoepitaxial Si-doped Ga_2O_3 films on (010) β-Ga_2O_3 by pulsed laser deposition[J]. Applied Physics Letters, 2017, 111(1): 012103.

[67] SHINOHARA D, FUJITA S. Heteroepitaxy of corundum-structured α-Ga_2O_3 thin films on α-Al_2O_3 substrates by ultrasonic mist chemical vapor deposition[J]. Japanese Journal of Applied Physics, 2008, 47(9): 7311-7313.

[68] ZHANG J, SHI J, QI D C, et al. Recent progress on the electronic structure, defect, and doping properties of Ga_2O_3[J].APL Materials, 2020, 8(2): 020906.

[69] SUZUKI N, OHIRA S, TANAKA M, et al. Fabrication and characterization of transparent conductive Sn-doped β-Ga_2O_3 single crystal[J]. Physica Status Solidi C, 2007, 4(7): 2310-2313.

[70] MU W, JIA Z, YIN Y, et al. High quality crystal growth and anisotropic physical characterization of β-Ga_2O_3 single crystals grown by EFG method[J]. Journal of Alloys and Compounds, 2017, 714: 453-458.

[71] BALDINI M, ALBRECHT M, FIEDLER A, et al. Editors' choice-Si and Sn-doped homoepitaxial β-Ga_2O_3 layers grown by MOVPE on (010)-oriented substrates[J]. ECS Journal of Solid State Science and Technology, 2016, 6(2): Q3040-Q3044.

[72] ZHOU W, XIA C, SAI Q, et al. Controlling n-type conductivity of β-Ga_2O_3 by Nb doping[J]. Applied Physics Letters, 2017, 111(24): 242103.

[73] VARLEY J B, JANOTTI A, FRANCHINI C, et al. Role of self-trapping in luminescence and p-type conductivity of wide-band-gap oxides[J]. Physical Review B, 2012, 85(8): 081109.

[74] LYONS J L. A survey of acceptor dopants for β-Ga_2O_3[J]. Semiconductor Science and Technology, 2018, 33(5): 05LT02.

[75] CHIKOIDZE E, FELLOUS A, PEREZ-TOMAS A, et al. P-type β-gallium oxide: a new perspective for power and optoelectronic devices[J]. Materials Today Physics, 2017, 3: 118-126.

[76] QIAN Y P, GUO D Y, CHU X L, et al. Mg-doped p-type β-Ga_2O_3 thin film for solar-blind ultraviolet photodetector[J]. Materials Letters, 2017, 209: 558-561.

[77] NAKAI K, NAGAI T, NOAMI K, et al. Characterization of defects in β-Ga_2O_3 single crystals[J]. Japanese Journal of Applied Physics, 2015, 54(5): 051103.

[78] UEDA O, IKENAGA N, KOSHI K, et al. Structural evaluation of defects in β-Ga_2O_3 single crystals grown by edge-defined film-fed growth process[J]. Japanese Journal of Applied Physics, 2016, 55(12): 1202BD.

第 14 章　Ⅳ-Ⅳ族化合物半导体材料

到目前为止，Ⅳ-Ⅳ族化合物半导体材料的主要代表是碳化硅（SiC）和硅锗合金（如 SiGe）。其中，SiGe 一般以薄膜材料的形式被使用。由于 SiGe 薄膜是在硅薄膜的基础之上发展而得的，已在第 10 章进行介绍，因此本章主要介绍 SiC 半导体材料的性质、生长和应用。

SiC 的发现可以追溯至 1824 年 J. J. Berzelius 有关含有 Si-C 键的化合物合成的报道[1]，在 1892 年 E. G. Acheson 发明了利用二氧化硅、碳和添加剂合成 SiC 的方法[2]，该方法使产业界获得了能用于切割、研磨和抛光的 SiC 粉末。随后，J. A. Lely 在 1955 年通过升华法成功地生长出了相对纯净的 SiC 晶体（主要晶型为 6H）[3]，这是 SiC 半导体材料制备的起点。1978—1981 年，Y. M. Tairov 和 V. F. Tsvetkov 改进了 J. A. Lely 的晶体生长方法，他们在生长炉里引入一个籽晶，成功地制备出了质量良好的 6H-SiC[4-5]。这种由 J. A. Lely 发明的升华法[又称物理气相输运（PVT）法]经过不断发展，最终使 6H-SiC 的半导体晶体在 20 世纪 90 年代初实现了商业化。后来，高品质的单晶 6H-SiC 薄膜也通过化学气相沉积的方法实现了。同时，具有高 Baliga（巴利加）优值指数（该指数用于评估功率器件的半导体材料的综合性能）的 4H-SiC 的晶体生长和外延也取得了突破，成功地在功率器件上得到广泛应用。

SiC 半导体材料具有禁带宽度大、热导率高、击穿电场强度高、电子饱和漂移速率高等优点，可用于制备高温、高功率、高压及抗辐射的半导体器件，对新能源、电动汽车等领域的发展具有重要的推动作用。

14.1　SiC 半导体材料的性质和应用

14.1.1　晶体结构

SiC 是一种Ⅳ-Ⅳ族化合物半导体材料，它存在严格的化学计量比，即 50%的硅（Si）和 50%的碳（C）。Si 和 C 原子都是 4 价元素，在它们的最外层壳上都有 4 个价电子。Si 和 C 原子通过 sp^3 杂化轨道上的共用电子对形成共价键，所有的 Si（C）原子由 4 个 C（Si）原子包围形成一个四面体[图 14.1（a）]。其中，Si-C 键是由 88%的共价键和 12%的离子键构成的，Si-C 键的键长大概为 3.08Å，不同晶体结构的 SiC 的 Si-C 键长略有不同。SiC 具有 200 多种晶型，所有的 SiC 多型体均是由 Si 和 C 组成的双原子层堆垛而成的。图 14.1（b）展示了硅碳双原子层的三种堆垛方式，分别记为 A、B 和 C，不同的堆垛方式造成了不同晶体结构的 SiC 晶体。图 14.1（c）所示为常见的 SiC 多型体 3C-SiC、4H-SiC、6H-SiC 的晶体结构示意图，大球和小球分别表示 Si 原子和 C 原子。在 Ramsdell（拉姆斯德尔）符号体系中，多型体用单位晶胞中硅碳双原子层的层数和晶系（C 表示立方晶系，H 表示六方晶系，R 表示斜方六面体晶系）来表示。3C-SiC 通常被称为 β-SiC，其他多型体则被称为 α-SiC。3C-SiC 属于立方晶系，它的晶体结构与立方闪锌矿结构相同，点群为 $\overline{4}3m$，空间群为 $T_{\mathrm{d}}^2-F\overline{4}3m$，晶胞参数 $a=c=4.439$Å，它的硅碳双原子层沿着[111]方向以 ABC-ABC……的方式堆垛。4H-SiC 属于六方晶系，点群为 $6mm$，空间群为 $C_{6\mathrm{v}}^4-P6_3mc$，晶胞参数 a =3.081Å，c = 10.085Å，它的硅碳双原子层沿[0001]方向以 ABAC-ABAC……的方式堆垛。6H-SiC 也属于六方晶系，点群为 6*mm*，空间群为 $C_{6v}^4 - P6_3mc$，晶胞参数 $a=3.081$Å，$c=15.11976$Å，它的硅碳双原子层沿[0001]方向以 ABCACB-ABCACB……的方式堆垛。15R-SiC 属于三方晶系的斜方六面体晶系，点群为 3*m*，空间群为 $C_{3v}^5 - R3m$，晶胞参数 $a=3.08043$Å，$c=37.8014$Å，它的硅碳双原子层沿[0001]方向以 ABCACBCABACABCB-ABCACBCABACABCB……的方式堆垛。在 200 多种 SiC 多型体中，常见的是 3C-SiC、4H-SiC 和 6H-SiC。3C-SiC（β-SiC）主要用于磨料、切割料等，4H-SiC 和 6H-SiC 都是 α-SiC，具有半导体材料特性。由于针对电力电子应用 4H-SiC 具有更好的综合性能，因此 SiC 功率半导体器件主要利用单晶 4H-SiC 材料。

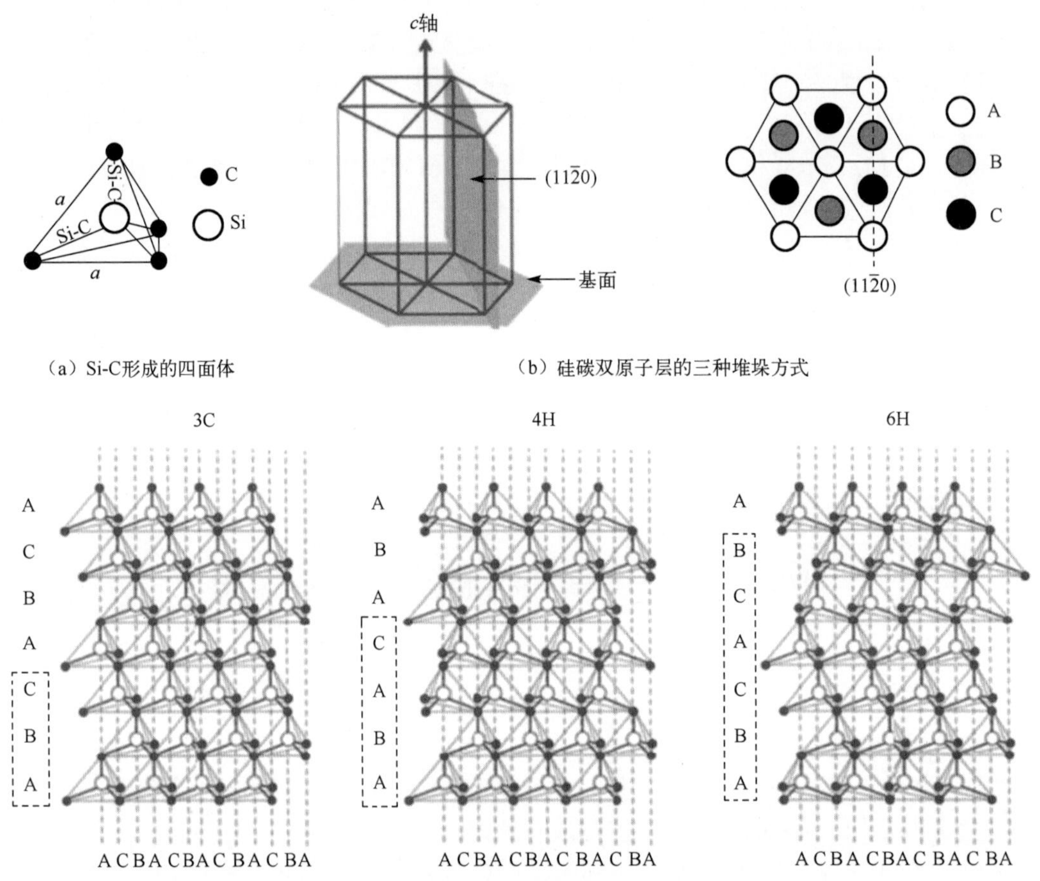

图 14.1 SiC 基本结构单元、堆垛方式和常见 SiC 晶体结构示意图

14.1.2 能带结构

图 14.2 是由第一性原理计算得到的 3C-SiC、4H-SiC、6H-SiC 和 15R-SiC 的能带结构图[6]。同硅的情况一样，所有的 SiC 多型体都是间接带隙半导体，价带的最高点位于布里渊区的 Γ 点，而导带的最低点出现在布里渊区的边界处。3C-SiC、4H-SiC、6H-SiC 和 15R-SiC 的带隙分别为 2.36eV、3.23eV、3.08eV 和 3.0eV[6-7]。图 14.3 给出了在 2K 温度下不同 SiC 多型体的禁带宽度与六方度（Hexagonality）的关系[7]。六方度是指在一个单位晶胞中六方格点数与总

格点数(六方和立方格点数的总和)之比。2H-SiC 的六方度是 1，3C-SiC 的六方度是 0，4H-SiC 的六方度是 0.5，6H-SiC 的六方度是 0.33。SiC 多型体的禁带宽度随六方度的增大而单调增大。表 14.1 所示为 3C-SiC、6H-SiC 和 4H-SiC 的基本电学性质。

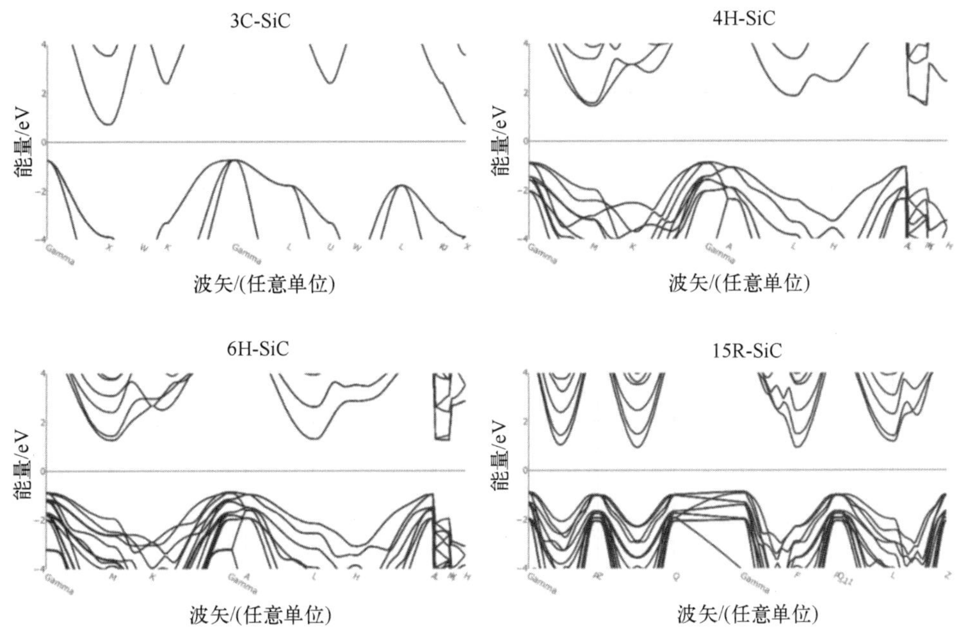

图 14.2 3C-SiC、4H-SiC、6H-SiC 和 15R-SiC 的能带结构图[6]

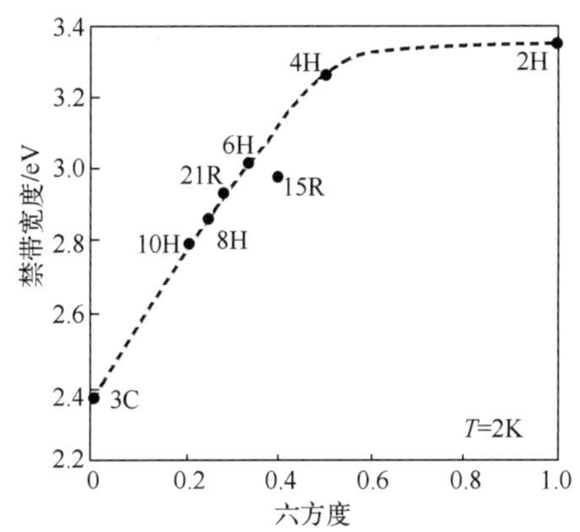

图 14.3 2K 温度下不同 SiC 多型体的禁带宽度与六方度的关系[7]

表 14.1 3C-SiC、6H-SiC 和 4H-SiC 的基本电学性质

性 质	3C-SiC	6H-SiC	4H-SiC
六方度	0	0.33	0.5
禁带宽度/eV	2.36	3.08	3.23
电子亲和势/eV	4.0	3.45	3.17

续表

性　　质	3C-SiC	6H-SiC	4H-SiC
本征载流子浓度/cm^{-3}	1.4×10^{-1}	1.8×10^{-7}	1.7×10^{-8}
浅施主 N 电离能/meV	60～100	85～125	61～126
浅受主 Al 电离能/meV	260	239	190
电子迁移率/（$cm^2/(V.s)$）	900	360	900
空穴迁移率/（$cm^2/(V.s)$）	40	90	120
击穿电场强度/（V/cm）	约 1.0×10^6	约 3.0×10^6	约 3.0×10^6

14.1.3 掺杂和载流子浓度

在 SiC 中可在较大的范围内实现 N 型掺杂和 P 型掺杂，这也是相比于其他宽禁带半导体材料碳化硅的一个显著优势。氮（N）或磷（P）用于实现 N 型掺杂，而铝（Al）用于实现 P 型掺杂。虽然以前曾经也用硼（B）作为一种 P 型掺杂的受主杂质，但由于其有较大的电离能（280～300meV），会产生硼相关的深能级中心（D 中心）和它的异常扩散，因此现在一般不再选用硼作为 SiC 晶体的掺杂剂。这些杂质原子均占据 SiC 的格点位置，N 主要占据 C 位，P 和 Al 主要占据 Si 位。杂质原子的电离能与杂质原子所占据的晶格格点位置相关，如表 14.2 所示。在 4H-SiC 中，当 N 占据六方晶格的 C 位时电离能是 61meV，当占据立方晶格的 C 位时电离能是 126meV[8]。由于其具有较小的电离能，因此室温下的电离率为 50%～100%。P 的电离能与 N 类似。对于 Al 杂质，其在立方和六方位点时的电离能接近 200meV，较大的电离能造成电离率仅为 5%～30%。随着掺杂浓度的增大，杂质能级形成杂质带，这将会造成电离能降低。电离能与掺杂浓度具有如下关系[9]

$$E_{\mathrm{A}} = E_0 - aN^{1/3} \tag{14.1}$$

式中，E_0 为轻掺杂材料的电离能，N 为掺杂浓度，a 是一个参数（2×10^{-8}～4×10^{-8}eV·cm）。当掺杂浓度超过 $10^{19}cm^{-3}$ 时，电离能急剧减小。因此，尽管 Al 有相对较大的电离能，但在重掺杂 Al（掺杂浓度大于 $5\times10^{20}cm^{-3}$）的 SiC 晶体中，可以观察到 Al 近乎完全电离化。

表 14.2　主要 SiC 多型体中 N、P、Al 和 B 的电离能和固溶度[1]

杂　　质	电离能/meV	固溶度/cm^{-3}
N	61（六方），126（立方）	2×10^{20}
P	60（六方），120（立方）	1×10^{21}
Al	198（六方），201（立方）	1×10^{21}
B	280～300	2×10^{19}

图 14.4 所示为 N 和 Al 掺杂 SiC 的费米能级随温度和掺杂浓度的变化图。由于 SiC 具有宽带隙，因此即使在 800～1000K，SiC 的费米能级也未在本征能级处，这意味着 SiC 仍然保持其半导体特性。

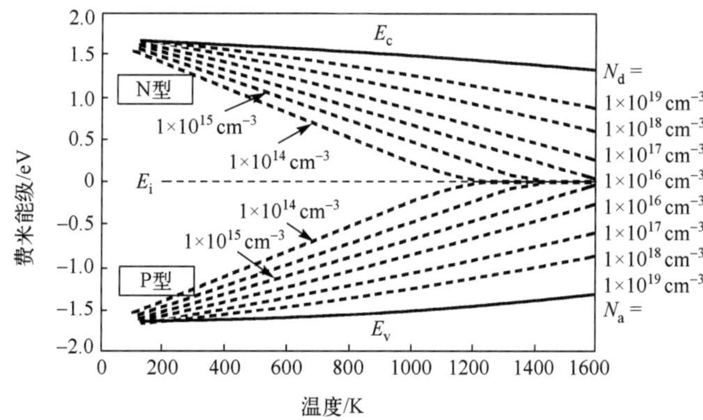

图 14.4　N 和 Al 掺杂 SiC 的费米能级随温度和掺杂浓度的变化图

14.1.4　迁移率

对于 SiC，特别是 4H-SiC，其迁移率表现出极小的各向异性。平行于 c 轴方向的电子迁移率比垂直于 c 轴方向的电子迁移率高 20%左右。室温下 SiC 中的电子迁移率大约为 $1200cm^2/(V·s)$。空穴的迁移率沿着 c 轴的方向低于垂直于 c 轴方向的 15%左右。图 14.5 所示为不同温度下电子迁移率和空穴迁移率随掺杂浓度的变化。迁移率主要受晶格散射和杂质散射的影响。在较高的温度下晶格散射是主要的，它会随着温度的升高而增加，而在低温下杂质散射是主要的。N 重掺杂的 SiC 的外延层电阻率可降低至 0.003Ω·cm，Al 重掺杂的 SiC 的外延层电阻率可降低至 0.016Ω·cm。采用升华法或其他方法生长的单晶 SiC 往往具有较高的电阻率，这可能是其他杂质原子的无意掺杂和本征缺陷造成的。

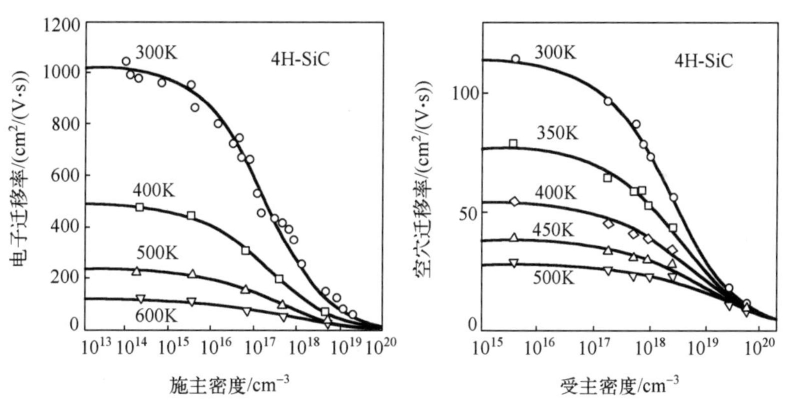

图 14.5　不同温度下电子迁移率和空穴迁移率随掺杂浓度的变化（平行于 c 轴方向）[10-12]

14.1.5　光学性质

SiC 是间接带隙半导体，当光子能量超过其禁带宽度时，光吸收明显。光吸收系数随着光子能量的增大而增大[13]，如图 14.6 所示。对于比较常见的波长为 365nm、325nm 和 244nm 的紫外线，SiC 的光吸收系数分别为 $69cm^{-1}$、$1350cm^{-1}$ 和 $14200cm^{-1}$，相应的光吸收深度为 145μm、7.4μm 和 0.7μm。由于 SiC 具有宽禁带，因此 SiC 基本不吸收可见光，高纯度的 4H-SiC 和 6H-SiC 如玻璃一样无色透明。然而，掺杂可引起 SiC 在可见光范围内的载流子吸收[14]。例如，N 型 4H-SiC 可吸收波长为 460nm 的蓝光，N 型 6H-SiC 可吸收波长为 620nm 的红光。

SiC 作为间接禁带半导体，电子与空穴的复合通常需要声子的参与，因而发光效率很低。但是，人们还是尝试利用 SiC 来制备蓝光发光二极管，其发光的波长主要为 470nm[15]。

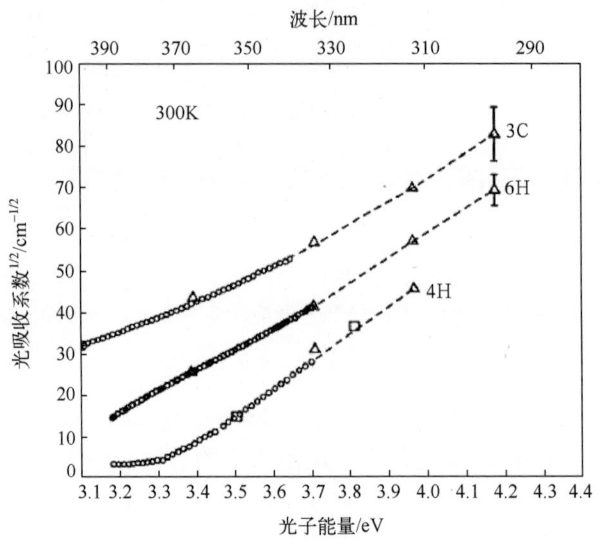

图 14.6 主要 SiC 多型体的光吸收系数与光子能量和波长的关系[13]

14.1.6 其他性质

由于 SiC 具有较强的 Si-C 键，因此表现出优异的机械性质、热学性质、化学性质和电学性质。表 14.3 所示为 Si、SiC 和金刚石（C）的基本性质。三者均是Ⅳ族半导体材料，由于其键合强度不一样，因此表现出的基本性质大不相同。SiC 的莫氏硬度为 9.1～9.4，略小于金刚石，在 2500℃以下为固体，在 2500℃以上开始分解，德拜温度为 850℃。SiC 的导热性质极佳，其热导率为 3.7～4.9W/(cm/K)[16]。SiC 具有较高的化学稳定性，在室温下几乎不与任何物质发生反应；只有在 450℃以上，SiC 才会被氢氧化钠腐蚀；在 900℃以上，SiC 开始发生氧化反应。正是由于 SiC 具有较低的氧化速度，因此稳定的 SiO_2 可被用于 SiC 器件中，这也是 SiC 相对于其他宽禁带半导体材料的显著优势。

表 14.3 Si、SiC 和金刚石的基本性质

性　质	Si	SiC	金刚石（C）
键能/eV	2.3	3.1	3.6
键长/nm	0.235	0.185	0.1545
莫氏硬度	7	9.1～9.4	10
密度/（g/cm^3）	2.33	3.21	3.52
热导率（室温）/（W/(cm/K)）	1.44	3.7～4.9	20～25
德拜温度/℃	370	850	1600
熔点/℃	1414	约 2500（升华）	约 3600（升华）
相对介电常数	11.9	10.03	5.7
带隙/eV	1.11	3.23（4H）	5.47
本征载流子浓度/cm^{-3}	1.5×10^{10}	1.7×10^{-8}	约 10^{-27}
击穿电场强度/（V/cm）	2×10^5～4×10^5	1.6×10^5～3×10^5	10^6～10^7
电子迁移率/（cm^2/(V.s)）	1350 或 1900	900	大于 2000

14.1.7　应用

SiC 功率半导体器件是 SiC 半导体材料的主要应用领域，从 20 世纪 70 年代开始研发，经过几十年的积累，于 2001 年开始商用 SiC 肖特基二极管（SBD）。之后，于 2010 年开始商用 SiC 的金属-氧化物-半导体场效应晶体管（MOSFET）。当前，SiC 绝缘栅双极型晶体管（IGBT）器件还在研发当中[17-19]。目前 SiC 功率半导体器件的应用主要定位于功率在 1～500kW 之间、工作频率在 10kHz～100MHz 之间的场景，特别是一些对能量效率和空间尺寸要求较高的应用，如电动汽车车载充电机与电驱系统、充电桩、光伏微型逆变器、高铁、智能电网、工业级电源等。

SiC 的另一个重要应用是微波器件。相比 Si 和 GaAs，SiC 具有更高的击穿电场强度、更高的饱和迁移率、更高的热导率，这使得其成为产生波段在 L 和 S 波段（1～2GHz 和 2～4GHz）的微波功率的理想材料，其微波 MESFET（金属半导体场效应晶体管）和 SIT（静电感应晶体管）都已经实现商业化生产，在国防、通信领域具有重要的应用。

由于 SiC 具有宽禁带、高热稳定性和耐腐蚀能力，因此它能被用于制备一些不适合用常规半导体制备的重要器件，例如，汽车和航空航天用的高温电子器件、在恶劣环境下工作的微电子机械传感器和化学传感器，以及日盲紫外光电探测器等。

14.2　SiC 半导体材料的制备

14.2.1　单晶 SiC 的制备

图 14.7 所示为 Si-C 二元系的相图。在惰性气体的大气环境压力下，2830℃时 SiC 将会分解为含约 13%碳的硅溶液和固态石墨（如图中箭头所示），因此，SiC 不能从碳硅比为 1:1 的溶液凝固而得到。现在主流的生长方法为物理气相输运法（PVT 法），也就是 SiC 原料在 1900～2400℃温度下升华分解，然后在一个稍低一点的温度下结晶。另一种方法是液相法，也就是沿着相图中的液相线凝固而得到固态 SiC。

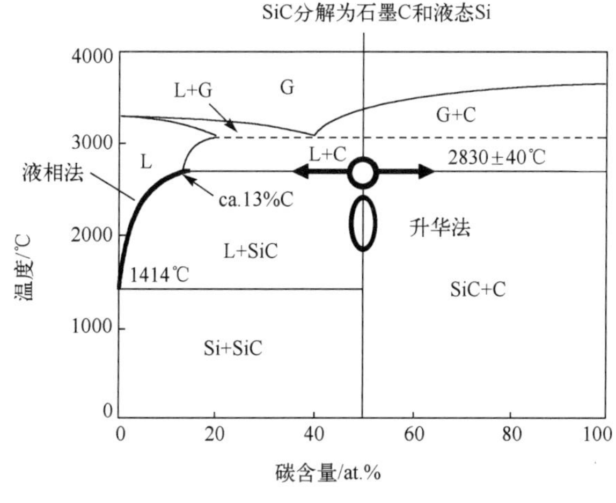

图 14.7　Si-C 二元系的相图

最常用的制备单晶 SiC 的方法为 PVT 法，利用此方法已经能够制备出 8 英寸的单晶

4H-SiC，并在产业上得到广泛应用。另外，研究者目前也在开展用液相法及高温化学气相沉积法制备单晶 SiC 的研究，具体生长技术如下。

（1）物理气相输运法（PVT 法）

PVT 法的基本过程是：在一个特定的温度场中，利用高纯的固态 SiC 粉末作为生长原料，使其发生分解升华，生成具有一定结构形态的气相组分 Si_mC_n；在轴向温度梯度的驱动下，气相组分 Si_mC_n 向温度相对低的生长界面运动，并在生长界面上吸附、迁移、结晶与脱附，持续一定时间后，生长界面将稳定地向生长原料区推移，最终生成单晶 SiC[20]。一个典型的用 PVT 法生长单晶 SiC 的装置示意图及其内部的温度梯度如图 14.8 所示。

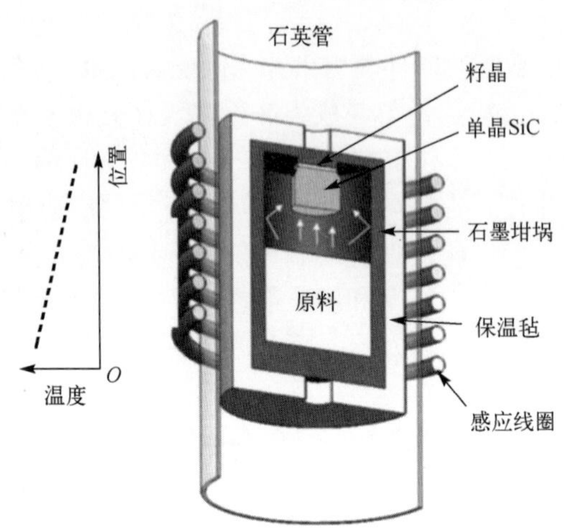

图 14.8　用 PVT 法生长单晶 SiC 的装置示意图及其内部的温度梯度

固态 SiC 的分解升华的产物主要是气态的硅（Si）、碳化二硅（Si_2C）和二碳化硅（SiC_2）。其他形式的气相组分，如气态的二硅聚集体（Si_2）、单碳（C）、二碳聚集体（C_2）、三碳聚集体（C_3）等，在气相中的浓度很低，可忽略不计。SiC 的分解升华可用以下化学方程式表示

$$SiC(s) \rightleftharpoons Si(g)+C(s) \tag{14.2}$$

$$2SiC(s) \rightleftharpoons Si_2C(g)+C(s) \tag{14.3}$$

$$2SiC(s) \rightleftharpoons SiC_2(g)+Si(l,g) \tag{14.4}$$

$$SiC(s) \rightleftharpoons SiC(g) \tag{14.5}$$

在轴向温度梯度下，Si、Si_2C、SiC_2 与 SiC 气体分子输运到 SiC 籽晶表面，并且在其表面发生结晶。在表面上发生的结晶过程可用以下化学方程式表示

$$SiC_2(g)+Si(g) \rightleftharpoons 2SiC(s) \tag{14.6}$$

$$Si_2C(g) \rightleftharpoons SiC(s)+Si(g) \tag{14.7}$$

单晶 SiC 生长的速率 G_{SiC} 正比于生长界面上 Si_mC_n 气体分子的过饱和度。

除了上述的典型方法，还有改进型 PVT 法和连续进料 PVT 法。

①改进型 PVT 法是指在传统的 PVT 坩埚内外加一个额外的气体管道，用于微调反应器中的气相组成。例如，在生长过程中加入硅烷和丙烷气体，可调节碳硅比[21]；或者连续地通

入三甲基铝气体，以制备均匀掺杂的 P 型单晶 SiC[22]。

②连续进料 PVT 法是指将 SiC 粉末在载气的带动下不断地输运至生长腔体中，这种方法可实现单晶 SiC 的连续生长[23]。在单晶生长时，SiC 粉末被存储到高渗透性石墨泡沫腔体中，并且在此腔体中发生升华，升华所得的 Si_mC_n 气体可以透过石墨泡沫腔体，最终输运到 SiC 籽晶的表面结晶。

（2）液相法

用液相法生长单晶 SiC 就是从溶解一定量碳的熔体硅中凝固得到固态 SiC 的过程。将固体硅原料放置在石墨坩埚中，通过感应加热的方式将其熔化。籽晶放置在与熔体硅表面接触处[顶部籽晶溶液生长（TSSG）法]，调整感应线圈和石墨坩埚的位置确保籽晶的温度略低于熔体硅的温度，以此提供生长的驱动力。液相法生长的温度范围为 1750～2100℃。籽晶和石墨坩埚通常沿相反方向旋转，生长是在惰性氩气环境中进行的。

相比于 PVT 法，液相法具有一定优势。第一，用液相法生长的单晶 SiC 中的缺陷密度比用 PVT 法生长的单晶 SiC 中的缺陷密度小 1～2 个数量级[24-25]；第二，用液相法更易制备出 P 型单晶 SiC[26-27]。但是，液相法也存在一些问题。首先，由于在大气压力下并不存在符合化学计量比的液相 SiC，即使在 2800℃的高温下，熔体硅中 C 的溶解度也仅有 19%。在这样高的温度下，由于 Si 具有很高的蒸气压，因此 Si 的蒸发会很显著，这使得晶体持续生长几乎不可能。其次，在高温下，熔体硅会与石墨坩埚发生显著反应（反过来可以把石墨坩埚作为碳源），也不利于长时间晶体生长。因此，研究人员提出了改进的液相生长单晶 SiC 的办法：①高压溶液生长法，由于在高压下 Si 的蒸发可以被抑制，因此人们发展了在高的氩气气压（约 100bar）下的溶液生长法，其在 2200～2300℃温度下的生长速率低于 0.5mm/h[28]；②添加助溶剂的溶液生长法，碳在硅中的溶解度可以通过添加稀土元素或过渡金属元素（如 Sc、Pr、Fe、Ti 或 Cr 等）来提高[29-31]；③高扩散碳的溶液生长法，通过外加电磁搅拌、加速坩埚旋转及移动坩埚等措施，可以增大强制对流，加速碳的传输，增强碳从溶解区域向结晶区域的扩散，从而提高液相法的生长速率。

（3）高温化学气相沉积法（HTCVD 法）

HTCVD 法是指采用气体作为原料在高温下通过化学反应生长固态 SiC 的过程。用 HTCVD 法生长 SiC 的反应器通常为一种垂直结构的 CVD 反应器，生长温度高达 2100～2300℃。前驱体气体可以采用经过载气稀释的 SiH_4 或 C_2H_4、C_3H_8 等碳氢化合物并通入反应器，在高温下前驱体气体完全分解并发生数种反应，形成 Si 和 SiC 的团簇，并在温度梯度下到达顶部的籽晶处沉积形成单晶 SiC。在此过程中，从进气口到籽晶需要建立一个合适的温度梯度，气体分解区和坩埚壁的温度应该略高于籽晶的温度，以保证物质输运和籽晶上的凝结。

相比于 PVT 法，HTCVD 法的主要优点如下。①高纯度：在 HTCVD 法中以前驱体气体为源，其中气体中杂质的浓度可控制到极低的范围，可保证所生长 SiC 的纯度。由于其具有高纯度，因此通过 HTCVD 法可以相对容易地制造高纯半绝缘 SiC 晶体[32]。用 PVT 法生长的高纯半绝缘 SiC 晶体中氮和硼的残余浓度为 $10^{16}cm^{-3}$ 左右，而用 HTCVD 法可将氮和硼的残余浓度控制在 $10^{14}cm^{-3}$ 的中值范围内。②C/Si 比易控制：在 PVT 法中，C/Si 比无法作为一个独立工艺参数进行调节；而在 HTCVD 法中，至少在进气口处，C/Si 比可以在一个相对大的范围内进行独立控制，这将有利于通过 C/Si 比来调控生长缺陷和掺杂。③原料的持续供应：原理上，HTCVD 法中的原料的供给量可以保持稳定，可以维持很长时间而不会发生源耗尽，这有利于生长非常长且均匀的高品质 SiC 晶锭。④均匀稳定掺杂：在导电型 SiC 晶体生长方面，HTCVD 法的优势在于提升 N 型 SiC 晶体中 N 杂质分布的均匀性；在 P 型 SiC 晶体中，HTCVD 法有助于提升 SiC 晶体中 Al 杂质的浓度和均匀性，从而降低导电型 4H-SiC 晶体的电阻率，并提高其电阻率分布的均匀性。

14.2.2 SiC 薄膜材料的制备

在制作 SiC 器件时一般需要在单晶 SiC 衬底上外延生长不同掺杂浓度、不同厚度的 N 型或 P 型单晶 SiC 薄膜，这也是实现 SiC 电力电子器件应用的关键工艺技术。单晶 SiC 薄膜的外延生长包括异质外延和同质外延两种，异质外延是在单晶硅或蓝宝石衬底上外延单晶 SiC 薄膜，而同质外延则是在单晶 SiC 衬底上外延相同晶型结构的 SiC 薄膜。根据薄膜材料形成的机理，又可以将单晶 SiC 薄膜制备的方法分为物理方法和化学方法两大类，物理方法主要有溅射（SD）法、脉冲激光沉积（PLD）法、分子束外延（MBE）法等，化学方法主要有液相外延（LPE）法、化学气相外延（CVD）法等。

溅射法和脉冲激光沉积法在薄膜沉积过程中有很强的离子与电子辐射，使得薄膜成分难以控制、薄膜结晶质量差，而且大多是缺陷密度高的多晶薄膜且沉积速率较低。而分子束外延法制备的单晶 SiC 薄膜的质量较高，操控性较好，但是分子束外延法对真空度的要求较高，且薄膜生长速率较低。可以在较低的生长温度下实现单晶 SiC 薄膜的外延生长。早期，研究人员采用液相外延法主要研究了单晶 6H-SiC 薄膜的生长工艺，他们将单晶 SiC 衬底放入由石墨坩埚盛放的熔融 Si 溶液中，少量的石墨会溶解到 Si 溶液中，再在单晶 SiC 衬底表面结合形成单晶 SiC 薄膜。然而由于液相溶液中 C/Si 比难以控制，因此石墨中的杂质浓度会影响薄膜的电学性质及导致薄膜表面存在质量等问题，使得液相外延法的产业化进展不大。

化学气相外延（CVD）法是目前最常用的单晶 SiC 薄膜外延方法之一。采用该方法生长的单晶 SiC 薄膜的结晶质量较高，薄膜生长速率也能够满足工业化生产的要求；而且，可以精确地控制气相物质组分和掺杂元素浓度，甚至可以生长异质薄层、组分可变的外延层；此外，外延后的 SiC 衬底可以直接被用于器件制造。单晶 SiC 薄膜的化学气相外延通常是利用高纯度氩气（Ar）或氢气（H_2）作为载气，将高纯度硅前驱体（SiH_4、Si_2H_6 等）和高纯度碳前驱体（CH_4、C_2H_4、C_3H_8 等）输运到生长区，在设定的压力和温度条件下，硅前驱体和碳前驱体在衬底表面反应获得单晶 SiC 薄膜。单晶 SiC 薄膜的 CVD 外延生长主要由反应物的热力学行为和反应动力学行为所决定，其主要步骤包括气体输运、气相化学反应、前驱体输运到衬底表面、表面扩散、成核与岛状生长、台阶流生长、前驱体脱附、不稳定反应物脱附等。

单晶 SiC 薄膜外延生长主要采用二维成核机制和台阶流机制。台阶流生长可以有效地保证 SiC 晶型的单一。图 14.9 所示为在 6H-SiC[0001]正轴和 6H-SiC[0001]偏轴上 SiC 生长的原子堆垛过程。除沿着台阶生长外，也可能发生二维成核生长。在 6H-SiC[0001]正轴上，台阶密度极低，SiC 晶体生长以二维成核生长为主。生长的 SiC 晶型主要由生长条件（主要是温度）所决定，在生长温度较低时，主要生长 3C-SiC，如图 14.9（a）所示；而在 6H-SiC[0001]偏轴上生长时，台阶密度极高，并且台阶很窄，吸附的 Si_mC_n 气体能够容易地移动到台阶处。如图 14.9（b）所示，所生长的 SiC 晶型完全遗传自衬底的晶型。基于 BCF（Burton, Cabrera and Frank）理论的表面扩散模型，可以有效地预测 SiC 的同质外延实现稳定的台阶流生长的条件。基体表面所吸附的 Si_mC_n 分子的密度与过饱和度（α_s）也可以估算出来，因为 α_s 在台阶面中部取得最大值 $\alpha_{s\text{-}max}$，所以成核最容易在该处发生。$\alpha_{s\text{-}max}$ 取决于实验条件，如生长速率、生长温度和台阶面宽度（偏角大小），是一个决定生长模式是台阶流还是二维成核的基本参数。因为在一个表面上二维成核率 J_{nuc} 随过饱和比呈指数增长，当 $\alpha_{s\text{-}max}$ 超过临界值 $\alpha_{s\text{-}crit}$ 时，二维成核生长将变得显著。由此，生长模式根据 $\alpha_{s\text{-}max}$ 和 $\alpha_{s\text{-}crit}$ 的关系可以决定，当 $\alpha_{s\text{-}max} > \alpha_{s\text{-}crit}$ 时，为二维成核生长；当 $\alpha_{s\text{-}max} < \alpha_{s\text{-}crit}$ 时，为台阶流生长。

如果生长温度和衬底偏角（台阶面宽度）确定，通过 BCF（Burton,Cabrera and Frank）理论可以计算得到能够实现台阶流生长的最大生长速率（临界生长速率）。图 14.10 所示为偏角分别为 0.2°、1°、4°和 8°的衬底上 SiC 晶体外延生长的最大生长速率和温度的关系。图中曲线上左区域为二维成核生长区，此时将发生严重的 3C-SiC 夹杂；曲线下右区域为台阶流生长，可保证单晶 SiC 稳定生长。高温和大偏角有利于台阶流生长，例如，在一个接近正轴[0001]的 0.2°小偏角情况下，1700℃生长温度可保证台阶流生长最大速率为 50μm/h，1800℃生长温度可保证台阶流生长最大速率为 100μm/h。必须指出的是，该模型并未考虑围绕贯穿螺位错（TSD）的螺旋生长的情况，实际上螺旋生长可以很自然地促进同质外延生长，这种效应在有非常小的偏角的 SiC（0001）衬底上十分显著。目前，商业上主要选用 4°偏角以得到合理的生成速率（大于 1μm/h）。

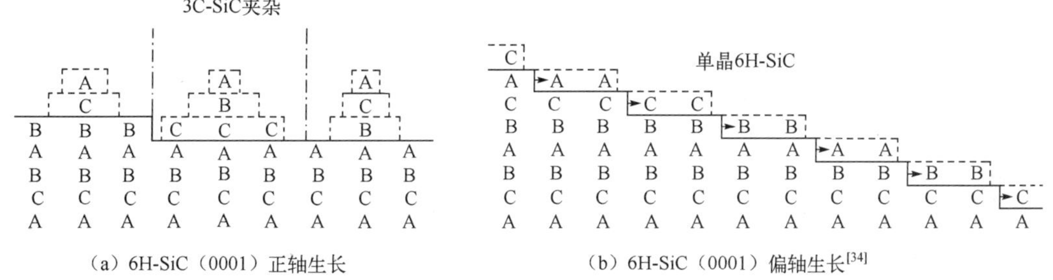

图 14.9　6H-SiC 外延生长示意图

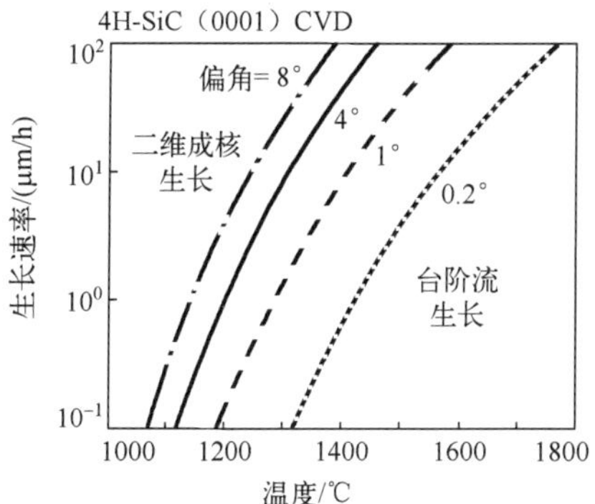

图 14.10　偏角分别为 0.2°、1°、4°和 8°的衬底上 SiC 晶体外延生长的最大生长速率和温度的关系

14.3　SiC 晶体的杂质和缺陷

14.3.1　SiC 晶体的掺杂

（1）N 型/P 型掺杂

氮掺杂是 N 型 SiC 晶体的常用技术，它可以通过简单地向晶体生长的保护气氛中引入氮气

来实现，如用 Ar 和 N_2 的混合气体。在所生长的 SiC 晶锭中，氮的浓度近似与生长过程中氮气分压的平方根成正比，并近似独立于生长速率。而且，氮容易实现高浓度掺杂，其掺杂浓度可以达到 $10^{20}cm^{-3}$，电阻率可以低至 5mΩ·cm[35-36]。商用的 N 型 4H-SiC 晶体的典型电阻率一般为 0.015～0.025Ω·cm，氮掺杂浓度为 6×10^{18}～$1.5\times10^{19}cm^{-3}$。但是，对于重掺、低阻的 SiC 晶体而言，其电子迁移率是非常低的，对 4H-SiC 来说，仅为 10～30cm^2/(V·s)；而且晶体中会存在一些不同的深能级或电子陷阱，密度相对较大，为 10^{14}～$10^{15}cm^{-3}$[37-38]。

与 SiC 晶体的 N 型掺杂相比，其 P 型掺杂的控制比较难。在 PVT 法中，Al 掺杂是 P 型 SiC 晶体常用的技术，一般是通过在 SiC 源中加入 Al（或含 Al 化合物）而获得的。但是由于 Al 具有较高的分压，易蒸发，在晶体生长初期会发生严重的铝源耗尽，难以实现 Al 的均匀掺杂，因此 K. Eto 等人开发了双线圈法[39]，采用两区独立加热分别控制 SiC 源和 Al_4C_3 铝源区域的温度，成功地制备了铝氮共掺杂的 P 型 SiC 晶体。通过控制 Al_4C_3 铝源区域的温度及氮气的流量，可以调控 SiC 衬底中 Al 和 N 的掺杂比例。用此方法制备的 P 型 SiC 晶体的电阻率最低约为 0.09Ω·cm，此时 Al 的掺杂浓度为 $1.8\times10^{20}cm^{-3}$，N 的掺杂浓度为 $1.5\times10^{20}cm^{-3}$。除此之外，通过向生长室里引入气态的三甲基铝也可以实现 Al 的均匀掺杂。液相法在生长 P 型单晶 SiC 方面有着天然的优势，T. Shirai 等人以 Si-Cr-Al 为共熔体，采用液相法制备了 Al 掺杂浓度为 $1.8\times10^{20}cm^{-3}$、电阻为 0.035Ω·cm 的 P 型 4H-SiC 晶体[26]，而 Zhang Z[27]等人采用以不同 Al 含量的 $Si_{0.45-x}Cr_{0.5}Al_xCe_{0.05}$（$x$=0.02、0.05 或 0.09）为共熔体，制备出三种不同 Al 掺杂浓度的 P 型 4H-SiC 晶体，其 Al 掺杂浓度分别为 $9.62\times10^{19}cm^{-3}$、$1.78\times10^{20}cm^{-3}$ 和 $2.03\times10^{20}cm^{-3}$，而其导通电阻率分别为 0.224Ω·cm、0.047Ω·cm 和 0.023Ω·cm。

（2）钒（V）掺杂

除了导电型 SiC 晶体，半绝缘 SiC 晶体也是一类重要的产品，两者的区别主要在于具有不同的掺杂剂和掺杂浓度（电阻率）。在半绝缘 SiC 晶体中，钒（V）是主要掺杂剂，V 作为补偿中心，可以补偿 SiC 晶体中残留的受主 B 原子和施主 N 原子，从而形成电阻率高于 10^{15}Ω·cm 的半绝缘 SiC 晶体。V 元素在 SiC 晶体中是两性杂质，可以作为类受主杂质，也可以作为类施主杂质。在 6H-SiC 中，V 的受主能级位于 E_c–0.65eV/0.72eV；在 4H-SiC 中，其位于 E_c–0.81eV/0.97eV；而 V 在 6H-SiC 和 4H-SiC 的施主能级均位于 E_v+(1.3～1.5)eV[40]。

（3）其他杂质

除有意掺杂改变 SiC 晶体的导电特性外，石墨坩埚、保温材料等晶体生长炉部件中含有一定的金属杂质，会无意地掺入所生长的 SiC 晶体中，成为晶体中不需要的杂质污染，产生深能级中心，4H-SiC 中主要金属杂质的深能级位置如图 14.11 所示[20]，将会影响 SiC 晶体材料和器件的电学性质。钛（Ti）也是 SiC 中的一种常见的金属杂质，在 4H-SiC 晶体的导带边缘（E_c–0.11eV/0.17eV）附近会产生非常浅的电子能级[41]。氧（O）在几乎所有的半导体材料中都是常见的杂质[42-43]，在 SiC 晶体中也可能存在。但是，氧浓度似乎非常低（约为 $10^{12}cm^{-3}$ 或更低），目前还没有确定与氧杂质直接相关的缺陷的深能级。而且研究发现，在外延生长期间，即使将含氧气体有意地引入 CVD 反应器，也难以将氧原子掺入 SiC 晶体。

4H-SiC
E_c
0.5
1.0
1.5
2.0
2.5
3.0
(−/0)
(0/+)
距离E_c的能量/eV
3.0
2.5
2.0
1.5
1.0
0.5
E_v
距离E_v的能量/eV
V
Cr
Ta
W
Mo
Cd
Fe
Zn

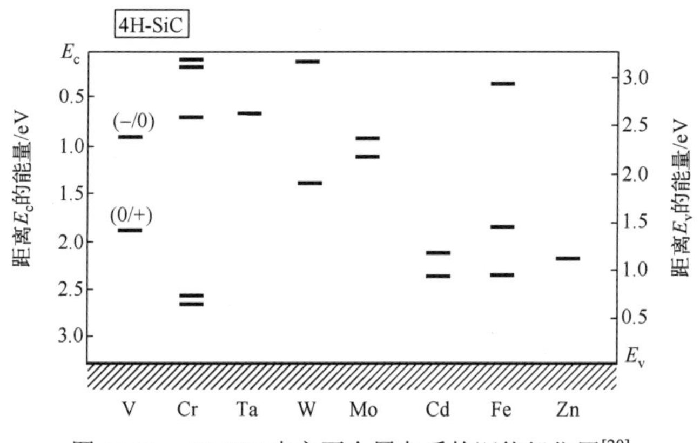

图 14.11　4H-SiC 中主要金属杂质的深能级位置[20]

14.3.2　SiC 晶体的缺陷

（1）点缺陷

SiC 晶体的点缺陷包含本征点缺陷（空位、间隙、反位缺陷）和杂质与点缺陷形成的复合体[44-45]，这些点缺陷将会在 SiC 晶体中引入大量的深能级中心，从而影响材料性能。图 14.12 所示为 4H-SiC 中典型点缺陷的缺陷能级位置。SiC 晶体的碳空位（V_C）是起主导作用的点缺陷，其中 $Z_{1/2}$（E_c–0.63eV）和 $EH_{6/7}$（E_c–1.55eV）缺陷最常见，具有不同电荷状态的 V_C 的浓度为 2×10^{12}～$2\times10^{13}cm^{-3}$，具有一定的热稳定性[44-45]。特别是 $Z_{1/2}$ 缺陷，对 SiC 晶体的少数载流子寿命的影响很大[45]。为了获得有利于降低双极型器件导通电阻的长载流子寿命，SiC 晶体中的 $Z_{1/2}$ 中心的浓度必须降低到 $1\times10^{12}cm^{-3}$。到目前为止，有两种相对成熟的方法来消除 SiC 晶体中的 $Z_{1/2}$ 中心：一种是从外部引入过量的碳原子，并且通过高温退火来促进这些碳原子进入晶体体内扩散；另一种是在适当条件下，SiC 的热氧化将导致 $Z_{1/2}$ 或 $EH_{6/7}$ 中心的消除。

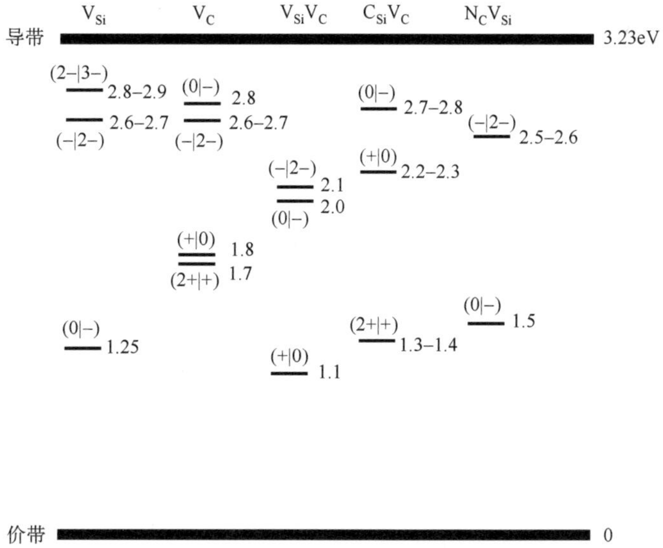

V_{Si}
V_C
$V_{Si}V_C$
$C_{Si}V_C$
N_CV_{Si}
导带
3.23eV
(2−|3−)
2.8−2.9
2.6−2.7
(−|2−)
(0|−)
2.8
2.6−2.7
(−|2−)
(0|−)
2.7−2.8
(−|2−)
2.5−2.6
(+|0)
2.2−2.3
(−|2−)
2.1
2.0
(0|−)
(+|0)
1.8
(2+|+)
1.7
(0|−)
1.5
(2+|+)
1.3−1.4
(0|−)
1.25
(+|0)
1.1
价带
0

图 14.12　4H-SiC 中典型点缺陷的缺陷能级位置

（2）线缺陷

SiC 晶体中的线缺陷主要是位错和微管，具体可分为贯穿螺位错（TSD）、贯穿刃位错（TED）、基矢面位错（BPD）和微管。

贯穿螺位错（TSD）是一个在 SiC（0001）面上，伯氏矢量为 1***c*** 或 2***c*** 的螺位错，如图 14.13 所示。从图中可见，在 4H-SiC 中，TSD 是螺旋生长的中心，台阶高度为 4 个或 8 个碳硅双原子层。TSD 通常沿<0001>晶向传播，但偶尔也会转向基矢面（有时又会转回<0001>晶向）。当 TSD 转向并位于基矢面内时，将会形成 Frank 型堆垛层错，以保证伯氏矢量（1***c*** 或 2***c***）守恒。需要注意的是，大多数 TSD 都具有混合的伯氏矢量，结构较为复杂，可以更详细地分为：纯 TSD，伯氏矢量为 1***c*** 或 2***c***；混合位错（TMD），伯氏矢量为 $m\boldsymbol{c}+n\boldsymbol{a}$（$m,n$=1,2）[46]。采用熔融碱腐蚀识别 SiC 中不同类型的位错时，研究者们常将纯 TSD 和 TMD 作为一类位错进行统计。

贯穿刃位错（TED）和基矢面位错（BPD）拥有相同的伯氏矢量$[11\bar{2}0]\,\boldsymbol{a}/3$。$[11\bar{2}0]\,\boldsymbol{a}/3$ 的位错滑移维持堆垛结构不变，但导致一层额外的半原子面或一层缺失的半原子面；相反地，$[1\bar{1}00]$ 的滑移会导致一个堆垛层错缺陷。如图 14.14 所示，SiC 晶体中加入（或去除）额外半原子面留下半原子面的边缘，其中沿 *c* 轴方向的位错线为 TED，位于基矢面内的位错线为 BPD[47]。在 SiC 晶体内部经常会观察到 TED 和 BPD 之间的相互转换。

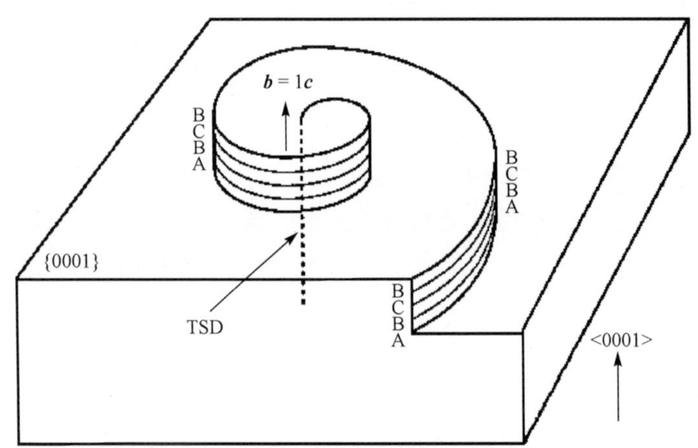

图 14.13　4H-SiC 中贯穿螺位错的示意图[20]

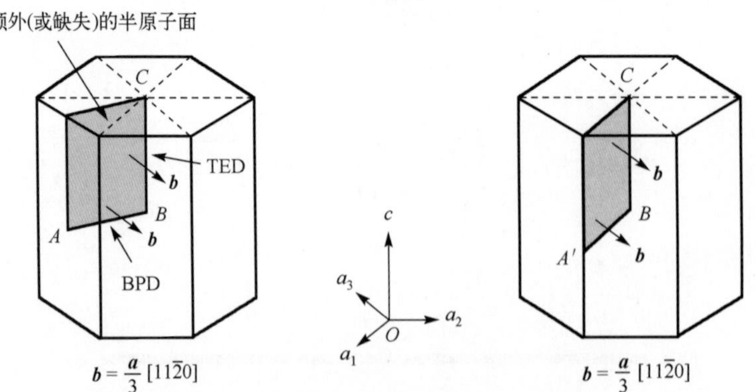

图 14.14　SiC 典型贯穿刃位错和基矢面位错的结构[20]

微管（Micropipe，MP）是贯穿晶体的管状缺陷，可以认为是一个因伯氏矢量增大而形成的空核心的 TSD。在 4H 晶体中观察到的微管典型的伯氏矢量范围是 $3\boldsymbol{c}\sim10\boldsymbol{c}$，6H 晶体中是 $2\boldsymbol{c}\sim7\boldsymbol{c}$。这是因为具有较大伯氏矢量的 TSD 核心的应变非常高，形成空核心有利于释放应变能[48]。其可能的源头包括衬底中微管的延续、孔洞、包裹物等宏观缺陷，也可能来自相邻同向 TSD 的合并。由于微管具有贯穿晶圆的空心结构特点，因此很容易成为漏电通道和高压击穿的位点，是影响器件性能的致命缺陷，因此得到很大的关注，其控制技术已得到很好的发展。当前，用成熟的 PVT 法已经能够避免 SiC 中微管的产生。

（3）面缺陷

SiC 晶体中主要的面缺陷就是堆垛层错。由于堆垛层错具有较低的层错能（在 4H-SiC 中约为 14mJ/m^2，在 6H-SiC 中为 2.9mJ/m^2），因此 SiC 晶体中的堆垛层错是常见的缺陷[49]。二维尺寸的多型体形成堆垛层错，是晶锭中的层状区域。根据滑移原子层数目的不同，堆垛层错的结构也不同。此外，晶体生长过程中 TSD 可能转向基平面方向，形成 Frank 型堆垛层错。在成熟工艺下，晶锭中沿 c 轴方向的堆垛层错密度已经大大降低（小于 1cm^{-2}）。有研究者认为，高浓度掺杂会在生长小面引起丘状形貌，导致 3C 结构的堆垛层错。

（4）体缺陷

多型体是 SiC 晶体中主要的体缺陷。由于 SiC 晶体具有较低的层错能，因此当没有合理优化生长条件时，在晶体生长中会出现多型体混合。W. F. Knippenberg[50]报道了 SiC 晶体生长中多型体的相对稳定性（或发生率）的经验观测数据，3C-SiC 是一个亚稳态的多型体，2H-SiC 则出现在 1300～1600℃的温度范围内。在超过 2000℃时，即在 PVT 法中晶体生长的温度区域，6H-SiC、4H-SiC 及 15R-SiC 是可以存在的多型体。在实际单晶 SiC 生长时，一般利用 $(000\bar{1})$ 的 SiC 作为籽晶，在生长过程中，除非进行有意识的控制，多型体的转换或异质多型体的成核都是可能发生的。从材料科学的角度来看，决定 SiC 多型体实际生长的动力学及热动力学因素还没有得到很好的理解。

碳夹杂是 SiC 晶体中的另一种体缺陷。碳夹杂有两个主要来源，一是 SiC 粉末中的碳颗粒，二是石墨坩埚引入的碳颗粒。晶体中的碳夹杂易在晶体生长中产生微管缺陷，也容易在外延层表面诱发三角形缺陷、小坑缺陷等表面形貌缺陷，导致 SiC 晶体或薄膜材料的质量下降。

除多型体和碳夹杂外，SiC 中的硅滴也是常见的体缺陷。硅滴主要存在于 SiC 晶体生长的界面，这主要是由较高的 Si/C 比导致的。比如，在 PVT 法生长的初期，气氛中的 Si/C 比较高，就容易在籽晶表面形成 Si 的结晶。孔洞是在晶锭中出现的空洞，由包裹物的汽化引起，在晶体生长过程中沿温度梯度的方向扩展，并最终封闭成为微管等缺陷的源头。

本章主要介绍了 SiC 的基本性质，包括晶体结构、电学性质、光学性质、机械性质和热学性质，阐述了 SiC 半导体材料的生长原理和方法。单晶 SiC 的生长方法主要为物理气相输运法、液相法和高温化学气相沉积法，SiC 薄膜材料生长的主要方法为化学气相沉积法。SiC 中常见的杂质包括 N 型杂质、P 型杂质和深能级杂质。SiC 中常见的缺陷可分为 4 类：点缺陷、线缺陷、面缺陷和体缺陷。SiC 是目前发展得最为成熟的宽禁带半导体材料之一，在电力电子等领域发挥着越来越重要的作用。

习　题　14

1．SiC 有多种晶型，为何 4H-SiC 是制造功率器件的主要选择？

2．怎样分辨不同晶型的 SiC？

3．掺杂对 SiC 的光学性质的影响是什么？
4．选择 Al 作为 P 型 SiC 掺杂剂的主要原因是什么？
5．单晶 SiC 生长的方法及其优缺点是什么？
6．在用物理气相输运法生长单晶 SiC 的过程中，如何控制所生长 SiC 的晶型？
7．如何实现 N 型单晶 SiC 的生长？如何调控掺杂浓度？
8．如何实现 P 型单晶 SiC 的生长？如何调控掺杂浓度？

参 考 文 献

[1] BERZELIUS J J. Zersetzung der ussspatsauren Kieselerde durch Kalium[J]. Ann. Phys. Chem, 1824, 1: 169-208.

[2] ACHESON E G. Production of artificial crystalline carbonaceous materials: US492767[P]. 1894-06-12.

[3] LELY J A. Preparation of single crystals of SiC and the effect of the kind and amount of impurities on the lattice[J]. Ber. Dtsch. Ker. Ges, 1955, 32: 229-234.

[4] TAIROV Y M, TSVETKOV V F. Investigation of growth processes of ingots of silicon carbide single crystals[J]. Journal of Crystal Growth, 1978, 43(2): 209-212.

[5] TAIROV Y M, TSVETKOV V F. General principles of growing large-size single crystals of various silicon carbide polytypes[J]. Journal of Crystal Growth, 1981, 52: 146-150.

[6] CHOUDHARY K, GARRITY K F, REID A C E, et al. The joint automated repository for various integrated simulations (JARVIS) for data-driven materials design[J]. NPJ Computational Materials, 2020, 6(1): 173.

[7] VAN HAERINGEN W, BOBBERT P A, BACKES W H. On the band gap variation in SiC polytypes[J]. Physica Atatus Solidi(b), 1997, 202(1): 63-79.

[8] JACOBSON H, BIRCH J, HALLIN C, et al. Doping-induced strain in n-doped 4H-SiC crystals[J]. Applied Physics Letters, 2003, 82(21): 3689-3691.

[9] EFROS A L, VAN LIEN N, SHKLOVSKII B I. Impurity band structure in lightly doped semiconductors[J]. Journal of Physics C: Solid State Physics, 1979, 12(10): 1869.

[10] PERNOT J, ZAWADZKI W, CONTRERAS S, et al. Electrical transport in n-type 4H silicon carbide[J]. Journal of Applied Physics, 2001, 90(4): 1869-1878.

[11] KAGAMIHARA S, MATSUURA H, HATAKEYAMA T, et al. Parameters required to simulate electric characteristics of SiC devices for n-type 4H-SiC[J]. Journal of Applied Physics, 2004, 96(10): 5601-5606.

[12] KOIZUMI A, SUDA J, KIMOTO T. Temperature and doping dependencies of electrical properties in Al-doped 4H-SiC epitaxial layers[J]. Journal of Applied Physics, 2009, 106(1): 013716.

[13] SRIDHARA S G, DEVATY R P, CHOYKE W J. Absorption coefficient of 4H silicon carbide from 3900 to 3250Å[J]. Journal of Applied Physics, 1998, 84(5): 2963-2964.

[14] DUBROVSKII G B, LEPNEVA A A, RADOVANOVA E I. Optical absorption associated with superlattice in silicon carbide crystals[J]. Physica Status Solidi(b), 1973, 57(1): 423-431.

[15] EDMOND J, KONG H, SUVOROV A, et al. 6H-Silicon Carbide light emitting diodes and UV photodiodes[J]. Physica Status Solidi(a), 1997, 162(1): 481-491.

[16] SLACK G A. Thermal conductivity of pure and impure silicon, silicon carbide, and diamond[J]. Journal of Applied Physics, 1964, 35(12): 3460-3466.

[17] ZHAO J H, ALEXANDROV P, LI X. Demonstration of the first 10kV 4H-SiC schottky barrier diodes[J]. IEEE Electron Device Lett, 2003, 24: 402-404.

[18] HATAKEYAMA T, SHINOHE T. Reverse characteristics of a 4H-SiC schottky barrier diode[J]. Materials Science Forum, 2002, 389: 1169-1172.

[19] WANG X, COOPER J A. High-voltage n-channel IGBTs on free-standing 4H-SiC epilayers[J]. IEEE Trans Electron Devices, 2010, 57: 511-515.

[20] KIMOTO T, COOPER J A. Fundamentals of silicon carbide technology: growth, characterization, devices and applications[M]. New York: John Wiley & Sons, 2014.

[21] WELLMANN P J, MÜLLER R, QUEREN D, et al. Vapor growth of SiC bulk crystals and its challenge of doping[J]. Surface and Coatings Technology, 2006, 201(7): 4026-4031.

[22] HENS P, KÜNECKE U, WELLMANN P J. Aluminum p-type doping of bulk SiC single crystals by tri-methyl-aluminum[C]//Materials Science Forum. Trans Tech Publications Ltd, 2009, 600: 19-22.

[23] CHAUSSENDE D, UCAR M, AUVRAY L, et al. Control of the supersaturation in the CF-PVT process for the growth of silicon carbide crystals: research and applications[J]. Crystal Growth & Design, 2005, 5(4): 1539-1544.

[24] YAKIMOVA R, SYVAJARVI M, RENDAKOVA S, et al. Micropipe healing in liquid phase epitaxial growth of SiC[C]//Materials Science Forum. Trans Tech Publications Ltd. , Zurich-Uetikon, Switzerland, 2000, 338: 237-240.

[25] RENDAKOVA S V, NIKITINA I P, TREGUBOVA A S, et al. Micropipe and dislocation density reduction in 6H-SiC and 4H-SiC structures grown by liquid phase epitaxy[J]. Journal of Electronic Materials, 1998, 27(4): 292-295.

[26] SHIRAI T, DANNO K, SEKI A, et al. Solution growth of p-type 4H-SiC bulk crystals with low resistivity[J]. Mater Sci Forum, 2014, 778: 75-78.

[27] ZHANG Z, CHEN L, DENG J, et al. Intrinsic ferromagnetism in 4H-SiC single crystal induced by Al-doping[J]. Applied Physics A, 2020, 126: 1-8.

[28] HOFMANN D H, MÜLLER M H. Prospects of the use of liquid phase techniques for the growth of bulk silicon carbide crystals[J]. Materials Science and Engineering: B, 1999, 61: 29-39.

[29] GRIFFITHS L B, MLAVSKY A I. Growth of α-SiC single crystals from chromium solution[J]. Journal of The Electrochemical Society, 1964, 111(7): 805.

[30] TAIROV Y M, PEEV N S, SMIRNOVA N A, et al. Liquid phase epitaxy of SiC in the system Si-Tb-SiC by temperature gradient zone melting(I). Investigation of solubilities in the system Si-Tb-SiC[J]. Crystal Research and Technology, 1986, 21(12): 1503-1507.

[31] RENDAKOVA S V, NIKITINA I P, TREGUBOVA A S, et al. Micropipe and dislocation density reduction in 6H-SiC and 4H-SiC structures grown by liquid phase epitaxy[J]. Journal of Electronic Materials, 1998, 27(4): 292-295.

[32] ELLISON A, MAGNUSSON B, SON N T, et al. HTCVD grown semi-insulating SiC substrates[C]//Materials Science Forum. Trans Tech Publications Ltd, 2003, 433: 33-38.

[33] KIMOTO T, MATSUNAMI H. Surface kinetics of adatoms in vapor phase epitaxial growth of SiC on 6H-SiC {0001} vicinal surfaces[J]. Journal of Applied Physics, 1994, 75(2): 850-859.

[34] MATSUNAMI H. Technological breakthroughs in growth control of silicon carbide for high power electronic

devices[J]. Japanese Journal of Applied Physics, 2004, 43(10R): 6835.

[35] ONOUE K, NISHIKAWA T, KATSUNO M, et al. Nitrogen incorporation kinetics during the sublimation growth of 6H and 4H SiC[J]. Japanese Journal of Applied Physics, 1996, 35(4R): 2240.

[36] KATSUNO M, NAKABAYASHI M, FUJIMOTO T, et al. Stacking fault formation in highly nitrogen-doped 4H-SiC substrates with different surface preparation conditions[C]//Materials Science Forum. Trans Tech Publications Ltd, 2009, 600: 341-344.

[37] JANG S, KIMOTO T, MATSUNAMI H. Deep levels in 6H-SiC wafers and step-controlled epitaxial layers[J]. Applied Physics Letters, 1994, 65(5): 581-583.

[38] EVWARAYE A O, SMITH S R, MITCHEL W C. Shallow and deep levels in n-type 4H-SiC[J]. Journal of Applied Physics, 1996, 79(10): 7726-7730.

[39] ETO K, KATO T, TAKAGI S, et al. Growth study of p-type 4H-SiC with using aluminum and nitrogen co-doping by 2-zone heating sublimation method[C]//Materials Science Forum. Trans Tech Publications Ltd, 2015, 821: 47-50.

[40] MAIER K, MÜLLER H D, SCHNEIDER J. Transition metals in silicon carbide(SiC): vanadium and titanium[C]//Materials Science Forum. Trans Tech Publications Ltd, 1992, 83: 1183-1194.

[41] PATRICK L, CHOYKE W J. Photoluminescence of Ti in four SiC polytypes[J]. Physical Review B, 1974, 10(12): 5091.

[42] ÁVILA A, MONTERO I, GALAN L, et al. Behavior of oxygen doped SiC thin films: an x-ray photoelectron spectroscopy study[J]. Journal of Applied Physics, 2001, 89(1): 212-216.

[43] GALI A, HERINGER D, DEÁK P, et al. Isolated oxygen defects in 3C-and 4H-SiC: a theoretical study[J]. Physical Review B, 2002, 66(12): 125208.

[44] YAN X, LI P, KANG L, et al. First-principles study of electronic and diffusion properties of intrinsic defects in 4H-SiC[J]. Journal of Applied Physics, 2020, 127(8): 085702.

[45] GORDON L, JANOTTI A, VAN DE WALLE C G. Defects as qubits in 3C and 4H-SiC[J]. Physical Review B, 2015, 92(4): 045208.

[46] SANCHEZ E K, LIU J Q, DE GRAEF M, et al. Nucleation of threading dislocations in sublimation grown silicon carbide[J]. Journal of Applied Physics, 2002, 91(3): 1143-1148.

[47] KAMATA I, NAGANO M, TSUCHIDA H, et al. Investigation of character and spatial distribution of threading edge dislocations in 4H-SiC epilayers by high-resolution topography[J]. Journal of Crystal Growth, 2009, 311(5): 1416-1422.

[48] FRANK F C. Capillary equilibria of dislocated crystals[J]. Acta Crystallographica, 1951, 4(6): 497-501.

[49] MAEDA K, SUZUKI K, FUJITA S, et al. Defects in plastically deformed 6H-SiC single crystals studied by transmission electron microscopy[J]. Philosophical Magazine A, 1988, 57(4): 573-592.

[50] KNIPPENBERG W F. Growth phenomena in silicon carbide[J]. Philips Research Report, 1963, 18: 161-174.

第 15 章　有机半导体材料

按照材料的组成，半导体材料可以分为无机半导体材料、有机半导体材料和有机-无机复合半导体材料三大类。从 20 世纪 50 年代开始，人们主要关注的是无机半导体材料，目前，在商业上广泛应用的基本都是无机半导体材料。从 20 世纪 70 年代开始，有机半导体材料成为半导体材料研究的重要内容，其应用开始崭露头角。不仅如此，试图将无机半导体材料和有机半导体材料的性能集于一体的有机-无机复合半导体材料，也已经成为基础研究的前沿内容。

有机半导体的发现可回溯至 D. Eley 于 1948 年发现酞菁类有机小分子具有导电现象[1]。在 1977 年，A. Heeger、A. G. MacDiarmid 和 H. Shirakawa 三位科学家报道了能导电的有机聚合物聚乙炔，指出塑料也可以导电[2-3]，这颠覆了人们认为有机物是绝缘体的传统认知，激发了研究有机半导体的极大兴趣，开启了现代有机半导体材料和器件的研究、开发与应用。有机半导体材料已经在发光二极管、太阳电池和场效应晶体管等器件中得到应用。本章主要介绍有机半导体材料的性质、制备和应用。首先讲述有机半导体材料的基本性质，包括有机半导体材料的结构性质、电学性质和光学性质等；然后介绍有机半导体材料的制备原理和技术，包括溶液法和非溶液法两大类；最后讲述有机半导体材料在发光器件、光伏器件、电子器件及新型器件中的应用。

15.1　有机半导体材料的基本性质

与无机半导体材料相比，有机半导体材料一般是薄膜材料，而且有其自身独特的特点，主要体现在三个方面：一是从组成上讲，其分子结构可设计合成；二是从制备上讲，可溶液加工制备；三是从性能上讲，其薄膜材料可弯曲，机械柔韧性好。其具体特点如下。

（1）分子结构可设计合成

有机半导体材料的分子主要由 C、H、O、N、P、S 等多种元素组成，各元素间的成键种类丰富，功能结构组合多样，为有机半导体的分子设计提供了无限的可能性。通过合理的结构设计，如侧链修饰、增加功能性官能团等，可以人为地调控有机半导体材料的机械、化学、电学、光学、磁学等性质，获得性能优异的新型有机半导体材料。

（2）可溶液加工制备

有机半导体以分子作为基本结构单元，分子内原子以共价键结合，分子间通过范德华力、偶极-偶极相互作用、氢键等非共价键的弱相互作用结合。有机溶剂分子能破坏有机半导体分子间的弱相互作用，溶解有机半导体。因此，众多聚合物半导体材料和溶解性良好的小分子半导体材料都能利用其可溶性，在室温条件下通过滴涂、旋涂、狭缝涂布或喷墨打印等技术沉积于玻璃、塑料或金属等基底上。溶液沉积后，有机溶剂挥发，留存的有机半导体分子通过弱相互作用重新结合，形成有机半导体薄膜材料。

（3）机械柔韧性好

无机半导体材料中的原子一般以强的离子键或共价键结合，机械强度高、杨氏模量大，在形变及拉伸情况下极易发生断裂，从而导致电学性能失效。有机半导体分子以弱相互作用结合，更容易被压缩和拉伸。特别是聚合物有机半导体材料，分子具有长链结构，可以通过舒展分子链释放受到的应力，比无机半导体材料拥有更好的柔韧性，在形变情况下依然能够维持材料的完整性和电学性能。因此，利用有机半导体材料的机械柔韧性，能够制备可弯曲、可折叠和可拉伸的柔性半导体器件，如柔性有机发光二极管和有机太阳电池[4-5]。

15.1.1 有机半导体材料的结构性质

无机半导体材料的原子排列通常具有周期性，即原子排列的长程有序性。原子间存在着强的离子键或共价键，通过原子轨道重叠，使原子轨道分裂产生导带和价带。由于原子轨道重叠，在一个原子上的电子可以通过重叠的原子轨道运动到近邻的另一个原子上，实现电荷传输。但是，有机半导体材料中一般不存在原子排列的周期性和长程有序性，分子间的结合力主要是弱的范德华力。因此，有机半导体材料的分子轨道重叠比较弱，分子内电子的局域特性较强，这使得有机半导体中的电荷传输受到了一定的限制。下面将详细介绍有机半导体材料的分子轨道特征及分子堆积方式，这是理解有机半导体材料的结构及其性能的关键。

15.1.1.1 σ 电子/π 电子/n 电子

当有机半导体材料分子中的两个原子相互结合时，独立的原子轨道将相互作用并形成分子轨道。如图 15.1 所示，两个原子的电子云沿着原子核之间的连线方向发生“头碰头”重叠，形成 σ 键，每个 σ 键可以容纳两个电子；当两个原子的 P 轨道沿着原子核间连线方向接近时，会发生电子云“肩并肩”重叠而形成 π 键。σ 电子会紧密地局限在成键的两个原子之间，而 π 电子可以分布在多个原子之间。如果分子具有共轭 π 键体系，例如丁二烯（$H_2C=CH-CH=CH_2$），那么 π 电子将分布在构成分子的各个原子上，这种存在于共轭体系中的 π 电子称为离域 π 电子，相应的 π 轨道称为离域轨道。有些元素的原子最外层电子数大于 4（如 N、O 和 S），它们在化合物中往往有未参与成键的价电子，称为 n 电子，n 电子的能量比 σ 电子和 π 电子都高（如图 15.2 所示）。分子除具有组成化学键的能量低的分子轨道（如 σ 轨道和 π 轨道）外，还具有一系列能量较高的分子轨道（如 σ*轨道和 π*轨道），称为反键轨道。一般情况下，能量较高的轨道是空的；如果给分子以足够高的能量，能量较低的电子可能被激发到能量较高的空轨道。如图 15.2 所示，分子中的价电子排列在能量不同的轨道上，这些轨道按能量从低到高的顺序依次为 σ 轨道、π 轨道、n 轨道、π*轨道和 σ*轨道，前两者是成键轨道，后两者是反键轨道。

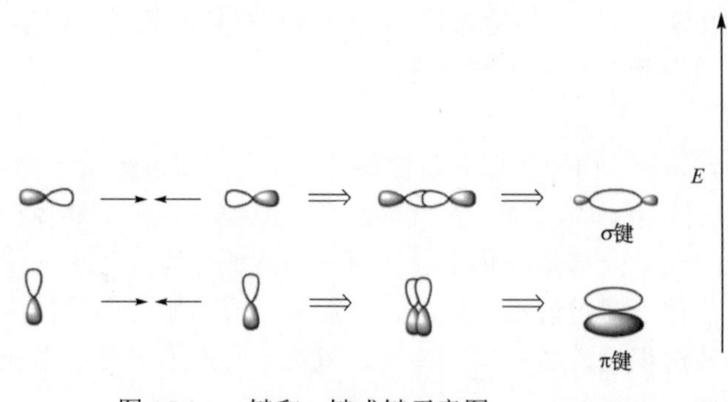

图 15.1 σ 键和 π 键成键示意图

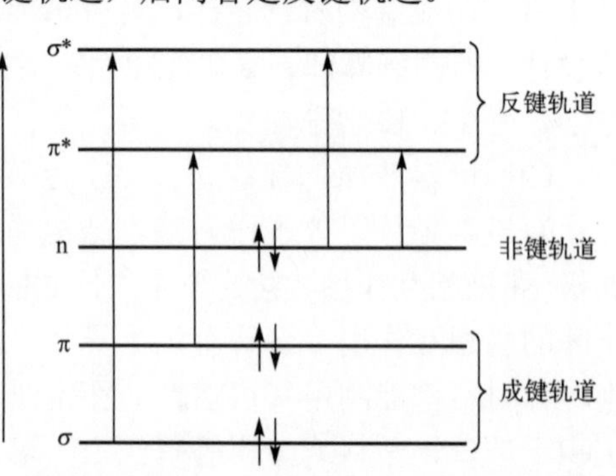

图 15.2 有机分子能级及电子跃迁示意图

15.1.1.2　最高占据分子轨道和最低未占据分子轨道

有机分子的电学及光学性质主要由材料的 π 电子来决定。在基态，π 电子形成一系列能级，进而形成能带，其中具有最高能量的 π 电子能级被称为最高占据分子轨道（HOMO）。在激发态，π 电子形成 π*电子反键轨道（图 15.3），其中具有最低能量的 π*电子能级被称为最低未占据分子轨道（LUMO）。HOMO 与 LUMO 之间的能量差称为带隙，带隙越小，分子越容易被激发。

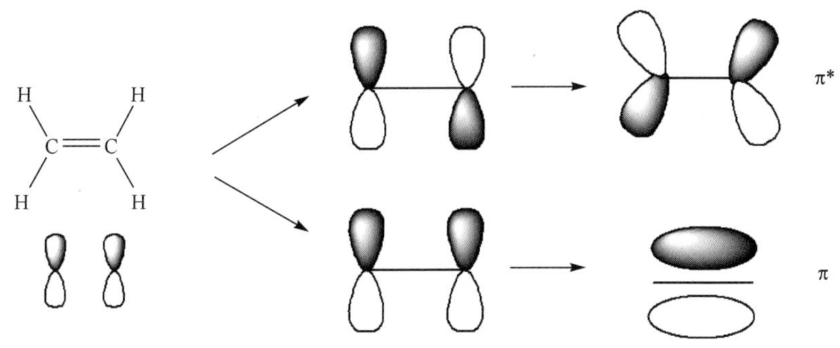

图 15.3　乙烯 $H_2C{=}CH_2$ 的分子轨道图

15.1.1.3　有机半导体材料的分子堆积方式

根据分子结构单元的重复性，有机半导体材料通常被分为 π-共轭小分子半导体材料和 π-共轭聚合物半导体材料。广义上说，摩尔质量小于 10000g/mol 的有机化合物都属于有机小分子的范畴。π-共轭小分子半导体材料的分子中没有 π-共轭聚合物半导体材料的分子中那样重复的结构单元，通常只由一个比较大的 π-共轭体系构成。图 15.4 给出了典型的 π-共轭小分子和 π-共轭聚合物的化学结构。小分子包括蒽、并五苯、三异丙基甲硅烷基-乙炔基并五苯、红荧烯、酞菁、[1]苯并噻吩[3,2-b][1]-苯并噻吩、2,7-二辛基[1]苯并噻吩[3,2-b][1]苯并噻吩、萘并[2,3-b:2′,3′-f]噻吩并[3,2-b]噻吩；聚合物包括聚乙炔、聚吡咯、聚（3-烷基噻吩）、聚（对苯撑乙烯）和低聚噻吩。

小分子和聚合物的固态堆积方式对有机半导体材料的电学性质（如载流子迁移率）影响显著，下面将分别简单介绍 π-共轭小分子和 π-共轭聚合物的分子堆积方式及其对电学性能的影响。

（1）π-共轭小分子半导体材料的分子堆积方式

π-共轭小分子半导体材料的分子结构影响着载流子传输性能，同时分子的堆积方式决定着相邻分子轨道的重叠和载流子传输路径[6]。如图 15.5 所示，目前常见的有机小分子在晶区中的堆积方式有 4 种：滑移堆积（相邻列的分子取向一致）、滑移 π 堆积（相邻列的分子取向不一致）、砖墙形堆积和人字形堆积。其中，*xOy* 面相邻分子的转移积分（*J*，单位为 meV）在载流子传输过程中起着重要作用。前两种堆积方式只在一个方向有较大的 *J* 值[如图 15.5（a）和（b）中的箭头所示]，载流子传输呈现明显的各向异性；而人字形堆积结构在三个方向都有较大的 *J* 值[如图 15.5（d）中的箭头所示]，当三个方向的 J_1、J_2 和 J_3 值相当时，载流子传输呈现出各向同性。采用人字形堆积方式的有机半导体的载流子迁移率一般是最高的，包括苯并噻吩衍生物（C_n-BTBT-C_n，$n = 0, 2, 8, 10, 12$）和并五苯等。

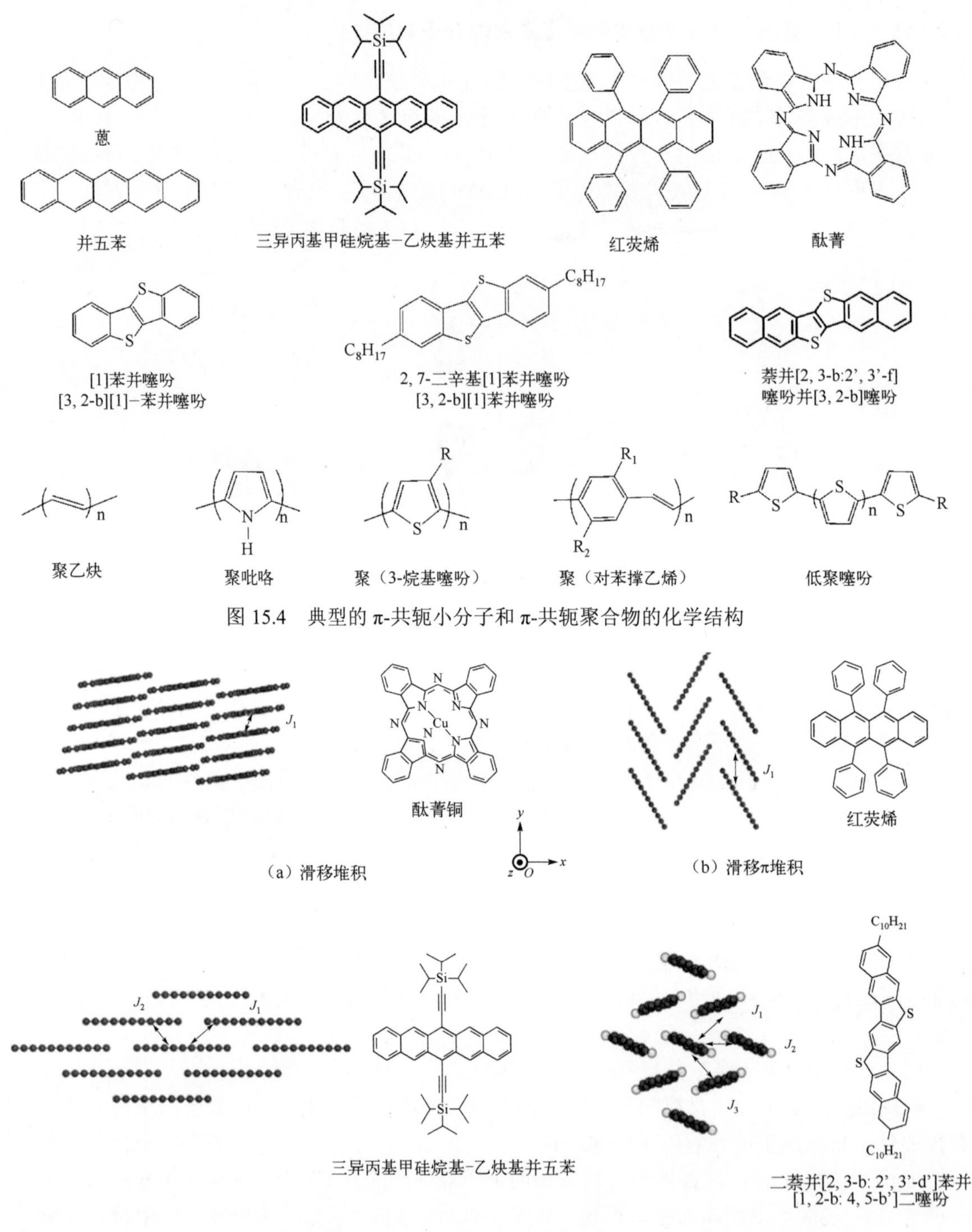

图 15.4 典型的π-共轭小分子和π-共轭聚合物的化学结构

图 15.5 4 种常见的有机小分子在晶区中的堆积方式及代表分子[6]

（2）π-共轭聚合物半导体材料的分子堆积方式

如图 15.6 所示，聚合物主链在晶区通常采用“平躺”和“站立”两种典型的分子堆积方式。“平躺”即聚合物主链取向方向与基底平行，分子间 π-π 堆积的方向垂直于基底。“站立”即聚合物侧链“站立”在基底上，分子间 π-π 堆积的方向平行于基底，这种方式更有利于载流子的传输。聚合物分子的堆积方式既受聚合物本身分子规整度和相对分子质量大小的影响，也受薄膜沉积方法、基底表面和薄膜后处理等外界因素的影响[7]。

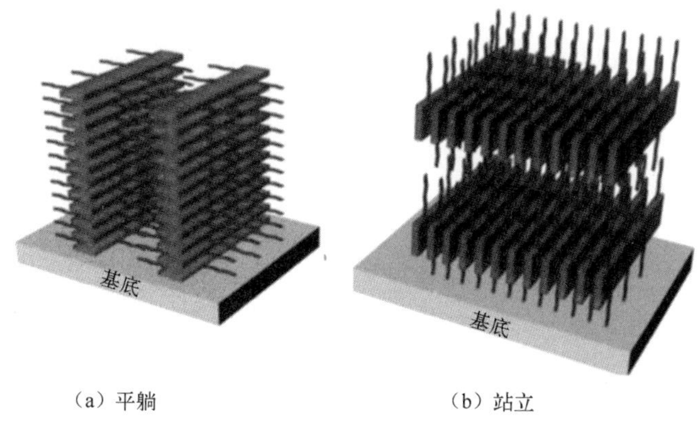

（a）平躺　　（b）站立

图 15.6　聚合物主链在晶区通常采用的两种分子堆积方式[7]
（图中矩形表示共轭主链，曲线表示高分子侧链）

15.1.2　有机半导体材料的电学性质

15.1.2.1　载流子传输机制

目前，人们对有机物半导体中的载流子传输方式还没有统一的认识。就载流子传输的模型而言，载流子在聚合物薄膜非晶区中分子之间的传输方式，与在高度取向的有机单晶中分子之间的传输方式截然不同。对于有机半导体材料，在微观尺度上理解载流子传输需要两个重要参数，即电子耦合或转移积分（J），以及重组能（λ，单位为 meV）[8]。J 与相邻分子轨道的波函数重叠有关，且其值强烈地依赖于晶体中分子的化学结构和分子堆积方式。分子间距离越短，分子轨道重叠越强，J 越大。

如图 15.7（a）所示，如果 $J \ll \lambda$，则有机半导体材料属于弱电子耦合体系。载流子的波函数定域在单个分子，其传输通过跳跃进行。例如，聚合物薄膜非晶区中，由于分子大多呈无序排列，因此属于弱电子耦合体系，其中的载流子传输通常用载流子的热激发跳跃来解释，即电子被注入或被激发至一个分子的 LUMO 能级后，通过跳跃至另一分子的 LUMO 能级来达到传输的目的。如果 $J \gg \lambda$，则有机半导体材料属于强电子耦合体系。载流子的波函数离域在几个分子范围内，载流子在晶体中快速扩散。高度取向的有机单晶体系就属于强电子耦合体系，其中的载流子传输通常用玻耳兹曼能带传输模型[图 15.7（c）]来描述。聚合物薄膜的微晶区和小分子薄膜的多晶区中的载流子传输机理则介于以上两种情况之间，可用瞬态定域模型[图 15.7（b）]进行描述，即热晶格波动使分子晶格中的 J 随时间而变化，从而形成独特的传输方式。但不管是何种情况，J 都是决定载流子从一个分子传输到另一个相邻分子可能性的重要参数，且它强烈地依赖于特定分子和相互作用的单元之间的相对位置。

需要注意的是，有机半导体薄膜中分子的堆积方式影响着载流子传输性能，薄膜的制备方式同样显著地影响着载流子传输和相应器件的性能。薄膜制备过程中的缺陷和晶界的形成、晶体的尺寸等将会严重影响有机半导体材料的本征载流子传输性能。但通过谨慎选择薄膜制备方式，可以调控或减小这些影响因素，以便在评估和测试有机半导体材料的理论本征载流子迁移率时尽可能排除缺陷、晶界等因素的干扰。

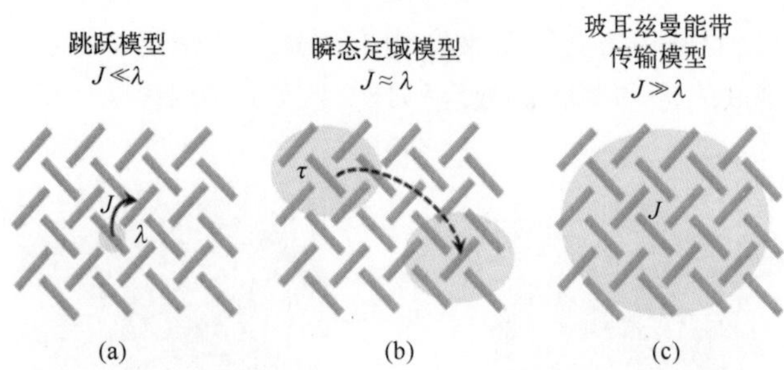

图 15.7　基于跳跃、瞬态定域和玻耳兹曼能带传输模型的载流子传输机制示意图[8]
（椭圆区域表示载流子离域，τ 指载流子的平均散射时间）

15.1.2.2　载流子迁移率

载流子迁移率（μ）是半导体材料的重要电学性质参数之一，载流子迁移率表示在单位电场强度（E）的作用下载流子（电子或空穴）运动的快慢。载流子运动的平均速率称为漂移速率（υ_d），漂移速率与电场强度的比值就是载流子迁移率[9]

$$\mu = \upsilon_d / E \tag{15.1}$$

载流子迁移率的单位为 $cm^2 \cdot V^{-1} \cdot s^{-1}$，漂移速率的单位为 cm/s，电场强度的单位为 cm/V。

测试有机半导体材料的载流子迁移率的方法有场效应晶体管法、飞行时间法和空间电荷限制电流法等，其中前两者最常用。在场效应晶体管法中，利用材料作为沟道材料制备出场效应晶体管（OFET），进而通过器件测试获得材料的载流子迁移率。在晶体管的线性区与饱和区，分别利用以下两式可以计算出载流子的线性迁移率（μ_{lin}）与饱和迁移率（μ_{sat}）[10]

$$\mu_{lin} = \frac{L}{WC_i V_{ds}} \cdot \frac{\partial I_{ds,lin}}{\partial V_{gs}} \tag{15.2}$$

$$\mu_{sat} = \frac{2L}{WC_i} \cdot \left(\frac{\partial I_{ds,sat}{}^{1/2}}{\partial V_{gs}} \right)^2 \tag{15.3}$$

式中，V_{gs} 是栅/源极之间的电压，V_{ds} 是源/漏极之间的电压，$I_{ds,lin}$ 是晶体管在线性区工作状态时的源/漏极之间的电流，$I_{ds,sat}$ 是晶体管在饱和区工作状态时的源/漏极之间的电流，W 是沟道宽度，L 是沟道长度，C_i 是介电层的单位面积的电容。

图 15.8（a）描述了用飞行时间法测载流子迁移率的原理，有机半导体材料被夹在两个导电电极之间，电极外接电阻和电压。脉冲激光照射在一电极上，此电极是半透明或透明的，有机半导体材料因而能被激发产生电子-空穴对。电子-空穴对分离后，在外加电场的作用下会移动，由此产生的光电流最终被外部电路记录。在理想情况下，脉冲激光在有机半导体材料的非常近表面的区域就被完全吸收，即载流子在材料表面产生；如果载流子在材料内部深层产生，就会造成测量的不准确。同时，激光的脉冲宽度应远小于载流子渡越有机半导体材料的时间。图 15.8（b）表示理想情况下光电流随时间的变化，由图可见，在瞬时时间 τ_0，光电流陡降至零。τ_0 与载流子迁移率 μ 的关系如下

$$\mu = L/(\tau_0 E) = L^2/(\tau_0 V) \tag{15.4}$$

式中，L 为两电极之间的距离，E 为电场强度，V 为样品两端的电压。在实际情况中，光电

流往往不会突变为零。但是当把光电流随时间的变化作成对数图时，有可能看到比较明显的光电流变为零的转折点。

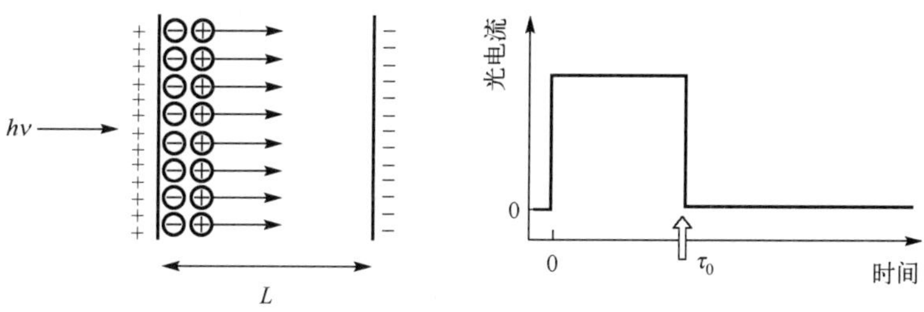

（a）用飞行时间法测载流子迁移率的原理　　（b）理想的光电流-时间曲线[11]

图 15.8　飞行时间法测载流子迁移率的原理及理想的光电流-时间曲线

15.1.3　有机半导体材料的光学性质

了解有机半导体材料的光学性质，必须先了解其吸收和发射机理。当原子核外电子全部填充在成键轨道或非键轨道时，电子处于基态（S_0）；当电子激发到反键轨道时，其状态为激发态。当分子受到一定频率的光照射，且光子能量（$h\nu$）大于或等于分子基态与激发态之间的能量差时，该频率的光就会被分子吸收，激发价电子从基态跃迁至激发态，此过程为有机半导体材料的光吸收。如图 15.9 所示，激发态分为单重激发态（S_1，电子跃迁后自旋方向不变）和三重激发态（T_1，电子跃迁后自旋方向改变）。当有机半导体材料被光激发时，价电子跃迁后自旋方向改变的概率很小，所形成的激子均为单重态激子。当有机半导体材料被电激发时，由于电子和空穴是从电极注入的，其自旋方向是随机的，根据自旋量子统计理论，经电场激发所形成的激子有 25%是单重态激子，75%是三重态激子。

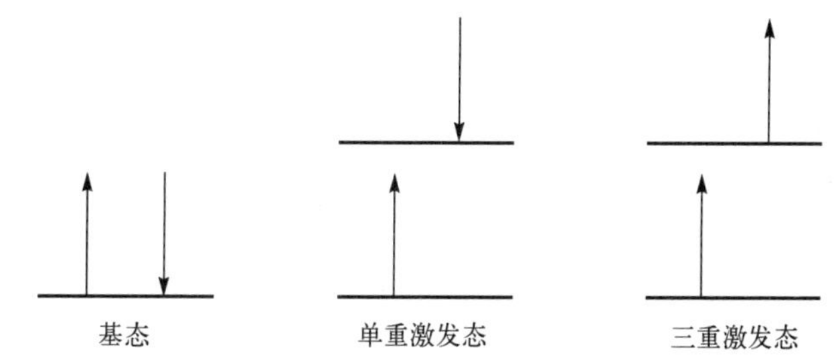

图 15.9　有机半导体材料的单重激发态和三重激发态形成示意图

处于激发态的电子不稳定，通常会以辐射跃迁方式或无辐射跃迁方式再回到基态。辐射跃迁主要涉及发射荧光和发射磷光。当有机半导体材料的电子从激发态回到基态时，将产生光发射，如图 15.10 所示。电子由 S_1 向 S_0 跃迁将发射荧光；由 T_1 向 S_0 跃迁将发射磷光。无辐射跃迁方式主要涉及振动弛豫、内转换、系间窜越和外转换等。振动弛豫指在同一电子能级中，电子由高振动能级转至低振动能级，而将多余的能量以热的形式发出。内转换指当两个电子能级非常靠近以至其振动能级有重叠时，电子由高能级的激发态转至低能级的激发态，如图 15.10 中的 $S_2 \rightarrow S_1$ 和 $T_2 \rightarrow T_1$ 跃迁过程。系间窜越指不同多重态间的跃迁，如图中的 $S_1 \rightarrow T_1$ 跃迁过程，电子由 S_1 振动能级转至 T_1 振动能级。外转换指激发分子与溶剂分子或其他溶质分子的相互作用及能量转移，使荧光或磷光强度减弱甚至消失，这一现象称为“淬灭”。

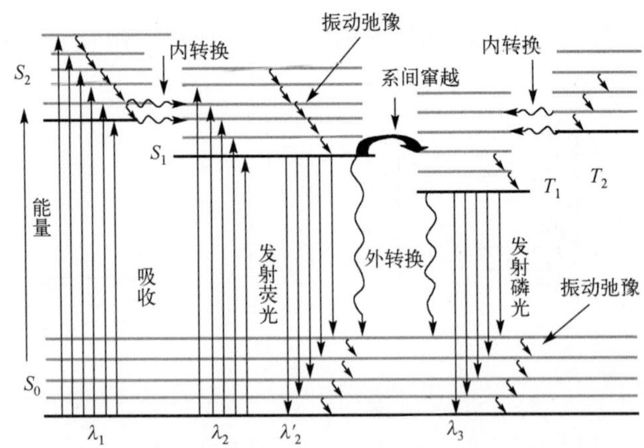

图 15.10 有机半导体材料的电子跃迁过程示意图

15.1.4 有机半导体材料的其他性质

有机半导体材料是碳基材料，具有良好的生物相容性，它们“天生”适用于生物电子领域。例如，斯坦福大学[12]报道了一种生物相容并完全可分解的半导体聚合物材料（PDPP-PD），由吡咯并吡咯二酮（DPP）和对苯二胺（PD）共聚而成，可应用于超薄超轻的瞬态或“绿色”的薄膜电子器件中。有机半导体材料通过改性，也可以具有良好的热电性能。通常来说，理想的热电材料需要电导率高、热导率低，而有机半导体材料一般分子排列无序度高，电导率较低，不适合作为热电材料。但是，通过对 N 型掺杂的富勒烯衍生物材料进行适当的热退火，其分子排列明显从无序结构转变为具有高度结晶取向的结构，形成一种“似张开双臂”的极性双链侧链修饰的富勒烯衍生物材料。该材料的电导率高达 10S/cm，热导率小于 $0.1W \cdot m^{-1} \cdot K^{-1}$，说明这种有机半导体材料具有良好的热电性能[13]。另外，有机半导体材料在室温下可以具有铁磁性，这为有机自旋电子学的发展提供了新机遇。例如，对于紧密堆积的具有平面大 π 共轭结构的苝酰亚胺（PDI）有机半导体晶体，当自发氧化产生亚稳态的高密度自由基时，室温下就能观察到典型的铁磁性特征[14]。

15.2 有机半导体材料的制备

有机半导体材料的制备是器件应用的核心基础，器件的性能在很大程度上依赖有机半导体薄膜或单晶材料的分子取向、晶界、晶体尺寸和晶体内缺陷等因素，这些因素可以通过合适的材料制备方法来调控。通常，有机半导体材料的制备方法分为溶液法和非溶液法两大类。

15.2.1 溶液法

溶液法因加工条件温和、成本低，被广泛应用于有机半导体材料的制备。特别是对于在真空热蒸镀过程中容易分解或降解的有机半导体材料，溶液法是很好的选择。

在用溶液法制备有机半导体材料时，溶剂类型、溶质类型及浓度、溶液温度和基底表面温度等一系列因素都会影响有机薄膜的质量和相应器件的性能。一般而言，溶液法包括滴涂法、浸涂法、刮涂法、旋涂法、液滴固定结晶法、喷墨打印法和卷对卷等方法[15]，前 5

种方法通常在实验室里被采用，后两种方法更适合工业中的规模化生产。下面将选择部分方法进行介绍。

（1）滴涂法

滴涂法是制备有机半导体薄膜材料最简单的一种方法。在该方法中，溶液被滴在基底上，然后溶剂挥发成膜。该方法节省材料，但仅适合进行小面积材料制备。如果溶剂挥发时间长，就容易导致有机半导体薄膜材料中呈辐射状的大尺寸多晶的形成，不利于载流子的传输。为了改善滴涂法制备的有机半导体薄膜材料的质量，人们开发了一系列方法来控制溶剂的挥发，如单向声波振动法[16]、密封腔法[17]或惰性气体吹扫法[18]等。值得一提的是，滴涂法是一种较好的获得有机半导体单晶的方法。例如，研究者采用共沸溶剂，利用滴涂法得到了尺寸达毫米级的三异丙基甲硅烷基-乙炔基并五苯单晶（分子结构如图 15.4 所示），其载流子迁移率是多晶膜的 4 倍[19]。

（2）旋涂法

旋涂法是制备有机半导体薄膜最常用的一种方法。首先将溶液滴在基底上，随后将基底加速并以设定的速度高速旋转，使溶剂迅速挥发成膜[15]。对于可溶的小分子和聚合物，用此方法一般都可以得到连续均一的薄膜，可以满足后续器件的制备。用旋涂法制备薄膜具有明显的优势，如薄膜厚度可控、薄膜面积相对较大等，但也存在一些不足：（1）制备过程中大部分溶液被高速旋转的基底甩出，造成材料和溶剂的浪费；（2）由于溶剂挥发速度快，分子来不及规整取向和排列，得到的薄膜一般为多晶膜或非晶膜，这可以通过把基底置于偏离旋涂仪中心的位置而进行改善[20]，在这种偏心旋涂中由于整个基底上存在单向的离心力，因此所制备的薄膜的分子取向度更高；（3）器件制备过程中，旋涂上层材料使用的溶剂可能会损坏或溶解下层已成型的薄膜，导致用旋涂法制备由多层有机薄膜构筑的复杂器件时存在一定局限[21]；（4）旋涂的膜覆盖整个基底表面，给诸如红、绿、蓝全彩化聚合物 OLED 之类器件的图案化增大了难度。

（3）液滴固定结晶法

液滴固定结晶法是在基底中间放一小块硅片，用液滴固定防止其滑移；随着溶剂缓慢蒸发，有机半导体晶体沿着液滴收缩方向向中心取向生长，得到高度取向的有机半导体单晶材料。学界利用此方法成功得到 C_{60} 单晶，该单晶的电子迁移率高达 $11cm^2{\cdot}V^{-1}{\cdot}s^{-1}$[22]。如果设计晶体管的源/漏电极沿着垂直于晶体的方向，则有利于获得载流子迁移率高的有机晶体管。但在这种方法中，有机薄膜晶体的成核、生长极易受到环境条件的干扰，难以得到连续均匀的大面积单晶。

（4）喷墨打印法

喷墨打印法的工作原理是在计算机的控制下，将墨水（溶液）从细小的喷嘴以连续模式或按需滴模式喷射到处理过的基底的特定位置[23]，如图 15.11 所示。在连续模式下，外加电场根据带电液滴所带的电荷量将其分为两部分，一部分用于形成图案的液滴到达基底指定位置，另一部分液滴则进入回收系统。通常，墨水需要具有较低的黏度（4～30cP），较高的表面张力（大于 35mN/m），以便形成连续的液滴流[24]。由于该方法具有材料损耗少、分辨率高、沉积体积可精准控制和无接触特性[25]，对于制造低成本、柔性和大规模光电集成器件极具潜力。喷墨打印法的另一个优点是不需掩膜版，它通过直接修改从计算机端输入到打印机的数字文件，可定制器件的数量和布局。但是，喷墨打印设备通常使用较小的喷嘴来实现高分辨率和沉积控制，存在喷嘴易堵塞的问题。

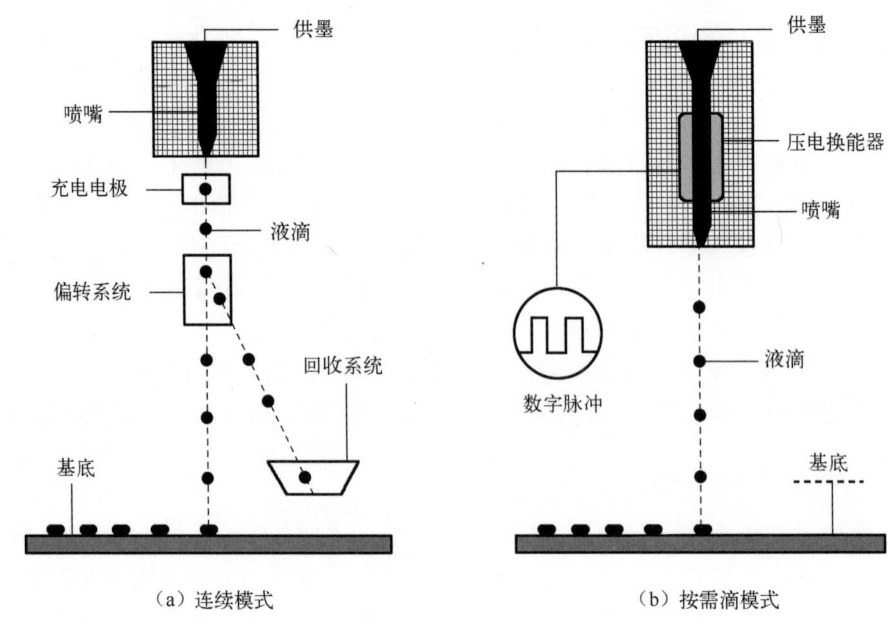

图 15.11 喷墨打印法制备有机半导体薄膜示意图[23]

15.2.2 非溶液法

虽然溶液法被广泛应用于科学研究和工业生产，但有一些如并五苯、红荧烯之类的小分子有机半导体材料，或不溶于常见溶剂，或通过溶液法得不到高质量的薄膜材料。此时，非溶液法（如真空热蒸镀法、物理气相输运沉积法和熔融加工法等）则被应用。

（1）真空热蒸镀法

利用真空热蒸镀法制备小分子半导体薄膜材料时，材料被放在位于真空腔室底部的升华舟中加热，基底倒扣在真空腔室顶部的载物台上，阴影罩被用来定位有机物和电极的位置，以在材料制备的同时实现器件结构的设计和制备。在这一方法中，加热温度、升华速率、基底温度、基底表面处理和薄膜厚度都会对薄膜质量与相应器件性能产生显著影响。例如，研究者利用真空热蒸镀法制备了苯并噻吩衍生物场效应晶体管，当基底温度从 70℃升高到 100℃时，器件电子迁移率从 $0.45cm^2·V^{-1}·s^{-1}$ 增大到 $0.57cm^2·V^{-1}·s^{-1}$[26]。真空热蒸镀法的优点是：①没有溶剂参与，制备的薄膜通常质量较高；②便于制备由多层有机薄膜构筑的复杂和高性能的器件，如由阳极、空穴注入层、空穴传输层、发光层、电子传输层、电子注入层和阴极构筑的多层有机发光二极管器件，且上、下层材料基本互不影响[27]。此方法也存在一些不足，比如在正式开始蒸镀之前，需调控加热速率使蒸镀速率稳定，在这个过程中不可避免地会造成材料的浪费；为避免小分子半导体薄膜材料蒸镀时分解或降解，需创造低压环境（小于 10^{-4}Pa），这对蒸镀设备的精密性和性能稳定性提出较高要求。

（2）物理气相输运沉积法

物理气相输运沉积法是在一种热壁反应容器中进行的。反应容器中充满了高温惰性载气（如氮气或氩气），以促进被加热的原料挥发；在惰性气体流的作用下，挥发的有机小分子到达低温的基底表面形成薄膜材料。由于分子吸附只发生在低温的基底上，因此原料能被高效利用，而且此方法能调控晶体结构，特别地，用这种方法制备的薄膜质量和晶体结构会受到反应器中的载气流速、反应温度（T_{cell}）和压强（P_{org}）等因素的影响[27]。例如，在利用物理气相输运沉积法沉积制备并五苯薄膜晶体时，如果载气流速较大，小分子快速到达基底，则薄膜晶体的尺寸只有几十纳米；而当载气流速较小，小分子缓慢到达基底时，薄膜晶体的尺寸可达几微米并形成取向性的晶体结构[28]。

（3）熔融加工法

研究者曾把少量液晶半导体 5,5'-双（4-己基苯基）-2,2'-二噻吩（DH-PTTP）粉末放在上、下两块基板之间或上基板的边缘，在氮气气氛下，粉末被加热到有机半导体熔点（233℃）以上，熔化的液体因毛细作用而充满上、下基板之间的间隙，缓慢冷却降温后液体就会成膜[29]。这种熔融加工的方法把薄膜限制在上、下基板之间的有限空间内，既解决了在热处理时疏水性基底表面的薄膜容易去润湿的问题，又制备得到了晶相尺寸大且分子取向排列的薄膜。以此 DH-PTTP 薄膜为沟道材料的有机场效应晶体管（OFET）的空穴迁移率是以蒸镀方法制备的膜为沟道材料时的 6 倍，达到 $0.026cm^2{\cdot}V^{-1}{\cdot}s^{-1}$。用此方法制备有机半导体薄膜材料优势明显，可节省原料、不需溶剂、不需真空环境；但若器件为顶电极结构，则后续在沉积顶电极时，材料难免会暴露于大气环境，N 型有机半导体材料中的电子易被大气环境中的氧气和水捕获，所以此方法不太适用于在大气中不稳定的 N 型有机半导体材料和器件制备，更适用于在大气中较稳定的 P 型有机半导体材料和器件制备。

综上，滴涂法、旋涂法、液滴固定结晶法和喷墨打印法等溶液法一般用于聚合物半导体薄膜或单晶的制备，真空热蒸镀法、物理气相输运沉积法和熔融加工法等非溶液法更适用于小分子半导体薄膜或单晶的制备。若有的小分子因分子结构中带有长的烷基链而可溶于某些溶剂，则其薄膜或单晶制备也可用溶液法[30]。

15.3 有机半导体材料的器件应用

15.3.1 有机半导体材料在发光器件中的应用

有机半导体材料作为电致发光层在电流作用下可发光，构成有机发光二极管（OLED），在显示领域有广泛应用。作为显示材料与器件，OLED 与传统的液晶显示（Liquid Crystal Displays，LCD）不同，由于有机发光材料是自发光，OLED 不需要白色的背光源，因此 OLED 显示器比 LCD 显示器更轻薄、更节能。此外，OLED 显示的图像的对比度更高、亮度更高、视角更宽、色域更广、刷新率更高、可使用温度范围更宽，因此，小/中尺寸的 OLED 面板已经被成功应用在手机、数码相机、MP3 播放器中，大尺寸的 OLED 电视也已经商业化生产。

15.3.1.1 有机电致发光材料

有机半导体材料的电致发光现象的发现可追溯到 20 世纪 60 年代。当时，M. Pope 使用的电致发光材料为 10～20μm 厚的单晶蒽材料[分子结构如图 15.12（a）所示]，当电压高于 400V 时，材料才发光，此时流过晶体的电流为 1μA，电极附近的电流密度约为 $100μA/cm^2$[31]。1982 年，P. Vincett 在电压仅为 30V 时就从真空蒸镀的 600nm 厚的蒽有机薄膜中观察到了电致发光现象，此时驱动电压大大降低，发光效率也提高了。1987 年，柯达的 C.W. Tang 和 S.A. Vanslyke 发明了第一个具有实用价值的 OLED，此 OLED 的亮度高于 $1000cd/m^2$，驱动电压约为 10V，外量子效率约为 1%[32]，其结构示意图如图 15.12（b）所示。图中的铟锡氧化物

（ITO）为阳极，芳香二胺[TAPC，分子结构如图 15.12（a）所示]为空穴传输层，8-羟基喹啉铝[Alq3，分子结构如图 15.12（a）所示]为电子传输层和发光层，Mg/Ag 为阴极。这种使各层材料行使其特定功能的方法成为此后高性能 OLED 设计的基本方法。1990 年，R. Friend 等报道了第一个聚合物 OLED，他们使用旋涂的聚（对苯撑乙烯）（PPV，分子结构如图 15.4 所示）作为发光层，ITO 和 Al 分别作为阳极和阴极[33]。

蒽

8-羟基喹啉铝　　芳香二胺

（a）蒽（Anthracene）、8-羟基喹啉铝（Alq3）和芳香二胺（TAPC）的分子结构示意图

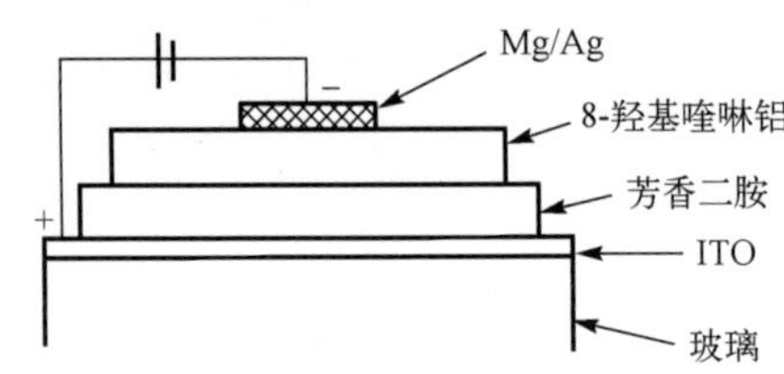

（b）第一个具有实用价值的OLED结构示意图[32]

图 15.12　部分有机电致发光材料分子结构及 OLED 结构示意图

按 OLED 中发光层的电致发光原理，有机电致发光材料已经发展了三代[34]。第一代有机电致发光材料是荧光材料，其发光原理是受激电子从 S_1 直接以辐射方式钝化回到 S_0，得到荧光发射，发光的波长取决于发光的能量，即基态和激发态的能量差，也就是能隙（Bandgap，$E_g=E_{HOMO}-E_{LUMO}$）。对于荧光材料，光激发时所形成的激子均为单重态激子，光致发光的内量子效率的理论最大值为 100%。但在电致发光时，由于单重态激子只占激发态激子的 25%，三重态激子占激发态激子的 75%，且三重态激子对“电致发光”基本没有贡献，因此荧光材料电致发光的内量子效率的理论最大值约为 25%[35]。荧光的寿命较短，约为 10ns。

第二代有机电致发光材料是磷光材料，其发光原理是受激电子从 S_1 经由系统间跨越到能级较低的 T_1，再以辐射方式回到 S_0，所发出的是磷光。1998 年，M. Thompson 和 S. Forrest 团队使用磷光材料，把 OLED 的内量子效率提升到了 100%[36]。磷光材料大多为重金属的有机配位化合物[37-38]，重金属原子的引入增大了自旋轨道耦合，将 S_1 和 T_1 混合在一起，提高了 T_1 向 S_0 辐射跃迁的概率，因此磷光材料的内量子效率理论上可达到 100%。近年来，研究者合成了不含重金属原子的、基于咔唑的磷光材料[39]。S_1 和 T_1 间较小的能隙及低的重组能有利于 S_1 向 T_1 的系统间跨越，进而促进 T_1 向 S_0 的辐射跃迁。这类新型的不含重金属原子的磷光材料在一定程度上弥补了传统的 Ir 或 Pt（铂）基磷光材料的高成本、有毒和稳定性较差的不足。

第三代有机电致发光材料是热活化延迟荧光（TADF）材料[40-41]，其理论内量子效率也能达到 100%。2009 年，人们提出不使用重金属原子螯合物，而是使用 TADF 材料来同时利用单重态激子和三重态激子的方法[42-43]。TADF 发光材料的 S_1 和 T_1 间能隙非常小（如图 15.13

所示），使得 T_1 反向系统间跨越到 S_1，S_1 再辐射跃迁至 S_0，所以 TADF 材料理论内量子效率也可达到 100%。

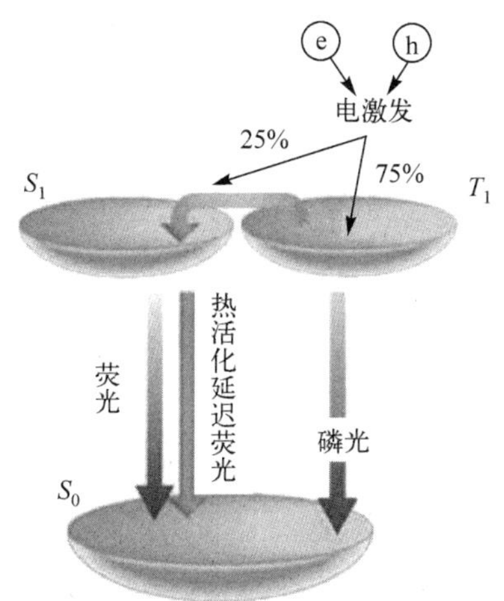

图 15.13　热活化延迟荧光发光过程示意图[34]

15.3.1.2　有机发光二极管器件结构和工作机理

起初 OLED 的结构类似于三明治结构，比较简单，只包含阴极、阳极和处于两电极之间的一层有机发光层。通常阴极接负电，往有机层中注入电子；阳极接正电，往有机层中注入空穴；电子和空穴在发光层中相遇并复合，释放的能量激发发光分子，发光分子经过辐射弛豫而发出可见光，辐射光从透明电极一端发出。

在这一简单结构中，由于载流子注入效果差且电子和空穴传输不平衡，OLED 的发光效率很低。为了提高 OLED 的发光效率，研究者对器件结构进行了优化设计，电子注入层（从阴极接收电子并注入电子传输层）、电子传输层（促进电子的传输并使之能到达发光层）、空穴传输层（促进空穴的传输并使之能到达发光层）和空穴注入层（从阳极接收空穴并注入发光层）等被引入器件。电子或空穴传输层有时也可充当空穴或电子阻挡层（限制空穴或电子进入发光层）。在某些器件中，也可能存在单独的空穴或电子阻挡层。

一般地，OLED 的电致发光机理可分解为下列几步[44]。（1）载流子注入过程：当电压加到 OLED 两端时，电子和空穴分别从阴极和阳极注入各自相邻的有机层。（2）载流子传输过程：在外电场的作用下，注入的电子向阳极迁移，注入的空穴向阴极迁移，电子和空穴可能相遇，也可能不再相遇（载流子被杂质或缺陷俘虏而失活）。（3）载流子相遇与激子复合：载流子相遇区域有可能在发光层，也有可能不在发光层。（4）激子衰减与发光：激子以辐射形式发出的光被发光分子吸收，发光分子中的电子从基态跃迁到激发态，随后衰变跃迁至基态而发光。通常，评估 OLED 性能的主要参数有内量子效率、外量子效率、出光率、亮度、发光效率和器件寿命等。

15.3.2　有机半导体材料在光伏器件中的应用

作为最清洁、最丰富的能源之一，太阳能吸引了人们的广泛关注。把太阳能转换为电能有望解决传统煤、石油和天然气等不可再生化石能源的消耗带来的全球能源危机与环境污染问题，因此，太阳能光电转换（太阳能光伏）成为国际学术研究和高科技产业的前沿领域。

太阳能光电转换途径之一就是利用基于有机小分子或聚合物半导体材料的有机太阳电池。和无机半导体材料制备的太阳电池相比，有机太阳电池有其独特的优势，如：有机小分子薄膜可利用低温加工方法（如真空热蒸镀法）进行沉积制备，聚合物薄膜还可采用低成本、大面积的喷墨打印法进行沉积制备；而无机半导体材料一般需在高温下制备和加工，且可选择的材料种类也有限。

15.3.2.1 有机太阳电池材料

有机太阳电池的制备最早可追溯到 1986 年。当时，邓青云等人首次报道了双层结构有机太阳电池，以酞菁铜为给体，以四羧基苝衍生物为受体，以 ITO 和 Ag 作为电极，电子-空穴对在两种有机材料的界面有效分离，光电转换效率达到 1%，这种电池被称为 P-N 异质结型有机太阳电池[45]。此研究引入了异质结的概念，是有机太阳电池领域的重大突破，但电子-空穴对的分离只发生在两种有机材料接触的界面，光电转换效率依然很低。1992 年，N. S. Sariciftci 和 A. Heeger 等人[46]发现在聚对亚苯基乙烯衍生物（MEH-PPV）与富勒烯 C_{60} 分子接触的界面存在超快光生电荷转移现象，这一过程发生在飞秒时间尺度，远快于电子与空穴的复合过程。1995 年，体异质结（Bulk Heterojunction）这一重要概念被 G. Li 和 A. Heeger 等提出，即给体、受体两相共混形成互穿网络结构，这能增大两者界面的面积，使产生的电子-空穴对在短时间内到达给体、受体接触界面进而分离，从而提高载流子分离效率。人们随即以 MEH-PPV 作为给体，以富勒烯衍生物 $PC_{60}BM$ 作为受体，以两者共混溶液的旋涂膜作为活性层材料制备了有机太阳电池，其光电转换效率可达 2.9%[47]。

自体异质结结构被提出以来，按照活性材料的类型，有机太阳电池的发展大约每 10 年就出现新的阶段[47]。第一阶段主要以聚对苯乙烯和聚噻吩（如 P3HT）及其衍生物作为给体，富勒烯衍生物（图 15.14）作为受体，受限于给体的吸收光谱，器件效率往往低于 6%[48]。第二阶段以给电子基团(Donor)和受电子基团(Acceptor)交替共聚得到的 D-A(Donor-Acceptor)共聚物为给体（图 15.15），富勒烯衍生物仍为受体。由于富勒烯衍生物只能吸收可见光区短波长的光子，并且其 HOMO 和 LUMO 能级难以调制，因此从宽光谱吸收和能级匹配层面来看，与富勒烯衍生物受体匹配的聚合物给体需要具有宽光谱吸收、窄带隙、低 HOMO 能级及高空穴迁移率等特征[49]。这些 D-A 共聚物中常用的给电子基团 D 有芴（Fluorene）衍生物、二噻吩并吡咯、苯并二噻吩衍生物等，常用的受电子基团 A 有苯并噻二唑（BTZ）、稠环噻吩及其衍生物、二酮吡咯并吡咯（DPP）等。给电子基团 D 可以调控聚合物的 HOMO 能级，受电子基团 A 可以调控 LUMO 能级，实现能隙的缩小，更好地获取太阳光子并有效利用近红外区域的能量[50]。采用 D-A 共聚物作为给体，有机太阳电池的效率得到了明显的提高，以 PTB7（给电子基团为苯并二噻吩衍生物，受电子基团为稠环噻吩）和富勒烯衍生物 $PC_{71}BM$ 共混物为活性层的单异质结有机太阳电池的光电转换效率能达到 9.2%[51]。

但由于 D-A 共聚物给体和富勒烯衍生物受体体系难以兼顾宽光谱吸收与能级匹配，导致有机太阳电池的最高光电转换效率长时间徘徊在 10%。因此，研究人员在第三阶段发展了受体-给体-受体（A-D-A）型非富勒烯小分子受体材料，取代了富勒烯衍生物，在吸收光谱互补和能级匹配的材料设计策略下，有机太阳电池的光电转换效率突破了 11%。经过材料结构的不断优化，目前基于 A-D-A 型小分子受体 BTP-eC9[52]和 Y6:Y6-10[53]的有机太阳电池的光电转换效率已分别达到 17.8%和 17.9%。

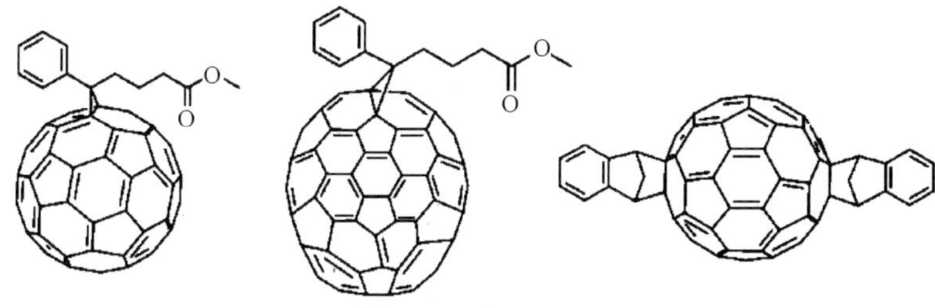

[6, 6]-苯基-C_{61}-丁酸异甲酯（$PC_{61}BM$）　[6, 6]-苯基-C_{71}-丁酸异甲酯（$PC_{71}BM$）　茚双加成富勒烯衍生物（ICBA）

图 15.14　典型富勒烯受体材料的分子结构

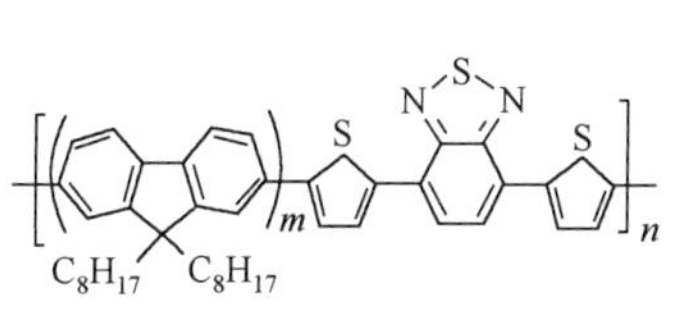

基于芴给体单元和苯并噻二唑受体单元的共聚物PFO-DBT

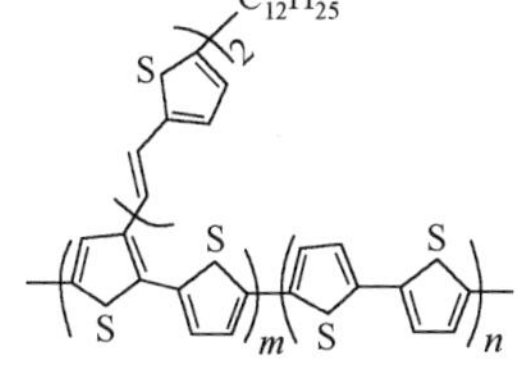

含双噻吩乙烯撑共轭侧链的聚噻吩衍生物PTh-TV

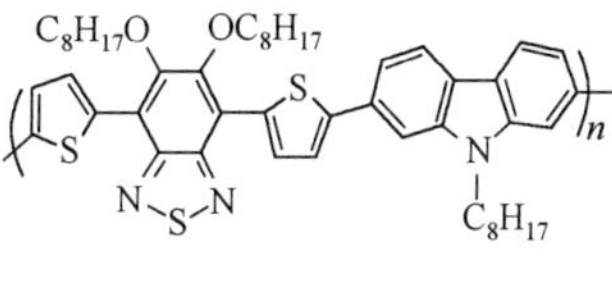

基于咔唑给体单元和苯并噻二唑受体单元的共聚物HXS-1

图 15.15　以富勒烯衍生物为受体材料的太阳电池中部分常用的 D-A 共聚物给体材料分子结构[49]

15.3.2.2　有机太阳电池器件结构和工作机理

有机太阳电池的器件结构经历了从单层、双层、本体异质结到取向异质结的发展过程[54]，给体、受体共混形成互穿连续相结构，可大幅增大两者界面的面积，从而提高活性层的载流子分离和电荷传输效率。以本体异质结有机太阳电池为例，其光电转换过程可分为如下步骤：光吸收、激子扩散、载流子分离、载流子传输和载流子收集。首先光活性层吸收太阳能的光子后，产生电子-空穴对（激子）；接着电子-空穴对扩散到相邻给体、受体异质结界面分离为自由电子和空穴。如果一个激子在其寿命结束之前没有被分离，那么电子-空穴对就会复合。扩大异质结界面面积将有利于激子分离，因为在界面处两种有机半导体的化学电势差的驱动下，电子从给体转移到受体，或者空穴从受体转移到给体，导致激子分离为载流子。然后自由的电子或空穴各自在 N 型或 P 型材料中传输从而产生光电流。

评估有机太阳电池性能的主要参数有短路光电流、开路光电压、填充因子、光电转换效率和外量子效率等。

15.3.3　有机半导体材料在电子器件中的应用

电子器件中最重要的器件之一就是场效应晶体管（Field Effect Transistor，FET），它通过栅极电压调控半导体沟道的导电性，从而实现电信号的放大和开关。有机场效应晶体管（OFET）以 π-共轭小分子或聚合物为功能层，在低成本射频标签、柔性及主动矩阵驱动的电子纸显示、OLED 显示等领域具有诱人的应用前景。

15.3.3.1　有机场效应晶体管材料

1977 年，导电聚合物的发现开拓了“有机电子”的新时代。1986 年，三菱电机首次采用聚噻吩作为有源层制备 OFET，其载流子迁移率约为 $10^{-5}cm^2·V^{-1}·s^{-1}$。目前 OFET 的载流子迁移率一般可达 $1cm^2·V^{-1}·s^{-1}$，部分性能优异的有机半导体的载流子迁移率已超过传统的非晶硅薄膜。典型的高场效应迁移率的小分子半导体材料包括并五苯（$15～40cm^2·V^{-1}·s^{-1}$，人字形堆积）[55]、红荧烯（43$cm^2·V^{-1}·s^{-1}$，滑移 π 堆积）[56]、三异丙基甲硅烷基-乙炔基并五苯（1.8$cm^2·V^{-1}·s^{-1}$，砖墙形堆积）[57]等，它们的分子结构及堆积方式可参见图 15.4 和图 15.5。

聚合物 OFET 材料经历了从简单的聚噻吩共轭聚合物到主链上给、受电子基团交替排列的 D-A 共聚物的发展。目前常用的给体单元包括噻吩（T）、噻吩并[3,4-b]噻吩（TT）和环戊二噻吩（CDT）等，受体单元包括二酮吡咯并吡咯（DPP）、萘二亚胺（NDI）、苯并噻二唑（BTZ）和吡啶并噻二唑（PT）等。A. Heeger 等合成的 PCDTPT 由给体单元 CDT 和受体单位 PT 交替排列而成，空穴迁移率为 36.3$cm^2·V^{-1}·s^{-1}$[58]。刘云圻等人合成的 PNBS 由 NDI 和 BTZ 交替排列，电子迁移率高达 8.5$cm^2·V^{-1}·s^{-1}$[59]。双极性聚合物 PTDPPSe-SiC5 的分子主链为 DPP-Se 共聚物，侧链引入硅烷基团，空穴迁移率和电子迁移率可分别达到 8.84$cm^2·V^{-1}·s^{-1}$ 和 4.34$cm^2·V^{-1}·s^{-1}$[60]。由于能强烈吸电子的受体单元的种类有限，N 型和双极性材料相对于 P 型材料的发展滞后一些，因此使得设计合成新型受体单元仍是有机合成领域的一大挑战。

15.3.3.2 有机场效应晶体管器件结构和工作机理

OFET 通常由基底、栅极、介电层、源/漏极和有机半导体层构成。栅极可以是金属或导电聚合物，重掺杂的 Si 及其表面的 SiO_2 分别充当基底和介电层。根据晶体管实际结构的需要，无机绝缘体（如 Al_2O_3、Si_3N_4 或 PMMA 聚合物绝缘体）也常被用作介电层。往半导体中注入载流子的源/漏极通常是高功函数的金属（如 Au、Pt、Ag），但导电聚合物（如 PEDOT:PSS）有时也被使用。根据沟道中的有机半导体材料可传输的载流子类型，OFET 可分为 3 类：P 型、N 型和双极性材料。P 型、N 型材料在沟道中传输空穴、电子，双极性材料既可传输空穴，也可传输电子。根据有机层相对于电极的位置，OFET 又可分为 4 类：底栅极/底电极、底栅极/顶电极、顶栅极/底电极和顶栅极/顶电极。一般来说，P 型材料采用底栅极结构，而对环境中的氧气和水比较敏感的 N 型或双极性材料一般采用能在一定程度上改善器件稳定性的顶栅极结构。

与无机 FET 相同，OFET 也是一种通过调节栅极电压来控制源/漏极电流大小的有源器件。通过调节栅极电压可控制半导体/介电层界面的载流子聚集数量，达到控制沟道导电性的目的。评估 OFET 性能的主要电学参数有开关比、阈值电压和载流子迁移率等。

15.3.4 有机半导体材料在新型器件中的应用

除应用于 OLED、有机太阳电池和 OFET 外，有机半导体材料还不断在新型器件中展现出应用前景。有机发光晶体管（OLET）兼具 OFET 的开关功能、信号放大功能和 OLED 的发光显示功能，是实现下一代变革性柔性显示技术和新型光电子集成系统的理想器件基元。近年来，研究者在 OLET 材料开发及器件构筑方面开展了深入研究，获得了高迁移率半导体材料 2,7-二苯基芴分子（LD-1），其为具有结晶诱导荧光增强的高质量微纳米线晶体，其荧光量子产率高达 80%，制备的 OLET 器件为深蓝色（波长 421nm）发光[61]。

有机光电探测器是有机半导体材料的另一个应用。由于有机半导体材料的禁带宽度可通过分子设计来调控，具有可探测波段的良好选择性，而且有机半导体材料固有的机械柔韧性使有机光电探测器在柔性可穿戴、可折叠光电探测方面表现出诱人的应用前景。研究人员曾提出一种具有复合式分层的晶体管型光电探测器结构，它以能高效传输载流子的 2,7-二辛基[1]苯并噻吩[3,2-b][1]苯并噻吩（C_8-BTBT-C_8）作为沟道，光响应度能达到 10^3A/W[62]。

在生物神经系统中，突触在其前、后神经元之间起着信号传递的重要作用，因此，利用有机半导体器件模拟神经突触的功能，有望实现未来的神经形态计算。以聚（3-己基噻吩）（P3HT）和 2,7-二辛基[1]苯并噻吩[3,2-b][1]苯并噻吩（C_8-BTBT-C_8）为代表的有机半导体材料已经被用于神经突触器件的研制，取得了令人鼓舞的进展[63-64]。

本章主要从结构、电学性质和光学性质角度出发，介绍了有机半导体材料的基本性质，阐述了有机半导体薄膜的制备原理和技术，溶液法包括滴涂法、旋涂法、液滴固定结晶法和喷墨打印法等，非溶液法包括真空热蒸镀法、物理气相输运沉积法和熔融加工法等。随着研究的不断深入，有机半导体材料不仅在发光器件、光伏器件、电子器件中的应用日益成熟，而且在有机发光晶体管、有机光电探测器和有机神经突触器件等光电器件中表现出应用前景。随着有机半导体科学与技术的不断进步，基于有机半导体材料的各种器件及其集成系统将会使人类的生活越来越美好。

习　题　15

1．与无机半导体材料相比，有机半导体材料有哪些特点？

2．有机小分子在晶区中的堆积方式有哪几种？代表性分子有哪些？哪种堆积方式最有利于载流子传输？

3．利用场效应晶体管法如何获得有机半导体材料的载流子迁移率？

4．有机半导体材料的制备方法有哪些？哪些适用于聚合物半导体？哪些适用于小分子半导体？

5．OLED 的电致发光机理是什么？

6．有机太阳电池器件结构的发展趋势是什么？为什么？

7．有机场效应晶体管器件结构分为哪几种？N 型材料更适用于什么器件结构？

8．请举出有机半导体材料在新型器件中的应用实例（至少 3 个）。

参 考 文 献

[1] ELEY D. Phthalocyanines as semiconductors[J]. Nature, 1948, 162(819): 4125.

[2] SHIRAKAWA H, LOUIS E J, MACDIARMID A G, et al. Synthesis of electrically conducting organic polymers: halogen derivatives of polyacetylene, $(CH)_x$[J/OL]. Journal of the Chemical Society, Chemical Communications, 1977(16): 578.

[3] CHIANG C K, FINCHER C R, PARK Y W, et al. Electrical conductivity in doped polyacetylene[J/OL]. Physical Review Letters, 1977, 39(17): 1098-1101.

[4] SIRRINGHAUS H. 25th anniversary article: organic field-effect transistors: the path beyond amorphous silicon[J/OL]. Advanced Materials, 2014, 26(9): 1319-1335.

[5] SIEGEL A C, PHILLIPS S T, DICKEY M D, et al. Foldable printed circuit boards on paper substrates[J/OL]. Advanced Functional Materials, 2010, 20(1): 28-35.

[6] FRATINI S, NIKOLKA M, SALLEO A, et al. Charge transport in high-mobility conjugated polymers and molecular semiconductors[J/OL]. Nature Materials, 2020, 19(5): 491-502.

[7] BOTIZ I, STINGELIN N. Influence of molecular conformations and microstructure on the optoelectronic properties of conjugated polymers[J/OL]. Materials, 2014, 7(3): 2273-2300.

[8] SCHWEICHER G, GARBAY G, JOUCLAS R, et al. Molecular semiconductors for logic operations: dead-end or bright future?[J/OL]. Advanced Materials, 2020, 32(10): 1905909.

[9] BUSCHOW K H J, CAHN R W, FLEMINGS M C, et al. Encyclopedia of materials: science and technology[J/OL]. MRS Bulletin, 2004, 29(7): 512.

[10] ZAUMSEIL J, SIRRINGHAUS H. Electron and ambipolar transport in organic field-effect transistors[J/OL]. Chemical Reviews, 2007, 107(4): 1296-1323.

[11] HOROWITZ G, DELANNOY P. Charge transport in semiconducting oligothiophenes[M/OL]. Weinheim: Wiley-VCH Verlag GmbH, 1998.

[12] LEI T, GUAN M, LIU J, et al. Biocompatible and totally disintegrable semiconducting polymer for ultrathin and ultralightweight transient electronics[J/OL]. Proceedings of the National Academy of Sciences, 2017, 114(20): 5107-5112.

[13] LIU J, VAN DER ZEE B, ALESSANDRI R, et al. N-type organic thermoelectrics: demonstration of ZT>0. 3[J/OL]. Nature Communications, 2020, 11(1): 5694.

[14] JIANG Q, ZHANG J, MAO Z, et al. Room-temperature ferromagnetism in perylene diimide organic semiconductor[J/OL]. Advanced Materials, 2022, 34(14): 2018103.

[15] KREBS F C. Fabrication and processing of polymer solar cells: A review of printing and coating techniques[J/OL]. Solar Energy Materials and Solar Cells, 2009, 93(4): 394-412.

[16] DIEMER P J, LYLE C R, MEI Y, et al. Vibration-assisted crystallization improves organic/dielectric interface in organic thin-film transistors[J/OL]. Advanced Materials, 2013, 25(48): 6956-6962.

[17] KIM D H, LEE D Y, LEE H S, et al. High-mobility organic transistors based on single-crystalline microribbons of triisopropylsilylethynyl pentacene via solution-phase self-assembly[J/OL]. Advanced Materials, 2007, 19(5): 678-682.

[18] CHEN J, TEE C K, SHTEIN M, et al. Controlled solution deposition and systematic study of charge-transport anisotropy in single crystal and single-crystal textured tips pentacene thin films[J/OL]. Organic Electronics, 2009, 10(4): 696-703.

[19] LI X, KJELLANDER B K C, ANTHONY J E, et al. Azeotropic binary solvent mixtures for preparation of organic single crystals[J/OL]. Advanced Functional Materials, 2009, 19(22): 3610-3617.

[20] YUAN Y, GIRI G, AYZNER A L, et al. Ultra-high mobility transparent organic thin film transistors grown by an off-centre spin-coating method[J/OL]. Nature Communications, 2014, 5(1): 3005.

[21] WU C C, STURM J C, REGISTER R A, et al. Integrated three-color organic light-emitting devices[J/OL]. Applied Physics Letters, 1996, 69(21): 3117-3119.

[22] LI H, TEE B C K, CHA J J, et al. High-mobility field-effect transistors from large-area solution-grown aligned C_{60} single crystals[J/OL]. Journal of the American Chemical Society, 2012, 134(5): 2760-2765.

[23] LAN L, ZOU J, JIANG C, et al. Inkjet printing for electroluminescent devices: emissive materials, film formation, and display prototypes[J/OL]. Frontiers of Optoelectronics, 2017: 329-352.

[24] KREBS F C. Fabrication and processing of polymer solar cells: a review of printing and coating techniques[J/OL]. Solar Energy Materials and Solar Cells, 2009: 394-412.

[25] MOLINA-LOPEZ F, GAO T Z, KRAFT U, et al. Inkjet-printed stretchable and low voltage synaptic transistor array[J/OL]. Nature Communications, 2019, 10(1): 1-10.

[26] USTA H, KIM D, OZDEMIR R, et al. High electron mobility in [1] Benzothieno [3,2-b][1] benzothiophene-

based field-effect transistors: toward n-type BTBTs[J/OL]. Chemistry of Materials, 2019, 31(14): 5254-5263.

[27] FORREST S R. The path to ubiquitous and low-cost organic electronic appliances on plastic[J/OL]. Nature, 2004, 428(6986): 911-918.

[28] SHTEIN M, MAPEL J, BENZIGER J B, et al. Effects of film morphology and gate dielectric surface preparation on the electrical characteristics of organic-vapor-phase-deposited pentacene thin-film transistors[J/OL]. Applied Physics Letters, 2002, 81(2): 268-270.

[29] MAUNOURY J C, HOWSE J R, TURNER M L. Melt-processing of conjugated liquid crystals: a simple route to fabricate OFETs[J/OL]. Advanced Materials, 2007, 19(6): 805-809.

[30] IINO H, USUI T, HANNA J ICHI. Liquid crystals for organic thin-film transistors[J/OL]. Nature Communications, 2015, 6(1): 6828.

[31] POPE M, KALLMANN H P, MAGNANTE P. Electroluminescence in organic crystals[J/OL]. The Journal of Chemical Physics, 1963, 38(8): 2042-2043.

[32] TANG C W, VANSLYKE S A. Organic electroluminescent diodes[J/OL]. Applied Physics Letters, 1987, 51(12): 913-915.

[33] BURROUGHES J H, BRADLEY D D C, BROWN A R, et al. Light-emitting diodes based on conjugated polymers[J/OL]. Nature, 1990, 347(6293): 539-541.

[34] BUI T T, GOUBARD F, IBRAHIM-OUALI M, et al. Thermally activated delayed fluorescence emitters for deep blue organic light emitting diodes: a review of recent advances[J/OL]. Applied Sciences, 2018, 8(4).

[35] 徐登辉. 有机电致发光器件及器件界面特性[M]. 北京：北京邮电大学出版社，2013.

[36] BALDO M A, O’BRIEN D F, YOU Y, et al. Highly efficient phosphorescent emission from organic electroluminescent devices[J/OL]. Nature, 1998, 395(6698): 151-154.

[37] JANG J H, PARK H J, PARK J Y, et al. Orange phosphorescent Ir(Ⅲ) complexes consisting of substituted 2-phenylbenzothiazole for solution-processed organic light-emitting diodes[J/OL]. Organic Electronics, 2018, 60: 31-37.

[38] KIM H U, PARK H J, JANG J H, et al. Green phosphorescent homoleptic iridium(Ⅲ) complexes for highly efficient organic light-emitting diodes[J/OL]. Dyes and Pigments, 2018, 156: 395-402.

[39] FENG H T, ZENG J, YIN P A, et al. Tuning molecular emission of organic emitters from fluorescence to phosphorescence through push-pull electronic effects[J/OL]. Nature Communications, 2020, 11(1): 2617.

[40] UOYAMA H, GOUSHI K, SHIZU K, et al. Highly efficient organic light-emitting diodes from delayed fluorescence[J/OL]. Nature, 2012, 492(7428): 234-238.

[41] DATA P, TAKEDA Y. Recent advancements in and the future of organic emitters: TADF- and RTP- active multifunctional organic materials[J/OL]. Chemistry-An Asian Journal, 2019, 14(10): 1613-1636.

[42] ENDO A, OGASAWARA M, TAKAHASHI A, et al. Thermally activated delayed fluorescence from Sn_4+-porphyrin complexes and their application to organic light-emitting diodes-a novel mechanism for electroluminescence[J/OL]. Advanced Materials, 2009, 21(47): 4802-4806.

[43] GOUSHI K, YOSHIDA K, SATO K, et al. Organic light-emitting diodes employing efficient reverse intersystem crossing for triplet-to-singlet state conversion[J/OL]. Nature Photonics, 2012, 6(4): 253-258.

[44] 王筱梅，叶常青. 有机光电材料与器件[M]. 北京：化学工业出版社，2013.

[45] TANG C W. Two-layer organic photovoltaic cell[J/OL]. Applied Physics Letters, 1986, 48(2): 183-185.

[46] SARICIFTCI N S, SMILOWITZ L, HEEGER A, et al. Photoinduced electron transfer from a conducting

polymer to buckminsterfullerene[J/OL]. Science, 1992, 258(5087): 1474-1476.

[47] YU G, GAO J, HUMMELEN J C. Polymer photovoltaic cells: Enhanced efficiencies via a network of internal donor-acceptor heterojunctions[J/OL]. Science, 1995, 270(5243): 1789-1791.

[48] HE Y, CHEN H Y, HOU J, et al. Indene-C_{60} bisadduct: a new acceptor for high-performance polymer solar cells[J/OL]. Journal of the American Chemical Society, 2010, 132(15): 5532.

[49] 黄飞，蒲志山，耿延候，等. 光电高分子材料的研究进展[J]. 高分子学报，2019，50（10）：988-1046.

[50] 刘小锐. 几种有机太阳能电池供体材料的光伏性能[D]. 重庆：西南大学，2015.

[51] HE Z, ZHONG C, SU S, et al. Enhanced power-conversion efficiency in polymer solar cells using an inverted device structure[J/OL]. Nature Photonics, 2012, 6(9): 591-595.

[52] CUI Y, YAO H, ZHANG J, et al. Single-junction organic photovoltaic cells with approaching 18% efficiency[J/OL]. Advanced Materials, 2020, 32(19): 1908205.

[53] MA X, ZENG A, GAO J, et al. Approaching 18% efficiency of ternary organic photovoltaics with wide bandgap polymer donor and well compatible Y6: Y6-10 as acceptor[J/OL]. National Science Review, 2021, 8(8): nwaa305.

[54] MA W, YAN H, ZHOU K, et al. Nanostructure of organic solar cells[M/OL]//Advanced Nanomaterials for Solar Cells and Light Emitting Diodes. Amsterdam: Elsevier Inc. , 2019: 37-68.

[55] JURCHESCU O D, POPINCIUC M, VAN WEES B J, et al. Interface-controlled, high-mobility organic transistors[J/OL]. Advanced Materials, 2007, 19(5): 688-692.

[56] YAMAGISHI M, TAKEYA J, TOMINARI Y, et al. High-mobility double-gate organic single-crystal transistors with organic crystal gate insulators[J/OL]. Applied Physics Letters, 2007, 90(18): 12-15.

[57] PARK S K, JACKSON T N, ANTHONY J E, et al. High mobility solution processed 6, 13-bis(triisopropyl-silylethynyl) pentacene organic thin film transistors[J/OL]. Applied Physics Letters, 2007, 91(6): 63514.

[58] LUO C, KYAW A K K, PEREZ L A, et al. General strategy for self-assembly of highly oriented nanocrystalline semiconducting polymers with high mobility[J/OL]. Nano Letters, 2014, 14(5): 2764-2771.

[59] ZHAO Z, YIN Z, CHEN H, et al. High-performance, air-stable field-effect transistors based on heteroatom-substituted naphthalenediimide-benzothiadiazole copolymers exhibiting ultrahigh electron mobility up to 8.5cm·V^{-1}·s^{-1}[J/OL]. Advanced Materials, 2017, 29(4): 1-6.

[60] LEE J, HAN A R, YU H, et al. Boosting the ambipolar performance of solution-processable polymer semiconductors via hybrid side-chain engineering[J/OL]. Journal of the American Chemical Society, 2013, 135(25): 9540-9547.

[61] LIU D, LIAO Q, PENG Q, et al. High mobility organic lasing semiconductor with crystallization-enhanced emission for light-emitting transistors[J/OL]. Angewandte Chemie (International ed. in English), 2021, 60(37): 20274-20279.

[62] GAO Y, YI Y, WANG X, et al. A novel hybrid-layered organic phototransistor enables efficient intermolecular charge transfer and carrier transport for ultrasensitive photodetection[J/OL]. Advanced materials (Deerfield Beach, Fla.), 2019, 31(16): e1900763.

[63] WANG Y, ZHU Y, LI Y, et al. Dual-modal optoelectronic synaptic devices with versatile synaptic plasticity[J/OL]. Advanced Functional Materials, 2022, 32(1): 2107973.

[64] DAI S, WU X, LIU D, et al. Light-stimulated synaptic devices utilizing interfacial effect of organic field-effect transistors[J/OL]. ACS Applied Materials & Interfaces, 2018, 10(25): 21472-21480.

反侵权盗版声明

电子工业出版社依法对本作品享有专有出版权。任何未经权利人书面许可，复制、销售或通过信息网络传播本作品的行为；歪曲、篡改、剽窃本作品的行为，均违反《中华人民共和国著作权法》，其行为人应承担相应的民事责任和行政责任，构成犯罪的，将被依法追究刑事责任。

为了维护市场秩序，保护权利人的合法权益，我社将依法查处和打击侵权盗版的单位和个人。欢迎社会各界人士积极举报侵权盗版行为，本社将奖励举报有功人员，并保证举报人的信息不被泄露。

举报电话：（010）88254396；（010）88258888
传　　真：（010）88254397
E-mail：　dbqq@phei.com.cn
通信地址：北京市海淀区万寿路 173 信箱
　　　　　电子工业出版社总编办公室
邮　　编：100036